AF523690

Die digitale Kommunikationsstrategie

Dominik Ruisinger

Die digitale Kommunikationsstrategie

Praxis-Leitfaden für Unternehmen, Institutionen und Agenturen

2., aktualisierte und überarbeitete Auflage

Schäffer-Poeschel Verlag Stuttgart

Bibliografische Information der Deutschen Nationalbibliothek

Die Deutsche Nationalbibliothek verzeichnet diese Publikation in der Deutschen Nationalbibliografie; detaillierte bibliografische Daten sind im Internet über http://dnb.dnb.de abrufbar.

Print: ISBN 978-3-7910-4817-8 Bestell-Nr. 10157-0002
ePub: ISBN 978-3-7910-4818-5 Bestell-Nr. 10157-0101
ePDF: ISBN 978-3-7910-4819-2 Bestell-Nr. 10157-0151

Dominik Ruisinger
Die digitale Kommunikationsstrategie
2., aktualisierte und überarbeitete Auflage, Juli 2020

www.schaeffer-poeschel.de
service@schaeffer-poeschel.de

Bildnachweis (Cover): © solarseven, shutterstock

Produktmanagement: Dr. Frank Baumgärtner

Schäffer-Poeschel Verlag Stuttgart
Ein Unternehmen der Haufe Group

Inhaltsverzeichnis

Teil I Digitale Kommunikation

1 Intro: Ein strategischer Leitfaden für die Praxis

Rückblick: Wir befinden uns im Jahre 2010. Die SMS kostet 19 Cents – für maximal 160 Zeichen. Anrufe aus dem Festnetz ins Mobilfunknetz vermeiden wir – aus Kostengründen. Allein die Telefonauskunft kostet 1,79 Euro – im Inland. Sonderrufnummern und Call-by-Call-Angebote sind oft die einzige Rettung. Von WhatsApp & Co. noch keine Spur. Facebook, YouTube, Twitter gibt es seit einigen Jahren. Und sie werden genutzt, vor allem privat und vor allem in den USA. Unsere digitale Kommunikation – auch wenn der Begriff in dieser Form noch nicht existiert – steuern wir via E-Mail, via Newsletter, via Webseite, via Foren und teils sogar via StudiVZ. Social Media Relations? Messenger-Kommunikation? Chatbots? Influencer? All diese Begriffe sind noch weit weg. Denn wir befinden uns – aus digitaler Sicht – in einem etwas anderen, prä-digitalen Leben.

Selbst wenn dieser kleine Rückblick nur zehn Jahre zurückgeht: Allein die wenigen Beispiele erzählen schon viel über das Thema Veränderung. Sie verdeutlichen, dass wir uns inmitten eines enormen Medienwandels befinden, der schon vor Jahren begonnen hat und dessen Ende nicht absehbar ist. Dieser mediale Change-Prozess stellt uns Kommunikatoren sowie die Unternehmen und Institutionen beständig vor neue Herausforderungen: Moderne Technologien, verändertes Medienkonsumverhalten, mobile Revolutionen, fragmentierte Zielgruppen, wechselnde Instrumente und Plattformen, verbunden mit Apps, Messengern, Chatbots, Live-Videos, visuelle Kommunikation, Storys inklusive der passenden Ad-Strategien prägen die Kommunikation von heute. Aber nicht für alle. Auch wenn das Leben in Zeiten der COVID-19-Pandemie bei vielen zum Umdenken geführt hat und sich beispielsweise Videokonferenzen zum festen Bestandteil des Geschäftslebens wie auch des persönlichen Miteinanders und privaten Austauschs entwickelt haben: Für eine beträchtliche Anzahl an Menschen, Unternehmen wie Institutionen bleiben Internet, Social Media und digitale Kommunikation weiterhin »Neuland«. Bricht also bei uns gerade eine Kommunikation entzwei?

Zudem haben digitale Transformation, disruptive Geschäftsmodelle und digitale Kommunikation enorme Auswirkungen auf das Business vieler Organisationen. Digitale Geschäftsmodelle werden zu einem Erfolgs- und gerade auch in Zeiten der Coronavirus-Krise zum wirklichen Überlebens- und Zukunftsfaktor. Wer die Digitalisierung dagegen nicht als grundlegenden erfolgskritischen Wettbewerbsfaktor und als Chance begreift, setzt häufig die Zukunftsfähigkeit seines Unternehmens aufs Spiel. Und wer die digitale Transformation nicht auch als einen wichtigen internen Prozess versteht, der verliert sein Team. Doch sind die Unternehmen und Institutionen in Deutschland auf solch einen Wandel vorbereitet, auch wenn die Corona-Krise bei vielen zu einem verstärkten Umdenken und deutlichen Umsteuern geführt hat? Und wie können sie die digitale Kommunikation zum Teil ihrer Unternehmensstrategie machen?

Alt und neu – eng umschlungen

Parallel haben die digitalen Medien die Unternehmenskommunikation in hohem Maße erfasst. Sie stellen Kommunikationsmanager vor die »vermutlich größte Herausforderung, seit die strategische Kommunikation als elementarer Baustein erfolgreicher Führung in modernen Gesellschaften erkannt wurde«[1]. Diese stehen vor Aufgaben, die sie mit rein klassischen Kommunikationsinstrumenten und -prozessen nicht oder nur schwer bewältigen können. Gleichzeitig bieten sich ihnen neue Chancen in der Ansprache und im Austausch mit relevanten Stakeholdern. Neue Kommunikationskulturen und Technologien sind jedoch kein Garant dafür, dass Unternehmen und Institutionen die Beziehungen mit den Interessengruppen künftig konstruktiver gestalten. Jahrzehntelang sind sie den Spielregeln der traditionellen Mediengesellschaft gefolgt und haben einen großen Teil ihrer Bemühungen in Massenmedien und Journalisten als Gatekeeper – also als Vermittler, Entscheider, Verbreiter – gesteckt. Wie lässt sich in einer immer stärker digitalisierten Welt einerseits die weiterhin starke Rolle traditioneller Kommunikationswege berücksichtigen, andererseits die neuen Dialoginstrumente in Kombination mit den verfügbaren Daten – Stichwort Big Data – nutzen, um eine immer disruptivere Öffentlichkeit anzusprechen?

Schließlich haben sich die Voraussetzungen für eine erfolgreiche Kommunikation keineswegs grundlegend verändert. So kann es nicht darum gehen, die bisherige Kommunikation komplett zu revolutionieren. Auch die Gegenüberstellung von »klassischer«, herkömmlicher Kommunikation und »moderner«, digitaler Kommunikation als Gegensätze bringt uns nicht weiter. Vielmehr gilt es, die Kommunikation den veränderten Chancen und Risiken im digitalen Zeitalter anzupassen und mit den bisherigen gerade auch analogen Aktivitäten in harmonischen Einklang zu bringen. Dazu sind bisheriges Wissen und vorhandene Erfahrungen auf die neuen Gegebenheiten systematisch zu übertragen, neu Erlerntes und Erlebtes hinzuzufügen und alle Bausteine miteinander zu verzahnen – nicht als Gegensätze, sondern als eng umschlungene Partner. Doch wie genau lassen sich die neuen Formen und veränderten Verhaltensweisen in die bisherige Kommunikation integrieren?

Bei der Suche nach einer gelungenen kommunikativen Symbiose ist die Strategie entscheidend. Wie aber ist eine integrierte Kommunikation im digitalen Wandel zu gestalten? Wie müssen Unternehmen und Institutionen konkret vorgehen? Welche Voraussetzungen sind zu erfüllen und welche Haltungen zu verinnerlichen, damit eine integrierte Kommunikation in digitalen Zeiten gelingen kann? Was muss insbesondere innerhalb einer Organisation geschehen, damit Führung und Team diesen wirklichen Change-Prozess

1 Zerfaß/Pleil (2016), S. 9.

anerkennen, mittragen und mitgestalten? Was sind also die zentralen Schritte und entscheidenden Kriterien bei einer Strategie, die erfolgreich mit der Kommunikation zu einem neuen Ganzen zusammenwächst?

Ein Buch als Wegweiser

Auch in seiner 2. Auflage geht dieses Buch auf die Suche nach passenden Antworten auf all diese Fragen. *Die digitale Kommunikationsstrategie* ist dazu als Praxis-Leitfaden für eine strategische Kommunikation in digitalen Zeiten konzipiert. Er soll Unternehmen und Institutionen – kurz Organisationen – sowie ihren betreuenden Agenturen dabei helfen, ihren eigenen Weg in die neue, digitale Kommunikationswelt zu finden, eine ganzheitliche Strategie zu entwickeln und diese mit ihren bisherigen Aktivitäten zu vernetzen. Nur so können sie sich erfolgreich im digitalen Zeitalter positionieren.

Dieses Buch klärt darüber auf, wie integrierte Kommunikationsstrategien im digitalen Zeitalter funktionieren. Dabei geht es weniger um Social Media, um einzelne digitale Medien oder gar um ausgewählte Plattformen. Vielmehr setzt sich *Die digitale Kommunikationsstrategie* mit der Frage auseinander, wie man in Zeiten des digitalen Wandels seine bisherige Kommunikation mittels neuer Denk- und Verhaltensweisen, erweiterter Instrumente und Tools, neuer Zielgruppen und Mittler, integrierter Strategien den neuen Gegebenheiten anpassen muss. Dabei blickt die 2. Auflage verstärkt auch auf aktuelle Entwicklungen – Markenbotschafter, Influencer-Kommunikation, Diversifizierung von Kanälen und Zielgruppen –, welche Kommunikationsstrategien heute stark beeinflussen. Der Leitfaden zeigt damit auf, wie Unternehmenskommunikation ins Digitale ausgeweitet wird, was sich dafür innerhalb von Unternehmen und Institutionen gerade auf Führungsebene verändern muss, wie sich klassische und digitale Kommunikation vernetzen müssen und welche Auswirkungen dieser Strukturwandel für originäre Kommunikationsstrukturen wie für die internen Prozesse insgesamt hat. Schließlich ist jede digitale Unternehmenskommunikation Teil einer integrierten Unternehmensstrategie, die sich ebenfalls im digitalen Wandel neu auszurichten hat.

Ein Leitfaden, der an die Hand nimmt

Das Buch ist als strategisch-konzeptioneller Leitfaden angelegt, der Organisationen bei der Entwicklung ihrer digitalen Strategie begleitet, ihnen die Vorgehensweise erläutert, die Erfolgskriterien benennt und den Weg anhand vieler Case Studys und Praxisbeiträge aufzeigt. Schritt für Schritt wird beschrieben, wie integrierte Kommunikationsstrategien im digitalen Zeitalter funktionieren. Dazu werden die Voraussetzungen und Erfolgsfaktoren benannt, die existierenden Widerstände und möglichen Hindernisse verständlich gemacht und an Beispielen unterschiedlicher Branchen und Größenordnungen aufgezeigt.

Das Buch ist dazu in zwei Teile aufgeteilt. In Teil I findet eine Bestandsaufnahme der digitalen Transformation und der digitalen Kommunikation speziell in Deutschland statt.

So wirft das 2. Kapitel einen Blick auf den digitalen Wandel, auf die digitale Gesellschaft sowie auf den Stand des digitalen Transformationsprozesses in der Unternehmenswelt. Das 3. Kapitel beschäftigt sich mit dem Paradigmenwechsel, der gerade durch das Social Web stark veränderten Kommunikation sowie mit dem Begriff der integrierten Kommunikation in digitalen Zeiten. Während das 4. Kapitel die notwendigen Change Prozesse definiert – auf Führungsebene, unternehmensintern und in der Kommunikation selbst –, bildet das 5. Kapitel den Übergang zum Strategiepart. Dazu stellt es das POST-Modell als strategisches Muster vor.

Teil II dieses Leitfadens widmet sich ausschließlich der Entwicklung der digitalen Kommunikationsstrategie. Dazu beschreiben die Kapitel 6. bis 13. den genauen Fahrplan zu einer eigenen Strategie – von der Analyse bis zur Evaluation. Schritt für Schritt werden die dazu notwendigen Stufen und wesentlichen Bestandteile detailliert und nachvollziehbar dargestellt, um die Erstellung einer eigenen integrierten Kommunikationsstrategie im digitalen Zeitalter zu erleichtern.

Nutzwertcharakter im Vordergrund
Das Buch ist von Anfang bis Ende als Leitfaden konzipiert, der Unternehmen und Institutionen bei der Erarbeitung ihrer Strategie an die Hand nimmt. Infokästen mit hilfreichen Tipps, Links und Handlungsempfehlungen, Querverweise auf nützliche Tools und Erklärungen sowie Ausflüge mit konkreten Beispielen, Vertiefungen und Case Studys erleichtern die Umsetzung in die Praxis. Den Nutzwert unterstreichen zudem zwölf praxisorientierte Gastbeiträge von Vertretern aus Unternehmen, aus Institutionen und aus der Wissenschaft.

Antje Neubauer (früher Deutsche Bahn), Peter Diekmann (Bertelsmann Stiftung), Magnus Hüttenberend (TUI) und Jan Westerbarkey (Westaflex) widmen sich den besonderen internen Herausforderungen innerhalb ihrer Organisationen. Dazu stellen sie digitale Ansätze, den Mehrwert von Social-Collaboration-Plattformen sowie ihren jeweiligen Weg hin zu einer integrierten Strategie vor. Ebenfalls in ihr Unternehmen blickt Angelica Bergmann (BKK ProVita) beim aktuellen Thema Markenbotschafter. Sie beschreibt, wie sie bei der Krankenkasse schrittweise Corporate »Sinnfluencer« aufbaut. Um das Thema Einführung geht es ebenfalls im Praxisbeispiel von Susanne Heinrich und Thorsten Vennebusch (Knappschaft-Bahn-See). Sie schildern sehr detailliert, wie sie trotz anfänglicher Hindernisse Social-Media-Aktivitäten gestartet und insbesondere innerhalb weniger Jahre den heute extrem erfolgreichen Blog der Minijob-Zentrale aufgebaut haben.

Früher prämiertes Blog, heute ein anspruchsvolles Magazin für Mobilität und Gesellschaft: Diesen Change-Prozess haben Uwe Knaus und Sven Sattler (Daimler) vollzogen. Dazu geben sie im Interview einen differenzierten Einblick in die Beweggründe und die neue Ausrichtung hin zu stärker gesellschaftsrelevanten Themen. Schließlich schaffe eine glaubwürdige und transparente Haltung Orientierung gerade auch für die professionell Interessierten.

Um wirkliche Change-Prozesse geht es in zwei weiteren Beiträgen: Mit den Köpfen beschäftigt sich Prof. Dr. D. Georg Adlmaier-Herbst. In seinem Beitrag »Digital Leadership« macht er deutlich, was genau systematisches, gezieltes und langfristiges Führen in digitalen Zeiten bedeutet und welche Führungsqualitäten digitale Leader benötigen. Besondere Anforderungen bei solchen Veränderungsprozessen gelten ebenfalls für die Kommunikation. Damit sie eine konsistente Markenwahrnehmung sicherstellen können, müssen auch Kommunikationswege neu aufgestellt werden, hat Christian Achilles (DSGV) erfahren und vor diesem Hintergrund die Kommunikation in einem Newsroom neu aufgestellt.

Was lässt sich mit dem strategischen Einsatz digitaler Kommunikation konkret erreichen? Maja Roedenbeck Schäfer (Diakonie) widmet sich in ihrer Fallstudie dem Thema Employer Branding und zeigt auf, wie Organisationen digitale Medien nutzen könne, um Nachwuchs und Fachkräfte zu gewinnen. Und wie gehe ich professionell mit externen Multiplikatoren um, die innerhalb von Kommunikationsstrategien eine immer wichtigere Rolle spielen? André Karkalis (Karkalis Communications) hat zu dieser Frage eine Schritt-für-Schritt-Anleitung erstellt, wie eine Influencer-Kommunikation heute strategisch zu planen ist.

Apropos Strategie: Welche Auswirkungen hat die digitale Revolution eigentlich auf die Strategieentwicklung selbst? Gerade in einem Buch über digitale Kommunikationsstrategien liegt solch eine Frage in der Luft. Die Prof. Dr. Pia Sue Helferich und Prof. Dr. Thomas Pleil (beide Hochschule Darmstadt) haben sich dazu ihre Gedanken gemacht und daraus ihr spannendes Triple-Diamond-Modell entwickelt, das sich in Form eines Design Sprints[2] innerhalb einer Woche umsetzen lässt.

Nachdenken, Mut haben, selbst Ausprobieren

Diese Praxisbeiträge machen deutlich, vor welchen Herausforderungen Unternehmen und Institutionen stehen und mit welchen kreativen Ansätzen und Strategien sie ihnen begegnen können. Sie sollen helfen, die Komplexität des digitalen Wandels zu verstehen, konkrete Handlungsempfehlungen zu erhalten und Mut zur Entwicklung der eigenen Kommunikationsstrategie zu entwickeln. In Kombination mit den zahlreichen Beispielen innerhalb der Kapitel zeigen die Expertenbeiträge den hohen Praxisbezug des Buches auf: Sie beschreiben Herausforderungen, hinterfragen Ansätze, diskutieren Lösungen, schildern die Umsetzung und regen dabei zum Nachdenken, zum Mut haben und zum selbst Ausprobieren an.

2 Lese-Tipp: Lesenswert dazu ist das Buch von Jake Knapp (2016), der diesen Sprint-Prozess innerhalb von fünf Tagen durchspielt; dabei betont er schon zu Anfang, wie wichtig für ein später positives Ergebnis die Faktoren Zeit, Team und Räumlichkeiten sind.

Selbstverständlich können nicht alle Aspekte im adäquaten Umfang und in der vollständigen Tiefe dargestellt werden. Dies hätte den Rahmen des Leitfadens deutlich gesprengt. Abgesehen von einem ausführlichen Literaturverzeichnis finden sich stattdessen innerhalb der Kapitel immer wieder Hinweise auf weiterführende Literatur und nützliche Links, zu Wissenswertem, zu Tools und zu Case Studys, über die sich Interessierte noch eingehender mit den einzelnen Thematiken auseinandersetzen können. Mit über 60 Abbildungen, über 30 Video-, Link-, Tool- und Lese-Tipps sowie über 30 zusätzlichen Kurz-Infos, Case Studys und thematischen Ausflügen bietet das Buch damit auch seinen Wert als Leitfaden.

Gleichzeitig wurden die Inhalte für diesen Leitfaden ganz bewusst ausgewählt, um einerseits vielfältige Denkanstöße zu geben, andererseits den Lesern strategische Werkzeuge an die Hand zu geben. Ob dies gelingt, das dürfen Sie, liebe Leserin, lieber Leser, nach Ende der Lektüre selbst entscheiden. Dazu wünsche ich Ihnen jetzt viel Vergnügen, neue Erkenntnisse und spannende Anregungen auf Ihrem weiteren strategischen Weg in das digitale Zeitalter.

Kleiner Dank an großartige Menschen
Last, but not least möchte ich den Weggefährten dieses Buches meinen großen Dank ausdrücken: Meinen grandiosen fünfzehn Gastautoren, die trotz rappelvoll gepackter Terminkalender und eines drängelnden Autors die Zeit gefunden haben, dem Buch mit ihren spannenden, die unterschiedlichen Aspekte digitaler Kommunikation beleuchtenden Fachbeiträgen eine kräftige Würze und viel Praxisbezug zu verleihen. Mein Dank gilt ebenfalls Frank Baumgärtner vom Schäffer-Poeschel Verlag für die entspannte, freundschaftliche Atmosphäre in der Zusammenarbeit. Außerdem bedanke ich mich insbesondere bei meinem persönlichen Netzwerk – real wie virtuell –, bei den zahllosen Blog-, Studien- und Buchautoren, den Analysten und Kommentatoren im Social Web sowie meinen Workshop- und Coaching-Teilnehmern, die mir beim Lesen und Diskutieren, in Trainings und Seminaren ständig neue Anregungen für dieses Buch verpasst haben. Ohne sie alle wäre das vorliegende Buch niemals entstanden.

Frei nach Apple-Gründer Steve Jobs: »Two more things«
Im Buch wird zur besseren Lesbarkeit auf die weibliche Schreibweise verzichtet. Die ausschließliche Verwendung der männlichen Form soll explizit als geschlechtsunabhängig verstanden werden – gerade in einer Kommunikationsbranche, die seit vielen Jahren stark weiblich dominiert ist.

Viele längere Links zu Artikeln, YouTube-Videos, Social-Media-Posts, Blog-Beiträgen etc. wurden mit dem Link-Verkürzer bitly.com bewusst komprimiert, um die Nutzung und Nachverfolgung zu erleichtern. Zusätzlich sind viele dieser Informationen und Links auf der Webseite des Autors zum Buch (https://bit.ly/dks_ruisinger_dks) sowie beim Social-Bookmarking-Dienst Diigo (https://www.diigo.com/user/druisinger) zu finden.

2 Das digitale Zeitalter

2.1 Willkommen im digitalen Wandel

2.1.1 Das Cluetrain Manifest

Es war das Jahr 1999: David Weinberger – Redner, Philosoph und Forscher an der Universität Harvard – saß mit weiteren Vordenkern der Netzgemeinde wie Doc Searls, Rick Levine und Chris Locke zusammen. Sie diskutierten die künftige Entwicklung der Medien, der Kommunikation und des Marketings. Das Ergebnis ihrer gemeinsamen Überlegungen waren 95 Thesen – überschrieben als Cluetrain Manifest.[3] Die Hauptlosung und These 1 lautete »Märkte sind Gespräche«: Darin betonten die Initiatoren die Emanzipation des Verbrauchers im Zeitalter des Internets, den Kontrollverlust auf Organisationsseite und dessen Folgen. »Seit etwa einhundert Jahren gehen Unternehmen – zurecht – davon aus, ihre Märkte kontrollieren zu können, indem sie nur ausgewählte Informationen veröffentlichen«, beschrieb Weinberger die frühere Situation vor Erfindung des Internets. Während man auf diese Weise nur gefiltertes Wissen erhielt, seien im Zeitalter des Internets die Märkte stattdessen vernetzt. Die Folge: »Auf einmal stellt sich heraus – vielleicht ein wenig überraschend –, dass vernetzte Kunden mehr über Produkte wissen, als die Unternehmen selbst.«[4]

In diesem Kontext sei der Grundgedanke des Cluetrain Manifests zu verstehen, schrieb Weinberger 2006. Damals hätten sie zu verdeutlichen versucht, dass das Internet ein Ort sei, an dem Menschen mit ihren eigenen Stimmen sprechen könnten, und zwar über alle Themen, die für sie persönlich von Bedeutung seien: »Dies ist unsere Chance, dies ist unser Raum, in dem wir uns unterhalten und miteinander vernetzen können.« Vor diesem Hintergrund hätten sie als Initiatoren die Unternehmen und die Institutionen aufgefordert, sich den veränderten Bedingungen anzupassen und mit ihren Kunden »echte« Gespräche zu führen, abseits einer »gesichtslosen« Marketingkommunikation.

So sei es wichtig, sich von der reinen Marketing- und PR-Denkweise zu verabschieden, die Internetnutzer besser zu verstehen und ihnen intensiver zuzuhören, wenn man als Organisation die Chancen in einer veränderten Kommunikationslandschaft nutzen wolle. Denn, so schreibt Weinberger weiter: »Wir Internet-Nutzer haben keine Eigeninteressen und sagen einander die Wahrheit. (…) Daher sind die alten Techniken von Marketing, inklusive

3 https://www.cluetrain.com/auf-deutsch.html.
4 Handelsblatt 13.03.2006.

PR, wirkungslos geworden, Märkte zu kontrollieren, indem man versucht, Wissen zu beschränken. Das funktioniert schlichtweg nicht mehr.«[5] Echte Gespräche, aktives Zuhören, Dialog, Offenheit und Transparenz – die Verwendung dieser Begriffe verdeutlicht, dass der Beitrag von Weinberger und das Cluetrain Manifest bis heute kaum an Relevanz verloren haben, sondern noch immer eine der zentralen Basen für eine Kommunikation im digitalen Zeitalter darstellen, wie in diesem Buch noch mehrfach zu lesen sein wird.

2.1.2 Die Emanzipation der Nutzer

Über zwanzig Jahre später ist die Losung des Cluetrain Manifests[6] Realität geworden. Die Internetnutzer haben sich emanzipiert und ihr Medienkonsumverhalten verändert. Sie haben ihre bisherige passive Rolle verlassen und reichern das Netz mit eigenen Beiträgen an. Sie verbreiten persönliche Ansichten und individuelle Perspektiven und verbinden sich mit anderen über Netzwerke. Sie zeigen Fotos, spielen Videos, bewerten Inhalte und Produkte. Sie haben sich von der Einwegkommunikation verabschiedet und suchen den Dialog, die Interaktion und die Reaktion – bei anderen Nutzern oder Unternehmen, ob diese es wollen oder nicht. Sie haben sich dazu von einseitigen Informationsplattformen verabschiedet und sich stattdessen verstärkt dynamischen Mitmach-Plattformen zugewendet.

Gerade das seit 2006 verstärkt diskutierte Thema Social Web symbolisiert die rasante Weiterentwicklung. Schrittweise dehnte sich die passive Nutzung auf interaktive Plattformen aus, für die der amerikanische Verleger Tim O'Reilly 2004 den Begriff »Web 2.0«[7] miterfunden hatte – als Titel einer Konferenz über Veränderungen im Internet. Diese Plattformen eröffneten Usern die Chance, sich selbst kostenlos, ohne größeres Wissen oder technische Kenntnisse eine eigene Stimme im Netz zu verschaffen und sich mit anderen auszutauschen. Dazu steht eine ständig wachsende Zahl an Instrumenten zur Verfügung, die der US-amerikanische Digital-Business-Vordenker Brian Solis in seinem regelmäßig aktualisierten Conversation Prism (s. Abb. 1) aufführt.

5 Handelsblatt 13.03.2006.

6 Weinberger und Sears haben Ende 2014 eine Fortsetzung des Cluetrain Manifests formuliert, das sich vor allem mit der Freiheit des Internets auseinandersetzt und den unbegrenzten Zugang für alle fordert. Die 121 Thesen des »New Clues« lassen sich hier nachlesen: https://newclues.cluetrain.com.

7 Der Zusatz »2.0« bezog sich einst auf die Benennung von Software-Versionen und den meist klaren Sprung von einer Version zur nächsten; auf das Internet übertragen weist der Begriff auf einen tiefgreifenden Wandel hin.

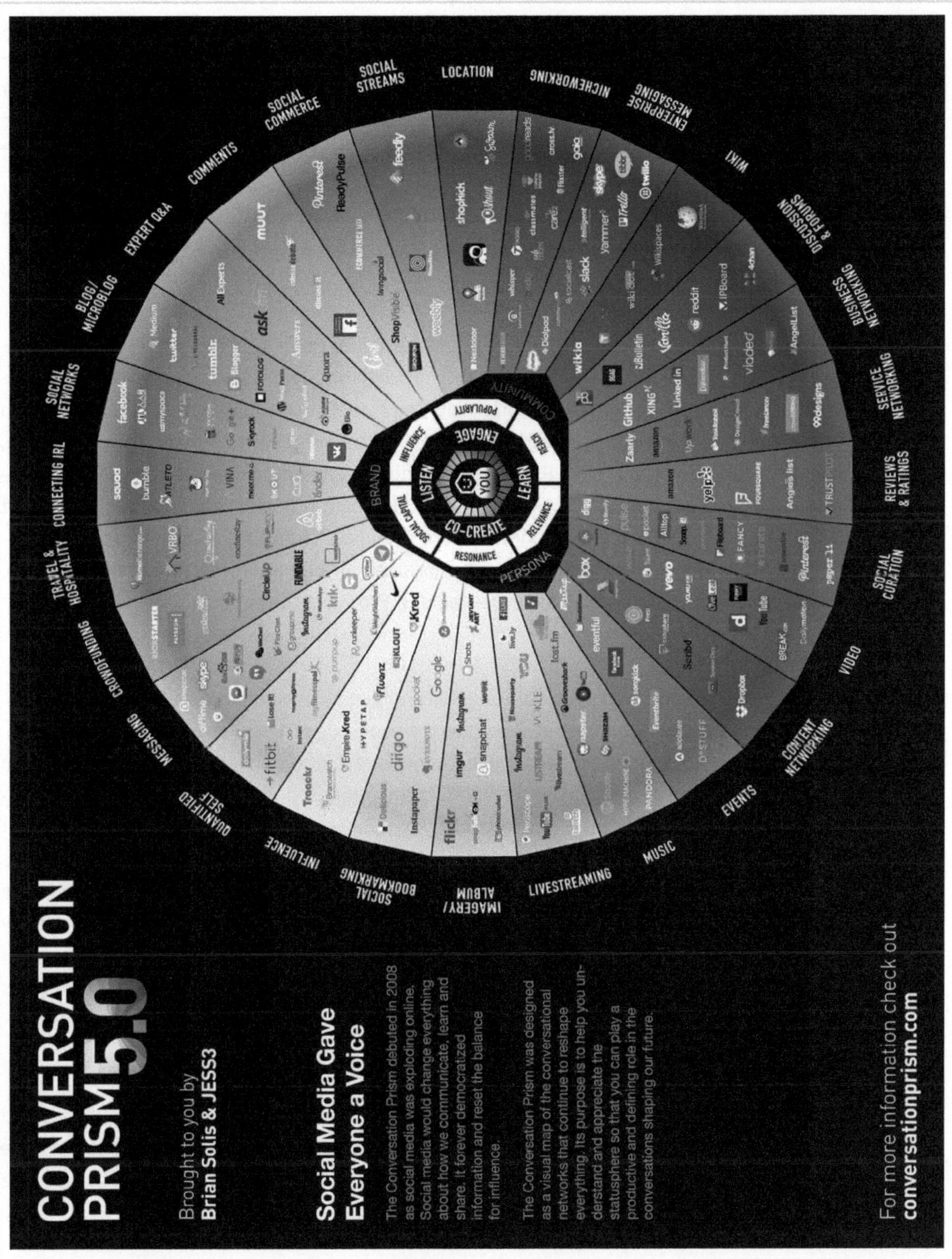

Abb. 1: Conversation Prism von Brian Solis; Quelle: https://www.conversationprism.com

Unter dem heutigen Schlagwort »Social Web« begreifen die Nutzer dabei das Internet als sozialen Raum und als Medienwirklichkeit, in dem sie sich frei bewegen und sich mit anderen Personen – bekannt oder unbekannt –, einmalig oder regelmäßig, beruflich und/oder privat, unabhängig von Alter, von Herkunft oder von sozialer Stellung austauschen. Bereits 2010 sprach der Psychologe und Internet-Vordenker Peter Kruse im Zusammenhang mit dem Social Web von der ersten großen »Völkerwanderung des digitalen Zeitalters«: »Wir befinden uns mitten in der nächsten Runde der Veränderungen der Gesellschaft durch das Internet. Ich würde mich nicht scheuen, sogar von einer Revolution 2.0 zu reden.«[8]

Der Verlust der Kontrolle

Waren Mediennutzer zuvor als Leser, Zuhörer, Zuseher reine Konsumenten von Informationen, beteiligten sich viele von nun an aktiv an den Inhalten, was wiederum den allmählichen Abschied vom One-to-Many- oder Few-to-Many-Prinzip als Basis klassischer Medien bedeutete. Aus den bislang passiven Nutzern waren aufgeklärte »Prosumer« geworden, ein Kunst- und Kofferwort aus Produzenten und Konsumenten, welches der US-amerikanische Futurologe Alvin Toffler im Jahre 1980 in seinem Buch *Die dritte Welt* eingeführt hatte. Mit dem Begriff kennzeichnete er Akteure, die gleichzeitig als souveräne Informationsproduzenten sowie als Konsumenten, also Verbraucher und Rezipienten fungieren, wobei die Grenzen zwischen Konsumenten und Produzenten verschwimmen.[9]

Die Prosumer-Bewegung hat massive Auswirkungen auf das Wirken von Organisationen: Das Internet sei auf dem Weg zum eigenständigen Kommunikations- und Kulturraum, der aus ehemals reinen Internet-Besuchern handelnde Akteure macht, die sich äußern, einmischen, mitmachen, so Peter Kruse. Damit verschiebe sich Macht immer stärker vom Anbieter zum Nachfrager. Aus Sicht von Organisationen bedeuten die neuen Machtverhältnisse das Ende der bisherigen Kontrolle von Inhalten, schreibt der Professor und Autor Keith Quesenberry: »With the rise of social media the power of the consumer's voice is now equal or even more powerful than the brand's voice.« Unternehmen müssten mutig den nächsten Schritt gehen und das Internet als Dialogmedium begreifen: »If we truly want to control brand communication today, we must be willing to give up control. (...) Many marketers get so focused on creating more content that they forget social media is a two-way medium.«[10]

Neues Denken gefordert

»Die Social Software des Web 2.0 ist ein Angriff auf die etablierten Regeln der Macht und erzwingt ein grundlegendes Umdenken«[11], so der erwähnte und Mitte 2015 verstorbene Peter Kruse auf dem Branchentreffen re:publica im Jahre 2010. Seine damalige Aussage

8 Rasshofer, 23.03.2010.
9 https://de.wikipedia.org/wiki/Prosumer.
10 https://heidicohen.com/books/social-media-strategy/.
11 https://everycompanyisamediacompany.com.

lässt sich in Bezug auf das Cluetrain Manifest lesen: Sowohl Unternehmen als auch Institutionen müssen sich gegen die Gespräche behaupten, die ihre gut informierten Kunden, Partner, Multiplikatoren, Mitarbeiter miteinander über sie führen, die sich online mit Gleichgesinnten austauschen, in Social-Commerce-Plattformen Preise von Waren vergleichen, in Kollaborationsplattformen Produkte gemeinsam (weiter-)entwickeln, in Foren und Netzwerken unabhängige Meinungen einholen, den Empfehlungen des eigenen Netzwerkes und der eigenen Community folgen und die Produkte mitsamt verlinktem Zubehör gleich online bestellen oder ersteigern – weil sie ihnen vertrauen.

Schließlich sind uns persönliche Empfehlungen mehr wert als die Filterung durch eine anonyme Marke. Dazu hat beigetragen, dass sich die Zahl der Plattformen, auf denen sich Nutzer äußern, ihre Gedanken mitteilen und ihre Einschätzungen abgeben können, ständig erhöht. Gerade in ihnen erkennt der Journalist Chris Anderson eine der Besonderheiten der Entwicklungen, wie er in seinem Buch *Makers* feststellt: »Der Aufstieg von Facebook, Tumblr, Pinterest und ähnlicher Websites bedeutet eine gewaltige Verschiebung der Aufmerksamkeit von den kommerziellen Informationslieferanten des 20. Jahrhunderts hin zu den privaten Inhaltslieferanten des 21. Jahrhunderts.«[12]

VIDEO-TIPP

Peter Kruse und die »Revolution«
Auf die kontinuierlich zunehmende Zahl an Kommunikations- und Netzwerkaktivitäten, das damit verbundene ansteigende Datenvolumen und die dazu notwendige Infrastruktur hatte Professor Peter Kruse in einem Kurzvortrag vor der Enquete-Kommission »Internet und digitale Gesellschaft« Ende des Jahres 2011 im Deutschen Bundestag hingewiesen.
Zur Frage »Wie beeinflusst das Internet die Gesellschaft« stellte er die These auf, dass wir von einer »Revolution« sprechen müssen, bei der eine grundlegende Machtverschiebung vom Anbieter zum Nachfrager zu beobachten sei. Er führte dies auf die Systemarchitektur zurück, auf eine Kombination »erhöhter Vernetzungsdichte«, »verstärkter Spontan-Aktivitäten« und »kreisender Erregungen«. Diese ließen die Systeme sowie die Menschen durch Zusammenschluss in Bewegungen mächtig werden, sodass die Gesellschaft schlussendlich »einen extrem starken Kunden, einen extrem starken Mitarbeiter, einen extrem starken Bürger« bekommen würde.
Noch heute ist sein drei Minuten langes Plädoyer für »Intelligente Netze« beziehungsweise »Revolutionäre Netze durch kollektive Bewegung« ein Lehrstück und Muss für jeden Digitalexperten und alle an der digitalen Kommunikation interessierten Menschen. Wer beispielsweise einen Blick auf die Bürgerbewegungen und Initiativen im Internet – wie zum Beispiel Bewegungen wie Fridays

12 Anderson (2013), S. 78.

for Future oder #MeToo – oder auf die Macht von Bewertungsportalen wirft, erkennt schnell, dass die Voraussagen aus dem Jahr 2011 inzwischen wahr geworden sind. Auch die Parallelen zum Cluetrain Manifest sind unübersehbar. **Zum Vortrag:** https://bit.ly/dks_PeterKruseBundestag

The new KISS: Keep it significant and shareable

Diese privaten Kommunikatoren beteiligen sich jedoch nur dann, wenn die Inhalte für sie bedeutsam, relevant und mitteilbar sind, wie es in der angepassten und heute hochrelevanten KISS-Formel »Keep it significant and shareable« passend heißt. Übersetzt bedeutet dies: Ist ein Beitrag nicht einfach teilbar und relevant aus Sicht meiner Zielgruppe, wird er keine Sichtbarkeit erhalten und zu keiner Interaktion führen.

Dies zeigt: Das Internet und das Social Web haben die Kommunikationslandschaft kräftig durcheinandergewirbelt. Jeder Internetnutzer kann Inhalte nicht nur konsumieren, sondern auch bewerten, selbst gestalten und sich mit anderen vernetzen – unabhängig von Alter, Bildung, Vermögen und Technikaffinität. Unternehmen haben damit die alleinige Macht über die Information, die dominierende Einflussnahme auf bestehende und potenzielle Kunden, auf Mitarbeiter, Zulieferer, Partner und Multiplikatoren verloren. Sie sind nur noch ein – wenn auch bedeutsamer – Mitgestalter des gesellschaftlichen Diskurses.[13]

Kaum eine Organisation kann sich der neuen kommunikativen Herausforderung entziehen, schließlich gilt: »Every Company is a Media Company«. Oder wie es Schauspieler und Social Media Influencer Ashton Kutcher in Brian Solis' Bestseller *Engage!* ausdrückte: »New media is creating a new generation of influencers and it is resetting the hierarchy of authority.«[14] Die aus der Marketinglehre bekannten vier »P«s – Produkt-, Preis-, Distributions- und Kommunikationspolitik – haben damit ein weiteres »P« erhalten: People.

Eine eigene Stimme im Dialog mit Zielgruppen

Transparenz, Interaktion und Partizipation heißen die Kennzeichen, welche das Social Web und die digitale Kommunikation heute prägen. Nutzer können sich über diverse Plattformen äußern, ihren Wünschen und ihren Ärgernissen direkt Ausdruck verleihen, wobei deren Verbreitung sichtbar und nachvollziehbar bleibt. Kaum eine Organisation kann vor dieser Entwicklung die Augen verschließen, denn früher oder später wird alles in den digitalen Medien erwähnt – positiv wie negativ. Parallel haben die Entwicklungen in der digitalen Kommunikation zu einer verstärkten Transparenz geführt. Unternehmen können viel schwerer Fehler und Ungereimtheiten verbergen; vielmehr werden diese schneller sichtbar, was wiederum das Vertrauen in Organisationen beschädigen oder zumindest gefährden kann.

13 Vgl. Ruisinger (2011), S. 161 ff.

14 Solis (2010), S. IX.

Heute ist die Online-Welt eine Meinungsplattform, die sich durch eine Verknüpfung der Nutzer untereinander auszeichnet. Diese bietet Unternehmen enorme Chancen, sich im Austausch mit ihren Zielgruppen eine Stimme zu verschaffen. Darauf haben professionelle Kommunikationsstrategen reagiert. Immer mehr Unternehmen und Institutionen nutzen das Internet, die Plattformen des Social Web und die digitalen Formate, um die Kommunikation mit ihren Stakeholdern aufzubauen, zu pflegen und zu intensivieren. Vor allem müssen sie eigene themenspezifische Communitys aufbauen, pflegen und richtig bedienen, betont Paul Adams, damals Senior User Experience Researcher bei Google, heute VP bei Intercom: »It's not about sales, or ads, or click-through rates. It's about pursuing relationships and fostering communities of consumers. It's about rethinking how you make plans when your customers are in the center and in control.«[15]

Hinzu kommt: Unternehmen und Institutionen haben es nicht mit einem gefestigten, abgeschlossenen Kommunikationsraum zu tun, sondern vielmehr mit einer Struktur, die einem ständigen, teils dramatischen Wandel unterliegt. Die Online-Welt verändert sich so schnell, dass die immer gleichen Instrumente und Methoden kaum zum Ziel führen können. Die Aussage »Was morgen ist, war gestern« zeigt vielmehr, wie stark es darauf ankommt, die passenden Instrumentarien zu recherchieren und auszuwählen – ohne wirkliche Garantie auf eine gleichbleibend hohe Trefferquote.

AUSFLUG

Der Stakeholder-Begriff[16]

Der Stakeholder-Ansatz ist ein Modell zur Zielgruppendefinition. Während sich der Begriff der Zielgruppe aus der Marketinglehre ableitet, wird der Stakeholder-Ansatz stärker in der PR-Branche eingesetzt. Mit dem Begriff »Stakeholder« werden diejenigen Gruppen bezeichnet, die Ansprüche an ein Unternehmen stellen oder künftig stellen könnten. Darum werden sie auch als Anspruchsgruppen bezeichnet. Darunter können ebenfalls Gruppen fallen, die nur indirekt mit dem Unternehmen oder der Institution verbunden sind – wie Bürgerinitiativen, Umwelt- und Verbraucherorganisationen –, die jedoch das Meinungs- und Handlungsumfeld empfindlich beeinflussen können. Folgende Stakeholder mit ihren jeweiligen Ansprüchen lassen sich grundsätzlich unterscheiden:[17]

1. **Eigentümer und Shareholder**: Anspruch auf Rendite, Dividende, Umsätze sowie auf regelmäßige Information;
2. **Kapitalgeber**: Anspruch auf Zinsen und Kreditrückzahlung, auf einen sorgfältigen Umgang mit dem bereitgestellten Kapital sowie auf kontinuierliche Informationsweitergabe;

15 https://bit.ly/dks_slideshare_whatssocialmedia.

16 Vgl. Kapitel 7.6.

17 Vgl. Ruisinger/Jorzik (2013/2021), S. 68 f.

3. **Mitarbeiter**: Anspruch auf Beschäftigung, auf sichere Arbeitsbedingungen, auf regelmäßige Entlohnung, auf interne Information;
4. **Kunden**: Anspruch auf Qualität, Lieferzuverlässigkeit, Rückgabe und Umtausch, richtige Information;
5. **Händler**: Anspruch auf Qualität, Aus- und Belieferung, Unterstützung bei Produktvermarktung, Einhaltung von Verträgen, korrekte Information;
6. **Lieferanten**: Anspruch auf Produktabnahme, pünktliche Bezahlung, Vertragseinhaltung;
7. **Staat und öffentliche Institutionen**: Anspruch auf Steuerzahlung, Einhaltung von Gesetzen;
8. **Medien und Multiplikatoren**: Anspruch auf Bereitstellung korrekter Informationen;
9. **Allgemeine Öffentlichkeit** (Parteien, Gewerkschaften, Kirchen, Vereine, Verbände): Anspruch auf gesellschaftliches Engagement, Unterstützung, Mitgliederbeiträge sowie auf Informationen.

Auf dem Weg zum Content-Shock?

Dass heute das Internet sowie die sozialen Medien zu den festen Bestandteilen des täglichen Lebens zählen, dafür spielt die mobile Kommunikation die zentrale Rolle. Der Siegeszug von Smartphones und Tablets, die Chancen der Wearables und des Internets der Dinge, die Verbreitung von Internet-Flatrates, die – bald hoffentlich – ubique Verfügbarkeit von WLAN, selbst in Fahrzeugen, in Bahnen oder in Flugzeugen, die einen Zugriff jederzeit und von überall erlauben: Der mobile Fortschritt hat den Weg zu einem digitalen Zeitalter gewiesen, in dem jede Zielgruppe jedes Thema, jede Meinung ihre eigene Plattform, ihre Community und ihren gewünschten Content findet.

Die mobile Verfügbarkeit jeglicher Arten von Informationen und Formaten, wie Texten, Bildern, Videos, Dialogen, von neuen Instrumenten oder schnelllebigen Inhalten wie Ephemeral Media via Storys, wenn publizierte Inhalte nur für einen bestimmten Zeitraum zugänglich bleiben und dann verschwinden, sorgen dafür, dass der Umfang und die Vielfalt an Informationen kontinuierlich steigen. Dazu tragen die vielen Messenger-Angebote (WhatsApp, Facebook Messenger, WeChat, Snapchat, Skype, Telegram, Threema, Line etc.), die für individuelle Dialoge oder für Dialoge in kleineren oder größeren, privaten wie halböffentlichen Gruppen bestimmt sind, in Kombination mit einer kontinuierlich gesteigerten Anzahl an Nutzeraktivitäten bei. Kein Wunder also, dass einige bereits den Content-Shock[18] ausrufen und sich fragen, wie Nutzer die ständig wachsende Anzahl an Inhalten unterschiedlicher Art überhaupt noch wahrnehmen sollen.

18 Ein paar interessante Zahlen hat der App-Entwickler appkind in einer übersichtlichen Infografik vereint, auch wenn die Zahlen aus dem Jahre 2015 nur eine Momentaufnahme darstellen können; https://bit.ly/dks_appkind_contentshock.

Rückzug ins Private

Eine Reaktion ist ein Phänomen, das mit dem Begriff »Dark Social«[19] überschrieben wird: Der Rückzug ins Private. Das heißt, Nutzer ziehen sich aus den öffentlichen Dialogen via Social Media verstärkt zurück. Dies lässt sich gut am Rückgang der Interaktionsraten auf Facebook & Co. ablesen, wodurch die Nutzer als bisherige Multiplikatoren der Inhalte im Social Web wegfallen. Stattdessen kommunizieren sie in privaten Räumen über Messenger und E-Mails oder bewegen sich in geschlossenen Foren und Gruppen, in denen sie sich fern der Öffentlichkeit mit einzelnen Personen austauschen können. Selbst Marktführer Facebook hat dies erkannt und proklamiert klar: »The future is private.«[20]

In dieser Thematik spiegelt sich gleichzeitig der schwierige Umgang vieler Menschen mit der Vielfalt an vorhandenen, angebotenen und zu verarbeitenden Informationen wider: Sie haben Probleme, daraus die für sie relevanten gezielt auszuwählen beziehungsweise andere bewusst auszusortieren. Um ihren persönlichen Content-Shock zu vermeiden, müssen sie jedoch aktiv werden, damit künftig ausschließlich die Informationen in ihr Sicht- und Wahrnehmungsfeld gelangen, die inhaltlich klar auf sie zugeschnitten sind, ihnen einen wirklichen Mehrwert bieten, genau die von ihnen bevorzugten Kanäle bespielen und für sie zudem einfach zu finden und zugänglich sind. Ansonsten besteht die Gefahr, dass sie eines Tages vor ihrem persönlichen Digitalen Burnout[21] stehen.

Vielen ist bewusst, dass ihnen die schier endlosen Kanäle, der Information Overload, ein selbst verursachter innerer Druck (FOMO[22]), nichts verpassen zu wollen, extrem zusetzt. Sie müssen lernen, ihren eigenen Weg und Umgang zu finden. Für Unternehmen und Institutionen bedeutet dies auf der anderen Seite: Klare Zielgruppenbestimmung, stark individualisierter, personalisierter Content, hohe Sichtbarkeit und eine regelmäßig überprüfte und optimierte Kanalstrategie zählen künftig zu den zentralen Erfolgsfaktoren einer erfolgreichen Kommunikation im digitalen Zeitalter. Doch wie digital affin ist unsere Gesellschaft eigentlich heute?

---

19 Der Begriff »Dark Social« wurde erstmals im Jahre 2012 in einem Artikel der Zeitschrift *The Atlantic* erwähnt. Er beschreibt, dass Menschen Inhalte über private Kanäle wie Messaging-Apps, Instant-Messenger, E-Mails oder in geschlossenen Gruppen in den sozialen Netzwerken teilen. Das Besondere: Dieses private Teilen lässt sich kaum verfolgen im Vergleich zu Inhalten, die auf öffentlichen Plattformen geteilt werden. Siehe dazu auch https://bit.ly/dks_hootsuite_darksocial.

20 https://bit.ly/dks_digitaltrends_futureisprivate.

21 Zum Thema Digitaler Burnout hat sich der Autor ein paar Gedanken gemacht – über unser selbst gewähltes Hamsterrad, über unser zentrales Gut mit Namen Aufmerksamkeit, über die Art und Weise, wie wir uns gerade selbst richten sowie über den notwendigen Moment, rechtzeitig den Stecker zu ziehen; https://bit.ly/dks_digitalerburnout.

22 FOMO ist die Abkürzung von Fear of Missing out – also übersetzt die Angst, etwas zu verpassen; ausführlich dazu in Fußnote 371.

2.2 Die digitale Gesellschaft

Wer einen Blick auf die deutsche digitale Gesellschaft wirft, dem fällt auf, dass die Digitalisierung in den Köpfen langsam aber kontinuierlich voranschreitet. Selbst wenn laut ARD-ZDF-Onlinestudie[23] rund 90 Prozent der Deutschen im Internet sind, wirklich in der digitalen Gesellschaft sind sie erst zum Teil angekommen. Woran das liegt? Ein Blick auf einige Zahlen und Studien macht die weiterhin herrschende digitale Kluft deutlich.

2.2.1 Der digitale Gap

Der digitale Gap beginnt schon bei der falschen Interpretation von Zahlen und Studien. Auch wenn die obige Zahl – rund 90 Prozent der Deutschen sind im Internet – überall verbreitet ist, so ist sie mit Vorsicht zu genießen. Denn dies bedeutet einzig und allein, dass im Jahre 2019 rund 90 Prozent das Internet zumindest gelegentlich genutzt haben. Korrekt dagegen ist die Aussage in derselben Studie: »50 Millionen Menschen in Deutschland sind täglich online.« Das bedeutet: Bezogen auf die tägliche Nutzung des Internets haben genau 71 Prozent der Befragten angegeben, an einem normalen Tag online gewesen zu sein – mit beträchtlichen Unterschieden zwischen den Altersstufen. Und dies heißt auch, dass 29 Prozent und damit fast ein Drittel der deutschen Bevölkerung täglich nicht das Internet nutzen und damit für digitale Kommunikationsmaßnahmen nur begrenzt erreichbar sind. Warum diese notwendige Unterscheidung: Falsch interpretierte Aussagen könnten dazu führen, dass Organisationen ihr komplettes Budget in den digitalen Bereich umschichten, da ja heute »jeder online ist« und sie ihre Zielgruppen nur noch dort erreichen können. Dies wäre eine Interpretation, die mit Sicherheit nicht für alle Zielgruppen zutreffend ist.[24]

Die erwähnten beträchtlichen Unterschiede verdeutlicht der »D21-Digital-Index – Jährliches Lagebild zur Digitalen Gesellschaft«[25], eine der zentralen Studien in Deutschland rund um Digitalisierung und die Wahrnehmung digitaler Inhalte. Die Studie der Initiative D21 wird jährlich von Kantar TNS durchgeführt und misst die Entwicklung des Digitalisierungsgrads der deutschen Bevölkerung bezogen auf Internetzugang, Kompetenz und Nutzungsvielfalt digitaler Medien. Im Mittelpunkt der Untersuchung steht die Frage, wie die hiesige Gesellschaft den digitalen Wandel mit all seinen Vorteilen und Herausforderungen erlebt – also Zugang, Nutzungsverhalten, Kom-

23 Vgl. http://www.ard-zdf-onlinestudie.de; eine kompakte Zusammenfassung der wichtigsten Aussagen und Zahlen zur Studie liefert diese Grafik; https://bit.ly/dks_ardzdf2019.

24 Ausführlich wird diese Frage über halbwahre Zahlen und Aussagen im folgenden Blog-Beitrag des Autors thematisiert: »Nein, wir sind noch nicht alle online!«, vgl. Ruisinger (2019a); https://bit.ly/dks_ruisinger_online.

25 https://bit.ly/dks_d21_digitalindex2019.

petenz, Offenheit. Das heißt: Wie gut sind die Menschen auf den digitalen Wandel eingestellt? Wie nutzen sie das Internet? Wie kompetent gehen sie mit den vielen Anwendungen um? Und wie aufgeschlossen steht die deutsche Gesellschaft der Digitalisierung und den damit verbundenen Entwicklungen gegenüber? Dabei teilt die Studie die Bevölkerung in drei zentrale Gruppen ein: Digitale Abseitsstehende, Digitale Mithaltende und Digitale Vorreiter.

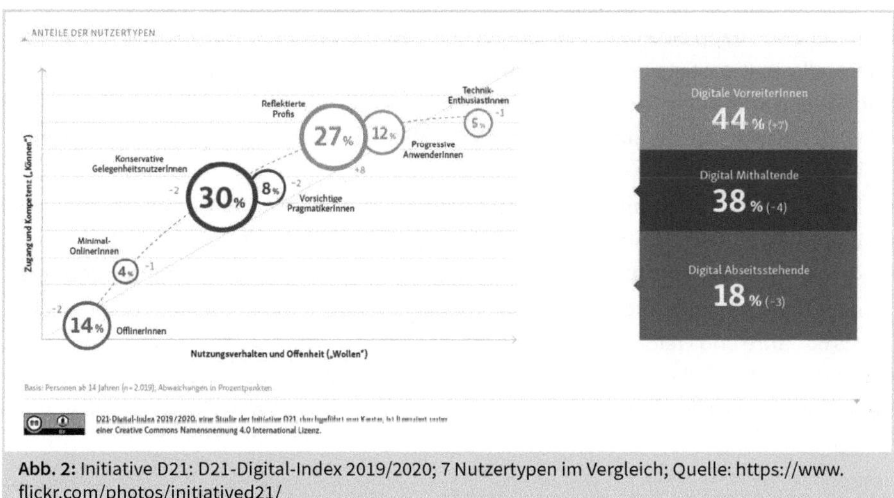

Abb. 2: Initiative D21: D21-Digital-Index 2019/2020; 7 Nutzertypen im Vergleich; Quelle: https://www.flickr.com/photos/initiatived21/

Der D21-Digital-Index 2019/2020 zeigt auf, dass der Digitalisierungsgrad im Vergleich zu den Vorjahren weiter leicht gestiegen ist. »Die Digitalisierung in Deutschland gewinnt an Geschwindigkeit«, so die Autoren der Studie. Damit partizipiert eine wachsende Zahl an Deutschen an der digitalen Welt. Immer mehr Menschen zählen sich zur Gruppe der Digitalen Vorreiter oder zumindest zu den Digital Mithaltenden. Auch der Blick auf die Digitalisierung ist positiv: So erwarte die deutsche Bevölkerung »einen positiven Einfluss der Digitalisierung auf viele Herausforderungen an die Berufswelt, insbesondere beim Ausbildungssystem und lebenslangem Lernen«.[26]

Gleichzeitig bestehen weiterhin große Unterschiede beim Umgang mit der Digitalisierung und den digitalen Kommunikationsinstrumenten. Abb. 2 macht deutlich, dass es auf der einen Seite einen weiterhin großen Anteil an Bürgern gibt, die als Offliner und Minimal-Onliner (18 Prozent) abseits der Digitalisierung stehen. Vor allem mangelndes Interesse, aber auch fehlender Nutzen und zu hohe Komplexität der digitalen Welt halten die Digital

26 https://bit.ly/dks_d21_digitalindex2019.

Abseitsstehenden davon ab, sich ins Internet zu wagen oder ein Smartphone zu nutzen. Klassische Medien werden als ausreichend empfunden. Auf der anderen Seite gibt es rund 44 Prozent Digitale Vorreiter, die sich offen mit den neuen Technologien auseinandersetzen und bereit sind, sich tiefer dort einzubringen. Sie können sich ein Leben ohne Internet gar nicht mehr vorstellen.

Während also knapp ein Fünftel der deutschen Bevölkerung praktisch nicht an der digitalen Gesellschaft partizipiert, verfügt ein gutes Drittel über einen hohen Digitalisierungsgrad: Diesen stark auseinandergehenden Gap verdeutlichen weitere Zahlen:

- Ohne Zugang: Noch immer sind knapp 10 Millionen Bundesbürger nicht im Internet und damit offline.
- Bildungsarm: Die niedrige Bildungsschicht hinkt nicht nur bei der Internetnutzung hinterher; niedrig Gebildete sind in vielen Kompetenzbereichen abgehängt.
- Große Unterschiede: Die Internetnutzung ist stark abhängig von Alter, Geschlecht oder Bildung. In der niedrigsten Bildungsschicht ist gut die Hälfte der Personen älter als 60 Jahre und weiblich.
- Stadt-Land-Gefälle: Die Schere zwischen Stadt und Land geht weiter auf. Generell gilt: Je urbaner die Umgebung ist, desto eher werden das Internet und digitale Anwendungen genutzt.

Die Spaltung beziehungsweise den Rückstand gerade bei der Landbevölkerung erklären die Studienautoren mit der fehlenden digitalen Infrastruktur. Diese sei eine »wesentliche Grundvoraussetzung, damit Menschen in Deutschland Zugang zu digitalen Innovationen wie Kommunikationsdiensten, Telemedizin oder Streaming erhalten und davon profitieren können«. Ihre Forderung: »Die Bereitstellung einer modernen Infrastruktur sollte daher ein hohes strategisches Ziel für die Zukunftsfähigkeit des Landes sein.«[27]

27 https://bit.ly/dks_d21_digitalindex2019.

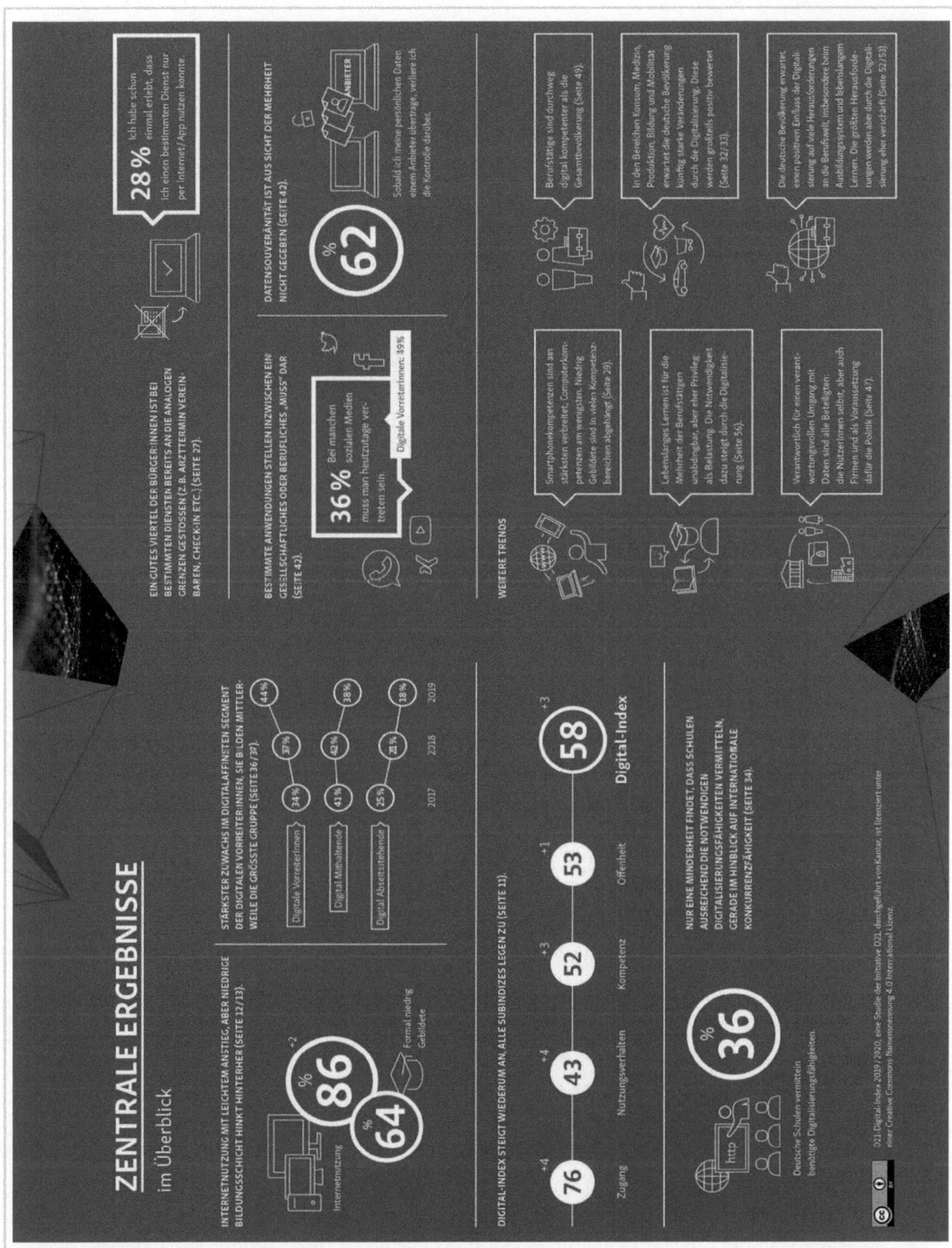

Abb. 3: Initiative D21: D21-Digital-Index 2019/2020; zentrale Ergebnisse; Quelle: https://www.flickr.com/photos/initiatived21

Die Ergebnisse aus Studien wie dem D21-Digital-Index helfen Kommunikationsexperten bei der Entwicklung von Strategien zu erkennen, wie stark die digitalen Medien von welcher Bevölkerungsgruppe genutzt werden und auf welche Weise sie ihre Zielgruppen gezielt ansprechen können – ob über klassische analoge Maßnahmen oder über vielfältige digitale Anwendungen. Selbst wenn Prognosen in einer digitalen Zeit immer schwer zu erstellen sind, so ist davon auszugehen, dass sich die Diskrepanzen zwischen Menschen mit niedrigem und denen mit hohem Digitalisierungsgrad in den kommenden Jahren nicht aufheben, sondern dass sich stattdessen der ausgeprägte Gap weiter verschärfen wird. Gleichzeitig hat sich die Zahl der Internetnutzer im Zuge der COVID-19-Krise mit Sicherheit deutlich erhöht. Nur so hatten die Menschen die Chance, Waren einfach und gefahrlos zu bestellen und sich privat oder beruflich, mit den Liebsten oder dem eigenen Team zumindest virtuell zu treffen. Aus Kommunikationssicht bedeutet dies: In den meisten Fällen muss in digitalen Zeiten der Fokus auf einer integrierten Kommunikationsstrategie liegen, die traditionelle mit digitalen Kommunikationskanälen kombiniert, um die heterogenen Zielgruppen zu erreichen.

Gap bei der Social-Media-Nutzung

Der digitale Gap lässt sich auch bei der Nutzung sozialer Medien beobachten. Von den vielfältigen digitalen Technologien und speziell den sozialen Medien haben es in den vergangenen Jahren nur wenige Plattformen tief ins Bewusstsein der Deutschen geschafft, sodass sie nicht nur wahrgenommen, sondern von der Mehrheit auch regelmäßig genutzt werden. In vielen Köpfen hat sich festgemacht: Bei Facebook unterhalte ich mich mit meinen Freunden, bei Instagram poste ich Bilder und Videos von Momenten, die ich gerade erlebt habe, auf YouTube sehe ich mir Videos zu allen Themen an. Selbst Snapchat und TikTok sowie Twitch haben gerade bei Teens und Twens hohe Beliebtheit erreicht. Und WhatsApp thront als Marktführer für die direkte Kommunikation und als Marktführer bei den Messengern über allen. Andere Instrumente bleiben dagegen weitgehend den digitalen Eliten, den Influencern, den Kommunikations- und Marketing-Profis vorenthalten. Was mache ich beispielsweise auf Twitter, mit der visuellen Inspirationsplattform Pinterest, mit den Blogging-Plattformen Medium und Tumblr, mit dem Social-News-Aggregator Reddit, mit den sicheren Messengern Threema und Signal oder mit den vielen Blogs – ob von privaten Absendern oder von Unternehmen?

Trotz aller medialen Präsenz schafft es beispielsweise Twitter bis heute nicht, nicht nur netz-, kommunikations- und technikaffine Nutzer anzuziehen und längerfristig zu binden. Laut ARD-ZDF-Onlinestudie sind es in Deutschland gerade einmal zwei Prozent, die Twitter täglich nutzen[28] (im Vergleich: WhatsApp 63 Prozent, Facebook 21 Prozent, Instagram 13 Prozent). Dabei handelt es sich vorwiegend um Kommunikations- und Marketingfachleute, um Journalisten und andere Multiplikatoren, um Verbände, Netzwerke und

28 Vgl. ARD-ZDF-Onlinestudie 2019; http://www.ard-zdf-onlinestudie.de.

Politiker für ihre Public-Affairs-Aktivitäten sowie um Prominente aus dem Show-, TV- und Sport-Business. Diese erkennen für sich den Sinn, eigene Themen zu lancieren, die aktuellen Entwicklungen zu beobachten, sich mit ihren Kollegen und Fans auszutauschen oder sich selbst darzustellen. Die Suche nach dem Sinn spiegelt sich in der hohen Anzahl an Menschen wider, die Twitter zwar begonnen haben zu nutzen, es aber nach kurzer Zeit aufgegeben haben. Sie haben für sich keinen erkennbaren Mehrwert erkannt und es wieder aufgegeben; oder sie nutzen Twitter ausschließlich passiv zum Lesen.

2.2.2 Die technologischen Hindernisse

Damit sich die deutsche Bevölkerung stärker auf die digitale Transformation, auf Digitalisierung und auf die digitalen Kommunikationsinstrumente einlassen kann, müssen die technologischen Voraussetzungen vorhanden sein, wie bereits die Autoren des D21-Digital-Indexes gefordert hatten. Schließlich bilden schnelle und überall verfügbare Internetverbindungen die Grundlage für eine intensive Nutzung von Medien digitaler Kommunikation. Nur so kann sie jeder von überallher nutzen – und auch darin die Chancen für sich begreifen. Genau beim Thema technologischer Infrastruktur hängt Deutschland im internationalen Vergleich weiterhin zurück. Wie Abb. 4 zeigt, belegt Deutschland unter den aufgelisteten Ländern gerade einmal Platz 25, wenn es um schnelle Internetverbindungen geht.[29] Und daran hat sich seit 2017 wenig verändert. Auch beim Thema Glasfaser bleibt Deutschland ein Entwicklungsland.[30]

Dies bedeutet: Für viele Menschen existiert die Infrastruktur nicht, um kontinuierlich die digitalen Kommunikationsinstrumente zu nutzen und mit anderen Personen oder Organisationen in einen fortdauernden und ortsunabhängigen Dialog zu treten. Dass dies einer intensiveren Nutzung digitaler Kommunikationsmedien hinderlich ist, ist nachvollziehbar: Je besser und schneller jemand auf seine Instrumente zugreifen kann – und dies mit hoher Geschwindigkeit und überall verfügbar –, desto eher wird er sie nutzen – und zwar regelmäßig.

29 Vgl. https://bit.ly/dks_statista_internetzugang.
30 Vgl. https://bit.ly/dks_statista_glasfaser.

Abb. 4: Deutsches Web zu langsam für die Weltspitze; Quelle: statista (2017), https://bit.ly/dks_statista_internetzugang

Die mobile (Ohn-)Macht

Zu diesen grundlegenden Problemen zählt die nur langsam ansteigende WLAN-Abdeckung, die sich meist auf die deutschen Großstädte und damit Technologiemetropolen beschränkt. Während beispielsweise in den nordeuropäischen Ländern oder in den baltischen Staaten fast an jedem Ort freier und kostenloser Internetzugang vorhanden ist, hat Deutschland Nachholbedarf: Schlechte Verbindungen wie in öffentlichen Verkehrseinrichtungen oder langwierige Diskussionen über städtische WLAN-Angebote sind Beispiele für diesen Rückstand. Solche Hindernisse betreffen insbesondere die mobile Nutzung in Deutschland.

»Hochleistungsfähige Breitbandnetze sind Basis und Treiber der Digitalisierung und damit für die digitale Zukunftsfähigkeit Deutschlands unverzichtbar«[31], forderte Ralph Dommermuth, CEO der United Internet AG, bereits im Jahre 2015 mit Blick auf die künftigen Entwicklungen. Ohne die richtigen Datenautobahnen habe Deutschland keine Chance, die immer schneller voranschreitende Digitalisierung erfolgreich zu bewältigen. Vielmehr müsse eine zukunftsfähige digitale Infrastruktur geschaffen werden, um der »dreifachen Anforderung von hoher Kapazität, breiter Verfügbarkeit und geringer Latenz« zu genügen.

31 Dommermuth, S. 13 in: https://bit.ly/dks_bmwi_digitalestrategie.

Erste Zeichen der Hoffnung

Positiv ist anzumerken, dass die Bundesregierung das Problem und den dringenden Nachholbedarf erkannt zu haben scheint. Sie will die infrastrukturellen Grundlagen für eine bessere Nutzung der Informationstechnologien stärken. Um Deutschland fit für das digitale Zeitalter zu machen, hat sie am 15. November 2018 die Umsetzungsstrategie »Digitalisierung gestalten«[32] verabschiedet und im März 2019 aktualisiert. Sie soll als klares politisches Leitbild zur Gestaltung des digitalen Wandels dienen. Ziel sei es, »die Lebensqualität für alle Menschen in Deutschland weiter zu steigern, die wirtschaftlichen und ökologischen Potenziale zu entfalten und den sozialen Zusammenhalt zu sichern«.

Gleichzeitig muss das Thema Digitalisierung und digitale Transformation als Bildungsaufgabe verstanden werden, die möglichst früh zu beginnen hat – bereits in der Schule. Zu diesem Standpunkt gibt es mehrere Forderungen und Anregungen gerade aus der Wirtschaft, Digitalkunde, Programmierung etc. zu einem Unterrichtsfach ab der ersten Klasse zu machen.[33] Schließlich werden Kinder, die heute eingeschult werden, in etwa zwanzig Jahren in einen Arbeitsmarkt eintreten, der deutlich anders als der heutige aussehen und völlig andere Kompetenzen verlangen wird.

Bei diesen grundsätzlich richtigen Ansätzen stellt sich die entscheidende Frage, wie schnell und wie umfassend die Politik in Verbindung mit der Wirtschaft, der Wissenschaft und mit verantwortlichen Institutionen die Initiative aufgreifen und umsetzen wird. Personen wie Dorothea Bär, Staatsministerin im Bundeskanzleramt und Beauftragte der Bundesregierung für Digitalisierung, sind sich bewusst, dass frühzeitig noch stärker in digitale Bildung sowie in Weiterbildung investiert werden muss: »Das muss schon in der Schule beginnen. Jedes Kind sollte Programmieren lernen. Jeder Mitarbeiter braucht Angebote für digitale Weiterbildung und sollte diese nutzen.«[34] Doch wann wird dies umgesetzt?

Bisher nur Durchschnitt

So ist zu befürchten, dass es etwas länger dauern wird, bis es zu solchen zukunftsweisenden wie notwendigen Veränderungen in der Bildungspolitik kommen wird. Zudem ist kritisch zu hinterfragen, ob die Zielsetzung »bis zum Jahre 2025« nicht viel zu langfristig gewählt ist – gerade angesichts der rasanten Entwicklungen bei der digitalen Transformation und den Veränderungen insbesondere auf dem Arbeitsmarkt, wie sich in Corona-Zeiten verstärkt gezeigt hat.

---

32 Die Umsetzungsstrategie »Digitalisierung gestalten«, herausgegeben vom Presse- und Informationsamt der Bundesregierung, lässt sich hier herunterladen; https://bit.ly/dks_madeinde.

33 Vgl. https://bit.ly/dks_diezeit_digitalkunde.

34 https://bit.ly/dks_dorotheebaer.

Bislang bleibt Deutschland beim Thema Digitalisierung selbst in Europa nur Durchschnitt. Dies ergab zumindest eine Untersuchung der EU-Kommission nach dem DESI-Index, wobei die Bereiche Konnektivität, Humankapital, Internetnutzung, Digitale Technologien und öffentliche Hand berücksichtigt wurden.[35] Und wenn man sich die aktuelle Entwicklung genauer betrachtet – Stichwort WLAN-Verbreitung, Surf-Geschwindigkeit, politisches Unwissen[36] – dann wird dies wohl leider noch eine Weile so bleiben.

VIDEO-TIPP

Film zur digitalen Transformation
Wie schnell Technologien derzeit dafür sorgen, dass Science-Fiction zu Fakten wird, wie stark digitale Technologien gerade unser Leben verändern, welche Skills wir benötigen, um diesen Veränderungsprozess aktiv mitsteuern zu können und nicht passiv vorgeführt zu werden, dies zeigt der spannende Kurzfilm des Futuristen und Autoren Gerd Leonhard über die digitale Transformation.
Zum Film: https://bit.ly/dks_leonard_digitaletransformation

2.3 Digitale Unternehmenswelten

2.3.1 Digitale Transformation

Ob Großunternehmen, Mittelständler oder gesellschaftspolitische Institution: Alle Organisationen stellt die digitale Transformation vor enorme Herausforderungen, stellt sie bestehende Organisations- und Planungsprozesse sowie gewohnte Denkweisen gründlich auf den Kopf. Dieser Veränderungsprozess betrifft – fast – jeden Unternehmensbereich. »Viele Unternehmer meinen immer noch, digitale Transformation bedeute die Umstellung auf neue IT oder gar nur die Einführung von Social Media im Unternehmen«, so Kommunikationsexperte Prof. Dr. D. Georg Adlmaier-Herbst in seinem Gastbeitrag (s. S. 51). Dabei sei die Transformation viel weitreichender und komplexer, beschreibe sie doch eine »Neuausrichtung von Geschäftsmodellen durch Technologien«, um die Kundenerlebnisse an jedem Berührungspunkt mit dem Unternehmen zu verbessern«.

Auch eine Studie von YouGov[37] fand heraus, dass 57 Prozent der Angestellten entweder die Bedeutung von digitaler Transformation nicht verstehen oder aber sie falsch interpretieren. Wenn mehr als die Hälfte dieser befragten 500 britischen kleinen und mittelständischen

35 Vgl. https://bit.ly/dks_statista_desiindex.

36 Es gibt immer wieder Aussagen von Politikern, die für Verwunderung sorgen. So zum Beispiel die damals neue bayerische Staatsministerin für Digitales, Judith Gerlach: »Ja, Digitalisierung ist jetzt sicher nicht mein Spezialbereich, aber ein absolutes Zukunftsthema«; https://bit.ly/dks_br_judithgerlach.

37 https://bit.ly/dks_cherwell_digitaltransformation.

Unternehmen verwirrt ist, gibt es dann wirklich ein Erfolgsrezept? Laut einer McKinsey-Studie[38] würden 70 Prozent der Versuche, eine digitale Transformation umzusetzen, scheitern. Liegt dies an diesem verwirrenden Begriff?

TOOL-TIPP

Der Test zum Stand der digitalen Transformation
Das Forschungs- und Beratungsunternehmen Kaleido Insights aus San Francisco hat mit »Digital Directive« ein gut verständliches Scoring-Tool entwickelt. Dieses hilft, den eigenen Stand und die eigene Reife bei der digitalen Transformation zu überprüfen. Dazu hat Kaleido die einzelnen Herausforderungen in sieben Hauptmodule und insgesamt 60 unterschiedliche Kriterien aufgeteilt, die Organisationen schrittweise durchgehen und so den Status ihrer eigenen Anstrengungen überprüfen können.
Anhand der sieben Kategorien – Strategie, Daten, Kundenerfahrung, Organisationsanpassung, Analytics und Künstliche Intelligenz, Menschen und Kultur, Innovation – lässt sich gut erkennen, dass digitale Transformation deutlich mehr als ein technischer Vorgang ist. So heißt es passend in der Tool-Beschreibung: »Many companies talk about ›Digital Transformation‹ but use it in a limited fashion, such as: just turning paper into PDFs or using web tools to communicate to customers, but in the end, the core culture, and even business model has changed.«[39]
Zum Tool: https://www.kaleidoinsights.com/digital-directive/

»Digital transformation is the evolving pursuit of innovative and agile business and operational models – fueled by evolving technologies, processes, analytics, and talent capabilities – to create new value and experiences for customers, employees, and stakeholders«, so definiert die Altimeter Group den Begriff in ihrer Studie »State of Digital Transformation«[40]. Die Schaffung neuer Werte und Erfahrungen für Kunden, Mitarbeiter und Stakeholder – allein diese Definition macht deutlich, dass digitale Transformation damit einen grundlegenden Wandel der gesamten Unternehmenswelt bedeutet.

Mittels entwickelter Informations- und Kommunikationstechnologien wird versucht, die analoge und die digitale Ebene miteinander zu verschmelzen und die Performance von Unternehmen wie Institutionen auf diese Weise schrittweise zu verbessern. Sven Ruoss, Projektmanager Business Development bei der Ringier AG, spricht von einer »Reise ins

38 https://bit.ly/dks_retailwire_digitaltransformation.
39 https://www.kaleidoinsights.com/digital-directive/.
40 Vgl. https://bit.ly/dks_stateofdigitaltransformation.

digitale Zeitalter«[41]. In seiner Präsentation bezeichnet er die digitale Transformation sogar als die höchste Ebene digitalen Wissens. Sie baue auf der digitalen Kompetenz und der digitalen Nutzung auf, um Unternehmensprozesse und Geschäftsmodelle weiterzuentwickeln, also zu transformieren. Auf dieser Reise werden Prozesse, Produkte, Dienstleistungen und Geschäftsmodelle etappenweise an den Bedingungen einer vollständig vernetzten digitalen Welt ausgerichtet.

Auch wenn der Begriff der digitalen Transformation in erster Linie einen ökonomischen Wandlungsprozess beschreibt, so ist der Vorgang weniger eine technische denn vor allem eine gesellschaftliche und kulturelle Aufgabe, beschreibt Lars M. Heitmüller, Leiter Marketing und Kommunikation bei S-Kreditpartner, das Wesen der digitalen Transformation. Ähnlich wie Herbst betont er, wie die Transformation unsere Arbeit grundlegend verändere: »Während viele bei Digitalisierung zunächst an Technik denken, geht es doch vielmehr um kulturelle Herausforderungen.«[42] Jene könnten aber nur bewältigt werden, wenn ein Unternehmen hierfür die Voraussetzungen schaffe. Dabei spielten vor allem Sozial- und Lernkompetenz, also die Kooperation mit Menschen unterschiedlicher Kulturen und Kompetenzen, offene und eigenverantwortliche Partizipation sowie eine Kultur der Transparenz entscheidende Rollen.

Ein digitaler Transformationsprozess greift damit auf viele Bereiche zu, die in der folgenden Abbildung verdeutlicht werden. Er betrifft:

- die Rolle der Führung innerhalb des Change-Prozesses (siehe Kapitel 2.3.3), auch verantwortlich für die interne Kultur sowie für flexible, agile Arbeitsformen;
- die strategische digitale Kommunikation als Dialog- und Interaktionsinstrument für die interne wie externe Zielgruppenansprache;
- die unmittelbaren Auswirkungen der technologischen Entwicklungen auf das Unternehmen und sein Geschäftsmodell;
- sowie die notwendigen Instrumente, Geschäftsmodelle an die digitale Wirklichkeit anzupassen beziehungsweise bestehende infrage zu stellen.

41 https://bit.ly/dks_ruoss_transformation.

42 https://bit.ly/dks_technikbrauchtkultur.

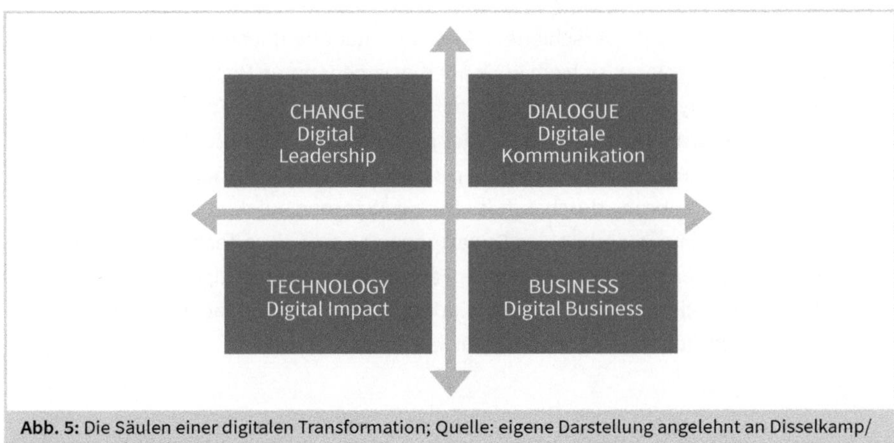

Abb. 5: Die Säulen einer digitalen Transformation; Quelle: eigene Darstellung angelehnt an Disselkamp/Heinemann (2018), S. 3

»Die Digitale Transformation hat schon längst begonnen. Und sie ist nicht mehr aufzuhalten«, schreiben die Autoren Disselkamp/Heinemann. »Man muss sich an ihr beteiligen und sie für sich zu nutzen wissen. Wer dies als Unternehmen nicht erkennt und viel zu spät oder zu schwach einsteigt, kann nur verlieren.«[43] Auch wenn jede Organisation vor ganz individuellen Herausforderungen steht, beeinflusst die digitale Transformation fast überall Wertschöpfungsketten, Geschäftsbeziehungen, Kundenbedürfnisse. Gerade die Erwartungshaltung von Kunden, Partnern, Medien, Mitarbeitern und weiteren Stakeholdern hat sich durch digitale Technologien, neue Geschäftsmodelle und die einhergehende Vielfalt an Kommunikationskanälen nachhaltig verändert.

Für Organisationen bedeutet die digitale Transformation deshalb vielfach Veränderung, teils fundamentale Erneuerung, teils die Infragestellung etablierter und lange währender Geschäfts- und Kommunikationsmodelle – meist also einen wirklichen tief reichenden Kulturwandel. Darüber hinaus muss berücksichtigt werden, dass dies kein einmalig durchgeführter und danach auf Dauer abgeschlossener Vorgang ist. Vielmehr erfordert es Kontinuität bei der Planung, der Implementierung und der weiteren Verfolgung mit offenem Ende.

AUSFLUG

Der Hype Cycle und die digitale Affinitätsanalyse

Waren früher technologische Veränderungsprozesse oft generationsübergreifende Vorgänge, so hat sich die Entwicklung digitaler Technologien deutlich beschleunigt. Von dem Experiment und der Betaversion zum marktreifen Massenprodukt ist es heute oft nur eine Sache von wenigen Jahren oder gar Monaten. Dabei durchlaufen viele Technologien bei ihrer Implementierungsphase – ob Betaversion mit eingeschränkten Nutzerzahlen oder direkter Start

43 Disselkamp/Heinemann (2018), S. 5.

als Massenprodukt – verschiedene Phasen in der öffentlichen Wahrnehmung. In diesem Kontext lohnt sich ein Blick auf den sogenannten Hype Cycle.
Der Begriff »Hype Cycle« wurde im Jahre 1999 durch Jackie Fenn vom Marktforschungsunternehmen Gartner Inc. geprägt. Er zeichnet den zeitlichen Verlauf nach, welche Phasen der öffentlichen Aufmerksamkeit eine neue Technologie nach ihrer Einführung durchläuft (s. Abb. 6). Während auf der y-Achse Daten bezüglich Aufmerksamkeit und Erwartungen an eine neue Technologie aufgetragen sind, verläuft auf der x-Achse der Faktor Zeit seit erstmaliger Bekanntgabe der neuen Technologie. Insgesamt sind fünf Phasen zu beobachten, deren zeitlicher Verlauf sich wie folgt charakterisieren lässt:

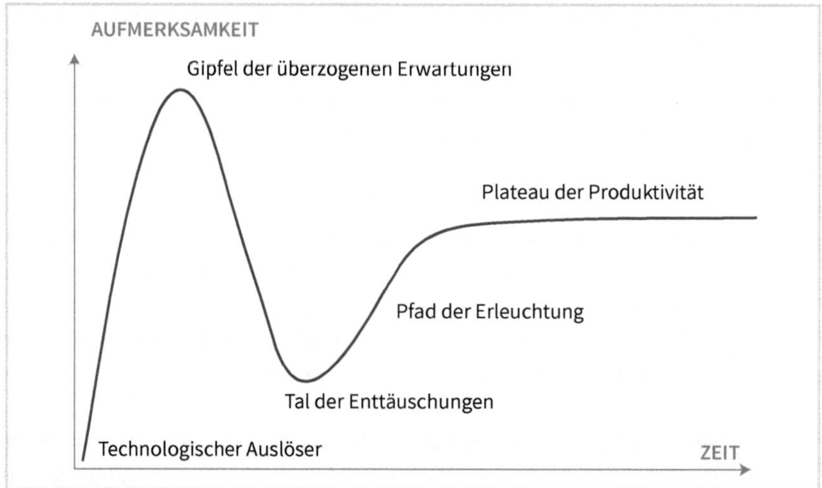

Abb. 6: Hype Cycle nach Gartner Inc.; Quelle: Jeremy Kemp für English Wikipedia[44]; von Idotter – http://en.wikipedia.org/wiki/File:Gartner_Hype_Cycle.svg, CC BY-SA 3.0; https://commons.wikimedia.org/w/index.php?curid=7560534

Die erste Phase definiert Gartner als »Technologischen Auslöser«. Sie bezeichnet den Moment, in dem eine neue Technologie öffentlich sichtbar wird und nach dem Durchbruch schnell auf hohes Interesse stößt. Stufenweise nimmt ihre Verbreitung zu, was zu einer intensiveren Nutzung führt. Daraus resultieren oftmals übertriebene und unrealistische Einschätzungen. Nicht erfüllte Erwartungen an die neue Technologie führen wiederum dazu, dass die Kurve vom »Gipfel der überzogenen Erwartungen« in das »Tal der Enttäuschungen« hinabstürzt. Der Kurvenverlauf verdeutlicht, dass die Technologie so schnell sie öffentliche Sichtbarkeit erhalten hat, so rasch auch wieder an Aufmerksamkeit verliert. Als

44 Wikipedia, https://de.wikipedia.org/wiki/Hype-Zyklus; detaillierte Informationen zu Gartners Hype Cycle sind hier zu lesen: https://bit.ly/gartner-hypecycle.

Konsequenz nehmen beispielsweise die Berichterstattung in den Medien und die Nutzung der Technologie gerade auf die Masse der Menschen bezogen wieder ab. Am Tiefpunkt ist der Moment gekommen, so der Verlauf des Hype Cycle, dass sich die Unternehmen, die Institutionen und die einzelnen Nutzer stärker mit der neuen Technologie auseinandersetzen und die wirklichen Möglichkeiten der Neuerung zu erkennen suchen. Das Wissen, verbunden mit jetzt deutlich realistischeren Erwartungen bezüglich der Vorteile wie der Grenzen der Technologie, führt auf einen »Pfad der Erleuchtung«. Wird die positive Einschätzung der Vorteile und Chancen von anderen geteilt, kann die Entwicklung auf ein »Plateau der Produktivität« gelangen. In diesem Moment kann nicht mehr von einem Hype gesprochen werden. Die Technologie ist stattdessen etabliert, wobei die finale Höhe des Plateaus davon abhängt, ob sie sich auf dem Massenmarkt behaupten oder nur von Nischenmärkten übernommen wird.

Der Zyklus hilft insbesondere Unternehmens- und Technologieberatern, die Einführung einer neuen Technologie einschätzen und final bewerten zu können. Gleichzeitig lässt sich der Zyklus gut auf die digitale Kommunikation übertragen. Ohne sich von Hypes anstecken zu lassen, hilft er, die wirklichen Potenziale digitaler Technologien und Kommunikationsmedien für das eigene Umfeld zu erkennen. Gerade Kommunikationsexperten dient er deshalb als Vorlage, um die Einführung neuer Technologien, Tools oder Trends zu bewerten. Schließlich müssen sie in ihrer Funktion als Berater in der Lage sein, frühzeitig die Chancen neuer Plattformen, Dienste und Anwendungen zu beurteilen sowie gegebenenfalls deren kommunikatives Risikopotenzial zu identifizieren. Letztlich sollten Kommunikationsmanager die Aufgabe einer Themenanalyse und -bewertung – so Thomas Pleil und Ansgar Zerfaß – »als Teil des Issues-Managements sehen, das in diesem Fall der kontinuierlichen Anpassung und Verbesserung der Online-Kommunikation selbst dient«[45].

2.3.2 Langsamer Wandel

Jedes Jahr publiziert das Forschungsunternehmen Altimeter Group seinen bereits erwähnten Bericht »State of Digital Transformation«. Dieser zeigt, wie sich Unternehmen in Zeiten der Digitalisierung weiterentwickeln und welchen Auswirkungen disruptive Technologien auf sie haben. Schließlich soll eine digitale Transformation Unternehmen helfen, in einer heutigen Wirtschaft wettbewerbsfähiger zu werden und weiter zu wachsen. Auch wenn – so die Ausgabe 2018/2019 – viele Unternehmen auf einem guten Weg seien, fokussieren sich viele noch zu stark auf die technologische Ebene, schreibt Principal Analyst Brian Solis: »What's also evident is that there is still much work to do as companies are, by

45 Zerfaß/Pleil in: Zerfaß/Pleil (2016), S. 75.

and large, prioritizing technology over grasping the disruptive trends that are influencing markets and, more specifically, customer and employee behaviors and expectations.« Und weiter: »the purpose of digital transformation is not to become more digital. It's to generate growth.«[46] Für ihn sei offensichtlich, »that digital transformation is maturing into an enterprise-wide movement. Digital transformation is modernizing how companies work and compete and helping them effectively adapt and grow in an evolving digital economy.« Schon diese Einschätzung verdeutlicht nochmals die Bedeutung einer digitalen Transformation für das gesamte Unternehmen – mit enormen Langfristfolgen.

Wenn man sich die Kernbegriffe aus Solis' Bewertung herauspickt – also größere Wettbewerbsfähigkeit, stärkeres Wachstum, neue Zielgruppen, unternehmensweite Bewegung – dann wird deutlich, dass sich kaum ein Unternehmen oder eine Institution diesem Wandel entziehen kann. Nur diejenigen werden die digitale Revolution überstehen, die ihre traditionellen Geschäftsmodelle und Portfolios auf eine zunehmend digitale, individualisierte und unabhängige Kundschaft ausrichten. Ansonsten kommt es zum Aussterben, wenn sich Technologie und Gesellschaft schneller verändern als Organisationen in der Lage sind, sich darauf einzustellen. »Auf längere Sicht kann ich mir nicht vorstellen, dass Unternehmen ohne Digitalisierungsmaßnahmen wettbewerbsfähig sein können, egal in welchem Industriezweig«[47], meint auch Hermann Bach, Head of Innovation Management & Commercial Services beim Werkstoffhersteller Covestro. Genau dies zeigte sich deutlich in der Corona-Krise, in der viele Unternehmen versuchten, in aller Schnelle bisher versäumte Digitalisierungsmaßnahmen nachzuholen, um wettbewerbsfähig zu bleiben beziehungsweise zu überleben.

Boom-Phase als Hindernis für Veränderungen?

Zum vierten Mal hat die Digitalberatung etventure ihre Studie »Digitale Transformation« über die Zukunftsfähigkeit der deutschen Unternehmen publiziert.[48] Mit Unterstützung der GfK wurden dazu die Entscheidungsträger von rund 2.000 Großunternehmen mit Mindestumsatz von 250 Millionen Euro zum Thema Digitalisierung befragt. Über die vergangenen Jahre hatte sich ein langsamer Wandel erkennen lassen. Doch 2019 nahm die strategische Bedeutung der digitalen Transformation in deutschen Chefetagen erstmals wieder ab. Nur gut die Hälfte der Unternehmenslenker nannte sie als eines ihrer Top-3-Themen. Zudem gaben gut zwei Drittel der Großunternehmen erstmals an, dass sie weniger als zehn Prozent ihrer Gesamtinvestitionen in die digitale Transformation lenken. Haben die

46 https://bit.ly/dks_stateofdigitaltransformation.
47 https://bit.ly/dks_hermannbach.
48 https://www.etventure.de/blog/etventure-studie-2019/.

Unternehmen mit der digitalen Transformation schon abgeschlossen oder noch gar nicht richtig angefangen?

etventure-Geschäftsführer Philipp Depiereux schiebt diesen Rückgang auf die lange konjunkturelle Boom-Phase: »Die deutschen Unternehmen sind saturiert, arbeiteten in der Vergangenheit ihre vollen Auftragsbücher ab und spürten kaum Druck, ins digitale Neuland aufzubrechen.« Zudem hakt es an fehlenden Mitarbeitern mit Digital-Know-how. So sehen drei Viertel aller Großunternehmen fehlende qualifizierte Mitarbeiter als größte Hürde – neben der fehlenden Zeit.

Die guten alten Zeiten nutzen

In der vorherigen Boom-Phase als erfolgreiches Industrieland sieht auch Zukunftsforscher Tristan Horx einen der Gründe für das zögerliche Verhalten: »Deutschland ist vergleichsweise noch relativ undigitalisiert, da es seine Stellung als Industrieland noch nicht abgelegt hat.« Deutschland hänge im Industriezeitalter fest und sei im Digitalzeitalter noch nicht so richtig angekommen, der Aufholbedarf sei demnach groß. Der Zukunftsforscher sieht dies positiv: »Der große Vorteil ist der Wohlstand, der noch aus dem Industriezeitalter rührt, hier hat Deutschland die große Chance, auf den Zug der Digitalisierung aufzuspringen.« Seine Devise lautet also: »Die guten Zeiten nutzen, um sich für die Zukunft vorzubereiten.«[49]

Auch wenn 60 Prozent der Unternehmen davon überzeugt sind, dass der digitale Wandel sich aktiv gestalten lässt, sieht Philipp Depiereux deutlichen Nachholbedarf: »Der Übergang vom analogen zum innovativen, digitalen Wirtschaftsstandort vollzieht sich mühsam. Ich glaube durchaus daran, dass die Dringlichkeit des Themas erkannt ist. Es ist über die vergangenen Jahre etwas in Gang gekommen. Die Unternehmen haben teilweise begonnen, bestehende Prozesse und ihr Geschäftsmodell zu digitalisieren. Dennoch hat man den Eindruck, im Sinne echter digitaler Innovation, im Sinner neuer Geschäftsmodelle, neuer digitaler Services und nachhaltiger Digitalumsätze, hat sich kaum etwas geändert.«[50]

Fehlendes notwendiges Change-Management

Zu ähnlichen Ergebnissen kommt die Trendstudie des Beratungsunternehmens Tata Consultancy Services Deutschland (TCS).[51] In Kooperation mit Bitkom Research stellten sie Führungskräften, die in ihren Unternehmen ab 100 Mitarbeitern für das Thema Digitalisierung verantwortlich sind, die Frage: Wie digital ist die deutsche Wirtschaft?

Laut Studie sind 78 Prozent der befragten Unternehmen offen für die Digitalisierung. Sie zeigen sich aufgeschlossen für den technologischen Wandel und investieren wachsende

49 https://bit.ly/dks_tristanhorx.
50 https://www.etventure.de/blog/etventure-studie-2019/.
51 https://studie-digitalisierung.de.

Beträge in die Digitalisierung, in Software für Datenanalysen oder neue Stellen für Digitalmarketing-Fachkräfte. Gerade der Handel hätte sein Zögern aufgegeben und sei heute deutlich aufgeschlossener für die digitale Welt als der Durchschnitt der Branchen. Zudem sei die Transformation immer häufiger strategisch verankert. »Digitalisierung ist mehr als Technologie. Sie betrifft die Kultur und Arbeitsweise sämtlicher Abteilungen«, betont »Tata Consultancy«-Geschäftsführer Sapthagiri Chapalapalli. Daher sei es ein positives Zeichen, dass »immer mehr Unternehmen den Wandel bereichsübergreifend koordinieren und durchsetzen«.

Als Hürden identifizierte die Studie Datenschutz, IT-Sicherheit und eine ausbaufähige Digitalkompetenz bei Mitarbeitern. Zudem setzt nur knapp die Hälfte in puncto Digitalisierung auf kommunikativ begleitetes Change-Management. Dabei sei gerade dies notwendig: »Veränderungen führen zu Unsicherheit und Widerständen. Immer mehr Unternehmen bringen ihre Mitarbeiter mit Change-Management auf Digitalkurs. Das Zauberwort heißt Kommunikation.«[52]

Digitale Offenheit bei Mitarbeitern

Beklagen Führungskräftestudien öfters die mangelnde digitale Kompetenz und Offenheit der eigenen Mitarbeiterschaft, bietet die Studie der Bertelsmann Stiftung einen anderen Blickwinkel. Mit der Frage: »Wie digital sind die Unternehmen in Deutschland« befragte sie in Zusammenarbeit mit Kantar mehr als 2.000 Erwerbstätige über den Stand der Digitalisierung in ihrem jeweiligen Unternehmen.[53] Über die Studie wollte sie wissen, was eigentlich die Erwerbstätigen über den Stand der digitalen Transformation in ihrem Unternehmen denken, wie digital sie ihr eigenes Unternehmen einschätzen und wie sie die Digitalisierung ihrer Arbeitswelt wahrnehmen.

Eine Erkenntnis, so die Studienmacher: »Die Ergebnisse der Umfrage unter den Erwerbstätigen zeigen, dass die digitale Offenheit der Menschen in Deutschland am Arbeitsplatz deutlich größer ist als gemeinhin dargestellt.« Die klare Mehrheit der Erwerbstätigen attestiert ihrem Arbeitsumfeld eine grundsätzliche Offenheit gegenüber der Digitalisierung. Ihre Kollegen schätzten sie als aufgeschlossen und sehr offen gegenüber digitalen Technologien und Arbeitsweisen ein. (s. Abb. 7) Und auch ihre Unternehmen sahen sie positiv: 40 Prozent bewerteten sie als äußerst beziehungsweise sehr digital, über 80 Prozent glaubten an die richtige Marktausrichtung ihrer Unternehmen. Nur jeder fünfte Erwerbstätige war der Meinung, dass sein Unternehmen kaum beziehungsweise noch nicht in der digitalen Welt angekommen sei.

52 https://studie-digitalisierung.de.
53 https://www.zukunftderarbeit.de/2020/01/31/unternehmen-digital/.

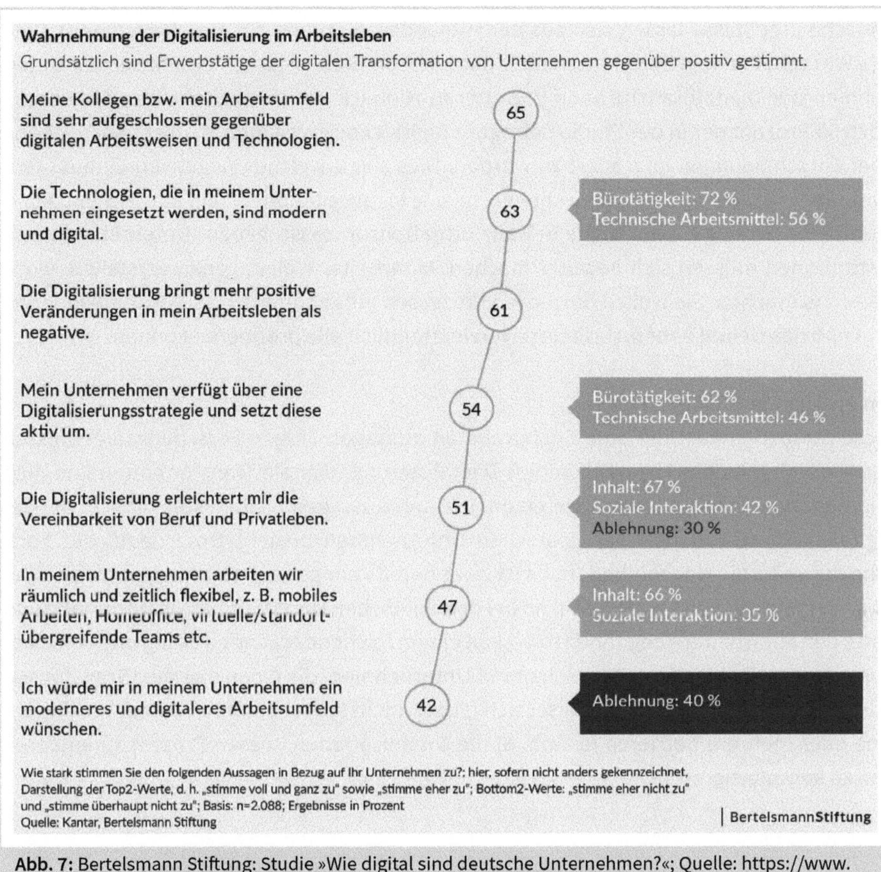

Abb. 7: Bertelsmann Stiftung: Studie »Wie digital sind deutsche Unternehmen?«; Quelle: https://www.zukunftderarbeit.de/2020/01/31/unternehmen-digital

Misstrauen in Unternehmensführung

Ein deutlich bedrohlicheres Bild zeichnet die Jobstudie der Prüfungs- und Beratungsgesellschaft EY, zu der mehr als 1.500 Arbeitnehmer in Deutschland befragt wurden.[54] Danach zweifelt rund ein Drittel daran, dass ihre Geschäftsführung die richtigen Entscheidungen für die Zukunft trifft. Gerade einmal die Hälfte gibt an, dass sie ihrem eigenen Management noch vertraut. Dies kann dazu führen, dass es zur Abwanderung wichtiger Fachkräfte kommt. Zudem sehen sich viele Mitarbeiter nicht ausreichend gut auf die Veränderungen durch die digitale Transformation vorbereitet. Stattdessen beklagen 44 Prozent, dass ihre Arbeitsbelastung durch die Digitalisierung gestiegen sei – und damit deutlich mehr als in den vergangenen Jahren.

54 Vgl. https://bit.ly/dks_ey-studie.

Ähnliche Ergebnisse lassen sich aus der Mitgliederbefragung des Bundesverbands Digitale Wirtschaft e. V. in Zusammenarbeit mit SKOPOS herauslesen.[55] Zwar seien die Unternehmen der Digitalbranche auch Vorreiter in Hinblick auf die digitale Transformation. Doch 53 Prozent der in der Studie befragten Digitalexperten gaben an, nicht ausreichend über Entscheidungen informiert zu werden. Dies zeigt, welchen negativen Einfluss fehlende Personalkapazitäten, schlecht informierte Mitarbeiter oder nicht ausreichend kommunizierte Strategien auf digitale Transformationsprozesse haben. Unternehmen und Institutionen müssen sich bewusst machen: Mitarbeiter wollen genau verstehen, wozu sie etwas machen. Sie wollen bei diesen Prozessen mitgenommen werden, eingebunden sein und das Gefühl haben, dass sie davon letztendlich alle profitieren können.

Am Anfang eines langen Weges

Diese Studien stellen nur eine Stichprobe an aussagekräftigen Forschungsergebnissen dar, die sich mit dem Themenkomplex Digitalisierung, digitale Transformation und digitale Kommunikation auseinandersetzen. Die Kernaussagen bleiben stets gleich: Bei der digitalen Transformation der deutschen Unternehmen besteht trotz deutlicher Fortschritte weiterhin Nachholbedarf. Es ist zwar bereits einiges auf den Weg gebracht – klar ist auszumachen, dass ein Umdenken bei den deutschen Unternehmen, Institutionen und unter den Mitarbeitern begonnen hat –, von einem flächendeckenden Erfolg und von einer durchgängig digitalisierten Wirtschaft mit Unternehmen, die einen digitalen Transformationsprozess umgesetzt haben, lässt sich jedoch nicht sprechen. Noch immer verhindern eine oder mehrere Barrieren (s. Abb. 8) die Organisationen, diesen Prozess zu initiieren und zu komplettieren.

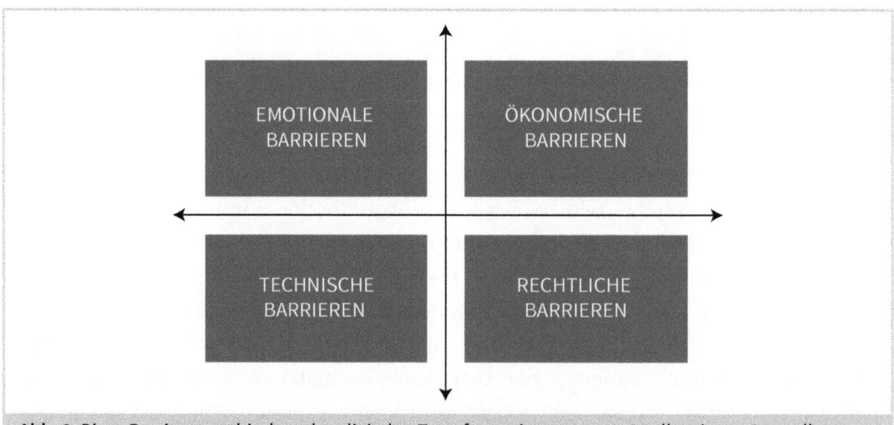

Abb. 8: Diese Barrieren verhindern den digitalen Transformationsprozess; Quelle: eigene Darstellung, angelehnt an Disselkamp/Heinemann (2018), S. 97

55 https://bit.ly/dks_bvdw-studietransformation.

Wie in der Abbildung 8 aufgeführt, sind mit Hindernissen gemeint:

- emotionale Barrieren wie gefühlte Überforderung, Unkenntnis, fehlende Motivation und fehlende Unterstützung durch das Top-Management;
- ökonomische Barrieren wie notwendige Investitionen und Ausgaben sowie fehlende personelle Ressourcen;
- technische Barrieren wie fehlender Breitbandzugang, unternehmensinterne Datensilos und Systeminseln;
- rechtliche Barrieren wie der saubere Umgang mit Datenschutz, mit DSGVO und sonstigen gesetzlichen Vorgaben.

Deutsche Unternehmen dürfen nicht auf neue Entwicklungen nur reagieren, sondern müssen vielmehr aktiv die Chance ergreifen, als Vorreiter die digitale Entwicklung mitzugestalten – also aktiv statt reaktiv. Insbesondere die kleinen und mittelständischen Unternehmen zeigen deutlichen Nachholbedarf bei Entwicklung einer Digitalstrategie, der Umsetzung des digitalen Transformationsprozesses und dem grundlegenden Verständnis für den digitalen Wandel. Dies hat auch Dorothea Bär erkannt: »Bei vielen Großunternehmen gehört die Digitale Transformation bereits selbstverständlich zum Alltag. Auch bei kleineren und mittelständischen Unternehmen hat sich viel getan, hier sehe ich allerdings nach wie vor den größten Nachholbedarf.«[56]

Digital Readiness?

Einerseits ist davon auszugehen, dass die COVID-19-Krise dazu geführt hat, dass viele dieser Barrieren etwas gelöst und digitale Transformationsprozesse schneller umgesetzt wurden. Andererseits gibt es in Deutschland durchaus Projekte und Ansätze, die verdeutlichen, wie Unternehmen die Herausforderungen der digitalen Transformation verstanden haben und wie sie die sich ergebenden Chancen nutzen. Stichwort Kaufentscheidungen: Erfolgreiche Unternehmen richten bereits heute ihre digitalen Geschäftsmodelle, ihre Produkte und ihre Dienstleistungen möglichst eng an der Customer Journey ihrer Nutzer aus. Sie begleiten deren Online-Verhalten mit modernen Tools, integrieren sie aktiv in Produktions- und Weiterentwicklungsprozesse, analysieren kontinuierlich ihr Verhalten per Web Analytics, richten ihr E-Mail-Marketing möglichst genau an den Bedürfnissen ihrer Zielgruppen aus, um sie ausschließlich mit gezielten, individualisierten Informationen zu bespielen. Das Internet wird damit zum zentralen Informations-Hub im Kaufentscheidungsprozess.

Als Zwischenfazit lässt sich sagen: Das Bewusstsein für digitalen Wandel, digitale Transformationsprozesse und digitale Kommunikation ist vorhanden, ebenso für die Notwendigkeit, sich darauf auszurichten. Nur bei der Umsetzung zeigen hiesige kleine und mittelständische Unternehmen noch zu starke Zurückhaltung. Sie sind noch nicht »digital

56 https://bit.ly/dks_dorotheebaer.

ready« auch wenn im Vergleich zur ersten Auflage dieses Buches deutlich mehr positive Zeichen zu erkennen sind, was optimistisch stimmt.

AUSFLUG

Die Blue-Ocean-Strategie

Gerade bei der Digitalisierung und der digitalen Transformation von Unternehmen geht es vielfach darum, auf technologische Neuerungen einzugehen, neue Märkte zu erschließen und innovative Produkte zu erzeugen, für die bislang kein nennenswerter Markt bestand. Dies kann beispielsweise das Ergebnis einer Konkurrenz- beziehungsweise einer Branchenanalyse[57] sein, bei der herausgefunden wurde, dass für Produkte zwar ein hoher Bedarf auf dem Markt bei den Zielgruppen besteht, dieser aber bislang weder durch eigene noch durch Produkte der Konkurrenz besetzt ist.

Die strategische Vorgehensweise, auf den neuen Märkten präsent zu sein, in denen das Unternehmen noch keine oder nur ganz wenig Konkurrenz zu erwarten hat, nennt man »Blue-Ocean-Strategie«. Ursprünglich von W. Chan Kim und Renée Mauborgne an der INSEAD Business School entwickelt, wurde sie im Bereich des Business Development und des strategischen Managements angewendet. Die Methodik basiert auf dem Grundgedanken, dass »nur durch die Entwicklung innovativer, neuer Märkte, die der breiten Masse der Kunden und Nicht-Kunden wirklich differenzierende und relevante Nutzen bieten (sogenannte Blue Oceans), dauerhafte Erfolge erzielt werden können«[58]. Dahinter steht die Leitidee, dass erfolgreiche Unternehmen sich nicht am Wettbewerb orientieren sollten, sondern sich eigene innovative Wege und neue Märkte suchen müssten. Dazu sollten sie darauf setzen, grundlegend neue Märkte, Kundengruppen und Nachfragen zu erschließen und die Kostenstrukturen zu optimieren, das impliziert, sie möglichst gering zu halten, um auf diese Weise konkurrenzfähig zu bleiben.[59]

Den Gegenpol zur »Blue-Ocean-Strategie« stellt die »Red-Ocean-Strategie« dar, die den Konkurrenzkampf in gesättigten, stark umkämpften Märkten mit ähnlichen Produkten bezeichnet.

2.3.3 Chefsache

»Der Erfolg der digitalen Transformation hängt nicht allein davon ab, welche Technologien wir einsetzen. Wie gut es einzelnen Unternehmen und auch der gesamten Gesellschaft gelingt, von den Chancen der Digitalisierung zu profitieren, ist vielmehr auch eine Frage der Kultur – und die ist immer eine zutiefst menschliche«, schreibt Sabine Ben-

57 Konkurrenz- und Branchenanalyse werden in Kapitel 7 behandelt.
58 https://de.wikipedia.org/wiki/Blue-Ocean-Strategie.
59 Vgl. https://bit.ly/dks_marketinginstitut_blueocean.

diek auf LinkedIn.[60] Mit dieser Positionierung betont die Geschäftsführerin von Microsoft Deutschland, welche wichtige Rolle das Führungsteam im Rahmen der digitalen Transformation hat und wie essenziell eine gepflegte Unternehmenskultur ist, um möglichst alle Menschen in eine neue Zeit mitzunehmen. So sei es die wichtigste Führungsaufgabe, eine Kultur des Vertrauens zu schaffen, in der Mitarbeiter aktiv in den Wandel eingebunden werden: »Auf der Basis einer neuen Vertrauenskultur können wir dann einen Schritt weitergehen und an einer Kultur arbeiten, die Widerspruch willkommen heißt, Fehler verzeiht, Experimentierfreude fördert, Ideenreichtum belohnt und Kreativität als Kollektivaufgabe feiert.« Doch warum existiert dann nur in rund 20 Prozent der Organisationen ein Programm für einen Wandel in der Unternehmenskultur, wie Bendiek schreibt?

Und wie sieht diese neue und notwendige Kultur des Vertrauens aus, die bestehende Mitarbeiter ans Unternehmen bindet und es für neue interessant macht? Hermann Bach vom Werkstoffhersteller Covestro beschreibt sie wie folgt: »Einen nachhaltigen und inspirierenden Unternehmenszweck, sinnstiftende Arbeit, und eine ›gute‹ Unternehmenskultur, die durch Offenheit, Teilhabe, Vielfalt und Zusammenarbeit geprägt ist.«[61] Genau in diesem Kontext spielt der Geschäftsführer eine hervorgehobene Rolle: »Digitalisierung ist Chef-Sache, da sie bestehende Arbeitsprozesse unternehmensweit und über Organisations-Grenzen hinweg verbessert und parallel ganz neue Geschäftsmodelle ermöglicht. Das geht nur mit Unterstützung des CEOs.«

Transparente Unternehmenskultur

Dies zeigt: Bei allen Veränderungsprozessen spielt das Management die zentrale Rolle, sonst werden die meisten Anstrengungen wirkungslos bleiben. Die Führungsebene muss die Innovationskultur und veränderte Unternehmenskultur begrüßen, fördern, selbst aktiv vorleben und so innerhalb des Veränderungsprozesses eine Vorbildfunktion einnehmen. Sie muss bereits Geschaffenes mit notwendigem Neuen kombinieren, die bisherige analoge mit der veränderten digitalen Welt zusammenführen – und dies mutig Schritt für Schritt. Sie muss eine über Jahre etablierte Unternehmenskultur teils sezieren und mit neuen Prinzipien und Verhaltensweisen füllen. »Eine offene, dialogorientierte und transparente Unternehmenskultur lässt sich nicht verordnen, sie muss gelebt werden – vor allem vorgelebt werden«, schreibt Antje Neubauer, Ex-Marketingchefin der Deutschen Bahn, in ihrem Gastbeitrag für dieses Buch.[62] Darüber hinaus hat das Management die Aufgabe, ein Bewusstsein der Offenheit und Toleranz gegenüber Fehlern zu schaffen, um innovative Anstrengungen nicht direkt im Keim zu ersticken oder in ihrer Entwicklung zu behindern, sondern sie aktiv und kontinuierlich zu fördern.

60 https://bit.ly/dks_linkedin_bendiek.
61 https://bit.ly/dks_hermannbach.
62 Vgl. ihren Beitrag auf S. 117.

Dieser Veränderungsprozess impliziert einen deutlichen Wandel innerhalb der Organisation, insbesondere was die bisherigen Hierarchien betrifft: Er macht es notwendig, dass bestehende Geschäftsstrukturen und Prozesse aufgebrochen, Hierarchien abgebaut, technologische Entwicklungen und Innovationen implementiert werden, gerade um künftig schnell auf veränderte Marktsituationen reagieren zu können. Dies kann soweit führen, dass in manchen Unternehmen die vorhandenen hierarchischen Strukturen sogar aufgelöst oder zumindest deutlich durchlässiger werden. Gleichzeitig, so betont Jan Westerbarkey, Geschäftsführer des Haustechnik-Herstellers Westaflex, sei die digitale Transformation nur mit zufriedenen Mitarbeitern zu realisieren. Daher sei es so entscheidend, frühzeitig »Menschen in ihrer ganzen Individualität in die Wertschöpfung einzubeziehen«[63].

Führungsrolle übernehmen

Zurück zur Rolle des Managements: Jeder Wandel geht vom Kopf aus. So ist der digitale Wandel ganz oben im Unternehmen aufzuhängen, also weder in der IT-Abteilung noch in der Kommunikationsabteilung, sondern zentral im Management. Ist der Vorstand dagegen nicht der wirkliche Treiber und Kopf des Digitalprozesses, wird die digitale Transformation kaum gelingen können. Je stärker das Management dagegen den Prozess steuert, desto größer in die Chance, ihn erfolgreich durchzuführen und das Unternehmen damit voranzubringen.

Ein verantwortungsvolles Management muss sich folglich die Digitalisierung zu eigen machen und für das eigene Unternehmen eine Vision formulieren. Fehlen ihm die digitale Kompetenz beziehungsweise die Bereitschaft zur Veränderung, kann der Prozess der Transformation keinen Erfolg haben. Solche Wandlungen bedeuten immer einen schmerzhaften und langfristigen Prozess, der viel Mut erfordert, so Dwight Cribb, Geschäftsführer des gleichnamigen Executive-Search-Unternehmens, in einem Gastbeitrag für die WirtschaftsWoche: »Es gilt, Barrieren aufzubrechen; Mitarbeiter zu Veränderungen zu ermutigen; diejenigen gehen zu lassen, die den Weg nicht beschreiten können oder wollen; Fehler zuzulassen, lernfähig zu sein, neue Ansätze auszuprobieren und wieder zu verwerfen; und zu riskieren, Anteilseigner zu enttäuschen, weil die Ergebnisse eventuell hinter den kurzfristig erwarteten Gewinnen zurückbleiben.«[64]

Notwendigkeit eines Chief Digital Officer

Im oft fehlenden Mut liegt ein zentraler Grund, warum notwendige Change-Prozesse nur langsam vorangetrieben werden. Dies ist ein Zeichen dafür, dass das Thema noch nicht ganz oben angekommen und zur Chefsache geworden ist. Dabei ist es notwendig, in Positionen wie beispielsweise einem Chief Digital Officer (s. Kapitel 4.1.2) – und dazu auf Entscheider-Ebene verankert – sämtliche Themen der digitalen Transformation zu bündeln.

63 Vgl. seinen Beitrag auf S. 235.
64 https://bit.ly/dks_wiwo_digitalisierteunternehmen.

Die Person ist dafür verantwortlich, »die Vision für die digitale Zukunft des Unternehmens zu schaffen, der Organisation eine klare Richtung vorzugeben und jeden Einzelnen aktiv in den Transformationsprozess mit einzubeziehen«, so Dieter Georg Adlmaier-Herbst in seinem Beitrag (ab S. 55). Er muss die Kompetenz und das Standing innerhalb der Organisation haben, die Geschäftsführung bei der Entwicklung der Digitalstrategie zu unterstützen und die operative Umsetzung des Transformationsprozesses über sämtliche Bereiche hinweg offensiv zu gestalten. In diesem Kontext sind die vier Tipps an Geschäftsführer des Personalberaters Dwight Cribb zu verstehen. CEOs müssen:

1. sich die Digitalisierung zu eigen machen,
2. die Notwendigkeit eines Digital-Verantwortlichen oder Chief Digital Officer erkennen,
3. Digital-Experten in den Aufsichtsrat berufen und
4. ein externes Digital Advisory Board einrichten.[65]

Dies zeigt wiederum auf, wie hoch die digitale Transformation innerhalb eines Unternehmens oder einer Institution aufgehängt sein muss, damit sie später erfolgreich sein kann.

Notwendige Ressourcen und Wissen

Bei solch einem Digitalisierungsprojekt müssen Unternehmen und Institutionen nicht nur bisherige Strukturen aufbrechen und neu ordnen. Sie müssen ebenfalls die dazu notwendigen Ressourcen bereitstellen. Schließlich ist die digitale Transformation kein Neben- und Nischenprodukt, das sich von wenigen Mitarbeitern nebenbei, ohne jegliche Widerstände, dafür in kürzester Zeit und zum Nulltarif umsetzen lässt. Entsprechend der jeweiligen Tragweite müssen für einen solchen Veränderungsprozess ausreichend Ressourcen zur Verfügung stehen – an geeignetem Personal, ausreichend Zeitbudget sowie Finanzmitteln, und dies auf langfristige Sicht, betreffen sie doch ein Projekt mit langfristiger Perspektive in Planung wie in Umsetzung.

Apropos Personal: Die bereits in den vorgestellten Studien erwähnte notwendige digitale Kompetenz der eigenen Mitarbeiter spielt eine weitere zentrale Rolle. Abhängig von der Größe des betreffenden Projekts kann es durchaus sinnvoll sein, aus dem jeweiligen Bereich heraus eigene digitale Innovationsteams mit weiten Verantwortlichkeiten zu schaffen. Die Experten der Teams müssen sich jederzeit in den digitalen Innovationsprozess einbringen können, um den weiteren Weg entscheidend mitzubestimmen. Solch ein Prozess erfordert wiederum tief greifende Veränderungen in der Arbeits- und Rollenverteilung innerhalb der Organisationen. So gilt es, Content- und Funktionssilos in Unternehmen aufzubrechen, Mitarbeiter enger untereinander zu vernetzen und das Wissen möglichst vielen Beteiligten und Mitarbeitern über unternehmensübergreifende Knowledge- und Kollaborationsplattformen zur Verfügung zu stellen. Denn gerade abgeschottete inhaltliche und funktionale Bereiche sowie das Bewahrertum von Inhalten,

65 Ausführlich werden die vier Hinweise im erwähnten Beitrag in der Wirtschaftswoche erläutert.

Funktionen, Macht innerhalb von Organisationen sind die größten Gefahren für solche Change-Projekte.

Chancen cross-funktionaler Teams

Der Hinweis auf das Gefahrenpotenzial »Bewahrertum« ist ein weiteres Zeichen dafür, wie tief ein Prozess der digitalen Transformation in die Geschäftsmodelle und -abläufe eingreift. Gerade die Verteidigung bestehender Strukturen innerhalb der Organisationen stellt sich meist als großes Hemmnis bei der Umsetzung der Transformation dar, weil sie die Durchführung oftmals radikaler, aber notwendiger Veränderungen behindert.

Eine digitale Transformation kann dagegen nur in verstärkter Kollaboration und damit in funktionierenden, vernetzten Teams gelingen. Gerade cross-funktionale Teams eignen sich dazu, da sie Eigenschaften vereinen wie Gleichberechtigung statt Konkurrenzdenken, Neugierde und Experimentierfreude, flache Hierarchien, kontinuierlicher Informationsaustausch sowie ausgeprägte Feedback-Kultur. Gleichzeitig ist jeder Mitarbeiter gefordert, sich als Mitglied eines Teams zu verstehen und dort seinen eigenen Platz zu finden. Nur so kann das cross-funktionale Team letztendlich eng miteinander vernetzt und konsequent daran arbeiten, die Organisation in Richtung einer digitalen Zukunft zu bewegen.

Neben den erwähnten Ressourcen und Wissen spielen die Erwartungshaltung sowie der Faktor Zeit weitere zentrale Rollen bei der Umsetzung: »Eine Transformation und die damit einhergehende Kulturveränderung findet nicht von heute auf morgen statt, sondern braucht Jahre«[66], stellt Ulrike Führmann, Beraterin für interne Kommunikation, fest. Dazu benötigt der Prozess von Anfang an eine klare Richtung und einen Fahrplan als Leit- und Orientierungsfaden. Er muss aufzeigen, wie Schritt für Schritt Entwicklungen gemacht werden, wie unter Mitarbeitern die Lernkurve steigt, welche Lerneffekte durch diesen Prozess am Markt wahrzunehmen sind, welche Annahmen sich anhand klarer Kriterien am Markt überprüfen lassen. Unternehmen und Institutionen müssen sich dabei bewusst bleiben, dass sie sich nicht in einem starren Prozess mit klar vordefinierten und auf langjährigen Erfahrungen basierenden Abläufen befinden, sondern in einem Transformationsprozess, der regelmäßig überprüft und veränderten Gegebenheiten angepasst werden muss und der von Digital Leadern sorgfältig geplant, organisiert und geführt werden muss.

66 https://bit.ly/dks_ik_transformation.

Digital Leadership: Führen in Zeiten der Digitalisierung

Von Prof. Dr. Dieter Georg Adlmaier-Herbst

Was in den 1970er-Jahren mit Computern und E-Mails begann, umfasst heute selbstfahrende Autos, intelligente Kühlschränke und 3D-Drucker, die sogar Autos ausdrucken – die Digitalisierung in Wirtschaft und Gesellschaft schreitet im Schnellspurt voran. Viele Unternehmer meinen immer noch, digitale Transformation bedeute die Umstellung auf neue IT oder gar nur die Einführung von Social Media im Unternehmen. Jedoch ist digitale Transformation viel weitreichender: Die rasant weil exponentiell fortschreitende Digitalisierung verändert Unternehmen aller Branchen und Größen tief greifend und nachhaltig. Völlig neue Geschäftsmodelle entstehen, neue Produkte und Leistungen, neue Kundenbeziehungen. Das Ziel: neue, bessere und einzigartige Kundenerlebnisse. Somit ist die digitale Transformation die Neuausrichtung von Geschäftsmodellen durch Technologien, um die Kundenerlebnisse an jedem Berührungspunkt (Touchpoint) mit dem Unternehmen zu verbessern. Dies geht mit einem umfassenden organisationalen Wandel einher.

Systematisches und langfristiges Führen in die digitale Zukunft

Digital Leadership bedeutet das systematische, erfolgreiche und langfristige Führen von Unternehmen in eine Zukunft, in der radikales Denken und flexibles Handeln gefragt sind, um Technologie optimal für den dauerhaften Geschäftserfolg durch neue Kundenerlebnisse zu nutzen. Dies erfordert neue Fachkompetenzen, neue Methoden- und Sozialkompetenzen. Die drei zentralen Fragen lauten:

- Wie werden sich Wirtschaft und Unternehmen durch die fortschreitende Digitalisierung in den kommenden Jahren und darüber hinaus entwickeln? Die Autoindustrie blickt bereits 20 bis 30 Jahre in die Zukunft.
- Welche Konsequenzen hat dies für Branchen und Unternehmen? Und wie können Unternehmen diese Entwicklungen als Wettbewerbsvorteil nutzen?
- Was bedeutet Digital Leadership? Wie lassen sich Geschäftsleitung, Abteilungen (weltweit), Teams, Manager und Mitarbeitende (weltweit), motivieren, die enormen Chancen für das Unternehmen und für sich zu nutzen und hierbei auftretende Hindernisse, Mühen und Probleme zu meistern? Wie verändert sich Management selbst? Wie können Manager die Digitalisierung optimal nutzen?

Digitale Kompetenz im Leadership

Die Digitalisierung verändert alle Funktionen im Unternehmen – von der Forschung und Entwicklung über Produktion und Marketing bis zur Personalabteilung und Verwaltung. Beispiele sind heute schon die elektronische Rechnungslegung und die interne Kommunikation über Social Media im Intranet. Auswirkungen ergeben sich damit für das Gesamtunternehmen, Funktionen, Projekte sowie auf jede und jeden einzelnen Mitarbeitenden. Immer mehr Unternehmen etablieren neue Strukturen und Prozesse, neue Rollen und Verantwortlichkeiten, neue Formen der Zusammenarbeit, neue Führungs- und Motivationssysteme. Neue Qualifikationen sind erforderlich – lebenslanges Lernen wird die Regel sein. Der Wandel beginnt schon im Management, wie folgende Beispiele zeigen:

- Konsequentes Ausrichten am Kunden als Haltung: Kunden sind anspruchsvoller geworden. Sie können leicht Produkte und Leistungen sowie deren Preise und Verfügbarkeiten im Internet vergleichen – sogar im Laden. Sie erwarten zunehmend individuell auf sie zugeschnittene Produkte und Leistungen. Unternehmen müssen sie besser verstehen und auf ihre Wünsche und Bedürfnisse schneller reagieren als die Konkurrenz.
- Radikales Denken: Völlig neue Geschäftsmodelle entstehen, wie die Beispiele von Airbnb und Uber zeigen. Erfolgreiche Manager müssen radikal und am besten drei oder fünf Schritte vorausdenken. Sie ersetzen bestehende Geschäftsmodelle durch völlig neue.
- Führung junger Mitarbeitender: Wichtig ist das Wissen, wie junge Mitarbeiter ticken, die mit dem Internet aufgewachsen sind und in Start-ups sozialisiert wurden, was sie motiviert und wie sie im Unternehmen gehalten werden können; starre Arbeitsmodelle, Anwesenheitspflicht im Büro und Hierarchiedenken werden diese wertvollen Mitarbeiter wahrscheinlich schnell wieder aus dem Unternehmen vertreiben.
- Digitales Wissen in eigene Produkte umwandeln: Wer seine Mitarbeiter nicht in einer anregenden, kreativen Innovationskultur motivieren kann, neuartige Produkte zu entwickeln, kommt nicht weit.
- Neue Kommunikationskompetenz: Durch Social Media brauchen alle Beteiligten neue Fähigkeiten und Kenntnisse im Umgang mit digitaler Kommunikation.
- Neue Begriffe und Konzepte: Big Data, Artificial Intelligence, Cloud Computing, Augmented Reality, Virtual Reality, 3D-Druck – solche Begriffe und Konzepte müssen Manager kennen, erklären, und sie müssen Menschen davon überzeugen, welch großen Mehrwert diese Konzepte dem Unternehmen bringen können.
- Neue Arbeitsformen: Digitalisierung bringt erhebliche Unsicherheit und Angst für die Mitarbeitenden mit sich. Ein Grund ist der drastische Arbeitsplatzabbau durch Automatisierung. Experten schätzen, dass in den kommenden 15 Jahren etwa die Hälfte der Arbeitsplätze potenziell automatisierbar ist und wegfällt, zum Beispiel bei Banken. Völlig neue Berufe entstehen, wie etwa der Experte für digitale Kundenerlebnisse.

- Neue Führungskonzepte: Das klassische Kommando-und-Kontrolle-Modell verändert sich hin zu stärkerer Einbeziehung und Beteiligung der Mitarbeitenden. Kontrolle erfolgt lediglich in der Frage, ob die Ziele erreicht sind und ob es Abweichungen gibt. Solche Kompetenzen sollten sich die Manager aneignen, sie kontinuierlich überprüfen und an die hochdynamischen Entwicklungen anpassen. Die Unternehmenskultur scheint wichtigster Förderer oder Verhinderer der internen Entwicklung zu sein.

Um die digitale Transformation zu meistern, sind damit sowohl Digital- als auch Managementkompetenzen gefragt.

Prozess der Digitalisierung

Digitale Transformation sollte in vier Schritten ablaufen:

1. Herstellen und Entwickeln der Bereitschaft aller Beteiligten: Ohne Motivation verläuft die Digitalisierung ohne Energie. Widerstand macht sich breit. Initiativen scheitern.[67]
2. Entwicklung von digitaler Kompetenz: Im nächsten Schritt sollten die Unternehmen digitale Kompetenz aufbauen: Was sind die Besonderheiten der Digitalisierung? Was die Herausforderungen? Welche Chancen bietet sie, und welche Grenzen sind erkennbar?
3. Plan für die gezielte und kontinuierliche Nutzung der Potenziale: Im dritten Schritt beantwortet das Unternehmen die Frage, wie es die Potenziale nutzen und die Gefahren bannen will beziehungsweise wie es sich auf diese vorbereitet.
4. Kontinuierlicher Wandel: Im vierten Schritt erfolgt die digitale Transformation.

Für die Autoren Michele Lankshear und Colin Knobel ist die höchste Ebene digitalen Wissens das der digitalen Transformation: Diese wird erreicht, wenn zuvor eine digitale Kompetenz ausgebildet wurde, um Innovation und Kreativität zu entwickeln. Diese ermöglichen und fördern wiederum den bedeutsamen Wandel innerhalb des Arbeits- oder Wissensbereiches und können ihn stimulieren. Diese Veränderung kann sich auf individueller Ebene, Gruppenebene oder als Organisation vollziehen.[68]

Konzept für die Digitalisierung

Die Digitalisierung im Unternehmen sollte systemisch gezielt und langfristig erfolgen. Das Vorgehen ist im Digitalisierungskonzept festgeschrieben und besteht aus den Schritten:

1. Analyse: klares Bild von der Ausgangssituation, den derzeitigen Stärken und Schwächen, den künftigen Chancen und Risiken sowie dem Handlungsbedarf des Unternehmens.

67 Vgl. Adlmaier-Herbst, D.G.; Storch, M.; Storch, J.; Breiter, A. (2018): Change-Management – so klappt's, Bern.

68 Vgl. Lankshear, C.; Knobel, M. (Ed.) (2008): Digital Literacies. Concepts, Policies and Practices, New York; https://bit.ly/dks_researchonline_lankshear.

2. Planung: Definieren von Zielen, Strategien, Mitteln und Maßnahmen. Ableiten von Zeitplan und Budget.
3. Umsetzung/Kreation: Ausarbeitung der Mittel und Maßnahmen.
4. Steuerung und Kontrolle: Festlegung des Kontrollzeitpunktes sowie der Methoden und Instrumente.

Dieser Plan bildet die Grundlage für die Zusammenarbeit aller Beteiligten im Unternehmen. Er soll sicherstellen, dass gemeinsame Ziele angestrebt werden und die Energie beziehungsweise Ressourcen auf diese Ziele gerichtet sind. Was legt dieser Plan fest? Das Konzept beinhaltet erstens die Planung neuer Produkte und Geschäftsmodelle für neue Kundenerlebnisse und zweitens die Organisation der Digitalisierung.

1. Externe Marktbearbeitung:
   - Neue Kundenerlebnisse: Wie schafft das Unternehmen neue Kundenerlebnisse mit der Unterstützung von digitalen Medien und Technologien?
   - Neue Produkte und Leistungen: Wie setzt das Unternehmen die neuen Kundenerlebnisse in Produkte und Leistungen um?
   - Neue Geschäftsmodelle: Wie setzt das Unternehmen neue Produkte und Leistungen in einem gewinnbringenden Geschäftsmodell um?
   - Marketing und Vertrieb: Wie kann das Unternehmen die Produkte und Leistungen erfolgreich vermarkten? Und: Wie kann es die Digitalisierung für die Optimierung von Marketing und Sales nutzen, also Kundenakquisition, Support und Vertrieb über digitale Kanäle effizienter gestalten? Wie lässt sich der Absatz über digitale Kanäle steigern? Welche Social-Media-Strategie verfolgt das Unternehmen?
2. Interne Organisation:
   - Beteiligte: Wer ist direkt und indirekt in die Digitalisierung einbezogen? Welche (digitale) Ausbildung haben diese Menschen? Wie bilden sie sich weiter, um die künftigen Anforderungen der Digitalisierung meistern zu können? Welche neuen Arbeitsmethoden und Tools können eingesetzt werden, um die Zusammenarbeit im Unternehmen zu verbessern und die digitale Transformation voran zu treiben?
   - Rollen und Verantwortlichkeiten: Wer hat im Unternehmen für was den Hut auf? Wer ist Initiator in der Digitalisierung? Wer Treiber? Wer Unterstützer?
   - Prozesse: Wie können Prozesse durch Digitalisierung schneller, besser und günstiger ablaufen?
   - Strukturen: In welchen Strukturen arbeiten die Menschen zusammen? Netzwerke lösen starre Hierarchien und Abteilung ab, die wie Festungen abgekanzelt arbeiten. Mitarbeiter aus unterschiedlichen Hierarchiestufen arbeiten im Team und geben sich gegenseitiges Feedback. Idealerweise gibt es nicht *einen* führenden Funktionsbereich, sondern alle Bereiche arbeiten gemeinsam an untereinander abgestimmten Konzeptions- und Umsetzungsprojekten.

- IT: Wie kann die IT die Digitalisierung unterstützen, zum Beispiel durch Enterprise 2.0, neue Tools der Zusammenarbeit wie synchrone Kommunikation, Tools zur Weiterbildung des Unternehmens wie MOOCs (Massive Open Online Courses)?
- Kultur: Welche Kultur ist erforderlich, um die Potenziale der Digitalisierung optimal zu nutzen? Wichtig werden hier die Zusammenarbeit, das kreative Denken und die Fehlertoleranz.
- Führung: Digitalisierung ist Aufgabe des gesamten Vorstandes, denn sie betrifft alle Unternehmensfunktionen entlang der Wertekette, also Forschung und Entwicklung, Einkauf, Produktion, Marketing und Vertrieb, aber auch Finanzen und Personal. Die Digitalstrategie sollte im Unternehmen regelmäßig aktualisiert und überprüft werden. Alle Führungskräfte sollten mit ihrer Gestaltung und Umsetzung vertraut sein.

Chief Digital Officer (CDO) als Treiber
Die Digitalstrategie kann der Chief Digital Officer (CDO) vorantreiben. Der CDO kennt nicht nur die Prozesse, Produkte und Organisationsstrukturen und hat den erforderlichen Einfluss, um Veränderungen im gesamten Unternehmen durchzusetzen, sondern ist auch verantwortlich, die Vision für die digitale Zukunft des Unternehmens zu schaffen, der Organisation eine klare Richtung vorzugeben und jeden Einzelnen aktiv in den Transformationsprozess miteinzubeziehen. Zudem sollte er ein fundiertes Wissen in den Bereichen E-Commerce, Marketing und Social Media mitbringen. Der CDO ist nicht nur das Bindeglied zwischen allen Führungskräften der Vorstandsebene, sondern ebenso der direkte Draht zur gesamten Organisation und den Mitarbeitern. Er schafft eine klare Vision für das gesamte Unternehmen, bricht bestehende Silos auf und bewirkt die notwendigen Veränderungen in der Organisation, um die bevorstehende Mission zu meistern. Die digitale Transformation stellt einen CDO vor große organisatorische und persönliche Herausforderungen und erfordert daher auch eine herausragende Führungspersönlichkeit.

Ziele und Energie für die Digitalisierung
Im Digital Leadership muss der Leader grundsätzlich zwei Dinge entwickeln: Ziele und Energie. Hat er kein Ziel, handelt er aktionistisch und orientierungslos. Hat er keine Energie, kann er keine Hürden auf dem Weg überwinden und ihm geht unterwegs die Luft aus. Woher kommen das Ziel und die nötige Energie? Aus der Haltung, aus der heraus der Digital Leader handelt. Neue Technologien, neue Geschäftsmodelle, neue Formen der Organisation, der Zusammenarbeit und des Selbstmanagements erfordern zu allererst eine neue Haltung des Unternehmens; Werte ändern sich wie die stärkere Bedeutung von disruptiven Innovationen, Kreativität und Flexibilität. Die Kontrolle nimmt ab.

Die Auswirkungen der neuen Haltung mit veränderten Werten zeigen sich im gesamten Unternehmen, in allen Funktionen, Projekten, Teams und für jeden einzelnen Mitarbeitenden – ob in Forschung und Entwicklung, Produktion, Marketing, Human Relations und Verwaltung. Beispiel Forschung und Entwicklung: Durch Open Innovation beziehen Unternehmen ihre Kunden und andere Externe in die Forschung ein, im Crowdsourcing nutzt das Unternehmen die Intelligenz und den Einfallsreichtum der Masse für (disruptive) Innovationen.

SMART-Ziele reichen nicht mehr aus

Herkömmliches Management setzt vor allem auf Ergebnis- und Handlungsziele wie »Fünf Prozent Umsatz steigern« oder »Drei Innovationen pro Jahr entwickeln« und die hierfür erforderlichen Handlungsziele (zum Beispiel konkrete Gewinnziele durch realisierte Innovationen). Kaum gibt es ein Mitarbeitergespräch ohne SMART-Zielvereinbarung, also nach der Regel spezifisch, messbar, anspruchsvoll, realistisch und terminiert. SMARTE Ziele sind sinnvoll, wenn Motivation schon vorhanden ist und es sich um ganz einfache, klar strukturierte Aufgaben handelt, wie zum Beispiel »Mache täglich fünf Neukundenanrufe«. Wenn aber das Ziel im Verkauf lautet: »Begrüße jeden Kunden mit einem Lächeln!«, dann zeigt sich, dass Kundenorientierung nicht auf der Verhaltensebene funktioniert, weil dies oft aufgesetzt wirkt. Stattdessen sind Haltungs- oder Einstellungsziele erforderlich, die sich ganzheitlich auf Denken, Fühlen und Handeln der Mitarbeitenden auswirkt. Solche Haltungsziele lassen sich mit Methoden wie dem Zürcher-Ressourcen-Modell (ZRM)[69] entwickeln.

Digital Leadership und Unternehmenskultur

Zu den schwierigsten Aufgaben im Digital Leadership gehört es, Unternehmen und Mitarbeitende durch die Digitalisierung zu führen. Aktuelle Studien zeigen, dass immer noch 70 Prozent der Change-Projekte scheitern. Dies hat sich in den vergangenen 20 Jahren trotz vieler Managementkonzepte und Praxisratgeber nicht verändert. Hierbei handelt es sich um Konzepte wie »Innovationsmanagement« und »Qualitätsmanagement«. Die Digitalisierung wird viel weitreichendere Folgen haben: Zum Beispiel werden Banken in den kommenden zehn Jahren die Hälfte ihrer Arbeitsplätze durch Automation abbauen. Die Veränderungen sind derart tief greifend, dass Experten sie mit denen der Industrialisierung vergleichen. Zu vermuten ist also, dass die Herausforderungen an den Wandel noch viel höher liegen als bei bisherigen »Change-Prozessen«.

Einbeziehung der Mitarbeitenden entscheidend

Die Einbeziehung der Mitarbeiter scheint nach wie vor entscheidend für das Gelingen der digitalen Transformation im Unternehmen. Dies war aus bisherigen Erfahrungen

69 Siehe https://www.zrm.ch/.

mit existierenden Change-Projekten zu erwarten, dies zeigen auch aktuelle Erfahrungen in der Praxis. Die Unternehmenskultur entscheidet über Erfolg oder Misserfolg der Digitalisierung. Lars Dörfel und Carsten Rossi[70] schrieben 2015, es gehe um den grundlegenden, paradigmatischen Umbruch in der Organisations-, Führungs- und Kommunikationskultur vieler Unternehmen. Dieser Umbruch weise bestenfalls vier Attribute auf:

- Vertrauen: Im Fokus steht der Mensch, nicht der Prozess. Basis des Zusammenarbeitens ist eine von Individuen geprägte Vertrauenskultur, die dem Mitarbeiter eine für ihn sinnstiftende Arbeit im selbstbestimmten Raum ermöglicht.
- Flexibilität und Entgrenzung: Durchlässige Hierarchien, horizontale Flexibilität und die immer stärker verschwimmende Grenze zwischen »Innen« und »Außen« kennzeichnen das gemeinsame Arbeiten der Unternehmen. Fachkarrieren ergänzen klassische Hierarchien, Crowdsourcing mit Mitarbeitern, Partnern und Kunden ermöglicht eine »kooperative Kreativität« aller Stakeholder und setzt für das Unternehmen Innovationsreserven frei, die es zur besseren Positionierung gegenüber den Marktbegleitern nutzen kann.
- Transparenz und Offenheit: Die – technologisch induzierte – vielfältige Vernetzung von Kommunikations- und Kollaborationsplattformen macht Prozesse und Wissen im Unternehmen für jedermann zugänglich und nachvollziehbar. Das gemeinsame, jeweils projektbezogene beziehungsweise themen- und zielgerichtete Lernen voneinander und miteinander steigert die Effizienz und reduziert die Fehlerquote.
- Dynamik und Agilität: Die oben genannten Eigenschaften führen im Idealfall zu einer erhöhten Geschwindigkeit der Unternehmensentwicklung und damit zu einer gesteigerten Anpassungsfähigkeit an neue Marktbedingungen. Auch die Möglichkeit, diese Bedingungen selber zu beeinflussen, ist gegeben.

Eine angemessene Unternehmenskultur bildet also den Rahmen, diese umfassenden Veränderungen der Digitalisierung umzusetzen. Sie muss immer wieder geprüft werden, ob sie den Anforderungen der Digitalisierung gerecht wird. Wichtig für die Gestaltung der Unternehmenskultur ist die Führungskommunikation.

Führungskommunikation und Digital Leadership

Digitale Transformation stellt die Führungskommunikation vor große Herausforderungen, vor allem durch neue, komplexe Inhalte und Unsicherheit:

- Chancen, aber auch Risiken: Die digitale Transformation ist eine noch nie da gewesene Entwicklung, die Chancen, aber immer auch Risiken enthält. Hierzu

70 Dörfel, L.; Rossi, C. (2015): Potenziale der Social Media werden genutzt. In: Herbst, Dieter Georg (2015): Rede mit mir – Warum interne Kommunikation für Mitarbeitende so wichtig ist und wie sie funktionieren könnte; 2. Auflage. Berlin.

gehört die große Zahl an Arbeitsplätzen, die wegfallen oder durch neue ersetzt werden.

- Persönliche Betroffenheit: Die digitale Transformation hat direkte Bedeutung für die Bezugsgruppen, allen voran Mitarbeitende und Kunden.
- Schlechte Erfahrungen: Mitunter liegen schlechte Erfahrungen vor, wie die hohe Zahl misslungener Change-Prozesse zeigt.
- Prozess: In der digitalen Transformation ändern sich viele Dinge in sehr schneller Zeit. Das Problem ist, in dieser enormen Dynamik ein klares Vorstellungsbild bei den Bezugsgruppen zu erzeugen und kontinuierlich zu entwickeln.
- Fehlende Erfahrungen aus anderen Unternehmen: Da diese Entwicklung neu für alle Firmen ist, gibt es keine langen Erfahrungen, die übertragbar wären.
- Abstrakte Begriffe und Konzepte: Im Zusammenhang mit der Digitalisierung gibt es immer neue, abstrakte Begriffe, wie die Beispiele Big Data und Cloud Computing zeigen.

Superdimension Klarheit

Essenziell für die Erfolge der Führungskommunikation in der digitalen Transformation ist das klare Vorstellungsbild der Bezugsgruppen von der Digitalisierung und der persönlichen Bedeutung. Die Klarheit (englisch: *vividness*) gilt als »Superdimension« der Kommunikationswirkung. Wissenschaftliche Studien zeigen, dass mit der Klarheit die Sympathie steigt und die Bereitschaft zum Handeln. Der Begriff der Klarheit wird meist unter dem Begriff der Transparenz diskutiert. Transparente Kommunikation ist jedoch ein Prozess. Das Ziel ist das klare Vorstellungsbild vom Unternehmen und seiner Entwicklung in der digitalen Transformation. Führungskommunikation sollte daher den internen und externen Bezugsgruppen ein klares Vorstellungsbild vom Unternehmen im digitalen Wandel ermöglichen: Woher kommen wir? Wo stehen wir heute? Wohin geht die Reise? Was bedeutet dies für Dich? Die Bezugsgruppen wissen dann, wofür das Unternehmen steht, was sie von ihm erwarten können und was nicht. Sie wissen, was bleibt und damit Halt und Orientierung gibt. Sie wissen, was sich ändert. Sie können diese Vorstellungen bewerten und entscheiden, ob sie die Transformation unterstützen, weil sie ihn selbst wollen. Ein glaubhaft entwickeltes Vorstellungsbild führt dazu, dass sich die Bezugsgruppen positiver gegenüber dem Wandel verhalten als ohne ein solches Vorstellungsbild.

Prozesskommunikation statt Ergebniskommunikation

Die bisherige Ergebniskommunikation stößt in der digitalen Transformation an ihre Grenzen, also die Information über schon getroffene Entscheidungen. Stattdessen ist Prozesskommunikation erforderlich: Sie hält die Bezugsgruppen kontinuierlich auf dem Laufenden. Storytelling ist hierfür hervorragend geeignet: In seinen Geschichten erzählt der Digital Leader, woher das Unternehmen kommt, wo es gerade steht und wohin es will. Jeff Bezos erzählt seit vielen Jahren vom Leadership im Digitalen Handel. Larry Page und Sergey Brin faszinieren mit Geschichten, wie sich Wissen am besten im digitalen Raum finden lässt. Auf der einen Seite steht die Klarheit über die Entwicklung – die Superdimension – für den Kommunikationserfolg; auf der anderen Seite sind viele Dinge nicht bekannt, sie entwickeln sich aber mit großer Geschwindigkeit. Hierfür ist die Prozesskommunikation sehr geeignet nach dem Motto: Sage, was Du weißt. Sage, was Du nicht weißt. Sage, wann Du das weißt, was Du noch nicht weißt. Unsicherheit wird also unvermeidlich bleiben. In dieser Situation wird Vertrauen immer wichtiger.

Vertrauen wird noch wichtiger

Das große Unwissen über Begriffe und Konzepte und die große Ungewissheit über die Entwicklung der Digitalisierung lässt Vertrauen in das Unternehmen und seine Führung noch wichtiger werden. Beispiel Big Data: Big Data umfasst Konzepte, Methoden, Technologien, IT-Architekturen sowie Tools, mit denen sich Informationen wirtschaftlich nutzen lassen. Big Data bietet einerseits große Potenziale für künftige Geschäftsmodelle, andererseits löst es sehr widerstreitende Gefühle bei den Menschen aus. In dieser Situation brauchen die Bezugsgruppen besonders viel Vertrauen in das Unternehmen. Vertrauen bedeutet, dass das wahrgenommene Risiko sinkt, vom Unternehmen enttäuscht zu werden.

Dem Aufbau von Vertrauen dienen daher alle Maßnahmen, die Unsicherheit abbauen. Hierzu gehört das klare Vorstellungsbild von der Haltung des Unternehmens zu diesen Themen und Aufklärung über den sorgfältigen und verantwortungsbewussten Umgang. Hilfreich sind Selbstverpflichtungen des Unternehmens (»Policies«), die verbindlich sind und eingefordert werden können. Auch das überzeugende Vorleben durch das Management kann Unsicherheit abbauen und Vertrauen schaffen.

Bezugsgruppen die persönliche Bedeutung aufzeigen

Im Mittelpunkt der Führungskommunikation stehen noch immer Informationen über das Unternehmen. Kernfragen sind: Wie kann das Unternehmen bestmöglich seine Bezugsgruppen informieren? Wie kann es erklären, was es leistet? Welche Kernbotschaften sollte das Unternehmen vermitteln? Alle Informationen bewerten die Bezugsgruppen danach, welche Bedeutung sie für diese haben. Essenziell für die Akzeptanz der digitalen Transformation ist daher, den Bezugsgruppen diese Bedeutung aufzuzeigen: Was also bedeutet die digitale Transformation jeweils für Mitarbeitende, Journalisten, Verbände, Politiker? Bringt sie Sicherheit? Neues? Erfolg? Aufgabe der Führungskommunikation in der digitalen Transformation ist es deshalb, über die Sachebene hinaus:

- die Bedeutung der Transformation für jeden Mitarbeitenden darzustellen (vor allem über die Führungskräfte) und
- zu überzeugen, warum sie die Transformation unterstützen sollten.

Jeder Mitarbeitende sollte im Ergebnis bewerten können, wie die digitale Transformation beiträgt, die persönlichen Ziele zu erreichen.

Neue und abstrakte Begriffe und Konzepte erklären
Im Zusammenhang mit der Digitalisierung gibt es immer neue Begriffe: Big Data, Augmented Reality (AR), Artificial Intelligence (AI) und viele weitere erklärungsbedürftige Begriffe. Die Herausforderung ist zum einen, diese Begriffe zu erklären; zum anderen lösen sie oft Unsicherheiten und Ängste aus. Die Public Relations stehen also vor der Herausforderung, klare und positive Bilder von möglichen Zukunftsszenarien zu erzeugen. Digital Leader stehen vor dem Problem, solche abstrakten Begriffe anschaulich machen zu müssen.

Fazit
Die Digitalisierung entwickelt sich rasant, weil exponentiell weiter. Die Veränderungen erfordern von den Digital Leadern, dass sie die Bezugsgruppen kontinuierlich und anschaulich über die Entwicklungen informieren und von deren Nutzen überzeugen. Da die Digitalisierung viele neue Begriffe und Konzepte umfasst, steigt der Erklärungsbedarf. Neue Konzepte bedeuten auch Unsicherheit, der Führungskräfte entgegenwirken müssen, um die Umsetzung zu gewährleisten.

3 Kommunikation im digitalen Zeitalter

3.1 Der Paradigmenwechsel

Wenn durch die Digitalisierung Geschäftsmodelle verändert und Prozesse neu geprägt werden, so hat die Kommunikation den Wandel aktiv zu begleiten und den Veränderungsprozess hin zu einem dialogbereiten Unternehmen mitzugestalten. »Die Kommunikation muss sich selbst als Treiber des digitalen Wandels verstehen«[71], forderte Timotheus Höttges, Vorstandschef der Deutschen Telekom, im PR Report. In einer sich immer schneller drehenden Welt müssten Kommunikatoren eine Vorbildfunktion einnehmen, Orientierung geben und Vertrauen schaffen, indem sie die digitale Transformation durch die Art, wie sie arbeiten und kommunizieren, selbst vorlebten.

Doch auch die Kommunikation selbst hat die Digitalisierung erfasst. Um es deutlich zu sagen: Kaum ein anderer Bereich wurde vom Internet-Zeitalter so stark verändert wie der Kommunikationssektor. Die Branche erlebt ihren größten Paradigmenwechsel seit der Erfindung des Buchdrucks. Die neuen, vielfältigen aber ebenso zeitintensiven Optionen der Mediennutzung haben das Verhältnis zwischen Menschen und Märkten grundlegend gewandelt. Die digitale Kommunikation eröffnet Unternehmen und Institutionen neue und zusätzliche Aufgaben, die sie mit den klassischen Kommunikationsinstrumenten kaum bewältigen können. Mit den digitalen Medien erhalten sie vielfältige Instrumente an die Hand, die ihrer Kommunikation durch multimediale Präsentationsformen, variable Informationsformate und unmittelbare Dialogoptionen neue Qualitäten verleihen. Technologische Entwicklungen, leistungsstärkere Datennetze und mobile Anwendungen öffnen vielfältige Wege des wechselseitigen Austausches mit Stakeholdern.

Professionelle Unternehmenskommunikation notwendig

Organisationen können dialogorientierte Kommunikationsprozesse initiieren – und an der Kommunikation Dritter partizipieren. Abgesehen von den technischen Errungenschaften müssen vor allem neue Strategien geschaffen werden, um die Kommunikation selbst für den digitalen Wandel bereit zu machen. Einige Unternehmen und Institutionen haben bereits begonnen, diese Gedankenwelt fest zu implementieren. Trotz positiver Beispiele stellt die Kommunikation in digitalen Zeiten die Dialog-Experten in Unternehmen, Institutionen oder Non-Profit-Organisationen vor die »vermutlich größte Herausforderung, seit die strategische Kommunikation als elementarer Baustein erfolgreicher Führung in modernen Gesellschaften erkannt wurde«[72], so Professor Thomas Pleil.

---

71 https://bit.ly/dks_prreport_hoettges.
72 Zerfaß/Pleil (2016), S. 9.

In vielen Unternehmen muss dazu noch vor Einführung neuer Tools und Services die Unternehmenskommunikation neu organisiert werden. Dazu rät die Beratung Roland Berger in ihrer Analyse über die Zukunft der Unternehmenskommunikation, in der sie Unternehmen nach den wichtigsten Herausforderungen in den kommenden drei Jahren befragt hatte. Die Kommunikation hinke bei der Modernisierung oft hinterher, obwohl die Zahl der Aufgaben immer stärker zunehme. Dies hätte gravierende Folgen: »Kommunikationsverantwortliche müssen gleichzeitig sparen, innovativ sein und mehr leisten«[73], so die Unternehmensberater. Deshalb sei eine hohe Digitalkompetenz notwendig, damit datengetriebene Analyse, Planung, Umsetzung und Messung der Kommunikationsaktivitäten ein Erfolg würde. Es sei dazu wichtig, dass zuerst Rollen, Aufgaben und Abläufe neu geordnet werden, damit die Bereiche interdisziplinär zusammenspielen können. Nur so könnten Kommunikationsabteilungen künftig strategisch, digital und agil agieren. »Es wird dringend Zeit, in der Unternehmenskommunikation professionell vorauszuschauen und zu planen. Bauchgefühl und langjährige Erfahrung aus Redaktionsstuben führen nicht weit genug«, so das Fazit der Studienautoren.[74]

Herausforderung für Kommunikationsexperten

Doch wo liegen die besonderen Anforderungen für Kommunikationsfachleute im digitalen Zeitalter? Mit dem Internet haben es Unternehmen und Institutionen nicht mit einem starren Raum zu tun, sondern mit einem, der einem ständigen Wandel unterliegt. Die Zahlen zur veränderten Mediennutzung und -wahrnehmung machen deutlich, dass man einerseits von einer Habitualisierung zumindest vieler Online-Plattformen sprechen kann. Selbst wenn die Nutzung digitaler Medien stetig steigt, sind andererseits klassische, analoge Medien nicht zu vernachlässigen.

Das Zeitalter der digitalen Medien hat keineswegs dazu geführt, dass herkömmliche Medien völlig verschwinden. Medienarbeit, Printprodukte, Veranstaltungen, Messen, Events sind bis heute feste Bestandteile der Kommunikationsarbeit und werden weiterhin für die Ansprache relevanter Stakeholder genutzt. Auch E-Mail und E-Mail-Newsletter wurden in der Vergangenheit oft als »tot« bezeichnet. Trotzdem verzeichnen E-Mailings jeglicher Art eine große Renaissance – als begleitende Kommunikationskanäle, zur Pflege von Kundenbeziehungen aber auch als eigenes Medium innerhalb von »Newsletter-First«-Strategien, die sich beispielsweise in den Morning Briefings vieler Medienhäuser niederschlagen.[75] Kein neues Informationsmedium ersetzt damit vollständig eines der bereits etablierten.[76]

---

73 https://bit.ly/onetoone_ukommunikation.

74 Die Studie »Strategisch. Digital. Agil: Unternehmenskommunikation im Umbruch« mit weiteren Informationen zur Neuorganisation der Unternehmenskommunikation; sie lässt sich hier herunterladen: https://bit.ly/dks_rolandberger_strategischdigitalagil.

75 Ausführlicher mit dem Thema hat sich der Journalist Dirk von Gehlen auseinandergesetzt: https://bit.ly/dks_dvg_email.

76 Einen Überblick über die verschiedenen Disziplinen modernen Kommunikationsmanagements finden sie in: Ruisinger/Jorzik (2013/2021).

Dies verdeutlicht, dass sich die Welt der digitalen Kommunikation nicht von den Instrumenten der klassischen Kommunikation trennen lässt. Es handelt sich auch nicht um einen eigenständigen Kommunikationsraum. Digitale Kommunikation kann nur dann ein mächtiges Instrument sein, wenn sie als integrativer und integrierender Bestandteil der Gesamtkommunikation, als wirklicher Bestandteil der Corporate Communications, verstanden wird und in sie eingebettet ist. Moderne Corporate Communications verlangen damit die Kunst einer integrierten Kommunikation: den Spagat zwischen der Nutzung digitaler Medien und analoger Instrumente ohne Letztere zu vernachlässigen. Nur so lassen sich sämtliche Stakeholder über die für sie relevanten Kanäle, Plattformen und Vermittler optimal bedienen. Genau in dieser Kombination, in diesem Spagat und in dieser Koordination besteht eine der zentralen Herausforderungen für Kommunikationsexperten im digitalen Zeitalter.

Das Mitmachnetz im digitalen Zeitalter

Eine gravierende Veränderung in der Kommunikationswelt symbolisierte das ab 2006 verstärkt aufgekommene Social Web, das die zwischenmenschliche Interaktion für Benutzer vereinfachte.[77] Schrittweise dehnte sich die vorwiegend passive Nutzung auf interaktive Plattformen aus. Immer deutlicher stieg das Internet zur für alle zugänglichen Meinungsplattform auf, auf der sich eine wachsende Zahl an Akteuren als Informationsrezipienten wie -produzenten bewegt. In einer fließenden Bewegung gestalten und konsumieren sie Inhalte, vernetzen sich und erhöhen beständig ihren Einfluss – beruflich wie privat.

Aus Kommunikatorensicht steht der Begriff damit für eine veränderte Wahrnehmung und Nutzung des Internets durch eine rasant wachsende Zahl an Menschen sowie für kollektive Meinungsbildung durch starke Vernetzung und unmittelbare Interaktion. Unter dem Schlagwort »Mitmachnetz« ermöglicht es vielfältige Optionen der Partizipation, die sich mit sechs Aktivitäten überschreiben lassen:

- **Authoring**: Publizieren von Inhalten ohne größere technische Barrieren,
- **Tagging**: Verschlagworten von Inhalten zur inhaltlichen Orientierung,
- **Scoring**: Unmittelbares Bewerten von Inhalten und Informationen,
- **Connecting**: Vernetzen mit Individuen, Unternehmen wie Organisationen,
- **Sharing**: Teilen von Informationen und Bewertungen mit anderen,
- **Collaborating**: Zusammenarbeiten in offenen oder geschlossenen Gruppen.[78]

Für professionelle Kommunikatoren stellt diese Neuerung eine große Herausforderung dar, sind die Anforderungen an sie doch enorm gestiegen. Neben den zusätzlichen Kommunikationskanälen hängt dies mit der räumlich wie zeitlich unbeschränkten Verfügbar-

77 Vgl. https://de.onpage.org/wiki/Social_Web.
78 Ruisinger (2011), S. 157.

keit von Informationen und Dialogen zusammen, auf die Unternehmen und Institutionen reagieren müssen – und dies innerhalb einer immer kürzeren Zeit.

Digitale Kommunikation ist kein Erfolgsgarant

Hinzu kommt, dass fast schon traditionelle digitale Instrumente, die seit vielen Jahren etabliert sind, nicht an Relevanz verloren haben. Vielmehr zählen Internet & Co. selbst für kleine Unternehmen zu den Basics ihrer kommunikativen Aktivitäten. Für sie bildet ihre Corporate Website das strategische Zentrum, das alle Informations- und Kommunikationskanäle zusammenführt und zudem den Ausgangspunkt zu unternehmenseigenen Blogs, Foren, Twitter-Accounts, Social-Networking-Seiten, Sharing-Plattformen und Communitys bildet. Die Corporate Website ist die Schaltzentrale der Gesamtkommunikation mit der Öffentlichkeit, solange sie schnell erreichbar, intuitiv bedienbar und verständlich aufgebaut ist.

Gleichzeitig sind digitale Technologien und veränderte Kommunikations- und Interaktionskulturen »kein Garant dafür, dass direkte Beziehungen mit Stakeholdern konstruktiv gestaltet werden«, warnt Thomas Pleil vor zu großen Erwartungen an die neuen Technologien und Instrumente. Schließlich haben sich Unternehmen nach jahrzehntelanger Nutzung an die Spielregeln der traditionellen Mediengesellschaft gewöhnt und haben sich daraufhin an ihnen orientiert und sind in ihnen tief verwurzelt. Gerade ein Beharren auf bestehende Gewohnheiten erweist sich als Hindernis in einer in hohem Maße vernetzten und tief fragmentierten Öffentlichkeit. Gefragt seien heute Konzepte, »die die weiterhin bedeutsame Rolle der Massenmedien für die öffentliche Meinungsbildung berücksichtigen und zugleich die Dynamik dezentraler Öffentlichkeiten sowie institutioneller und interpersonaler Kommunikationsprozesse aufgreifen.«[79] Auch für Pleil kann die Lösung damit nur in einer integrierten und strategischen Kommunikation in digitalen Zeiten bestehen.

3.2 Was ist digitale Kommunikation?

Doch was bedeutet digitale Kommunikation konkret? Grundsätzlich ist digitale Kommunikation die Kommunikation mithilfe digitaler Medien, der Austausch von Informationen und Nachrichten über digitale Kommunikationskanäle, die Interaktion mit Individuen oder mit Gruppen. Damit umfasst sie strategisch alle gesteuerten Kommunikationsaktivitäten im Internet, die der »internen und externen Handlungskoordination mit Stakeholdern (...) dienen und damit einen Beitrag zur Realisierung der übergeordneten Organisationsziele leisten sollen«[80].

79 Zerfaß/Pleil (2016), S. 9.
80 Zerfaß/Pleil (2016), S. 47.

Dazu stehen ihr zahlreiche Instrumente zur Verfügung: Dazu zählen Webseiten und Microsites, E-Mail, Newsletter genauso wie Corporate Blogs, Twitter, Social Networks, Online-Communitys, Video- und Foto-Sharing-Plattformen, interne wie externe Kollaborationsplattformen, Messenger Services, mobile Apps, Foren und Bewertungsportale. Dies verdeutlicht Abb. 9. Auch auf dem Tool-Sektor, wenn man an die enorme Anzahl an Analyse-Tools und Monitoring-Instrumenten denkt, die Zahlen und Trends bereitstellen – ob kostenlos oder kostenpflichtig, integriert oder extern verfügbar, einfach ablesbar oder mühsam analysierbar.[81]

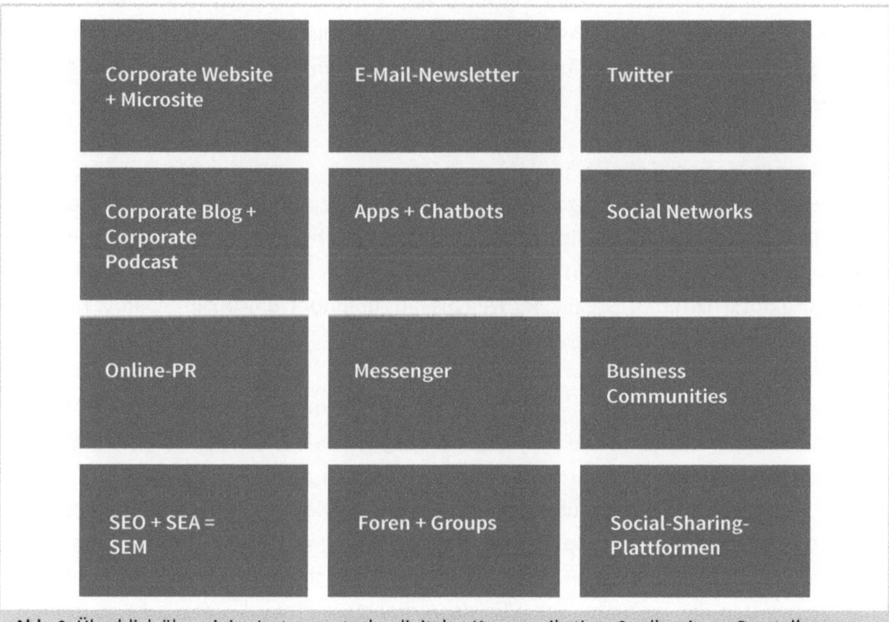

Abb. 9: Überblick über einige Instrumente der digitalen Kommunikation; Quelle: eigene Darstellung

Über den Reichtum an Daten

Gleichwohl zeigt solch eine Auflistung, dass in der Online-Welt immer schwerer zwischen Online-PR und Online-Marketing unterschieden werden kann, sodass oftmals bereits von einer Gleichung Online-PR + Online-Marketing = Online-Kommunikation = Digitale Kommunikation = Integrierte Kommunikation in digitalen Zeiten[82] gesprochen und geschrieben wird, selbst wenn die Definition in einzelnen Aspekten unsauber sein mag.

Unabhängig von der Instrumentenwahl: Zentraler Rohstoff des digitalen, kommunikativen Handels sind Daten. Big Data ist dabei nur ein Schlagwort, ein Sammelbegriff für den

81 Quellen zur Recherche dieser Daten werden in Kapitel 6 genannt.

82 Vgl. https://bit.ly/dks_ruisinger_begriffssuche; https://bit.ly/dks_thomaspleil_zukunftonlinepr.

zuvor nie gekannten Datenreichtum unserer Zeit, mit all seinen positiven und chancenreichen sowie seinen negativen und bedrohlich wirkenden Aspekten. Nie war es einfacher, Daten zu seinen Produkten, zu seinen Zielgruppen zu erheben und zu sammeln. Nie ging es schneller, das Verhalten der Nutzer der eigenen Webseite, der organisationsspezifischen Social-Media-Plattformen, der E-Mail-Kommunikationskanäle, der Online-PR-Aktivitäten zu analysieren, um daraus Schlussfolgerungen für die eigenen Aktivitäten zu ziehen. Niemals stand solch eine Unmenge an Daten zur Verfügung – für die individuelle Kundenansprache, für gezieltes Issues Management, für offensives Agenda Setting, für regelmäßige Analysen und schnelles Controlling. Dieser Datenreichtum ist ein weiterer zentraler Faktor, der die digitale Kommunikation von bisherigen Kommunikationsaktivitäten grundlegend unterscheidet und der die Kommunikationsbranche bereits heute gravierend verändert hat.

Deutlich mehr als Social Media

Gleichzeitig setzt die Planung digitaler Kommunikation grundlegende Schritte voraus, die ebenfalls Bestandteil jedes traditionellen Kommunikationskonzepts sind: Festlegung der Zielgruppen, die erreicht werden sollen, Bestimmung der Ziele, Transport der adäquaten Inhalte und Botschaften, strategischer Weg bis hin zur Einbettung in die gesamte Kommunikations- und Unternehmensstrategie.

Denn bei der digitalen Kommunikation geht es nicht primär um Medien, soziale Medien, einzelne Netzwerke oder um Facebook und Instagram, wie Social Media in Deutschland oft eingeschränkt betrachtet werden. Für eine strategisch gesteuerte, integrierte Kommunikation im digitalen Wandel müssen Social-Media-Aktivitäten mit weiteren Online-Aktivitäten des Unternehmens vernetzen werden sowie die Integration in eine gesamtheitliche Kommunikation geregelt sein. Dies betrifft den Bereich der externen Kommunikation genauso wie den der internen, der oftmals vernachlässigt wird. Gerade bei den intern betroffenen Stakeholdern, also insbesondere den Mitarbeitern, muss der Wandel zuerst ansetzen. Ansonsten besteht die Gefahr, dass ein vermeintliches, nach außen transportiertes digitales Bild sich als ein künstliches Gebilde und als eine leere Hülle erweist, die eines Tages wie ein Kartenhaus in sich zusammenfällt. Darauf wird in Kapitel 4 noch tiefer eingegangen.

Für Kommunikationsverantwortliche bedeutet dies ein stärkeres Miteinander, kooperatives Arbeiten, ständiges Informieren, einen regelmäßigen Austausch – mit Kollegen, Partnern, Kunden, Interessenten und Multiplikatoren. Für diese Interaktion können auch die seit 2014 boomenden und ständig weiterausgebauten Messenger-Apps wie WhatsApp, Facebook Messenger, WeChat, Signal & Co. dienen, die sowohl Information als auch direkten Dialog erlauben – ob wie per E-Mail im One-to-One-Format, wie in Foren, Netzwerken und Gruppen als Many-to-Many-Lösung oder sogar beispielsweise via Notify, Telegram oder Threema als One-to-Many wie beim E-Mail-Newsletter.

KURZ-INFO

Drei kommunikative Wege
Bei der digitalen Kommunikation werden drei Kommunikationswege beziehungsweise -richtungen unterschieden: Die »One-to-One-Kommunikation« beschreibt den Informationsaustausch zweier Individuen wie beim Telefon, beim E-Mail-Verkehr oder bei einem Messenger. »One-to-Many« bezeichnet die Kommunikation von einer Person mit mehreren wie beim E-Mail-Newsletter. Die komplexeste Form ist die »Many-to-Many-Kommunikation«, bei der viele Nutzer mit vielen in Netzwerken, Foren oder Gruppen kommunizieren.

Die Macht der Messenger
Zurück zur Kommunikation via Messenger: Die Zahl der Messenger hat in den vergangenen Jahren kontinuierlich zugenommen. Neben WhatsApp gibt es den Facebook Messenger, die in Asien dominierenden WeChat und Line, die sichereren Messenger wie Threema, Telegram und Signal, aber auch Snapchat, um nur einige zu nennen. Auch die Zahl ihrer Nutzer wächst weiterhin rasant. Beispielsweise zählt WhatsApp im Frühjahr 2020 über zwei Milliarden Nutzer weltweit. Und allein in Deutschland sollen rund 60 Millionen Menschen WhatsApp auf ihrem Mobiltelefon installiert haben und damit täglich kommunizieren.[83] Die immer intensivere Nutzung der Messenger bei gleichzeitig verstärkt passiver, beobachtender Nutzung von Plattformen wie Facebook lässt sich so interpretieren, dass immer mehr Menschen ihre bisherige öffentliche Kommunikation vermehrt in die private Kommunikation verlagern.

Angesichts der hohen Nutzerzahlen haben immer mehr Unternehmen, Institutionen und Medien die Chance erkannt, die kleinen Alleskönner mit ihren Informationen und Services zu bespielen und bei den Nutzern direkt auf dem Smartphone prominent sichtbar zu werden – ob als Kundendienst- und Service-Angebot via WhatsApp Business und Facebook Messenger oder als regelmäßiger Push-Service über Anbieter wie Notify, Telegram und Threema. Parallel dazu bauen Unternehmen ihre Chatbot-Aktivitäten schrittweise aus – ob direkt über ihre Webseite oder über den Facebook-Messenger, auch wenn noch nicht alle funktionstüchtig sind.[84] Die Nutzer können die Bots kontaktieren, wobei die Tiefe der Fragen und der inhaltliche Umfang der Antworten von dem Entwicklungsstand des Bots abhängig sind.

Chatbots stehen für den Paradigmenwechsel hin zu Plattformen, weg von den klassischen Apps. Immer mehr Smartphone-Nutzer finden es lästig, für jeden einzelnen Dienst eine eigene App installieren zu müssen. Also versuchen die großen Anbieter wie Facebook

83 Vgl. https://bit.ly/dks_mpeople_whatsapp.

84 Mitte 2019 testete der Autor selbst fast 40 Chatbots aus dem DACH-Raum – mit gemischten Ergebnissen, die sich in seinem Blog nachlesen lassen: https://bit.ly/dks_chatbotsimtest.

immer weitere externe Dienste in ihre Plattformen zu integrieren, die bereits von vielen Millionen Nutzern regelmäßig besucht werden. Kein Wunder also, dass zahlreiche Experten in den Messengern mit ihren Bots eine der zentralen Applikationen für eine erfolgreiche digitale Kommunikation von morgen sehen.[85]

Dort sein, wo sich die Nutzer aufhalten

Die Fokussierung auf wenige führende Plattformen, die schon heute über eine große Anzahl an Nutzern verfügen, wird durch eine weitere Entwicklung beschleunigt: Unternehmen und Institutionen können es sich immer weniger erlauben, darauf zu warten, dass die Nutzer zu ihren individuellen Hauskanälen finden. Sie müssen vielmehr mit ihren Inhalten dort sein, dort agieren, Gespräche initiieren, Dialoge führen, wo sich ihre Stakeholder aufhalten. Denn für sie gilt: *If the news is that important, it will find me.* Viele soziale Medien haben sich auf diese Weise in den vergangenen Jahren von einem Forum, auf dem man Diskussionen zu verlinkten Beiträgen anregen und führen kann, zu einer wirklichen Medienplattform weiterentwickelt, auf der Beiträge wahlweise in Form von Texten, Bildern, Videos oder kombinierten Storys umfangreich publiziert werden.

Als Folge publizieren Unternehmen und Institutionen ihren Content nicht mehr (nur) auf den hauseigenen Kanälen, sondern nutzen zusätzliche Formate, um mit ihren Publikationen die Internetnutzer dort zu erreichen, wo sie sich aufhalten beziehungsweise wo sie in deren Wahrnehmungsfeld geraten. Dass dies gleichzeitig mit hohen Investitionen in Ressourcen insbesondere personeller Art verbunden ist, muss jeder Organisation bewusst sein.

CASE STUDY

Krones AG: Social Media im B2B-Bereich

Zu den Paradebeispielen, welche Rolle Social Media im B2B-Bereich spielen können, zählt die Krones AG aus Neutraubling bei Regensburg. Mit rund 16.000 Angestellten entwickelt und fertigt sie Maschinen und Anlagen für die Prozess-, Abfüll- und Verpackungsindustrie. Seit 2010 hat sich das Unternehmen systematisch mit dem Einsatz und den Chancen von sozialen Medien beschäftigt. Einerseits wollte das Unternehmen eine starke Marke im Social Web aufbauen – Stichwort Employer Branding –, um die Krones AG als wichtigen, sympathischen Arbeitgeber in der Region zu verankern und dies zu kommunizieren; anderseits sollte ein starkes Image innerhalb der Branche gepflegt und aktive Produktkommunikation mit unterschiedlichsten Inhalten und Storys über die verschiedenen Kanäle betrieben werden.

85 Eine gute Quelle rund um Chatbots inklusive Hinweise zur Erstellung eigener Bots ist https://chatbotsmagazine.com.

Machte sie ihre ersten Schritte auf YouTube, gefolgt von Twitter und Facebook, ist sie heute auf fast allen digitalen Kanälen und mit unterschiedlichen Content-Formaten auffindbar. »Es ist ein wesentliches Ziel, dort hinzugehen, wo die Menschen ohnehin aktiv sind«[86], so Maria Seywald, Social-Media- und Blog-Koordinatorin bei der Krones AG. Neben seiner Webseite bespielt das Unternehmen zwei Blogs und ist zudem in den sozialen Netzwerken stark verankert – unter anderem über eine mittlerweile über 120.000 Fans große Facebook Community sowie über Präsenzen auf YouTube, LinkedIn, Twitter, Instagram und Pinterest. »Den einen wichtigsten Kanal gibt es aber für uns nicht«, so Seywald, »dafür sind Zielsetzung und Zielgruppe der verschiedenen Plattformen zu unterschiedlich«.[87]
Strategisch wird viel Wert auf ein regelmäßiges Reporting gelegt, auf der die unterschiedlichsten Kennzahlen zum Thema Dialog und Interaktion quantitativ wie qualitativ betrachtet werden. Auf Basis dieser Erfahrung kann Maria Seywald anderen B2B- wie aber auch B2C-Unternehmen den wichtigen Tipp mitgeben, sich erstens realistische Ziele zu setzen und zweitens nicht auf sämtlichen Kanälen auf einmal präsent zu sein, sondern strategisch vorzugehen, wie auch in diesem Buch aufgezeigt wird: »Lieber erst einmal Ziele und Zielgruppe klar definieren und dann den entsprechenden Kanal wählen. Wenn der dann läuft, lässt sich der Auftritt gegebenenfalls durch andere Plattformen ergänzen.«

3.3 Auf dem Weg zum Digital Communication Manager

Wie bereits aufgezeigt wurde, ist die Vielzahl der digitalen Kommunikationskanäle und -instrumente in den vergangenen Jahren stark angestiegen. Dies verdeutlicht, dass Experten für die digitale Kommunikation zahlreiche Medien, Plattformen und Converged Media, also das Zusammenspiel von eigenen Medien (owned media), bezahlter Werbung (paid media) und erhaltenen Beiträgen und Empfehlungen (earned media) in Betracht ziehen müssen, um strategisch definierte Stakeholder zu erreichen. Solch eine integrierte digitale Kommunikation bedeutet damit indirekt das graduelle Ende von Social Media als eigenständiger Abteilung und Disziplin. Stattdessen bekommt der Blick auf das große Ganze in der digitalen Kommunikation eine zentrale Bedeutung. Dazu bedarf es eines Digital Communication Managers, der für alle Kommunikations- und Marketingaktivitäten auf allen digitalen Kanälen innerhalb einer Organisation gesamtverantwortlich ist. Also eine im Vergleich zu heute erwachsen gewordene Beraterfunktion, die mit mehr Verantwortung, erweiterter Erwartungshaltung und umfassenderem Aufgabenfeld verbunden ist.

86 https://bit.ly/dks_contentmanager_markenstrategie.
87 https://bit.ly/dks_meltwater_krones.

Social Media als normales »Tool«

Dazu muss einem Digital Communication Manager mehr Verantwortung innerhalb einer Organisation eingeräumt werden. Auch muss er in sämtliche Kommunikationsprozesse einer Digitalstrategie von Anfang an als Partner eingebunden sein. Ansonsten wird er seine Rolle kaum ausfüllen können. Für diese Schnittstellenfunktion muss in der Organisation die Bereitschaft bestehen. Schließlich mischt er sich in Prozesse ein, für die bislang andere Personen mehr oder weniger verantwortlich waren. Dies verdeutlicht, dass der Weg zu einem Digital Communication Manager gerade intern durchaus mit hohen Hürden besetzt ist.

Was übrigens nicht heißen soll, dass künftig gar keine Social-Media-Manager oder Social-Media-Agenturen mehr benötigt werden; ihre Funktion wird sich vielmehr ändern – und ist sich bereits am Ändern: Weg vom Aktivisten und Content Publisher, hin zur Funktion als Coach, zur Rolle des beratenden Experten und konzeptionellen Partners. Seine Aufgaben betreffen Aktivitäten sowohl auf relevanten Social Networks als auch auf individuellen, innerhalb der eigenen Kommunikation strategisch verorteten Content-Plattformen und Communitys. Diese Entwicklung vollzieht sich langsam und schrittweise, müssen dafür zuerst die Aktivitäten in Kommunikation und Marketing stärker vernetzt werden.

Kompetenz wie Orthografie und Rhetorik

Zurück zum Gedanken des Digital Communication Managers: Sein Einsatzgebiet lässt sich keineswegs auf den Bereich der Public Relations oder der Kommunikation begrenzen. Automatisch gehen heute nicht nur die Kommunikations- und Marketing-Mitarbeiter in ihren Jobs mit den digitalen Medien und speziell den Social-Media-Plattformen um; auch die Kollegen aus den HR-Abteilungen, aus Vertrieb, Produktentwicklung, Kundenservice oder Marktforschung integrieren verstärkt die Social-Media-Kommunikation ganz normal in ihre klassischen Kommunikationsabläufe beziehungsweise verstehen sie als festen Bestandteil – wie das bereits bei Telefon und E-Mail sowie bei einigen mit Slack geschehen ist.

Wenn der Einsatz von Social Media elementar zu jeder modernen Kommunikation gehört und sich die Social-Media-Kommunikation neben dem persönlichen Kontakt, Telefon und E-Mail als weiteres Dialogmedium etabliert hat, wird Social Media dann noch als eigene Disziplin benötigt? Eher weniger. Unternehmen müssen vielmehr Social Media als eine Kompetenz begreifen, die sich entlang einer digitalen Transformation durch das gesamte Unternehmen zieht, wie der Berater Guido Augustin 2016 schrieb: »Social Media ist keine Disziplin, Social Media ist eine Kompetenz. So wie Orthografie, Rhetorik und Menschenverstand.«[88] Schließlich gehe es um Kommunikation und um die richtigen Inhalte, die zum richtigen Zeitpunkt die richtigen Stakeholder erreichen sollten. In diesem

88 https://bit.ly/dks_basicthinking_socialmediatot.

Kontext sei Social Media »ein Kanal unter anderen Kanälen, radikal betrachtet nicht einmal das, sondern – wie gesagt – eine Kompetenz«.

Wenn Organisationen Social Media als Bestandteil ihrer digitalen und integrierten Kommunikation verstehen, müssen im Rahmen einer digitalen Transformation Menschen an den Schlüsselstellen im Unternehmen mit dieser Kulturkompetenz ausgestattet sein, beziehungsweise Personen mit dieser Kompetenz offensiv eingesetzt werden, um den digitalen Wandel zu begleiten und voranzutreiben. Erst dann können Digital Communication Manager ihre Wirkung als wichtiges Bindeglied innerhalb des Unternehmens und zu den einzelnen internen wie externen Stakeholdern entfalten.

3.4 Integrierte Kommunikation in digitalen Zeiten

Die digitale Revolution hat das Gesicht der Kommunikation kräftig verändert. Es zeigt sich in einem »globalen Netzwerk von Abermilliarden intelligenter Geräte, Maschinen und Objekte, die via Sensoren und Apps untereinander, mit den Menschen und mit ihrer Umwelt korrespondieren«[89]. Unternehmen und Institutionen müssen das Netzwerk im Rahmen ihrer digitalen Kommunikation für sich zu nutzen wissen, um ihre Ziele kommunikativ zu begleiten.

Auf Basis ihrer Unternehmensstrategie haben sie die Aufgabe, eine klare integrierte und digitale Kommunikationsstrategie zu entwickeln, welche die verschiedenen Disziplinen und Dialogkanäle integriert. Sie müssen ihre Online-Aktivitäten – unabhängig davon, ob »social« oder »nicht social« – in einer Strategie bündeln, die wiederum mit allen weiteren Kommunikations- und Marketingmaßnahmen vernetzt sein sollte. Nur auf diese Weise kann es gelingen, künftig kommunikativ einheitlich nach innen und nach außen aufzutreten und Vertrauen für die Organisation, ihre Marken, Themen, Aktivitäten und verantwortlichen Mitarbeiter zu schaffen. Christian Achilles hat recht, wenn er in seinem Beitrag darlegt, dass sich digitale Kommunikation nicht darin erschöpft, »Social Media zu beherrschen, neue Apps anzubieten oder möglichst viele neue Kanäle entsprechend schnell wechselnder Moden zu besetzen.«[90] Kommunikation müsse viel systematischer und in einer die Kommunikationsdisziplinen übergreifender Weise geplant werden und dabei auf einer klaren Markenstrategie beruhen.

Die Vernetzung der digitalen und nicht-digitalen Welt
Wer sich an die digitale Kommunikation herantastet, darf sie daher nicht von den Instrumenten der analogen Kommunikation trennen beziehungsweise sie als eigenständigen

89 https://bit.ly/dks_emailmarketingforum_kommunikationderzukunft.
90 Vgl. S. 82.

Kommunikationsraum sehen. Auch führt es nicht zum Ziel, die digitale und die nichtdigitale Welt gegeneinander auszuspielen oder gar einen Gegensatz zwischen alter und neuer Kommunikation, zwischen »klassischer« analoger und »moderner« digitaler Kommunikation herzustellen. Digitale Kommunikation ist weder ein isoliertes Projekt noch ein unabhängiger Kommunikationskanal. Sie darf auch kein Selbstzweck sein, sondern vielmehr ein Werkzeug innerhalb des Gesamtprozesses, um vorhandene Synergieeffekte tatsächlich realisieren zu können. Dazu sind von Beginn an alle verfügbaren Instrumente in die Planung miteinzubeziehen, um solche Synergien aus der engen Verzahnung der Maßnahmen zu ziehen. Schließlich kann sich jedes digitale Instrument nur dann als mächtig erweisen, wenn es in die Gesamtkommunikation wirklich eingebettet ist.

Kommunikationsexperten haben also die Aufgabe, bisheriges Wissen und bestehende Erfahrungen auf die neuen Gegebenheiten systematisch zu übertragen, Neuerlerntes zu ergänzen und diese beiden zu verzahnen – nicht als Gegensätze, sondern als eng umschlungene Partner. So ist beispielsweise auch das vorliegende Buch kein Werk, das sich ausschließlich um die digitale Kommunikation und die digitalen Medien an sich dreht. Vielmehr setzt es sich damit auseinander, wie man in digitalen Zeiten seine bisherige Kommunikation – auch mittels neuer Denkweisen, Abläufe, Kommunikationsformen, Instrumente und Tools – den veränderten Gegebenheiten anpassen muss.

Wie bereits beschrieben: Die herkömmliche Kommunikation wird ihren hohen Stellenwert behalten und nicht durch neue Formate vollkommen ersetzt werden. Abgesehen von sehr wenigen Zielgruppen ergibt es auch wenig Sinn, die klassischen Aktivitäten durch digitale komplett zu ersetzen. Der Erfolg, so der Berliner Konzeptioner Klaus Schmidbauer, liegt vielmehr in der Kombination und engen Vernetzung, da nur im Zusammenspiel beider Seiten eine schlagkräftige Ansprache entstehen kann: »Kommunikation wird immer als Ganzes wahrgenommen. Kommunikationskonzepte müssen deshalb auf der strategischen Ebene über den Online-/Offline-Kategorien stehen und ganzheitlich denken.« Denn ob online oder offline: Für Zielgruppen führt nicht die Herkunft zur Entscheidung; vielmehr werden »immer genau die Strategien und Maßnahmen genutzt, die das anstehende Problem optimal lösen, ganz gleich welcher Herkunft sie sind«[91].

Digitale Disziplinen verbinden

Ebenfalls innerhalb des digitalen Bereiches gilt es vernetzt und integrativ zu denken. Schon heute spielen in der digitalen Kommunikation die Zugänglichkeit und Usability der Webseite, die richtige Platzierung von Inhalten, die Erreichbarkeit durch Suchmaschinen, Suchmaschinenoptimierung (SEO) und Suchmaschinenwerbung (SEA), Online-PR oder E-Mail-Marketing zusammen. Hinzu kommen werbliche Herausforderungen: Online- und mobile Werbung, Native Advertising, Anzeigen und gesponserte Beiträge auf Social-

91 https://bit.ly/dks_konzeptionerblog_web20.

Media- und Videoplattformen sind für eine professionelle integrierte Kommunikation unerlässlich. Dies verdeutlicht, wie stark die bisherigen Disziplinen zusammenwachsen, wie sie innerhalb einer digitalen wie integrierten Kommunikationsstrategie geplant und gesteuert werden müssen. All jene Disziplinen und Arbeitsfelder beeinflussen die Sichtbarkeit der Unternehmen und Institutionen sowie die Wahrnehmung ihrer jeweiligen kommunikativen Botschaften. Auf solch ein enges und disziplinenübergreifendes Zusammenspiel wird eine erfolgreiche digitale Kommunikation künftig basieren.

In dieses Zusammenspiel ist Social-Media-Kommunikation als ein Kernbestandteil der digitalen Aktivitäten in die Gesamtheit der professionellen Unternehmenskommunikation zu integrieren. Dies macht den Erfolg jeder digitalen Kommunikationsstrategie aus. Es darf also nicht mehr primär um soziale Netzwerke gehen, um Facebook, YouTube oder Twitch, um Corporate Blogs oder Podcasts, um Business Networks, um visuelle Plattformen – ob sie heute Instagram, TikTok, Snapchat oder Pinterest heißen. Es geht um eine wirkliche integrierte Kommunikation in Zeiten des digitalen Wandels, in deren Rahmen die einzelnen Kommunikationskanäle innerhalb eines strategischen Konstrukts ihre Funktionen und Aufgaben haben, die sich alle an einer klar definierten Kommunikationsstrategie ausrichten müssen.

Kommunikation über Social-Media-Plattformen muss also als eine Komponente einer großen Kommunikations- und Marketingstrategie gesehen werden, wie Brian Solis betont: »Social media is a critical part of a larger, more complete sales, service, communications, and marketing strategy that reflects and adapts to markets and the people who define them.«[92] Dazu benötigt es ein starkes, auch intern verankertes Selbstverständnis, damit Integration und notwendige Neuaufstellung gemeinsam bestritten werden. Nur so kann es gelingen, eine digitale Kommunikation wirklich umzusetzen. Dass dieser Integrationsprozess und die strategische Neugestaltung der Kommunikation für viele Unternehmen mit einer Reihe von Schwierigkeiten und einem langen Atem verbunden sind, darauf wurde bereits eingegangen.

Neue Herausforderungen warten

Hinzu kommt, dass bereits heute neue Herausforderungen auf die Kommunikationsfachleute warten: Bewegtbild und Live-Video, die erwähnten Messenger und Chatbots, Ephemeral Media[93], Virtual- und Augmented-Reality-Anwendungen sowie kleine lokale Themen-Communitys drängen in die Werkzeugkoffer der Kommunikatoren. Und diese Entwicklungen werden nicht die letzten sein. Auch neue Werkzeuge werden nur dann zum Erfolg beitragen, wenn es gelingt, sie innerhalb eines strategischen Gesamtkonzeptes zu verorten. Das impliziert wiederum extreme Anstrengungen, Anforderungen und ein hohes

92 Solis (2010), S. 9.

93 Siehe dazu den erklärenden Beitrag von Falk Hedemann im Upload-Magazin: https://bit.ly/dks_uploadmagazin_ephemeral.

Maß an erforderlichem Wissen, gerade für Mitarbeiter aus den betreffenden Abteilungen, die mit dem digitalen Wandel in Verbindung stehen.

So müssen Mitarbeiter – ob aus den Abteilungen Kommunikation, Marketing, Human Resources, Kundenservice oder Produktentwicklung – und explizit das Führungspersonal in Fragen der digitalen Medien fortgebildet werden. Sie benötigen Fachkenntnisse, um eine digitale Kommunikationsstrategie zu verstehen, zu entwickeln, sie mitzutragen und mit Content zu füllen. Und sie benötigen Anleitung, wie sie im Rahmen der Strategie ihre eigene Rolle finden und sich mit anderen Mitarbeitern innerhalb der Organisationen inhaltlich eng vernetzen können. Nur so lassen sich Content-Silos vermeiden und wird jeder vom Wissen des jeweils anderen letztendlich profitieren.

Verstärktes Customizing

Angesichts der Fülle an Kommunikationskanälen entsteht die nächste Herausforderung: Welche Informationen sollen die Zielgruppen an welcher Stelle zu welchem Zeitpunkt in welchem Format und Umfang erreichen? Und dies in einer Zeit, in der bereits viel von einem Content-Shock, also einer Überforderung mit Inhalten, gesprochen wird? Wenn also Nutzer immer weniger den Content in ihrer Ganzheit wahrnehmen können?

Gerade innerhalb einer integrierten Strategie kommt es auf ein verstärktes Customizing an. Der Empfänger soll genau die passenden Informationen in dem Moment erhalten, wenn er sie benötigt. Angesichts der Fülle an gewonnenen Daten lassen sich dazu Kundenbedürfnisse und Reaktionen detailliert analysieren – Stichwort Data Analyse. Auf diese hin lassen sich passende Services und Produkte entwickeln. Nur mit solch stark personalisiertem, auf die Bedürfnisse von Usern wie auf die Eigenschaften der einzelnen Kanäle individuell zugeschnittenem Content können Nutzer künftig gezielt informiert und an die Marke gebunden werden. Dazu sind die Storys nicht nur zielgruppengenau zu entwickeln, sondern für die einzelnen Kommunikationskanäle medienspezifisch aufzubereiten. Parallel entstehen neue Möglichkeiten, Stakeholder zu involvieren und mit ihnen in einen kontinuierlichen Dialog, in einen dauerhaften Denk- und Lernprozess zu treten.

Relevanz als Erfolgskriterium

Schon heute gibt es vielfältige Ansätze für Customizing: Die Kulturstiftung des Bundes, das Fachmedium W&V oder das Online-Portal inFranken.de[94] bieten themenspezifische Newsletter zu unterschiedlichen Themen an, die Interessenten bei der Anmeldung auswählen können. RSS[95] bieten die Chance, schnell und einfach per »Echtzeit-Ticker« genau die Themen zu abonnieren, die für den Einzelnen von Relevanz sind. Auch Apps und Tools wie

94 https://bit.ly/dks_kulturstiftungdesbundes; https://bit.ly/dks_wuv_newsletter; https://www.infranken.de/newsletter/.

95 Eine Einführung zum Thema RSS inklusive Anleitung zur Umsetzung hat der Autor hier publiziert: https://bit.ly/dks_ruisinger_RSS.

nuzzel, BuzzSumo, paper.li oder Flipboard[96] helfen bei der Sortierung von Twitter-Streams oder bei der Selektion von passenden, individualisierten, teils kuratierten Inhalten aus individuell ausgewählten Quellen. Allen Ansätzen ist gemein, dass Individualität, Qualität und Relevanz der Weg für erfolgreiche Distribution von Informationen im Internet sind.

Qualität, Relevanz, Individualität, Strategie, Dialog: Die erwähnten Begriffe machen deutlich, dass selbst wenn die Digitalisierung der Kommunikation enorme Veränderungen bringt und sich dadurch viele neue Kanäle und Instrumente ergeben haben, sich die grundsätzlichen Voraussetzungen für eine erfolgreiche Kommunikation kaum verändert haben. Gleichzeitig müssen sich Unternehmen und Institutionen bewusst sein, dass sie sich von einigen tradierten Kommunikationsstrukturen zu lösen haben. So müssen »Machtstrukturen und Silodenken zu Gunsten eines Denkens für das Ganze abgelöst werden«, schreibt die Schweizer Kommunikationsberaterin Marie-Christine Schindler über die Zukunftsfähigkeit einer vernetzten Kommunikation. Ihre Hoffnung: »Perfekte Kommunikation gibt es nie, aber eine ideale Kommunikation und diese verfolgt zumindest einen integrierten und crossmedialen Ansatz.«[97]

Integrierte Kommunikation im digitalen Zeitalter am Beispiel der Sparkassen

Von Christian Achilles

Kunden erwarten heute in ihrer Beziehung zu einem Kreditinstitut stärker denn je einen individuell und konkret erfahrbaren Nutzen. Sie sind – nicht zuletzt aufgrund umfassender Möglichkeiten zur Online-Recherche – informierter und anspruchsvoller als früher. Dabei stehen immer weniger einzelne Produkte als praktische Lebenshilfen für individuelle Lebensentwürfe im Vordergrund. Die Kommunikation von Finanzdienstleistern muss vor diesem Hintergrund individueller, lebenspraktischer, aktueller und damit vor allem personalisierter und datengetriebener werden. Das erfordert völlig neue Kommunikationsstrategien und neue Formen der Organisation von Kommunikationseinheiten. Die Sparkassen-Finanzgruppe hat deshalb alle Zuständigkeiten für die interne und externe Kommunikation auf zentraler Ebene im eigenen Newsroom in einer neuen Arbeitsorganisation und Arbeitsumgebung zusammengefasst.

Ausgangssituation der Sparkassen-Finanzgruppe

Die Sparkassen-Finanzgruppe ist der mit Abstand führende Finanzdienstleister in Deutschland. Sie besteht aus über 370 rechtlich eigenständigen, kommunal verankerten

96 https://www.buzzsumo.com; https://www.nuzzel.com; https://www.paper.li; https://www.flipboard.com.
97 https://bit.ly/dks_mcschindler_newsroompr.

Sparkassen, den Landesbanken-Konzernen sowie der DekaBank, den Landesbausparkassen (LBS), 11 öffentlichen Erstversicherergruppen, der Deutschen Leasing sowie zahlreichen weiteren Finanzdienstleistungsunternehmen. Die Gruppe betreut mit über 300.000 Mitarbeitern in Deutschland 50 Millionen Kunden, vergibt 42 Prozent aller Unternehmenskredite und ist in drei Vierteln der deutschen Haushalte mit Finanzprodukten vertreten. In den Vertrauenszumessungen der Kunden heben sich vor allem die Sparkassen sehr positiv von anderen Kreditinstituten (»Banken«) ab.

Gleichwohl stehen die Sparkassen im Wettbewerb mit Banken und damit vor ähnlichen Herausforderungen wie ihre privaten Wettbewerber: Die Kunden erwarten immer stärker individuell unterschiedliche (Finanz-)Lösungen für rasch wechselnde Lebens- und Erwerbsbiografien. Finanzdienstleistungen sind keine emotionalen Produkte, sie sind lediglich Mittel zum Zweck für Investitionen, für das eigene Haus, für die Absicherung von Lebensrisiken oder für die Sicherung und Mehrung des erreichten Wohlstands für die Zukunft. Gerade Letzteres ist in Zeiten niedrigster oder gar negativer Zinsen, in denen Zuwächse nur noch über die Inkaufnahme höherer Risiken möglich sind, für einen Finanzdienstleister eine große Herausforderung. Künftig wird deshalb eine entscheidende Rolle spielen, ob und wie die Sparkassen es verstehen, sich aus Sicht von Kunden als umfassende Lebensbegleiter, auch über Finanzdienstleistungen hinaus, zu qualifizieren. Vor allem menschliche Nähe und ein glaubwürdiges, umfassendes Sicherheitsversprechen spielen dabei eine große Rolle.

Gerade in als immer unsicherer empfundenen Zeiten wollen die Kunden die Sparkassen zunehmend als eine Art Navigator, der sie auf – nicht unmittelbar absehbare – Lebensrisiken hinweist und individuelle Strategien vorschlägt, um diese »Klippen umschiffen« zu können. Dabei müssen die – individuell sehr unterschiedlichen – Interessen und Lebensziele der Kunden im Vordergrund stehen. Die Kenntnis aus einer Vielzahl vergleichbarer Fallgestaltungen ist dabei wichtig und erhöht die Kompetenz eines Finanzdienstleisters. Sie darf aber nicht dazu führen, bestimmte Kunden(-gruppen) gleichsam nach »Schema F« zu behandeln. Persönliche Zuwendung zum Individuum ist gefragt – in der Geschäftsstelle, aber immer stärker auch auf digitalen Wegen.

Die Markenpositionierung der Sparkassen als Ausgangspunkt einer zeitgemäßen digitalen Kommunikation

Die Markenpositionierung der Sparkassen ist Ausgangspunkt aller geschäftspolitischen Entscheidungen und damit natürlich die Grundlage der Kommunikationsstrategie. Dabei spielt die Gründungsidee der Sparkassen eine große und wieder zunehmend wichtige Rolle.

Sparkassen sind ein Kind der Aufklärung. Grundlage war das Verständnis, dass jeder Mensch kraft seiner Vernunft und seiner persönlichen Begabung in der Lage sein soll, sein Leben selbst in die Hand zu nehmen. Dort, wo diese Anforderung, bedingt durch geringeres Einkommen oder geringeres Vermögen, auf wirtschaftliche Einschränkungen traf, sollte nicht etwa der Staat mit Fürsorge reagieren. Vielmehr war die Gründung der Sparkassen Ausdruck bürgerschaftlichen Engagements.

Sparkassen haben die Aufgabe, selbstbestimmtes Leben zu unterstützen und in vielen Fällen erst zu ermöglichen. Die Motivation ihrer Gründer – Bürgergruppen, Kommunen und aufgeklärte Fürstenhäuser – war es, in Zeiten grundlegender wirtschaftlicher Umbrüche, vor allem nach der ersten industriellen Revolution, Menschen mit geringeren Vermögen und Einkommen an wirtschaftlicher Prosperität teilhaben zu lassen, wirtschaftliche Eigenvorsorge zu ermöglichen und damit zu einer sozialen und gesellschaftlichen Teilhabe beizutragen. Diese Aufgabe, in zeitgemäß anderem Gewand, ist mit der aktuellen, durch Digitalisierung und Globalisierung bestimmten neuerlichen industriellen Revolution wieder gefragt. Wir haben dies in die Markenkernaussage

– *»Wir machen es den Menschen einfach, ihr Leben zu verbessern«* –

übersetzt. Diese Markenkernaussage stellt den entscheidenden Orientierungspunkt für alle geschäftspolitischen Handlungen der Sparkasse dar. Sie kommuniziert die Haltung und dient als Prüfkriterium bei der Entwicklung geeigneter Maßnahmen, Produkte und Dienstleistungen. Mit den definierten Markenkernwerten »Menschen verstehen«, »Sicherheit geben« und »Zukunft denken« wollen wir uns dabei wahrnehmbar von unseren Wettbewerbern unterscheiden. Sie sollen helfen, die Markenkernaussage zu konkretisieren.

Aus Kundensicht ist heute relevant, dass es nahezu alle Angebote im Überfluss gibt. Die Wahl wird schnell zur Qual. Kaum ein Verbraucher hat Zeit und Interesse, sich intensiv mit der Vielzahl von Produkten und deren Eigenschaften auseinanderzusetzen. Das gilt in besonderer Weise für die Finanzwirtschaft, bei der Produkte und Dienstleistungen als solche immer ähnlicher und somit austauschbarer werden. Die angebotenen Finanzprodukte sind haptisch nicht wahrnehmbar und können damit auch kein sinnliches Markenerlebnis bieten.

Wenn allerdings die Produkte selbst den für die Differenzierung von Kreditinstituten entscheidenden Unterschied nicht tragen, ist es besonders wichtig, ihn anhand anderer Dimensionen herauszuarbeiten. Vor allem in **fünf Trends** sehen wir eine große Chance, die Einzigartigkeit der Sparkassen gegenüber Wettbewerbern herauszuarbeiten:

1. Die Welt wird immer unüberschaubarer. Finanzkrise, Datenmissbrauch, Lebensmittelskandale – das Gefühl der Unsicherheit bei Verbrauchern wächst. Menschen suchen in dieser Situation nach Halt und Orientierung, Beständigkeit und

Tradition. Etablierte Marken mit Geschichte haben deshalb eine besonders gute Chance, sich zu positionieren.
2. Es gibt angesichts der Unüberschaubarkeit der Welt eine neue Sehnsucht nach Regionalität und Herkunft. Der Einsatz von Einlagen für (nachhaltige) Investitionen vor Ort ist deshalb ein besonders wichtiges Positionierungsmerkmal für die Sparkassen und bietet Stoff für eine sich von Banken abgrenzende Wertepositionierung.
3. Das Verbraucherverständnis gegenüber Wirtschaftsunternehmen wird heute vor allem von der Forderung nach einer richtigen Balance zwischen Gewinn und Verantwortung bestimmt. Es finden vor allem solche Unternehmen Akzeptanz, die auf der Basis solider wirtschaftlicher Ergebnisse ihren Beitrag zur Entwicklung der Gesellschaft transparent machen und glaubwürdig nachweisen können. Dabei geht es aktuell vor allem um Fragen der ökologischen Nachhaltigkeit. Gleichzeitig haben aber auch Fragen der sozialen und ökonomischen Nachhaltigkeit nichts an Aktualität und Bedeutung eingebüßt. Es gilt vielmehr, Ökologie, Ökonomie und sozialen Zusammenhalt in eine neue Balance zu bringen.
4. Gerade im digitalen Raum wächst das Bedürfnis nach menschlicher Nähe. Damit steigen die Geschäftschancen von Unternehmen, die eine solche menschliche Vernetzung von Kunden und eigenen Mitarbeitern anbieten können.
5. Angesichts der zunehmenden Komplexität der Umwelt steigt das Bedürfnis nach Orientierung und leichter Zugänglichkeit. Dies trifft sich mit der Kernaufgabe von Sparkassen, aus der unübersichtlichen Welt der Finanzen jeweils das für den individuellen Kunden Relevante herauszufiltern.

Vor diesem Hintergrund haben sich die Sparkassen **drei wichtige markenstrategische Ziele** gesetzt:
1. Wir wollen die menschliche Nähe verstärken. Die Voraussetzungen dafür sind mit allein 130.000 Beratern sehr gut. Es dürfte keinen Ort in Deutschland geben, in dem nicht mindestens ein Sparkassenmitarbeiter wohnt, keinen Verein, in dem nicht mindestens ein Mitarbeiter Mitglied ist, und keinen Marktplatz, an dem nicht mindestens ein Mitarbeiter als Kunde agiert. Entscheidend ist, dass sich diese großartige Ausgangssituation in einer für unsere Kunden auch erfahrbaren menschlichen Nähe ausdrückt.
2. Die Sparkassen wollen Orientierung und Zugänglichkeit erleichtern. Sie sind als Kreditinstitute für alle Menschen gegründet worden. Deshalb kommt es gerade in Zeiten großer Unübersichtlichkeit darauf an, Kunden als ehrlicher Ratgeber und Navigator zur Verfügung zu stehen.
3. Die dritte strategische Weichenstellung besteht darin, künftig die Zukunftsausrichtung unseres Denkens und unserer Lösungen noch stärker unter Beweis zu stellen. Dabei wird die Vermittlung menschlicher Nähe auf zeitgemäßen digitalen Kommunikationswegen eine besondere Bedeutung haben.

Die Umsetzung der Markenpositionierung in die Kommunikationsstrategie
Auch wenn Marke in Unternehmen sehr viel mehr als Marketing sein muss, muss klar sein, dass die Kommunikation ein entscheidender Transmissionsriemen zur Vermittlung der Markenwerte nach innen und außen sein muss. Die kommunikativen Maßnahmen müssen eine konsistente Markenwahrnehmung sicherstellen. Dabei spielen die digitalen Kommunikationswege eine besondere Rolle.

Hier haben wir inzwischen, ursprünglich mit der Motivation »Content Marketing« einführen zu wollen, unseren gesamten Leistungsprozess der Kommunikation hin zu einer komplett integrierten Kommunikation überarbeitet. Das führte in der Konsequenz zu einer neuen Aufbauorganisation der Kommunikation mit Einführung eines Newsrooms.

Ausgangspunkt war eine Neubestimmung der Ziele der Kommunikation: Wir wollen Verkauf befördern – bei uns bedeutet dies systematische Überführung von individuellen Kunden zu konkreten Service- oder Produktangeboten der jeweils zuständigen Sparkasse. Wir wollen durch Kommunikation unsere Reputation verbessern. Und wir wollen, nicht zuletzt im Deutschen Sparkassen- und Giroverband als Interessenvertretung für die Gruppe und für unsere Kunden, konkret messbaren Einfluss auf öffentliche und politische Meinungsbildung nehmen. Alle unsere Kommunikationsmaßnahmen müssen auf diese drei konkreten und mit Werten hinterlegten Zielsetzungen einzahlen. Eine Unterscheidung in Marketing, Presse, PR, Öffentlichkeitsarbeit, Social Media, medialer Vertrieb usw. gehört bei den Zielen wie bei allen anderen Planungsschritten der Vergangenheit an.

Bei unseren Themenplanungen gehen wir anders als bisher vor. In der Vergangenheit hatten wir noch weit mehr als 100 große Kommunikationsthemen, die bei der Vielzahl unserer Zielgruppen und der uns zur Verfügung stehenden Kanalvielfalt kaum mehr handhabbar waren. Das haben wir radikal vereinfacht. Wir haben 11 Themensäulen gebildet, von denen fünf eine größere Marktrelevanz haben. Diese haben wir bereits weitgehend aus Kundenperspektive formuliert: Geld fürs Leben, Geld für später, Eigenheim, Mittelstand, Hausbank. Produkte hingegen stellen keine Themensäulen dar.

Ein sehr wichtiger Schritt war es, uns mit unseren Zielgruppen anders als früher zu beschäftigen. Früher hatte hier jede Kommunikationsdisziplin eigene Methoden. Das haben wir vereinheitlicht, um gemeinsam und koordiniert die wichtigen Zielgruppen ansprechen zu können. Für die externe Kommunikation zu Privatkunden, gewerblichen Kunden, Journalisten und (politischen) Multiplikatoren haben wir 26 Personae gebildet. Hierbei handelt es sich um fiktive Personen, die für eine ganze Gruppe Menschen in gleichartigen Lebenssituationen stehen. Diese Personae haben wir uns in ihrem Lebensumfeld, ihren Kommunikationswegen, ihren Markenpräferenzen, ihrem Finanzwissen, ihrem Interesse an unseren 11 Themensäulen und zahlreichen weiteren Dimensionen durch Marktforschung und Social-Media-Monitoring umfassend erschlossen. Ziel ist es, dass die Kommunikationsverantwortlichen für eine bestimmte Themensäule sofort erkennen können, welche der Personae sich für ihr Thema interessieren und in welcher Lebenswelt sie zu Hause sind.

Unser dritter konzeptioneller Schritt war es, uns alle zur Verfügung stehenden Kommunikationskanäle systematisch neu zu erschließen. Zu unserer eigenen Überraschung standen uns sehr viel mehr Kommunikationswege zu Verfügung, als jedem einzelnen Verantwortlichen bewusst gewesen wäre. Jeder Kommunikationskanal hat einen Steckbrief erhalten, der dessen Positionierung, das Zusammenspiel mit anderen Kanälen, Erfolgsfaktoren, mögliche Inhaltsformate, darüber zu erreichende Personae, Ziele und KPIs enthält. Daraus haben wir für uns ein neues »Ökosystem Sparkasse« entwickelt, in dem das Zusammenspiel aller Kanäle gezeigt wird. Sonderstellungen einzelner Kanäle, etwa von Social Media, gehören damit zugunsten eines systematischen Systems der Vergangenheit an.

Weitere wichtige konzeptionelle Schritte waren die Erarbeitung einer Verbreitungsmotivation (»Warum sollten unsere Zielgruppen unsere Inhalte teilen wollen?«) sowie die systematische Erarbeitung der Content-Typen und aller von uns gewünschten und einsetzbaren Formate. Unser aus der Markenpositionierung abgeleitetes Mission Statement für Content-Erstellung lautet dabei:

Allen Menschen, die vor Entscheidungen im Finanzbereich stehen, bietet die Sparkasse vor Ort und im Netz leicht verständliche und anregende Inhalte, die Orientierung bieten. Dabei sind unsere Inhalte nah an den Menschen, laden zum Dialog ein und helfen, deren Leben besser zu gestalten.

Diesem Anspruch müssen alle Kommunikationsinhalte genügen.

Die entscheidende Erkenntnis aus der neuen Kommunikationsplanung war: Wir brauchen neben einer Themenplanung aus Kundensicht eine einheitliche Steuerung der Kommunikationskanäle. Der Ort, wo dieses stattfindet, heißt Newsroom. Der Newsroom der Sparkassen-Finanzgruppe ist ein Gemeinschaftsbetrieb vom Deutschen Sparkassen- und Giroverband einerseits und der Sparkassen-Finanzportal GmbH andererseits. Dort arbeiten auf rund 2.200 qm rund 80 Kommunikatoren. Dort haben wir alle zentralen Kommunikationseinheiten der Marke Sparkasse organisatorisch zusammengefasst, neu gegliedert und in ein gemeinsames Arbeitsumfeld gebracht. Content liefert im Newsroom der »Newsdesk« – aber eben als integraler Bestandteil eines gesamten Kommunikationsprozesses.

Im Newsroom der Sparkassen-Finanzgruppe ist die Zuständigkeit für alle internen und externen Zielgruppen sowie für alle dazu benötigten (zentralen) Kommunikationskanäle vereint.

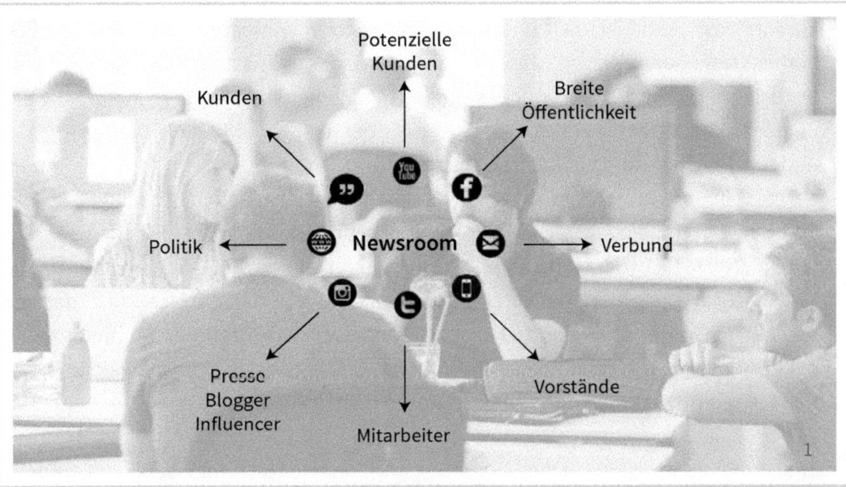

Abb. A: Zielgruppen und Kanäle im Newsroom der Sparkassen-Finanzgruppe; Quelle: DSGV

Jede Kommunikationsplanung beginnt bei uns mit dem strategischen Themen- und Markenmanagement. Dort werden Themen aus Kundensicht identifiziert, auf das Kommunikationspotenzial hin bewertet und mit Briefings und KPIs versehen. Die operative Verantwortung für alle Kommunikationsthemen übernimmt das Kampagnenmanagement. Dort verantwortet jeweils ein Kampagnenmanager ein gesamtes Themenfeld, führt das Thementeam aus unterschiedlichen Spezialisten und auch die Agenturen. Content wird im Rahmen einer Jahresplanung am Newsdesk bestellt. Dieser ist auch für aktuellen Content zuständig. Und alle Kanäle – paid, owned und earned – werden einheitlich von der Media-Einheit gesteuert.

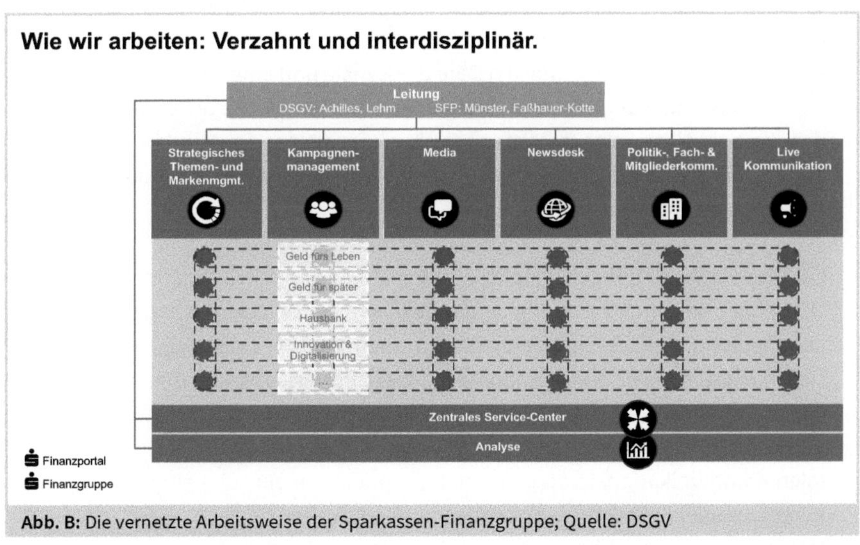

Abb. B: Die vernetzte Arbeitsweise der Sparkassen-Finanzgruppe; Quelle: DSGV

Ein wichtiger Trend ist, dass unsere Kommunikation immer aktueller wird und sich immer stärker an wichtigen gesellschaftlichen oder politischen Diskussionen orientiert. So waren wir etwa einer der wenigen Finanzdienstleister, die rund um die Brexit-Entscheidung oder die amerikanische Präsidentschaftswahl für ein breites Publikum und für Unternehmen nachvollziehbar die Auswirkungen auf die eigenen Finanzen dargestellt und aufbereitet haben. Sistrix listet inzwischen mehr als 1.000 Featured Snippets bei Google auf, die auf unseren Content-Hub sparkasse.de verweisen. Damit haben wir die Sichtbarkeit unserer Themenwelten auf sparkasse.de im Jahr 2019 um 390 Prozent gegenüber dem Vorjahr gesteigert. Wir machen die Erfahrung, dass wir mit solchen, meist online und über soziale Netzwerke verbreiteten Kommunikationsinhalten enorme Reichweiten und sehr hohe Überleitungsquoten auf eigene Informationsseiten oder gar in konkrete Beratungssituationen erreichen.

Eine Konsequenz ist, dass die Bedeutung groß angelegter, umfassend geplanter und mit hohen Budgets unterlegter Marketingkampagnen immer weiter zurückgeht. Immer stärker stellen wir uns wie Medienhäuser auf und gestalten die Kommunikation personalisierter und datengetriebener, um jederzeit zum richtigen Zeitpunkt auf dem richtigen Kanal jede Zielgruppe mit dem richtigen Content erreichen zu können. Dabei steigt die Bedeutung eigener, online-basierter Kommunikations-Hubs. Schrittweise verschwindet so die frühere Abgrenzung von Marketing, Öffentlichkeitsarbeit, PR und klassischer Medienarbeit. Umfassende, schnelle Orientierung für Kunden kann Kommunikation heute nur dann bieten, wenn sie disziplinenübergreifend aufgestellt ist.

Fazit:
Digitale Kommunikation erschöpft sich aus unserer Sicht heute nicht mehr darin, Social Media zu beherrschen, neue Apps anzubieten oder möglichst viele neue Kanäle entsprechend schnell wechselnder Moden zu besetzen. Wir erkennen vor allem eine enorme Steigerung der Zahl der Kanäle und eine damit einhergehende Individualisierung der Kommunikation. Daraus leiten wir die Schlussfolgerung ab, dass Kommunikation heute systematischer und in einer die Kommunikationsdisziplinen übergreifenden Weise geplant werden muss. Sie muss dabei auf einer klaren Markenstrategie beruhen.

Zur Umsetzung benötigen wir die Kampagnenfähigkeit der Marketingkommunikation, aber eben auch die Dialog- und redaktionellen Fähigkeiten anderer Kommunikationsdisziplinen im Zusammenspiel an einem Ort. Wir sind davon überzeugt, dass sich in Zukunft die Kommunikation nicht mehr in Marketingkommunikation, PR und Medien, sondern in Themenplanung/-analyse, Themenentwicklung und einheitliche Kanalsteuerung organisatorisch aufteilen wird. Eigentlich gibt es künftig keine »digitalen Kommunikationsstrategien« mehr, sondern nur eine einheitliche Kommunikationsstrategie, die Zugriff auf alle Kommunikationskanäle hat und die verschiedenen Instrumente zu einem harmonischen Orchester verbindet.

4 Digitale Change-Prozesse

Wenn man sich über die Digitalisierung, digitale Transformation, digitale Denk- und Umdenkprozesse und die vielfältigen digitalen Medien, von denen es fast täglich neue gibt, Gedanken macht, wird einem bewusst, dass die Mehrzahl der Organisationen gerade in ihrem Inneren vor gewaltigen Umwälzungen steht. Und damit ist weniger die Fortbildung der Mitarbeiter in Fragen der Digitalisierung beziehungsweise digitaler Medien gemeint, oder die graduelle Integration der Medien in die Arbeitsabläufe der jeweiligen Abteilungen. Die gravierenden Veränderungen betreffen vor allem die Führungsrolle sowie die Rolle der Mitarbeiter innerhalb der Organisationen und das veränderte kommunikative Verhalten. Dabei handelt es sich um wirkliche Change-Prozesse, welche das Unternehmen selbst, Unternehmensleitung, personelle Strukturen, kommunikatives Verhalten nach innen wie nach außen betreffen – kurzum gesagt: Die gesamte Organisation, wie die nächsten Punkte verdeutlichen.

Bevor im folgenden Kapitel die Erstellung der Strategie im Vordergrund steht, sollen in diesem Kapital nochmals ausführlich die Faktoren typisiert werden, die für den Erfolg einer digitalen Kommunikationsstrategie mitentscheidend sind. Einschränkend ist anzumerken, dass nicht bei jeder Institution und bei jedem Unternehmen alle Faktoren zutreffen müssen. Sie sind vielmehr als Denkaufgaben, als Handlungsanstöße, als eine Art »digitales Einmaleins der Veränderungsprozesse« zu verstehen, die die Entwicklung, Planung und Umsetzung einer Kommunikationsstrategie in Zeiten der Veränderung begleiten.

Grundsätzlich ist zu unterscheiden zwischen Veränderungsprozessen, die folgende Aspekte betreffen:

- die Führungsstrukturen innerhalb der Organisation,
- das Innere der Organisation und die interne Kommunikation,
- die veränderten kommunikativen Bedingungen.

Einige der Themen sind im Verlauf des Buches bereits kurz angeklungen. An dieser Stelle werden sie aber bezogen auf das Thema Change-Prozess nochmals bewusst aufgegriffen.

4.1 Change-Prozesse auf Führungsebene

4.1.1 Digitale Kommunikation als Chefsache

Die Einführung einer digitalen Kommunikationsstrategie ist eine Management-Aufgabe und klare Chefsache. Jede Kulturveränderung muss schließlich von oben initiiert, zumindest aber abgesegnet sein. Wenn die Führungsebene dagegen nicht an die neuen Kommunikationsformen glaubt und deren Umsetzung und Implementierung im eigenen

Unternehmen aktiv unterstützt, wird dies nicht wirklich funktionieren. Bottom-up, also von den Tiefen der Organisation nach oben an die Spitze, wird die Einführung dagegen nur in den seltensten Fällen gelingen. Schließlich muss eine Geschäftsführung selbst hinter der Entscheidung stehen. Sie muss zudem die notwendigen Ressourcen bereitstellen, damit solch ein strategischer Veränderungsprozess Erfolg haben kann, der deutlich in viele vorhandene Strukturen eingreift.

So ist es notwendig, bestehende Hierarchien aufzubrechen, die sich im digitalen Zeitalter verändern müssen. Bei diesen Prozessen ist entscheidend, dass die Führungsebene Offenheit und Transparenz zeigt, dass sie die anderen Ebenen mitnimmt beziehungsweise ihr Vorgehen klar nachvollziehbar macht. Wie fasst es doch Jan Westerbarkey in seinem Gastbeitrag für dieses Buch pointiert zusammen: »Talente kommen wegen der Reputation, sie bleiben wegen der Aufgabe, und sie gehen wegen der Führung.«[98] Sie muss sich selbst intensiv mit den digitalen Kommunikationsinstrumenten auseinandersetzen, um glaubwürdig nach innen wie nach außen auftreten zu können. Dazu zählt, dass Führungskräfte sich selbst in den digitalen Medien verstärkt zeigen sollten.

Auch hier ist in den letzten fünf Jahren eine Entwicklung zu beobachten: Waren es damals nur vereinzelte Vorstände oder Geschäftsführer, die einen Social-Media-Account oder ein Blog selbstständig führten, gehört ein öffentlich zugängliches Profil, ein eigener Twitter-Account[99] oder ein LinkedIn-Profil heute zu einer wachsenden Zahl von Führungskräften insbesondere von Großunternehmen fest hinzu, auch wenn sie teilweise ihren Account von Mitarbeitern oder einer beratenden Agentur betreuen lassen. Immer mehr sind davon überzeugt, dass die eigene Online-Präsenz und damit ein sichtbarer Dialogkanal wichtig für den Ruf der eigenen Organisation sind – gegenüber relevanten Stakeholdern nach außen wie gerade auch nach innen.

Sichtbarkeit und Kommunikationsbereitschaft der Führungsebene sind also zwei zentrale Faktoren, die eine erfolgreiche digitale Kommunikation ausmachen. Und die ist auf vielen Ebenen notwendig – gerade auch beim Employer Branding. So beklagt Heike Bruch, Leadership-Forscherin an der Universität St. Gallen, die geringe Zahl an im Social Web aktiven HR-Managern und HR-Vorständen. Dabei böte die digitale Transformation HR-Managern die Chance, »die Veränderungsprozesse zu treiben und sich als Akteur im Change von Kultur, Zusammenarbeit und eben auch Kommunikation sichtbar zu machen. Die HR-Verantwortlichen müssen sich verstärkt damit auseinandersetzen, wie sie die sozialen Medien für Veränderungsprozesse einsetzen und wie sie sich selber als Personen als Vorbild einbringen, innerhalb wie auch außerhalb des eigenen Unternehmens.«[100]

98 Siehe S. 238.

99 Der Autor hat eine kleine, aber feine Twitter-Liste angelegt mit CEOs, die Twitter nutzen: https://twitter.com/i/lists/233118006.

100 Straub (2018), S. 40.

4.1.2 CEO als Chief Engagement Officer

Doch wie steht es generell mit den digitalen Kenntnissen auf Führungsebene? Das Wissen über neue Kommunikationswege, digitale Kommunikation und Social Media ist auf Führungs- und Managementebene der meisten insbesondere kleinen und mittelständischen Unternehmen eher als gering zu bezeichnen. Ein Problem besteht darin, dass die digitale Kommunikation und Entwicklung von Digitalstrategien meist in der Kommunikations-, Marketing-, IT- oder – falls vorhanden – Social-Media-Abteilung verortet sind und nicht auf der Unternehmensleitungsebene. Wie soll nur dann eine Unternehmens- mit einer digitalen Kommunikationsstrategie erfolgreich vernetzt werden?

Wer im digitalen Zeitalter mit seiner Kommunikationsstrategie wirklichen Erfolg haben will, ist darauf angewiesen, dass die Verantwortlichen zumindest ein Verständnis dafür entwickelt haben, die Bedeutung erkennen, Kennzahlen lesen und hinter dem entwickelten Konzept und der eingeschlagenen Strategie stehen. Schließlich sind sie es, die Ressourcen bereitstellen müssen, ohne die sich solch ein umfassender Change-Prozess nicht erfolgreich umsetzen lässt. Und dies bedeutet Ressourcen an Zeit, an Personal und an Geld – und dies künftig in deutlich ansteigendem Umfang.

Ein Top-Management benötigt das Wissen um die Relevanz digitaler Kommunikationsprozesse, um den Wandel glaubwürdig vorzuleben, Führungskollegen und Mitarbeiter zu motivieren und auf die nicht immer einfache digitale Reise mitzunehmen. Es ist heute eine Frage der Kommunikation, der Interaktion und der Motivation, die über Erfolg oder Misserfolg des Change-Prozesses bestimmen. Dazu müssen in vielen Unternehmen und Institutionen die Beziehungen zwischen Führungsebenen und Mitarbeitern neu definiert und beispielsweise Mitarbeitern eigene Möglichkeiten der Kommunikation nach innen wie nach außen eingeräumt werden.

Die Funktion eines Chief Engagement Officer

Vor diesem Hintergrund der Veränderung sollten CEOs die Funktion eines »Chief Engagement Officer« einnehmen. Gerade in einer Zeit, in der viele CEOs um ihre Glaubwürdigkeit kämpfen[101], hilft ein Chief Engagement Officer, der verantwortungsvoll handelt und offen nach außen wie insbesondere nach innen kommuniziert. Er ist derjenige, der das Vertrauen in sein Unternehmen lenkt, der die Verantwortung für einen der zentralen Faktoren trägt, nämlich Transparenz, und der die Mitarbeiter zu verstärktem Engagement motiviert und dazu anregt, zu Sprachrohren der eigenen Organisation zu werden.

101 Wichtige Informationen und aktuelle Zahlen liefert beispielsweise das jährliche Edelman Trust Barometer: https://www.edelman.com/trustbarometer.

Solch eine Idee klingt für viele Organisationen noch recht visionär. Laut Studien sind solche Chief Engagement Officer in ihrer großen Mehrheit noch nicht in Sicht. Im Gegenteil: Solange Organisationen ihren Mitarbeitern noch die Nutzung der sozialen Medien untersagen, Webseiten, Blogs oder Foren für die eigenen Mitarbeiter freigeschaltet werden müssen oder es in Unternehmen spezielle Internet-PCs gibt, auf die Mitarbeiter für die Recherche und Kommunikation nach außen zugreifen müssen, sind Organisationen von dieser Entwicklung noch etwas entfernt. »Unternehmen, die ihren Mitarbeitern soziale Medien am Arbeitsplatz verbieten, stellen sich rückschrittlich auf und sind nicht attraktiv als Arbeitgeber, besonders für jüngere Menschen«[102], so die Leadership-Forscherin Heike Bruch.

Als ein positives Beispiel ist an dieser Stelle die Deutsche Bahn zu nennen. Wenn der damalige Geschäftsführer Rüdiger Grube das hauseigene Social Intranet DB Planet zur Chefsache erklärt und es selbst den Führungskräften vorstellt, so unterstreicht dies die Bedeutung dieses internen Kommunikationsinstruments innerhalb eines Unternehmens. Wenn die Führungskräfte dann wiederum ihre weiteren Mitarbeiter stufenweise mit dem Social Intranet bekannt machen, werden sie mit ihrer Vorbildfunktion selbst zu den zentralen Botschaftern für die interne Kommunikation.

Authentische Kommunikatoren

Mit Blick auf die nahe Zukunft gilt: Ob Chief Engagement Officer, Chief Digital Officer, Social SEO oder Digital CEO – Organisationen benötigen Vorstände, Manager, Geschäftsführer, die sich für die Veränderungen innerhalb des Unternehmens offen zeigen, sich mit ihnen intensiv auseinandersetzen, sich ein eigenes Bild davon machen, selbst in den digitalen Kanälen aktiv werden und mit ihren internen wie externen Stakeholdern regelmäßig und authentisch kommunizieren. Wie ein Tim Höttges, der als CEO der Deutschen Telekom sowohl in klassischen Medien auftaucht, als auch bei LinkedIn und auf Digital-Konferenzen wie der Dmexco präsent ist, um sich mit seinen Stakeholdern auszutauschen. Oder eine Sabine Bendiek (Microsoft) oder ein Joe Kaeser (Siemens), die sich beide auch bei sozialen und politischen Themen gerne auf ihren persönlichen Kanälen wortstark äußern. Sie müssen Vorbildcharakter und Führungsrolle übernehmen, wie Antje Neubauer in ihrem Beitrag feststellt, damit sich die Mitarbeiter an ihnen orientieren können und sich der veränderten Kommunikationskultur im digitalen Zeitalter öffnen: Gerade die Chefs, die Führungskräfte und das mittlere Management »müssen lernen, die digitale Zukunft zu verinnerlichen und vorzuleben, sie müssen bloggen, chatten, posten – kurz, den Mitarbeitern zeigen, dass sie auch kommunizieren wollen.« Sie müssten zeigen, dass sie ihr Wissen teilen wollen und andere Meinungen wollen und benötigen. »Gelingt ihnen das, werden sie greifbar im Unternehmensalltag. Dann werden auch die Mitarbeiter sich schnell der neuen digitalen Kommunikationskultur öffnen.«[103]

102 Straub (2018), S. 40.
103 Siehe S. 93.

4.1.3 Führungskultur und Personenmarke

Gerade die internen Prozesse stellen für viele Unternehmen und Institutionen eine der größten Herausforderungen dar. Schließlich wird durch digitale Kommunikationskanäle und das damit einhergehende Aufbrechen von Hierarchiestrukturen ein direkter Austausch zwischen den Mitarbeitern und der oberen Führungsebene zunehmend möglich. Wie stark eine digitale Kommunikation an bestehenden Führungsstrukturen und Machtverhältnissen zerrt, dies hatte bereits Professor Peter Kruse prognostiziert: »Die größere Herausforderung scheint aktuell die Änderung der unternehmensinternen Kommunikationsprozesse zu sein«, beschrieb er den internen Wandel.

Der damalige Mitvordenker der Netzgemeinde begründete dies damit, dass die Neuen Medien über Jahre hinweg etablierte Machtstrukturen und Führungsmodelle angriffen: »Die Vernetzung über Bereiche und sogar über Firmengrenzen hinweg destabilisiert eingespielte hierarchische Führungsmodelle. Die Änderung der Definition von Führung«, so seine Prognose bereits 2013, »wird eines der großen Themen der nächsten Jahre sein. Genauso wie sich im Umgang mit den Kunden mehr Gleichberechtigung entwickelt hat, wird sich auch das Verhältnis zum Mitarbeiter grundlegend anders gestalten. Empathie wird zur Schlüsselkompetenz«[104], so sein Fazit.

Der Aufbau einer starken Personenmarke

Die Aussage des Netzexperten macht nochmals deutlich, wie stark digitale Kommunikation in interne wie externe Unternehmensprozesse eingreift, und innerhalb was für einer »Revolution«, so Kruse, die Unternehmen und Institutionen sich befinden und dass sie bislang erst einen kleinen Weg im digitalen Zeitalter durchschritten haben. Auf Führungsebene muss daher deutlich sein, dass die Einführung der digitalen Kommunikation eine Managementaufgabe ist und dass der Dialog und die Auseinandersetzung mit internen wie externen Stakeholdern über digitale Kanäle zu den Kernaufgaben zeitgemäßer CEOs zählen.

Elon Musk für Tesla, Joe Kaeser für Siemens, Sabine Bendiek für Microsoft Deutschland, Sina Trinkgelder für die ökosoziale Textilfirma Manomama, Tina Müller für Douglas oder auch Robert Mayr für DATEV: Sie prägen mit ihrem Verhalten ihre Marke, ihre Unternehmenskultur und damit ihre Kommunikationsstrategie. Sie sind das Gesicht ihrer Firma und können mit authentischer Kommunikation dazu beitragen, Transparenz zu vermitteln und Glaubwürdigkeit zu verbessern. Als eine Personal Brand können sie Aufmerksamkeit erreichen, Zugang zu den analogen wie digitalen Medien erleichtern und auf diese Weise sogar Influencer Relations aufbauen. Eine starke, engagierte Personenmarke in Verbindung mit einem eigenen, ungefilterten Kanal hilft ebenso beim Agenda Setting für Unternehmensthemen und der eigenen Positionierung bei aktuellen Themen.

---

104 https://bit.ly/dks_peterkruse-empathie.

Dies zeigt nochmals, wie stark sich die Führungsrolle verändert hat – unabhängig vom Titel. Denn die Einführung von Social Media oder eines Digital Officers, eines Chief Engagement Officers oder Ähnliches ist ein erster Schritt, aber nicht mehr. Der Veränderungsprozess führt viel weiter – vor allem ins Innere der Organisation, wo ein wirklicher Kulturwandel stattfinden muss, wie im nächsten Kapitel zu lesen sein wird.

Vom Relaunch zum Organisationswandel

Digitale Kommunikation in der Bertelsmann Stiftung

Von Peter Diekmann

Was sind die entscheidenden Eigenschaften einer Organisation, die digitale Kommunikation als ganzheitliche Strategie realisieren will? Die Antwort darauf möchte ich im Folgenden am Beispiel der Bertelsmann Stiftung in drei kurzen Abschnitten geben. Zuvor jedoch zum besseren Verständnis eine kurze Beschreibung unserer Organisationskultur und der Ausgangslage im Jahr 2013 – vor der Entwicklung einer Strategie.

Die Bertelsmann Stiftung ist eine operative Stiftung. Das heißt, sie investiert ihre Mittel fast ausschließlich in Projekte, die sie selbst konzipiert, initiiert und – wenn möglich – auch selbstständig umsetzt. Dabei kooperiert sie eng mit den relevanten Entscheidungsträgern in Politik, Wirtschaft und Gesellschaft sowie öffentlichen und wissenschaftlichen Institutionen. Die klassische Zusammenarbeit in solch einem Think-Tank orientiert sich an der Projektarbeit – also Planung, Durchführung und Abschluss. Idealerweise folgt eine Evaluation.

Gleichzeitig veränderte sich die Projektarbeit innerhalb der Stiftung und bei unseren Partnern. Ad-hoc-Aufgaben sowie ungeplante Sonderprojekte nahmen zu. Dies erforderte von allen Beteiligten eine neue Art der Kollaboration und Kommunikation, führte aber zunächst zu mehr Improvisation: Experimente mit neuen Plattformen, Kanälen und Zielgruppen wurden begonnen und wieder beendet, Austausch über die Ergebnisse fand teilweise bilateral statt, ein Wissenstransfer in die Organisationsarbeit aber kaum. Zu Beginn unserer Arbeit an einer digitalen Kommunikationsstrategie hatten sich die Online-Kommunikation dezentralisiert, die Projekte über 70 eigene digitale Plattformen aufgebaut und sich eine Handvoll Social-Media-Pioniere selbstständig vernetzt.

Diese Situationsbeschreibung ist nicht ungewöhnlich und lässt sich auf viele Unternehmen beliebiger Branchen übertragen. Digitale Kommunikation findet immer über Abteilungsgrenzen hinweg statt. Während klassische Presse- und Öffentlichkeitsarbeit meist zwischen Vorstand oder Geschäftsführung und der Kommunikationsleitung abgestimmt wurde, sind inzwischen zunehmend die Mitarbeiter als Marken- und Inhaltebotschafter gefragt. Nicht umsonst arbeiten Social-Media-Manager und Content-Marketer besser mit Storys von Menschen als Produkten. Diese Menschen beziehungsweise deren Content brauchen ein Gesicht. Wer sich online hinter einer abstrakten Adresse oder Marke versteckt, anstatt persönlich zu kommunizieren, verliert schnell an Glaubwürdigkeit und Reputation – das zeigt unter anderen das Edelman Trust Barometer[105] jedes Jahr aufs Neue. Organisationen sollten ihren Mitarbeitern mehr Glauben, Rechte und Vertrauen schenken, auch im Namen der Organisation zu kommunizieren – und dies öffentlich.

Konsequentes Enabling
Die beste Lösung dafür ist konsequentes Enabling. In der Bertelsmann Stiftung folgen wir diesem Grundsatz bei unserer Arbeit: dezentrale Kommunikation zu erlauben und vor allen Dingen zu ermöglichen. Dazu kommen kontinuierliche Beratung und Evaluation.

Eine aufeinander abgestimmte Serie von Schulungen, (offenen) Arbeitsgruppen und Guidelines können gleich zu Anfang einer Strategieentwicklung helfen, Ängste und Unsicherheiten abzubauen und Vertrauen in die eigene Organisation und die eigene Kommunikationskompetenz zu stärken. Zudem müssen Mitarbeiter wissen, für welche Plattformen sie verantwortlich sind, die sie dann in ihre tägliche Kommunikation einbeziehen. Wenn beispielsweise ein Mitarbeiter aus der Projektleitung weiß, dass er sein Thema in sozialen Medien über die eigene Community und Webseite vertreten darf, während in der Kommunikationsabteilung die Pressearbeit koordiniert wird, so wird dies beiden Abteilungen die Orientierung erleichtern und die Bereitschaft erhöhen, unterschiedliche Formate und Kanäle miteinander zu verbinden. Eine Digitalstrategie ist daher eine Strategie, die vom gesamten Unternehmen gelebt wird – vom Pressesprecher bis zum Recruiting, von der Auszubildenden bis zum Vorstand.

Viele Mitarbeiter einbinden
In meiner Rolle als »Manager Digitale Kommunikationsplattformen« übernehme ich denn auch in erster Linie eine Beraterfunktion, die gleichzeitig mit einer erweiterten Erwartungshaltung und einem gewachsenen Aufgabenfeld ausgestattet und verbunden ist. Der Begriff »Plattformen« im Titel verrät den wichtigen Bezug zur Technik: Ohne Verständnis für Technik und Prozess sowie vertrauensvolle Zusammenarbeit mit der eigenen IT-Abteilung ist digitales Management zum Scheitern verurteilt.

Die Einführung und Umsetzung einer digitalen Strategie kann eine Person alleine weder zielführend erfüllen noch ressourcentechnisch leisten. Dennoch ist es von

105 https://www.edelman.com/trustbarometer.

immenser Bedeutung, auf leitender Ebene nicht nur das Mandat, sondern auch das Verständnis für eine solche Strategie zu haben. Der daraus folgende Transformationsprozess betrifft mittelfristig die gesamte Organisation. In diesem Wissen und mit dem Startvorteil, dass sich viele Mitarbeiter dazu bereit erklärten, sich einzubringen, Wissen untereinander auszutauschen und voneinander zu lernen, begann unser erstes großes Projekt: der Relaunch der Stiftungswebseite.

1. Partizipation als Erfolgsfaktor: Wie ein Relaunch der gesamten Kommunikation helfen kann

»Ein Relaunch ist in erster Linie ein Organisationsprozess. Design und Technik sind nur Hygienefaktoren, die funktionieren müssen, aber nur eingeschränkt erfolgskritisch sind.« Dieses Zitat stammt von Benjamin Minack, GWA-Präsident sowie Gründer und Geschäftsführer der Berliner Agentur ressourcenmangel. Noch vor wenigen Jahren hätte ich dieser Aussage widersprochen. Aber bis Ende der 00er-Jahre waren Relaunches von Webseiten auch immer Top-down-Prozesse. Wer heutzutage aber einerseits dezentrale Kommunikation authentisch leben und andererseits Insellösungen reduzieren will, muss seine Kollegen in den Prozess einbinden.

Ein schöner Nebeneffekt für uns: Wir lernten unsere Organisation so richtig kennen, denn alle Facetten der Kultur wurden sichtbar. Die Diskussion über Navigation und Inhalte ähnelt dabei nicht zufällig denen über die Unternehmensstruktur. In unserem Fall war festzustellen, dass es zwar eine Corporate Identity gab, diese aber unterschiedlich interpretiert wurde. Durch die Partizipation unserer Mitarbeiter transformierten wir somit nicht nur die Webseite, sondern auch die Art und Weise, wie über digitale Kommunikation und Services jenseits der Kernprodukte gedacht wird. Und hier kommen unsere Kunden ins Spiel: Webseiten orientieren sich am Nutzer, nicht an der eigenen Organisation. Das hören manche Stakeholder nicht gern, aber Stakeholder sind auch nur Nutzer (das gilt ebenso für den Aufsichtsrat) – und Nutzer kann man befragen, einbinden und sogar testen lassen.

»Wir für Sie« statt »Über uns«

Digitale Plattformen sind nie fertig. Wir sind deswegen in einem »Continuous Relaunch Modus«. Über 100 Kollegen arbeiten im Content Management System der Stiftung, das ist jeder dritte Mitarbeiter. Natürlich sind das nicht alles ausgebildete Kommunikatoren, sondern Assistenzkräfte, Wissenschaftler mit Doktortitel und hoch spezialisierte Themenexperten. Um offline und analog sozialisierte Kollegen mitzunehmen, brauchten wir weitere Formate in der Mitarbeiteransprache neben dem Relaunch-Blog: Einen Gruppen-Lunch mit der Online-Agentur und lustigen Fragen über den Google-Algorithmus, ein World Café zur neuen Navigationsstruktur oder Moodboards mit den Designentwürfen vor der Cafeteria als Blick in die Werkstatt für alle Mitarbeiter.

Immens wichtig für unsere Onlineredaktion und mich als Plattformmanager: Die Vermittlung der Nutzerperspektive, und zwar nicht nur für die Webseite, sondern auch wenn wir über Social-Media-Strategien, CRM-Systeme oder Newsletter-Marketing sprechen. Denn trotz der nachvollziehbaren Bedürfnisse interner Stakeholder sollten Faktoren wie Service für den Kunden, Usability und Nutzungswert im Vordergrund stehen. Also nicht »Über uns« sondern »Wir für Sie«.

Um die Stiftung den Nutzern näherzubringen, beginnen wir meist mit einer eher abstrakten Diskussion über Zielgruppen, bei denen »die breite Öffentlichkeit« immer die Schwierigste ist. Aus Zielgruppen werden Personae entwickelt, die einen Namen und ein Gesicht bekommen. Und dann immer wieder die Frage: Was würde »Anja« mit ihrem Notebook auf der Couch oder »Oliver« mit dem Smartphone im Zug jetzt gern mit dem Content machen? Im Idealfall stehen dahinter die Erkenntnisse echter Probanden aus eigenen Use-Labs. Um empirische Fakten kommt in einem wissenschaftlichen Institut wie unserem niemand herum.

Kontinuierlicher Dialog in alle Richtungen
Parallel informieren wir regelmäßig die Mitarbeiter, die nicht aktiv eingebunden werden können, sowohl über den Projektstatus als auch über die Möglichkeiten der Einflussnahme. Neben der Partizipation dient schließlich die Kommunikation der Identifikation. Und das heißt: kontinuierlicher Dialog in alle Richtungen. Das ist eine Herausforderung, aber es lohnt sich. Denn wir vermitteln den Kollegen, dass alles hinterfragt werden kann.

Gleichzeitig haben wir Regeln geschaffen, die unseren Mitarbeitern Sicherheit für das eigene Handeln gegeben haben. So können sie sich nun trauen, eigene Artikel für die Webseite oder Blogs zu verfassen und selbst freizugeben. Sie wissen auch, wie Bilder auszusehen haben und welche Rechtsfragen damit einhergehen. Und sie verstehen, was Redaktionsarbeit mit Suchmaschinenoptimierung zu tun hat. Und weil das Ergebnis überzeugt, kommt diese »Kulturrevolution« auch bei denen gut an, die vorher dagegen waren.

2. Innovationsfähigkeit als Erfolgsfaktor: Wie Leuchtturmprojekte bei der digitalen Transformation helfen
Ich erwähnte schon den »Continuous Relaunch Modus«. Hätten wir nach der Neugestaltung der Website einfach Pause gemacht, bliebe sie ein nettes Tool. Stattdessen haben wir den Schwung genutzt, Menschen zusammenzubringen, Ideen auszutauschen und Best-Practice-Projekte zu verbinden. So entstand eine lange Projektliste mit all den Dingen, die die Organisation schon immer anpacken wollte, es aber ohne das Wissen der eigenen Mitarbeiter und ohne die aktive Mitgestaltung niemals tun konnte.

Der Impuls hierfür kam aus der Organisation, von den Mitarbeitern selbst. Der in der DNA unserer Stiftung verankerte Wunsch nach Verbesserung der Gesellschaft ist längst ein Teil der Organisationskultur geworden. Worte wie »Teilhabe«, »Wandel« und »Wirkung« finden sich nicht zufällig immer wieder in unseren eigenen Texten wieder. Die gelungene Zusammenarbeit im Relaunch löste bei vielen Kollegen den Wunsch aus, einmal angestoßene Fragestellungen grundsätzlich miteinander zu diskutieren.

Interne BarCamps als Leuchtturmprojekt

Das für uns hilfreichste Format war ein internes BarCamp. Mit BarCamps und Open-Space-Formaten hatte die Stiftung schon in den Jahren zuvor gute Erfahrungen gesammelt, diese aber nie aus der externen in die interne Wirkungslogik übersetzt. Jetzt erzielten wir das Ergebnis, dass nicht nur viele gute Ideen einmal mit allen Interessierten diskutiert werden konnten, sondern dass diese Diskussionen weitestgehend frei von Hierarchien und Strukturen stattfanden. Wie relevant das BarCamp letztendlich war, zeigte sich in der Evaluation: Viele zuvor skeptische Mitarbeiter sprachen sich für eine Wiederholung aus. Seitdem findet unser Stiftungscamp jährlich zu Beginn eines neuen Jahres statt – übrigens mit wechselnden Organisationsteams.

Das BarCamp selbst wurde ein Leuchtturmprojekt und half bei der Verbindung anderer Leuchttürme. Aus dem Camp ging beispielsweise eine »Taskforce Digitalisierung« hervor, die sich bis heute mit den Auswirkungen und Folgen für unsere eigene Arbeit auseinandersetzt, eine Arbeitsgruppe und ein Leitfaden für die Arbeit mit Open Content und ein dem World Café ähnliches Veranstaltungsformat, in dem interessierte Mitarbeiter jedes Quartal aktuelle, globale Megatrends diskutieren.

Digital Workplace statt Intranet

Ein weiterer Leuchtturm entstand mit dem Wunsch, das Intranet durch einen Digital Workplace zu ersetzen. Im Zuge eines Digitalisierungsprozesses von Organisationen steht der Digital Workplace meist eher unten auf der Liste. Dabei stellt das Heben von Wissensschätzen, das Auflösen von Silodenken und das Sichtbarmachen von versteckten Kompetenzen für Unternehmen eine große Herausforderung dar. Am Nutzungsverhalten der eigenen Arbeitnehmer wird deutlich, wie relevant dieses Thema ist. Tools wie Doodle, Dropbox, Evernote und Trello bilden fröhliche Welten der Schatten-IT, dazu kommen interne Slack-Gruppen, WhatsApp-Chats und Videokonferenzen auf Skype, weil interne Lösungen nicht zur Verfügung stehen oder unzureichend skalieren.

Der Weg zum Digital Workplace ist eine strategische Entscheidung und muss als solche aktiv vom Management unterstützt werden. Die Bereitschaft für die – nicht zu unterschätzende – Investition in das Thema ist abhängig vom Bewusstsein für das

Potenzial der sozial vernetzten Arbeit und dem Mut, die notwendigen organisatorischen Änderungen hinsichtlich Führungsverhalten, Mitarbeitereinbindung und transparenter Kommunikation anzugehen. Das Ziel des Ganzen kann unterschiedliche Namen haben; im Wesentlichen sind aber Verbesserungen der internen Kommunikation und Zusammenarbeit das wichtigste Ergebnis.

3. Agilität und Flexibilität als Erfolgsfaktoren: Was digitale Kommunikation vom Projektmanagement lernen kann
Die Buzzwords der Gegenwart, die uns auch in unserer Forschungsarbeit begegnen, verkörpern neue Formen der Führung und Prozesse. Egal ob Agiles Arbeiten, Digital Leadership oder New Work – es geht ebenso um Infrastruktur als auch um Arbeits- und Verhaltensweisen, die Mehrwerte für die Mitarbeiter selbst, ihren Arbeitgeber und die Gesellschaft im Ganzen schaffen. Die damit verbundene Kulturveränderung betrifft nicht nur und auch nicht in erster Linie das Management. Dessen Aufgabe ist im ersten Schritt lediglich, einen angstfreien Raum für eine neue auf Vertrauen und Respekt basierende Zusammenarbeit in interdisziplinären Teams zu schaffen.

Hier mag eingewendet werden, dass im Rahmen von Projekten immer schon Menschen verschiedener Abteilungen interdisziplinär zusammengearbeitet haben. Der entscheidende Unterschied liegt darin, für was sich Menschen verantwortlich fühlen. Dabei helfen zwar klare Rollenbeschreibungen mit Aufgaben, Kompetenzen und Verantwortung. Mit den Rollen wird jedoch die Abgrenzung zwischen Strukturen im Allgemeinen in die Projektarbeit im Speziellen übertragen. Auch hier fühlt sich dann jeder nur für seinen Abschnitt verantwortlich, das Ergebnis fällt entsprechend wenig kreativ und innovativ aus. Die vielfach propagierte Lösung kommt aus dem Projektmanagement und heißt Agilität.

Agiles Projektmanagement ist in der Software-Entwicklung entstanden und zeichnet sich durch Iteration und Flexibilität in der Planung aus. Dies ist nötig, weil sich Ziele und Anforderungen ändern können und dies im digitalen Zeitalter in immer höherem Tempo geschieht. Jeder Kommunikations- oder Projektmanager muss von Zeit zu Zeit überprüfen, ob die Richtung seiner Strategie noch stimmt. Agilität bedeutet daher nicht, dass man das Ziel nicht kennt, sondern nur den Weg dahin nicht bereits vor dem ersten Schritt für das ganze Projekt. Daher steckt man zu Beginn des Projekts die Ziele fest und schafft gemeinsam im Team eine Umgebung, in der sich der Weg immer wieder neu diskutieren und anpassen lässt.

Zusammenspiel von Agilität und Iteration
In unserem Fall haben wir daher die (Spiel-)Regeln gemeinsam mit den Mitarbeitern erstellt, in dem wir sie zur Mitgestaltung eingeladen haben. In diesen Kick-offs wird dann a) das Ziel b) die Erwartungshaltung c) der Prozess und d) die Möglichkeit der

Partizipation kommuniziert. Diese Einladung ist der Grundstein einer agilen Führung. Es ist wichtig, den Zweck des gemeinsamen Handelns stets offen zu diskutieren und somit nah am Mitarbeiter zu bleiben. Agilität bedeutet auch, dass in regelmäßigen Abständen (Iterationen) kontinuierlich Teilergebnisse des Projekts transparent gemacht werden. Das damit verbundene Feedback wird ebenso selbstverständlich Teil der Projektarbeit wie die entsprechenden Anpassungen an den Prozess und die Ziele.

Agile Führungsprinzipien ergänzen so erprobte Kommunikationstechniken. Sowohl Macht als auch Verantwortung werden zu großen Teilen auf das Team als selbstständige Einheit übertragen. Entscheidungen werden gemeinsam als Team getroffen, der Kommunikationsverantwortliche wird zum Dienstleister für das Team. Wir haben in unserem Kommunikationsteam mehrfach feststellen können, dass agile Prinzipien und Methoden schon länger Anwendung in unserer Arbeit fanden – von Design Thinking über Content-Marketing-Zyklen bis zur Arbeit mit Kanban-Boards.[106]

Kein Ende in Sicht

Die Kommunikation muss sich immer an die Anforderungen der Organisation und diese an ihre Umwelt anpassen – erst recht, wenn sie, wie im Falle der Bertelsmann Stiftung, ihre Umwelt beeinflussen will. Dies ist ein ständiges Change-Management-Projekt. Angst und Agilität vertragen sich nicht besonders gut. Beratung und agiles Arbeiten ohne Change-Management, ohne Verständnisentwicklung der Mitarbeiter für neue Arbeitsplatzmodelle und den Kulturwandel haben keine nachhaltigen Erfolge.

Die Einführung neuer Tools und Technologien wird ohne Partizipationsprozess kaum angenommen werden, da viele Mitarbeiter in ihrem bisherigen Berufsleben mit digitalen Arbeitsmethoden bislang nicht konfrontiert wurden. Unsere Roadmap zum Digital Workplace kann nie gelingen, wenn wir die Veränderungen in der Arbeitswelt unserer eigenen Mitarbeiter und auch die unserer Projektpartner ausblenden. Parallel setzt unsere Organisation ein neues Raumkonzept um, in dem Arbeitsprozesse, Infrastruktur und Zusammenarbeitsformen diskutiert und verändert werden, auch in Verbindung mit Fragen zu Führung und Verantwortungsbereichen. Natürlich klappt das nicht alles sofort. Den Weg zur letzten Kurve kennen wir noch nicht. Aber wie wir aus dem Projektmanagement gelernt haben, ist das keineswegs schlimm, solange alle auf dem Weg mitkommen.

106 Mehr darüber lässt sich im »Agilen Manifest« nachlesen: https://agilemanifesto.org.

4.2 Change-Prozesse im Inneren

Die Mehrzahl der Organisationen steht bei der digitalen Kommunikation insbesondere intern vor großen Herausforderungen und gewaltigen Umwälzungen. Und dies gleich in mehrerlei Hinsicht.

4.2.1 Kulturwandel

Die kontinuierlich steigende Bedeutung der Digitalisierung bei Arbeits- und Kommunikationsprozessen erhöht die Relevanz der internen Kommunikation. Damit sind nicht nur die Instrumente der Partizipation, der Interaktion und der Kollaboration gemeint, welche die interne Zusammenarbeit innerhalb der Organisation effizienter und effektiver zu machen helfen. Gerade die beschleunigten Kommunikationsprozesse erfordern eine hohe Reaktionsfähigkeit der Kommunikation. Dies macht vor allem ein Umdenken und eine Umstrukturierung bisher gewohnter Abläufe notwendig, also eine Kulturveränderung innerhalb des Unternehmens, wie Ulrike Führmann, Expertin für interne Kommunikationsprozesse, betont: »Die Digitale Transformation wird durch IT-Tools gestützt, aber die Hauptherausforderungen sind die kulturellen Veränderungen und die ›Mitnahme‹ der Personen in den Unternehmen.«[107]

Die mit der Digitalisierung verbundenen vereinfachten Vernetzungsmöglichkeiten haben starke Einflüsse auf die Unternehmensstruktur beziehungsweise das Wissens- und Arbeitsmanagement innerhalb der Organisation. Dies beginnt bereits bei der Arbeitsteilung beziehungsweise Zusammenarbeit einzelner Abteilungen und Ressorts. Verstanden sich Kommunikation, Marketing, Kundenservice, Produktentwicklung, Human Resources etc. als klar getrennte Abteilungen mit eigenständigen Teams, separierten Zuständigkeiten und definierten Einflussbereichen, so lernen sie in digitalen Zeiten verstärkt den Weg der Kollaboration kennen. Schließlich benötigen erfolgreiche digitale Transformationsprojekte eine übergeordnete, gut vernetzte, enge Zusammenarbeit – und zwar in crossfunktionalen Teams.

Bewusster Eingriff in bestehende Strukturen

Um Projekte gemeinsam umzusetzen und schnell auf Anfragen zu reagieren, müssen alle Unternehmensbereiche stark miteinander vernetzt arbeiten. Unabhängig von Zeit und Ort haben sie ihr Wissen aus den einzelnen Bereichen ins Unternehmen und in die jeweiligen Projekte einzubringen. Dies gleicht einem starken Eingriff in bestehende und bereits etablierte Strukturen. Solch eine Veränderung der Unternehmenskultur kann erleichtert werden, wenn es gelingt, die involvierten Bereiche von Beginn des Prozesses an eng

107 https://bit.ly/dks_ik_transformation.

miteinzubeziehen. Gerade cross-funktionale Teams können die Kollaboration verbessern. Sie schaffen ein einheitliches Verständnis für das Aufbrechen klassischer Strukturen, das eine Kulturveränderung innerhalb des Unternehmens ermöglicht. Denn nur als Team und über eine konsequente Zusammenarbeit kann der digitale Prozess wirklich gelingen.

Gleichzeitig können cross-funktionale Teams zu einem Wissensaufbau innerhalb der Organisation beitragen. Gerade die Bedeutung internen Wissens ist damit zu einem Erfolgsfaktor und zur Quelle für unternehmensinterne Innovationen geworden. Für ein Überleben in einer immer stärker digitalisierten Welt ist es dazu notwendig, die Infrastruktur aufzubrechen, zu öffnen und grundsätzlich zu wandeln. Unternehmen und Institutionen müssen sich dem kollaborativen, verbindenden, abteilungsübergreifenden, teils agilen Denken öffnen, um selbst erhalten zu bleiben. Ansonsten könnte die Konkurrenz und neue junge Firmen die etablierten Organisationen schon bald überholen.

4.2.2 Einbindung der Mitarbeiter

Die Einführung und Umsetzung vieler digitaler Kommunikationsstrategien scheitern oftmals daran, dass die Mitarbeiter nicht von Anfang an mitgenommen werden beziehungsweise sich nicht oder nicht ausreichend eingebunden fühlen. Doch nur, wenn sie »die Unternehmensziele und -strategie kennen und für erfolgsträchtig erachten, werden sie diese mit ihrem Engagement aktiv mittragen«[108]. Dies ist die Voraussetzung für Vertrauen, für Motivation und für ihr Commitment. Dass dies oft nicht passiert, lässt sich darauf zurückführen, dass viele Kommunikationsstrategien vor allem auf die öffentliche Außenwirkung, auf externe Botschaften und damit auf die externen Stakeholder ausgerichtet sind. Die interne Kommunikation – also die Einbindung der eigenen Mitarbeiter wie auch der Partner, Zulieferer und sonstiger Weggefährten – spielt eher eine Nebenrolle. Dabei ist die Mitnahme der internen Zielgruppen eine der größten Herausforderungen, um bestehende Kommunikationsstrukturen und Abläufe von innen heraus erfolgreich zu verändern. Schließlich müssen genau sie dazu gebracht werden, aus ihren bisherigen gewohnten Abläufen auszubrechen, sich selbst neu aufzustellen und ihren veränderten Platz im Unternehmen wiederzufinden. Meist haben sich über die Jahre hinweg Vorgänge und Abläufe eingespielt, feste Abläufe im Team, fixierte Verantwortlichkeiten und wirkliche Content-Silos aufgebaut, die es an der Stelle jetzt aufzubrechen gilt.

Diese vor den Organisationen liegende Aufgabe sei »Kommunikation pur«, schreibt die Beraterin Marie-Christine Schindler: »Es geht darum, Mitarbeitern zu erklären, worum es bei der Veränderung geht, dass es sich um ein langfristiges Thema handelt. Es muss gelingen,

108 Pfannenberg/Tessmer/Wecker (2019), S. 52.

ihnen den Nutzen aufzuzeigen und Ängste abzubauen.«[109] Für solche grundlegenden Veränderungen benötige eine Organisation viel Zeit, manchmal »fast einen ganzen Generationenwechsel«. Den Blick zunächst verstärkt auf die internen Strukturen zu werfen, wird damit zu einer der Kernvoraussetzungen, damit externe Kommunikationsprozesse später reibungslos funktionieren können und nicht von internen Stakeholdern blockiert werden.

Einsatz interner Kollaborations-Tools

Vor diesem Hintergrund wächst die Zahl der Unternehmen, die Kollaborations-Tools für die Vernetzung und den unternehmensinternen Dialog nutzen: »Die Deutsche Bahn tut es, Daimler, Bosch, die Deutsche Telekom ohnehin: Sie alle setzen in der neuen Arbeitswelt 4.0 ein Social Intranet ein, dialogische Kommunikation in Echtzeit«, erklärte Antje Neubauer, frühere Leiterin Marketing und PR bei der Deutschen Bahn AG, im *Manager Magazin*. Damit verfolgten sie alle das Ziel, eine offene, wissensbasierte, transparente und feedbackorientierte Unternehmenskultur zu fördern. Die optimistische Vorstellung bestehe jedes Mal darin, dass mithilfe des hausinternen Netzes jeder mit jedem kommunizieren könne, so Neubauer weiter: »Der Vorstand mit dem Azubi, der Lokführer mit 30 Jahren Berufserfahrung mit dem Chefcontroller.«[110]

Die Herausforderung sei jedoch eine ganz andere. Und damit meint Neubauer den erforderlichen Mut, Wissen zu teilen – Stichwort Social Sharing. Wissen bedeutet bekanntlich Macht. Und wenn Wissen, also Macht, von nun an stärker gerade intern geteilt werden muss, so ist dies gerade für viele Führungskräfte durchaus neu, gewöhnungsbedürftig und auf verschiedenen Ebenen herausfordernd. Denn Kritikfähigkeit und Fehlerkultur müssen schließlich gelernt sein. Gerade solche Lernprozesse stellen Unternehmen vor große Herausforderungen, »auch wenn nach außen alle jubeln angesichts der vielen neuen digitalen Möglichkeiten und einer die hierarchischen Grenzen auflösenden Vernetzung.«

TOOL-TIPP

Staffbase und die interne Kommunikation

Ein hoher Anteil an Mitarbeitern und Geschäftspartnern arbeitet heute nicht am Arbeitsplatz im Büro. Auf diese Weise haben sie nur begrenzten Zugang zu Medien wie dem hauseigenen Intranet. Wie lassen sich diese trotzdem erreichen? Auf Basis dieser Herausforderung entwickelte das deutsche Start-up Staffbase eine Plattform. Mittels dieser können Unternehmen ohne größeren Aufwand eine eigene Mitarbeiter-App für den internen Gebrauch erstellen. Über die App für interne Kommunikation lassen sich Mitarbeiter mit Informationen, Verzeichnissen, HR-Services oder Videos erreichen und einbeziehen, selbst wenn sie sich gerade nicht am Arbeitsplatz befinden.

Zur App: https://www.staffbase.com

109 https://bit.ly/dks_mcschindler_newsroompr.

110 https://bit.ly/dks_managermagazin_socialintranet.

Mehr zu gewinnen als zu verlieren

Was bedeutet dies in der Konsequenz? Unternehmen müssen klar aufzeigen, dass sie an einem echten Dialog mit ihren internen Stakeholdern interessiert sind, dass sie gegenseitig voneinander lernen wollen und dass sie selbst in kritischen Fällen konstruktiv miteinander umgehen können. Damit sind vor allem diejenigen gefragt, die in der Vergangenheit über den Mitarbeitern schwebten, sich Strategien und Entscheidungen einsam ausdachten und sie dann verkündeten, also Geschäftsführer, Vorstände, Führungskräfte, ebenso mittleres Management. Sie müssen aufzeigen, dass sie dezentrale Kommunikation nicht nur erlauben, sondern vor allen Dingen aktiv ermöglichen. Dazu zählt beispielsweise, den Aufbau von Digital Workplaces strategisch und aktiv zu fördern, bestehendes Wissen zu heben und dazu Silodenken aufzulösen. Ansonsten – wie Peter Diekmann in diesem Buch schreibt – bilden Tools wie Doodle, Dropbox, Evernote, Trello, Slack- und WhatsApp-Gruppen fröhliche Welten der Schatten-IT. »Das Ziel des Ganzen kann unterschiedliche Namen haben; im Wesentlichen sind aber Verbesserungen der internen Kommunikation und Zusammenarbeit das wichtigste Ergebnis.«[111]

Solche Aussagen machen noch einmal deutlich, welche zentrale Funktion die Führungskräfte innerhalb des digitalen Kommunikationsprozesses einnehmen, wie wichtig ihr Engagement ist und wie motivierend beziehungsweise demotivierend ihr Kommunikationsverhalten für die Mitarbeiter sein kann. Denn erst wenn sie sich ihren Mitarbeitern zeigen, können sie sie anstecken, sich selbst für die neue digitale Kommunikationskultur zu öffnen. Unter dem Strich haben alle Beteiligten mehr zu gewinnen als zu verlieren, zeigt sich Antje Neubauer hoffnungsvoll für die Zukunft: »ein Mehr an Miteinander, ein Mehr an Wissen, ein Mehr an konstruktivem Dialog, ein Mehr an Erfolg und Spaß. Es muss nur gewollt sein.«[112]

4.2.3 Botschafter des Unternehmens

Spätestens mit dem Social Web sowie der Verbreitung von Dialog- und Interaktionsplattformen, wie Blogs, Twitter, Social Networks, Social-Sharing-Plattformen, Communitys und Messenger-Diensten verwischen die Grenzen zwischen externen und internen Stakeholder-Gruppen, zwischen beruflicher und privater Kommunikation. Dies besonders verstärkt, wenn Mitarbeiter und Kunden online in einen Dialog treten. Aus dem Grund ist es wichtig, sich mit der Rolle von Mitarbeitern als Unternehmensbotschafter stärker auseinanderzusetzen – und dies bezogen sowohl auf die Chancen als auch die Grenzen. Schließlich sitzen »die glaubwürdigsten Influencer – beziehungsweise besser Markenbot-

111 Siehe S. 93.
112 Siehe S. 122.

schafter« im eigenen Unternehmen, wie Sascha Pallenberg, früher Tech-Blogger, heute Head of Digital Transformation bei Daimler, sagt.[113,114]

Gerade die nach oben explodierenden Nutzerzahlen bei Social-Media-Plattformen und Messenger-Applikationen haben der Außenwirkung von Mitarbeitern für ihre Unternehmen eine veränderte Bedeutung verliehen. Abgesehen von den früheren Foren und meist nur selten genutzter Intranet-Anwendungen sind mithilfe dieser Kanäle die Mitarbeiter in der Lage, sich viel stärker als bisher nach außen in der Öffentlichkeit zu präsentieren und dabei Erfahrungen über Unternehmen, Institutionen, Projekte oder Produkte auszutauschen: über fremde Marken, Services, Inhalte wie auch über die eigenen, positiv, neutral wie negativ.

Wie bereits Kunden und weitere Stakeholder hat die freie Verfügbarkeit sozialer Technologien auch die Mitarbeiter in eine neue Machtposition ihrem eigenen Unternehmen gegenüber versetzt, wie bereits Professor Kruse in seinem Statement vor dem Deutschen Bundestag betont hatte.[115] Bezogen auf die grundlegende Machtverschiebung vom Anbieter zum Nachfrager prognostizierte er, dass Organisationen nicht nur extrem starke Kunden, sondern insbesondere auch extrem starke Mitarbeiter bekämen. Diese können kommunizieren, mit anderen in den Dialog treten, berichten, loben wie kritisieren, während die Unternehmensleitung die uneingeschränkte Weitergabe von Informationen nur sehr eingeschränkt kontrollieren kann. Damit hat die freie und kostenlose Verfügbarkeit der digitalen Technologien nicht nur das Machtgefüge zwischen Unternehmen und ihren Kunden, sondern vor allem das Macht- und Kontrollgefüge zwischen Unternehmen und ihren Mitarbeitern verschoben.

LINK-TIPP

Rechtliches für Mitarbeiter
Schleichwerbung, Impressumspflicht, Wettbewerbsrecht, Bildrecht: Von rechtlicher Seite gibt es einige Gefahren, die sowohl Unternehmen und Institutionen als auch gerade ihre betrieblichen Mitarbeiter als mögliche Markenbotschafter kennen sollten. Rechtsanwalt Thomas Schwenke hat dazu einen Beitrag mit hilfreichen Rechtstipps geschrieben, über welche Punkte Corporate Influencer aufgeklärt und welche Punkte vertraglich geregelt werden sollten. Mitarbeiter sollten beispielsweise darüber aufgeklärt werden, dass das Unternehmen für scheinbar private Aktivitäten haften kann.
Zum Beitrag: https://bit.ly/dks_schwenke_rechttipps

113 Vgl. https://bit.ly/dks_twitter_aguknews.

114 Interessant zu lesen sind auch Pallenbergs Ausführungen zur Frage, welche Voraussetzungen auf der Seite von Influencern und auf der Seite von Unternehmen erfüllt sein müssen, damit Corporate Influencer nach innen wie außen erfolgreich wirken können; https://bit.ly/dks_prblogger_pallenberg.

115 Vgl. https://bit.ly/dks_PeterKruseBundestag.

Unternehmen verlieren die Content-Kontrolle
Durch das Social Web und die erweiterten Dialog- und Content-Sharing-Optionen haben Unternehmen folglich die alleinige Kontrolle darüber verloren, was ihre Mitarbeiter nach außen verbreiten, welche Informationen sie über das Unternehmen publizieren und welche Online-Dialoge sie mit anderen Mitarbeitern oder Unternehmensfremden über Produkte, Dienstleistungen oder die Organisation an sich führen. Im Gegenteil: Gemeinsam mit Kunden, Medien, Multiplikatoren, selbst Konkurrenten stellen Mitarbeiter Informationen, Einschätzungen, persönliche Meinungen im Internet zum Abruf bereit und untergraben damit indirekt die herkömmlichen Kontrollmechanismen, die unter den neuen Bedingungen nicht mehr greifen. Mit einem Schlag ist potenziell jeder Mitarbeiter eine Schnittstelle zum Unternehmen, eine Schnittstelle zur Öffentlichkeit – und damit wiederum ein Botschafter des Unternehmens.

Jedes Unternehmen muss sich bewusst sein, dass jeder Mitarbeiter, der sich in der digitalen Welt bewegt, potenziell sichtbar ist, seine Aussagen, sein Verhalten und seine Bewertungen eingesehen und beurteilt werden und auf die Organisation als Arbeitgeber bezogen werden. Mit dieser Bedeutung müssen sich sowohl die Mitarbeiter als auch die Unternehmen beschäftigen, selbst wenn sie auf mündige Mitarbeiter setzen, die mit der neuen »digitalen Freiheit« verantwortungsvoll umgehen. Dies zeigt, welche hohen Anforderungen die digitalen Medien und die veränderten Kommunikationswege an die Organisationen wie an ihre Kommunikationsabteilungen stellen. Schließlich müssen sie einen Umdenkungsprozess initiieren, begleiten und in seinem Ergebnis verantworten, das in traditionellen, von oben herab geführten Unternehmen in dieser Form nicht üblich ist.

Doch wenn die Zahl der Nutzer der digitalen Medien immer stärker steigt, deren Intensität der Nutzung weiter zunimmt, die Prosumer kontinuierlich neuen Content produzieren, die Nutzer sich gegenseitig verstärkt reflektieren und zitieren und die traditionellen Mechanismen zur Kontrolle von Informationsflüssen nicht mehr funktionieren: Wie sollte dann ein Unternehmen mit diesem Kontrollverlust umgehen? Beziehungsweise welche neuen Chancen bieten sich ihm?

Mitarbeiter glaubwürdiger als der Chef
Die Bedeutung des Themas »Kontrollverlust« ist insbesondere vor dem Hintergrund zu sehen, dass »normalen« Mitarbeitern und ihren Aussagen eine hohe Glaubwürdigkeit geschenkt wird. Dies gilt beispielsweise beim Employer Branding: Wer heute nach einem neuen Job sucht, recherchiert verstärkt nach Erfahrungen, Meinungen und Einschätzungen. Und welche Aussagen und Informationen strahlen mehr Glaubwürdigkeit aus: Die Materialien aus dem Unternehmensmarketing? Die verbreiteten Pressemitteilungen? Die wohlklingenden Aussagen des Geschäftsführers oder die Aussagen eines einfachen Mitarbeiters? Vor allem sind es Letztere. Dafür muss dieser jedoch befähigt sein, um im Sinne der Organisation aktiv werden zu dürfen.

Das deutlich stärkere Vertrauen in Mitarbeiter als Kommunikatoren im Vergleich zur Unternehmensführung verdeutlichen ebenfalls Studien, wie das bereits erwähnte Trust Barometer[116] der Agentur Edelman. Zur 20. Ausgabe des jährlichen Online-Survey zu Vertrauen in und Glaubwürdigkeit von Regierungen, Nichtregierungsorganisationen, von Wirtschaft und Medien wurden über 34.000 Menschen in 28 Ländern befragt. Ein zentrales Ergebnis des »Trust Barometer 2020«: »Experts and peers are most credible«. Und dazu zählen neben dem »Company technical expert« und dem »Academic expert« vor allem »A person like yourself« und der »Regular employee«. Ihnen wird deutlich mehr Vertrauen geschenkt als dem »CEO« oder gar dem »Board of Directors«.[117]

Potenzial für Markenbotschafter

Die Aussage einer Person wie du und ich ist also glaubwürdiger als die eines Geschäftsführers? Und wie sieht es mit den Unternehmenskommunikatoren selbst aus? »Der ›normale‹ Mitarbeiter ist glaubwürdiger als der, der als Pressechef dafür bezahlt wird«[118], meinte jedenfalls Uwe Knaus vom Autobauer Daimler, auf der Social Media Night im Februar 2014 in Stuttgart. Diese Entwicklung sieht Anja Kroll, Pressesprecherin Corporate/Innovation bei Axa, durchaus positiv: »Die Rolle einer Pressestelle verändert sich.«[119] Heute sind die Mitarbeiter wichtige Botschafter und können ihre Ansichten und Erfahrungen in sozialen Netzwerken frei teilen. »Das ist ein großes und meist noch ungenutztes Potenzial«, weist Kroll auf die Chance von Mitarbeitern als Mikro- und Nano-Influencer in ihren Spezialgebieten hin.

Solche Aussagen müssen in den klassischen Kommunikationsdisziplinen zum Nachdenken über die neuen Kommunikationswege führen. Gleichzeitig lässt sich die Aussage auf die Weise formulieren, dass die Unternehmen ihre Mitarbeiter benötigen, um glaubwürdig nach außen kommunizieren zu können. Schließlich sind sie ihre besten Aushängeschilder. Oder wie TUI-Kommunikationsexperte Magnus Hüttenberend in seinem Beitrag betont: »People follow people, not brands«[120].

Aufbau von Corporate Influencern

Vor diesem Hintergrund beginnen seit dem Jahre 2017 in Deutschland immer mehr Unternehmen, das Thema Markenbotschafter beziehungsweise Corporate Influencer[121] anzupacken. Doch was verbirgt sich hinter diesem Begriff genau? »Corporate Influencer sind Mitarbeiter, die eigene Social Media Reichweiten für die Publikation von Corporate

116 Vgl. https://www.edelman.com/trustbarometer.
117 https://www.edelman.com/trustbarometer, S. 63.
118 https://bit.ly/dks_stuttgarterzeitung_socialmedianight2014.
119 Zunke (2018), S. 33.
120 Siehe S. 150.
121 In der Literatur werden die Begriffe Corporate Influencer und Markenbotschafter teilweise gleichgestellt, teilweise leicht unterschieden – siehe Abb. 11; in diesem Beitrag werden sie synonym benutzt, auch wenn der Autor den Begriff Markenbotschafter bevorzugt.

Themen nutzen«, heißt es im Fachblog Futurebiz.[122] »Sie posten auf den eigenen Kanälen nicht nur privates, sondern auch Themen im Kontext der beruflichen Tätigkeit. Damit unterstützen sie die digitale Kommunikation des Arbeitgebers und pflegen zugleich das eigene Netzwerk. Eine Win-win-Situation also, die immer mehr Unternehmen erkennen und den eigenen Arbeitnehmern entsprechend Raum geben oder dies sogar in einem Employee-Advocacy-Programm stimulieren.«

Bereits in dieser Definition verbirgt sich nicht nur das Wesen, die Aufgabe und der Verantwortungsbereich eines Corporate Influencers; sie zeigt ebenfalls auf, wie Unternehmen den Aufbau von Markenbotschaftern kommunikativ begleiten sollten, wie Angelica Bergmann von der BKK ProVita noch in ihrem Gastbeitrag beispielhaft erklären wird. Denn selbst wenn Mitarbeitende als Botschafter derzeit zwar im Trend sind, Selbstläufer sind sie keinesfalls. Und, so Bergmann: »In meinem erweiterten Verständnis von Corporate Influencern wirken diese allerdings nicht nur nach außen, sondern ebenfalls ins Unternehmen hinein: indem sie anderen Kollegen Mut machen und die Sichtbarkeit des Unternehmens auch bei den eigenen Mitarbeitern sowie in deren Umfeld erhöhen.«[123]

Menschen vertrauen Menschen

Grundsätzlich gibt es mehrere Gründe, warum Unternehmen verstärkt auf Corporate Influencer, also auf Markenbotschafter aus den Reihen der eigenen Mitarbeiter, setzen. Im Bereich der klassischen Unternehmenskommunikation fällt es Kommunikatoren zunehmend schwerer, ihre Zielgruppen zu erreichen. Wer Mitarbeiter zu Firmenbotschaftern macht, kann von deren Persönlichkeit und deren Glaubwürdigkeit profitieren. Schließlich vertrauen Menschen anderen Menschen eher als abstrakten Marken. Sie hören stärker auf die Empfehlung ihrer Peergroup als auf die Aussage eines Unternehmens. Genau hier können Markenbotschafter einen authentischeren und glaubwürdigeren Blick aufs und ins Unternehmen bieten. Und dies wirke durch ihre Arbeit im öffentlichen Raum »auch wieder positiv ins Unternehmen zurück«[124], weist Winfried Ebner, Corporate Communications bei der Deutschen Telekom, auf einen nicht zu unterschätzenden Faktor hin.

Ein weiterer Grund sind die über Jahre sinkenden organischen Reichweiten von Unternehmens-Accounts im Social Web. »Persönliche Botschaften, Bilder und Links von echten Menschen werden vom Algorithmus hingegen bevorzugt«[125], weist Christian Buggisch, Leiter Unternehmenskommunikation bei DATEV, hin. »Und völlig chancenlos sind Unternehmen in geschlossenen Gruppen, sei es wieder auf Facebook oder im wachsenden Bereich des ›Dark Social‹, also dort, wo Menschen zunehmend unter Ausschluss der Öffentlichkeit mit Freunden und Bekannten kommunizieren, etwa auf WhatsApp.«

122 https://bit.ly/dks_futurebiz_corporateinfluencer.
123 Siehe S. 122.
124 https://bit.ly/dks_prblogger_telekominfluencer.
125 https://bit.ly/dks_buggisch_botschafter.

Dies wird aber nur funktionieren, wenn man in den Markenbotschaftern nicht neue PR-Maschinen sieht. Vielmehr müssen Unternehmen und speziell Kommunikatoren lernen, mehr loszulassen und den Markenbotschaftern Freiräume für ihre Form der Kommunikation einzuräumen. »Uns ist bewusst, dass sich das sehr leicht sagt, in der Umsetzung jedoch viel Energie und Überwindung kostet«[126], bestätigt Nick Marten, Ex-Pressesprecher bei Otto. Jedoch müssen sich Unternehmen damit abfinden und aktiv auseinandersetzen, dass es die bisherige Kommunikationshoheit nicht mehr gibt. »Daher gehe es in Zukunft vielmehr darum, mehr Mitarbeiter zur Kommunikation zu befähigen. Und dabei sollten wir Kommunikatoren gar nicht erst versuchen, den Menschen irgendetwas aufzuzwingen, ihnen Botschaften zu diktieren oder sie zu Werbesprech- oder PR-Maschinen machen zu wollen.«

KURZ-INFO

Der Wert interner Sprechstunden

Um Kollegen aufzuklären, ihnen zu helfen und Tipps zu geben, bieten sich Social-Media-Sprechstunden an. Diese sollen dazu beitragen, regelmäßig über die digitalen Kommunikationsaktivitäten zu berichten und damit auch Mitarbeiter einzubeziehen und zu informieren, die ansonsten in die Thematiken und Kanäle nur begrenzt involviert sind. Zudem machen sie die Kommunikatoren wie Markenbotschafter sichtbarer für alle. Einen hilfreichen Erfahrungsbericht hat Lutz Staacke, Head of Social Media beim Deutschen Landwirtschaftsverlag, auf LinkedIn publiziert, der solch eine Corporate-Social-Media-Sprechstunde implementiert hat.[127] Diese kann auch als informelles Treffen in lockerer Atmosphäre während der Mittagszeit als Lunch-Meeting beziehungsweise als sogenannte Brown Bag Session[128] durchgeführt werden.

Mitarbeiterbereitschaft und Unternehmenskultur als Voraussetzungen

Heute lässt sich das Prinzip des Markenbotschafters in fast jeden Unternehmensbereich übertragen, wie Magdalena Rogl, Head of Digital Channels bei Microsoft, berichtet. »Seit Jahren zeigt sich der Trend, dass Kommunikation persönlicher wird. Social Media hat dazu einen wesentlichen Beitrag geleistet.«[129] Und dies nach außen wie nach innen. Viele Experten betrachten heute bereits die eigenen Mitarbeiter als die wahren Influencer eines Unternehmens – in Bezug auf die Außenwahrnehmung, aber auch mit Blick ins Innere. Mitarbeiter werden somit zu internen wie externen Botschaftern, in dem sie in ihren eigenen Kanälen und Netzwerken über ihren Arbeitgeber sprechen. Sie verbreiten Nachrichten auf Facebook, Twitter oder LinkedIn, schreiben für unternehmenseigene Blogs, halten

126 https://bit.ly/dks_prblogger_nickmarten.
127 Siehe https://bit.ly/dks_linkedin_lutzstaacke.
128 Siehe https://www.marketinginstitut.biz/blog/brown-bag-session.
129 Zunke (2018), S. 34.

Vorträge auf Fachveranstaltungen und vernetzen sich auf Events und BarCamps. Dafür braucht es Zeit, Raum und vor allem die eigene Bereitschaft, sich in dieser Form überhaupt für seinen Arbeitgeber einzusetzen.

Und dies ist ein entscheidender Punkt: Organisationen müssen sich bewusst sein, dass ein Markenbotschafter nur dann langfristig Erfolg haben kann, wenn die involvierten Mitarbeiter freiwillig und aus intrinsischer Motivation handeln. Deswegen gehe es nicht darum, so Magdalena Rogl auf dem Kommunikationskongress 2018, »jemanden im Unternehmen zu benennen, der von jetzt auf gleich Corporate Influencer ist«. Vielmehr müssen die Mitarbeiter identifiziert werden, »die für ihren Job brennen und andere davon begeistern können – ohne Aufforderung«. Ansonsten sind sie als Multiplikatoren unglaubwürdig.

Genau an dieser Stelle spielen die Führungskräfte eine Rolle: als Vorbilder, die aktiv in den sozialen Netzwerken sind, Kommunikation und Vernetzung vorleben und damit die Kultur der Kommunikation entscheidend mitprägen. Damit wird – wie bereits erwähnt – die Unternehmenskultur zur zentralen Voraussetzung für ein solches Programm. »Wenn die Kultur nicht auf Vertrauen basiert, ist es schwierig, ein Programm umzusetzen«[130], warnt Klaus Eck, Geschäftsführer der Content-Marketing-Agentur d. Tales. Vor allem ist es für ihn ein ganzheitlicher Prozess innerhalb der Organisation: »Ich muss natürlich auch von ganz oben, der Geschäftsführung, unterstützt werden. Man muss auch den Mitarbeitern, die nicht am Programm teilnehmen, erklären, was dort geschieht, damit alle so ein Vorgehen nachvollziehen können und sogar unterstützen. Das setzt eine sehr offene Kultur voraus.«

Wenn dies gelänge, seien Corporate Influencer gerade auch für kleine und mittelständische Unternehmen eine Riesenchance – insbesondere auch mit Blick auf das Recruiting und Employer Branding, so Klaus Eck: »Wenn ich fünf bis zehn Personen habe, die über verschiedene Felder der Firma berichten, ist das eine wunderbare Ergänzung zu dem, was die Unternehmenskommunikation ansonsten macht und unterstützt zudem die Recruiting-Maßnahmen.«[131] So schafft man Transparenz.[132] Daher ist Harald Schirmer, Manager Digital Transformation & Change bei Continental, davon überzeugt, dass sich mit Influencern im Unternehmen »umsetzbare Schritte erreichen und ein echter Wandel starten« lassen.[133]

130 https://bit.ly/dks_pressesprecher_corporateinfluencer.

131 https://bit.ly/dks_pressesprecher_corporateinfluencer.

132 Das Klinikum Dortmund setzt beispielsweise die Video-App TikTok ein (https://www.tiktok.com/@klinikumdo). In kurzen witzigen Videos werden Mitarbeiter vorgestellt. 90.000 Follower erhalten auf diese Weise sehr persönliche Einblicke in das Klinikum. Dies hat wiederum positive Auswirkungen auf die Zahl der Bewerbungen von Pflegekräften.

133 Zunke (2018), S. 34.

AUSFLUG

Markenbotschafter in deutschen Firmen

Axa, Bayer, Continental, DATEV, Deutsche Telekom, LV 1871, Microsoft, Otto, Siemens und einige mehr haben in Deutschland in den vergangenen Jahren Ambassador-Programme aufgelegt. Und immer mehr Organisationen denken selbst darüber nach. Im Folgenden werden drei exemplarische Anstrengungen kurz skizziert.

Otto: Der Pionier

Als Pionier in Sachen Markenbotschafter gilt die Otto Group. Bereits im Oktober 2017 rief der Handelskonzern ein internes Jobbotschafter-Programm ins Leben. 100 Mitarbeitende meldeten sich innerhalb kürzester Zeit für das freiwillige Angebot. »Wir wollten die Otto-Mitarbeitenden in die Kommunikation einbeziehen und das Ganze auf strategische Überlegungen aufsetzen«[134], beschreibt Eugenia Mönning, Pressesprecherin Technology & IT bei der Otto Group, den Ansatz. Dabei spielte der Kulturaspekt eine zentrale Rolle: »Wer Corporate Influencer strategisch einsetzen möchte, braucht die passende Unternehmenskultur.« Schließlich fuße das Konzept auf Vertrauen und Offenheit, auf Kollegialität und Wir-Gefühl.
Dabei ist das Programm auf das Employer Branding fokussiert und dient vor allem dazu, neue Fachkräfte zu gewinnen. Kollegen konnten sich für eines oder mehrere von sechs Jobbotschafter-Profilen – Multiplikatoren, Socializer, Fachexperten, Kontakter, Co-Recruiter, Impulsgeber[135] – anmelden, die auf die unterschiedlichen Phasen der Candidate Journey ausgerichtet sind. »Damit tragen sie aktiv dazu bei, wer bald der neue Kollege sein könnte«[136], so Mönning. Da in jedem Profil unterschiedliche Aufgaben- und Tätigkeitsbereiche gefordert sind, erhielten sie individuell zugeschnittene Informationen und Seminarinhalte. Heute gibt es rund 250 Corporate Influencer, die eingesetzt werden, um transparent zu erzählen, wie sie im Unternehmen arbeiten.

Deutsche Telekom: Die Magenta-Kultur

»Zuerst waren die Menschen da, dann entwickelten wir die Strategie.«[137] So beschreibt Winfried Ebner, Corporate Communications, die Telekom Botschafter. Und weiter: »Wir haben Mitarbeiter, die sehr stolz sind auf das Unternehmen und diesen Stolz zeigen wollen. Darin unterscheidet sich das Telekom Botschafter Programm auch von anderen Corporate-Influencer-Programmen, die strategisch ›ausgerufen‹ werden.« Insgesamt zählt die Deutsche Telekom heute 150 aktive Corporate Influencer, die sich selbst als Telekom Botschafter bezeichnen und ein dezidiertes Onboarding-Programm durchlaufen haben. Dazu gehören eine Serie von Calls, ein Botschafter-Mentor für Neulinge, Leitfäden für die einzelnen

134 https://bit.ly/dks_prjournal_otto.
135 Eine genaue Beschreibung der 6 Jobbotschafter-Profile lassen sich hier nachlesen; Roewer (2018), S. 44.
136 https://bit.ly/dks_hoffmann_otto.
137 https://bit.ly/dks_prblogger_telekominfluencer.

sozialen Netzwerke sowie Learnings von Experten, um die Kompetenzen der Botschafter zu erhöhen.

Unter den Hashtags #Werkstolz, #LoveMagenta und #WeilJederKundezählt posten sie ihre Erlebnisse und Erfahrungen im Job (siehe Abb. 10), zum Teil in einem 80/20-Modell. Dabei erhalten sie zur Inspiration auch Content-Ideen vom Unternehmen selbst. Auf diese Weise – so das Ziel – soll die Unternehmenswahrnehmung positiv beeinflusst werden: im Sinn einer Akquise neuer Kunden, einer Hilfe für bestehende Kunden wie auch eines Employer Brandings. Alle Inhalte werden aus den verschiedenen Netzwerken auf einer Telekomwall[138] gesammelt und öffentlich visualisiert. Dabei lässt sich sofort sehen, was zum Hashtag #telekomwall sowie zum Hashtag #telekom erscheint. Auch lassen sich erkennen, welche internen Telekom-Accounts aktiv sind.

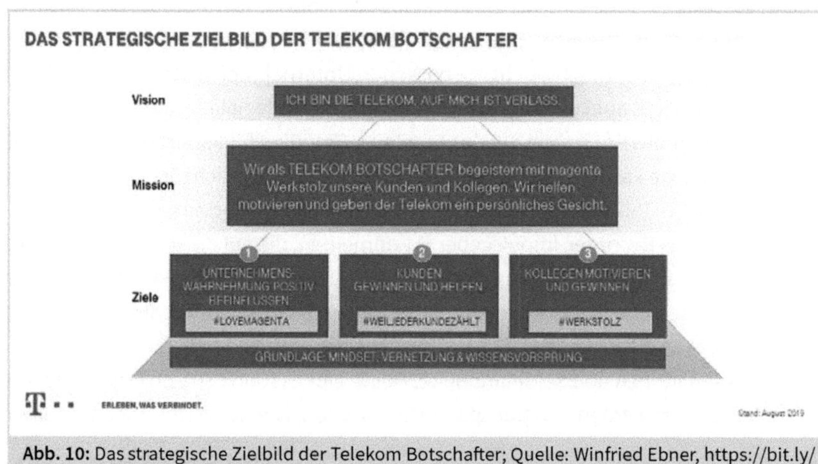

Abb. 10: Das strategische Zielbild der Telekom Botschafter; Quelle: Winfried Ebner, https://bit.ly/dks_prblogger_telekominfluencer

LV 1871: Die regionale Versicherung

Auch die Versicherung LV 1871 verfolgt einen Employer Branding getriebenen Ansatz. 2019 startet sie ein Corporate-Influencer-Programm, um sich für potenzielle Bewerber interessant und attraktiv zu präsentieren. Heute berichten regelmäßig rund 30 Corporate Influencer aus allen Unternehmensbereichen über ihren Arbeitsalltag. In ihren eigenen Social-Media-Kanälen wie LinkedIn und Twitter berichten sie von ihren persönlichen Erfahrungen, zeigen ihre Fachexpertise, halten Vorträge und sind Ansprechpartner bei Veranstaltungen. Dazu werden die Markenbotschafter vom Münchener Versicherungsunternehmen über Schulungen begleitet.[139]

138 Siehe https://socialwall.telekom-dienste.de.

139 https://bit.ly/dks_doschu_lv1871.

Für die Corporate-Influencer-Aktivitäten hat LV 1871 ähnlich wie die Deutsche Telekom eine Social Wall implementiert[140], auf der alle Aktivitäten zusammenlaufen. Diese Wall ermöglicht nicht nur Außenstehenden einen Blick in die Welt der LV 1871, sondern wird auch im Sitz der Versicherung selbst auf Monitoren wiedergegeben, um alle Mitarbeiter regelmäßig über die Aktivitäten zu informieren.

Zehn Tipps für den Aufbau von Markenbotschaftern

Final lassen sich folgende Voraussetzungen definieren, damit ein Markenbotschafter für eine Organisation nach außen wie nach innen wirken kann[141]:

1. Erarbeitung eines Employee-Advocacy-Programms mit klaren Zielen, Anforderungen, Verantwortlichkeiten; Klärung von Rollen, Kompetenzen und Erwartungen sowie Definition von Freiräumen, Spielregeln und Ressourcen.
2. Commitment, Vertrauen und Rückendeckung durch die Führungsebene, dass Kommunikation im Social Web im Sinne des Unternehmens ist und dass ein Maß an Kontrollverlust für einen Mehrgewinn an Glaubwürdigkeit in Kauf genommen wird.
3. Frühzeitige Definition eines Regelkatalogs (Communication Guidelines) zur Vermittlung von Sicherheit und Orientierung; Hinweise auf mögliche Risiken, etwaiges Gefahrenpotenzial und rechtliche Vorschriften.
4. Verbindliche Klärung von organisatorischen und inhaltlichen Schnittstellen zwischen Kommunikation, Marketing, Vertrieb und Human Resources, zur Vermeidung von Missverständnissen und Koordinationsaufwand.
5. Bestandsaufnahme, ob innerhalb der Organisation bereits Influencer vorhanden sind sowie gezielte Ansprache von unternehmensinternen Change Agents als Verbündete; zusätzlich Einladung an Mitarbeiter, freiwillig und ohne Druck Teil der Markenbotschafter zu werden.
6. Identifizierung von motivierten Markenbotschaftern mit Leidenschaft und Begeisterung, die sich mit der Organisation identifizieren, die ihre Themen kompetent und verständlich vermitteln können, bereits Aktivitäten und Erfahrungen im Social Web gemacht haben und bereit sind, auch auf ihren persönlichen Social-Media-Profilen berufliche Inhalte aus dem Umfeld des Arbeitgebers zu teilen.
7. Saubere Einrichtung der Kanäle mit Unterstützung der Rechts- und Kommunikationsabteilung zum Beispiel inklusive Angabe des Arbeitgebers im Impressum bei Social-Media-Profilen.
8. Regelmäßige Bereitstellung von kuratierten Inhalten mit spannenden Inhalten und Storys zur freien Nutzung und individuellen Verbreitung in den persönlichen Netzwerken.
9. Gewährung von zeitlichen Freiräumen für die Entwicklung und Publikation von Inhalten sowie Ausdruck von Vertrauen und Geduld in die vor allem langfristig wirkende Arbeit von Markenbotschaftern.

140 https://walls.io/LV1871SocialWall.

141 Siehe dazu auch https://bit.ly/dks_prreport_botschafter sowie https://bit.ly/dks_mcschindler_markenbotschafter.

10. Umfassende Begleitung und regelmäßige Betreuung über Coachings, Schulungen, Sprechstunden, Community-Treffen und persönliche Ansprechpartner zur Befähigung, Förderung und Motivation der Mitarbeitenden.

Eine letzte, wichtige Anmerkung: Auch wenn Mitarbeiter auf solche Weise über ihre Unternehmen oder Institutionen kommunizieren – auf die notwendigen Regelungen im Rahmen von Social Media Guidelines beziehungsweise Communication Guidelines wird im kommenden Unterkapitel sowie in Kapitel 13.1 ausführlich eingegangen –, so bedeutet dies keineswegs, dass sie auf ihren kommunikativen Plattformen jetzt die Funktion eines Presse- oder Unternehmenssprechers übernehmen beziehungsweise als dieser fungieren und für das Unternehmen sprechen könnten. Diese Aufgabe wird weiterhin bei der Kommunikationsabteilung liegen, die das Unternehmen nach außen vertritt.

LINK-TIPP

LinkedIn-Gruppe: Corporate Influencer
Für alle, die sich zum Thema Corporate Influencer regelmäßig austauschen sowie Inspirationen und Beispiele entdecken wollen, dem ist eine Mitgliedschaft in der LinkedIn-Gruppe »Corporate Influencer« der Content-Marketing-Agentur d. Tales empfohlen. In diesem Expertenforum tauschen sich knapp 1.000 Mitglieder rund um das Thema Markenbotschafter aus.
Zur Gruppe: https://www.linkedin.com/groups/12274970/

Corporate »Sinnfluencer« bei der BKK ProVita

Von Angelica Bergmann

Als ich vor eineinhalb Jahren zur BKK ProVita kam, gab es bei uns kein Corporate-Influencer-Programm. Das Unternehmen war im Social Web gerade mal auf Facebook und YouTube vertreten. Es wurde regelmäßig gepostet und bei Bedarf Community-Management betrieben. Der Aufwand war überschaubar, die Community klein und eher passiv.

Grundlagenarbeit: Erst einmal »social« werden!
Ich habe daher zunächst angefangen, Social-Media-Kommunikation stärker im Unternehmen zu verankern. Zugleich habe ich das Thema Corporate Influencer gestartet: Ich wollte Unterstützung und brauchte dafür Kollegen, die sich selber ins Social Web trauen, dort möglichst auf verschiedenen Kanälen agieren und sich dabei wohlfühlen. Denn aufgrund unserer besonderen Ausrichtung als klimaneutrale, veggiefreundliche und gemeinwohlzertifizierte Krankenkasse, die sich stark für den Klimaschutz und Änderungen im Gesundheitswesen engagiert, kommt bei uns dem

Thema Corporate Influencer aus meiner Sicht eine besonders starke Bedeutung bei: Wir sind eines der aktuell viel zitierten »Unternehmen mit Purpose«, für die Glaubwürdigkeit und persönliche Integrität eine besonders große Rolle spielen. Unsere Kollegen haben dadurch eine starke Außenwahrnehmung, was Chance und Verantwortung zugleich ist: Die Erwartungen von außen an unsere Mitarbeiter sind höher als in anderen Unternehmen, ihr Tun und Handeln wird schärfer »kontrolliert« – nach dem Motto: Sind die auch privat so nachhaltig und veggiefreundlich, wie das Unternehmen kommuniziert?

Umgekehrt ist für unsere Corporate Influencer der Hebel wahrscheinlich größer als in anderen Unternehmen, weil unser Thema – Nachhaltigkeit – hochaktuell und in der Mitte der Gesellschaft angekommen ist. Jeder einzelne Mitarbeiter kann in seinem persönlichen Umfeld und via Social Media eine Menge bewirken, was auch aufs Unternehmen ausstrahlt, wenn es richtig gemacht wird. Vielfach ist bereits die Rede von »Sinnfluencern«, die die sozialen Medien dafür nutzen, politisch Einfluss zu nehmen beziehungsweise die ihre Fanbase für nachhaltige Aktionen zu aktivieren. Das ist für uns ein interessantes Umfeld, denn auch wir wollen sinnstiftend wirken und sowohl innerhalb unserer Branche, dem Gesundheitswesen, als auch bei unseren Mitarbeitern und Versicherten ein Umdenken hin zu mehr Nachhaltigkeit bewirken: aus der Überzeugung heraus, dass Gesundheit – unser »Kerngeschäft« – nur in einem gesunden Umfeld, auf einem intakten Planeten, möglich ist.

In meinem erweiterten Verständnis von Corporate Influencern wirken diese allerdings nicht nur nach außen, sondern ebenfalls ins Unternehmen hinein: indem sie anderen Kollegen Mut machen und die Sichtbarkeit des Unternehmens auch bei den eigenen Mitarbeitern sowie in deren Umfeld erhöhen.

Nächster Schritt: Social-Media-Sprechstunde

Um die eigene Belegschaft ans Social Web heranzuführen, habe ich ziemlich bald nach meinem Eintritt ins Unternehmen die erste »Social-Media-Sprechstunde« abgehalten. Ich habe alle Kollegen der Hauptverwaltung dazu eingeladen – und für einen zweiten, rein virtuellen Termin auch alle Kollegen der Service-Center und Außenstellen. Seither wird dieses doppelte Meeting-Format bei uns etwa quartalsweise durchgeführt und kommt im Kollegium sehr gut an.

Die Sprechstunden laufen wie folgt ab: Meine Kollegin und ich bereiten mindestens ein Thema vor, das wir als Präsentation aufbereiten. Der Versuch, eine Sprechstunde ohne Themenschwerpunkt (und ohne Charts) anzukündigen, um den Teilnehmern Freiraum für eigene Schwerpunkte zu geben, hat zu deutlich weniger Zulauf geführt. Nach dem Präsentationsteil dürfen Teilnehmer Fragen stellen und sich untereinander austauschen. Die Gespräche werden von Mal zu Mal lockerer. In der virtuellen

Sprechstunde ist die aktive Beteiligung allerdings nicht ganz so rege. Man merkt: Es gibt noch Berührungsängste mit digitalen Formaten – die Digitalisierung ist bei uns zwar ein großes Thema, aber hat noch nicht alle Kollegen erreicht. Ein schöner Nebeneffekt der Social-Media-Sprechstunden ist daher, mehr Mitarbeiter mit digitalen Kommunikationsformen vertraut zu machen.

Interne Influencer: Social-Media-Beauftragte in allen Abteilungen
Für die Einladung zur Sprechstunde nutzen wir das Intranet und einen E-Mail-Verteiler, in den man auf eigenen Wunsch aktiv aufgenommen wird. Themenvorschläge sind immer willkommen, leiten sich manchmal aber auch aus unserer eigenen Arbeit ab: zum Beispiel, wenn wir einen neuen Kanal eröffnen oder unsere Social Media Guidelines vorstellen. Zusätzlich habe ich in allen Abteilungen Social-Media-Beauftragte ernennen lassen, die für mich direkte Ansprechpartner auch außerhalb der Sprechstunden sind und quasi als »interne Influencer« fungieren, indem sie mich mit aktuellem Content sowie Themenvorschlägen beliefern. Umgekehrt kann ich mich an sie wenden, wenn ich eine Frage oder einen Themenwunsch habe. Auch das hat sich bewährt.

In den Sprechstunden sind ebenfalls Fragen zur privaten Nutzung der sozialen Medien zugelassen – die Trennung zwischen »rein beruflich« und »rein privat« gibt es so ja längst nicht mehr, erst recht nicht im Netz. Manchmal rufen mich einzelne Kollegen an, die eine Frage haben oder eine individuelle Schulung wünschen. Letzteres mache ich aus Kapazitätsgründen nur in Ausnahmefällen oder bei schnell zu beantwortenden Fragen. Ansonsten nehme ich das Thema in die nächste Sprechstunde auf. Für die Kollegen im Vertrieb gibt es zusätzliche Schulungen (im Rahmen von Vertriebstagungen) und Rundmails, die speziell auf deren Bedürfnisse abgestimmt sind. Da dreht es sich auch um juristische Aspekte: Wann muss ein Post als Werbung gekennzeichnet werden? Wer haftet im Zweifel – Unternehmen oder Mitarbeiter?

Hier nur auf die Social Media Guidelines zu verweisen, wäre zu kurz gedacht. Meiner Erfahrung nach ist es zielführender, die (juristischen) Dos & Don'ts der Social-Media-Kommunikation persönlich zu erläutern, um Missverständnisse im Idealfall gar nicht erst entstehen zu lassen. Bevor ich ins Unternehmen kam, gab es keine solchen Guidelines – wohl aber Kollegen, die bereits im Netz aktiv waren, dort aber nicht immer so kommuniziert haben, wie es fürs Unternehmen angemessen gewesen wäre. Heute kann man in solchen Fällen direkt auf unsere Guidelines verweisen. Vor allem dienen sie den Kollegen schon im Vorfeld als Richtschnur und bieten ihnen Schutz vor ungewollt ungünstigen Äußerungen im Social Web und deren Folgen, die schlimmstenfalls auch unsere Glaubwürdigkeit als Unternehmen beschädigen könnten.

Erste Erfolge auch dank Vorbild der Führungskräfte
Bislang kann ich das Resümee ziehen, dass unsere Strategie aufgeht: Schon nach wenigen Monaten konnte ich feststellen, dass Scheu und Skepsis vor den sozialen Medien, die natürlich vielfach auf Unsicherheit und Vorurteilen basierten, im Unternehmen deutlich abnahmen.

Dabei hilft es mir enorm, dass die oberste Führungsebene mein Tun von Anfang an unterstützt und mit gutem Beispiel voran geht: Unser Vorstand hatte mir bereits in meinem Vorstellungsgespräch deutlich signalisiert, dass er sich gern im Social Web selbst aktiv einbringen werde. Inzwischen ist er als oberster Corporate Influencer auf LinkedIn und veröffentlicht dort – neben normalen Beiträgen und Kommentaren – auch immer wieder längere Artikel auf LinkedIn Pulse. Ihm folgten unser Personalchef, Marketingleiter, PR-Verantwortliche … Sie alle sind zusätzlich auf Twitter und/ oder Instagram aktiv und wirken auch dort als Corporate Influencer – nach außen wie nach innen.

Auch der Aufwand für die Sprechstunden lohnt sich: Als neue Kollegin habe ich dadurch schnell eine hohe Sichtbarkeit für mich und mein Thema quer durch alle Abteilungen erzielt und umgekehrt auch viele Kollegen persönlich kennengelernt. Viele Mitarbeiter haben wenige Berührungspunkte mit der Marketingabteilung. Auch hierfür sind die Sprechstunden ein gutes Tool, um Nähe zu schaffen und direkte Kommunikation zu ermöglichen. Zur Einführung des Instagram-Kanals haben wir zum Beispiel unsere überarbeitete Marketingstrategie vorgestellt, was die Teilnehmer der Sprechstunde spannend fanden und zum Teil in ihre Abteilungen weitertrugen. Daraus lässt sich sicher ein Handlungsbedarf für die interne Kommunikation ableiten.

Dies bestätigt meine Eingangsthese, dass Corporate Influencer nicht nur nach außen, sondern auch nach innen wirken und ein entsprechendes Programm Aspekte der internen Kommunikation miteinschließen sollte.

Speaker, Dozenten, Autoren als Corporate Influencer
Neben den Aktivitäten der Kollegen auf ihren persönlichen Accounts lasse ich das Team in unseren Unternehmens-Posts sichtbar werden. Wir gewähren auf allen Kanälen immer wieder einen Blick hinter die Kulissen der BKK ProVita und setzen dabei unsere Kollegen ins Bild: hinter dem Messestand, in der Poststelle, bei der Vorbereitung für den Firmenlauf oder als Teilnehmer auf Events.

Einige Kollegen – wie unser Referent für Nachhaltigkeit oder unsere Referentin für Wissenschaft – treten als Speaker auf Kongressen und Messen, als Dozenten an der Universität oder als Autoren von Publikationen auf. Die direkte Reichweite erhöhen wir (und sie) durch entsprechende Social-Media-Berichterstattung. Auch so stärken wir unsere Corporate Influencer.

Bleibt die Frage nach den KPIs: Was sind unsere Kennzahlen? Wichtig ist mir, dass durch die Aktivitäten unserer eigenen Kollegen im Social Web unsere Sichtbarkeit steigt, Reichweite und Interaktion erhöht werden und unsere Glaubwürdigkeit gestärkt wird. Dies zu messen, ist nicht immer leicht; es als engagierte Community Manager wahrzunehmen, Teil unseres Jobs. Auch das Vernetzen mit Gleichgesinnten – ob Personen, Institutionen oder Unternehmen – ist ein wichtiges Ziel unserer Kommunikationsarbeit, das durch Corporate Influencer gefördert und durch die Zusammenarbeit mit externen »Sinnfluencern« perfektioniert wird. Vor allem auf Twitter und LinkedIn erreichen wir viele Branchenvertreter und Medien, mischen uns in Debatten ein und betreiben aktives Issue Management. Das wäre ohne Corporate Influencer beziehungsweise deren Personen-Accounts deutlich schwieriger.

Corporate Influencer als Lotsen im Change-Prozess
Nicht zuletzt helfen unsere Corporate Influencer uns dabei, den manchmal schwierigen Change-Prozess besser zu bewältigen, in dem wir uns seit unserer Umfirmierung 2015 befinden: Davor waren wir eine »ganz normale« Krankenkasse; entsprechend hoch ist der Anteil an Versicherten wie an Mitarbeitern, die uns seit dieser Zeit begleiten und nicht erst aufgrund unserer heutigen besonderen Ausrichtung zu uns gekommen sind. Mit ihnen allen in ständiger Kommunikation zu bleiben, wäre meines Erachtens ohne Corporate Influencer als Lotsen durch die Zeit des Wandels schlicht unmöglich.

4.2.4 Open Leadership als Führungsansatz

Wer sich mit internen Kommunikationsmodellen und dem Machtverlust in digitalen Zeiten auseinandersetzt, für den lohnt sich der Blick auf den Open-Leadership-Ansatz von Charlene Li. Die Gründerin der Altimeter Group hat darin den Machtverlust von Unternehmen aufgegriffen. Aufbauend auf dem »Groundswell«-Begriff (s. Kapitel 5.4.1) beleuchtet sie, welche Veränderungen soziale Technologien bei der Führung von Menschen bewirkt haben und warum sie sowohl innerhalb als auch außerhalb von Organisationen notwendig sind. In ihrem Ansatz macht Li deutlich, dass Unternehmensführung im digitalen Zeitalter nicht nur eine Frage von Technologien ist. Organisationen müssten vielmehr jene sozialen Technologien dafür nutzen, um der Herausforderung zu begegnen, die Führung vielmehr nicht ganz zu verlieren. Dazu vergleicht Li die Führung eines Unternehmens oder einer Institution mit einer Beziehung, innerhalb der die Abgabe von Kontrolle ein Vertrauensbeweis ist und damit eine wichtige Basis für eine gute Partnerschaft ist.

Der Open-Leadership-Ansatz ist damit Ausdruck notwendiger Change-Prozesse, die Potenziale digitaler Medien einzusetzen, um Beziehungen zu internen wie externen Stakeholdern aufzubauen und zu pflegen. Unternehmen lernen auf solchem Wege die neue Macht ihrer Kunden, Partner, Mitarbeiter kennen und schätzen, können Chancen wie Risiken viel früher wahrnehmen, einsehen und dann auch beherrschen. So sieht Li in der Abgabe von Kontrolle und einem Open Leadership mehr Chancen als Gefahren: »Letztlich kann ein größeres Maß an Offenheit zu einer stärkeren Verbundenheit von Kunden und Mitarbeitern führen.«[142]

Open Leadership bedeutet zusammengefasst keineswegs, dass Unternehmen und Institutionen die Kontrolle und Führung völlig auf- und abgeben sollten. Vielmehr fordert der Ansatz klare Regeln und Strukturen für Mitarbeiter und Kunden. Die Organisationen sollen den Umgang mit digitalen Technologien – wie sozialen Medien – nicht unterbinden, sondern die Nutzer vielmehr dazu motivieren, dabei lenken und in die gewünschte Richtung leiten. Genau solche motivierenden wie regulierenden Ansätze spiegeln sich oftmals in der Konzeption von Social Media Guidelines beziehungsweise Communication Guidelines wider.

LESE-TIPP

Open Leadership

Wer sich tiefer mit dem Thema Führungskultur im digitalen Zeitalter beziehungsweise mit dem Macht- und Kontrollverlust auf Organisationsseite durch soziale Medien und Technologien auseinandersetzen möchte, dem ist das äußerst lesenswerte Buch von Charlene Li zu empfehlen. Darin beschäftigt sie sich mit Strategien, wie Organisationen digitale beziehungsweise soziale Medien nutzen können, um sich auf der einen Seite nach außen offen zu zeigen und andererseits die Kontrolle über die eigene Kommunikation nicht ganz zu verlieren.

Li, Charlene (2010): Open Leadership: How Social Technology Can Transform the Way You Lead, San Francisco.

Hohes Maß an Verantwortung für Arbeitgeber wie Arbeitnehmer

Die beschriebene neue Macht für Mitarbeiter sowie für andere Stakeholder von Organisationen bedeutet gleichzeitig eine große Verantwortung – für das Unternehmen wie für die Mitarbeiter selbst. Auf der einen Seite benötigen Mitarbeiter klare Regeln, wie sie in der Öffentlichkeit bezüglich ihres Arbeitgebers auftreten können, welche Inhalte tabu sind, welche Themen sie nicht ansprechen sollten, wie sie sich in kritischen Momenten zu verhalten haben und wen sie bei kritischen Fragen hinzuziehen können.

142 Zitiert nach Michelis/Schildhauer (2015), S. 193.

Richtlinien sollen einerseits Bewusstsein für die durchaus vorhandenen Gefahren und möglichen Missverständnisse schaffen, andererseits aber auch die Eigenverantwortung fördern, um den Strukturwandel innerhalb des Unternehmens aktiv zu begleiten. Nur so können Mitarbeiter ihre Rolle als Multiplikatoren und Unternehmensbotschafter wirklich wahrnehmen, ohne aber als Unternehmenssprecher gesehen zu werden. Solche Regeln und Hinweise werden meist in den sogenannten Social Media Guidelines formuliert, wobei der Begriff Communication Guidelines vorzuziehen ist, da sie die Regeln für das Verhalten der Mitarbeiter nicht nur in den sozialen Netzwerken, sondern in allen kommunikativen Kanälen speziell des digitalen Zeitalters betreffen.

Zusammen mit kontinuierlichen internen Schulungen und Weiterbildungen können solche Leitfäden helfen, vorhandene Ängste und Unsicherheiten abzubauen und Vertrauen in persönliche Äußerungen und die eigene Kommunikationskompetenz zu gewinnen. Auch die Klärung von Verantwortlichkeiten zählen zu den notwendigen Inhalten: Wenn beispielsweise ein Mitarbeiter aus der Produktentwicklung weiß, dass sein Thema im Social Web besonders über die eigene Community sowie das hauseigene Corporate Blog gespielt wird, während in der PR-Abteilung die Kanäle Twitter und LinkedIn als Kanäle für Influencer-Kommunikation definiert sind, so wird dies beiden Abteilungen die Orientierung erleichtern und die Bereitschaft erhöhen, die Kanäle stärker in ihr eigenes Denken und Handeln einzubeziehen. Dies hatte bereits Peter Diekmann in seinem Gastbeitrag hier im Buch betont.

Öffnung der One Voice Policy

Gleichzeitig bedeuten solche Umdenkungsprozesse und eine Öffnung nach außen eine immense Herausforderung für die Organisationen. Viele haben ihre Politik noch auf eine eindeutige One Voice Policy ausgerichtet, also dass jeder mit der »gleichen Stimme«, mit den gleichen Inhalten und Aussagen nach außen spricht.[143] Doch die immer stärkere hierarchiefreie Meinungsäußerung im Social Web führt zu einer abnehmenden Kontrolle über Themen und deren Interpretationen durch die Unternehmens- oder Kommunikationsleitung. Digitale Kommunikation bedeutet schließlich Pluralität bei den Gesichtern, die sich zur Organisation äußern, und damit ebenso bei den Äußerungen und Meinungen.

Innerhalb dieser digitalen Veränderungsprozesse müssen Organisationen lernen, Macht abzugeben, die Kontrolle über Kommunikation und Information etwas zu lockern und stattdessen den Mitarbeitern mehr Eigenverantwortung zu übertragen, ihnen also zu vertrauen. Sie müssen sich der Anforderung widmen, dass offene Diskussionen mit viel mehr Stimmen als bisher geführt werden. Die Aussagen sollten aber weder den zentralen Werten der Organisation noch den in der Strategie definierten Unternehmens- wie Kommunikationszielen widersprechen. Genau auf die zwei Seiten einer gelockerten und offenen

143 Vgl. https://bit.ly/dks_marktding_onevoice.

sowie zugleich verantwortungsbewussten und einheitlichen Kommunikation gilt es, sich verstärkt zu konzentrieren. Der viel diskutierte Machtverlust der Organisationen, die Loslösung von der reinen und strikten One Voice Policy, die Integration von Mitarbeitern als Unternehmensbotschafter, diese Kombination wird damit zur eigentlichen Herausforderung und zentralen Voraussetzung für ein künftig digital aufgestelltes und kommunikativ erfolgreich agierendes Unternehmen.

Von Mitarbeitern zu HEROes

Wenn die Kommunikation geregelt, wohlüberlegt und strukturell geplant ist, können die neuen Publikationsmöglichkeiten, die veränderte Rolle von Mitarbeitern als Botschafter den Unternehmen ungemeine Chancen eröffnen. Sie können sie bewusst als Kommunikatoren und Multiplikatoren einsetzen. Aber nur, sofern diese Mitarbeiter von ihrer Seite dazu gewillt sind.

Dem Ansatz, Mitarbeiter zu Multiplikatoren zu machen und ihnen mehr Verantwortung zu übertragen, folgt das HEROes-Konzept, wobei HERO für »Highly Empowered and Resourceful Operative« steht, also für Menschen, die mithilfe von Technologien innerhalb einer Organisation für Veränderungs- und Innovationsprozesse sorgen und gerne heute auch als »Digital Agents« bezeichnet werden. Entwickelt von dem Groundswell-Mitautor Josh Bernoff und seinem damaligen Forrester-Analysten-Kollegen Ted Schadler beschreibt das Konzept den Weg, wie Unternehmen und Institutionen sogenannte HERO-Mitarbeiter einsetzen können, um ihre Aktivitäten in den sozialen Medien zielgruppengerecht und effizient umzusetzen. »Is your company empowered for success?« fragen die beiden Autoren in ihrem Buch *Empowered*[144]. Und weiter: »Why your business needs HEROes?« Bernoff und Schadler stellen einerseits fest, dass sich Mitarbeiter mit Kunden und anderen Stakeholdern über digitale Technologien verbinden, auch weil diese einfach zugänglich sind. Andererseits fragen sie, wie Unternehmen solche Mitarbeiter für ihre Interessen finden und einbinden könnten.

Der notwendige Pakt mit dem Helden

Für die Identifizierung solcher HERO-Mitarbeiter in Unternehmen schlagen die Autoren die Klassifizierung nach soziotechnografischen Aspekten vor. Denn HERO-Mitarbeiter nutzen soziale Technologien intensiv, um Lösungen zu erarbeiten und Prozesse zu optimieren. Sie lassen sich – analog zu den soziotechnografischen Profilen – in der Regel durchaus »als Kreatoren oder Kritiker klassifizieren«.[145] Mittels einer Klassifizierung nach Technologienutzung sowie nach einem hohen Maß an lösungsorientiertem Handeln ließen sich interne Mitarbeiter identifizieren. Gerade Mitarbeiter, die in den Bereichen Kommunikation, Marketing, Vertrieb oder Kundenservice arbeiteten, könnten Kundenbedürf-

144 Bernoff/Schadler, S. 3.

145 Michelis/Schildhauer, S. 248 ff.; die beiden Autoren beschreiben das HERO-Konzept und seine Chancen ausführlich.

nisse viel früher erkennen und würden diese Technologien nutzen, um deren Fragen und Probleme zu lösen.

Damit jedoch das Potenzial der HERO-Mitarbeiter wirklich ausgeschöpft wird, sei bei der internen Umsetzung ein wirklicher HERO-Pakt notwendig: eine enge und abteilungsübergreifende Zusammenarbeit zwischen den HERO-Mitarbeitern auf der einen Seite sowie dem Management und der IT-Abteilung auf der anderen Seite. Denn nur wenn die HERO-Mitarbeiter über die notwendigen Ressourcen und Technologien verfügten und vom Management volle Unterstützung genössen, könnten die HERO-Teams ihre Potenziale entfalten. Nur dann könnten sie eine offene Kommunikation umsetzen, relevantes Wissen teilen und zeitgemäße Strukturen etablieren.

Moderne Unternehmen und Institutionen – so die Empfehlung – müssten die Bedeutung solcher Mitarbeiter in digitalen Zeiten erkennen: »Your employees are the solution to customers' problems and find ways to stimulate, harness, and channel their innovations. You can acknowledge their activity and manage the risks to keep them and your company safe as well as responsive.«[146] Gleichzeitig machen sie deutlich, dass dies nicht immer einfach verläuft und von dem Unternehmen einiges an Offenheit verlangt: »Leading HEROes is hard. While you have to give up central control of technology, you must also lead your HEROes so they end up contributing to your business.«[147]

LESE-TIPP

Empowered

In ihrem Buch *Empowered* stellen Josh Bernoff und Ted Schadler ausführlich das HEROes-Konzept vor. Bereits auf dem Umschlag des Buches heißt es dazu: »Your people – using low-cost, accessible technology – are connecting with customers and building innovative new solutions. But who are these creative problem solvers? How can you lead them? How can you be one?«

Die Autoren beschreiben detailliert, wie Unternehmen und Institutionen gerade in Zeiten der technologischen Entwicklungen und der Social Technologies ihre Mitarbeiter anleiten sollten beziehungsweise wie sie deren kommunikative Kraft entfesseln und für eine offene, transparente und belebende Kommunikation mit Kunden und anderen Stakeholdern einsetzen können, die sich wiederum positiv auf das Unternehmen auswirkt. Anhand von zahlreichen Beispielen gerade aus den USA zeigen sie auf, wie Unternehmen die Macht der HEROes für sich nutzen können. Auch wenn das Buch bereits gut zehn Jahre alt ist, hat das Modell der HEROes nicht an Relevanz verloren, wie man derzeit in den vielen

146 https://hbr.org/2010/07/empowered.
147 Bernoff/Schadler (2010), S. 143.

Diskussionen über Corporate Influencer beziehungsweise Markenbotschafter sieht.
Bernoff, Josh; Schadler,Ted (2010): Empowered: Unleash Your Employees, Energize Your Customers, and Transform Your Business, Boston. Eine gute Einführung in das Buch ist der gleichnamige Beitrag »Empowered« der beiden Autoren: https://hbr.org/2010/07/empowered

Digitale Interne Kommunikation: Social Collaboration

Von Antje Neubauer

Die Deutsche Bahn tut es, Daimler, Bosch, die Deutsche Telekom ohnehin: Sie alle setzen in der neuen Arbeitswelt 4.0 ein Social Intranet ein – und damit auf dialogische Kommunikation in Echtzeit. Das Ziel: die Förderung einer offenen, wissensbasierten, transparenten und feedbackorientierten Unternehmenskultur. Jeder, so die optimistische Vorstellung, soll mithilfe des hausinternen sozialen Netzes mit jedem kommunizieren können: der Vorstand mit dem Azubi, der Lokführer mit 30 Jahren Berufserfahrung mit dem Chefcontroller. Die Vorteile liegen auf der Hand – Informationen von oben nach unten, von rechts nach links und von unten nach oben gelangen just in time dorthin, wo sie hin sollen. Wissen, das an vielen Stellen im Unternehmen zu einem Thema existiert, wird an einer Stelle zusammengetragen und allen zugänglich gemacht.

Damit haben Unternehmen nun eine Plattform, die allen offensteht, die zum Dialog, zum Wissensaustausch und zur Zusammenarbeit einlädt. Eine Plattform, die es allen ermöglichen wird, jeden Kollegen, jede Kollegin zu erreichen. Eine Plattform, die es andererseits aber auch den Mitarbeitern möglich macht, mit Führungskräften zu kommunizieren: direkt und ohne Umwege, also hierarchiefrei; und dies transparent und in Echtzeit. Ein wichtiger Schritt Richtung Arbeitswelt 4.0. Die Professorin für Public Relations Simone Huck-Sandhu sprach vor ein paar Jahren davon, dass sich interne Kommunikation zu einer Managementfunktion entwickle, in deren Rahmen Werte und Verantwortung zentralen Rollen spielen.

Die Deutsche Bahn geht diesen Weg bewusst und ohne Wenn und Aber. Schließlich will sie in Sachen Mobilität und Logistik ganz oben mitspielen. Dazu muss und will sie digitaler werden. Es gilt, eine Unternehmenskultur zu schaffen, die Mitarbeiter motiviert, begeistert und bindet. Es geht darum, die Arbeitseffizienz zu steigern und die Kommunikationsprozesse zu beschleunigen. Die Mitarbeiter der Bahn haben das intuitiv erkannt und bereits in der Mitarbeiterbefragung 2014 artikuliert: Dort wurde als eines der Handlungsfelder »Kommunikation und Einbindung« mit höchster Priorität gefordert.

Mitarbeiter entzünden für unsere Idee von morgen
Das Top-Management der Deutschen Bahn – das zeigt die Einführung von DB Planet – weiß um seine internen und externen Aufgaben. Im Umfeld einer Veranstaltung für Führungskräfte des Konzerns brachte der damalige CEO der Deutschen Bahn, Rüdiger Grube, dies in klare Worte: »Wir müssen, wollen wir unsere ehrgeizigen Ziele erreichen, die Mitarbeiter mitnehmen auf diesem Weg. Sie begeistern. Sie entzünden für unsere Idee von morgen. Nur so werden wir letztlich zu der Bahn, die wir sein können und wollen. Mit DB Planet, unserem brandneuen Social Intranet, haben wir jetzt ein digitales Werkzeug an der Hand, das uns helfen wird, diese Bahn zu werden. Erstmals erreichen wir nämlich in der Kommunikation mit DB Planet alle Mitarbeiter.«

Und weiter: »Weil wir allen Mitarbeitern den Zugang zu dieser Plattform ermöglichen können. Auch die, die keinen Netzzugang haben, werden sich via Smartphone oder anderen mobilen Endgeräten einloggen und kommunikativ einbringen können. Das ist eine kleine kommunikative Revolution – eine Revolution, die unserer Veränderung neuen Drive geben wird. Weil wir schneller und gezielter in den Dialog treten können. Weil wir in Echtzeit erfahren, was unsere Mitarbeiter draußen in der Fläche von unseren Ideen halten, die wir im DB-Tower auf die Schiene setzen wollen.«

Bei der DB können Mitarbeiter das Erscheinungsbild von DB Planet nach ihren eigenen Interessen und Wünschen individuell gestalten. Sie können sich untereinander vernetzen, Blogbeiträge schreiben und sich aktiv in Wikis und Foren an der unternehmensweiten Kommunikation beteiligen. Doch bei allen Echtzeit-Dialog-Funktionen, die wesentlich und für die Einbindung von Mitarbeiter unerlässlich sind, steht DB Planet bei der Deutschen Bahn auch für eine dynamische Wissensvermittlung und für eine neue agile Form der Zusammenarbeit. Künftig wird es möglich sein, Wissen zu teilen, in offenen oder geschlossenen Gruppen agil und ohne Zeitverlust an neuen Projekten zu arbeiten, Dokumente, Meinungen und Kommentare auszutauschen. Wissen wird damit zentral und nachhaltig vorgehalten und wird, nach Abbau interner Silos, unternehmensweit zum Geschäftserfolg beitragen, so der Plan. Wissen geht damit nicht mehr verloren. Digitalisierung hilft also, Wesentliches zu bewahren und Neues anzustoßen.

Veränderung erfordert viel Mut – gerade für Führungskräfte
Aber: Machen wir uns nichts vor. Mut ist gefordert. Denn Wissen ist in großen Organisationen bekanntlich Macht. Und diese Macht muss von nun an geteilt werden. Gerade für viele Führungskräfte ist das gewöhnungsbedürftig. Außerdem – und auch das ist für viele nicht immer ganz einfach – erhält man womöglich Feedback, ebenfalls in Echtzeit. Die Meinung der Kollegen ist jetzt, sofern respektvoll formuliert, ausdrücklich gewünscht. Aber zwischen dem Wollen und dem, was das Ego eines Chefs ertragen kann, können Welten liegen. Kritikfähigkeit und Fehlerkultur müssen

gelernt sein. Dies ist ein Prozess; da reicht es nicht, einen Schalter umzulegen. Viele Unternehmen stellt das vor große Herausforderungen – auch wenn nach außen alle jubeln angesichts der vielen neuen digitalen Möglichkeiten und einer die hierarchischen Grenzen auflösenden Vernetzung. Auch die Deutsche Bahn steht noch vor der Beweisführung, dass sie sich kulturell weiterentwickelt hat.

Beginn einer neuen Zeitrechnung

Schließlich ist das Management in großen Unternehmen gewohnt, dass Entscheidungen in der Regel top-down erfolgen, selten hinterfragt oder diskutiert werden. Mit Social Collaboration beginnt eine neue Zeitrechnung. Eine Zeitrechnung, die die Führungsriege transparenter, kommunikativer, aber natürlich auch angreifbarer macht. Führung von heute heißt – will man dem Anspruch nach mehr Digitalisierung gerecht werden –, die Komfortzone zu verlassen. Manager müssen sich trauen, sich stellen und der Forderung ihrer Mitarbeiter nach mehr Dialog und Einbindung entsprechen. In ihrem Tun, indem sie Entscheidungen und Prozesse transparenter machen, in ihrer Kommunikation, in dem sie offener und schneller werden und auch in ihrer Haltung, die künftig zeigen wird, wie und ob sie beispielsweise mit direktem Feedback, positiv oder negativ, umgehen.

Bei der Deutschen Bahn hat sich der Vorstand der gesamten Holding für die Einführung eines Social Intranets ausgesprochen. Jedes Vorstandsmitglied ist gleich zu Beginn in DB Planet aktiv geworden, bereits in der Betaversion. Jeder Mitarbeiter im Unternehmen kann künftig, wenn er denn mag, seine Gedanken mit zum Beispiel Richard Lutz, dem CEO der DB, teilen, ihm Feedback geben, seine Blogbeiträge kommentieren, sie liken oder weiterverbreiten. Das sind wichtige und wesentliche Interaktionen; aber dem Vorstand war bereits in der Planungsphase klar, dass für den Erfolg von DB Planet eine professionelle Redaktion zwingend notwendig ist. Denn sie sorgt für den Rahmen, die täglichen aktuellen News aus dem Konzernalltag, sie liefert spannende Texte, Bilder und Videos. Sie wird den Dialog beleben und Mitarbeiter zum Mitmachen motivieren. DB Planet wird die Kreativität, die Eigeninitiative, die unternehmerische Verantwortung »befeuern« und damit indirekt und nahezu spielerisch wesentliche Kernelemente der transformationalen Führung stärken.

Stärkere Demokratisierung im Unternehmen

Auch Bahn-Chef Richard Lutz ist ein großer Unterstützer von DB Planet, ein aktiver Nutzer des Social Intranets. Er weiß um den notwendigen kulturellen Wandel. Das Unternehmen hat gelernte Pfade verlassen und dies mit dem Ziel für mehr Demokratisierung im Unternehmen. Klares und eindeutiges Feedback und das Sprengen von virtuellen Hierarchiegrenzen muss man wollen und zulassen.

Aber was genau macht ein Social Intranet nun erfolgreich? Hat die Belegschaft eines Unternehmens wirklich auf eine digitale Plattform gewartet? Jubeln bei der Einführung eines Social Intranets alle Mitarbeiter? Und die kulturelle Welt im Unternehmen ist von nun an in Ordnung? Weit gefehlt. Denn in den wenigsten Unternehmen – außer die Wirkungsstätte ist ein Start-up – arbeiten in der Mehrzahl die sogenannten Digital Natives, also die Generation, die ganz natürlich mit Handy, iPad und den sozialen Netzwerken aufgewachsen ist. Bei vielen Mitarbeitern – und dieser Fakt sollte ernst genommen werden – müssen bei all der Begeisterung rund um die Chancen und Möglichkeiten eines Social Intranets, die vorhandenen Ängste vor der Technik und dem Umgang mit den sozialen Netzwerken abgebaut werden. Ein Risiko, das Beachtung finden sollte.

Mitarbeiter müssen ein verführerisches Medienerlebnis erfahren
Begeisterung und nachhaltiges Interesse entfachen kann man sicherlich mit relevanten Inhalten und der Möglichkeit zum Dialog. Es geht um das bewusste und zielgruppengerechte Einführen der Mitarbeiter in die Welt der sozialen Medien. Die digitale Kommunikation muss also abwechslungsreich sein, und sie sollte zwingend ein ansprechendes Storytelling ermöglichen. Und dies – gepaart mit einer ansprechenden Nutzung, der sogenannten Usability – schafft ein solides Fundament für ein erfolgreiches Social Intranet. In der digitalen Welt entscheidet der Konsument innerhalb weniger Sekunden, ob etwas interessant ist, ihn anspricht oder nicht. Es sind häufig Emotionen, die triggern, die die Mitarbeiter abholen und hoffentlich zum Mitmachen animieren. Ein Mitarbeiter wird aber nur dann emotional abgeholt, wenn er ein eindeutiges und verführerisches Medienerlebnis erfährt. Dazu bedarf es Professionalität – auch im Social Intranet; eine Redaktion ist also ein Must.

Leider sieht die Welt da draußen anders aus. Die meisten bekannten Social Intranets in Deutschland erreichen nur rund zehn Prozent der potenziellen Nutzer. Aber woran liegt das? Es ist anzunehmen, dass es an den fehlenden Bedürfnisanalysen im Vorfeld liegt. Um diesen Wert zukünftig deutlich zu überschreiten, müssen vor Projektstart die Bedürfnisse der Nutzer, also der Mitarbeiter, intensiv analysiert werden. Schließlich ist Customer Centricity einer der wesentlichen Erfolgsfaktoren. Wie hoch der Attraktivitätsgrad des Produkts ist, definiert ausschließlich der Kunde, in diesem Fall der Mitarbeiter. Die mit dem Social Intranet verfolgten Ziele müssen also eindeutig festgelegt werden, die Zielgruppen analysiert, gegebenenfalls Personae entwickelt werden. Ziel: Wer benötigt was in welcher Form? Auf dieser Grundlage und aufgrund der vorhandenen IT-Architektur kann dann eine Systementscheidung erfolgen. Im Idealfall startet parallel zum Bau des Systems eine Kommunikationskampagne. Doch hier spart das Management gern. Immer noch wird zu wenig Geld und Zeit in Aufklärungs- und Motivationskampagnen gesteckt.

Imageprobleme des klassischen Intranets

Hinzu kommt ein Imageproblem, das viele unterschätzen. Das gute alte Intranet hat nur selten die Herzen und damit die Köpfe der Mitarbeiter erreicht. Die Erwartungen, die man in der IT- und Kommunikationsabteilung mit der unternehmenseigenen Webwelt verknüpft, werden in der Realität selten erfüllt: zu langsam, zu statisch, zu unübersichtlich. Angesichts der vertrauten und leicht zu bedienenden Social-Media-Tools à la WhatsApp, Facebook oder Instagram hat es das Firmennetz doppelt schwer, sein angestaubtes Image aufzupolieren und gegen die privaten Alltagsbegleiter anzutreten. Oftmals wird vergessen, dies – unabhängig vom System – im Vorfeld budgetär zu fixieren. Ein fataler Fehler.

Also: Je besser die Definition der Ziele und je anspruchsvoller die Analyse der Zielgruppen sind, desto erfolgreicher wird das eingeführte Produkt sein. Vom Start bis zur Einführung sollten 18 bis 24 Monate veranschlagt werden. Viele Unternehmen denken, dass die Einführung eines Social Intranets ein IT-Projekt ist, doch dies ist mitnichten so. Es ist vor allem ein Kommunikations- und ein Change-Projekt. Deshalb sollte der Kommunikationsbereich gemeinsam mit dem Bereich Human Resources immer federführend sein. Eine Entscheidung, die bei der Deutschen Bahn zu Beginn so nicht gefällt wurde.

Im laufenden Projekt ist der Kommunikationsbereich aber sehr stark eingebunden worden und übernimmt mittlerweile eine ausgeprägte Rolle. So haben die Kommunikatoren eine viermonatige Kommunikationskampagne, begleitet von zusätzlichem Informationsmaterial, geplant, die emotionalisierend, begeisternd und aktivierend wirken sollte. Adressiert wurden alle Mitarbeiter – auch die, die noch nicht an das konzernweite Netz angeschlossen waren. Ziel der Kampagne war es, möglichst viele Mitarbeiter bereits zum Start von DB Planet zu Fans des neuen Social Intranets zu machen. Lebt es doch in erster Linie durch seine User, durch ihre Interaktionen und Beiträge. Bei der Deutschen Bahn ist inzwischen auch die kommunikative Begleitung zur Chefsache geworden.

Abschied von der Top-down-Kommunikation

Wer sich wirklich von seiner internen Top-down-Kommunikation und der damit verbundenen Monologstruktur verabschieden will, sollte also aufmerksam studieren, was uns Zuckerbergs Welt täglich vorexerziert. Lernen wir von Facebook, diesem sozialen Ur-Medium, das täglich fast zwei Milliarden Menschen anzieht, und übernehmen wir einfach das Beste. Zeigen wir als Unternehmen, dass wir im Hier und Jetzt angekommen und an echtem Dialog interessiert sind. Dass wir voneinander lernen wollen, dass wir offen und konstruktiv kritisierend miteinander umgehen können. Und dass wir verstanden haben, dass Wissen teilen nicht bedeutet, dass man als Führungskraft unwichtig wird. Und dass Spaß dabei zu haben ein wichtiger Erfolgsfaktor ist.

Doch machen wir uns nichts vor: Leicht wird diese schöne neue dialogorientierte Unternehmenswelt nicht zu haben sein. Mitarbeiter sind eine andere Zielgruppe als die von Zuckerbergs Marketingstrategen. Es reicht nicht, einfach eine demografische Milieuschublade aufzuziehen; stattdessen gilt es, eine über Jahre etablierte Unternehmenskultur zu sezieren und mit neuen Prinzipien und Verhaltensweisen zu füllen. Eine offene, dialogorientierte und transparente Unternehmenskultur lässt sich nicht verordnen, sie muss gelebt werden – vor allem vorgelebt werden.

Hier sind vor allem diejenigen gefragt, die in der Vergangenheit meist über den Mitarbeitern schwebten, die Strategien und Entscheidungen einsam vordachten und sie dann verkündeten: die Chefs, die Führungskräfte, das mittlere Management. Gerade sie müssen lernen, die digitale Zukunft zu verinnerlichen und vorzuleben, sie müssen bloggen, chatten, posten – kurz, den Mitarbeitern zeigen, dass auch sie kommunizieren wollen. Dass sie bereit sind, ihr Wissen zu teilen und andere Meinungen wollen und brauchen. Gelingt ihnen das, werden sie greifbar im Unternehmensalltag. Dann werden auch die Mitarbeiter sich schnell der neuen digitalen Kommunikationskultur öffnen. Unterm Strich haben alle Beteiligten mehr zu gewinnen als zu verlieren: ein Mehr an Miteinander, an Wissen, an konstruktivem Dialog und an Erfolg und Spaß. Es muss nur gewollt sein.

4.3 Change-Prozesse in der Kommunikation

Mit dem zunehmenden Aufkommen der digitalen Medien hat sich das Kommunikations- und Medienverhalten der Nutzer verändert – und damit die Anforderungen an die Kommunikation. Wie bereits in Kapitel 2.2 ausführlich geschildert, ist die digitale Revolution in engem Zusammenhang mit einer stark veränderten Mediennutzung zu sehen. Doch welche grundlegenden Veränderungsprozesse sind zu beobachten? Wie wirken sich die Entwicklungen auf eine künftige Unternehmenskommunikation aus? Und auf welche Trends muss man sich besonders einstellen? Auf jeden Fall lassen sich die folgenden Entwicklungen und Kommunikationsneuerungen beobachten, die als Relevanzfaktoren in einer digitalen Kommunikationsstrategie zu berücksichtigen sind.

4.3.1 Sichtbarkeit

Täglich sind Millionen von Menschen im Internet unterwegs, viele mittels Suchmaschinen, die in der Kommunikation des 21. Jahrhunderts eine tragende Rolle als zentrales Leitsystem und eine Gatekeeper-Rolle für Nutzer haben: Was sie nicht finden und anzeigen, gilt für die meisten Nutzer als nicht-existent beziehungsweise als irrelevant. Hinzu kommt, dass die meisten User nur die ersten wenigen Suchergebnisse wahrnehmen. Um die Aufmerksamkeit der Suchenden auf die eigene Webseite zu lenken, müssen Unternehmen und Institutionen daher selbst aktiv werden.

Eine zentrale Rolle spielt dabei das Suchmaschinenmarketing (Search Engine Marketing, SEM), das in den vergangenen Jahren immer wichtiger geworden ist. Trotz der vermehrten Nutzung von sozialen Medien ist davon auszugehen, dass SEM auch künftig zu den Kerndisziplinen einer digitalen Kommunikation zählen wird. Darunter lassen sich alle Maßnahmen subsumieren, die für eine möglichst prominente Präsenz der eigenen Inhalte in den Suchmaschinen sorgen. Dabei ist zu unterscheiden zwischen organischen Ergebnissen (organic listings) durch die Optimierung der eigenen Webseite für eine prominente Position im Suchmaschinenindex, was als Search Engine Optimization (SEO) bezeichnet wird, sowie bezahlter Keyword-Werbung (paid listings), bei der für einzelne oder kombinierte Suchbegriffe Textanzeigen gebucht werden, die zur Suchanfrage passend eingeblendet werden, sogenanntes Search Engine Advertising (SEA).[148]

Hinzu kommt, dass durch die verstärkte Verbreitung mobiler Endgeräte die mobile Nutzung wesentlich gestiegen ist und sich der damit verbundene Abruf von Informationen unabhängig von Ort, Zeit und Gerät – also das Kommunikations- und Rezeptionsverhalten – deutlich verändert haben. Bereits jetzt werden deutlich mehr Suchanfragen über mobile Endgeräte denn über traditionelle Desktop-Rechner gestartet. In Verbindung mit der Tatsache, dass Google seit Mitte 2015 Webseiten nur dann eine hohe Sichtbarkeit im Suchindex ermöglicht, wenn sie die mobilen Voraussetzungen erfüllen, steht die Forderung nach »mobile friendly« auf den Anforderungs-Rankings von Webseiten ganz oben.[149]

Organisationen müssen technisch wie redaktionell sicherstellen, dass ihre Content-Plattformen – ob klassische Webseite oder Corporate Blog – von überall her und von jedem Endgerät perfekt sichtbar sind. Ansonsten werden sie weder von Google noch von sonstigen Suchmaschinen oder von ihren Stakeholdern künftig wahrgenommen.

4.3.2 Push vs. pull

Durch die Veränderung des Konsumentenverhaltens hat sich der Distributionsweg von Informationen verändert. Führte einst beispielsweise im Bereich der Medienarbeit der Weg von der Presseabteilung über den Journalisten und dessen Publikationen zu den Endzielgruppen, so werden Endnutzer heute immer stärker zu den eigentlichen Distributoren von Produkten, Images, Marken, Informationen – ob textlich gekürzt, inhaltlich vertieft oder angereichert mit Fotos, Videos oder Links. Sie achten verstärkt darauf, welche

148 Vgl. Ruisinger/Jorzik (2013/2021), S. 169 ff und Ruisinger (2011), S. 47–58.

149 Über diese beiden Google-Tools lässt sich schnell überprüfen, ob eine Webseite für Mobilgeräte optimiert ist oder nicht: https://search.google.com/test/mobile-friendly oder https://testmysite.withgoogle.com/.

Inhalte ausgetauscht werden, und beteiligen sich dann an der Kommunikation, wenn die Inhalte zu ihren eigenen Interessen und insbesondere zu denen ihrer Community passen. Je spannender und relevanter ein Produkt, eine Story, ein Thema für sie erscheint, desto intensiver greifen sie diese auf.

Auf solch eine veränderte Meinungs- und Markenbildung und den stufenweisen Wechsel von der »Institutional Control« zur »Consumer Control«, von reiner Push-Kommunikation zu einem wechselseitigen Push-pull-Verhältnis, von einer ausschließlichen Top-down-Kommunikation zum immer stärkeren Botton-up-Einfluss muss sich die Kommunikationsbranche einstellen. Schließlich ist jeder Empfänger spätestens mit dem Social Web nicht nur Konsument, sondern auch Produzent, Content-Juror und natürlich Multiplikator.

Kombinierte Kommunikationsansätze

Die Veränderung lässt sich am klarsten mit den erwähnten Kommunikationsansätzen Push und Pull verdeutlichen. Diese beschreiben die Kommunikation mittels digitaler Medien über zwei grundsätzlich unterschiedliche Ansätze, die sich gut kombinieren lassen. Beim Push-Ansatz werden Informationen simultan an einen definierten Empfängerkreis verschickt wie E-Mail-Newsletter, Pressemitteilungen, Print-Mailings oder Werbesendungen. Er folgt damit der Frage, was die Organisation kommunizieren will. Das Problem besteht darin, dass auch Empfänger mit Informationen versorgt werden, die für diese – im Moment – keine Verwendung haben. Zudem setzt der Ansatz voraus, dass die Empfänger dem Erhalt der Informationen zugestimmt haben.

Beim Pull-Ansatz werden Informationen für den individuellen Abruf beispielsweise auf der Webseite bereitgestellt oder Themen über ein Corporate Blog oder ein digitales Magazin im Rahmen einer Content- oder SEO-Strategie gesetzt. Der Pull-Ansatz zielt somit darauf ab, im Internet von potenziellen Stakeholdern durch hochwertige Inhalte möglichst einfach gefunden zu werden. Es wird Antwort auf die Frage gesucht, was die Stakeholder wissen wollen beziehungsweise interessieren könnte. Es wird also die Frage bewusst umgedreht, die man mit dem Angler-Prinzip beschreiben kann: Der Köder (Inhalt) muss nicht dem Angler (Organisation) sondern dem Fisch (Empfänger) schmecken. Der Nutzer kann dann die Informationen finden, auswählen, abrufen, ansehen, anhören beziehungsweise per E-Mail oder RSS abonnieren. Dazu muss er aber selbst aktiv werden. Dieser Ansatz hat durch das Social Web neuen Schwung bekommen.

Grundsätzlich lässt sich konstatieren, dass die Zeiten der reinen Push-Kommunikation vorbei sind. Zwar gehen noch immer einige Unternehmen davon aus, dass sie als Sender selbst im Zentrum stehen und allein bestimmen können, wer die versendeten Informationen erhält, wer darüber berichtet und damit für ein Grundrauschen zum Thema sorgt. Ganz dem traditionellen Marketingmodell folgend, hoffen sie, dass sie über ihre eigenbestimmte Push-Kommunikation die Haltung der Stakeholder entscheidend prägen, beeinflussen und zum Handeln bringen können. Dies ist jedoch eine nur noch in seltenen Fällen erfolgreiche Denkweise, die grundlegend hinterfragt werden sollte.

Aufbau von Fangemeinden

Für den kommunikativen Erfolg mindestens genauso entscheidend sind die Nutzer, die beispielsweise auf Basis der gefundenen Informationen eigene Inhalte – sogenannten User Generated Content – erstellen und ihn dann über ihre eigenen Kanäle verbreiten beziehungsweise von anderen Nutzern verbreiten lassen. Gerade externe Influencer (s. Kapitel 4.3.4) und interne Markenbotschafter (s. Kapitel 4.2.3) haben oftmals die Macht, die kommunikative Power, die notwendigen Netzwerke und dazu die thematische und inhaltliche Glaubwürdigkeit als Vermittler von Informationen, die sie zu einem stärkeren Multiplikator als das Unternehmen oder die Institution selbst machen. Sie können dafür sorgen, dass um eine Marke herum eine Community entsteht, eine Art Fangemeinde, die eine Marke schätzt, unterstützt, in Krisenfällen verteidigt, die sich auf jeden Fall näher und kontinuierlich mit ihr beschäftigt.

Angesichts der vielfältigen Tools und Medien in der digitalen Kommunikation kommt es nicht auf den Gegensatz zwischen reiner Push- oder purer Pull-Kommunikation an. Stattdessen lassen sich beide Ansätze hervorragend kombinieren, um einerseits Themen per Pull-Kommunikation zu setzen, andererseits Stakeholder mit gezielten Informationen auf dem Laufenden zu halten. Laut Thomas Pleil, Professor für Public Relations an der Hochschule Darmstadt, besteht mittlerweile fast jede professionelle digitale Kommunikation sowohl aus Push- als auch aus Pull-Elementen. Schließlich gehe es nicht darum, »schnell mal ein paar Infos auszuspielen oder auf deren Empfehlung zu hoffen, sondern es gibt auch Nutzer, die nach Informationen suchen. (…) Zumindest einige Nutzer gehen also zur Suchmaschine ihres Vertrauens und kommen im Idealfall zu einem gut gemachten Webangebot.«[150]

4.3.3 Machtverschiebung

Mit den digitalen Kommunikationsmedien haben Unternehmen eine starke Stimme nach innen und insbesondere nach außen erhalten. Unabhängig von klassischen Gatekeepern wie den Medien können sie den direkten Dialog mit einzelnen Zielgruppen sowie mit der breiten Öffentlichkeit herstellen und pflegen. Sie können sich eine eigene Stimme verschaffen – ob mit dem Ziel, einen Dialog oder das Image aufzubauen, Kundenservice zu bieten, Marktforschung zu betreiben oder Meinungsführerschaft zu erreichen.

Gleichzeitig müssen sich Unternehmen und Institutionen immer bewusst sein, dass sie es mit gut informierten Prosumern statt mit passiven Informationsrezipienten zu tun

150 https://bit.ly/dks_pleil_publizierenwebsite.

haben. Diese lassen sich immer schwerer von reinen Unternehmensinformationen und Botschaften erreichen, wenn sie vom Mehrwert für sich und ihre Community nicht wirklich überzeugt sind. Sie verstehen sich immer stärker als Mitspieler, die von Unternehmen den aktiven Dialog fordern.

Hohe Erwartungshaltung

Hinzu kommt, dass die Smartphone-Welle den jederzeit möglichen Abruf von Informationen beschleunigt hat. In der Kombination hat dies dazu geführt, dass die Erwartungshaltung von Nutzern gegenüber Unternehmen und Institutionen gestiegen ist. Sie erwarten, dass Informationen nicht nur schnell zur Verfügung gestellt werden, sondern auch auf ihre Anfragen, Anregungen und Kommentare umgehend geantwortet und reagiert wird. Wird der Dialog dagegen verweigert, kann sich dies in negativen Bewertungen und Kommentaren in Portalen und Netzwerken niederschlagen. Dabei ist zu berücksichtigen, dass Organisationen in einer digitalisierten Welt, in der Unmengen an Daten dauerhaft verfügbar sind und sich überall nachvollziehen lassen, viel stärker im Fokus der öffentlichen Wahrnehmung und Aufmerksamkeit stehen. Ihre Glaubwürdigkeit ist eng mit dem gesellschaftlichen Ansehen und dem individuellen Verhalten von Mitarbeitern und weiteren Anspruchsgruppen verbunden.

Unternehmen und Institutionen können mit ihren Inhalten daher nur dann ihre anvisierten Stakeholder erreichen und binden, wenn sie sich der Chancen der neuen Dialogkanäle bewusst sind und dort eine authentische Stimme pflegen. Zudem erwarten die Stakeholder eine klare, zielgruppenorientierte Themenwahl, um die Organisation als wirklichen Content-Partner zu akzeptieren. Dazu müssen Unternehmen und Institutionen verstärkt in den Markt hineinhorchen, Nutzern genau zuhören, Themen detailliert analysieren, Kritikpunkte offen aufnehmen, relevante Meinungsmacher identifizieren, eigene Vorschläge und kreative Ideen entwickeln und jeden Austausch als wirkliches Gespräch und echten Dialog führen. Organisationen müssen dazu sicherstellen, dass sie über ausreichend personelle, zeitliche wie finanzielle Ressourcen verfügen, um auf diese Prosumer adäquat zu reagieren. Sie müssen sich Diskussionen stellen sowie auf Anfragen reagieren und dies schnell, kompetent, authentisch und mit den auf die Stakeholder zugeschnittenen Inhalten. Ansonsten werden sie als Dialogpartner nicht akzeptiert und haben wiederum selbst keine Chance, in ihren Stakeholdern willige Partner für ihre eigene Content-Strategie zu finden.

4.3.4 Influencer-Kommunikation

Der Systemtheoretiker Niklas Luhmann schrieb in seinem Grundlagenwerk *Die Realität der Massenmedien*: »Was wir über unsere Gesellschaft, ja über die Welt, in der wir leben, wissen, wissen wir durch die Massenmedien.«[151] Der Satz gilt in dieser Form heute nicht

151 Luhmann, Niklas (1996): Die Realität der Massenmedien, Opladen, S. 9.

mehr. Medien haben ihre alleinige Deutungshoheit verloren. Nutzer beschaffen sich immer stärker Informationen von gleichgestellten Dritten. Ein Phänomen, für das die Forscher Charlene Li und Josh Bernoff 2008 den Begriff »Groundswell« (siehe Kapitel 5.4.1) wählten. Dabei handelt es sich um einen »social trend in which people use technologies to get the things they need from each other, rather than from traditional institutions like corporations«[152]. Mittels des Internets können sich also Nutzer, die sich größtenteils nicht kennen, gegenseitig Kraft geben und sich damit auch stärker beeinflussen als eine arrivierte Unternehmensmarke. Dieser meinungsstarke Dialog unter Verbrauchern hat den Medien ihren Alleinanspruch als Gatekeeper für Informationen geraubt.

Kommunikationsverantwortliche müssen sich den neuen Multiplikatoren stellen. Sie sollten sich in Diskussionen einmischen, mit einer klaren Content-Strategie selbst Themen setzen und ihre Inhalte und Storys zielgruppengenau verbreiten. Es wird in diesem Zusammenhang von Influencern gesprochen und von der neuen Disziplin Influencer Relations beziehungsweise Influencer Marketing beziehungsweise Influencer-Kommunikation.[153] Dabei basiert die Entwicklung dieser Teildisziplin auf der Kommunikation mit und über digitale Meinungsführer. Als Start ist erst einmal zu klären, wer eigentlich ein Influencer ist. Oder – wie viele jüngere Menschen oft fragen –: Wie wird man denn zu solch einem digitalen Meinungsführer? Was ist das speziell Neue daran, denn die Beschäftigung mit Meinungsführern wurde bereits in den 1940er-Jahren durch die Columbia-Studien von Lazarsfeld und Katz begründet?[154]

Der Influencer-Begriff

Abstammend vom englischen Wort *influence* (Einfluss) bezeichnet der Begriff einzelne Personen oder Personengruppen innerhalb der digitalen Kommunikation, die in der Lage sind, »mit Beiträgen in Social Networks (in Form von Text, Bild oder Bewegtbild) einen Multiplikator-Effekt auszulösen und so beispielsweise eine Marke oder ein Produkt emotional aufzuladen«[155]. So definiert das Start-up-Magazin *Gründerszene* Influencer.

Der US-Amerikaner Brian Solis bricht dies auf die drei Kernbegriffe herunter[156]:

- **Reach**: quantitative und qualitative Reichweite, wozu Follower-, Fan-, Abonnenten-Zahlen genau wie das Image und die Glaubwürdigkeit der Person zählen;
- **Relevance**: thematische Autorität des Influencers, dessen Aussagen seine Follower auch wirklich vertrauen;
- **Resonance**: hohes Engagement, was sich an der Zahl und Intensität der Interaktionen der Follower auf dem Influencer-Kanal erkennen lässt.

152 Li/Bernoff (2011), S. 9.

153 Eine kompakte Geschichte des Influencer Marketings samt zentralen Protagonisten lässt sich hier nachlesen: https://bit.ly/dks_reachhero_influencermarketing.

154 Vgl. Schach/Lommatzsch, 2018, S. 13 ff.

155 https://www.gruenderszene.de/allgemein/influencer-marketing.

156 https://bit.ly/dks_altimeter_digitalinfluence.

Es sind also Personen oder Personengruppen, die als Kommunikationsvermittler und Meinungsmacher insbesondere innerhalb ihrer eigenen Community wirken. Dies können Betreiber reichweitenstarker Blogs, meinungsstarke Twitterer und YouTuber, Instagrammer, Snapchatter, TikToker oder Podcaster mit einer größeren Community sein oder selbst Streamer auf der gerade unter Gamern beliebten Lifestream-Plattform Twitch[157]; in allen Fällen handelt es sich um Personen, die sich zum Opinion Leader auf ihrem Gebiet und innerhalb ihrer individuellen Community entwickelt haben. Hinzu kommt, dass Influencer meist nicht nur in einem Medium über eine hohe Reichweite verfügen. Selbst wenn sie sich vor allem als Blogger, YouTuber oder Instagrammer verstehen, verfügen sie meist ebenfalls über eine hohe Reichweite in anderen sozialen Netzwerken und Communitys. Ein weiterer Grund für die Funktion als Meinungsmacher und Multiplier ist ihre intensive Vernetzung mit anderen Menschen sowie mit weiteren Multiplikatoren. Gerade als Knotenpunkt in einem Netzwerk, in dem viele Stränge – also Menschen und Multiplikatoren – zusammenlaufen, spielen sie für ihre Community eine wichtige Rolle.

Neben der hohen Reichweite und ihrer digitalen Kompetenz haben sich Influencer oft intensiv mit ihrem Kernthema beschäftigt und darin inhaltlich Expertise erworben. Aufgrund dessen wird ihnen eine hohe thematisch-fachliche Kompetenz beigemessen. Sie werden von ihrer Community als Experten wahrgenommen und oft um ihre Meinung gebeten. Demnach fungieren sie als vormediale Entscheider und üben Einfluss auf die Entscheidungen ihrer Community aus. Schrittweise haben sie sich so zu wichtigen Multiplikatoren, wirklichen Meinungsbildnern und Gatekeepern herausgebildet, die in ihren Themen wachsenden Einfluss haben. Ihre Glaubwürdigkeit und ihre Authentizität tragen mit ihrer Reichweite dazu bei, dass sie beispielsweise gerade Kaufentscheidungen deutlich beeinflussen.

Die Macht von Multiplikatoren und Meinungsmachern

Der Begriff Influencer steht damit für Personen, die sich über ihre Inhalte, Kommunikations- und Dialogformate, Kompetenz und Reichweite einen Ruf als authentische Experten und Meinungsbildner innerhalb ihrer Zielgruppe erarbeitet haben. Sie verfügen über eine hohe digitale Kompetenz, agieren in vielfältigen Medien und besitzen eine feste Fan-Basis, die ihnen Vertrauen schenkt. Sie haben große Macht, insbesondere eine junge Zielgruppe zu erreichen. Dazu fokussieren sie sich auf die Verbreitung von Inhalten, die von ihren Zielgruppen als authentisch und als relevant erachtet werden, um nicht ihr eigenes Netzwerk zu gefährden. Sie sind damit sowohl »ein Meinungsführer, der im digitalen Bereich die Einstellungs- und Verhaltensabsicht seiner Follower beeinflussen kann, als auch zugleich eine mediale Person, die für seine Follower eine Vorlage für Empathie, sozialen Vergleich und parasoziale Beziehungen bietet«[158].

157 Wie ein Influencer-Marketing bei Twitch funktionieren sollte, beschreibt dieser Beitrag: https://bit.ly/dks_reachbird_twitch.

158 Schach/Lommatzsch (2018), S. 20.

Viele Influencer haben den Einfluss, Themen zu setzen. So können sie bei Bedarf ihre hochvernetzte Community, Kontakte, Stränge im Netzwerk für eigene Aktivitäten nutzen. Kaum haben sie ein Thema öffentlich gesetzt, so wird ihm von den Usern nicht nur eine hohe Aufmerksamkeit beigemessen, sondern die beeinflussten Menschen tragen dazu bei, die Inhalte über eigene Kanäle schnell weiterzuverbreiten. Influencer lassen sich an dieser Stelle mit Prominenten vergleichen, deren Aktivitäten und Aussagen eine deutlich höhere Bedeutung, Relevanz und Aufmerksamkeit beigemessen wird, als beispielsweise »normalen« Menschen. Gerade dies macht sie wiederum für Unternehmen und Institutionen so interessant. Gleichzeitig lassen sich auch deutliche Unterschiede innerhalb dieser Multiplikatoren ausmachen, wie die folgende Abbildung deutlich macht.

MULTIPLIKATOREN						
MEDIEN	MEINUNGSFÜHRER (OPINION LEADER)					
Journalisten	Externe Personen			Mitarbeitende		
TV, Print, Radio, Online	Markenbotschafter	Influencer	Virtuelle Influencer	Corporate Influencer	Externe Markenbotschafter	Interne Markenbotschafter
Glaubwürdigkeit	Prominenz	Themenführerschaft im Social Web	Nur in der digitalen Welt bestehende Traumfiguren	Themenführerschaft im Social Web	Vernetzung, Multiplikator	Sozialer Status, Coach
extern / intern	primär extern	primär extern	extern	extern / intern	primär extern	primär intern
analog / digital	primär analog	digital	digital	digital	analog / digital	primär analog

Abb. 11: Die Vielfalt der Multiplikatoren; Quelle: Eigene Darstellung in Anlehnung an Schach/Lommatzsch, S. 20

Gefragte Influencer

Konnten sich Unternehmen und Marken früher in einer Zeit der dominierenden Push-Kommunikation noch erlauben, ihre Stakeholder allein über die eigenen Kanäle oder über die Medien als Multiplikatoren zu erreichen, so ist dies angesichts eines immer stärker fragmentierten Meinungsmarktes und immer intensiveren Auseinandersetzungen in Communitys, Netzwerken und Foren deutlich schwieriger geworden.

Bereits 2010 schrieb der Investor in Technologie-Start-ups, Schauspieler und Influencer Ashton Kutcher über die neue Generation an Influencern sowie deren Rolle und wachsende Macht: »New media is creating a new generation of influencers and it is resetting the hierarchy of authority, while completely freaking out those who once held power without objection. The truth is that most of the existing formulas, methodologies, and systems miss or completely ignore the role of new influencers to inspire action, cause change, spark trends, and recruit advocates. We are absent from the exact movement that can help us connect with those who guide their peers.«[159]

Er beschreibt präzise, wie notwendig es ist, die Influencer ernst zu nehmen und als zentrale Zielgruppe zu betrachten. Reichweite plus Authentizität plus Glaubwürdigkeit plus Community: Gerade die Kombination aus diesen Faktoren machen Influencer für die Unternehmenskommunikation als Multiplikatoren so interessant. Organisationen sollten daher die für sie relevanten Influencer und individuellen Meinungsführer finden, sie ernst nehmen und sie kontinuierlich in ihre Aktivitäten integrieren. Sie müssen sich bemühen, deren Reichweite zu nutzen, um ihre Inhalte in deren relevanten Zielgruppen zu verbreiten und damit auch ihre eigene Sichtbarkeit zu steigern. Dabei geht es weniger darum, sie als einmalige Zugpferde zu nutzen, die für den positiven Einfluss auf die Organisation, eine Kampagne oder ein Produkt sorgt – Stichwort Influencer Marketing. Vielmehr ist es die Aufgabe innerhalb einer langfristig ausgerichteten Kommunikationsstrategie im digitalen Zeitalter, zu den Meinungsführern nachhaltige Beziehungen aufzubauen, also wirkliche Influencer Relations zu betreiben.

Und damit sind sie nicht allein: Bei einer Befragung des Bundesverbandes Digitale Wirtschaft e.V. (BVDW)[160] Mitte 2019 gab ein Fünftel der Befragten an, eine Marke und/oder ein Produkt schon einmal gekauft zu haben, weil sie die Marke bei einem Influencer auf YouTube oder auf Instagram zuvor gesehen hat. Nicht überraschend: Je jünger die Befragten waren, desto mehr wurden die Influencer-Empfehlungen wahrgenommen[161], während bei Älteren deutlich weniger Kontakte zu Influencern bestanden. Dies belegt noch einmal, warum sich Unternehmen von Kooperationen mit Influencern eine wirksame Kommunikation mit ihren Stakeholdern versprechen – insbesondere, wenn sie speziell eine jüngere Zielgruppe zu erreichen haben und warum dafür innerhalb der Kommunikationsbudgets ein stark wachsendes Budget eingeplant wird, gerade auch für Nischen-Influencer.[162]

Beispiele, wie Influencer-Kommunikation funktioniert

Vier Beispiele zum Abschluss sollen die vielfältigen Chancen und die unterschiedlichen Einsatzmöglichkeiten nochmals verdeutlichen:

1. In Kooperation mit dem YouTube-Star Aaron Troschke versuchte die **Polizei Berlin,** gerade unter Jüngeren Interesse an einer Karriere bei der Polizei zu wecken. In 15-minütigen Videos begleitet Aaron als Praktikant den Ausbilder einen Tag lang und gewährt humorvoll Einblicke in den Berufsalltag. Diese Videos wurden auf Troschkes

159 Solis (2010), S. IX.

160 Vgl. BVDW (2019b).

161 Zu einem ähnlichen Ergebnis kam eine Umfrage von Statista in Zusammenarbeit mit YouGov: https://bit.ly/dks_statista_influencer.

162 Vgl. https://bit.ly/dks_absatzwirtschaft_influencer.

Kanälen auf YouTube und Instagram verbreitet. Das Ergebnis: »Allein auf YouTube kamen insgesamt rund 2,1 Millionen Views, 93.000 Likes und 5.700 Kommentare zusammen. Auf Instagram verzeichneten die Kampagnenmacher 17.000 Likes und 250 Kommentare.«[163] Parallel hatte Aaron Troschke zeitweise den Twitter- und den Instagram-Kanal der Polizei Berlin für eine definierte Zeit übernommen.

2. Nicht nur Menschen, sondern selbst Marken können Influencer sein. Dieses zeigte eine Influencer-Marketing-Kooperation zwischen Bravo und **Rewe**. Das Jugendmagazin Bravo zählt rund 500.000 Follower allein auf Instagram und bietet seine Redakteure als Markengesichter für Content-Kooperationen an. Der Konzern Rewe nutzte den Influencer für eine Recruiting-Kampagne für Praktikanten im Einzelhandel. So verbrachte ein Bravo-Redakteur einen Tag in einer Filiale und berichtet über seine Erfahrungen crossmedial.[164]
3. Apropos Ausbildung: Wie gut sich Influencer-Kampagnen für Recruiting eignen, zeigte ein zweites Beispiel: Die Plattform **Meinestadt.de** involvierte sieben YouTuber – vorwiegend aus den Bereichen Technik, Beauty, Comedy –, um seine Ausbildungs-App Talenthero[165] zu bewerben. Mit dieser können Jugendliche freie Ausbildungsplätze nicht nur finden, sondern sich direkt auf diese Stellen bewerben. Insgesamt konnten über die geposteten Videos mehr als zwei Millionen Video-Visits und rund 100.000 App-Downloads im Kampagnenzeitraum generiert werden.[166]
4. Eine Stufe weiter geht der Discounter **Aldi Nord**: Für seine Social-Media-Maßnahmen hat Aldi ein eigenes Influencer-Team – die sogenannten »Aldi Creators« aufgebaut. Dabei stehen die fünf Instagram-Influencer jeweils für eine Lifestyle-Kategorie. Seit Ende 2019 versorgen sie ihre jeweiligen Follower im Rahmen einer werblichen Kooperation regelmäßig mit Beiträgen zu neuen vor allem kulinarischen Produkten, Rezepten inklusive Gewinnspielen. Auf diese Weise sollen sie ihre Produkte des Discounters besondere einer jungen Zielgruppe noch näherbringen. Auf Instagram finden sich alle Beiträge unter dem Hashtag #aldicreators.[167]

AUSFLUG

Influencer Relations vs. Influencer Marketing

Selbst wenn beide Begriffe oftmals synonym genutzt werden und es durchaus Überschneidungen gibt, so unterscheiden sich Influencer Relations und Influencer Marketing doch grundlegend. Vor allem aber verbergen sich hinter beiden Begriffen »äußerst unterschiedliche Erwartungen, was die Ergebnisse und die

163 https://bit.ly/dks_horizont_aaron.
164 Vgl. https://bit.ly/dks_horizont_bravo.
165 https://www.talenthero.de.
166 Vgl. Zunke (2018), S. 32.
167 https://bit.ly/dks_horizont_aldicreators.

prozessuale Umsetzung der darunter subsumierten Kommunikationsmaßnahmen betrifft.«[168]

Bei Influencer Relations geht es darum, Beziehungen – also Relations – aufzubauen. So wird weniger in kurzen Kampagnen gedacht, vielmehr zielen Organisationen darauf, eine mittel- bis langfristige Partnerschaft aufzubauen, die auf Vertrauen und gemeinsamen Interessen basiert. So sollte beispielsweise bei der Ansprache von Bloggern – im Rahmen von Blogger Relations – weniger die pure Reichweite zählen, als vielmehr die Frage, wie glaubwürdig dieser Kontakt für die jeweilige Zielgruppe ist. Damit zielt die Kommunikation primär auf den Meinungsmarkt und die direkte Beeinflussung der Meinungsbildung, um Image und Reputation zu steigern oder Wissen und Informationen zu vermitteln. Wenn das französische Fremdenverkehrsamt einen deutschen Blogger für eine mehrwöchige Tour durch fünf französische Regionen auswählt, um authentische Beiträge zum Thema Umwelt und Natur zu erhalten[169], dann ist dies ein Beispiel für Influencer beziehungsweise Blogger Relations.

Influencer Marketing ist dagegen meist kostenintensiver und stärker anlass- und aktionsorientiert. Die Maßnahmen zielen primär auf den Absatzmarkt. Sie sind darauf ausgerichtet, hohe Aufmerksamkeit und Reichweite für Produkte und Marken zu erzielen sowie Absatz und Conversions zu steigern, was über die – meist eingekauften – Influencer gelingen soll. Fast alle Kooperationen mit einflussreichen und reichweitenstarken Instagrammern und YouTubern fallen beispielsweise unter Influencer Marketing. Dabei gibt es wichtige Regeln zu beachten: Die Posts, Bilder, Videos im Rahmen solch einer Kooperation erfolgen meist in enger Zusammenarbeit zwischen dem Influencer und dem Werbetreibenden, der die Wirksamkeit sicherstellt. Schließlich sollten die produzierten Inhalte die Kampagnenidee der Organisation widerspiegeln und jederzeit zum Produkt passen. Dies wird André Karkalis (s. S. 141) in seinem Gastbeitrag über Strategische Influencer-Kommunikation noch genauer aufzeigen.

Das Wesen des Influencer Marketings besteht darin, dass die Inhalte von Influencern selbst aufbereitet und verbreitet werden. Im Rahmen solcher Kooperationen benötigt der Influencer dadurch die notwendige Freiheit, damit der erstellte Content optimal zum eigenen Kommunikationskanal passt und bei der betreffenden eigenen Community auch auf Vertrauen und Interesse stößt. Gerade in solchen Fällen müssen Kommunikations- und Marketingexperten oft erst lernen, die Kontrolle teilweise abzugeben und dem Influencer zu vertrauen. Insofern stellt Influencer Marketing eine vom Unternehmen gelöste Kommunikation dar, die immer mit Kontrollverlust verbunden ist.

168 Schach/Lommatzsch (2018), S. 32; Timo Lommatzsch geht ausführlich auf den Unterschied zwischen Influencer Relations und Influencer Marketing ein.

169 Vgl. https://bit.ly/dks_kristinehonig_atoutfrance.

Entscheidend für ein erfolgreiches Influencer Marketing ist also, dass es nicht nur Inspirationen bringt, sondern dass »die Marke sich spürbar zurücknimmt, anstatt laut sein zu wollen«[170], so Michi Mehring. Darum plädiert der Berater für ein Umdenken beim Influencer Marketing: »Wir müssen uns darüber im Klaren sein, dass Authentizität das wertvollste Gut ist und die Marke in den Hintergrund treten darf, wenn das Produkt brauchbar ist und mit dem Image des Multiplikators übereinstimmt.« Unter dem Stichwort Storytelling ist daher gemeinsam eine Geschichte zu entwickeln, die beide Ziele erreicht: »spannende Inhalte für die Community der Influencer zu schaffen und gleichzeitig die Marke glaubwürdig zu inszenieren. Das ist die Kunst des Influencer Marketings.«[171]

Die fünf Schritte für eine Influencer-Strategie
Viele Organisationen befassen sich zentral mit der Frage, wie sie Influencer für sich gewinnen können. Wie können sie die neuen Meinungsmacher finden? Wie sollten sie diese konkret ansprechen? Auf welche Art und Weise plus Wege? Was sollten sie besonders beachten?

Der unmittelbare Umgang erfordert aktive, strategisch geplante Influencer-Kommunikation. Influencer müssen recherchiert werden, passende identifiziert und angesprochen werden. Vor der Ansprache müssen sie gut analysiert, beobachtet und verstanden werden, damit Kampagnen mit ihnen später erfolgreich sein können. Und die Kontakte müssen kontinuierlich gepflegt werden – abseits von eventuellen Kooperationen. Dazu bedarf es innerhalb der digitalen Kommunikationsstrategie ein individuelles Konzept, damit dieser Baustein Wirkung zeigen kann.

Beim Aufbau strategischer Influencer-Kommunikation können sich Unternehmen und Institutionen an den folgenden fünf Schritten orientieren, auf die auch André Karkalis in seinem Gastbeitrag am Ende des Kapitels nochmals eingeht:

1. Zieldefinition
Im ersten Schritt sollten Unternehmen festlegen, was sie sich von der Kooperation mit Influencern versprechen. Sie sollten dazu konkrete Ziele der Kampagne definieren – also Bekanntheit, Verbreitung, Sichtbarkeit, Brand Awareness, Verkäufe etc. Bereits in diesem Stadium ist zu klären, ob der Fokus auf Influencer Relations oder auf Influencer Marketing liegen wird, was meist Auswirkungen auf die dafür notwendigen Ressourcen hat. Dazu sind Fragen hilfreich wie:

- Welchem Zweck soll die Kooperation dienen?
- Was wird vom Influencer in welchem Zeitraum erwartet?
- Wie soll der etwaige Erfolg gemessen werden?

170 https://bit.ly/dks_medium_mehring_influencer.
171 Pein (2020), S. 276.

- Geht es darum, ein stark visuelles Produkt zu platzieren?
- Oder soll die Bekanntheit eines Angebotes über authentische Berichte erhöht werden?
- Ist es entscheidend, dass der Influencer auf das Produkt explizit hinweist oder es gar anpreist?

Anhand dieser Fragen ist zu bestimmen, welche Vorgaben die angesprochenen Influencer erhalten oder ob sie völlig frei bei der inhaltlichen Gestaltung und bei den Darstellungsformaten agieren können. Außerdem ist zu klären, welche Ressourcen zur Ansprache und Begleitung zur Verfügung stehen, erfordert Influencer-Kommunikation ein hohes Maß an betreuendem Personal sowie oftmals ebenfalls finanzielle Unterstützung.

LINK-TIPP

Kennzeichnungspflicht für Influencer[172]
In Deutschland herrscht quer über alle Medien der Trennungsgrundsatz: Beiträge, die auf Grundlage einer Gegenleistung erstellt werden, müssen als Werbung gekennzeichnet werden. Diese Trennung und die Kennzeichnung von Werbung dienen dem Erhalt der Medien- und Meinungsfreiheit sowie dem Schutz der Nutzer vor Irreführung. Doch wie funktioniert Kennzeichnung in den digitalen Medien speziell im Social Web? In den letzten Jahren gab es immer wieder Diskussionen und Gerichtsurteile – Stichwort Schleichwerbung –, wann und wie ein Influencer seine Beiträge werblich kennzeichnen muss.
Die Medienanstalten haben dazu einen hilfreichen Leitfaden publiziert. Dieser enthält Regelungen zu den Kennzeichnungs- und Trennungspflichten bei Werbung in digitalen Angeboten wie Webseiten, Blogs, Facebook, Twitter, Instagram, TikTok oder YouTube. Der Leitfaden vermittelt leicht verständliche Hilfestellungen zur Werbekennzeichnung – auch über eine Kennzeichnungsmatrix –, die sowohl für die Influencer selbst als auch für beauftragende Unternehmen oder Agenturen von Relevanz ist. Der regelmäßig aktualisierte Leitfaden lässt sich kostenlos herunterladen.
Zum Download: https://bit.ly/dks_medienanstalten_matrix

2. Influencer-Recherche
Das Finden von Influencern ist die mühevollste Aufgabe und vor allem Handarbeit. Auch wenn es einige Tools gibt (s. Tipp auf Seite 135), die bei der Identifizierung und Bewertung von Influencern helfen, müssen für die Aufgabe ausreichende Ressourcen eingeplant werden. In dieser Phase geht es vor allem darum, die Influencer und ihre Themen und Inhalte

172 In einem Gastbeitrag für den Pressesprecher beschreibt die Hamburger Rechtsanwältin Nina Diercks ausführlich, warum Kommunikatoren die Zusammenarbeit mit Influencern auf eine verlässliche vertragliche Grundlage stellen sollten und warum eine knappe Vereinbarung gefährlich sein kann: https://bit.ly/dks_pressesprecher_influencervertrag.

besser kennenzulernen. Dazu müssen Blogs gelesen und eingeschätzt, Instagram-, TikTok- oder YouTube-Accounts beurteilt, Hashtags via Twitter, LinkedIn & Co. verfolgt und analysiert werden. Auf diese Weise lassen sich die Schwerpunkte des Influencers und sein Fokus bei Inhalten und Formaten erkennen sowie eigene Themen entdecken.

Nach der Identifizierung möglicher Blogger, Podcaster, YouTuber oder Instagrammer ist die Frage nach deren jeweiliger Reichweite zu klären: Über wie viele echte – und damit nicht gekaufte – und dazu aktive Follower ist der betreffende Influencer vernetzt? Dazu stellen viele Blogger eigene Mediazahlen auf ihrem Blog zur Verfügung. Auch an der Verbreitung über soziale Medien lässt sich der Erfolg eines Beitrages erkennen. Abrufe von YouTube-Clips und von Storys, die Abonnentenzahlen von YouTube-Kanälen oder Instagram- und TikTok-Metriken, das Follower-Wachstum, der regelmäßige Aktivitätsgrad der Community, die Qualität von Kommentaren, die Like-Follower-Ratio lassen sich auf dem Account des jeweiligen Influencers ablesen oder durch externe Instrumente nachvollziehen. Auch der Anteil bezahlter Postings an der Gesamtzahl und die bisherigen Performances von Sponsored Postings sollten beim Influencer abgefragt werden, sofern sich die Zahlen nicht über Tools ablesen lassen. Anhand solcher Reaktionen und Zahlen lässt sich beurteilen, ob der Influencer über die notwendige Autorität und das hohe Standing innerhalb der Influencer-Szene verfügt – also ob er bei seinen Abonnenten und Netzwerk-Partnern den Ruf eines Experten genießt.

Viel entscheidender als die pure Reichweite ist letztendlich die Frage nach der thematischen Kompatibilität, nach der Brandfitness, nach der Content Quality und Relevanz – also ob der gewählte Influencer überhaupt zur Marke, Organisation oder Kampagne passt und damit als Multiplikator infrage kommt. Denn nur wenn er kompatibel zum Leitbild eines Unternehmens ist, werden von der Zusammenarbeit beide Seiten profitieren können. Daher sollten sich Unternehmen besonders mit der inhaltlichen Ausrichtung des Influencers auseinandersetzen. Dazu müssen sie sich bei Blogs inhaltlich mit bisherigen Beiträgen beschäftigen, um herauslesen zu können, wo der Fokus des Bloggers liegt, welche Themen ihn besonders interessieren und ob er bereits über ein ähnliches wie das eigene zu lancierende Sujet geschrieben hat. Bei Instagram sind die bevorzugten Formate, die visuelle Qualität, die bisherige Art der Markeneinbindung und das bisherige Engagement bei Wettbewerbern oder anderen Kooperationen zu berücksichtigen. Ähnlich sorgfältig ist bei YouTubern, Streamern, TikTokern oder weiteren möglichen Influencern vorzugehen.

TOOL-TIPP

Die Influencer-Recherche

Wie findet man den richtigen Influencer? Wie lassen sie sich recherchieren? Und wer ist wirklich ein echter Influencer? Beim Aufbau von Influencer Relations muss stets nach der Relevanz der jeweiligen Nutzer gefragt werden. Um sie in ihrer Bedeutung einschätzen zu können, sind die folgenden Beobachtungen und Tools hilfreich. Als erster Schritt beim Aufbau von Influencer-Kommunikation können sie die Suche etwas erleichtern. Die tiefere Recherche und Analyse, die individuelle Beobachtung und Einschätzung können sie jedoch keineswegs ersetzen.

- **Begriffs- und Hashtag-Recherche**: Bereits eine Google-Suche nach den für eine Kampagne bedeutsamen Stichworten wie eine Suche nach themenrelevanten Hashtags in den verschiedenen Kanälen wie Twitter, Instagram oder LinkedIn kann Beiträge von Influencern sichtbar machen, die für die Kampagne wichtig sein könnten.
- **Blog-Recherche**: Über die leider nur noch selten vorhandenen Blogrolls aktiver Blogger lassen sich weitere themenverwandte Blogger und Social-Media-Multiplikatoren finden. Auch die Blog-Suchmaschine trusted blogs (https://trusted-blogs.com) kann helfen, inhaltlich passende Blogs zu entdecken. Über die Facebook-Gruppe Bloggersuche[173] können Organisationen nach Bloggern suchen, indem sie ihren Anlass, ihr Projekt vorstellen.
- **Influencer-Recherche:** Ein interessantes Tool für die Influencer-Recherche ist BuzzSumo (https://www.buzzsumo.com). Schon in der Gratis-Version lassen sich einzelne Twitter- und YouTube-Accounts grob analysieren beziehungsweise passende Influencer zu vorgegebenen Kategorien finden. Auch Social Blade (https://socialblade.com) ermöglicht es, Accounts der verschiedensten Social-Media-Kanäle grob zu analysieren. Über Tools wie HypeAuditor (https://hypeauditor.com) und Likeometer (https://likeometer.co) lassen sich Instagram-Accounts von Influencern zumindest als Einstieg bewerten. Speziell für Twitter helfen begrenzt Analyse-Tools wie Twitonomy (https://www.twitonomy.com) oder accountanalysis (https://accountanalysis.app) bei der Suche nach passenden Accounts.

3. Individuelle Ansprache

Die Ansprache eines Influencers kann über herkömmliche Weise per E-Mail, aber auch beispielsweise per Twitter Direct Message oder per LinkedIn-Nachricht erfolgen, sofern eine gegenseitige Vernetzung besteht. Viele Blogger und Instagrammer weisen auf ihren Profilen zudem darauf hin, wie sie kontaktiert werden wollen. Der Kontakt sollte langsam und schrittweise aufgebaut werden, wie in jeder persönlichen Beziehung. Dazu zählt, dass man den Influencer gegenüber Wertschätzung für ausgewählte Aktivitäten entgegenbringt. Durchaus lohnt es sich, sich im Vorfeld mit dem Influencer bereits über ausgewählte Social-Media-Kanäle vernetzt zu haben, um auf diese Weise Vertrauen aufzubauen und vor allem Interesse an seinen Inhalten zu zeigen. Viele Kooperationen und Anfragen – unabhängig ob an Blogger, auf Facebook, bei LinkedIn oder bei Instagram – scheitern bereits an der falschen, unpersönlichen Ansprache, die oft an ein Massenmailing erinnert

173 https://www.facebook.com/groups/Bloggersuche.

beziehungsweise in keinerlei Zusammenhang mit dem Inhalt und dem Schwerpunkt des Influencers steht.[174] Oder sie versuchen sich mit unglücklichen Formulierungen, welche die Illustratorin Veronika Mischitz in ein passendes »Blogger Relations Bullshit Bingo«[175] übertragen hat, um das Dilemma zu veranschaulichen.

Organisationen sollten stattdessen darauf achten, eine persönliche Kontaktaufnahme zu wählen, um ernstes Interesse an einer Zusammenarbeit zu demonstrieren. Dazu zählt, dass sie auf ausgewählte und inhaltlich verwandte Beiträge, auf Instagram-Bilder oder auf Videos hinweisen, um das Interesse am Influencer zu manifestieren. Außerdem sollten sie klar kenntlich machen, wer diese Anfrage stellt, welches Ziel hinter der Anfrage steht und welche Gegenleistungen beziehungsweise welchen Mehrwert ein Influencer von der Zusammenarbeit erwarten kann. Eine Kooperation muss schließlich immer auf eine Win-win-Situation hinauslaufen, von der also beide Seiten profitieren.

Entscheidend für eine Kooperation ist, dass das Wort Relations ernst genommen wird. Stets ist zu versuchen, eine wirkliche Beziehung zu den Influencern aufzubauen – und zwar schrittweise. »Man sollte langsam den Kontakt aufbauen und Wertschätzung für den Influencer zeigen«, beschreibt Andreas Bersch von der Agentur Brandpunkt die notwendigen Schritte und die angemessene Haltung. Dazu würde es helfen, ein eigenes Influencer-Team aufzubauen, das die Ansprache sorgfältig vorbereitet. Schließlich wollen Influencer als Partner gesehen werden, denen nicht ein Produkt aufgedrückt wird, sondern mit denen man gemeinsam eine Strategie entwickeln möchte.[176] Sonst wird die Kontakt- und Dialogaufnahme kaum zu einem Erfolg führen.

4. Passender Content

Wenn Unternehmen und Institutionen Influencer kontaktieren, so sollten sie im Vorfeld nicht nur bereits definiert haben, welches Ziel die Kooperation haben soll, sondern auch, was sie den Influencern konkret zu bieten haben. Und damit ist bei Influencer-Kommunikation nicht primär finanzielle Unterstützung, sondern vor allem passender Content gemeint. Können sie authentischen Content mit Mehrwert bereitstellen? Können sie exklusive Gesprächspartner für einen Blick hinter die Kulissen anbieten? Können sie spezielle, exklusive Produkt-Tests liefern? Wollen sie für ihre initiierten TweetUps und Insta-Meets Teilnehmer gewinnen? Oder sind sie gar an einem Blog Sponsoring, an Sponsored Posts, Native Ads oder Gewinnspiel-Aktionen interessiert? »Influencer mit professionellem Selbstverständnis sehen sich schließlich als Content Creator und nicht als Litfaßsäule«, wie André Karkalis im nachfolgenden Beitrag schreibt.

174 Siehe https://bit.ly/dks_facebook_ruisinger_bloggerrelations.
175 https://bit.ly/dks_vero_bingo.
176 Vgl. https://bit.ly/dks_omr_bersch.

Die Antwort auf die Frage nach dem wirklichen Mehrwert wird Bloggern und anderen Social-Media-Multiplikatoren – ähnlich einer Journalistenansprache – die Entscheidung erleichtern, ob sie die Kooperation eingehen oder nicht eingehen wollen. Wie gesagt: Influencer denken zuerst an ihre eigene Community. Inhalte müssen also genau diese zufriedenstellen und exakt diesen einen Mehrwert bieten. Schließlich wollen sie mit diesem Content ihre Community weiterhin an sich binden und ihren Expertenstatus ausbauen. Daher achten sie zu Recht insbesondere auf die eigene Glaubwürdigkeit als wichtigstes Kapital. Denn verlieren sie bei ihren Fans und Followern die erworbene Glaubwürdigkeit, werden sie kaum als Meinungsführer weiter bestehen können und als solche wahrgenommen werden. Dieses sollten Organisationen auch in ein umfangreiches Briefing integrieren.[177]

5. Kontinuierliche Kontaktpflege

Zu erfolgreichen Influencer Relations gehört die mittel- und langfristige Kontaktpflege. Unternehmen und Institutionen sollten die Beziehungen zu wichtigen Multiplikatoren nach Abschluss des Projekts weiter aufrechterhalten werden und nicht plötzlich vom Erdboden verschwinden. Schließlich sind Influencer Relations wirkliche Beziehungen, die, einmal initiiert, kontinuierlich gepflegt werden müssen. Dazu zählt eine Verlinkung des Beitrages über die eigenen Kanäle ebenso wie die Erwähnung auf Facebook, Twitter etc. über eine persönliche Kontaktpflege bis hin zur Einladung zu Webinaren. Sie sollten mit ihren Influencern in Kontakt bleiben, sich vernetzen, den Influencer zu Fachmessen, Bar-Camps oder speziellen Influencer-Events persönlich einladen und ihr Interesse an einer weiteren Interaktion zum Ausdruck bringen. Auf diese Weise können sie langfristig von reichweiten- und meinungsstarken Multiplikatoren profitieren und ihre eigenen Zielgruppen noch effizienter ansprechen.

Auch wenn Prognosen in der schnelllebigen Welt der digitalen Medien immer schwierig zu treffen sind: Es ist davon auszugehen, dass das Thema Influencer-Kommunikation zumindest in den kommenden Jahren eines der zentralen Instrumente digitaler Kommunikation bleiben wird. Unternehmen und Institutionen werden über eine Multiplikatoren-Strategie versuchen, Influencer für sich zu gewinnen und diese für ihre Produkte und Angebote einzusetzen. Dabei wird es – zumindest bei Influencer Relations – weniger um kurzfristige Erfolge gehen, sondern vor allem um den Aufbau langfristigen Vertrauens. Nur dann wird die Community des Influencers die Kooperation als Mehrwert begreifen und als wirklich nützlich, spannend, interessant und relevant einschätzen – wiederum zum Wohle sowohl des Influencers als auch der Organisation selbst.

177 Warum das Briefing – aufgeteilt in die drei Leistungskategorien Produktspezifisches, Plattformspezifisches und Formelles Briefing – bei der Influencer-Kommunikation ein Schlüssel zum Erfolg ist, beschreibt Fabian Held, Geschäftsführer der Agentur Inpromo, in diesem Beitrag https://bit.ly/dks_absatzwirtschaft_influencerbriefing.

4.3.5 Community Building

In einem Video des britischen Presseversand-Services RealWire mit dem Titel »Online-PR is all about community«[178] aus dem Jahre 2009 werden die Erfolgsfaktoren von Kommunikation mit dem Verhalten auf einer Party verglichen: erst zuhören, Interessen abgleichen, dann eigene Ideen einbringen, einen Freundeskreis aufbauen und diesen zuletzt zur eigenen Party einladen.

Glaubwürdigkeit, Nachhaltigkeit, Langfristigkeit, Offenheit und Transparenz haben bei diesem Vergleich große Bedeutung. Doch sind solche Begriffe auf die digitale Kommunikation begrenzt? Keineswegs. Sie sind Merkmale, die jede ernsthafte Kommunikation, jede reale wie digitale Beziehungspflege auszeichnen sollten. Nur erhält das Beziehungsmanagement in der digitalen Welt eine besonders hohe Relevanz durch stärkere Vernetzung, hohen Interaktionsgrad und dauerhafte Sichtbarkeit. Zudem ist gerade die digitale Kommunikation darauf ausgerichtet, Menschen anzusprechen, sie zu aktivieren, an das Unternehmen zu binden und mit ihnen einen Dialog einzugehen. Sie bietet ihnen neue Chancen des Austausches mit ihren Stakeholdern: etwa durch die schnelle Reaktion auf Kundenbeschwerden in einem Forum, die öffentlich positiv aufgenommene Reaktion auf Twitter, die lebhafte Diskussion auf einer Facebook-Seite oder eine App für die interne Kollaboration. Letztendlich hängt es von der Öffentlichkeit ab, also von der Community der Marke, wie sie aufgenommen und wie darüber gesprochen wird.

Community Building stellt sich damit als ein Erfolgsfaktor in der digitalen Kommunikation heraus. Der Begriff Community spiegelt das Vertrauen wider, das Nutzer zu einer Marke haben und sich deshalb für sie einsetzen und sich an sie binden. Vor diesem Hintergrund haben in den letzten Jahren immer mehr Unternehmen eigene Communitys initiiert, um ihre Fans auf diese Weise noch stärker an ihre eigene Marke zu binden (s. Link-Tipp). Ein erfolgreiches Community Building eröffnet ihnen die Chance, die Bedürfnisse ihrer Kunden detailliert kennenzulernen und damit auch Produkte und Services auf die Bedürfnisse hin zu entwickeln. Stakeholder wie Kunden werden dazu nicht nur einmalig involviert; die Organisation tritt vielmehr mit ihnen in einen kontinuierlichen Dialog, in einen dauerhaften Denk- und Lernprozess. Mit der Betonung auf dauerhaft und kontinuierlich, wie sich auch aus der bereits rund zehn Jahre alten und weiterhin extrem wahren Aussage von Charles Schmidt, Corporate Social Media Officer bei der erwähnten Krones AG, herauslesen lässt: »Die Kunden über sich und seine Produkte zu informieren ist bestenfalls die halbe Miete. Viel wichtiger ist es, seinen Kunden genau zuzuhören, von ihnen zu lernen und gemeinsam Lösungen zu finden.«[179]

178 https://bit.ly/dks_youtube_realwire_community.
179 https://bit.ly/dks_prblogger_krones/.

Zuhören, einbinden, lernen, gemeinsam agieren – diese Begriffe sind in ihrem Wesen stark von den Erfolgsrezepten einer traditionellen Push-Kommunikation entfernt. Aus gutem Grund, denn in einer Zeit, in der Kunden immer mehr Botschaften erhalten, suchen sie nach möglichst relevanten Inhalten und Botschaften, wie es Aufgabe des Content-Marketings ist. Die künftige Kunst wird es sein, die User noch stärker aktiv an diesen Prozessen zu beteiligen, um sie näher an die eigene Marke heranzuführen, mit ihr regelmäßig im Austausch zu stehen und sie möglichst langfristig an die eigene Marke zu binden.

LINK-TIPP

Beispiele für deutschsprachige Communitys

Service- und Support-Communitys

- DATEV https://www.datev-community.de
- Deutsche Bahn https://community.bahn.de
- Deutsche Telekom https://telekomhilft.telekom.de
- Dell https://de.community.dell.com
- eBay https://community.ebay.de
- o2 https://hilfe.o2online.de
- Swisscom https://community.swisscom.ch
- Vodafone https://forum.vodafone.de

Produkt- und Marken-Communitys

- Erste Sparkasse https://www.sparkasse.at/erstebank/s-lab
- Innogy https://community.innogy.com
- Krankenschwester.de http://www.krankenschwester.de
- Lego https://ideas.lego.com
- Migros Migipedia https://community.migros.ch
- Milka Kuh-munity https://www.milka.de/kuh-munity
- Nestlé https://www.nestle-marktplatz.de
- Parfumo https://www.parfumo.de/Community
- Tchibo https://community.tchibo.de
- WWF Jugend https://www.wwf-jugend.de

4.4 Zwischenfazit: Notwendige Prozesse

Die beschriebenen Herausforderungen sind zentrale Faktoren, die eine digitale Kommunikation und eine digitale Transformation in Deutschland teils erschweren beziehungsweise die Implementierung von digitalen Strategien verzögern können. Dabei handelt es sich, wie gesagt, um wirkliche Change-Prozesse, die das Unternehmen, die Institution und vor allem die Menschen selbst betreffen, die sowohl in die Führungsstrukturen der Organisationen hineinreichen, den Austausch und die Zusammenarbeit der Menschen innerhalb von Unternehmen und Institutionen verändern als auch die kommunikativen Bedingungen teils umwälzen, zumindest aber deutlich verändern.

Wie die Ausführungen deutlich gemacht haben, stehen Unternehmen und Institutionen hier vor zahlreichen Anstrengungen in einer sich ständig verändernden Kommunikationswelt. Nach dem Aufstieg der ersten Online-Welt – des als Web 1.0 bezeichneten Zeitalters – hatte bereits das Social Web großen Einfluss auf das kommunikative Verhalten genommen. Doch damit ist keineswegs Schluss. Jeder muss sich bewusst sein, dass die Entwicklung der Digitalisierung, des Wesens der Kommunikation, bei der Zahl der Instrumente weiter voranschreiten wird – mit neuen Plattformen, Techniken, Denkweisen und Verhaltensweisen, welche Menschen und Organisationen gleichermaßen betreffen. Gleichzeitig haben sich neue Verhaltensmuster – Stichwort Influencer-Kommunikation, Stichwort Markenbotschafter, Stichwort Dark Social – ausgeprägt, die unabhängig von Plattformen das generelle Verhalten im Internet stark mitbestimmen werden.

Allen gilt: Unternehmen und Institutionen müssen sich sorgfältig auf die bestehenden wie die noch kommenden internen und externen Veränderungsprozesse vorbereiten. Genau dazu zählt eine klare und verständliche digitale Kommunikationsstrategie, deren Entwicklung und Planung in den folgenden Kapiteln ausführlich behandelt werden.

Strategische Influencer-Kommunikation

Von André Karkalis

Während manche den Hype um Influencer weiter befeuern und diese als Lösung aller Kommunikationsprobleme anpreisen, attestieren andere den digitalen Meinungsführern mangelnde Glaubwürdigkeit und prognostizieren bereits deren Ende. Marketing- und Kommunikationsverantwortliche tun gut daran, die Diskussion differenziert zu betrachten und mit dem Thema Influencer so vorzugehen, wie sie es auch in anderen Disziplinen machen: konzeptionell. Deshalb geht es in diesem Artikel nicht um die neuesten Trends oder um eine Auflistung von Tools oder Dienstleistern, sondern passend zum Buch um etwas Wichtigeres: eine Anleitung zur strategischen Planung.

Die Zuständigkeit

Wäre es Ihnen lieber, wenn in diesem Artikel von Zielgruppen oder Stakeholdern die Rede wäre? Dieser feine Unterschied verdeutlicht bereits, welche Frage zum Thema Influencer als Erste beantwortet werden sollte: die der Zuständigkeit. Kümmert sich die PR oder das Marketing? Sprechen wir von Influencer Relations oder Influencer Marketing? Dieser Artikel fasst beides unter Influencer-Kommunikation zusammen.

Im Idealfall lautete die Antwort auf die Zuständigkeit »Wir« und die Zusammenarbeit erfolgt Hand in Hand.

Manche Unternehmen haben inzwischen bereits eigene Positionen für die Betreuung von Influencern im Unternehmen geschaffen, was sinnvoll ist, da die Aufgaben extrem vielfältig sind und Kompetenzen aus den Bereichen Marketing, PR, Media und Social Media benötigen. Während klassische Medien zwischen Redaktion und Media unterscheiden und verschiedene Ansprechpartner haben, ist dies nur bei den wenigsten Influencern der Fall. Die meisten sind Chefredakteur, Fotograf/Filmer, Cutter und Anzeigenverkäufer in Personalunion. Dementsprechend gilt es, für die redaktionellen Wünsche und die Individualität eines Creators Verständnis zu haben und gleichzeitig auch kaufmännische Kriterien und Social-Media-Kennziffern in Entscheidungen und Verhandlungen einfließen zu lassen.

Zielsetzung und Erwartungsmanagement

Nachdem die internen Zuständigkeiten definiert sind, sollte die Frage nach den Rezipienten geklärt werden: Wen wollen wir mithilfe der Influencer erreichen? Die gute Nachricht: Inzwischen gibt es für fast alle Ziel- und Dialoggruppen digitale Meinungsführer. Allerdings liegt genau hier eine Gefahr: In vielen Unternehmen starten Kooperationen dadurch, weil eine Person von einem Influencer begeistert ist oder vielleicht sogar ein Wettbewerber diesen für die Kommunikation eingesetzt hat. Sätze wie: »Mit dem müssten wir auch mal was machen« lassen eine Dynamik entstehen, bei der strategische Planungen manchmal zu kurz kommen. Solche Ad-hoc-Aktionen sind nicht zielführend, denn es ist unklar, worauf die Maßnahme tatsächlich einzahlen soll und ob der exemplarische Wunsch-Influencer überhaupt relevant für die avisierte Zielgruppe ist. Stattdessen erarbeitet man eine Strategie. Genau dies muss in der Kommunikation mit Influencern geschehen.

Allerdings gilt es, vorher etwas zu beachten: Entscheidend für die Auswahl und Grundlage der Strategie ist die Erwartungshaltung im Unternehmen. Es empfiehlt sich grundsätzlich die Frage: Warum wollen wir Influencer in unserer Kommunikation überhaupt einsetzen und welche Ziele verfolgen wir damit? Idealerweise wird die Antwort von den operativ Verantwortlichen und den Entscheidern auf Management-Ebene gemeinsam erarbeitet. Wer nicht das Glück hat, dies mit seinen Vorgesetzten abstimmen zu können, sollte zumindest frühzeitig bei internen Präsentationen Ziele und Kennziffern präsentieren, um eine einheitliche Erwartungshaltung zu schaffen.

Hinzu kommt ein weiterer Punkt, für den es zu sensibilisieren gilt: den Kontrollverlust, wenn man mit Influencern arbeitet. Marketer sind es gewöhnt, bei der Kreation von Werbemitteln das letzte Wort zu haben. Das ist ihr gutes Recht, schließlich sind sie Kunde. In der PR weiß man, dass der Redakteur den Artikel vorher meist nicht mehr zur Freigabe sendet, die journalistische Unabhängigkeit wird akzeptiert. Schließlich muss man den Artikel auch nicht bezahlen; earned media wird dankend angenommen. Bei Influencern kommen für Werbetreibende gefühlt beide Nachteile zum Tragen: Der Beitrag muss meist honoriert werden und der Creator wünscht deutlich mehr Freiheiten als es Werbeagenturen oder Fotografen sich erlauben würden. Umso wichtiger ist es, vorher im Unternehmen zu kommunizieren, dass Corporate-Identity-Richtlinien hier nicht die gleiche Anwendung finden wie in der klassischen Kommunikation. Der Grund dafür ist einfach: Der Influencer hat deshalb begeisterte Follower, weil sie dessen Inhalte mögen, und zwar genau auf die Art, wie er sie präsentiert. Genau das macht den Content so wertvoll. Wer durch sein Briefing den Creator zu stark in seiner Darstellung verändert, verringert die positive Wirkung des Beitrags. (siehe hierzu auch: Briefing von Influencern).

Die Planung

Beginnen Sie Ihre Planungen klassisch, indem Sie definieren, welche Ziele Sie mittels Influencer-Kommunikation erreichen möchten. Diese können beispielsweise sein:

- Steigerung von Marken-/Produktbekanntheit,
- Verbessern des Images,
- Gezielte Ansprache neuer Zielgruppen,
- Vermitteln von Informationen (bspw. bei erklärungsbedürftigen Produkten),
- Unterstützung beim Recruiting (HR),
- Content-Produktion für eigene Kanäle,
- Lead-Generierung,
- Steigerung von Umsatz/Conversions,
- Verstärkung einer integrierten Kampagne.

Je genauer Sie Ihre Ziele priorisieren, desto besser, denn diese haben Auswirkungen auf die Strategie und die Auswahl der Influencer. Geht es beispielsweise darum, die Bekanntheit eines Produktes zu steigern, kann es genügen, einen Influencer zu finden, dessen Follower mit der eigenen Zielgruppe übereinstimmen und bei dem die Integration des eigenen Produktes glaubwürdig zu den bisherigen Inhalten im Kanal passt. Plant man hingegen den Content des Influencers später gezielt in eigenen Medien einzusetzen, spielt die Tonalität der Inhalte eine entscheidende Rolle. Das Produkt auf dem Kanal des Influencers in Szene zu setzen, ist etwas anderes, als die Bilder auch im Unternehmensblog zu präsentieren – schließlich unterliegt dieser oft CI-Vorgaben. In diesem Fall hätte also das zusätzliche Ziel der späteren Zweitverwertung erheblichen Einfluss auf die Auswahl des Influencers. Man würde gezielt nach einem Creator suchen, dessen Inhalte der eigenen Bildsprache möglichst nahekommen. Stehen die Ziele fest, können Sie mit der Strategie-Phase beginnen.

Das dreistufige Influencer-Strategie-Modell
Die Testphase der Influencer-Kommunikation ist beendet – zumindest in der B2C-Kommunikation. Jetzt rückt das WIE in den Fokus. So gilt es nicht nur, die operativen Dos und Don'ts im Tagesgeschäft zu kennen, sondern darüber hinaus Prozesse zu entwickeln, um Budgets möglichst effizient einzusetzen. Wir haben für unsere Kunden ein dreistufiges Modell entwickelt, das sich in der Praxis bewährt hat – besonders für Jahresplanungen. Es verbindet die Zielebene mit der Maßnahmentaktik und hilft, die passenden Influencer zu definieren.

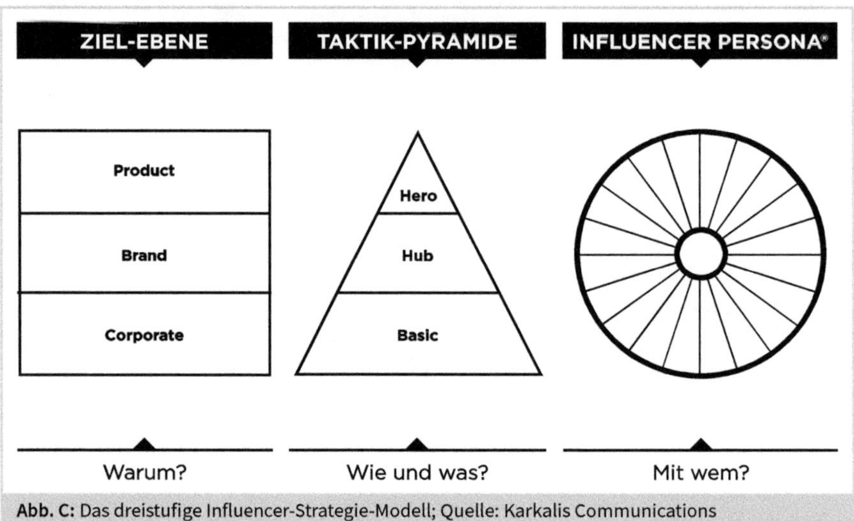

Abb. C: Das dreistufige Influencer-Strategie-Modell; Quelle: Karkalis Communications

1. Die Zielebene: Planen Sie Top-down
Auf welche Ebene(n) zahlt die jeweilige Influencer-Maßnahme ein? Wir unterscheiden zwischen Corporate-, Brand- und Product-Ebene. Handelt es sich um eine Recruiting-Kampagne, ist diese primär der Corporate-Ebene zuzuordnen. Image-Kampagnen haben meist die Aufgabe, die Markenwerte zu verbessern. Produkt-Kampagnen erklären sich von selbst. Wichtig: Es geht darum, welches Ziel man im Schwerpunkt erreichen möchte. Bei den allermeisten Produkt-Kampagnen ist auch die Marke involviert.

2. Die Taktik-Pyramide: Seien Sie kreativ

Nach dem Ziel kommt das taktische Element der Strategie: Es gilt, den Aufwand und die Art der Maßnahmen festzulegen. Wir empfehlen, in drei Segmenten zu arbeiten:

a. BASIC – das Grundrauschen: Influencer-Kommunikation sollte kein Einzelmeister sein, sondern kontinuierlich stattfinden. Aber niemand kann das ganze Jahr das Social Web dominieren. Basismaßnahmen sorgen dafür, dass Unternehmen/Marke/Produkt trotzdem stattfinden. Beispiele: Giftings, Produkttests oder native Integrationen ohne aufwendiges Storytelling.

b. HUB – die Verstärker: Fortgeschrittene Maßnahmen der Influencer-Kommunikation unterscheiden sich von den Basismaßnahmen sowohl von Aufwand wie Inhalt, sind allerdings nicht so experimentell wie Hero-Maßnahmen. Sie sind gut planbar und ihr Impact lässt sich prognostizieren. Sie sind meist geeignet, eine nachhaltige Beziehung zu Influencern aufzubauen und differenzieren Produkt, Marke oder Unternehmen vom Wettbewerb. Beispiele: Events, kreatives Storytelling oder Exklusiv-Kooperationen.

c. HERO – die Leuchttürme: Hero-Maßnahmen sind die Königsklasse der Influencer-Kommunikation: Echte Scroll-Stopper, die zu extrem positivem Engagement führen. Diese Aktionen begeistern die Zielgruppe und führen manchmal sogar zu viralen Effekten oder schaffen es redaktionell in die Medien. Es sind Geschichten, die Rezipienten weitererzählen und die nachweislich einen Impact haben. Dafür sind sie meist in Planung und Durchführung aufwendiger und für die meisten Unternehmen (auch aus budgetären Gründen) nur wenige Male im Jahr umsetzbar. Beispiele: Kommunikationskampagnen, bei denen Influencer im Fokus stehen, die aber auf verschiedenen Kanälen ausgespielt werden, bis hin zu einer 360-Grad-Kommunikation.

HERO-ACTIVITY: #frauchentag

(Kampagne von KARKALIS COMMUNICATIONS für Fressnapf (Gewinner PR Report Awards 2019 in der Kategorie Influencer-Kommunikation)

Sonntag, 12. Mai 2019. 30 Influencer trauen ihren Augen kaum: So eine Überraschung zum Muttertag haben sie noch nie erhalten. Denn dem Blumenstrauß, der ihnen anonym zugestellt wird, liegt ein Dankesbrief bei. Eine mehrseitige Liebeserklärung, handgeschrieben und voller Details aus ihrem Leben. Unterzeichnet von denjenigen, um die sich Influencer jeden Tag liebevoll kümmern, die ihre Gefühle aber sonst nie in Worte fassen: ihre Hunde und Katzen.

Hierzu wurden über Monate alle Social-Media-Kanäle der Influencer beobachtet und ausgewertet: Haben Hund oder Katze Freunde/Feinde? Was ist das Lieblingsspielzeug? Wo fand der letzte Urlaub statt? Gab es besondere Erlebnisse? Auf Basis mehrseitiger Fact

Sheets wurden emotionale Briefe verfasst. Jedes Detail wurde beachtet: Auf welchem Papier schreibt ein Beagle? Womit machen Katzen ihrem Frauchen eine Freude, wenn dieses Kakteen liebt? Jeder Brief war einzigartig. Größe, Grammatur, Verpackung und Haptik unterschieden sich genau wie die Farbe des Textes.
Es flossen Glücktränen. Die Influencer lasen ihren Followern die Briefe vor und erreichten dadurch mehr als 1 Million User. Immer dabei ein entscheidender Absatz im Text, den Hund und Katze verfasst hatten: »... meine Freunde von Fressnapf haben mir geholfen meine Gedanken in Wort zu fassen und sie gratulieren auch ganz herzlich zum Frauchentag.«

Die ideale Maßnahmentaktik ist abhängig von den Zielen, der Art des Produktes (Innovation oder Me-too) und den Aktivitäten der Wettbewerber. Außerdem wichtig: die eigenen Ressourcen, zu denen neben dem Budget und der Erfahrung mit Influencer-Kooperationen die Umsetzbarkeit und das Selbstverständnis des eigenen Unternehmens zählen. Möchte man Vorreiter sein und First-Mover-Effekte erzielen, oder ist man eher auf Sicherheit bedacht?

Zuletzt sollten Sie Ihr Umfeld im Auge behalten. Besonders in Branchen, in denen Influencer bereits viele Jahre aktiv sind und es viele klassische Product Placements gibt, kann es schwierig sein, durch Basismaßnahmen aufzufallen. Bedenken Sie: Ein gutes Storytelling erhöht nicht nur die Chance, dass Ihre Botschaft bei der Zielgruppe ankommt, sondern es kommuniziert den Nutzern gleichzeitig eine Wertschätzung, sodass diese Ihnen Aufmerksamkeit schenken. Denn wer es schafft, seine Zielgruppe nicht nur zu erreichen, sondern einen Nutzen bietet, erhält die größte Akzeptanz. Das gelingt am besten, indem Sie den Sweetspot in Ihrer Kommunikation finden – die Schnittmenge aus den Botschaften, die Sie als Unternehmen bei der Zielgruppe platzieren möchten und den Inhalten, die für die Rezipienten relevant sind. Genau hierbei können Influencer sehr hilfreich sein, da sie nicht Gefahr laufen, zu sehr aus Unternehmenssicht zu kommunizieren. Sie kennen ihre Community und wissen, was ihre Follower begeistert.

3. Die INFLUENCER PERSONA: Setzen Sie auf Analysen

Blogger, YouTuber oder TikToker? Viele Nischen-Influencer oder ein Megastar? Die Auswahl der passenden Influencer entscheidet über den Erfolg des Konzeptes. Obwohl die Influencer-Kommunikation sich bereits etabliert hat, findet die Influencer-Auswahl teilweise noch sehr unstrukturiert statt. Bedenken Sie, dass jeder Influencer Stärken und Schwächen hat, unterschiedliche Branchen bedient. Deshalb ist es empfehlenswert, eigene Konzepte nicht anhand von Beispiel-Influencern zu planen, sondern stattdessen objektive Kriterien zu definieren, nach denen man die Influencer bewerten kann.

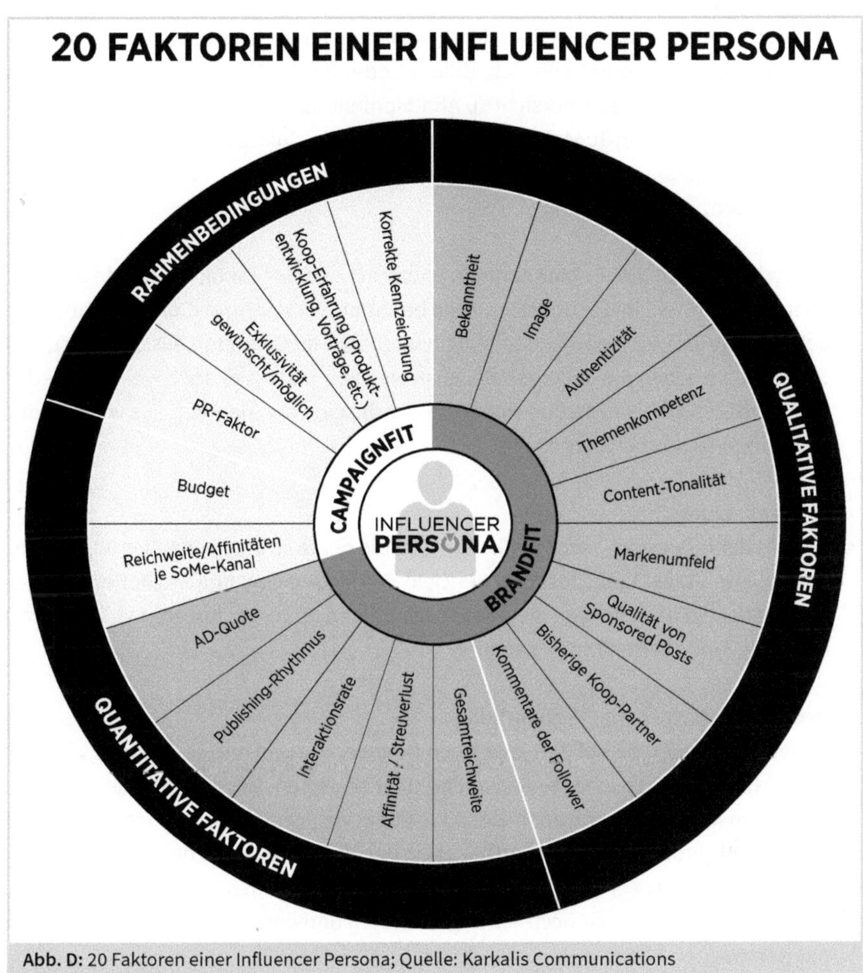

Abb. D: 20 Faktoren einer Influencer Persona; Quelle: Karkalis Communications

Bei der Vorauswahl hilft unser Online-Tool Influencer Persona. Unter www.influencer persona.de werden Sie mittels Fragen durch einen analytischen Prozess geführt. Sie vergeben Punkte für Kriterien wie Bekanntheit, Publishing Rhythmus oder Content Qualität. Mit dem Ergebnis können Sie objektiv den passenden Influencer recherchieren und laufen nicht Gefahr, nach persönlichem Gusto auszuwählen. Der Vorteil: Mittels Influencer Persona wird sichergestellt, dass die ausgewählten Influencer tatsächlich zur Zielsetzung passen. Die Verwendung des Tools ist kostenfrei. Ein Whitepaper kombiniert Details zur Anwendung und Praxis-Tipps zu jedem der 20 Faktoren.

Der Jahresplan
Führen Sie alle Maßnahmen übersichtlich anhand eines Zeitstrahls in einem Jahresplan zusammen. Es empfiehlt sich, Colour Codes für die Zielebenen zu verwenden. Nicht selten führt diese Übersicht zu Aha-Momenten: beispielsweise wenn man bemerkt, dass 25 von 30 Maßnahmen primär der Produkt-Ebene zuzuordnen sind, obwohl man geplant hatte, die Influencer-Kommunikation primär zum Image-Uplift einzusetzen.

Zusätzlich sollten Sie die Maßnahmen entsprechend der Taktik-Pyramide auf drei Ebenen anordnen. In der obersten Zeile befindet sich der Hero-Content, ganz unten das Grundrauschen. Dazwischen platzieren Sie die Maßnahmen aus dem mittleren Segment. So sehen Sie auf einen Blick, an welchen Stellen es noch weiteren Bedarf an Aktivitäten gibt und stellen sicher, dass sich keine Maßnahmen aus verschiedenen Abteilungen kannibalisieren.

Die Umsetzung
Auch in der Influencer-Kommunikation gilt: Die beste strategische Planung ist nur so gut wie ihre Umsetzung. Jetzt, da Sie Ziele, Taktik und eine Influencer Persona definiert haben, geht es darum, die passenden Influencer für Ihr Konzept zu begeistern. Folgende Tipps helfen Ihnen dabei:

Recherche, Ansprache, Verhandlung
Neben der Recherche auf den jeweiligen Netzwerken und mittels Hashtags können Sie auch durch klassische Medien auf Influencer stoßen. Das ist besonders dann sinnvoll, wenn Ihre Kampagne auch einen PR-Effekt erzielen soll. Influencer-Plattformen wie HypeAuditor oder InfluencerDB haben den Vorteil, dass sie neben einer großen Auswahl an Influencern auch Daten über deren Follower liefern. Hinzu kommen Agenturen, die den Influencer-Markt gut kennen und entsprechend Erfahrungswerte mit Kampagnen habe.

Sollten Sie Influencer direkt ansprechen, beispielsweise per E-Mail oder über Social-Media-Kanäle, ist es ratsam, sich vorher eingehend mit deren Content auseinanderzusetzen. Influencer mit professionellem Selbstverständnis sehen sich als Content Creator und nicht als Litfaßsäule. Sie wünschen sich Partner, die gut zu ihren Inhalten passen. Prüfen Sie daher, ob der Influencer für Ihre Maßnahme überhaupt infrage kommt oder gegebenenfalls in der Vergangenheit etwas publiziert hat, was nicht zu Ihren Markenwerten passt. Auch wenn die Zahl der Influencer weiter steigend ist, sind viele untereinander sehr gut vernetzt. Massen-Mails und unpersönliche Kontaktanfragen werfen kein gutes Licht auf Ihr Unternehmen. Wer stattdessen empathisch auf sein Gegenüber zugeht und an einer langfristigen Zusammenarbeit interessiert ist, wird positives Feedback erhalten.

Haben Sie passende Influencer gefunden, gilt es, die Vergütung zu klären. Hier spielen Faktoren wie Reichweite des Influencers und Zielgruppenaffinität, seine Leistungen sowie mögliche Verwertungsformen eine Rolle. Zur Vergleichbarkeit bietet es sich an, mit Tausender-Kontakt-Preisen zu arbeiten. Aber bedenken Sie: Follower sind nie gleichbedeutend mit Reichweite. Deshalb sollten Sie möglichst die tatsächlichen Statistiken des Influencers als Grundlage nehmen. Einen Einflussfaktor, den viele unterschätzen, sind Marke und Storytelling. Wer ein tolles Produkt und spannenden Content anzubieten hat, hat Vorteile in der Verhandlung. Deshalb sind Preise für Influencer-Kooperationen auch nicht pauschal zu beurteilen, sondern müssen immer im Kontext der Maßnahme betrachtet werden.

Briefing und Vertrag

Das Briefing eines Influencers sollte schriftlich und idealerweise zusätzlich persönlich oder telefonisch erfolgen. Es gilt, verschiedene Bereiche zu bedenken:

1. Ziel: Der Influencer sollte wissen, welches Ziel die Kampagne verfolgt und wie der Erfolg bemessen wird.
2. Produkt: Der Influencer sollte genügend Hintergrundinformationen zu dem Produkt erhalten, um guten Content zu produzieren. Aber Vorsicht: Die wenigsten Influencer haben die Zeit, sich durch Hunderte Seiten zu wühlen.
3. Timing: Ab wann darf über das Produkt gesprochen werden? Wann und in welcher Taktung sollen die Veröffentlichungen erfolgen?
4. Kanal: Es gilt, alle kanalspezifischen Dinge zu beachten: Hashtags, Verwendung von Funktionen (Details zu Markierungen, Definitionen von Swipe-ups, etc.) und Tracking-Links, die verwendet werden sollen. Außerdem wichtig: Welche Daten und Statistiken soll der Influencer nach Beendigung der Kampagne liefern?
5. Story: Die Geschichte, die der Inhalt erzählt, ist der sensibelste Bereich des Briefings, denn normalerweise entscheidet der Influencer, wie diese aufgebaut ist. Umso wichtiger ist es, hier keine starren Vorgaben zu machen, sondern kreative Freiheiten zu lassen.
6. Kernbotschaften, Darstellungen und Tonalitäten: Die Kernbotschaften sollten dem Influencer klar kommuniziert werden, beispielsweise: »Das sind unsere USPs, die bitte kommuniziert werden sollen …«. Bei Produktdarstellungen kann man mit Dos und Don'ts arbeiten, wie »das Produkt bitte nicht von hinten fotografieren« oder »die Marke sollte auf dem Bild gut sichtbar sein«. Wichtig: Beschränken Sie sich auf die wichtigsten Dinge. Tonalitäten zu briefen, ist schwieriger, weil der Stil der Darstellung die Kernkompetenz des Influencers ist. Praxis-Tipp: Wer den Influencer anhand seines bestehenden Contents brieft (diese Bilder/Videos haben uns besonders gut gefallen …), kann gezielt Einfluss nehmen.
7. Community: Ein gutes Briefing enthält klare Regeln zum Community-Management: Auf welche Fragen seiner Follower antwortet der Influencer direkt, und wann hält er Rücksprache mit dem Auftraggeber?

8. Werbliche Kennzeichnung: Werbung muss als solche gekennzeichnet werden. Das gilt auch für Influencer-Kooperationen. Was viele nicht wissen: Verstößt ein Influencer dagegen, können auch der Auftraggeber und die beteiligte Agentur unter Umständen haftbar gemacht werden. Deshalb sollten Auftraggeber sich immer über den aktuellen Stand der Rechtsprechung informieren und den Influencer sowohl im Briefing als auch im Vertrag hierzu auffordern.

Alle obigen Punkte sollten schriftlich im Vertrag selbst oder als dessen Appendix festgehalten werden. Außerdem sollte der Vertrag mindestens enthalten:

- Dauer der Kampagne;
- Angaben zu Leistungen des Influencers inklusive Honorar und Zahlungskonditionen;
- Richtlinien zu Freigabeprozessen;
- Mögliche zusätzliche Nutzungsrechte des Contents durch den Auftraggeber;
- Zeitrahmen, in dem der Influencer den Content online belässt beziehungsweise das Unternehmen diesen aktiv und/oder passiv nutzen kann;
- Mögliche Rechte zur Änderung des Contents durch den Auftraggeber zur Nutzung auf eigenen Kanälen;
- Regelung bei teuren Produkten: Was geschieht im Schadensfall beziehungsweise nach Abschluss der Kooperation?
- Regelung, falls Influencer Leistungen nicht wie vereinbart erbringt;
- Vertraulichkeitsvereinbarung;
- Klärung von steuerlichen Aspekten bei Produktversand, etc.;
- Mögliche Datenschutzvereinbarung (beispielsweise bei Gewinnspielen);
- Exklusivitätsvereinbarungen (komplette Exklusivität, Branchenexklusivität oder nur bezogen auf Hauptwettbewerber) und deren Dauer;
- Details zum Reporting durch den Influencer (Offenlegung von Insights und Statistiken).

Auswerten und Optimieren

Ein entscheidender Teil der Influencer-Kommunikation ist die Evaluation der durchgeführten Maßnahmen. Haben Sie Ihre Ziele und KPIs erreicht? Selbst innerhalb einer Branche und Kampagne können die erzielten Resultate von einzelnen Influencer-Kooperationen sehr unterschiedlich ausfallen. Bewerten Sie die Performance der einzelnen Influencer und lassen Sie die Erkenntnisse sowohl in die Influencer-Auswahl für künftige Kooperationen sowie in die Honorar-Verhandlungen mit einfließen.

5 Die digitale Strategie

Immer mehr Unternehmen und Institutionen sind heute auf den Plattformen in den digitalen Medien präsent und hoffen auf Käufer, Interessenten, Partner, Multiplikatoren oder Unterstützer. Sie versuchen, ihre Bekanntheit zu erhöhen, sich stärker zu vernetzen, sich gegenüber Partnern und Medien zu positionieren und ein aktives Agenda Setting zu betreiben. Schließlich bieten die digitalen Medien enorme Chancen, dem eigenen Anliegen im Austausch mit anderen eine Stimme zu geben. Das häufig erkennbare Kernproblem: Viele der Aktivitäten sind vor allem plattformgetrieben und zahlen nicht oder nicht ausreichend auf die wirkliche Unternehmensvision und die untergeordneten Unternehmensziele ein. Unter diesen Voraussetzungen verpufft jedes noch so gut gemeinte digitale Engagement wirkungslos. Kein Wunder, dass »Linking business strategy and communication« seit vielen Jahren auch im jährlichen European Communication Monitor[180] zu den zentralen Herausforderungen für das Kommunikationsmanagement zählt. Übersetzt liegt die besondere Herausforderung in der Beantwortung der zentralen Frage: Wie lassen sich Unternehmensstrategie und die Kommunikation miteinander verbinden?[181] Und dies gerade vor dem Hintergrund der Veränderungen in Zeiten des digitalen Wandels?

5.1 Eine Definition des Strategiebegriffs

Wie viele andere Begriffe aus dem Management kommt der Strategiebegriff aus dem militärischen Wortschatz: Die Strategie (griechisch *stratos* = Heer, *agein* = führen) ist die Wissenschaft der Heerführung zur Vorbereitung, Planung und Durchführung von Feldzügen. Im Unterschied dazu steht die Taktik (griechisch *taktike* = Kunst der Aufstellung eines Heeres) – also die späteren kommunikativen Maßnahmen – wiederum für die koordinierte Anwendung von militärischen Mitteln nach Raum, Kraft und Zeit zum Zweck des Gefechts. Während die Strategie die grundsätzliche Bewegungsrichtung vorgibt, also: »Was wollen wir erreichen«, beschreibt die Taktik folglich, wie Organisationen ein Ziel erreichen wollen und beantwortet damit die Frage »Wie wollen wir es erreichen«.

Strategie lässt sich als ein »längerfristig ausgerichtetes Anstreben eines Ziels unter Berücksichtigung der verfügbaren Mittel und Ressourcen«[182] bezeichnen. Auch wenn diese Definition recht allgemein gehalten ist, ergeben sich aus ihr bereits einige der zentralen Eckpunkte jeder Strategie: ein klar definiertes Ziel, das die Richtung festlegt und die

180 Siehe http://www.communicationmonitor.eu.
181 Wie Kommunikation mit der Unternehmensstrategie verknüpft wird, dazu siehe auch Zerfaß/Volk (2019), S. 1–11.
182 https://nachfolgewiki.de/index.php/Strategie.

Leitlinien vorgibt, die zur Verfügung gestellten Mittel sowie die dazu vorhandenen Ressourcen für Planung und Umsetzung.

Eine Strategie bildet damit stets die Basis, auf der die darauffolgenden Aktivitäten fußen sollen. Sie ist ein methodisch entwickeltes Planungspapier, das die Grundlagen fixiert, die prinzipielle Richtung vorgibt, den Rahmen festlegt beziehungsweise die Leitlinien definiert. Basierend auf einer sauberen Analyse soll sie Halt und Orientierung geben. Dazu zeigt sie auf, wo das Unternehmen im Moment steht und wo es ganz konkret und später messbar hin möchte. Sie verdeutlicht, welche Grundwerte vorliegen, auf denen die Strategie basiert. Sie beantwortet zentrale Fragen nach Zielen, Zielgruppen und Wettbewerbern, nach Wahrnehmung, Branchenerwartung und Trends. Parallel beschäftigt sie sich mit der Frage nach den verfügbaren beziehungsweise notwendigen Ressourcen an Zeit, Personal, Wissen und finanziellen Mitteln, die bei den weiteren Schritten zu einem Erfolgskriterium werden. In ihr wird außerdem unmissverständlich fixiert, welche unternehmerischen Inhalte und Botschaften künftig in welcher Sprache kommuniziert werden.

Da Strategien eher mittel- und langfristig angelegt sind, sind ebenfalls wichtige Meilensteine innerhalb des anvisierten Zeitraums festzulegen. Zudem müssen Erfolge und Misserfolge stets durch Evaluation messbar sein. Der zunehmende Druck aus dem Controlling bringt die Kommunikation zu einer systematischen Arbeitsweise: Sie muss exakt Auskunft darüber geben, ob und in welchem Maße sich die umgesetzten Maßnahmen gelohnt haben; dazu muss sie konkrete Leistungsversprechen abgeben und diese mit evaluierbaren Kennziffern und messbaren Zielsetzungen verbinden.

AUSFLUG

Der Begriff »langfristig« in digitalen Zeiten

Strategien werden traditionell mit dem Begriff »langfristig« verbunden, sind sie doch auf lange Sicht ausgerichtet. Der Begriff der »Langfristigkeit« ist jedoch in digitalen Zeiten immer schwieriger zu definieren. Konnten bislang noch Strategien auf mehrere Jahre angelegt werden, so hat sich dies im digitalen Zeitalter deutlich verändert. Strategen müssen sich bewusst sein, dass der Begriff »Langfristigkeit« heute eher mit einem Zeitraum von einem als von mehreren Jahren verbunden ist – gerade angesichts der vielfältigen Entwicklungen in der Kommunikations- und Medienlandschaft.

Man muss bedenken, was alles innerhalb des vergangenen Jahrzehntes in der Kommunikation geschehen ist: das Aufkommen des Social Web, die stärkere Dialogorientierung, das verstärkte Interesse an öffentlicher Selbstdarstellung, die veränderte Kommunikationskultur, der Rückzug ins Private. Außerdem wurde die strikte One Voice Policy allmählich untergraben, es wird verstärkt visuell kommuniziert, auf schnelllebigen Content gesetzt, und der Trend geht hin zum Pull-Ansatz und zu einer Many-to-Many-Kommunikation. Die klassischen Medien verlieren allmählich an Bedeutung, und die Ära von Journalisten als ein-

zige Gatekeeper neigt sich dem Ende zu. Diese und viele weitere Entwicklungen machen deutlich, wie stark die Kommunikationsbranche im Umbruch begriffen ist. Verändertes Nutzerverhalten und technologische Entwicklungen »pushen« sich gegenseitig zu einer fortlaufenden Veränderung. Zudem ist davon auszugehen, dass diese Entwicklung noch lange nicht am Ende ist, sondern sich in hoher Geschwindigkeit fortsetzen wird – Stichwort automatisierte Chatbots, Stichwort Virtual und Augmented Reality, um nur drei zu nennen.
Genau solchen Veränderungen muss sich eine digitale Kommunikationsstrategie stets anpassen. Auf der einen Seite geht es nicht darum, neuen Entwicklungen immer hinterherzurennen und sich anhand dieser komplett neu zu positionieren. Angesichts der Vergänglichkeit von Trends würde dies enorme Anstrengungen verlangen und viele Ressourcen verschlingen. Auf der anderen Seite muss die gewählte Strategie den Blick nach vorne richten, um zentrale Entwicklungen frühzeitig zu erfassen und sie zu integrieren. Schließlich bildet sie das Fundament, auf dem die gesamten Kommunikationsaktivitäten basieren. Solch ein hohes Maß an notwendiger Flexibilität belegt, dass Strategien weit weniger einmal fertig entwickelt und für die kommenden Jahre unveränderbar fixiert bleiben. Vielmehr bilden sie eher eine an den Unternehmens- und Kommunikationszielen ausgerichtete flexible Basis, die in regelmäßigen Abständen und zumindest einmal pro Jahr genau überprüft und den Gegebenheiten neu angepasst werden muss.

Eine Roadmap als Fundament

Eine Strategie dient also als ein Orientierungspunkt, eine Blaupause oder eine Art Roadmap, auf der die weiteren Aktivitäten basieren. Denn um es deutlich zu sagen: Ohne eine klare Strategie lassen sich keine Ziele erreichen. Erst wenn die Analyse durchgeführt ist, Ziele, Zielgruppen und Inhalte bestimmt sind und die Strategie festgelegt ist, können die wesentlichen Instrumente ausgewählt werden, die sich wiederum an der Strategie auszurichten haben. Auf diese Weise hilft sie, das Risiko von Fehlentscheidungen zu minimieren, Handlungsspielräume zu schaffen, Entscheidungen in den Gesamtplan einzupassen und feste kommunikative Orientierungspunkte zu liefern.

Wie verlässlich die Kommunikationsstrategie später ist, entscheidet sich an der Frage, ob sie die Komplexität des Umfeldes adäquat erfasst und die Folgen der Kommunikation für das Unternehmen richtig einschätzt. Stets müssen sich Unternehmen und Institutionen bewusst sein, dass sie mit ihrem eigenen Handeln das Handeln anderer – wie Mitarbeiter, Kunden, Partner, Medien, Multiplikatoren – stark beeinflussen. Umgekehrt wird das eigene Handeln wesentlich durch Gesetze, Akzeptanz, Konkurrenzprodukte, Medienberichterstattung und auch in immer stärkerem Maße internen Markenbotschaftern, externen Influencern und sonstigen Bewertungen, Verlinkungen, Einschätzungen, Kritik wie Lob im Social Web bestimmt. Dies bedeutet, dass eine noch so gute Strategie niemals alle Folgen der eigenen Kommunikationsaktivitäten im Vorfeld abzuschätzen vermag. Die

Strategie muss aber auf einem »so starken Fundament stehen, dass sie bei Störungen eine sichere Orientierungsbasis für das eigene Kommunikationsverhalten bietet. Und sie muss so flexibel sein, dass das Unternehmen schnell reagieren kann, ohne die eingeschlagene Richtung aus den Augen zu verlieren.«[183]

LESE-TIPP

Konzeptions- und Strategiebücher für Kommunikationsleute
In der Fachliteratur mit Fokus auf Public Relations und Unternehmenskommunikation finden sich mehrere methodische Ansätze, um eine Kommunikationsstrategie zu entwickeln. Unter anderen sind die folgenden Bücher zu empfehlen. Die digitale Kommunikation beziehungsweise digitale Kommunikationsstrategien im Speziellen werden jedoch von diesen Titeln nur am Rande beleuchtet.

- Hansen, Renée; Bernoully, Stephanie (2013): Konzeptionspraxis: Eine Einführung für PR- und Kommunikationsfachleute. Mit einleuchtenden Betrachtungen über den Gartenzwerg, 6. Auflage, Frankfurt.
- Mast, Claudia (2018): Unternehmenskommunikation. Ein Leitfaden, 7. Auflage, Stuttgart.
- Ruisinger, Dominik; Jorzik, Oliver (2013/2021): Public Relations. Leitfaden für ein modernes Kommunikationsmanagement, 2./3. Auflage, Stuttgart.
- Schmidbauer, Klaus; Jorzik, Oliver (2016): Wirksame Kommunikation mit Konzept. Ein Handbuch für Praxis und Studium, Potsdam.

5.2 Strategien in digitalen Zeiten

Welche Strategien benötigen Unternehmen und Institutionen im digitalen Zeitalter? Und was macht eine erfolgreiche digitale Kommunikationsstrategie aus? In den vergangenen Jahren ist das Bewusstsein gewachsen, dass es einer weiteren Systematisierung der eigenen Arbeit bedarf, um in digitalen Zeiten immer komplexere Prozesse zu steuern und am Ende entsprechend zu evaluieren. Experten müssen sich den Herausforderungen stellen, auf die veränderten Anforderungen adäquat reagieren, sich über Chancen wie Risiken, Vorteile sowie der Verantwortung bewusst sein und die dazu passenden Strategien entwickeln. Schließlich erfolgt die Kommunikation noch schneller und flexibler, die Ansprache der gewünschten Zielgruppen genauer und vielfältiger, sind die Kanäle und Formate interaktiver und dialogorientierter und werden die Erfolge wie die Misserfolge

183 Ruisinger/Jorzik (2013/2021), S. 56.

der eingesetzten Instrumentarien leichter messbar und sichtbar. Die Entwicklung dieser Leitlinien erfordert eine genaue Planung.

Insbesondere in Zeiten der Digitalisierung spielt solch eine sorgfältige Vorgehensweise bei der Entwicklung von Kommunikationsstrategien eine entscheidende Rolle: Organisationen müssen sich heute intensiv mit dem Thema ›Digitale Transformation‹ und ihrem individuellen Umgang auseinandersetzen und sich Gedanken über ihre weitere Entwicklung und ihre Kommunikationsstrategie machen. Sie müssen zentral klären, wie sie künftig vorgehen, wen sie damit warum ansprechen wollen, welche der vielfältigen Instrumente sie dafür nutzen und welche Kanäle sie konkret mit welchen Inhalten bespielen wollen. Hebt man diese Aufgaben auf die strategische Ebene, so ließen sie sich mit Zielgruppen im digitalen Raum, Markenpositionierung und Botschaften sowie Maßnahmenplanung definieren.

Das Alte mit dem Neuen verbinden

Wer sich intensiver mit den Besonderheiten einer digitalen Kommunikationsstrategie auseinandersetzt, der merkt schnell, wie stark sich hier Bestehendes und Bekanntes mit wirklich Neuem zusammenfügen. So geht es bei einer digitalen Kommunikationsstrategie nicht darum, alles wirklich neu erfinden zu müssen. Vielmehr muss viel Altes und Bestehendes überarbeitet und den digitalen Zeiten angepasst werden. Auch die strategische Vorgehensweise selbst ist in ihren Grundzügen eher klassisch und zieht ihre Basis aus der Erstellung einer herkömmlichen Kommunikationsstrategie. Sie stimmt die Kommunikation mit der Unternehmensstrategie ab, der sie zu dienen hat. Sie definiert und überwacht notwendige Strukturen, Kompetenzen und Maßnahmen, welche die Organisation im Analogen wie im Digitalen einsetzt – für ein optimales Miteinander.

Zusätzlich verfolgt die Strategie die Aufgabe, nicht nur das Analoge mit dem Digitalen eng zu verknüpfen, sondern insbesondere neue Sichtweisen, veränderte Zielgruppenverhalten und die neue Dialogbereitschaft zu berücksichtigen und in die Überlegungen zu integrieren. Dazu zählt, dass im Verlauf des Prozesses alle digitalen Elemente kontinuierlich auf den Prüfstand gestellt werden. Nur so können sie gegebenenfalls angepasst werden und auf die Businessziele einzahlen.[184] Jede digitale Kommunikationsstrategie basiert folglich auf dem »Alten« – also bisherigem Wissen, Erfahrungen und Disziplinen –, um dieses mit dem »Neuen« zu verbinden, wie Kerstin Hoffmann beschreibt: »Neue Medien erschließen und integrieren, aber mit dem Wissen und den Kernkompetenzen aus Public Relations, Werbung, Marketing, Vertrieb und so weiter: Das ist der einzig gangbare Weg für eine neue Kommunikationsstrategie in einer digitalen Welt.«[185]

184 Vgl. https://bit.ly/dks_absatzwirtschaft_digitalstrategie.
185 Hoffmann (2019), S. 111.

Den Unternehmenszielen untergeordnet

Auf eine ganz andere Gefahr weisen die beiden Professoren Thomas Pleil und Ansgar Zerfaß hin. Jede digitale Kommunikationsstrategie und strategische Online-Kommunikation dürfe für Unternehmen und Institutionen kein Selbstzweck sein. Sie solle vielmehr »einen Beitrag zur Erreichung übergeordneter ökonomischer, gesellschaftlicher oder politischer Ziele«[186] leisten, schreiben sie in ihrem *Handbuch Online-PR*. Daher ist es nicht nur zentral, klare und überprüfbare Ziele zu formulieren, die sich später in einer Erfolgskontrolle evaluieren lassen. Es ist gleichsam entscheidend, die digitale Kommunikationsstrategie an die Unternehmensstrategie, an die Unternehmenswerte anzudocken.[187]

Genau an dieser Stelle liegt eines der zentralen Kriterien, die für den späteren Erfolg entscheidend ist und auf das noch tiefer eingegangen wird: Digitale Kommunikation ist immer als ein Element der unternehmerischen Wertschöpfung zu verstehen. Jede digitale Kommunikationsstrategie muss folglich stets an den strategischen Zielen der Organisation und an der Business-Vision orientiert sein. Schließlich unterstützt sie die Verwirklichung der Unternehmens- und Kommunikationsziele. Dazu sollte sie so explizit formuliert sein, dass sie jederzeit, regelmäßig und von jedem überprüft werden kann. Voraussetzung ist – auch wenn dies etwas komisch klingen mag –, dass eine Unternehmensstrategie vorhanden ist. Viele Kommunikationsprozesse scheitern an ihrem Fehlen. Dabei muss sie die grundlegende Ausrichtung, die strategische Richtung, die konkreten Unternehmensziele vorgeben, die dann von einer Kommunikationsstrategie – ob digital oder nicht digital – zu unterstützen und zu begleiten ist.

Vom Digital Strategy Funnel zum Leitbild

Ein sehr hilfreiches Orientierungswerkzeug, das den Ablauf dieser Strategien gut in den Kontext stellt, ist solch ein Digital Strategy Funnel wie in Abbildung 12. Das Strategiemodell zeigt exemplarisch die richtige Vorgehensweise und die notwendigen Voraussetzungen auf, die später den Erfolg mitbestimmen: eine klar dargelegte Strategie mit formulierten Business-Zielen, von der die Kommunikationsziele abgeleitet werden, auf denen die Ziele einer digitalen Kommunikationsstrategie beruhen, die sich über Inhalte erfüllen und zur Überprüfung jederzeit evaluieren lassen. Während viele Unternehmen bereits bei den digitalen Kommunikationsmaßnahmen oder Social-Media-Plattformen anfangen, übersehen sie notwendige Voraussetzungen, die den Erfolg der Strategie später entscheidend mitbestimmen:

- Eine klar dargelegte Business-Vision,
- mit klar formulierten Business-Zielen,
- von der die Kommunikations- und Marketingziele abgeleitet werden,

186 Zerfaß/Pleil in: Zerfaß/Pleil (2016), S. 72.

187 Die digitale Kommunikationsstrategie soll nicht das Business verändern, sondern die Kommunikation formen. Sie kann aber dem Unternehmen oder der Institution wichtige Impulse liefern, um die Organisation und ihre Marken bei Bedarf so anzupassen, dass sie auch oder besser in der Kommunikation zur Geltung kommen.

- auf denen dann die digitalen Kommunikationsziele beruhen,
- die sich dann über bestimmte Inhalte und Maßnahmen erfüllen,
- und zur Überprüfung jederzeit evaluieren, korrigieren oder optimieren lassen.

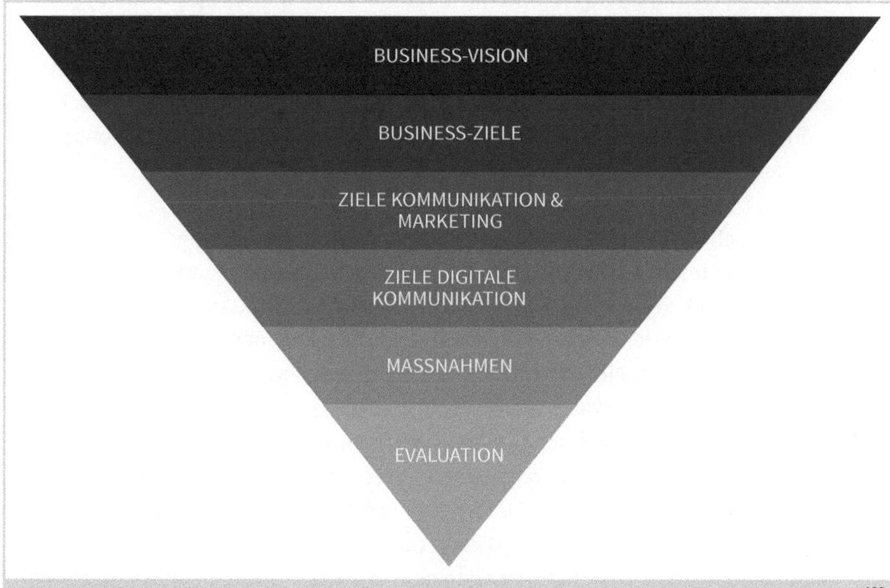

Abb. 12: Digital Strategy Funnel; Quelle: eigene Darstellung, orientiert am Social Media Strategy Funnel[188]

Vision + Mission + Strategie + Werte = Leitbild

In dieser Bestandsaufnahme – einer unternehmerischen Ist-Analyse – ist genau zu definieren, was das Unternehmen auszeichnet, was es bislang erreicht hat, welche Ziele, Zwischen- wie Endziele festgelegt sind, wie sie kurz-, mittel- und langfristig erreicht werden sollen, welche entscheidenden Zwischenschritte formuliert sind, welche Strukturen bereits vorliegen, welche personellen Ressourcen vorhanden sind oder noch notwendig werden und welche Inhalte zur Verfügung gestellt werden können.

Bei dieser Entwicklung oder Überprüfung der eigenen Unternehmensstrategie lohnt es sich, sich intensiv parallel mit dem eigenen Leitbild zu beschäftigen. Dazu helfen die vier Fragen:

- **Vision**: Wovon träumen wir?
- **Mission**: Was wollen wir dazu konkret beitragen?
- **Strategie**: Wie wollen wir dies denn erreichen?
- **Werte**: Welche Werte machen dabei unser Handeln aus?

188 https://bit.ly/dks_searchenginewatch_roi.

Ein solches ausgearbeitetes Leitbild hilft bei der Markenpositionierung. Und diese ist wiederum Ausgangspunkt aller geschäftspolitischen Entscheidungen und natürlich die Grundlage einer Kommunikationsstrategie – ob digital oder nicht. Zusammengefasst bedeutet dies: Bevor Organisationen also beginnen, eine digitale Kommunikationsstrategie zu entwickeln, sollten sie als ersten Schritt ihre Unternehmensstrategie einer genauen Analyse unterziehen. Dies bildet die Basis für die weitere Vorgehensweise. Ansonsten verpufft, wie bereits geschrieben, jede noch so gut gemeinte Kommunikationsstrategie wirkungslos. Auf dieser Basis lassen sich dann die nächsten Entwicklungsschritte hin zu einer Kommunikationsstrategie beziehungsweise einer digitalen Kommunikationsstrategie vornehmen.

Nach der Unternehmensstrategie kommt die Kommunikationsstrategie

Unternehmen und Institutionen müssen das Ziel verfolgen, eine digitale Kommunikationsstrategie nicht nur zu implementieren, sondern sie eng mit der Gesamtkommunikation zu einer wirklichen Einheit zu verbinden, damit sie die Erreichung der Unternehmensziele unterstützen kann. So fußt eine digitale Kommunikationsstrategie immer auf einer ganzheitlichen Kommunikationsstrategie – sofern diese konkret und ausgearbeitet vorhanden ist. Auch an dieser Stelle herrscht großer Nachholbedarf. Während einzelne Konzepte kurzfristig, aktions- und anlassgeprägt ausgerichtet sind, fehlt der Mehrheit der Organisationen eine ganzheitliche, an die Unternehmensstrategie anknüpfende mittel- und langfristige Kommunikationsstrategie. Dies hat zur Folge, dass Unternehmen und Institutionen der digitalen Kommunikationsstrategie eine weitere Strategiephase vorschalten sollten, während der sie sich intensiv mit ihrer ganzheitlichen Kommunikationsstrategie auseinandersetzen. Diese ist schließlich die Basis für jegliche digitalen Aktivitäten.

Zudem werden Kommunikationsstrategien in der digitalen Welt oftmals automatisch mit Social-Media-Aktivitäten gleichgestellt. Dann sind Zielformulierungen zu vernehmen wie:

- »Wir wollen im Social Web aktiv sein.«
- »Wir wollen die jungen Menschen erreichen.«
- »Wir wollen die richtigen Plattformen besetzen.«
- »Wir wollen uns auf Facebook, Instagram etc. präsentieren.«
- »Wir wollen hohe Interaktionsraten in den sozialen Medien erzielen.«

Doch sind das die richtigen Kernfragen?

Geschäftsführer und Verantwortliche fragen oftmals durchaus berechtigt: Was habe ich davon? Gewinne ich durch die Maßnahmen neue Kunden oder Partner? Lenke ich dadurch die Aufmerksamkeit stärker auf meine Produkte? Mache ich damit meine Mitarbeiter glücklicher? Hilft es mir dabei, eine größere Sichtbarkeit bei Medien, Multiplikatoren oder in Suchmaschinen zu erreichen? Aus Unternehmersicht müssten daher die richtigen, konkreten Zielaussagen lauten:

- »Wir wollen schneller im Netz gefunden werden.«
- »Wir wollen mit unseren Kernthemen identifiziert werden.«

- »Wir wollen bessere und qualitative Bewerbungen erhalten.«
- »Wir wollen besser als Marke gesehen und bewertet werden.«
- »Wir wollen unsere Reaktionszeiten gegenüber Kunden verbessern.«
- »Wir wollen neue Partner und Kunden finden.«
- »Wir wollen höhere Umsätze machen.«

Auf die Bedeutung der Strategie gerade für den späteren Return on Investment (ROI) geht die US-amerikanische Marketingberaterin Danna Vetter in einem Blog-Beitrag ein. Unter dem Titel »Without a Strategy, there is no ROI«[189] schlug sie eine Vorgehensweise vor, die sich an den klassischen journalistischen W-Fragen[190] orientiert:

- »Who: Identify the people you are trying to reach.
- What: Learn what are they saying and what is important to them.
- When: Determine how often are they engaging.
- Where: Discover the networks, communities, and technologies that facilitate conversations.
- Why: Define why we should engage, why customers will value our engagement.
- How: Develop a strategy that communicates how you will add value to the community.«

Organisationen benötigen also eine zielgruppengenaue Themen- und Content-Strategie, die die digitalen Medien wie auch weitere integrierte Instrumente als Kommunikatoren und Multiplikatoren einsetzt. Dies zeigt nochmals, dass sich Strategien viel weniger von Online-Tools und digitalen Instrumenten treiben lassen dürfen, sondern dass sie vielmehr tief in der Unternehmensstrategie, in der Vision, in den Zielen verankert sein müssen. Sie muss auf einer nachvollziehbaren Analyse gründen und mit starken Argumenten unterfüttert sein, damit das Unternehmen auch bereit ist, finanzielle und personelle Ressourcen zur Verfügung zu stellen.

Fazit: Ein Schritt-für-Schritt-Prozess

Kompakt zusammengefasst: Bevor Unternehmen und Institutionen damit beginnen, eine digitale Kommunikationsstrategie zu entwickeln, sollten sie als ersten Schritt ihre Unternehmens- und Kommunikationsstrategie einer sorgfältigen Analyse, also einem wirklichen stufenweise gestalteten Prozess unterziehen. Beide bilden die zentralen Grundlagen für jegliche weitere Vorgehensweise. Sind sie nicht vorhanden, so muss an ihnen gearbeitet werden. Ansonsten besteht die reelle und häufig beobachtete Gefahr, dass sich Organisationen in das Abenteuer einer digitalen Kommunikationsstrategie stürzen, die später nichts mit den wirklichen Unternehmensinhalten, der kommunikativen Ausrichtung und den strategischen Plänen zu tun hat.

189 https://bit.ly/dks_solis_roi.

190 Die sieben journalistischen Fragen sind die Basis für jede Nachricht. Sie heißen: Wer (Urheber)? Was (Inhalt)? Wo (Ort)? Wann (Zeitpunkt)? Wie (Ablauf)? Warum (Ursache)? Woher (Informationsquelle)?

LESE-TIPP

Fünf strategische Herausforderungen
Christian Krause ist seit 2012 Pressesprecher bei der Generali Versicherung in München. In einem lesenswerten Beitrag[191] in seinem persönlichen Blog nannte er fünf Strategie-Arten, mit denen sich eine Unternehmenskommunikation in Zeiten der Digitalisierung auseinandersetzen müsse. Unternehmen und Institutionen bräuchten:

- Content-Strategien, mit hochwertigem Content und digital erzählten Geschichten mit Stakeholder-Mehrwert;
- neue Distributionsstrategien durch cross-mediale Vernetzung von klassischen und digitalen Medienarten, von Online- und Print-Medien, um sämtliche Zielgruppen in dem jeweils relevanten Medienkanal optimal zu bedienen. Schließlich werde auch im Zeitalter der Digitalisierung kein neues Informations- und Kommunikationsinstrument ein bereits etabliertes vollständig ersetzen;
- neue Reputationsmanagement-Strategien, ist die Reputation eines Unternehmens in Zeiten des Social Webs deutlich leichter angreifbar. Solchen Gefahren müssten Unternehmen mit Issue Management sowie mit festgelegten Monitoring- und Kommunikationsprozessen entgegenwirken, um relevante Themen und mögliche Bedrohungen frühzeitig zu erkennen und per Stakeholder Management Vertrauen bei relevanten Zielgruppen aufzubauen;
- moderne Wissensmanagement-Strategien mit speziellen Schulungskonzepten für Mitarbeiter als Informationsarbeiter, Wissensvermittler und Experten;
- Kooperationsstrategien[192] für eine engere Zusammenarbeit der Abteilungen untereinander – von der Content-Produktion bis hin zum Reputations- und Wissensmanagement.

Strategieentwicklung mit dem Triple-Diamond-Modell

Von den Professoren Thomas Pleil und Pia Sue Helferich

Das Triple-Diamond-Modell bietet einen Rahmen, um Kommunikationsstrategien und -maßnahmen systematisch zu entwickeln. Der Begriff »Rahmen« meint: einen flexiblen Fundus an Arbeitsschritten und Werkzeugen, um für die jeweilige kommunikative Herausforderung einen passenden Weg zu finden. Im Gegensatz

191 Vgl. https://bit.ly/dks_kstrategie_unternehmenskommunikation.

192 Die notwendige engere Zusammenarbeit der Bereiche untereinander wurde bereits in Kapitel 4 als Erfolgsfaktor definiert, um die Chancen der Digitalisierung durch gebündelte Kompetenz besser nutzen zu können.

zu anderen Modellen wird gemäß der agilen Denkweise jeder Arbeitsschritt getestet, sodass noch vor Festlegung strategischer Grundentscheidungen sowie vor der Umsetzung konkreter Maßnahmen Rückmeldungen vorhanden sind. Weitere Besonderheiten: Das Modell kann in Form eines Design Sprints in einer Arbeitswoche zu Ergebnissen kommen – und es können interne und externe Stakeholder in den Entwicklungsprozess eingebunden werden.

In den vergangenen Jahrzehnten wurden zahlreiche Modelle entwickelt, die Organisationen helfen sollen, ihre Kommunikation sinnvoll auszurichten, damit diese möglichst gut die jeweiligen mittel- und langfristigen Ziele ihres Auftraggebers unterstützen. Diese Modelle sind auch heute noch hilfreich. Die meisten orientieren sich am klassischen Managementprozess und sind damit an eine betriebswirtschaftliche Denkweise anschlussfähig: Sie sehen grob einen Kreislauf aus Analyse, Strategieentwicklung, Planung der Taktik und Evaluation vor. Diese Schritte werden von vielen Kommunikationsstrategen angewandt. Sowohl wissenschaftliche Autoren als auch Dienstleister in der Praxis haben auf Basis dieser sich wiederholenden Schritte ihr individuelles, fein gegliedertes Vorgehen entwickelt. Teilweise wurden diese Schritte in detailliertere Phasenmodelle integriert.

Modelle für analoge und digitale Zeiten

Ein großer Teil dieser Modelle stammt aus Zeiten, die durch analoge Kommunikation bestimmt waren. Mit einem zunehmenden Angebot an digitalen Kommunikationskanälen entstanden auch Modelle zur Entwicklung digitaler Kommunikationsstrategien. Das wohl bekannteste dazu ist das POST-Modell der Berater und Autoren Charlene Li und Josh Bernoff. Ihr POST-Modell basiert auf der Erkenntnis, dass sich Stakeholder dank digitaler Kommunikation untereinander vernetzen, Informationen und Erfahrungen teilen und damit Unternehmen einen Teil ihrer Hoheit über die Kommunikation verloren haben. Dieses Phänomen bezeichneten sie als »Groundswell«[193].

Anders ausgedrückt: Öffentliche Kommunikation unterliegt heute raschen Veränderungen. Dies betrifft Medientypen, Formate und Plattformen ebenso wie Abläufe und damit letztlich auch Meinungsbildungsprozesse und Verhaltensweisen. Zum Beispiel passen Stakeholder ihre Mediennutzung immer rascher an neue Möglichkeiten und Mechanismen an, sind von Adressaten zu Beteiligten in der Kommunikation geworden. Ein wichtiger Treiber solcher Veränderungen ist die Digitalisierung. Aber auch

193 Ausführlich vorgestellt wird das POST-Modell in diesem Band in Kapitel 5.4.

gesellschaftliche Entwicklungen wie die Suche nach politischen Lösungen für die Zukunft – allen voran in Feldern wie Nachhaltigkeit und soziale Gerechtigkeit – tragen zu einer Welt bei, die oft als VUCA-Welt bezeichnet wird. Dabei steht das englische Akronym »VUCA« für eine Situation, die unbeständig, unsicher, komplex und mehrdeutig ist.

Strategieentwicklung: Unsicherheit und laufende Veränderungen einbeziehen
Zugleich muss man sich bewusst machen, dass die in der Fachdiskussion der letzten Jahre oft stattgefundene Trennung zwischen analoger und digitaler Kommunikation zwar hilfreich sein mag, um unterschiedliche Phänomene zu betrachten, für die Entwicklung von Kommunikationsstrategien jedoch kontraproduktiv ist. Notwendig ist stattdessen ein umfassendes Verständnis analoger und digitaler Kommunikation und vor allem ihrer Wechselwirkungen. De facto kommen Stakeholder-Gruppen auf verschiedene Weise in Berührung mit einem Thema. Man spricht hierbei von Touch Points, die über analoge (z. B. Gespräche, Veranstaltungen, Zeitungsartikel) oder über digitale (z. B. Suchmaschinen, Online-Rezensionen, Social Media) Kommunikation entstehen. Wenn Stakeholder zu einem Thema kommunizieren, werden Aussagen aus der analogen Welt in die digitale getragen und umgekehrt.

Mit dem im Folgenden vorgestellten Modell des »Triple Diamond« – also des dreifachen Diamanten – stellen wir einen Rahmen zur Entwicklung integrierter Kommunikationsstrategien vor. Damit gemeint ist eine integrative Betrachtung aller Kommunikationskanäle ebenso wie der gemeinsamen Betrachtung der Disziplinen wie PR und Marktkommunikation, deren Grenzen durch die Digitalisierung zunehmend verschwimmen. Zugleich kann das Triple-Diamond-Modell in abgekürzter Fassung auch für die Konzeption von Maßnahmen genutzt werden.

Triple-Diamond-Modell: Durch Design Thinking inspiriert
Wie kommt das Modell zu seinem Namen »Triple Diamond«? Er ist angelehnt an den im Design Thinking verbreiteten Ansatz »Double Diamond«. Dieser wurde vom britischen Design Council[194] entwickelt und sieht den Gestaltungsprozess in vier Schritten vor, die jeweils paarweise entwickelt werden:

a. Zunächst wird die Strategie definiert, und zwar indem die aktuelle Situation betrachtet wird und dann strategische Ansätze definiert werden.
b. Im zweiten Feld geht es darum, Lösungsansätze zu entwickeln, zu testen und den bestmöglichen Ansatz umzusetzen.

194 https://bit.ly/dks_designcouncil_doublediamond.

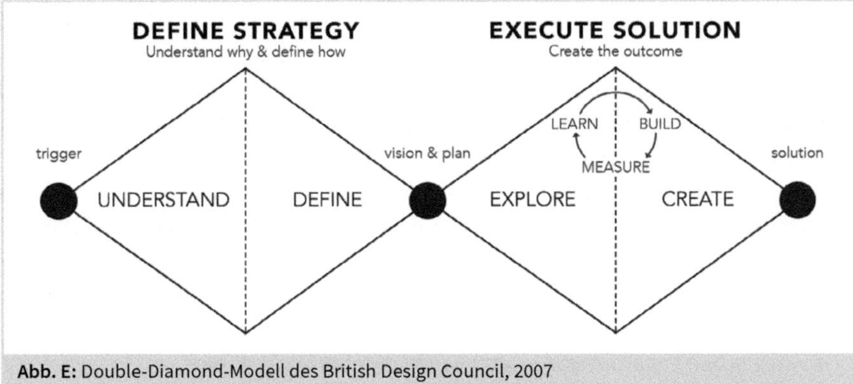

Abb. E: Double-Diamond-Modell des British Design Council, 2007

Das Bild des Diamanten stammt daher, dass im Prozess immer wieder konkrete Punkte – im Sinne einer Verdichtung – eine entscheidende Rolle spielen: Zunächst gibt es einen klaren Auslöser, um den Prozess in Gang zu setzen, dann geht es in die Breite der Analyse und der Ideengewinnung. Am Ende des Schrittes folgt jedoch eine Fokussierung auf eine konkrete Problemstellung. Von diesem Punkt aus geht die Entwicklung von Lösungsideen wiederum in die Breite – es wird also offen und kreativ nach Ansätzen gesucht –, um durch Nutzertests schließlich zur Entscheidung für eine Lösung zu kommen, also wiederum zu fokussieren.

Diese aus dem Design stammende Idee wurde in zahlreiche Ansätze des Design Thinking integriert und auch für andere Aufgaben wie die Entwicklung von Innovationen angepasst. Allen diesen Varianten liegt ein iteratives Vorgehen zugrunde, das schrittweise die bestmögliche Lösung für eine bestimmte Stakeholder-Gruppe zu entwickeln sucht. Die Brille dieser Stakeholder-Gruppe ist dabei ein zentrales Element – sei es durch Ansätze des sich Hineindenkens in die Gruppe (z. B. durch Empathy Mapping) oder/und durch Befragungen, Gruppendiskussionen oder Nutzertests.

Ausrichtung an den Interessen der Stakeholder

Überträgt man die Denkweise auf die Kommunikation, so hat das Vorgehen einige Vorteile gegenüber klassischen Kommunikationskonzepten: Vor allem die systematische Ausrichtung an den Interessen der Stakeholder und deren Rückmeldungen während des gesamten Prozesses sind ein deutlicher Unterschied. Oft genug wurde Kommunikation in der Vergangenheit absenderorientiert gedacht. Gefragt wurde vor allem, welche Botschaften ein Unternehmen absenden möchte und was zu tun ist, damit die Zielgruppen diese wahrnehmen – unabhängig davon, was die eigentlichen Bedürfnisse der Adressierten waren.

Wir haben uns gefragt, inwiefern das Vorgehen auf die Entwicklung von Kommunikationsstrategien übertragbar ist. Dabei sind wir dazu gekommen, statt der im Design

Thinking üblichen zwei Diamanten gleich drei Diamanten heranzuziehen. Damit ist es möglich, den ersten Diamanten zur Analyse zu bestimmen, während im zweiten die Strategie entwickelt wird und sich der dritte mit der Taktik, also der konkreten Maßnahmenplanung, beschäftigt[195]. Ausgangspunkte sind also die klassischen Schritte des Kommunikationsmanagements – mit dem Unterschied, dass die Ergebnisse jedes Konzeptionsschrittes jeweils getestet werden und es nicht erst rückblickend nach Monaten und hohen Investitionen evaluiert wird, ob eine Kommunikationsstrategie funktioniert hat. Im Triple-Diamond-Modell erfolgt nach jedem der drei Schritte Analyse, Strategieentwicklung, Maßnahmenplanung ein Test, der wiederum zu einer Zuspitzung führt, also einer Priorisierung: erst von Handlungsbedarfen, dann von strategischen Ansätzen und zuletzt von konkreten Maßnahmen.

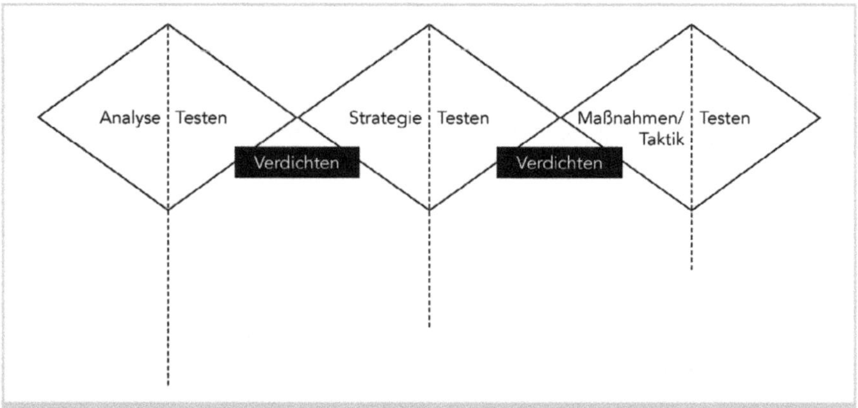

Abb. F: Grundprinzip des Triple-Diamond-Modells der Kommunikationsplanung

Eine wichtige Idee im Sinne des agilen Arbeitens besteht darin, je nach Bedarf das Modell immer wieder zu durchlaufen. Dabei werden – wenn das Grundkonzept einmal steht – die erarbeiteten Ergebnisse als Grundlage genommen und im Wesentlichen übergeprüft, inwiefern Veränderungen zu integrieren sind. Das bedeutet, dass nicht für jedes Konzept der komplette Prozess neu durchlaufen werden muss, sondern dass Ergebnisse aus dem Grundkonzept soweit sinnvoll einbezogen werden und durch Iterationen des Konzeptionsprozesses eine immer bessere Informationslage entsteht.

Der erste Diamant: Analyse auf fünf Ebenen

Die Analyse hat einen konkreten Ausgangspunkt, beispielsweise dass ein Unternehmen bisher kaum strategisch, sondern eher ad hoc kommuniziert hat und nun ein Grundkonzept entstehen soll. Ein anderer Auslöser wäre eine Problemstellung

195 Diese Struktur ist anschlussfähig an das Modell von Leipziger (2004), der von drei Denksystemen spricht: analytischer Ordnung, strategischer Entscheidung und operativer Umsetzung.

im Unternehmen, zu deren Lösung Kommunikation beitragen kann. Ein Beispiel ist ein Maschinenbauunternehmen, mit Sitz auf dem Land fernab einer Metropole, das Schwierigkeiten hat, junge Beschäftigte zu gewinnen. Eine mögliche Lösung kann eine Recruiting-Strategie sein. Dieses Beispiel wird uns über die nächsten Ausführungen begleiten.

In Projekten zum Wissenstransfer für kleine und mittlere Unternehmen haben wir festgestellt, dass diese oft gleich über Instrumente nachdenken. In anderen Fällen erleben wir, dass schon viel Wissen vorhanden ist und zum Beispiel im Rahmen einer Website-Konzeption genaue Beschreibungen der Zielgruppen erfolgt sind und die Markenbotschaften feingeschliffen wurden. Auf solche Bausteine kann gut aufgebaut werden. Deshalb sieht unser Modell vor, vorhandene und für die Strategieentwicklung nützliche und aktuelle Elemente weiterzuverwenden.

Zurück zur Analyse: Wie funktionieren die einzelnen Schritte? Zuerst haben wir das Analysemodell in fünf Ebenen integriert, das Thomas Pleil vor einigen Jahren entwickelt hat und das seitdem in zahlreichen Projekten eingesetzt wurde. Demnach erfolgt die Analyse trichterförmig, also vom Allgemeinen zum Speziellen. Betrachtet werden die folgenden Ebenen:

1. Gesellschaft: Auf dieser Ebene werden Werte, Trends und Lebensstile betrachtet, aber auch Entwicklungen in der Mediennutzung und der Medieninfrastruktur. Dabei stellt der Ausgangspunkt einen Filter dar, damit die Informationssammlung nicht zu breit wird. In Fall unseres Unternehmens wäre es auf dieser Ebene interessant zu wissen, welchen Wert Arbeit und Karriere haben, welche Rolle der Arbeitsort spielt, wie groß die Bereitschaft zum Umzug ist und welche Medien von Berufseinsteigern genutzt werden. Eine typische Methode, um Informationen auf der Ebene Gesellschaft zu gewinnen, ist Desk Research, also beispielsweise die Auswertung relevanter Studien wie Sinus-Milieus oder Trendanalysen[196] oder die Beauftragung eigener Studien.

2. Stakeholder: Welche Kommunikationspartner sind relevant für die Aufgabe? In unserem Beispiel kann es sich um die zu adressierenden Zielgruppen wie Absolventen von Maschinenbau-Studiengängen handeln, aber auch um Multiplikatoren in Hochschulen oder Verbänden. Ebenso ist herauszufinden, welche Erwartungen die Stakeholder haben, wie sie kommunizieren und sich informieren. Hilfreich ist zudem eine Analyse der Kommunikation von Wettbewerbern und von Best-Practice-Beispielen. Typische Tools sind Stakeholder-Maps, Personas, User-Journeys, Stakeholder- beziehungsweise Kundenbefragungen. Da das Beispielunternehmen für seinen

196 Ausführliche Erläuterungen zu den hier und im Folgenden vorgestellten Methoden finden sich bei Zerfaß/Volk (2019).

Website-Relaunch kürzlich erst Personas entwickelt hat, werden jene beiden, die potenzielle Bewerber repräsentieren, weiterverwendet – und aufgrund der vorigen Analyseschritte um eine weitere Persona ergänzt.

3. Organisation: Hier ist herauszuarbeiten, was die Besonderheiten des Unternehmens sind: Was sind seine konkreten Ziele? Im Englischen wird in diesem Zusammenhang oft vom »reason to be« oder vom »purpose« gesprochen. Wichtig ist auch die vorgesehene strategische Ausrichtung. Durch die Klärung dieser Fragen soll sichergestellt werden, dass die Kommunikation einen wirklichen Beitrag zur Umsetzung der Unternehmensstrategie leistet. Unser Maschinenbauunternehmen hat sich zum Ziel gesetzt, die gesamte Produktion zu digitalisieren und auf eine nachhaltige Arbeitsweise umzustellen – wichtige Botschaften, um die passenden Bewerber zu erreichen.

4. Akteure: Hier stellt sich die Frage, welche internen Akteure für die jeweilige Aufgabenstellung von Bedeutung sind und welche Erwartungen und Einstellungen diese bezogen auf die Kommunikation haben. In unserem Fall handelt es sich um die Personalabteilung und mögliche Ausbilder. Verstanden werden sollte, welches Verständnis beim C-Level anzutreffen ist. Diese Vorgehensweise wirkt motivierend auf alle Beschäftigten. Außerdem empfiehlt es sich, in dieser Phase die Qualifikation derjenigen zu betrachten, die die späteren Kommunikationsideen umsetzen sollen. Hilfreiche Tools sind Workflow-Analysen, interne Stakeholder-Maps oder Kompetenzprofile.

5. Technik: Zuletzt wird auf technische Fragen, Restriktionen, unternehmensinterne Regeln für den Umgang mit Social-Media-Plattformen geblickt. Um zum Beispiel zurückzukommen: Möglicherweise entsteht für die Recruiting-Strategie schon frühzeitig die Idee, innerhalb der Corporate Website eine mehrsprachige Landing Page zu schaffen. In diesem Fall wäre relevant, ob die Mehrsprachigkeit im CMS möglich ist, oder ob zusätzliche Aufwände vorgesehen werden sollten.

Wichtig dabei: Entstehen während der Analyse bereits Ideen für Strategie oder Maßnahmen, werden diese festgehalten, beispielsweise auf einem Flipchart. Sind die Informationen entsprechend zusammengetragen, werden diese strukturiert und priorisiert. Dabei sind Experten aus den verschiedenen Unternehmensbereichen und gegebenenfalls Externe als Sparringspartner einzubeziehen. Dieser Schritt findet in gemeinsamen Workshops statt und dient zur Überprüfung der Analyseergebnisse sowie zur Fokussierung auf die wichtigsten Herausforderungen.

Der zweite Diamant: Die Strategieentwicklung

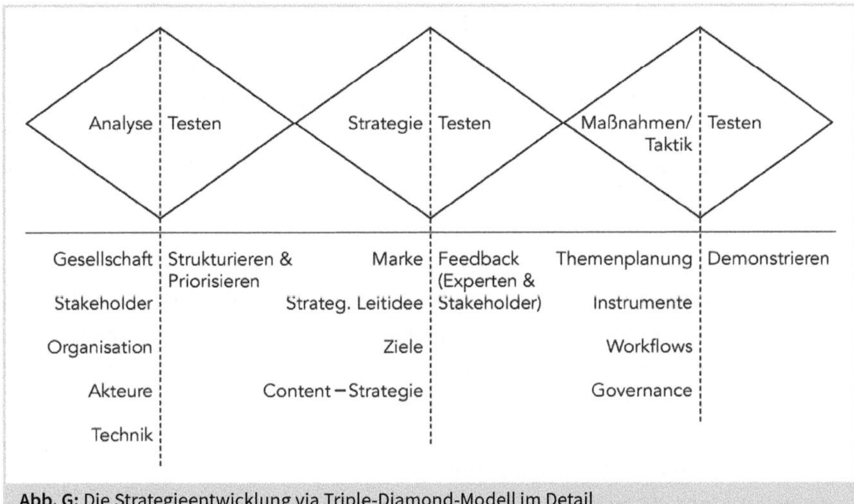

Abb. G: Die Strategieentwicklung via Triple-Diamond-Modell im Detail

Wir verstehen unter Strategie einen gedanklichen Handlungsrahmen, der sicherstellt, dass durch die Kommunikation Organisationsziele besser erreicht werden. Ausgangspunkt ist die wichtigste Herausforderung, die sich aus der Analyse ergeben hat. Daraufhin werden die strategische Leitidee und überprüfbare Ziele festgelegt. So könnte die strategische Leitidee darin bestehen, junge Beschäftigte als Markenbotschafter einzusetzen und durch persönliche Statements ihre Aufgaben und die Kultur des Unternehmens zu beschreiben. Anschließend werden die Grundzüge der Content-Strategie entwickelt. Hilfreiche Tools sind das Zielhaus der Kommunikation, die Positionierungsmatrix oder das Markensteuerrad. Auch die Ergebnisse dieser Arbeitsschritte werden unmittelbar auf den Prüfstand gestellt. Hier geht es in erster Linie um Reaktionen der zu adressierenden Stakeholder, also in unserem Fall potenzielle junge Beschäftigte. Die entwickelten Ideen lassen sich in Fokusgruppen oder Einzelinterviews diskutieren.

Auch wenn die Strategieentwicklung hier kürzer behandelt wird, ist sie ein wesentliches Element im gesamten Prozess – jedoch wird dabei auf bekannte Vorgehensweisen aufgesetzt. Auch nach der Erarbeitung der strategischen Fragen und der Überprüfung ihrer Ergebnisse durch Tests erfolgt wieder eine Fokussierung. Durch das Feedback der Stakeholder wird beispielsweise klar, welche von mehreren strategischen Leitideen die größte Zustimmung bekommt.

Der dritte Diamant: Von Taktik und Maßnahmen

Erst im dritten Arbeitsschritt fallen Entscheidungen zu Kommunikationskanälen, es werden Formate für die inhaltliche Ausgestaltung entwickelt, ebenso Redaktionspläne und SEO-Strategien. Auch Entscheidungen zu Governance und Workflows sind zu treffen. Bei unserem Beispiel wären mögliche Formate zum Beispiel kurze Video-Interviews für Business-Netzwerke mit Beschäftigten. Für Instagram könnten zum Beispiel Storys entwickelt werden, die den Tagesablauf von Beschäftigten zeigen oder Beiträge, die Fakten zur Entwicklung der Branche und des Unternehmens zeigen.

Bevor jedoch neue Kommunikationskanäle eingerichtet und bespielt werden, sollte mithilfe von Prototypen untersucht werden, ob die einzelnen Maßnahmen bei den Stakeholdern ankommen. Hilfreich sind dabei Papier-Prototypen, beispielsweise von einer Landing-Page für eine Recruiting-Aktion, manuell gebaute Beispiel-Posts für soziale Netzwerke oder auch Klick-Dummies.

Der Triple Diamond als Design Sprint

Soweit die inhaltliche Vorgehensweise im Rahmen des Triple-Diamond-Konzepts. Damit es jedoch gelingt, innerhalb weniger Tage konkrete Lösungen entstehen zu lassen, wird das Modell in Form eines sogenannten Design Sprints angewandt. Das von Jake Knapp bei Google Ventures entwickelte Konzept der Design Sprints verspricht, in fünf Tagen neue Ideen beziehungsweise Produkte zu entwickeln und zu testen. Mit diesem Ansatz wurden bereits viele Produkte wie GMail, aber auch Geschäftsideen von Hunderten Start-ups entwickelt. Neben der kurzen Phase eines solchen Sprints sind zwei Faktoren typisch: Es wird ein heterogenes Team zusammengestellt, um unterschiedliche Erfahrungen und Sichtweisen einzubeziehen und punktuell wichtige Entscheider an Bord zu haben. Der Ansatz des Testens ist das zweite Element.

Wie lässt sich das Triple-Diamond-Konzept als Design Sprint organisieren? Damit der Prozess erfolgreich ablaufen kann, sind eine detaillierte Vorbereitung und eine erfahrene Moderation notwendig.[197] In der Sprint-Woche steht am ersten Tag die Analyse im Vordergrund. Für diesen und den nächsten Tag wird ein Team zusammengestellt, das nicht nur aus Kommunikationsexperten besteht, sondern in das auch andere Stakeholder aus dem Unternehmen einbezogen sind. Dazu gehören Personen, die Erfahrungen mit den wichtigsten Stakeholdern haben, aber auch Entscheider für Strategie, Finanzen sowie idealerweise Experten für Technik und Design. Insgesamt hat sich ein Team aus etwa sieben Personen bewährt.

197 Für die Moderation eines solchen Prozesses gibt es einige Literatur; wir empfehlen vor allem »Sprint« von Jake Knapp (Redline Verlag), vgl. Knapp (2016), und das »Design Thinking Playbook« von Michael Lewrick et al. (Vahlen).

In allen Phasen spielen zwei Aspekte eine wichtige Rolle:

1. Die Zeit ist knapp; deshalb spielt ihre Begrenzung für jeden Arbeitsschritt eine wichtige Rolle (Time Boxing).
2. Klare Methodenentscheidungen[198] durch die Moderation vermeiden ermüdende Diskussionen und Gruppendynamiken und sorgen für den Einbezug möglichst aller Ideen und schneller Priorisierungen.

Info-Kasten: 5 Tage Design Sprint im Überblick
Montag: Analyse
• Definition des Idealzustandes • Analyse auf fünf Ebenen • Expertentest zu Analyseergebnissen • Fokussierung auf zentrale Aufgaben
Dienstag: Strategie
• Lösungen für die fokussierte(n) Aufgabe(n)
Mittwoch: Strategie testen
• Fortsetzen und Aufbereiten der strategischen Ideen • Testen mit Experten und Vertretern der Stakeholder • Fokussierung auf zentrale Ideen
Donnerstag: Taktik/Maßnahmen
• Festlegung der Instrumente • Rohkonzepte und Formatideen • Prototypen
Freitag: Nutzertests
• Demonstrieren und Testen der Prototypen • Iteration • Fokussierung: Fahrplan für die nächsten Schritte

Der Ablauf am ersten Tag:

Um den richtigen Rahmen zu spannen, erarbeitet das Team in kurzer Zeit eine Beschreibung des Idealzustandes. Anschließend geht es um die fünf Analyseebenen. In der Denkweise des Design Sprints werden nun vom Team Informationen gesammelt.

198 Ergänzender Tipp: Die sogenannten Liberating Structures bieten ein Set an Methoden, um möglichst inklusiv und zügig zu Ergebnissen zu kommen, vgl. http://www.liberatingstructures.com.

Nach unserer Erfahrung ist dieser Prozess aufwendig, gerade wenn wenige Grundlagen vorhanden sind. Für den Fall empfehlen wir zwei Varianten:

a. Variante 1: Das Team wird in zwei Gruppen geteilt, die gleichzeitig an zwei Ebenen arbeiten. Auszunehmen ist die Ebene der Stakeholder, mit denen sich alle am Prozess Beteiligte beschäftigen sollten.
b. Variante 2: Grundlegende Recherchen sind bereits vor dem Workshop erfolgt und relevante Studien sind verfügbar. Entsprechend lassen sich Ebene für Ebene die Ergebnisse darstellen und vom Team um weitere Perspektiven ergänzen. Diese Variante ist sinnvoll, wenn für das Unternehmen noch nie oder schon lange keine Analyse mehr durchgeführt wurde.

Sind die Informationen zu allen fünf Analyse-Ebenen zusammengetragen, werden die wichtigsten Ergebnisse strukturiert. Anschließend gehen die Teilnehmenden des Workshops ins Unternehmen und stellen jeweils ein bis zwei Kollegen die Ergebnisse vor. Die am Prozess nicht Beteiligten haben die Aufgabe, die Plausibilität der Ergebnisse zu hinterfragen, auf Lücken und ergänzendes Wissen zu verweisen. Nach diesem Test ergänzt das Team den Inhalt um die neuen Erkenntnisse. Abschließend werden die notwendigen Schritte für die Strategieentwicklung priorisiert. Mithilfe der Moderation lässt sich festlegen, welche Aufgabenpakete am kommenden Tag umgesetzt werden sollen. Beispielsweise könnte sich zeigen, dass zunächst ein Markenbildungsworkshop sinnvoll ist.

Der Ablauf am zweiten Tag:
An diesem Tag arbeitet im Idealfall das Team des Vortages weiter. Anschließend werden die für die Strategieentwicklung notwendigen Arbeitsschritte umgesetzt und Lösungen für die priorisierten Aufgaben erarbeitet. Auch hier eignen sich partizipative Methoden, klare zeitliche Vorgaben und methodisch gut abgesicherte Entscheidungsprozesse. Zwei weitere Empfehlungen:

a. Es sollte daran gedacht werden, den ggf. in der Analysephase entstandenen Ideenspeicher präsent zu halten.
b. Je nach Konstellation ist es möglich, dass sich die Entwicklung strategischer Ideen und deren Umsetzung (Taktik) nicht sinnvoll trennen lassen. Dies sollte durch die Moderation nicht unterbunden werden, sofern dies im Rahmen der zeitlichen Vorgaben abläuft.

Der Ablauf am dritten Tag:
Am dritten Tag geht es darum, die wichtigsten strategischen Ergebnisse zu testen. Dazu gehören die Positionierung, die Kernbotschaften und vor allem die strategischen Leitideen. Für diesen Test kann eine Fokusgruppe herangezogen werden. Vertreten sein sollten externe Experten als Sparringspartner sowie Vertreter der durch die geplanten Maßnahmen anzusprechenden Stakeholder. Neben der Überprüfung der vorgelegten Ansätze können weiterführende Ideen abgefragt werden. Um nicht langwierig Audio-

oder Videoaufnahmen transkribieren zu müssen, sind Prozessbeobachter hilfreich, die wichtige Aspekte aus der Diskussion auf Moderationskarten festhalten. Anschließend sortiert das Konzeptionsteam die Rückmeldungen aus der Diskussion und nutzt diese, um die getesteten Ideen zu verfeinern, ggf. zu revidieren und neue Ideen zu integrieren. Abschließend wird geklärt, ob eine Fokussierung auf wenige Ideen sinnvoll ist.

Der Ablauf am vierten Tag:
Ausgangspunkt sind die fokussierten und getesteten Ideen. Jetzt wird die konkrete Vorgehensweise beziehungsweise die Taktik erarbeitet. Je nach Teamgröße kann in Kleingruppen parallel an unterschiedlichen Aufgaben gearbeitet werden. Um möglichst konkrete Ergebnisse zu erhalten, werden Wireframes beziehungsweise Prototypen[199] erstellt. Dabei kann es sich um Beispielbeiträge in unterschiedlichen Formatvarianten handeln, um Entwürfe von Landing Pages und Flyern oder den Redaktionsplan für einen Beispielmonat.

Der Ablauf am fünften Tag:
Der abschließende Tag dient dem Test der prototypisch entwickelten Lösungen. In Form von Einzelinterviews werden diese den Vertretern der Stakeholder vorgelegt und zudem mit Experten diskutiert. In der zweiten Hälfte des Tages werden die Rückmeldungen so genutzt, dass die getesteten Wireframes beziehungsweise Prototypen weiter ausgearbeitet werden. Dies geht wieder einher mit einer Verdichtung und der finalen Entscheidung bei alternativen Varianten. Abschließend sollten Materialien vorliegen, die sich als Grundlage für die konkrete Umsetzung nutzen lassen.

Eine abschließende Einordnung
Im ersten Moment erscheint das Modell der Strategieentwicklung mit dem Triple-Diamond-Modell komplex. Es erscheint uns auch weniger geeignet für Einsteiger. Es entfaltet vor allem dann seine Stärke, wenn es von Moderatoren eingesetzt wird, die es regelmäßig nutzen und so immer erfahrener werden. Wird es innerhalb eines Unternehmens immer wieder eingesetzt, kommt seine Modularität zum Tragen: Der hier vollständig beschriebene Prozess kann für neue Einzelaufgaben immer reduziert werden, sodass nur die wirklich notwendigen Arbeitsschritte durchgeführt werden.

5.3 Erst die Strategie, dann die Instrumente

Im vorherigen Kapitel wurde darauf eingegangen, warum Unternehmen sich vor der Entwicklung einer digitalen Kommunikationsstrategie zuerst mit ihrer eigenen Unternehmens- und Kommunikationsstrategie beschäftigen sollten. Diese oft fehlende strategische

199 In diesem Stadium genügt meist Paper-Prototyping.

Vorgehensweise ist auch im engen Zusammenhang mit einem weiteren Problem zu sehen, auf das in diesem Unterkapitel eingegangen wird: die Kanalfokussierung.

Angesichts der vielfältigen Plattformen und Instrumente sowie beständig neuer Trends und Publikationsmöglichkeiten besteht nämlich die Gefahr, dass sich Unternehmen und Institutionen sofort auf diese Kanäle und Instrumente fokussieren, sich dort ausprobieren, sich aber dort wiederum schnell verlieren – und zwar beim Blick für das Ganze, die eigene Ausrichtung oder die eigene Mission. Dabei ist die Klarheit über die eigene Identität und die gemeinsamen Ziele für den späteren Erfolg entscheidend. So sollte immer gelten: Erst muss die Strategie festgelegt sein, dann können die Plattformen und Instrumente ausgewählt werden. Schließlich sollte sich die Strategieentwicklung möglichst unabhängig von den Möglichkeiten und Grenzen einzelner Technologien, Anwendungen oder Plattformen vollziehen lassen.

Die erwähnte graduelle Vorgehensweise, die im Verlauf der konkreten Strategieentwicklung ab Kapitel 6 noch detailliert beschrieben wird, ist eine der Grundvoraussetzungen, dass eine digitale Kommunikationsstrategie später zu dem Erfolg führen kann, den sich Organisationen von ihrem Engagement und ihren Anstrengungen finanzieller, personeller, zeitlicher und unternehmensinterner Art versprechen. Dagegen bringt es wenig, sich von vornherein auf einzelne Plattformen zu fokussieren und dort Maßnahmen zu initiieren. Dies betrifft ebenfalls anvisierte Social-Media-Aktivitäten. Auch sie müssen stets als Bestandteil einer integrierten digitalen Strategie verstanden werden – und natürlich als Bestandteil der gesamten Kommunikationsstrategie, die sich wiederum nach der Unternehmensstrategie richtet.

Dominierendes Kanaldenken

Vielfach ist heute zu beobachten, dass Organisationen bei ihren Zielvorgaben nicht an der Unternehmensstrategie ansetzen, sondern sich sofort mit den digitalen Instrumenten beschäftigen. In einer immer stärker digitalisierten Welt haben Unternehmen und Institutionen Webseiten auf- und ausgebaut, individuelle Aktions-Microsites entwickelt, Kundenzeitschriften digitalisiert und publiziert, Adressen für E-Mail-Newsletter gesammelt, Apps entwickelt und getestet. Gerade das Social-Web-Zeitalter und Social-Media-Applikationen haben einen weiteren kräftigen Schub geleistet und bei den Organisationen die Lust an neuen Tools ausgelöst. Plötzlich waren viele auf den vielfältigen Plattformen präsent. Da wurden und werden schnell Facebook-Seiten, Twitter-, Instagram- und TikTok-Accounts, YouTube- und Snapchat-Kanäle lanciert und auf Millionen User als Kunden und Multiplikatoren gehofft. Sofort musste eine App her, wurde ein Corporate Blog aufgesetzt, ein YouTube-Kanal gestartet, eine WhatsApp-Nummer für den Kundendienst eingerichtet oder eine aktuelle angesagte Community besetzt.

Doch solch ein Instrumente- und Tool-Denken stellt eines der Kernprobleme digitaler Kommunikation dar. Wo sind diese Aktivitäten in die Gesamtkommunikation integriert?

In die Unternehmensstrategie, in Geschäftsprozesse und in die definierte Zielsetzung? Gerade in vielen klein- und mittelständischen Unternehmen mit begrenzten finanziellen wie vor allem personellen Ressourcen ist das vom Handlungsdruck getriebene und eher kurzfristige Denken weit verbreitet. Oftmals wirkt es wie Aktionismus und nicht wie strategische Weitsicht, verkümmern die digitalen Präsenzen in der praktischen Umsetzung als Insellösungen.

Eine Ursache für derartige Insellösungen beziehungsweise solch ein Inseldenken liegt in den festgefahrenen Organisationsstrukturen von Marketing- oder Kommunikationsabteilungen. Nur wenn Unternehmen und Institutionen ihre Abteilungen und digitalen Kommunikationsmaßnahmen eng miteinander verzahnen, können sie das Potenzial einer solchen Strategie wirklich abrufen und ausschöpfen. Nachhaltige Konzepte und langfristige Strategien sind damit unabdingbar, um sich eine erfolgreiche Präsenz im digitalen Zeitalter zu verschaffen.

Achtung Denkfehler!
Auch der Münchener Content-Stratege Mirko Lange sieht in der Kanaldenke den größten Fehler, den Unternehmen mit Social Media und generell in den digitalen Medien machen können. Es sei jedoch das Problem, dass sich diese Denke über Jahre eingebürgert habe, schrieb er in einem Beitrag: »Die erste Frage, die sich alle stellen, ist: ›Wie erreiche ich meine Zielgruppe?‹ Und da denken sie sofort an ›Kanäle‹. Aber das ist ein Denkfehler! Und zwar ein folgenreicher. Denn er schafft viele Probleme!«[200] Als Folge setzen Unternehmen und Institutionen auf Maßnahmen, die wenig mit dem Unternehmen zu tun haben und damit auch nicht auf die unternehmerischen Ziele einzahlen. Dies führt wiederum dazu, dass später auf den unterschiedlichen Ebenen unterschiedliche Sprachen gesprochen, divergierende Themen gesetzt und nicht zielführende Dialoge geführt werden.

Stattdessen müssen – wie bereits ausführlich ausgeführt – alle Aspekte der digitalen Präsenz definiert und in ein integriertes Kommunikationskonzept aufgenommen werden. Für erfolgreiche Kommunikation – ob in der klassischen oder insbesondere im Internet und im Social Web – gilt, so betonen auch die beiden Kommunikationsexperten Thomas Pleil und Ansgar Zerfaß: »Erst kommt die Strategie, in der die eigene Situation analysiert und Ziele und Wertschöpfungsbeiträge formuliert werden müssen. (...) Die Frage nach konkreten Anwendungen rückt damit zunächst in den Hintergrund. Wichtiger ist es, die Strukturen der strategischen Kommunikation in Internet und Social Web zu verstehen.«[201] Erst solch eine systematisch abgestimmte Strategie ist die Voraussetzung, dass das Engagement einer Organisation im digitalen Zeitalter nicht als Schnellschuss verkommt, sondern zu einer langfristigen und nachhaltigen Erfolgsgeschichte führt.

200 https://scompler.com/tag/kanal/.
201 Zerfaß/Pleil (2016), S. 10.

VIDEO-TIPP

Was heißt Strategie?
Wer für sich noch nicht vollständig verinnerlicht hat, warum er seine Unternehmensdenkweise der Kanaldenke voranstellen sollte, dem sei das vierminütige Video mit dem Digital-Business-Vordenker Brian Solis zu empfehlen. Er macht in seinem Statement deutlich, dass Unternehmen keine Twitter- oder ähnliche Kanalstrategie benötigen oder damit Erfolg haben könnten. Unternehmen und Institutionen müssen daraus vielmehr einen Business Case entwickeln, der folgende Funktionen hat:

- deutlich zu machen, welche Unternehmensziele solch ein digitales Instrumentarium unterstützen könnte;
- jedes Kommunikationsinstrument an ein Unternehmensziel zu koppeln; Unternehmenschefs beim Einplanen digitaler Etats und personeller Ressourcen zum Umdenken zu bringen.

Hier geht es zum Video: https://bit.ly/dks_big_briansolis

5.4 Vorlage: Das Modell der POST-Strategie

Als Vorgriff auf die folgenden Strategie-Kapitel wird in diesem Unterkapitel die POST-Strategie als etabliertes und bis heute hilfreiches Framework zur Erstellung einer digitalen Kommunikationsstrategie vorgestellt. Eine genaue Bestimmung der Zielgruppen (People), die exakte Definition der Ziele (Objectives), eine an die Business-Vorgaben angepasste Strategie (Strategy), bis hin zur technologischen Umsetzung (Technology) – dieser Ablauf wird als POST-Methode bezeichnet. Doch um sich damit auseinanderzusetzen, ist es sinnvoll, sich zuerst mit dem Phänomen Groundswell zu beschäftigen.

5.4.1 Das Phänomen Groundswell

Das Buch *Groundswell* gehört zu den Klassikern für den Einstieg in Strategie und digitale Medien. Veröffentlicht im Jahre 2008 – die erweiterte Version erschien 2011 – von Charlene Li, Gründerin der Altimeter Group, und Josh Bernoff, damals bei Forrester Research, zählte es zu den ersten Büchern, die sich gezielt mit den Veränderungen durch Social Technologies auseinandersetzten. Es versuchte Unternehmen und Institutionen aufzuzeigen, wie sie die digitale Chance für sich nutzen können.

Mit dem Begriff »Groundswell« bezeichneten die beiden Autoren ein Phänomen, das sich vor allem durch das Social Web entwickelt hatte: »[the] social trend in which people use technologies to get the things they need from each other, rather than from traditional institutions like corporations«[202]. Um dies zu verstehen, genügt ein kurzer Blick zurück: In den Vorzeiten des Internets waren Unternehmen noch alleiniger Herr der Kommunikation (vgl. Kapitel 2). Sie bestimmten mit ihren push-dominierten Kommunikationsaktivitäten detailliert, welche Inhalte ihre Zielgruppen erhielten. Mit dem Internet und spätestens mit dem Social Web hat sich dies grundlegend verändert. Thematisch verbunden, beeinflussen sich die Nutzer gegenseitig, weil sie sich vertrauen. Gerade die Kombination aus neuer Technologie, Vernetzungswunsch der Menschen sowie einer immer stärkeren Digital-Wirtschaft hat eine neue Ära geschaffen. Dieses extrem schnell wachsende Phänomen bezeichnen Li und Bernoff als »Groundswell«.

Doch allein Technologie macht diesen Wandel nicht aus. Im Gegenteil: In ihrem Buch warnen sie Unternehmen und Institutionen davor, sich nur auf die Technologie allein zu fokussieren. So mächtig und kräftig sie auch sei, »the technology is just an enabler. It's the technology in the hands of almost-always-connected people that makes it so powerful«[203]. Laut Li und Bernoff benötigt also die Technologie erst die sozialen, vertrauensvollen Beziehungen zwischen den Stakeholdern einer Organisation, um ihre wirkliche Macht ausüben zu können.

Doch selbst wenn sich die frühere Art von Kommunikation gravierend verändert hat und Kunden teils als Prosumer selbst aktiv werden, um Informationen zu erhalten und Dialoge zu initiieren, haben viele, gerade hierarchisch aufgebaute Organisationen ihre Gewohnheiten nicht grundlegend verändert, selbst wenn die Reaktionswege und -zeiten und die Einflussfaktoren andere sind. Insbesondere lange Entscheidungswege werden durch den Groundswell-Trend untergraben. Außerdem lassen sich Nutzer nicht mehr kontrollieren. Auch sind sie nicht mehr darauf angewiesen, dass ihnen Unternehmen und Institutionen Informationen zukommen lassen. Stattdessen vernetzen sie sich mit anderen, profitieren von deren Wissen und ihren Ratschlägen und tun selbst ihre Meinungen zu Organisationen, Produkten, Personen oder Services über die verschiedenen Quellen und Plattformen offen kund.

Li und Bernoff verzichteten in ihrem »Groundswell« ausdrücklich auf einen technologischen Ansatz, da sich Technologien viel zu schnell verändern würden. Stattdessen schlagen sie Unternehmen und Institutionen einen strategischen, vierstufigen Planungsprozess vor, um den Groundswell-Trend für sich nutzen zu können. Ihr strategischer Ansatz, das POST-Framework, wird im folgenden Abschnitt vorgestellt.

202 Li/Bernoff (2011), S. 9.
203 Li/Bernoff (2011), S. 11.

LESE-TIPP

Groundswell

Das Buch *Groundswell* zählt bis heute zu den besten Leitfäden und ist Pflichtlektüre für Kommunikations- und Marketingfachleute, die sich mit den Themen Strategie und Veränderungen durch die digitalen Technologien beschäftigen. Die Autoren zeigen darin auf, wie Unternehmen und Institutionen Technologien erfolgreich für sich einsetzen können, um den Wert der Social Technologies für das eigene Business zu nutzen. Das Buch erleichtert das Verständnis, wie die neue Macht der Konsumenten und deren stärkere Einbindung für eine Zukunftsstrategie einer Organisation von großem Wert sein können.

Li, Charlene; Bernoff, Josh (2011): Groundswell. Winning in a world transformed by social technologies, expanded and revised edition, Boston.

5.4.2 People. Objectives. Strategy. Technology: POST

Die vierstufige POST-Methode[204] – People, Objectives, Strategy, Technology – gilt bis heute als ein gut verständlicher, einfach umsetzbarer und äußerst hilfreicher Leitfaden bei der Entwicklung einer digitalen Kommunikationsstrategie. Das Framework macht klar deutlich, wie wichtig es sei, gerade zu Anfang nicht die Instrumente in den Fokus zu stellen, sondern dass nur die Strategie selbst zum Erfolg führen könne, die wiederum bei einer Zielgruppen- und Zielbestimmung zu beginnen habe.

P wie People: Die Zielgruppen im soziotechnografischen Profil

In ihrem POST-Framework schlagen Li und Bernoff vor, sich zunächst den Zielgruppen – den »People« – zuzuwenden, die das Unternehmen oder die Institution erreichen will. Viele Strategien scheitern daran, dass Zielgruppen nicht korrekt bestimmt oder falsch eingeschätzt werden. Stattdessen bildet deren detaillierte Analyse die Basis für die spätere Wahl der geeigneten Plattformen. Damit wird die genaue Kenntnis der eigenen Zielgruppen zu einem der entscheidenden Erfolgsfaktoren bei der Strategieentwicklung. Unternehmen müssen sich konkret fragen, wen sie vor allem erreichen wollen – eigene Mitarbeiter, bestehende Kunden, potenzielle Interessenten oder wichtige Multiplikatoren? Dazu sollten sie klären, ob ihre Kunden bereits im Netz aktiv sind, auf welchen Kanälen sie sich bewegen und worüber sie sprechen. Ein besonderes Augenmerk gilt dem Thema, ob und wenn ja, wie intensiv die Zielgruppen die technologischen Medien nutzen.

Für Li und Bernoff geht es darum, die Nutzer nach einem soziotechnografischen Profil anhand ihres technologischen Involvements zu klassifizieren und entlang ihres Engagements für sie

204 Vgl. Die Autoren Michelis/Schildhauer (2015) widmen in ihrem Buch dem POST-Framework ein ausführliches Kapitel ab S. 234 ff.; auch Aßmann/Röbbeln (2013) gehen ab S. 122 ff. intensiv auf diesen Strategieansatz ein.

sogenannte Social Technographics Profiles zu erstellen: »At the core of the Social Technographics Profile is a way to group people based on the groundswell activities in which they participate.«[205] Über die Profile lassen sich konkrete Aussagen über das Nutzerverhalten insbesondere in den sozialen Medien machen. Als Basis für diese Social Technographics Profiles diente übrigens eine US-Untersuchung aus dem Jahre 2006. Damals hatte Forrester rund 9.000 Personen befragt, um mehr über deren Verhalten und die Technologienutzung im Internet generell zu erfahren. Auf Basis der Ergebnisse entwickelte Forrester sechs Stufen der Partizipation (s. Abb. 13), nach denen wiederum die Social Technographics Profiles aufgebaut wurden.

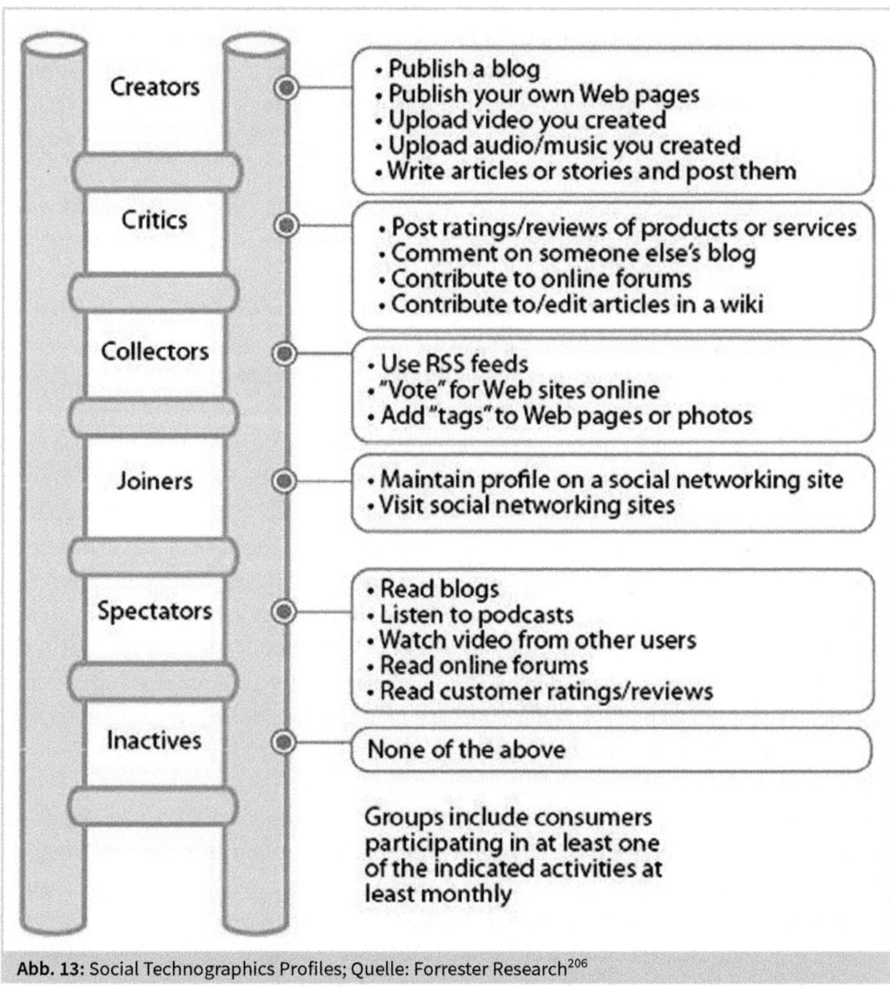

Abb. 13: Social Technographics Profiles; Quelle: Forrester Research[206]

205 Li/Bernoff (2011), S. 41.

206 In der verlinkten Präsentation werden die Vorgehensweise und die Einsatzmöglichkeiten der Leiter genauer erklärt; https://bit.ly/dks_forrester_socialtechnographics.

Wie die Abbildung verdeutlicht, gibt es grundsätzlich sechs unterschiedliche Nutzertypen. Folglich lassen sich die Zielgruppen nach ihrem jeweiligen Aktivitätsgrad den jeweiligen Social Technographics Profiles zuteilen. Die Sprossen der Leiter bezeichnen jeweils eines von sechs soziografischen Profilen, wobei sich der technologische Aktivitätsgrad und damit das Involvement der Nutzer pro Sprosse nach oben stufenweise erhöhen. Während ganz unten die inaktiven Internetnutzer stehen, thronen am oberen Ende die aktivsten Nutzer, die Content-Schöpfer, die als Kreative bezeichnet werden. Durch die visuelle Anordnung der Gruppen auf dieser Leiter spricht man von einer »Zielgruppen-Leiter«. Kurz zu den sechs Profilen im Einzelnen:

- Inaktives: Diese Nutzer besitzen zwar einen Internetzugang, sind aber sonst im Internet und in den sozialen Medien – gerade auch im Vergleich zu den anderen Gruppen – nicht aktiv.
- Spectators: Sie zeichnen sich durch eine passive Nutzung der sozialen Medien aus. Diese Nutzer lesen Blogs, Foren, Kundenbewertungen, verfolgen Twitter-Nachrichten, hören Podcasts oder schauen Videos. Sie sind reine Konsumenten und keine Produzenten oder Prosumer.
- Joiners: Diese Nutzer haben Profile in den sozialen Netzwerken wie Facebook oder YouTube. Und sie nutzen ihre Profile auch, in dem sie sich an Gesprächen mit anderen innerhalb der Netzwerke beteiligen.
- Collectors: Diese Nutzer sind Informationssammler. Sie abonnieren Feeds und Newsletter, sie sammeln Inhalte und bewerten diese. Sie sind damit gerade Influencern gegenüber sehr offen, deren Informationen und Meinungen sie auf- und wahrnehmen und in ihren privaten Kanälen verschlagworten.
- Critics: Diese Nutzer sind sehr aktiv – partizipativ wie reaktiv –, auch wenn sie sich meist kritisch äußern. Sie publizieren Rezensionen, schreiben Kommentare, äußern sich in Meinungsportalen, bewerten Produkte, reagieren auf Inhalte und mischen sich in Diskussionen ein. Damit sind sie eine wichtige Zielgruppe, da sie den Erfolg oder den Misserfolg von Produkten und Angeboten stark beeinflussen können.
- Creators: Diese Nutzer sind eine weitere relevante Zielgruppe, die sich aktiv an der Gestaltung digitaler Kommunikation beteiligen. Sie bloggen, laden Videos hoch, veröffentlichen Podcasts, testen neue Tools und haben häufig die Rolle eines Influencers inne. Meist haben sie um sich herum eine einflussreiche Community aufgebaut, die ihnen – den Creators – treu folgt.

Die Vorgehensweise über die soziotechnografischen Profile hilft besonders dann, wenn die digitale Affinität der eigenen Zielgruppen genauer überprüft werden soll. Schließlich ist die Kenntnis der individuellen Nutzeraktivitäten eine wesentliche Voraussetzung für den späteren Erfolg eigener Maßnahmen. Es lässt sich einschätzen, wie aktiv die betreffenden Zielgruppen im Netz sind, welche und in welcher Intensität sie Social-Media-Plattformen und Fach-Communitys nutzen und vor allem auch, wie sie sich dort verhalten: als eher passive Beobachter oder kreative Kommentatoren, als scharfe Kritiker oder wohlwollende Begleiter? Durch die Beobachtungen können Unternehmen feststellen, in welcher Tonalität über die Branche gesprochen wird, wie die eigenen Produkte und Services gesehen werden und wo die Marke im Vergleich zu den Mitbewerbern steht.

O wie Objectives: Groundswell-Ziele im Blick

Nachdem mit der vorherigen Analyse die Zielgruppen benannt und nach ihren digitalen Aktivitäten geclustert wurden, werden im zweiten Schritt des POST-Frameworks die eigentlichen Ziele des Unternehmens definiert – die »Objectives«. Wie in jedem Kommunikationskonzept müssen die eigenen Ziele stets Ausgangs- und Mittelpunkt aller Aktivitäten sein. Nur wer sie eindeutig fixiert, in Kern- und Nebenziele priorisiert und auf die jeweiligen Zielgruppen bezieht, kann später die adäquaten Plattformen auswählen. So ist sorgfältig festzulegen, was mit dem Social-Media-Engagement konkret erreicht werden soll. Ziele können vielfältiger Natur sein. Dabei gilt: »Die Art und Weise, wie Sie mit den Zielgruppen interagieren, kann sich je nach Zielgruppe und Plattform unterscheiden.«[207]

Im Mittelpunkt des zweiten Schritts steht die Frage, welche Art von Beziehung das Unternehmen mit seinen zentralen Zielgruppen erreichen will beziehungsweise welche Rolle sie im Zusammenspiel mit dem Unternehmen einnehmen. Sollen sie die Rolle des passiven Zuhörers und Content-Wahrnehmers einnehmen? Oder sollen sie sich aktiv beteiligen und beispielsweise in die Prozesse als Multiplikator einbezogen werden? Li und Bernoff unterscheiden fünf grundsätzliche Zielsetzungen, die für den Aufbau von langfristigen Kundenbeziehungen relevant sind. Diese fünf definierten Bausteine – Zuhören, Mitteilen, Motivieren, Unterstützen, Einbeziehen, also listening, talking, energizing, supporting, embracing[208] – reichen vom passiven Zuhören bis zum aktiven Beteiligen (s. Abb. 14).

Business-Bereich im Unternehmen	Verfolgte Zielsetzung	Besonderheiten durch Groundswell
Forschung	Zuhören	Kontinuierliches Monitoring der Gespräche der Stakeholder untereinander statt einmaliger Befragungen; Nutzung von sozialen Technologien, um Kunden besser zu verstehen und Insights für das Marketing und die Produktentwicklung zu erhalten.
Marketing	Mitteilen	Teilnahme an und Initiierung von Gesprächen mit Kunden und anderen Stakeholdern statt reiner Informationsvermittlung; Erweiterung der Online-Kommunikation um soziale Technologien und interaktive Komponenten, um in einen kontinuierlichen Dialog zu treten.
Verkauf/Vertrieb	Anregen	Identifikation und Motivation begeisterter Kunden und Markenfans selbst als Multiplikatoren und Verkäufer von Produkten aufzutreten; Einsatz dieser Fans, um mit deren Hilfe virale Kommunikationseffekte anzuregen.

207 Aßmann/Röbbeln (2013), S. 123.
208 Li/Bernoff (2011), S. 69.

Business-Bereich im Unternehmen	Verfolgte Zielsetzung	Besonderheiten durch Groundswell
Support	Unterstützen	Einsatz sozialer Technologien, um die Kollaboration und die Unterstützung der Kunden untereinander zu fördern; mit Relevanz besonders für Unternehmen mit hohen Supportkosten und wirklichen Markenfans.
Entwicklung	Beteiligen, Einbeziehen	Integration von Kunden in die zentralen, internen Unternehmensprozesse; Einbeziehung der Ideen von Kunden, Mitarbeitern und weiteren Stakeholdern zur Verbesserung und (Neu-) Gestaltung von Produkten und Services.

Abb. 14: 5 Zielsetzungen nach Groundswell; Quelle: eigene Darstellung nach Li/Bernoff, S. 69 sowie Michelis/Schildhauer, S. 243

Die fünf Stufen lassen sich von oben nach unten hierarchisch verstehen: Unternehmen sollten zunächst ihrer Zielgruppe zuhören, um zu verstehen, welche Gespräche geführt werden, wie dort gesprochen wird, welche Themen in den Gesprächen relevant sind, ob und in welcher Form auch über die eigene Marke diskutiert wird. Auf diese Weise können sie sich ein Bild vom Verhalten ihrer Zielgruppen in den digitalen Medien machen. Dies lässt sich bereits über ein installiertes Monitoring ermöglichen. Im nächsten Schritt sollten Unternehmen transparent damit beginnen, sich langsam in die Gespräche einzumischen, sich mitzuteilen, auf Fragen und Anregungen zu reagieren und auf dem Weg in einen offenen und ehrlichen Dialog mit den bestehenden oder potenziellen Zielgruppen zu treten.

Über die erfolgten Gespräche sollte es im dritten Schritt gelingen, besonders begeisterte Kunden zu identifizieren. Vielleicht lassen sich wirkliche Markenfans davon überzeugen, die Botschaften selbst in ihre eigenen Netzwerke weiterzutragen. In dem darauffolgenden Schritt sollte das Unternehmen versuchen, es den Kunden zu erleichtern, sich gegenseitig zu unterstützen. Dies wird heute beispielsweise in Communitys (s. Kapitel 4.3.5) oft umgesetzt, wo Nutzer Fragen anderer Nutzer beantworten – und nicht mehr das Unternehmen. Gerade bei vielen technologischen Fragen lässt sich in Foren und Communitys sogar beobachten, dass sich die Nutzer (fast) besser mit den Produkten beziehungsweise mit der Behebung von Problemen auskennen als die Mitarbeiter des Unternehmens selbst. Auf diese Weise kann das Unternehmen deutlich entlastet werden – insbesondere personell. Zudem genießen Nutzer – siehe Groundswell – oft eine größere Glaubwürdigkeit und Authentizität bei anderen Nutzern als das Unternehmen selbst.

Im letzten Schritt der sich steigernden Aktivitätspyramide steht die aktive Beteiligung des Kunden an Aufgaben des Unternehmens, die bisher intern geleistet wurden, über kollaborative Tools. Dabei sollten sich Unternehmen bewusst sein, dass es innerhalb der Organisation und beispielsweise zwischen Abteilungen und Verantwortungsbereichen zu enormen Veränderungen und Anpassungen kommen wird, wenn sie sich diesem Groundswell-Trend öffnen. Folglich sollte das Ziel ausgewählt werden, das den bisherigen Zielsetzungen und dem soziotechnografischen Profil der Zielgruppe entspricht.

S wie Strategy: Die Frage nach dem »wie«

Nachdem die Zielgruppen nach ihrem soziotechnografischen Profil eingeschätzt und die Ziele nach der Art der Beziehung zum Unternehmen oder zur Institution definiert sind, geht es im dritten Schritt um die strategischen Eckpunkte und damit um die Frage: Was will ich als Unternehmen bei meiner Zielgruppe langfristig erreichen und welche Auswirkungen hat dies auf das Unternehmen? Das Thema ist also, wie sich die Beziehung zwischen Unternehmen und seinen Kunden sowie sonstigen Stakeholdern verändern soll – und welche Rolle die Kunden dabei spielen. Die erstellte Strategie gibt der Kommunikation die Richtung vor. Sie bestimmt, wie das Unternehmen das Verhältnis zu den Zielgruppen verändern will – und mit welchen Inhalten. Auf Basis der ermittelten Zielgruppenbedürfnisse und der identifizierten Inhalte ist in diesem Stadium festzuhalten, zu welchen Themen sich das Unternehmen positionieren, welche Botschaften es kommunizieren will und welche originären Inhalte sich in den Köpfen der Rezipienten niederschlagen sollen.

Li und Bernoff empfehlen, dazu nicht von vornherein einen festgezurrten Plan zu entwickeln beziehungsweise eine finale Strategie auszuarbeiten, sondern vielmehr stufenweise und wirklich Schritt für Schritt vorzugehen; heute würde man von agil sprechen. Angesichts der hohen Dynamik hilft ein strategischer Plan mehr, der Platz für Veränderung beinhaltet, der sich jederzeit anpassen und weiterentwickeln lässt – ohne das eigentliche Ziel aus den Augen zu verlieren. Eine weitere Empfehlung von Li und Bernoff betrifft die personellen Ressourcen. Schließlich ist die Implementierung einer solchen Strategie ein wichtiger Prozess, der unternehmensweit Auswirkungen hat und deshalb große Bedeutung hat. So empfiehlt es sich, die Verantwortung für den strategischen Veränderungsprozess Personen im Unternehmen zu übergeben, die das adäquate und für solch einen Change-Prozess notwendige Standing innerhalb des Unternehmens haben und die beispielsweise bereits an anderer Stelle strategische Verantwortung im Unternehmen übernommen haben.

T wie Technology: Die Wahl der Plattform

Erst jetzt – an vierter Stelle – werden die zur Ziel- und Zielgruppenerreichung geeigneten Technologien erörtert und definiert. Über welche Plattformen lassen sich Ziele bei den gewünschten Zielgruppen erreichen? Die finale Wahl der Plattformen basiert auf den formulierten Zielen, dem Bewegungsraum der Zielgruppen und der definierten Strategie. Die Reihenfolge macht auch hier wieder deutlich: Strategie vor Technologien, Tools oder Kanälen. Schließlich ist sie für den Erfolg letztendlich entscheidend.

Li und Bernoff geben keine konkreten Empfehlungen bezüglich der zu nutzenden Technologien. Ihre Haltung lässt sich darauf zurückführen, dass sich die Zahl der Plattformen und Tools kontinuierlich verändert, wie auch am bereits erwähnten Conversation Prism[209] von Brian Solis abzulesen ist. Neben arrivierten Diensten wie E-Mail, WhatsApp, Facebook, Twitter, YouTube, Instagram, LinkedIn oder Slack geraten fast täglich neue Plattformen in den kommunikativen Fokus, die sich zur Dialogpflege, zum Fanaufbau, zum Dialog mit Stakeholdern etc. eignen und nutzen lassen. Umso mehr kommt es darauf an, die Plattformen nach Zielen und Zielgruppen zu priorisieren und die Technologien vor allem nach dem Groundswell-Prinzip dafür einzusetzen, Beziehungen aufzubauen und zu pflegen.

Ein Beispiel für eine zielgruppengenaue Strategie bietet KLM: Die niederländische Fluglinie fand heraus, dass sich Reisende regelmäßig auf den Flughäfen langweilen und die Zeit meist mit ihrem Smartphone verbringen. Also entwickelte sie die Kampagne KLM Surprise. Über damals angesagte Location Based Services wie Foursquare oder Facebook Places wurden User recherchiert, die Angaben zu ihrem Flug oder anderen mit KLM fliegenden Fluggästen gemacht hatten. Diese wurden dann am Flughafen Schiphol mit einem passend auf ihre Reise abgestimmten Geschenk überrascht, um die Wartezeit zu überbrücken.[210] Die Kampagne macht deutlich, wie stark sich im positiven Fall digitale Maßnahmen und Vor-Ort-Kommunikation miteinander vernetzen lassen.

Fazit: Und Action!

Mit der Wahl der Kommunikationsplattformen nimmt das Unternehmen aktiv am Markt teil. Es horcht in ihn hinein, hört Usern zu, analysiert Meinungen und entwickelt eigene Dialogangebote. Dabei muss es keineswegs enorm viele digitale Kanäle bespielen. Vielmehr kommt es darauf an, die Profile anzulegen und diejenigen Kanäle zu bespielen, die es authentisch und regelmäßig pflegen kann, um einen Mehrwert für den User zu

---

209 http://www.conversationprism.com.

210 Im YouTube-Kanal von KLM lassen sich weitere zielgruppengenaue Kampagnen der niederländischen Fluglinie finden: https://bit.ly/dks_youtube_KLMkampagnen.

generieren. Schließlich sind sie das Gesicht der Firma nach außen. Veraltete Profilinformationen, unbeantwortete Anfragen und fehlerhaftes Verhalten in der Netzkultur wirken sich dagegen negativ auf die Reputation aus – gerade in einer hochvernetzten Welt. Um die Reputation kontinuierlich zu überprüfen, ist frühzeitig ein Monitoring zu installieren, auf das in Kapitel 12 eingegangen wird.

AUSFLUG

Erfolgsfaktoren einer Social-Business-Strategie

7 Success Factors of Social Business Strategy heißt das Buch der beiden Altimeter-Kollegen Charlene Li und Brian Solis aus dem Jahr 2013. Die Infografik (s. Abb. 15) daraus liefert einen guten Orientierungsleitfaden bei der Strategieentwicklung. Auch wenn sich diese sieben Erfolgsfaktoren auf eine Social-Business-Strategie beziehen, so helfen sie als Leitfaden bei einer ganzheitlichen digitalen Kommunikationsstrategie. Aus diesem Grund ist es sinnvoll, einen Blick auf die sieben Faktoren zu werfen.

1. Definieren Sie übergeordnete Business-Ziele: Sie können keine Strategie an Ihren Business-Zielen ausrichten, wenn Sie keine klaren und damit mess- und überprüfbaren Ziele haben.
2. Achten Sie auf eine langfristige Vision: Sie müssen Ihre Vision klar und leidenschaftlich kommunizieren, wenn Sie Ihr Team überzeugen wollen, sich voll für Ihre Social Strategy einzusetzen. Und diesen Support werden Sie benötigen.
3. Sichern Sie sich die Unterstützung der Unternehmensführung: Wenn Sie wirklich auf Ihr Business Einfluss nehmen wollen – und der Moment wird kommen –, spätestens dann benötigen Sie Rückendeckung der Führungspersonen.
4. Definieren Sie die strategische Roadmap: Selbst wenn Sie schon Ihre Business-Ziele kennen und eine klare Vision haben, müssen Sie Ihren Weg dorthin genau planen – was Sie erreichen und was Sie vermeiden wollen.
5. Etablieren Sie Governance und Guidelines: Wer ist für die Umsetzung der Strategie verantwortlich? Wie werden die Inhalte koordiniert? Wie ist das Reagieren auf Kundenanfragen organisiert? Wenn Sie die Fragen klar beantworten und sich daran halten, können Sie mehr Zeit für Ihre Wachstumsstrategie verwenden, ohne sich zu verlieren.

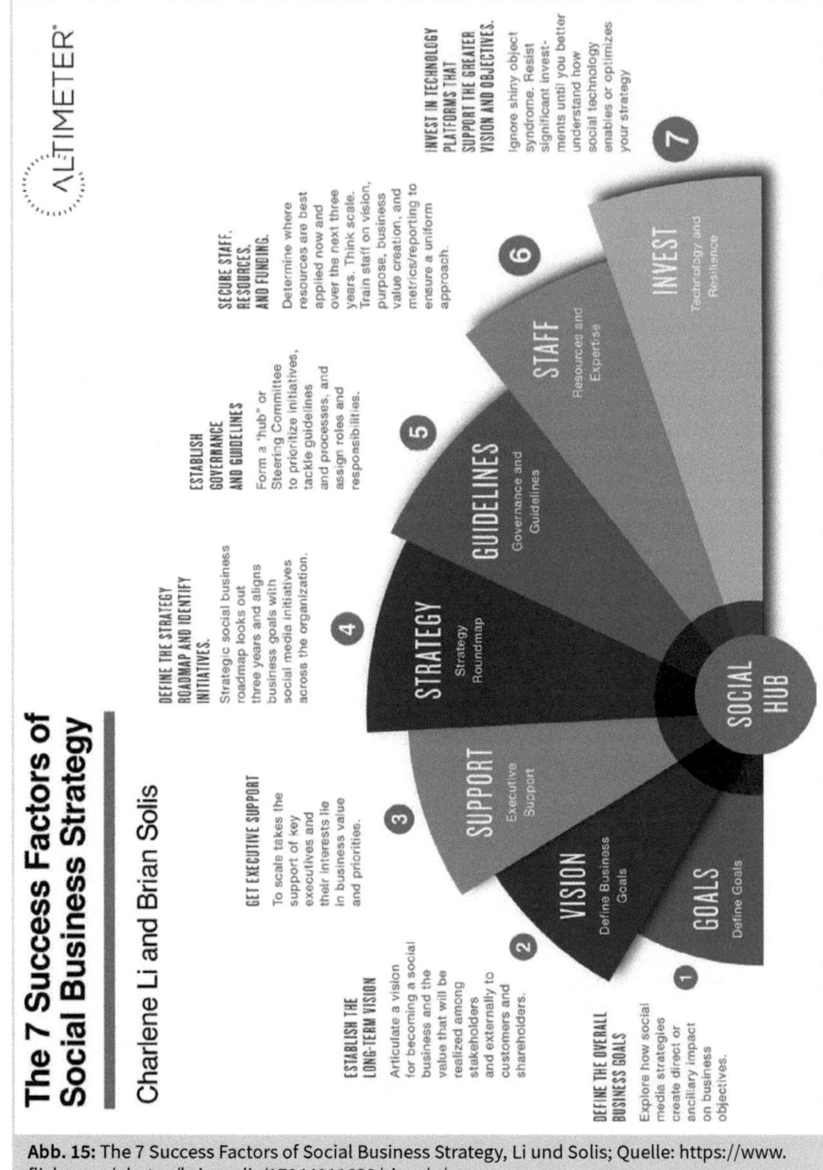

Abb. 15: The 7 Success Factors of Social Business Strategy, Li und Solis; Quelle: https://www.flickr.com/photos/briansolis/17044011632/sizes/o/

6. Sichern Sie Mitarbeiter, Ressourcen und Gelder: In einem frühen Stadium kann die Social-Media-Kampagne noch an eine Agentur outgesourct werden. Gleichzeitig sollten Sie innerhalb Ihres Unternehmens interne Ressourcen aufbauen, um es auf ein höheres Niveau zu heben, wenn der Aufwand für soziale Medien und Ihr Business wächst.

7. Investieren Sie strategisch in Technologie: Widerstehen Sie der Versuchung, immer nach der neuesten Technologie zu suchen, bevor Sie einen langfristigen Strategieplan haben. Warten Sie mit den größeren technologischen Investments bis zu dem Moment, wenn Sie einen strategischen Plan und eine klare Vision ausgearbeitet haben.

Gerade der letzte Punkt ist entscheidend: keine vorschnelle Konzentration auf Instrumente oder Technologien. Stattdessen muss zuerst ein Strategieplan entwickelt werden, bevor man sich mit den Instrumenten beschäftigen kann, die die Ideen des Plans nach innen wie nach außen weitertragen sollen beziehungsweise zu implementieren helfen.

Das Erfinden einer globalen Marke

Ansatz für eine digitale Kommunikationsstrategie bei der TUI Group

Von Magnus Hüttenberend

Bei meinem Start bei TUI im Herbst 2015 war vor allem die Komplexität eine Herausforderung: In über 400 Tochtergesellschaften und fast 300 Marken war das Portfolio des größten integrierten Tourismusanbieters der Welt aufgeteilt. Mit einem umfangreichen Hotelportfolio, Kreuzfahrtlinien, sechs europäischen Fluggesellschaften und einem Vertriebsnetz sowohl online als auch über Reisebüros in ganz Europa ist die Marke TUI selbst sehr breit aufgestellt.

Das – aus Social-Media-Perspektive – Problem: TUI gibt es zwar (fast) weltweit, hieß aber bislang nicht in jedem Land TUI. In den Niederlanden gab es beispielsweise Arke, in Schweden Fritidsressor und in England Thomson. Alle gehörten zum TUI-Konzern, hatten aber eigene Geschichten, Kulturen und Identitäten. Im Rahmen einer One-Brand-Strategie sollte sich dies ändern – bis 2017 wurden alle Ländergesellschaften in TUI umbenannt. Dann wird für alle Kunden gelten: »Der weltweit führende Touristikkonzern steht für ein durchgängiges Kundenerlebnis über alle touristischen Wertschöpfungsstufen hinweg.«

Diese Ausgangslage bedeutet, dass bislang Kunden mit vielen fragmentierten, kleineren Marken in Kontakt standen. Britische Kunden wandten sich an den Thomson-Kundenservice auf Twitter, belgische Kunden wurden Fans von Jetair auf Facebook. Dementsprechend war der globale Austausch der Kommunikations- und Social-Media-Verantwortlichen in der Vergangenheit eher informeller Natur – Best Practice

Sharing dominierte den unverbindlichen Austausch. Governance, Struktur oder gar eine globale Content-Strategie gab es nicht; es war schlichtweg nicht notwendig.

Die weltweite Einführung einer Marke
Dies musste sich mit rasanter Geschwindigkeit ändern. TUI wurde als Marke weltweit eingeführt und begleitet den Kunden überall – vom Reisebüro über den Flughafen und den Shuttle-Bus bis hin zum Hotel. Das hat natürlich gerade im digitalen Bereich und speziell im Bereich Social Media grundlegende Implikationen auf allen Ebenen: Kulturell werden die einzelnen Märkte näher zusammenrücken, strukturell muss man auf gemeinsame Krisen vorbereitet sein und inhaltlich lohnt es sich, über gemeinsame Kampagnen und Botschaften nachzudenken.

Die Aufgabe, diesen Aufbau zu begleiten, kann man nur mit großer Begeisterung annehmen. Wann sonst kann man eine globale Marke erfinden, quasi eine Kommunikationsstrategie in digitalen Zeiten für einen globalen Konzern neu definieren?
In diesem Artikel möchte ich kurz auf die drei wichtigsten Ebenen und die bereits umgesetzten oder geplanten Änderungen eingehen. Zunächst werde ich mir die Kultur des Unternehmens anschauen, danach auf den Bereich Struktur und Monitoring eingehen und zuletzt das Thema Content aufgreifen.

Sicherlich wird sich im Laufe der – wenn man dies als TUI-Mitarbeiter so sagen darf – »Reise« noch einiges ändern, andere Abteilungen haben divergierende Meinungen. Bitte nehmen Sie diese Auflistung daher als Anreiz wahr, wie ein Idealszenario aussehen kann.

1. Kultur und Governance
Es gibt wenig, was den Erfolg eines Unternehmens stärker beeinflusst, als seine Kultur. Egal ob bei Amazon, Nintendo, Vodafone oder TUI – ich durfte bislang starke und sehr unterschiedliche Unternehmenskulturen erleben, die jedoch alle auf ihre Art entscheidend zur Motivation der Mitarbeiter und zur Effektivität der Organisation beigetragen haben.

Ein wichtiger Baustein für die Bildung und Weiterentwicklung einer Kultur sind – nicht nur in Unternehmen – Geschichten, Fragmente oder, wenn man möchte, Erlebnisse, die der Kulturkreis teilt. Durch gemeinsame Weiterempfehlung, Weiterreichen oder Rezeption eines solchen Erlebnisses wird man Teil des Kulturkreises, entwickelt Stolz oder zumindest Anerkennung, schärft die eigene Identität.

Kaum eine andere Disziplin ist dazu so gut in der Lage wie Social Media oder auch digitale Kommunikation: Events und Geschichten, die Mitarbeiter selbst teilen wollen, die sie mit Stolz erfüllen oder ihnen das Gefühl geben, in einer modernen, in die Zukunft gerichteten Organisationen zu arbeiten, sind Schlüsselelemente. Einzige

Voraussetzung: Mitarbeiter müssen sich auch befähigt fühlen und wissen, woher sie den Content bekommen und was sie wie teilen dürfen.

Konkret bedeutet dies: Mitarbeiter brauchen klare Guidelines, die einen liberalen Umgang mit Inhalten fördern und fordern. Natürlich sollen Mitarbeiter Inhalte des Unternehmens teilen – Marketing-Botschaften auf Facebook oder Corporate-Botschaften auf LinkedIn. Natürlich sollen sie in ihren Profilen angeben, dass sie für TUI arbeiten und natürlich sollen sie auch wissen, dass sie gleichzeitig nicht im Namen des Unternehmens sprechen sollen oder an wen sie sich wenden können, sollte beispielsweise ein Journalist Rückfragen haben.

Auch kann Kultur bedeuten, dass wir Schlüsselfiguren des Konzerns (»Global Leader«) im Bereich Social Media schulen, persönliche Profile einrichten und sie als eigenständige Charaktere gerade auch digital etablieren. »People follow people, not brands« gilt sowohl für externe Stakeholder wie auch für die meisten Mitarbeiter. Es geht nicht ums Ghostwriting, sondern um echte Präsenz und das Erkennen des Vorteils, Führung auch digital zu leben.

Allen unseren Mitarbeitern werden darüber hinaus weltweit dreistündige Schulungen in Kleingruppen angeboten, sogenannte »LinkedIn Masterclasses«, in denen die persönliche Marke auf LinkedIn (und in anderen Online-Portalen) überarbeitet und eine Einführung in die Content-Erstellung gegeben wird. Wichtig: In diesen Schulungen läuft alles unter dem Motto »Wir ermöglichen Deinen nächsten Karriereschritt«; der Vorteil für die globale Marke TUI und das Unternehmen ist erst der zweite Schritt oder gar Nebeneffekt. Wir wollen die Mitarbeiter stärken und stolz auf ihre Arbeit machen. Das Prinzip #WorkingOutLoud ist ein gutes Stichwort, um sich weitergehend über die Vorteile des Ansatzes zu informieren.

Im speziellen TUI-Fall bedeutet kulturelle Veränderung aber zunächst auch eine klare Definition des Selbst: Darunter fällt die Definition eines (a) global gültigen Markenkerns, die Erarbeitung einer (b) Brand Personality und einer für die digitale Kommunikation extrem wichtigen (c) Themenlandschaft, die der Marke und dem Unternehmen selbst wichtig sind. Am Ende sollte klar sein: Welche Werte vermittelt die Marke? Welche Charaktereigenschaften würde man der Marke zuordnen und welche Themen sind ihr besonders wichtig? Tritt man eher locker-sportlich auf und steht für Aktivität, ist man eher luxuriös-distanziert und steht für Genuss? Normalerweise sollten jedes Unternehmen und jede etablierte Marke die Fragen ausführlich beantwortet haben, denn eine umfangreiche Definition des Selbst ist der erste und auf strategischer Ebene notwendige Schritt, um am Ende erfolgreich taktisch wie operativ arbeiten zu können.

2. Struktur und Listening

Egal ob lokal oder international: Neben der Definition des Selbst ist das Verständnis der klar definierten Zielgruppe essenziell. Nur, wenn ich weiß, worüber meine Zielgruppe spricht und gegenüber welchen Themen sie positiv und offen auftritt, kann ich anschlussfähigen, empathischen Content produzieren. Die gute Nachricht: Da ein signifikanter Teil aller Äußerung gerade im Social Web öffentlich ist, lässt sich dies sehr gut über eine Listening-Infrastruktur abbilden: Wie wurde heute über Bali gesprochen? Welche Influencer gibt es im Bereich Wellness im Urlaub? Aber vor allem: Ist Wellness im Urlaub überhaupt ein virales Thema oder sollte man nicht besser auf exotische Speisen im Urlaub setzen?

Eine Listening-Infrastruktur lässt sich über verschiedene Anbieter und in unterschiedlichen Komplexitätsstufen aufsetzen. Bereits mit wenigen Dutzend Suchstrings und einer simplen Auswertung nach Viralität lässt sich so ein Live-Bild der Zielgruppe und der Diskussion im Netz schaffen, die sich im Anschluss über die bereits definierten Zielsetzungen und Absichten der Marke legen lässt.

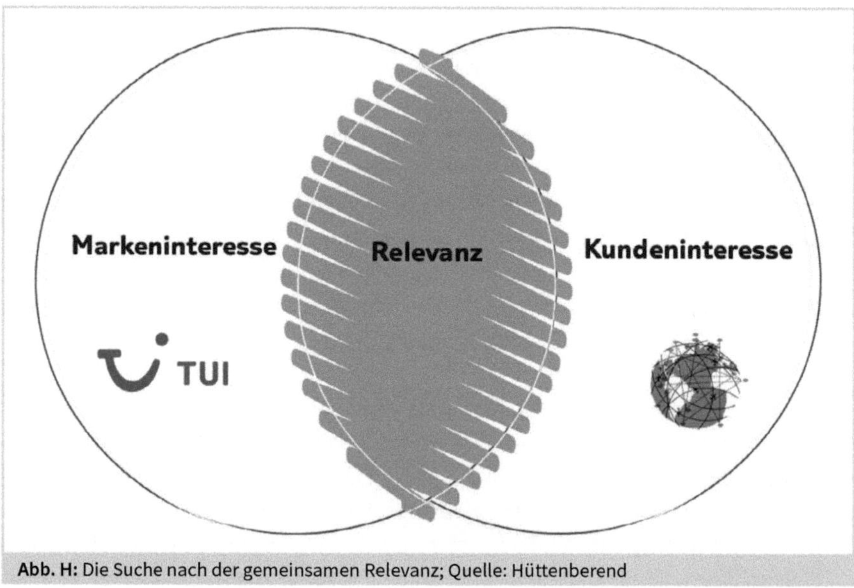

Abb. H: Die Suche nach der gemeinsamen Relevanz; Quelle: Hüttenberend

Neben dieser grundsätzlichen Arbeit im Sinne der Marke sollte strukturell auch die Kanalstrategie angegangen werden: Wie sucht und wo findet der Kunde die Marke TUI in Zukunft? Auf welchen Kanälen ist sie unterwegs und welche technischen Möglichkeiten gibt es? Im Fall TUI gab es bereits über 560 (sic!) existierende Blogs, Twitter-, Facebook-, Instagram- oder LinkedIn-Seiten, die sich irgendwie in eine sinnvolle Struktur bringen lassen müssen.

Facebook ermöglicht es beispielsweise, eine »Global Page« aufzusetzen, die – je nach Wohnort – automatisch lokale Inhalte ausspielt und einem Franzosen auch nur die französische TUI-Präsenz aufzeigt. Twitter, Instagram und Snapchat haben dieses Feature noch nicht implementiert, aber meist in Aussicht gestellt. Vorbereitend wäre eine gemeinsame Namensstruktur sinnvoll.

Bei TUI konzentrieren wir uns auf die 40 bis 50 größten Kanäle in den 17 größten Märkten und geben ihnen eine gemeinsame Namensstruktur sowie – wenn möglich – eine »Global Page«. Im Hintergrund versuchen wir, ein einheitliches Content-Publishing-System zu etablieren und zusätzlich zum ursprünglichen Best-Practice-Austausch einen monatlichen Strategietermin sowie 14-tägige Redaktionskonferenzen einzuberufen, um einen Austausch auf strategischer wie taktischer Ebene sicherzustellen. Dennoch ist eine gewisse Pluralität natürlich gegeben: VKontakte in Russland oder Weibo in China sind beispielsweise Phänomene, die sich international nicht standardisieren lassen. Hier greifen aber immerhin die definierten Themen und die Brand Personality.

Eine weitere Herausforderung ist die Integration von digitalen Kundenservices. Hier wurde in der Vergangenheit mit unterschiedlichsten Systemen und großer Varianz in der Professionalisierung gearbeitet. Als Teil der gesamtunternehmerischen »Customer Platform«, in der alle existierenden Kundendatenbanken und Systeme auf einen gemeinsamen Stand gebracht werden, wurde auch der Bereich Social Media berücksichtigt. Nach einem erfolgreichen Rollout arbeiten dann alle Agenten mit dem gleichen System, können sich beispielsweise Tickets gegenseitig und länderübergreifend zuweisen.

3. Content und Analyse

Neben den bereits angesprochenen gemeinsamen Redaktionskonferenzen – welche übrigens direkt großen Einfluss auf die Gestaltung von Posts und Integration der Teams hatten – und einer damit verbundenen Schöpfung von Synergien ist es durchaus denkbar, auch globale Kampagnen und Maßnahmen auszurollen und den Ländergesellschaften anzubieten.

Ein konkretes Beispiel wäre, die Inhalte der existierenden Kanäle in einer Art »Social Wall« zusammenzubringen und dadurch aus den jeweiligen Silos zu befreien. Wenn auf einer solchen Plattform zusätzlich globale Inhalte – wie Livestreams, Gewinnspiele oder Interviews – veröffentlicht werden, können durch den Traffic sowohl die Ländergesellschaften als auch die globale Marke TUI profitieren.

Doch auch die lokalen Inhalte verändern sich: Während zuvor lediglich lokale Ziele und Ausrichtungen existierten, gibt es nun ein globales Framework für die Marke, die

Kanalstrategie und die Themen. Dies hilft, immer den richtigen Ton zu finden, Inhalte mit der richtigen TUI-Perspektive aufzugreifen und – im Falle eines Erfolgs – international schnell eine Verlängerung herbeizuführen.

Keine Frage, gerade im Bereich Social Media lässt sich Erfolg auf unzählbar viele Arten messen, und es hat sich noch keine Standardwahrheit herauskristallisiert. Auch in der globalen TUI-Struktur haben sich unterschiedliche Maßgaben entwickelt. Von altmodischer Fan-Zahl über die Engagement-Rate bis zum reinen Fokus auf die erfolgten Online-Buchungen sind alle Ausprägungen darunter.

In meiner Erfahrung hat sich ein »Reach, Engagement, Impact«-Funnel als sinnvoll erwiesen. »Reach« definiert die (netto oder brutto) erreichten Kontakte, »Engagement« die hervorgerufene (und für die digitalen Aktivitäten, insbesondere den Social-Media-Bereich spezifische) Interaktion mit den Inhalten während »Impact« alle Effekte auf den wirtschaftlichen Teil des Unternehmens abbildet. Bei Onlinebuchungen lässt sich beispielsweise einfach ein Return on Invest berechnen, aber auch Effekte wie Veränderungen des Net Promoter Scores (NPS) oder Brand Awareness können bei Bedarf unter Impact zusammengefasst werden. Eine solche Dreiteilung erhöht die Transparenz im Unternehmen durch Vereinfachung, die Vergleichbarkeit mit anderen Reputations- oder Brand-Disziplinen sowie die einfache Allokation von Budgets im Vergleich zu anderen Abverkaufskanälen.

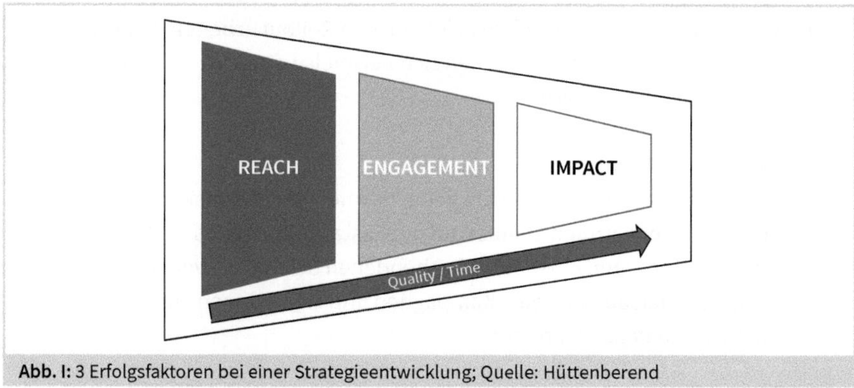

Abb. I: 3 Erfolgsfaktoren bei einer Strategieentwicklung; Quelle: Hüttenberend

Fazit

Auf allen drei angesprochenen Ebenen – Kultur, Struktur und Content – lässt sich die Arbeit parallel angehen, dennoch bauen sie alle aufeinander auf. Eine ordentlich aufgesetzte Content-Strategie wird auch die Kultur des Unternehmens beeinflussen, eine progressive und ergebnisorientierte Kultur wird dafür sorgen, dass beeindruckende Maßnahmen entstehen. Einen »Anfangspunkt« zu finden ist also schwierig, besser stürzt man sich auf die je nach Organisation unterschiedlichen schnell umzusetzenden Felder und geht mit kleinen Schritten voran. Der gesamte digitale Change-Prozess bei TUI hat sicherlich 18 bis 24 Monate gedauert. Nun steht jedoch ein internationales Team bereit, diese gleichzeitig junge und etablierte Marke zu vertreten, durch Krisen zu führen oder gemeinsam Erfolge zu feiern.

Teil II Das Strategie-Rezept

6 Die Zutaten

»Once there was a library.« Mit diesem »Es war einmal«-Anfang beginnt die Beschreibung einer Kampagne, die hervorragend als Beispiel für die Entwicklung einer digitalen wie integrierten Strategie dienen kann. In diesem Kampagnen-Video[211] wird der alltägliche Fall der Bibliothek, der Public Library in Troy, Michigan, geschildert, die kein Geld mehr hat. Per Volksentscheid sollen die Bewohner über eine kleine Steuer entscheiden, die zum Erhalt der Bücherei führen würde. Dies wiederum ruft die Gegner jeglicher Steuererhöhung, die Tea Party, auf den Plan, die – gut organisiert und ebenso gut finanziell ausgestattet – sich dagegen ausspricht und für einen Meinungsumschwung sorgt. An dieser Stelle beginnt die »Book Burning Party«.

Die bemerkenswerte Kampagne der Agentur Leo Burnett aus dem Jahre 2012 zeigte auf, wie man ohne größere Etats aber mit einer klaren ziel- und zielgruppenorientierten Kampagne für einen Meinungsumschwung sorgen kann. Dabei entwickelten die Macher keine reine digitale Kampagne, sondern setzten auf eine integrierte Kommunikation mit einer Verbindung aus offensiver Medienarbeit, Werbeaktionen, Wildplakatierung aber auch den Einsatz von sozialen Medien sowie einer extrem sauberen strategischen Kernaussage: »A vote against the library, is a vote to burn books.« Damit gelingt es den Befürwortern, für einen Meinungsumschwung zu sorgen, die Unterstützer massiv an die Wahlurnen zu holen und schlussendlich die Bücherei zu retten. Wie heißt es lakonisch in dem Video zum Schluss: »Not every story at the library has a happy ending. Fortunately this one did.«

Die Kampagne, die exemplarisch für eine gute Strategie herhalten kann, beinhaltet die Hauptbestandteile und die kommunikativen Zutaten jedes strategischen Rezepts, die abgearbeitet werden müssen: ein klares Ziel, eine definierte Zielgruppe, eine prägnante und unverwechselbare Positionierung, eine leicht verständliche Story sowie die enge Vernetzung in einer gesamtheitlichen, integrierten Strategie inklusive perfekten Zeitmanagements.

Der Weg zur Strategie

Dieser Fahrplan hin zu einer integrierten digitalen Kommunikationsstrategie wird ab dem folgenden Kapitel ausführlich vorgestellt. Dabei können nicht alle Zutaten in adäquatem Umfang dargestellt werden. Daher werden immer wieder Hinweise auf Literatur und Links gegeben, sodass sich Interessierte mit den Thematiken eingehender auseinandersetzen können.

211 https://bit.ly/dks_youtube_troylibrary.

Im Unterschied zu einem klassischen Kommunikationskonzept[212] und seinen klassischen drei Teilen – Analyse mit Ausgangs-, Situations- und SWOT-Analyse, Strategie mit Zielen, Zielgruppen, Positionierung, Botschaften, strategischem Weg und kreativer Leitidee sowie Maßnahmen inklusive Budget und Erfolgskontrolle – wird in diesem Kapitel zur Strategieentwicklung in der digitalen Kommunikation der Fokus auf Analyse als dringende Voraussetzung für jede Strategie und die Strategie selbst gelegt. Analog zur beschriebenen POST-Strategie wird das Thema Maßnahmen dagegen nur kurz angerissen. Angesichts der Vielfalt an Maßnahmen und Kanälen, welche der digitalen Kommunikation zur Verfügung stehen, würde dies den Rahmen des vorliegenden Strategieleitfadens deutlich sprengen.[213][214]

Schritt für Schritt zur Kommunikationsstrategie[215]

Unabhängig davon, ob offline oder online, klassische oder digitale Kommunikation, Maßnahmenkatalog oder punktuelle Maßnahmen, Instagram-Story-Ad oder E-Mail-Newsletter: Eine Strategie bildet stets die Voraussetzung, den Ankerpunkt, die Basis für alle weiteren Schritte. Die folgenden Absätze begleiten Unternehmen und Institutionen daher dabei, ihre eigene digitale Kommunikationsstrategie zu entwickeln. Dabei werden sie Schritt für Schritt durch die einzelnen Phasen geführt. Der klar verständliche Ablauf soll helfen, dass jedes Unternehmen später selbst seine gesetzten Ziele überprüfen, Kennzahlen verständlich ablesen und die eventuellen Erfolge messen kann. Dabei ähnelt die Vorgehensweise dem Digital Strategy Funnel und der POST-Strategie (vgl. Kapitel 5.2 und Kapitel 5.4.2), die beide als eine Art Vorbilder gelten.

212 Siehe die Literaturtipps dazu in Kapitel 5.1.

213 Ein hilfreiches Sammelsurium an Kreativ-Tools und Methoden haben die Autoren Pfannenberg/Tessmer/Wecker (2019) in ihrem Buch geliefert. Damit lässt sich die Entwicklung einer Kommunikationsstrategie – von Aufgabenstellung und Analyse über strategische Planung bis hin zu Controlling und Reporting – gut begleiten.

214 In den letzten Jahren haben sich immer mehr Tools etabliert, um virtuell in Teams an gemeinsamen Konzepten und Strategien zu arbeiten. Dazu zählen Tools wie Miro.com, Conceptboard.com oder Mindmeister.com, die bereits über Dutzende vorgefertigte Templates verfügen, zur SWOT-Analyse, zur Customer Journey, zur Balanced Scorecard, mit Kanban Boards und Moodboards.

215 Lese-Tipp: Nicolas Scheidtweiler hat ein komplettes Kommunikationskonzept für das Umspannwerk Kreuzberg in Berlin als Beispielkonzept publiziert – von der Analyse über die Strategie bis zur Umsetzung –, aus dem sich trotz seines Alters (das Konzept ist aus dem Jahre 2010) gute Tipps für die richtige Vorgehensweise ziehen lassen; https://bit.ly/dks_scheidtweiler_konzept.

Abb. 16: In 7 Schritten zur digitalen Kommunikationsstrategie; Quelle: eigene Darstellung

Um sich die Unterkapitel immer wieder ins Gedächtnis rufen zu können, folgt dieser Leitfaden ganz einfachen strategischen Fragen (s. Abb. 16), anhand derer sich die Strategieentwicklung orientiert. Dazu weisen die Zahlen in der rechten Spalte direkt auf die jeweiligen Unterkapitel hin. Diese sieben beschriebenen Stücke sollen am Ende des Buches einen wirklichen Kuchen bilden, der sich »digitale Kommunikationsstrategie« nennt.

LINK-TIPP

#STIFTUNGDIGITAL: Wo stehen Stiftungen kommunikativ im digitalen Zeitalter?

Wo stehen Stiftungen im digitalen Zeitalter? Welche Strategien sind zu erkennen? Wie verhalten sich Stiftungen speziell im Social Web? Welche Kanäle besetzen sie wie professionell? Diese Fragen standen im Zentrum der qualitativ-quantitativen Studie »#STIFTUNGDIGITAL. Wo stehen Stiftungen kommunikativ im digitalen Zeitalter?«, die der Autor im Jahre 2018 durchgeführt hat. Dazu wurden die Online-Präsenzen – von Website, Pressebereich und E-Mail-Newsletter, über Sichtbarkeit in Suchmaschinen bis hin zu den Social-Media- und Messenger-Aktivitäten – von insgesamt 238 Stiftungen analysiert. Zudem wurden Interviews mit gut einem Dutzend Stiftungsverantwortlichen geführt.

Die Studie stellt eine Standortbestimmung dar; die Ergebnisse können Stiftungen und insbesondere auch anderen Organisationen Anregungen für die eigene Arbeit liefern, wie sie den kommunikativen Herausforderungen im digitalen Zeitalter begegnen sollten.

Zur Studie: https://dominikruisinger.com/studie-stiftungdigital/

7 Status-quo-Analyse: Wo stehen wir heute?

7.1 Ist-Analyse als Basis

Jede erfolgreiche Kommunikationsstrategie basiert auf einer detaillierten Bestandsanalyse. Diese grundsätzliche Nullmessung bietet die Grundlage für alle weiteren Planungen, Strategien und späteren Aktivitäten. Sie spiegelt die Ist-Situation wider, um alle Voraussetzungen zum Startpunkt genau im Blick zu haben. Dazu erhebt sie den vollständigen Status der derzeitigen Situation der jeweiligen Organisation, ihrer bisherigen Positionierung und ihrer Wahrnehmung – auch innerhalb der Branche und im Vergleich zur Konkurrenz.

Die Ist-Analyse beantwortet die zentralen Fragen zu Unternehmens- und Produktstrategie, zu Markt und Mitbewerbern, zu Zielgruppen und Kommunikation. Sie sorgt für einen Überblick über die bisherigen kommunikativen Aktivitäten und zeigt die aktuelle Sichtbarkeit der Organisation im Netz auf – gerade bei den für sie relevanten Themen. Die Status-quo-Analyse definiert die internen wie externen Stakeholder, Mitarbeiter, Kunden, Medien sowie Entscheider, und schlägt dazu mögliche interne wie externe Multiplikatoren und reichweitenstarke Influencer vor. Außerdem gibt sie einen Einblick in die bestehende Situation, welche kommunikativen Herausforderungen vorliegen und über eine digitale Kommunikation gelöst werden sollen. Beispielsweise erhalten Organisationen auf diese Weise klare Anhaltspunkte, auf welchen Kanälen ihre Stakeholder besonders aktiv sind, über welche Themen sie in welchem Tonfall dort diskutieren. Sie lernen Inhalte, Einstellungen und Haltungen kennen, was gerade für die spätere Content-Strategie von Bedeutung ist.

Analysefehler schlagen sich in der Strategie nieder

Die Ergebnisse der Ist-Analyse sind die wesentliche Grundlage für eine professionelle Entwicklung jeder digitalen Kommunikationsstrategie. Eine Analyse muss dazu ein detailliertes Bild der aktuellen Situation zeichnen. Einfach gesagt: Wer hier Fehler begeht oder nicht sorgfältig genug arbeitet, wird das Manko später in seiner Strategie wiederfinden. Für zielführende Ergebnisse müssen Unternehmen und Institutionen bei der fundierten Bestandsaufnahme ihrer Situation oft deutlich tiefer schürfen, als sie es im ersten Moment des Beschlusses glauben. Schließlich muss in der Analyse ein realistisches Abbild der Lage gezeichnet werden.

Mittels vielfältiger Quellen müssen dazu Daten und Fakten, aber auch interne wie externe Meinungen, gesammelt und im Anschluss ausgewertet werden. Erst wenn die inhaltliche Recherche wirklich abgeschlossen ist, lassen sich die gewonnenen Informationen nach ihrer Relevanz für die digitale Kommunikationsstrategie bewerten und daraus konkrete Schlussfolgerungen für den weiteren Handlungsverlauf ziehen. Allerdings hat die Recherche und Bestandsaufnahme nie ein wirkliches Ende, weist der Konzeptioner Klaus Schmidbauer hin; und man hat bis zur Fertigstellung »die Antennen ausgefahren und bezieht neue Ergebnisse ein«[216]. Dies läge darin begründet, dass im Verlauf der Strategieentwicklung wichtige Fakten neu dazukämen und miteinbezogen werden müssten. Auch träten bei der Arbeit Informationslücken auf, die gefüllt werden müssten und sich bis zur Fertigstellung des Konzepts Fakten verändern könnten oder sich neue Aufgaben eröffneten, die es zu überprüfen und bei Bedarf anzupassen gelte. Gleichzeitig – so sein dringender Hinweis – solle man beim Rechercheprozess wiederum nicht zu viele Fakten sammeln, um sich nicht zu verlieren, sondern sich stattdessen diszipliniert auf die problemrelevanten Aspekte fokussieren.

Gefahren bei fehlender oder fehlerhafter Analyse

In einer Ausgangsanalyse gilt es, sich ein umfassendes Bild von der Ist-Situation zu machen. Die gesammelten und ausgewerteten Informationen liefern die Grundlage, um auf dieser Basis ein Stärken-Schwächen-Chancen-Risiken-Profil (SWOT) zu erstellen, Zielgruppen und Ziele festzulegen und die Positionierung wie auch die Maßnahmen davon abzuleiten, um mit ausgewählten Stakeholdern wirkungsvoll kommunizieren zu können. Leider ist vielfach zu beobachten, dass viele Unternehmen aus finanziellen und vor allem aus zeitlichen Gründen auf die Analysestufe verzichten. Auch gehen viele Organisationen fälschlicherweise davon aus, dass sie keine Analyse benötigen würden, da sie die Informationen doch bereits alle kennen würden. Doch dies ist der Sieg des Bauches über die Analyse, die zu keinem positiven Ergebnis führen wird.[217] Wie wichtig es ist, Bedürfnisse im Vorfeld genau zu erkennen, zeigt das folgende Beispiel.

Im Jahr 2014 führte der Autor gemeinsam mit der Düsseldorfer Kommunikationsberaterin Nadja Amireh sowie dem Medienbeobachtungsdienst Landau Media eine Studie zur Präsenz von Kaffee- und Teemarken im Internet und im Social Web durch. Bei einer Analyse der inhaltlichen Schwerpunkte, die die Unternehmen auf ihrer Webseite und auf ihren Social-Media-Kanälen setzen, fiel auf, dass rund 50 Prozent der untersuchten Marken ausführlich auf ihre Corporate-Social-Responsibility-Aktivitäten beziehungsweise ihr soziales und ökologisches Engagement hinweisen und dabei besonders Fair Trade und Bio als Diskussionsthemen in den Fokus rücken. Die Netzgemeinde zeigte zwar durchaus großes Interesse an den untersuchten Marken, allerdings mit einer wichtigen Einschränkung: Die Themen Nachhaltigkeit, Verantwortung und soziales Engagement spielten laut Content-Analyse bei den Nutzerdialogen praktisch keine Rolle. Beim Thema Kaffee wollten sich die Nutzer lieber über Kaffeemaschinen und die Entscheidung zwischen Kapseln oder Pads

216 Siehe dazu auch die detaillierte Präsentation zum Analyse-Schritt innerhalb eines Kommunikationskonzeptes: https://bit.ly/dks_schmidbauer_analyse.

217 The Marketoonist alias Tom Fishburne hat einen treffenden Cartoon geschaffen, in dem sich der Widerstand vieler Entscheider vor detaillierter datengetriebener Analyse widerspiegelt; https://marketoonist.com/2015/02/datadriven.html.

unterhalten, beim Thema Tee stand die Zubereitung und der Teegenuss ganz oben auf der Präferenzliste der Nutzer.

Das Ungleichgewicht zwischen gesetzten Unternehmensthemen und gewünschten Nutzerinhalten verdeutlicht, wie wichtig es ist, im Vorfeld jedes kommunikativen Engagements eine sorgfältige Analyse des Status quo vorzunehmen, um die für die eigenen Zielgruppen relevanten Themen zu identifizieren und später die Kanäle und den Content auf deren wahre Bedürfnisse auszurichten. Also nur wer von Beginn an genau weiß, was seine möglichen Kunden, Interessenten oder Multiplikatoren bewegt, welche Inhalte ihnen einen wirklichen Mehrwert bieten, wird später für einen Content sorgen können, der auf Interesse, Dialog, Interaktion und Bindung stößt. Im obigen Fall wären beispielsweise die Einrichtung eines Knowledge-Blogs rund um das Thema »So bereiten Profis ihren Tee zu«, ein passender Video-Kanal zu den vielfältigen Formen des Kaffeegenusses oder eine amüsant-spielerische Serie an »How to drink your coffee«-Instagram-Storys auf deutlich höheres Interesse gestoßen als die Fokussierung auf die eigenen CSR-Aktivitäten.

Elemente einer fundierten Analyse

Bei der Frage nach den Bestandteilen einer Analyse kann es keine exakte Vorlage geben, die Organisationen eins zu eins übernehmen können. Dazu sind die Bedürfnisse der Unternehmen und Institutionen deutlich zu unterschiedlich. Und doch können sie sich an den folgenden Punkten orientieren, welche Fragen sie bei ihrer eigenen Analyse in Betracht ziehen sollten, die dann später strukturiert zu einem sinnvollen Ganzen verknüpft werden. Grundsätzlich sollten für die Entwicklung einer digitalen Kommunikationsstrategie drei Schwerpunkt-Themenfelder jeweils inklusive ihrer internen wie externen Kommunikationsaktivitäten untersucht werden:

- das Unternehmen selbst mit seinem Angebot,
- die Mitbewerber auf dem Markt,
- die Branche selbst.

Die Kernfrage lautet also einfach formuliert: Wo stehen wir intern – auch im Vergleich zu Mitbewerbern beziehungsweise der Branche selbst? In den folgenden Abschnitten werden die zentralen Elemente einer Analyse vorgestellt, die Unternehmen und Institutionen schrittweise durchlaufen sollten, um eine verlässliche Basis für ihre zu entwickelnde digitale Kommunikationsstrategie zu bilden. Dabei geht es bei Analyse und Bewertung sowohl um die Organisation selbst, um das Marktumfeld, um die Zielgruppen als auch um die bisherigen kommunikativen Aktivitäten.

7.2 Analyse der Organisation

Im ersten Schritt ist die Ausgangslage der Organisation eingehend zu analysieren. Denn bevor sich Unternehmen und Institutionen mit den Zielen ihrer künftigen Kommunikation auseinandersetzen, müssen sie das Umfeld genau studieren, in dem sie sich bewegen, dazu zählt in erster Linie die Organisation selbst. So sollten Fragen gestellt werden wie:

- Wofür steht das Unternehmen oder die Institution?
- Welche konkreten Ziele verfolgt es?
- Was sind die prägenden Werte, für die es steht?
- Was sind die Alleinstellungsmerkmale (Unique Selling Proposition, USP)?
- Wie hebt es sich folglich vom Wettbewerb ab?
- Wo steht das Unternehmen derzeit auf dem Markt?
- Wo liegen die Stärken und die Schwächen, an denen es anzusetzen gilt?
- Wie wird es innerhalb der Branche eingeschätzt?
- Wie will es künftig von seinen Stakeholdern wahrgenommen werden?
- Wie offen ist Unternehmenskultur, wie bereit sind Mitarbeiter?
- Welche Ressourcen stehen zur Verfügung?[218]

Neben diesen Fragen zur Ausgangssituation ist zudem für einen Gesamteindruck die Zusammenstellung von Details zu Geschichte, Markenpersönlichkeit, Markenversprechen sowie zur genauen Wahrnehmung in der Öffentlichkeit hilfreich. Die Antworten zu Unternehmen, Marken, Produkten, Dienstleistungen, verantwortlichen Personen und Erwartungshaltungen bilden später die Grundlage für die Strategie. Sie sind die Standortbestimmung, auf der die weiteren Schritte aufbauen. Auch ein Blick über den unternehmenseigenen Tellerrand liefert meist wertvolle Hinweise und Einblicke. Gerade Mitarbeiter, Kunden, Partner haben oftmals einen etwas anderen Blick auf die Organisation, den es in persönlichen Gesprächen oder aber in anonymen Befragungen zu erfahren und auch zu hinterfragen gilt. So sollten Kundenbefragungen – persönlich oder anonym in die Webseite eingebunden – geführt, die Webseiten-Besuche per Webanalyse-Tools ausgewertet, die Anfragen, Blog-Kommentare und Social-Media-Reaktionen genauer betrachtet und ein Austausch mit Kollegen und Branchenexperten auf Messen, Konferenzen, BarCamps oder virtuellen Meetings gepflegt werden.

218 Fehlende Ressourcen bleiben die Hauptbarriere für eine erfolgreiche Umsetzung der Strategie, wie auch die Studie des BVCM (2018) bei jeder Ausgabe immer wieder unterstreicht.

KURZ-INFO

Elemente einer Vorfeld-Analyse

Im *Handbuch Online-PR* empfehlen die PR-Professoren Thomas Pleil und Ansgar Zerfaß Organisationen, bei einer Vorfeldanalyse besonderes Augenmerk auf die folgenden Schritte zu legen:[219]

- Kontext: externe Rahmenbedingungen, Geschäftsziele, Wettbewerbssituation;
- Kultur: Verhaltensweisen, Arbeitsstile, Subkulturen innerhalb der Organisation;
- Prozesse: Integration digitaler Kommunikation in Arbeitsabläufe sowie Rückmeldungen in Organisationsabläufe;
- Messung: Bestimmung, Definition und Bewertung von Zielformulierungen;
- Personen: Bildung und Weiterqualifizierung für neue Rollen und Funktionen;
- Policies: Verhaltensweisen gerade in der Social-Media-Kommunikation.

Abgleich mit Unternehmenskultur

Innerhalb der Analyse ist ebenfalls zu fragen, warum sich das Unternehmen in den digitalen Medien engagieren will und ob es für den Schritt überhaupt offen ist. Schließlich verlangt ein aktives Engagement insbesondere im Social Web eine bewusste Öffnung nach außen. Für diese Transparenz müssen Organisationen von Anfang an bereit sein. Auf der Konferenz der Netzgemeinde re:publica 2017 präsentierte die Deutsche Bahn einen Dreiklang, den Organisationen benötigen, bestehend aus:

- Kultur der Fragen: Fragen fördern, Mut zu fragen belohnen, Unterstützung geben;
- Kultur der Neugierde: Ausprobieren lassen, Ideen testen, Feedback geben;
- Kultur der Fehler: Toleranz leben, zu Fehlern stehen und aus ihnen lernen.

Ähnlich titelte die Tageszeitung *Die Welt*: »Deutschland braucht eine neue Fehlerkultur.«[220]

Doch verträgt sich beispielsweise eine bislang eher zurückhaltende Unternehmens- und Kommunikationskultur mit einem durch offenen Dialog und authentischen Content-Austausch geprägtes Engagement im Social Web? Das zeigt sich im Ergebnis oft darin, dass bei Facebook-Seiten oder Corporate Blogs die Kommentarfunktion ausgeschaltet und auf ein Community Management verzichtet wird, um nicht in den Dialog mit den Stakeholdern treten zu müssen. Dabei sei gutes Community Management oder Community Engagement »entscheidend dafür, dass man als vertrauenswürdig und auch nahbar wahrgenommen wird«[221], so Karim Charinti, Unternehmenskommunikator bei der Deutschen Telekom.

219 Vgl. Zerfaß/Pleil (2016), S. 64.
220 https://bit.ly/dks_welt_fehlerkultur.
221 https://bit.ly/dks_bvcm_sprachrohr.

Dies zeigt: Nicht jedes Unternehmen kann alle digitalen Kanäle glaubwürdig bespielen, gerade wenn sich ihr Selbstverständnis in einer eher diskreten Kommunikation ausdrückt. Schließlich dürfen digitales Engagement und Unternehmenskultur nicht im Widerspruch stehen. So sind die geplanten Maßnahmen stets mit den Grundwerten und der Kultur des Unternehmens sorgfältig abzustimmen, damit die Präsenz im Netz später als authentischer Bestandteil der Kultur wahrgenommen wird. Dabei müssen intern Fragen gestellt und die besonderen Herausforderungen einer offenen Diskussions- und Interaktionskultur im Vorfeld intensiv geklärt werden, von denen Abb. 17 einige aufzeigt.

Abb. 17: Faktoren zum Abgleich mit der Unternehmenskultur; eigene Darstellung[222]

Dies macht deutlich, dass die Analyse der Ausgangslage die Frage beantwortet, ob und in welchem Umfang das Unternehmen für eine digitale Kommunikation und die damit verbundene digitale Transformation bereit und vorbereitet ist. Schließlich muss jede Kulturveränderung »von oben« initiiert, zumindest aber abgesegnet sein. Beispielsweise ist zu klären, ob das Social Web überhaupt die richtigen Plattformen und Instrumente bietet, um langfristig und glaubwürdig im Netz agieren zu können und somit die eigenen Wertschöpfungsprozesse zu bereichern. Vielleicht – so ein mögliches Zwischenfazit – wäre eine passive Monitoring-Strategie die treffendere Lösung – zumindest als erster Schritt. Oder sollte sich die Organisation statt einer Dialogstrategie stärker auf Informationsvermittlung über die eigenen Kanäle und Plattformen – beispielsweise die Corporate-Webseite, den E-Mail-Newsletter oder eine eigene App in Verbindung mit dem Ausbau der werblichen Aktivitäten fokussieren.

222 Am Beispiel von Otto hat Sabine Bendiek von Microsoft diesen Kulturwandel in einem Beitrag auf LinkedIn beschrieben; https://bit.ly/dks_linkedin_bendiek.

Ein anderes Ergebnis der Analyse könnte sein, dass die digitalen Medien gar nicht die richtigen Instrumente liefern, um die angestrebten Ziele und anvisierten relevanten Zielgruppen zu erreichen. Vielleicht bieten für das eigene Agenda-Setting die traditionellen Kommunikationsdisziplinen, wie klassische Fachpressearbeit samt Media-Leistungen, Event- und Messe-Kommunikation sowie persönliche B2B-Kommunikation deutlich adäquatere Instrumente für die Ansprache und die Informationsvermittlung. Jeder Stratege sollte sich in diesem Stadium immer bewusst sein, dass digitale Kommunikation viel bewegen kann – aber bei Weitem nicht auf alle Themen, Ziele und Zielgruppen bezogen.

Die Unterstützung und ein eindeutiges Statement pro digitale Kommunikation durch die Geschäftsführung und die Führungsteams spielt spätestens beim Thema Ressourcen die zentrale Rolle: Denn wenn Organisationen nicht bereit sind, ausreichend personelle, zeitliche und finanzielle Ressourcen zur Verfügung zu stellen beziehungsweise wenn sie intern nicht vorhanden sind und/oder parallel dazu die Mitarbeiter nicht gewillt sind, sich als solche Ressource am Prozess aktiv zu beteiligen, wird kein Change-Prozess eine wirkliche Chance auf Erfolg haben.

Offenheit der Mitarbeiter

Apropos Mitarbeiter: Wie stehen diese eigentlich zu einer digitalen Kommunikation? Ihre Unterstützung wird ebenfalls innerhalb der verschiedenen Unternehmensbereiche benötigt. Das heißt, im Einvernehmen mit der Unternehmensspitze ist im Vorfeld nicht nur zu klären, wie bereit die Organisation für eine digitale Kommunikation generell ist. Gerade Mitarbeiter müssen über die Idee einer digitalen Strategie aufgeklärt und für eine Offenheit gegenüber dem Neuen begeistert werden. Schließlich müssen sie sich mit Veränderungen durch die digitale – kommunikative – Revolution persönlich auseinandersetzen, die zumeist auch Aufbruch, Veränderung, Mehrarbeit bedeutet und den Wegfall bekannter Routinen mit sich bringt. Und nicht vergessen: Mitarbeiter stellen sich selbst viele Fragen (s. Abb. 18), wie weit sie einen Veränderungsprozess mittragen wollen oder können. Auch diese sind für einen richtigen Strategieweg im Vorfeld zu beantworten.

Abb. 18: Einige Fragen und Themen, die Mitarbeiter bei Change-Prozessen beschäftigen; Quelle: eigene Darstellung

Nur bei einer stetigen Aufklärung, bei beständiger Information und vertraulicher Einbeziehung in den gesamten Prozessablauf wird beispielsweise die Kommunikationsabteilung später auf den Support der Kollegen aus den anderen Geschäftseinheiten – Marketing, Vertrieb, Kundendienst, Finanzen, IT, Human Resources etc. – zurückgreifen können, die es zur erfolgreichen Umsetzung benötigt.

7.3 Analyse von Zielgruppen

Informationen, Austausch, Unterhaltung, Meinungsbildung, Wissensaufnahme: Das Internet bietet Nutzern zahlreiche Optionen. Genau das möglichst frühzeitige Erkennen der Bedürfnisse und Gewohnheiten der Nutzer, ihrer Wünsche und Erwartungen sind für Organisationen eine zentrale Voraussetzung für die gezielte Kommunikationsplanung und Kernbestandteil jeder Ist-Analyse. Sie bildet die Basis für die Wahl der relevanten Zielgruppen und der später zu bespielenden digitalen Plattformen und sollte daher von Anfang an sorgfältig geplant und umgesetzt werden.

Bevor Unternehmen und Institutionen in den digitalen Kanälen aktiv werden, müssen sie sich folglich bereits in der Analyse intensiv mit den Bedürfnissen ihrer Stakeholder beschäftigen. Schließlich wollen sie später klar definierte Zielgruppen erreichen, also eine Gruppe von Menschen, die über gemeinsame Bedürfnisse verfügt. Dazu ist zu untersuchen, wie sich auf der einen Seite relevante Individuen, auf der anderen Seite Gruppen bewegen und wie diese adäquat angesprochen werden könnten. Ein Blick auf das gegenwärtige Verhalten ist deshalb von Bedeutung, »da davon ausgegangen wird, dass nur ein solches Verhalten in der Zukunft von der Zielgruppe erwartet werden kann, das bereits in der Vergangenheit beobachtet werden konnte«[223] – selbst wenn in extrem schnelllebigen digitalen Zeiten solchen Aussagen nicht mehr ganz bedenkenlos zugestimmt werden kann.

Kommunikations- und Medienverhalten

Von zentraler Relevanz ist ihr Kommunikationsverhalten. Nur wer weiß, wen er über welche Kanäle erreicht, kann zielgruppengerecht mit diesen Personen später kommunizieren. Zu einem frühen Zeitpunkt ist daher zu analysieren:

- wo sich die Zielgruppen vorwiegend aufhalten,
- welche ihre relevanten Informationsmedien sind,
- womit sie ihre Online-Zeit vorwiegend verbringen,
- welche digitale Affinität sie haben,
- wie intensiv sie die digitalen Medien nutzen,
- welche Sehnsüchte, Interessen, Wünsche sie haben,
- und wie sie grundsätzlich zum Unternehmen eingestellt sind.

Für die erste Ermittlung des Status quo sollten Unternehmen und Institutionen mittels solcher Fragen herausfinden, wo sich die Zielgruppen vorwiegend aufhalten, welche Plattformen für sie relevant sind und welche Themen sie dort diskutieren – in Zusammenhang mit der Organisation, den Mitbewerbern oder der Branche. Es ist folglich zu untersuchen, ob sich beispielsweise Kunden klassisch vor allem über Zeitungen, Radio- und TV-Sendungen informieren, ob sie Blogs lesen, Podcasts hören oder regelmäßig in Internet-Foren und Communitys um Rat fragen, ob sie Newsletter-Inhalte eher kurz überfliegen oder sich doch eingehender mit ihnen beschäftigen, ob sie Messenger beruflich schätzen und ob sie sich in welchen der Business und Social Networks aufhalten.[224]

One-to-Many oder Many-to-Many?

Gerade die Kanäle, die die Zielgruppen vorwiegend nutzen, sind einer besonders genauen Betrachtung zu unterziehen. Was sind deren Eigenschaften? Geht es eher um Many-to-Many-Kanäle, wo der Austausch und Dialog im Fokus steht? Oder um One-to-Many-Instrumente wie beispielsweise Fach-Newsletter, die der Information und Kundenbindung dienen? Ebenso sind kritische Themen und die damit verbundenen notwendigen Ressourcen zu berücksichtigen, mit denen sich Unternehmen – gerade wenn sie einen Many-to-Many-Ansatz verfolgen – auseinandersetzen müssten. Auf dieser Grundlage lässt sich später entscheiden, welche von den Kanälen sich für das eigene Unternehmen eignen und mit

223 Michelis/Schildhauer (2015), S. 33.

224 Für die Beantwortung solcher Fragen sind als Quellen die Arbeitsgemeinschaft Media-Analyse agma (https://www.agma-mmc.de), die ARD-ZDF-Onlinestudie (http://www.ard-zdf-onlinestudie.de), die Arbeitsgemeinschaft Online-Forschung AGOF (https://agof.de), der BVDW (https://www.bvdw.org) oder die Initiative D21 (https://initiatived21.de) hilfreich. Alle liefern regelmäßig detaillierte Informationen, Daten und Fakten zum Medienverhalten in Deutschland.

welchen Ressourcen besetzt und mit Inhalten gefüllt werden könnten, um so die fixierten Zielgruppen anzusprechen.

Gleichzeitig müssen Organisationen herausfinden, wie sie bei ihren künftigen Zielgruppen eine aktive Reaktion hervorrufen können. Schließlich lebt digitale Kommunikation von Kommentaren, Sharings, Klicks, Empfehlungen, Bewertungen – also Aktionen und Reaktionen. Wirkliche Kommunikation über digitale Medien bedeutet keinen Monolog, sondern in vielen Fällen einen konstanten Dialog, der kontinuierlich fortgesetzt wird und im optimalen Fall in Bewegung bleiben sollte. So ist zu beurteilen, wie aktiv die Zielgruppen sind, mit welcher Intensität sie die digitalen Medien nutzen, ob sie als externe Multiplikatoren auch als Influencer oder als Corporate-Multiplikatoren als Markenbotschafter zu gewinnen wären. Bei der Frage müssen sich Unternehmen bewusst auch mit kleineren Zielgruppen auseinandersetzen, die im hochvernetzten Social Web schnell zu mächtigen Multiplikatoren heranreifen können.

Um später bei den eigenen Zielgruppen Aufmerksamkeit erreichen zu können, benötigen Unternehmen und Institutionen folglich von Anfang an enorm viel Hintergrundwissen, ausführliche Beschreibungen, grundlegende Analysen und detaillierte Informationen über potenzielle Dialogpartner. Und wichtig: Hier geht es nicht um eine einmalige Analyse. Vielmehr sollten Organisationen die Analyseschritte regelmäßig wiederholen, da sich die Bedürfnisse und Gegebenheiten ihrer Zielgruppe und der betreffenden Kanäle gerade im digitalen Zeitalter regelmäßig und oft gravierend verändern.

Der Stakeholder-Begriff[225]

In der Kommunikationsbranche wird oftmals statt von Zielgruppen von Stakeholdern beziehungsweise von Anspruchsgruppen gesprochen. Mit dem Begriff werden einzelne Akteure, Gruppen sowie Organisationen im Umfeld der Organisation bezeichnet, deren Erreichbarkeit und Reaktion den Erfolg des Unternehmens, einer Kampagne, Aktion oder eines Produkts entscheidend mitbestimmt. Sie werden vom Handeln einer Organisation beeinflusst oder sind von Entscheidungen betroffen, können aber umgekehrt selbst mit ihrem Handeln die Zielerreichung des Unternehmens beeinflussen. Bezogen auf ein Projekt haben sie also ein Interesse an dessen Verlauf, können die Projektarbeit beeinflussen und umgekehrt durch sie beeinflusst werden. Sie haben also an eine Organisation unterschiedliche Ansprüche, weshalb man von Anspruchsgruppen spricht. Im Unterschied dazu repräsentiert eine Zielgruppe ein Marktsegment, das mit einseitig ausgesendeter Kommunikation erreicht werden soll, um auf die Organisation aufmerksam zu machen.

225 Siehe dazu auch den Ausflug zum Stakeholder-Begriff in Kapitel 2.1.2.

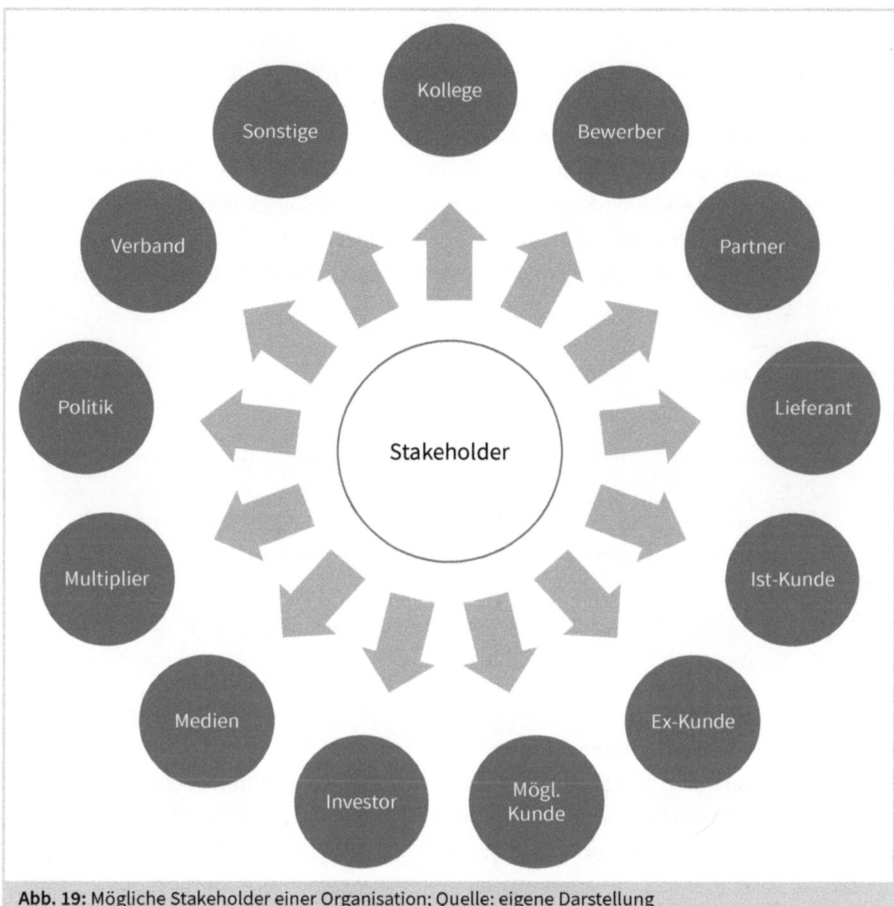

Abb. 19: Mögliche Stakeholder einer Organisation; Quelle: eigene Darstellung

Bei Stakeholdern kann es sich sowohl um Gruppen aus dem internen als auch dem externen Umfeld der Organisation handeln. Dabei sind ebenfalls Anspruchsgruppen zu berücksichtigen, die eher indirekt mit dem Unternehmen verbunden sind. Beispielsweise können Bürgerinitiativen, Umwelt- und Verbraucherorganisationen das Meinungs- und Handlungsumfeld empfindlich beeinflussen. Wie Abb. 19 zeigt, zählen zu den typischen Stakeholdern damit sowohl Mitarbeiter, Teammitglieder, Lieferanten, Förderer und Shareholder auf der einen Seite als auch Kunden, Medien, Politiker, Bürger, Anwohner oder Gewerkschaften auf der anderen Seite, mit denen Kommunikationsbeziehungen bestehen oder zumindest angestrebt werden. Hinzu kommt, dass die verschiedenen Stakeholder durchaus unterschiedliche Ansprüche und Anforderungen an das Unternehmen stellen, die sich sogar widersprechen können.

Der Einfluss von Stakeholdern reicht daher von hilfreich und unterstützend bis zu bedrohend und den Erfolg gefährdend. So sind neben positiv eingestellten Stakeholdern ebenfalls Kritiker oder Personen zu berücksichtigen, die sich durch die Organisation gestört fühlen oder ihr grundsätzlich skeptisch gegenüberstehen. Dann spricht man von »negativen« Stakeholdern. Bei einer Bank könnten es Bankenkritiker sein, bei einem Nahrungsmittelkonzern militante Veganer und Vegetarier, bei einem Chemiekonzern besorgte Anwohner oder direkte Mitbewerber. All diese zählen zu Stakeholdern, die sich von den Aktivitäten der Organisation betroffen fühlen und gleichzeitig den Verlauf und Erfolg mit ihrem Agieren stark beeinflussen. Sie entwickeln Meinungen und Erwartungen, »die zusammen so eine Art energetisches Anspruchsgeflecht rund um die Organisation bilden.« [226] Solche besonders chancen- wie risikoreiche Gruppen müssen gezielt angesprochen werden.

KURZ-INFO

Differenzierung von Stakeholdern
Stakeholder lassen sich differenzieren, um sie besser einschätzen und ansprechen zu können. So lassen sie sich aufteilen nach:

- Jeweilige Relevanz: maßgebliche oder eher sekundäre Stakeholder;
- Position: innerhalb oder außerhalb der Organisation;
- Aktivitätsgrad: aktiv oder eher passiv;
- Haltung zur Organisation: grundsätzlich positiv, negativ oder neutral;
- Vorwissen: Insider oder Outsider.[227]

Unterscheidung in der digitalen Affinität

Bei der Frage nach der digitalen Affinität von Stakeholdern sollten sowohl individuelle Nutzer als auch Gruppen analysiert werden. Bei der Betrachtung von individuellen Nutzern eignen sich soziotechnografische Profile – wie in der POST-Strategie dargestellt –, um die anzusprechenden Zielgruppen von nicht im Internet engagiert bis hin zu digitalen Kritikern und Kreativen einzuteilen. Dies lässt wichtige Schlüsse auf die spätere Vorgehensweise zu. Während sich die »Kreativen« durchaus mit Social-Media-Aktivitäten ansprechen und als Influencer nutzen lassen, würden sich solche Aktivitäten bei den passiven Internetnutzern auf der unteren Sprosse der Engagement-Leiter eher als unwirksam erweisen. Für diese Zielgruppen würden bei der digitalen Kommunikation eher Maßnahmen wie Website-Optimierung, ein Messenger-Service oder eine E-Mail-Marketingstrategie Sinn ergeben – abgesehen von Offline-Maßnahmen.

Das Beispiel verdeutlicht schon, wie wichtig eine Stakeholder-Ist-Analyse bereits zu einem solch frühen Zeitpunkt einer Strategieentwicklung ist – insbesondere für die künftige Zielgruppenbestimmung zur Strategie. Eine wesentliche Voraussetzung für den späteren Erfolg der eigens entwickelten Maßnahmen ist die Kenntnis der individuellen

226 https://bit.ly/dks_schmidbauer_zielgruppenstakeholder.
227 Vgl. https://bit.ly/dks_schmidbauer_zielgruppenstakeholder.

Nutzeraktivitäten beziehungsweise des Medienverhaltens. In dem Kontext sollten sich Strategen stets das unterschiedliche Medienverhalten in Deutschland bewusst machen. Studien wie der bereits in Kapitel 2.2.1 erwähnte D21-Digital-Index[228] machen jedes Jahr von Neuem deutlich, wie gespalten die deutsche Gesellschaft ist – aufgeteilt in Offliner, in relative Onliner und in wirklich digitale Menschen. Jene haben die digitalen Medien fest in ihren täglichen Lebensrhythmus eingebettet und nutzen sie bevorzugt mobil. So kann es innerhalb einer Strategie Zielgruppen geben, bei denen die digitale Kommunikation entscheidend ist, während sie bei anderen maximal als Beiwerk und Unterstützung analoger Maßnahmen dienen kann. Dies verdeutlicht die hohe Bedeutung von integrierten Kommunikationskonzepten, die Social Media und digitale Kommunikationstools als eines von mehreren Instrumenten und Content-Plattformen verstehen.

Dreifache Stakeholder-Analyse

Jede Stakeholder-Analyse muss grundsätzlich unterschiedliche Gruppierungen berücksichtigen, die sich einfach gesagt in Kunden, in Mitarbeiter sowie in Multiplikatoren einteilen lassen.

1. Kunden

Der wesentliche Baustein einer digitalen Kommunikationsstrategie ist die Analyse des Kundenverhaltens als zentrale Stakeholder. Dabei werden unter dem Oberbegriff »Kunden« nicht nur die bestehenden Kunden, sondern ebenso frühere oder mögliche Kunden zusammengefasst, die ebenfalls einen Bezug zum Unternehmen oder zur Institution haben. Auch diese zählen zu den Stakeholdern, die es zu binden, zu begeistern oder möglicherweise zurückzuholen gilt. Dafür müssen ausreichende Informationen über sie gesammelt und im Detail analysiert werden, und zwar zu Gewohnheiten, Einstellungen, Wünschen und Bedürfnissen. Nur so können Organisationen auf ihre Bedürfnisse wirklich adäquat reagieren.

Aus kommunikativer Sicht spielt insbesondere ihre mediale Affinität, ihr Verständnis von den Inhalten und ihre Beziehung zur Organisation eine zentrale Rolle. Das heißt:

- Mediale Affinität: Wie hoch ist sie? In welchen Netzwerken bewegen sie sich beziehungsweise auf welchen Plattformen sind sie besonders häufig anzutreffen?
- Inhaltliche Affinität: Mit welchen Themen- und Problemfeldern beschäftigen sie sich? Welche Informationen und Services suchen sie? Welche für sie relevanten Themen vermissen sie?
- Unternehmensaffinität: Was wissen sie über das Unternehmen oder die Institution? Wie stark beschäftigen sie sich mit der Organisation? Wie inhaltlich affin sind sie? Welche Tonalität herrscht vor?

228 Vgl. https://initiatived21.de/studien.

Die Antworten geben Hilfestellung, um die eigenen kommunikativen Aktivitäten möglichst stark an den Kundenbedürfnissen auszurichten und zudem Ansätze zu finden, wo das Unternehmen seine Stakeholder künftig effektiv unterstützen könnte. Es lässt sich erkennen, wie die Kunden zum Unternehmen grundsätzlich eingestellt sind – also eher positiv, eher negativ oder vergleichsweise neutral. Gerade eine stark polarisierende Auseinandersetzung mit der Marke würde dazu führen, dass beispielsweise die künftige Einrichtung eines Dialogkanals mit vielen Ressourcen an Zeit und Personal verbunden wäre, da davon auszugehen ist, dass die bereits existierenden Diskussionen auf den eigenen Plattformen weitergeführt werden würden. Über eine kontinuierliche Analyse des Kundenverhaltens lässt sich darüber hinaus herausfiltern, welche Themen in (naher) Zukunft die Konsumentengespräche bestimmen könnten. Dies wird Aufschluss darüber geben, auf welche Inhalte sich die Organisation frühzeitig vorbereiten, welchen Content sie bereits aufbereiten und wie sie generell darauf reagieren sollte.

2. Mitarbeiter

Eine Analyse sollte immer einen tiefen Blick in die Organisation hinein erlauben. So könnte eine Mitarbeiterumfrage klären, wie intensiv die Stakeholder der eigenen Organisation das Internet und die digitalen Möglichkeiten nutzen, wie ihre grundsätzliche Haltung zu den neuen kommunikativen Möglichkeiten des digitalen Zeitalters ist und über welche Kanäle sie beispielsweise bereit wären, mit ihrer Organisation zu kommunizieren. Über diesen Weg lassen sich Personen innerhalb der Organisation identifizieren, die eine hohe Affinität zu den digitalen Medien haben – und die als Change Agents, als Markenbotschafter oder als einfache Dialogpartner in die Strategieentwicklung und in die spätere Umsetzung aktiv miteinbezogen werden könnten.

Ähnlich wie bei den Kunden darf sich eine Analyse nicht nur auf das Medienverhalten bestehender Mitarbeiter beschränken. Parallel sind die Bedürfnisse möglicher neuer Mitarbeiter wie Trainees, Volontäre, Praktikanten, Studenten oder freier Fachkräfte zu berücksichtigen. Dies spielt spätestens dann eine entscheidende Rolle, wenn die digitalen Aktivitäten ihren strategischen Fokus auf das Thema Employer Branding legen, um die Organisation für künftige Arbeitnehmer interessant zu machen.

3. Multiplikatoren

Eine Ist-Analyse kann nicht nur Themen identifizieren, die für das Unternehmen relevant werden könnten. Sie deckt ebenfalls die Absender einer Kommunikation auf, vor allem wenn sie den Verlauf der Kommunikation mit ihren Informationen und Einschätzungen entscheidend beeinflussen könnten. Dies ist zentral gerade in Zeiten des Social Web, wo neben dem Unternehmen selbst und den Journalisten als klassische Gatekeeper und Multiplikatoren immer mehr Blogger, Podcaster, Twitterer, Instagrammer, YouTuber und andere Influencer in den Mittelpunkt bei der Berichterstattung über das Unternehmen rücken.

Eine Nullmessung hat daher einflussreiche User zu identifizieren. Solch eine Influencer-Analyse muss sowohl Personen einbeziehen, die positiv zum Unternehmen stehen, als auch Multiplikatoren, die der Institution oder der Branche gegenüber eher kritisch eingestellt sind. Typische Fragen für den Beginn einer Influencer-Analyse lauten:

- Wer sind die branchenrelevanten Meinungsträger?
- Was sind die Hauptmotive für ihre Haltung?
- Wie stehen sie grundsätzlich zur Organisation?
- Wie sind sie zur Branche als Ganzes eingestellt?
- Wo und wie verbreiten sie ihre Meinungen?
- Wie zugänglich sind die Influencer?
- Wie einflussreich sind sie mit ihren Positionen?

Gerade für eine Kommunikation im digitalen Zeitalter sind Influencer strategisch zu berücksichtigen. Als Themenführer und Multiplikator können sie den Verlauf der Diskussionen, deren Inhalte oder die involvierten Zielgruppen stark beeinflussen. Im optimalen Fall sollten sie sogar in die Maßnahmen direkt als Förderer integriert werden, wie am Beispiel von Influencer-Kommunikation geschildert wurde.

Die Darstellung der Zielgruppenanalyse verdeutlicht: Schon in einer frühen Phase der Strategieentwicklung werden die Weichen gestellt, in welche Richtung die Strategie zu entwickeln ist. Werden dagegen hier Fehler begangen, könnte sich die Strategie inklusive ihrer Maßnahmen später als für die Zielgruppe unwirksam erweisen, da sie an deren Nutzer- und Medienverhalten völlig vorbeigehen. Auf diesen speziellen Aspekt wird noch bei der Zielgruppenbestimmung beziehungsweise der Persona-Entwicklung näher eingegangen.

7.4 Analyse der Kommunikation

Zur Analyse der Ausgangslage zählt die Betrachtung des bisherigen kommunikativen Engagements. Dies ist von entscheidender Bedeutung, um auf Basis der vergangenen Aktivitäten sowie vorhandener Ressourcen später die kommunikativen Aufgaben zu formulieren und möglichst hohe Streuverluste bei der Zielgruppenansprache zu vermeiden sowie vorhandene zu reduzieren. In dieser Analyse werden als Erstes die eigenen Kommunikationsaktivitäten untersucht, um eine Übersicht über alle bisherigen Maßnahmen und vermittelten Inhalte zu erhalten:

- Wo steht die Organisation mit ihren bisherigen Kommunikationsaktivitäten?
- Liegt eine Kommunikations- und Marketingstrategie vor?
- Welche Kommunikationsziele und Zielgruppen wurden bislang definiert?
- Mit welchen Zielgruppen wurde über welche Kanäle, mit welcher Reichweite, in welchen Formen und Formaten kommuniziert?
- Liegen bereits erste Ansätze für eine digitale Kommunikationsstrategie vor?

- Wie ist das digitale Engagement mit sonstigen Kommunikations- und Marketingaktivitäten vernetzt?
- Welche personellen Ressourcen stehen zur Verfügung?

Zudem ist bei diesem Content-Audit herauszufinden, welche Inhalte und Themen sich auf der einen Seite kommunikativ als erfolgreich erwiesen haben und auf eine große Resonanz gestoßen sind und welche auf der anderen Seite erfolglos verpufft sind. Gerade auf diese Inhaltsanalyse sollte besonderes Gewicht gelegt werden. Denn die regelmäßige Kommunikation von für die Zielgruppe relevanten Inhalten ist eines der künftigen Erfolgsfaktoren jeder Kommunikations- und Content-Strategie (s. Kapitel 11). Denn verfügt das Unternehmen nicht über ausreichend relevanten und hochwertigen Content – und dies immer aus Sichtweise der Zielgruppen –, wird es schwer werden, wichtige Stakeholder an das Unternehmen zu binden. Es muss also die Frage beantwortet werden, wie sich ein eigener Mehrwert aufbauen und nach außen transportieren lässt, der auf ein Informationsbedürfnis bei den Zielgruppen trifft. Selbst Nischen ließen sich besetzen, in denen sich das Unternehmen als wirklicher Experte für Stakeholder positioniert.

Trotz des Reizes der spannenden, vernetzten, interaktiven Kanäle: Unternehmen und Institutionen sollten sich bei der Analyse nicht allein auf die digitalen Kanäle beschränken, sondern die Kommunikation als Ganzes berücksichtigen. Über die digitale Kommunikation hinaus sollten alle anderen Bereiche betrachtet werden, um spätere Brüche in der Gesamtkommunikation zu vermeiden. Mit diesen Schritten sollten Unternehmen und Institutionen final klar beantworten können, welche Kommunikationsziele bislang verfolgt wurden, wie erfolgreich sie dabei waren und welche Prozesse die Kommunikation künftig begleiten soll.

Ein Blick auf die Ressourcen

Es ist immer wieder zu beobachten, dass sich viele Ist-Analysen auf die Aktivitäten des Unternehmens, auf seine Märkte und seine Mitbewerber fokussieren – aber wenige die eigenen Mitarbeiter aus dem Kommunikationsteam oder aus anderen Abteilungen im Blick haben. Deren Aktivitätsgrad spielt eine zentrale Rolle. Gerade in Zeiten des Social Web ist zu fragen, ob und wie intensiv die eigenen Mitarbeiter bereits selbst in Social-Media-Kanälen und auf Messenger-Plattformen aktiv sind. Von ihrem Engagement kann ein Unternehmen letztendlich profitieren. Aus der Analyse und einem internen Audit könnten sich Hinweise auf Mitarbeiter ergeben, die besonders kommunikativ aktiv sind und die das Unternehmen einsetzen oder sogar zu Unternehmensmultiplikatoren und Markenbotschaftern (s. Kapitel 4.2.2) aufbauen kann.

Um dies herauszufinden, ist zu untersuchen, auf welchen Kommunikationskanälen Mitarbeiter aktiv sind, wie erfolgreich sie mit ihren Aktivitäten sind, ob sie sich beispielsweise bereits einen Namen innerhalb der Community gemacht haben und ob sie mit ihren Zielgruppen darüber auch in Kontakt treten. Gleichzeitig spielt das interne Wissensmanagement bei dieser Frage eine Rolle. So sollten sich verantwortungsvolle Organisationen bewusst sein, dass sie für ausreichend internes Wissen sorgen müssen, um die Professionalisierung der Kommunikation weiter voranzutreiben. Beispielsweise kann ein interner Workshop hilfreich sein, um die Kenntnisse und Kompetenzen hinsichtlich digitaler Medien zu erweitern und vorhandenes Ideenpotenzial innerhalb des Unternehmens zu nutzen. Schließlich ist zu berücksichtigen, dass das digitale Engagement langfristig angelegt ist und eine intensive Auseinandersetzung mit den einzelnen Chancen und Risiken, Tools und Plattformen bereits im Vorfeld voraussetzt.

Die sorgfältige Beantwortung dieser zentralen Fragen trägt dazu bei, die Ausgangslage bezüglich der Kommunikation der Organisation detailliert zu bestimmen. Nur mit klaren, detaillierten Antworten lassen sich die Grundlagen legen, um ein digitales Engagement erfolgreich zu konzipieren und strategisch auszurichten. Zur besseren Beobachtung dieser Aktivitäten ist bereits frühzeitig ein professionelles Monitoring zu installieren: entweder eigenständig über frei zugängliche Tools, über Informationsaggregatoren oder über professionelle Monitoring-Instrumente (vgl. Kapitel 12).

7.5 Analyse der Sichtbarkeit

Eng mit der Analyse der bisherigen Organisationskommunikation ist die Frage nach der Auffindbarkeit im Internet verbunden. Dies betrifft sowohl die Sichtbarkeit in den Suchmaschinen, im Social Web als auch die Sichtbarkeit bei den relevanten Themen. Unternehmen und Institutionen sollten dazu in einem ersten Schritt analysieren:

- wie leicht auffindbar ihr Name und der ihrer Produkte, Leistungen, Projekte und auch Schlüsselpersonen in den Suchmaschinen ist, also vor allem bei Google,
- wie sichtbar sie dort bei den für sie relevanten Themen und Kernbegriffen sind,
- wie stark sich das Suchvolumen in der vergangenen Zeit verändert hat,
- wo die Mitbewerber bei diesen Begriffen im Vergleich zur eigenen Präsenz stehen.[229]

Um solch eine Analyse zu starten, müssen Unternehmen und Institutionen in einem ersten Schritt die Schlüsselworte, die sogenannten Keywords, festlegen, die für sie relevant sind und gleichzeitig von ihren Zielgruppen voraussichtlich eingegeben werden. Ob die gewählten Keywords wirklich relevant sind und häufig gesucht werden, lässt sich schnell

229 Wie viele Besucher hat die konkurrierende Webseite ungefähr? Wo stehe ich im Vergleich? Liegt dies an meinen Ladefristen? Aus welchen Quellen kommen die Besucher? Und wer verlinkt eigentlich auf mich? Fragen wie diese beantworten Tools wie https://www.similarweb.com, https://tools.pingdom.com oder https://www.seokicks.de.

per Google Keyword Planner oder über weitere Tools[230] überprüfen. Parallel lohnt es sich, einen Blick auf die Begriffe zu werfen, bei denen die Konkurrenz bislang hohe Positionen in den Suchmaschinen erreichen konnte. Die letztendlich festgelegten Keywords bilden zusammen mit dem eigenen Unternehmensnamen sowie eventuellen Produktnamen die Grundlage für die Sichtbarkeitsanalyse.

Eine ausführliche Sichtbarkeitsanalyse[231] ist ebenfalls deshalb sinnvoll, weil sie Schwachstellen deutlich macht. Eine geringe Sichtbarkeit bei den Kernbegriffen sollte die Konsequenz nach sich ziehen, sich intensiver mit dem Thema Website-Optimierung beziehungsweise Website-Relaunch zu beschäftigen, um mit klareren Strukturen, mit einer sauberen Mehrwert- und Content-Strategie, einem modernen responsiven Design sowie einer ausgefeilten SEO-Strategie die inhaltlichen Bedürfnisse der Zielgruppen stärker zu befriedigen, sie länger an die Webseite zu binden und auf diese Weise ebenfalls für Google relevanter zu werden.[232] Neben einer Suchmaschinenoptimierung könnte eine offensive Suchmaschinenwerbung ein ergänzendes Element sein, gerade um Schwächen in der Sichtbarkeit bei Begriffen durch eingeblendete thematische Anzeigen zumindest aufgreifen und teils ausgleichen zu können.

Sichtbarkeit im Social Web

Nach einer Analyse der Auffindbarkeit in den Suchmaschinen folgt im zweiten Schritt eine genauere Betrachtung der eigenen Präsenz im Social Web. So ist zu recherchieren, wo und ob die eigenen Themen in den Diskussionen innerhalb der sozialen Medien stattfinden:

- Wie sichtbar und engagiert ist die Organisation bei ihren relevanten Themen?
- Schwimmt sie dort nur mit oder spielt sie als Diskussionspartner eine aktive Rolle?
- Wird über sie in relevanten Blogs, in ausgewählten Fachforen und sozialen Netzwerken diskutiert?
- Gibt es sogar fachspezifische Gruppen zu einzelnen Themenfeldern oder Produkten?
- Gibt es Meinungsmacher, die Produkte und Leistungen positiv empfehlen oder kritisch beäugen?
- Wie steht das Unternehmen im Vergleich zu den Mitbewerbern? Wie zur gesamten Branche?
- Welche Themen werden sonst in der Branche wie stark und intensiv diskutiert?
- Wo und bei welchen Themen würden sich die Zielgruppen ein Engagement erwünschen?

230 Der Google Keyword Planner ist ein hilfreiches Tool, um schnell einen Überblick zu erhalten, ob, beziehungsweise wie häufig nach einem Begriff oder einer Begriffskombination gesucht wird. Einzige Voraussetzung: ein Google-Account. Weitere Informationen auf https://ads.google.com/home/; daneben sind ebenfalls das Tool Ubersuggest von Neil Patel (https://neilpatel.com/de/ubersuggest) sowie Google Trends (https://trends.google.de) bei diesen Fragen hilfreich.

231 Eine detaillierte Basis-Analyse, um einen ersten Eindruck von der aktuellen Positionierung der eigenen Webseite zu erhalten, lässt sich über die beiden kostenlosen Tools durchführen: https://www.seobility.net/de/seocheck/ oder https://neilpatel.com/de/seo-analyzer/.

232 Tools wie http://ami.responsivedesign.is und https://search.google.com/test/mobile-friendlyhelfen, regelmäßig und schnell zu überprüfen, ob eine Website oder ein Corporate Blog Voraussetzungen wie responsives Design, schnelle Erreichbarkeit etc. erfüllt, um in Suchmaschinen möglichst hoch gerankt zu werden.

Antworten auf solche Fragen zeigen schnell auf, ob und in welcher Tonart über die Organisation im Social Web gesprochen wird – eher positiv, negativ oder doch neutral. Zudem wird erkennbar, in welchen sozialen Medien die Organisation noch stärker aktiv werden sollte, weil sich dort beispielsweise Influencer oder aber auch hauseigene Markenbotschafter regelmäßig über die Marken der Organisation äußern. Gerade die Identifizierung der richtigen Multiplikatoren, Markenbotschafter und von relevanten Influencern – ob Experten, Prominente, Medienvertreter oder »normale« Nutzer – ist eine wichtige Voraussetzung für die spätere Anbahnung eines erfolgreichen Dialogs.

Sichtbarkeit relevanter Themen

Ein drittes entscheidendes Element beim Thema Auffindbarkeit ist mit der Frage verbunden, welche mediale Sichtbarkeit das Unternehmen bisher hat. Wie stark greifen relevante Publikums- und Fachmedien, einflussreiche Journalisten, reichweitenstarke Fachblogger und andere meinungsstarke Influencer die Themen auf, die für die Organisation von Bedeutung sind? Werden hier Schwächen festgestellt, so sollte verstärkt auf Influencer-Kommunikation (s. Kapitel 4.3.4) sowie auf eine intensivierte Presse- und Öffentlichkeitsarbeit gesetzt werden, sowohl mit digitalen als auch mit analogen Medien. Auch dies könnte ein Ergebnis der Sichtbarkeitsanalyse sein.

Ähnlich wie bei der klassischen Medienbeobachtung bietet sich im Rahmen der Nullmessung eine ganzheitliche Medienanalyse bezogen auf die digitalen Medien oder ein – zumindest für den Anfang – zeitlich begrenztes Monitoring an. Über solch ein Monitoring erhalten Kommunikatoren einen Eindruck davon, wie über ihr Unternehmen, ihre Institution derzeit gesprochen wird. Das heißt: Wer berichtet, wie häufig, mit welchem Einfluss, in welchen sozialen und sonstigen Online-Medien, in welcher Tonalität und über welche Themen?

TOOL-TIPP

Monitoring via Alerts

Auch nach Abschluss einer ersten Sichtbarkeitsanalyse sollten Organisationen ihre zentralen Begriffe weiterhin genau im Blick behalten. Für solch ein Begriffs-Monitoring sind Alerts durchaus hilfreich, lassen sie sich in wenigen Minuten schnell, einfach und kostenlos einrichten. Von dem Moment an erhalten die Organisationen per E-Mail oder als RSS-Feed Hinweise auf Publikationen auf Webseiten, in Berichten, Publikationen sowie sozialen Medien, sollte der beobachtete Begriff erwähnt werden. Gleichzeitig muss sich jeder bewusst sein, dass mit solchen Alerts immer nur ein Teil der Aktivitäten beobachtet wird. Ein professionelles Monitoring können sie daher zwar sinnvoll ergänzen, aber keineswegs komplett ersetzen.

Hilfreiche Alerts lassen sich einfach einrichten unter anderen über:
- mention -www.mention.com
- Google Alerts -www.google.de/alerts
- Talkwalker Alerts -www.talkwalker.com/alerts

7.6 Analyse von Wettbewerb und Branche

Fast jede Organisation – ob Unternehmen, Institutionen oder selbst Non-Profit-Organisationen und Stiftungen – agiert in einem unmittelbaren Wettbewerbsumfeld. Das bedeutet: Auch andere beschäftigen sich mit ähnlichen Themen, Produkten oder Services, haben diese in ihren Angeboten und Portfolios oder kämpfen um Aufmerksamkeit und Unterstützung für ihre Projekte. Diese konkurrierenden Branchenakteure sind bei jeder Analyse zu berücksichtigen. Solch ein Blick über den eigenen Tellerrand liefert meist eine etwas andere Sicht auf das Unternehmen. Damit lassen sich die eigenen Aktivitäten deutlich besser und realistischer einschätzen und zusätzlich wertvolle Informationen zu Mitarbeitern, Branche, möglichen Themen und Inhalten sammeln. Bezogen auf den Wettbewerb sollten sich Organisationen fragen:
- Wie aktiv sind meine Mitbewerber? Und über welche Medien kommunizieren sie?
- Wie ist deren Webseite? Welche Qualität haben die dort publizierten Inhalte?
- Betreiben sie gute Online-Werbung? Oder eine funktionierende E-Mail-Marketingstrategie?
- Verfügen sie über ein Blog, ein regelmäßiges Magazin oder einen Chat-Service?
- Wie aktiv sind sie in den sozialen Medien? Und wie regelmäßig?
- Haben die Inhalte einen wirklichen Nutzwert? Also erzeugen sie Interaktion?
- Über welche Themen tauschen sich die User zu den Mitbewerbern aus?
- Wie ist deren Positionierung im Vergleich zum eigenen Unternehmen?
- Ist eine Strategie hinter dem Engagement erkennbar?

Organisationen müssen genau beobachten, wie ihre Mitbewerber beim Kampf um Aufmerksamkeiten agieren, welche Kampagnen und Aktionen sie für ihre Marke, ihre Produkte und ihre Projekte initiieren, wie sich deren Mitarbeiter nach außen zeigen und wie sie über die Kommunikationskanäle mit ihren Kunden interagieren. Eine detaillierte Kanalanalyse muss – sofern ersichtlich und analysierbar – unter anderen Corporate Website samt Microsites, E-Mail-Marketing, Online-PR-Aktivitäten, Engagement in Foren und in Blogs, Kommunikation per Messenger und Chatbots, Social Media Relations in Netzwerken und Communitys einbeziehen. Anhand dieser Aktivitäten lässt sich beurteilen, ob hinter dem Engagement eine wirkliche Strategie erkennbar ist, oder ob es sich eher um verstreute Aktivitäten im Rahmen einzelner Aktionen handelt.

Competitive Benchmarking
Im Rahmen der Wettbewerbsanalyse liefert zudem ein Competitive Benchmarking wesentliche Informationen. Es beantwortet die Frage, wie die eigene Marke im Vergleich zum Wettbewerb steht und wie beide Seiten insbesondere in der Fachöffentlichkeit und bei relevanten Multiplikatoren wahrgenommen werden. Gerade über das regelmäßige Posting von Inhalten in den sozialen Medien lassen sich Schlussfolgerungen über das Engagement der Mitbewerber im Social Web ziehen – auch als Vergleichsgröße und Maßstab für die eigenen Aktivitäten. Die Ergebnisse solcher Beobachtungen – positive wie negative – liefern einen zentralen Lerneffekt, an welchen Punkten Unternehmen und Institutionen von ihren Mitbewerbern lernen sollten, wo sie ihre bisherigen Aktivitäten optimieren müssten und welche Themen sie selbst aufgreifen sollten.

Wertvoll ist zudem eine Analyse des Volumens und der Frequenz der Aktivitäten. Über diese erhält die Organisation indirekt Aufschluss über die Stärke der Mannschaft, die beim Mitbewerber für die digitalen Aktivitäten zuständig ist. Aufschlussreiche Ergebnisse liefert zudem eine Sentiment-Analyse, die den Anteil der positiven, negativen und neutralen Beiträge bei der Konkurrenz im Vergleich zum eigenen Unternehmen misst. Jedoch ist zu beachten, dass gerade kostenlose Tools klar an ihre Grenzen stoßen und für eine Sentiment-Analyse nur äußerst begrenzt taugliche Daten liefern. Tiefer greifende und umfassende Analysen ermöglichen nur umfangreichere, kostenpflichtige Instrumente, von denen im Kapitel Evaluation noch die Rede sein wird.

Auf jeden Fall ist es sinnvoll, zu den Namen der Mitbewerber, zentralen Marken und relevanten Personen jeweils einzelne Alerts zu setzen, um die Aktivitäten über einen fest definierten Zeitraum im Auge zu behalten und zudem Anregungen für die eigene Arbeit zu erhalten. Sollten keine direkten Mitbewerber existieren, lohnt sich ein eingehender Blick auf verwandte Branchen, die sich mit ähnlichen Themenfeldern beschäftigen und damit vor ähnlichen Herausforderungen stehen. Auch solch ein Monitoring kann interessante Aufschlüsse für die eigene Arbeit liefern.

Inkludierte Konkurrenz- und Branchenanalyse
Für viele Organisationen ist die Konkurrenzanalyse mit der Beobachtung ihrer Mitbewerber abgeschlossen. Jedoch sollte sie mit einer Branchen- und einer Themenanalyse kombiniert werden. Nur auf diese Weise lässt sich herausfinden:

- worüber die Menschen in der Branche sprechen,
- welche Themen wie stark diskutiert werden – und dies unabhängig von Unternehmen und Marken selbst,
- welche Inhalte, Entwicklungen und Trends bei Kunden, Mitarbeitern, Partnern, Zulieferern, Medienvertretern, Multiplikatoren große Relevanz haben,
- welche besonderen individuellen Bedürfnisse bestehen,
- wo die Zielgruppen ein anderes oder verstärktes Engagement erwarten,
- welche Veränderungen, neue Produkte oder erweiterte Services erwünscht sind.

Solche Aspekte sollten sorgfältig analysiert und die Ergebnisse ausgewertet werden, um festzustellen, welche Angebote es noch nicht gibt und mit welchen die Organisation in Zukunft bei ihren Zielgruppen einen Mehrwert und damit Bindung erzielen könnte. Gerade dies sind Informationen, die dringend in die Strategie einfließen müssen, da sie ihre Ausrichtung und die Content-Strategie maßgeblich mitentscheiden. Verzichtet ein Unternehmen oder eine Institution dagegen auf solch eine Branchen- und Themenanalyse, wird sie bei den Diskussionen und Anregungen stets außen vor bleiben. Sie wird überhaupt nichts – oder verspätet – von den Inhalten mitbekommen, hat sie eigene Kernthemen nicht in ihrem regelmäßigen Beobachtungsradar ausreichend berücksichtigt.

7.7 SWOT: Das Fazit zur Analyse

Nach dem vorläufigen Ende der Analyse besteht die zentrale Herausforderung darin, die gesammelten Informationen nach Relevanz zu sortieren. Ansonsten bestünde die Gefahr, sich im Wust von Informationen zu verirren und das Wesentliche aus den Augen zu verlieren. Es muss also gefragt werden, welche Informationen wirklich hilfreich sind, welche Erkenntnisse in die Strategie unbedingt einfließen müssen und woraus sinnvolle Schlussfolgerungen für die weitere Strategieentwicklung abgeleitet werden sollten.

Entscheidend ist dabei, dass Unternehmen und Institutionen Mut zur Verdichtung haben. Sie sollten sich nicht die Frage stellen, welche möglichen Daten und vielfältigen Informationen vorhanden sind, noch erhoben werden und vielleicht für das Unternehmen von Interesse sein könnten. Vielmehr ist aufgrund begrenzter zeitlicher und personeller Ressourcen eher die Frage zu stellen, welche Punkte wirklich wichtig sind. Auf jeden Fall müssen am Ende der Situationsanalyse klare, logisch aufbereitete Schlussfolgerungen stehen, die selbst für Außenstehende jederzeit nachvollziehbar sind.

Faktenspiegel als komprimiertes Analysefazit

Die Ergebnisse der Analyse sind in der Summe oft zu unübersichtlich, um daraus strategische Entscheidungen abzuleiten. Der Konzeptioner Klaus Schmidbauer bringt hierzu ein praktisches Werkzeug ins Spiel: den Faktenspiegel. Dieser sei »die strukturierte und komprimierte Sammlung aller für die Kommunikationsaufgabe relevanten Daten, Fakten und Hintergrundinformationen«. Er schlägt vor, das gesamte Material zuerst quer zu lesen und in einen Plus- und in einen Minus-Stapel aufzuteilen, die wichtigsten Stellen schriftlich zusammenzufassen oder an eine Pinnwand zu hängen und aus gefilterten Kerninformationen den Faktenspiegel zu erstellen.[233]

233 Vgl. https://bit.ly/dks_schmidbauer_analyse; siehe zum Thema auch: Schmidbauer/Jorzik (2017), S. 126 ff.

Hier werden die gewichteten Aussagen zusammengefasst, um aus den Informationen einen klaren Überblick über die zentralen Recherchefelder zu gewinnen: Produkte, Dienstleistungen und Angebote, Branche, Markt und Konkurrenz, relevante Zielgruppen, vorhandene Ressourcen, Image und Medienresonanz. Diese komprimierte Ergebnisdokumentation am Ende eines Analyseprozesses sollte nur wenige Seiten Text umfassen und als Grundlage für den weiteren analytischen Prozess und die Einordnung der Informationen in ein Stärken-Schwächen- sowie in ein Chancen-Risiken-Profil dienen: die sogenannte SWOT-Analyse. Dabei, warnt Professor Michael Bernecker sind die »aus der internen Analyse gewonnenen Informationen, aus Untersuchungen von Kundenbeziehungen, Kernkompetenzen, Serviceleistungen, Partnerschaften etc.« für die SWOT-Analyse ebenso wichtig, »wie die Daten aus der externen Analyse, die das Umfeld des Unternehmens und den relevanten Markt beschreiben.«[234]

Die Vorbereitung der SWOT-Analyse

Die SWOT-Analyse ist ein traditionelles Instrument der strategischen Planung. Sie zählt im Bereich Business Development zu den bekanntesten und gängigsten Tools. Auch in der Kommunikations- und Marketingbranche hat sie sich zu einem akzeptierten und weitverbreiteten Werkzeug entwickelt, um Analysedaten zu gewichten. Das heißt, aus der Analyse lassen sich per SWOT die Fakten herausziehen, die für das zu kommunizierende Thema und die zu erreichende Zielgruppe relevant sind, um damit konkrete Aufschlüsse und zentrale Erkenntnisse aus der Ist-Situation eines Unternehmens oder einer Institution für die künftige Strategie zu ziehen. Dazu fokussiert sie sich auf die entscheidenden Indizien, um ein wirkliches Analysefazit zu ziehen. Oder wie es Klaus Schmidbauer in seinem Video über die SWOT-Analyse[235] auf den Punkt bringt: Aus den vielen Fakten aus der Analyse werden wirklich relevante Faktoren für die Strategie. Daher sollten drei Grundgedanken berücksichtigt werden:

1. Wie lautet die Aufgabe? Nur aufgabenrelevante Fakten gehören in die SWOT.
2. Wer ist die Zielgruppe? Die SWOT wird stets mit der Brille der Zielgruppe erstellt.
3. Welche sind wirklich relevant? Die SWOT gewichtet die Faktoren in A (Faktoren, die abheben) und B (wichtig, aber nicht einmalig). Die Strategie greift bevorzugt auf die A-Faktoren zu.

Eine Matrix für Stärken, Schwächen, Chancen und Risiken

Die gesammelten Daten werden zu einem SWOT-Portfolio summiert, das im Einzelnen aus vier Bestandteilen (s. Abb. 20) besteht. SWOT ist dabei ein englisches Akronym, das auf seine Anfangsbuchstaben gekürzt bedeutet:

- S steht für Strengths, die Stärken und Fähigkeiten des Kommunikationsobjektes. Durch diese Merkmale genießt es Vorteile, Stärken und besondere Talente im Vergleich zur Konkurrenz.

234 https://www.marketinginstitut.biz/blog/swot-analyse/.
235 Siehe https://bit.ly/dks_schmidbauer_swot.

- W steht für Weaknesses, die Schwächen des Kommunikationsobjektes, also wo die Organisation im Vergleich zur Konkurrenz Schwächen zeigt und Handicaps und Nachteile hat.
- O steht für Opportunities, die möglichen Chancen, Optionen und Verstärker draußen im Umfeld des Kommunikationsobjektes.
- T steht für Threats, die vorhandenen Risiken, Gefahren und Probleme, die draußen im Umfeld warten und lauern.

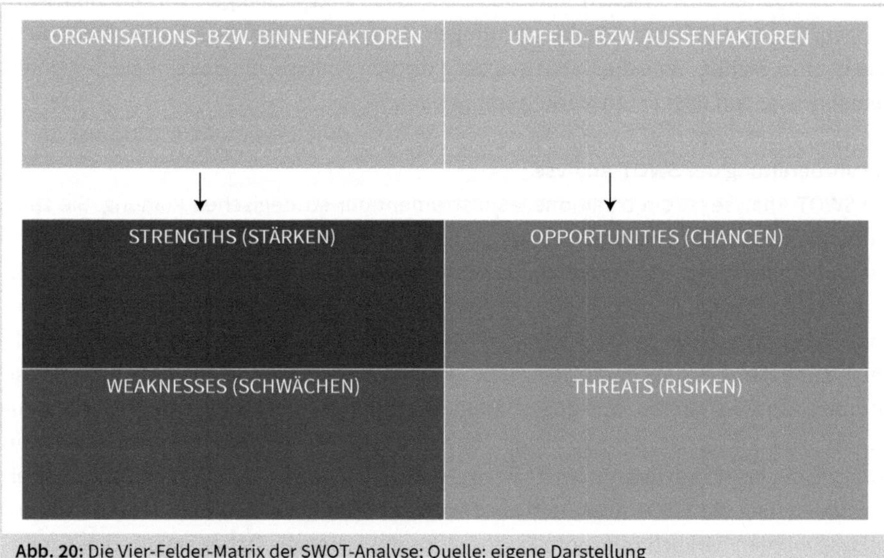

Abb. 20: Die Vier-Felder-Matrix der SWOT-Analyse; Quelle: eigene Darstellung

Die SWOT-Analyse hilft bei der Beantwortung zentraler Fragen:

- Wie sieht die unternehmensinterne Ausgangssituation aus?
- Welche positiven Merkmale und Erfolge zeichnet die Organisation aus?
- Worin liegen ihre besonderen Stärken und Schwächen?
- Welche unternehmensexternen Faktoren beeinflussen die Organisation?
- Welche Herausforderungen stellen der Markt beziehungsweise das Umfeld?
- Welchen Trends und Entwicklungen sollten besondere Beachtung geschenkt werden?
- Wie sollen die Stärken richtig eingesetzt und die Schwächen kompensiert werden?[236]

Die Vier-Felder-Matrix ist zugleich eine interne Stärken-Schwächen-Analyse sowie eine externe Chancen-Risiken-Analyse. Im ersten Schritt wird aus Perspektive der Organisation gefragt, wo die Stärken und Schwächen in Bezug auf die Aufgabenstellung liegen.

236 Eine ausführliche Beschreibung der SWOT-Analyse inklusive der richtigen Vorgehensweise samt hilfreicher Checkliste hat auch Michael Bernecker publiziert; https://www.marketinginstitut.biz/blog/swot-analyse/.

Es geht um die Binnenfaktoren, also um Aspekte, die im engeren Sinne der Organisation oder ihrem Produkt zugeordnet werden und von ihr beeinflusst werden können. Unternehmen und Institutionen müssen herausfiltern, auf welche Merkmale sie besonderen Fokus legen sollten, die ihren Erfolg am stärksten fördern und gleichzeitig ihren Zielen entsprechen. Merkmale, durch die sich das Unternehmen positiv von der Konkurrenz abgrenzt, werden als Stärken bezeichnet. Gleichzeitig gilt es herauszufinden, in welchen Bereichen noch Verbesserungsbedarf besteht, was vermieden werden sollte und welche Dinge zum Misserfolg führen oder bisher führten. Merkmale, in denen die Organisation Defizite aufweist, werden als Schwächen angesehen.

Überwiegen die Stärken, so ist die kommunikative Ausgangsposition als grundsätzlich günstig einzuschätzen. Sind hingegen die Schwächen in der Mehrzahl, ist dies ein Indiz für Handlungsbedarf, der bis in die Organisationsstruktur eines Unternehmens hineinreichen kann. Gleichzeitig kann es durchaus vorkommen, dass »ausgeprägte Stärken eines Unternehmens für die Lösung eines Kommunikationsproblems eine wesentlich größere Bedeutung haben kann als die aufgezeigten Schwächen, auch wenn diese zahlenmäßig überwiegen.«[237]

Von den Binnenfaktoren zu den Außenfaktoren

Der zweite Schritt wirft einen Blick auf das Umfeld der Organisation, also auf die Außenfaktoren, die Herausforderungen und Risiken, die in externen Bedingungen ihre Ursache haben. Auch die externen Unternehmensfaktoren können Erfolg oder Misserfolg einer Organisation stark mitbestimmen, selbst wenn sie vom Unternehmen nicht direkt beeinflussbar sind. Neue Technologien und Trends, Entwicklungen am Markt und in der Branche, verändertes Kundenverhalten und gesetzliche Neuerungen aber auch gesellschaftspolitische Veränderungen und politische Krisen können eine Organisation und ihr Geschäftsmodell – oftmals das einer gesamten Branche – entscheidend beeinflussen, positiv wie negativ.

In dieser Stufe wird genau überlegt, wo sich im Markt Chancen und Gefahren erkennen lassen, auf die sich die Organisation bereits jetzt fokussieren sollte. Bei der Bewertung der Chancen und Risiken sollten Organisationen den externen (Meinungs-)Markt und ihr direktes Umfeld berücksichtigen. Sie sollten sich fragen, ob sich im Umfeld Chancen für eine erfolgreiche Kommunikation bieten, beispielsweise indem das Unternehmen auf Trends aufsetzt, die bereits bei Stakeholdern – Kunden, Partner wie Medien – ein positives Image genießen. Oder ob sie von neuen gesellschaftlichen, wirtschaftlichen, rechtlichen etc. Entwicklungen profitieren können. Oder aber: Ob dort eher besondere Risiken lauern, welche die Marktposition in Zukunft gefährden, die Kommunikation erschweren oder den Erfolg behindern können.

237 Ruisinger/Jorzik (2013/2021), S. 62.

Das Positive und sofort Ersichtliche einer SWOT-Analyse: Stärken, Schwächen, Chancen und Risiken werden in der Matrix übersichtlich und einfach verständlich gegenübergestellt. Resultate der Analyse werden auf einen schlüssigen Nenner gebracht, wobei die Ergebnisse kompakt in vier Feldern dargestellt sind. Organisationen können auf den ersten Blick erkennen, an welchen Schwächen sie konkret arbeiten müssen und auf welchen Stärken sie in der Strategieentwicklung aufbauen können. Sie erfahren, welche Chancen und welche Risiken sie bei der Kommunikation besonders berücksichtigen sollten. Sie können für sich direkt Themen- und Arbeitsfelder ableiten. Für die gezielte Ausrichtung einer digitalen Kommunikationsstrategie sind solche Hinweise extrem hilfreich – ebenfalls für die kommende Positionierung (s. Kapitel 10), die genau auf der SWOT-Analyse aufsetzt.

Bildung einer SWOT-Matrix

Die beschriebenen Schritte weisen aber auch Mankos auf[238]: Während die Stärken- und Schwächen-Analyse auf den Werten der Vergangenheit basiert, werden Chancen und Risiken oft für die Zukunft prognostiziert. Dieses Zeitsprungs sollten sich Organisationen im Rahmen ihrer Analyse bewusst sein. Die fehlende Objektivität ist ein weiteres Problem: So sind die Schlussfolgerungen aus der SWOT-Analyse immer von der eigenen Subjektivität, von persönlichen Einstellungen und Vorstellungen geprägt. Diese subjektive Färbung ist bei der finalen Beurteilung ebenfalls zu berücksichtigen.

Die unternehmensinternen Stärken und Schwächen und die externen Chancen und Risiken sind identifiziert, die Ergebnisse in die vier Felder der SWOT-Matrix integriert. Insbesondere aus der Kombination der verschiedenen Faktoren lassen sich strategische Schlussfolgerungen ableiten, welche die Stoßrichtung für die künftigen Maßnahmen mit vorgeben. Hierbei gilt es, den Nutzen aus Stärken und Chancen zu stärken und zu optimieren und parallel die negativen Effekte aus Risiken und Schwächen zu reduzieren. Innerhalb einer sogenannten SWOT-Matrix lassen sich je nach Aufgabenstellung und Faktenlage typische Aufgaben entwickeln, wie Abb. 21 darstellt.

238 Siehe ausführlicher https://www.marketinginstitut.biz/blog/swot-analyse/.

SWOT-PORTFOLIO	STRENGTHS	WEAKNESSES
OPPORTUNITIES	S-O-STRATEGY: Über welche Stärken verfügt die Organisation? Wie lassen sich diese – ausgebaut – einsetzen, um bestehende Chancen zu nutzen?	W-O-STRATEGY: Wie lassen sich Schwächen abbauen, um Chancen zu nutzen? Aus welchen Schwächen lassen sich sogar Stärken entwickeln?
THREATS	S-T-STRATEGY: Welche Stärken sind durch Risiken auf dem Markt gefährdet? Wie lassen sich Stärken nutzen, um Risiken zu vermeiden bzw. zumindest zu minimieren und entschärfen?	W-T-STRATEGY: Wie ist zu vermeiden, dass sich keine Schwächen zu Risiken entwickeln? Welche Risiken lauern, wenn das Unternehmen Schwächen nicht abbauen kann?

Abb. 21: SWOT-Matrix; Quelle: eigene Darstellung auf Basis des DIM Deutsches Institut für Marketing, Ruisinger/Jorzik (2013/2021), S. 62 f., Schmidbauer/Jorzik (2017), S. 171 ff

Ein kurzes Analysefazit

Eine SWOT-Analyse ist ein wichtiges Strategie-Instrument. Sie setzt eine Art Schlussstrich – zumindest einen vorübergehenden – unter die bisherige Analysearbeit. Sie hilft, die Ergebnisse übersichtlich den Chancen und Risiken, Stärken und Schwächen zuzuordnen, woraus sich Herausforderungen ableiten lassen. Und sie macht deutlich, an welchen Punkten die Kommunikation künftig ansetzen und welche Herausforderungen sie meistern muss. Angesichts der Fülle an gefundenen und in ihrer Bedeutung geordneten Informationen, Daten und Fakten kann man die SWOT-Analyse als das wirkliche Sprungbrett für die dann auszuformulierende Strategie bezeichnen.

Mit dem Abschluss der Analyse ist der erste wesentliche Schritt hin zu einer digitalen Kommunikationsstrategie getan. Auf Basis der eigenen Erfahrungen lässt sich sagen, dass dies in vielen strategischen Prozessen über 50 Prozent der Arbeitszeit ausmacht. Dies unterstreicht nochmals, wie wichtig es ist, sorgfältig vorzugehen und sich für jeden Schritt ausreichend Zeit zu nehmen. Schließlich legen Organisationen mit dieser Analysearbeit die Grundlage für alle weiteren strategischen Schritte, die noch folgen. Auf dieser Basis können im nächsten Schritt die zukünftigen Koordinaten des strategischen Kurses – Ziele (Kapitel 8), Zielgruppen (Kapitel 9), Positionierung (Kapitel 10) etc. – festgelegt werden. Genau dies folgt in den kommenden Buchkapiteln.

LESE-TIPP

Analysemethoden

Neben der SWOT-Analyse gibt es weitere Methoden, die bei der Entwicklung einer Strategie hilfreich sind. Dazu zählen die Ist-Soll-Analyse, Benchmark-Analyse, Kompetenz-Analyse, Eigenbild-Fremdbild-Vergleichsanalyse, Zielgruppen- oder Stakeholder-Analyse, Positionierungsanalyse, die PEST-Analyse oder auch die stärker emotional und subjektiv geprägte SOFT-Analyse.

Auf diese Methoden wird unter anderen in folgenden Büchern näher eingegangen:

- Pfannenberg, Jörg; Tessmer, Anne; Wecker, Manuel (2019): Die Kommunikationsstrategie entwickeln: 111 Tools ready-to-use, 1. Auflage, Stuttgart.
- Ruisinger, Dominik; Jorzik, Oliver (2013/2021): Public Relations. Leitfaden für ein modernes Kommunikationsmanagement, 2./3. Auflage, Stuttgart, S. 63 f.
- Schmidbauer, Klaus; Jorzik Oliver (2017): Wirksame Kommunikation mit Konzept. Ein Handbuch für Praxis und Studium, Potsdam, S. 143 ff.
- Zerfaß, Ansgar; Volk, Sophia Charlotte (2019): Toolbox Kommunikationsmanagement. Denkwerkzeuge und Methoden für die Steuerung der Unternehmenskommunikation, Wiesbaden, S. 27 ff.

8 Die Zielbestimmung: Was wollen wir erreichen?

8.1 Ziele statt Blindflüge

Ausgehend von den Ergebnissen der Ist-Analyse werden im nächsten Schritt die Ziele der digitalen Kommunikationsstrategie definiert. Schließlich müssen Ziele stets Ausgangs- und Mittelpunkt aller Aktivitäten sein[239], die Kommunikation ist wiederum die Fahrkarte auf der Fahrt zu fest definierten Zielen. Nur wer sie klar fixiert, in Kern- und Nebenziele priorisiert und auf die jeweiligen Zielgruppen bezieht, wird später die richtigen Kanäle und Instrumente auswählen. Von den Instrumenten statt von den Zielen auszugehen, ist dagegen einer der häufigsten Fehler, wie bereits erwähnt. Denn wenn Verantwortliche nicht wissen, welche Kommunikationsziele erreicht werden sollen, läuft jedes Engagement ins Leere – Kommunikation wird zum ineffizienten Blindflug.

Bereits die Analyse hat wesentliche Anhaltspunkte geliefert, wie gut das Unternehmen die Voraussetzungen für eine digitale Kommunikation erfüllt. Parallel sind die übergeordneten Unternehmensziele sowie vorhandene Marketing- und Kommunikationsziele zu berücksichtigen. Schließlich sollten sich die Ziele einer digitalen Kommunikation immer an ihnen ausrichten beziehungsweise sich ihnen quasi unterordnen. Auch diese Überlegung trägt dazu bei, Ziele realistisch zu definieren und strategisch auszurichten. Hinzu kommt: Reine Kommunikations- oder gar Social-Media-Ziele haben nur eine begrenzte Wirkung. Sie müssen sich immer an den wirklichen Organisationszielen messen lassen. Oder wie Jay Bear, Digital-Experte, völlig zu Recht schreibt: »The goal is not to be good at social media. The goal is to be good at business because of Social Media.«[240]

Bei ihrer Formulierung sollten sich Unternehmen und Institutionen folgende drei Voraussetzungen vor Augen führen:

1. **Übergeordnete Unternehmensziele**: Digitale Kommunikation soll einen Beitrag zur Erreichung übergeordneter ökonomischer, gesellschaftlicher oder politischer Ziele leisten. Kommunikationsziele müssen daher in enger Abstimmung mit der Unternehmensstrategie und den übergeordneten Unternehmenszielen formuliert sein. Sie sind direkt aus den Unternehmenszielen abzuleiten und ihnen klar unterzuordnen; und

239 Unter Strategen und Konzeptionern wird oft diskutiert, ob eine Strategie erst die Ziele und dann die Zielgruppen behandeln sollte, oder umgekehrt wie zum Beispiel beim POST-Ansatz. Es gibt keinen eindeutigen Königsweg, beide Vorgehensweisen sind durchaus möglich. Es ist daher zu empfehlen, dass Unternehmen und Institutionen für sich selbst entscheiden, welche Reihenfolge besser zu ihrer Arbeitsweise und der vorliegenden Aufgabe passt.

240 Quesenberry (2018), S. 55.

sie müssen die Managementziele unterstützen und deren strategischer Zielsetzung folgen. Die Business-Strategie und die daraus abgeleiteten Unternehmensziele bilden damit das Dach für die Formulierung der Ziele. Sie bestimmen, in welche Richtung sich die Kommunikation entwickeln soll und legen fest, welche Ziele das Unternehmen erreichen will. Sie definieren, in welcher Sprache das Unternehmen mit seinen Stakeholdern spricht. Nur so kann sich die digitale Kommunikationsstrategie wie ein Zahnrad in die Unternehmens- und Kommunikationsstrategie einfügen und kann auf die Unternehmensziele und die davon abgeleiteten Kommunikationsziele einzahlen. Bei jeder gewählten Maßnahme muss folglich bereits vor der Durchführung genau definiert sein, welchen Beitrag sie zum Unternehmenserfolg leistet und ab wann vom Erfolg der Maßnahme gesprochen werden kann.

2. **Einbezogene Mitarbeiter**: Die Verantwortlichen sollten möglichst alle betroffenen Mitarbeiter zu einem frühen Zeitpunkt einbeziehen: von der Kommunikationsabteilung, über das Service- und Support-Team, die HR-Abteilung bis zu den Marketing- und Produktexperten. Dies ist die Voraussetzung, dass Zielformulierungen tief im Unternehmen verankert bleiben. Mitarbeiter bestimmen schließlich mit ihrer Haltung mit, ob die Ziele später erreicht werden. Mit ihrem Verhalten können sie deren Erreichen unterstützen, aber auch verzögern oder gar blockieren. Sie müssen daher von vornherein wissen, warum die Organisation welche Ziele erreichen will, was sie plant, in welchem Maße sie selbst betroffen sind und wie sie partizipieren können. Nur wenn sie die Ziele kennen und akzeptieren, werden sie diese unterstützen oder sich persönlich für sie einsetzen.
3. **Hierarchisierte Ziele**: Die Ziele sind klar zu strukturieren und zu hierarchisieren. Wie noch gezeigt wird, ist stets zwischen wenigen übergeordneten Hauptzielen und darauf aufbauenden Teil- beziehungsweise Nebenzielen zu unterscheiden. Ziele werden dazu entsprechend ihrer Bedeutung für die Lösung der gesamten Kommunikationsaufgabe sortiert. Die Segmentierung sollte hierarchisch, zielgruppenspezifisch oder nach zeitlichen Dimensionen erfolgen, das heißt kurz-, mittel- oder langfristig. Zudem sollten Ziele quantifiziert werden, wobei zu berücksichtigen ist, dass sie mit den vorhandenen finanziellen, personellen wie fachlichen Ressourcen umsetzbar bleiben. Gleichzeitig sollten sich Organisationen nicht zu viele Ziele setzen, damit die Umsetzung durch bestehende Budget-, Zeit- oder Personalrestriktionen nicht gefährdet wird.

8.2 Qualitativ-strategische Ziele

Im ersten Schritt sind strategische Kommunikationsziele zu definieren und auszuarbeiten. Sie beschreiben grundsätzlich die Richtung, in die sich die digitalen Aktivitäten bewegen beziehungsweise welche Schwerpunkte sie legen. Dazu müssen Unternehmen und Institutionen die Position ihrer Stakeholder einnehmen und aus deren Sicht die Rolle und die Chancen für die eigene Organisation ermitteln. Dazu sind wiederum die in der Analyse gesammelten Informationen hilfreich. Grundsätzlich lassen sich mit digitaler Kommunikation vielfältige Ziele erreichen, wie Abb. 22 verdeutlicht.

Abb. 22: Mögliche Ziele einer digitalen Kommunikation; Quelle: eigene Darstellung

Demnach könnte eine digitale Kommunikation das qualitativ-strategische Ziel haben:

- den Bekanntheitsgrad der Organisation beziehungsweise ihrer Produkte zu steigern,
- das Image durch die Vermittlung glaubwürdiger Informationen zu verbessern,
- einen kontinuierlichen Dialog mit relevanten Anspruchsgruppen aufzubauen,
- die Kommunikationsprozesse mit internen Zielgruppen zu intensivieren,
- das Wissensmanagement intern zu optimieren,
- ein besseres Verständnis für komplexe Produkte zu schaffen,
- durch lebendige Unternehmenseinblicke der Marke ein Gesicht zu geben,
- Trends und Entwicklungen schneller zu erkennen und adäquat darauf zu reagieren,
- das Unternehmen als Innovations- und Meinungsführer zu positionieren,
- verstärkt eigene Themen auf die öffentliche Agenda zu setzen,
- den Kundenservice zu erweitern und damit die Kundenzufriedenheit zu verbessern,
- die Kundenbindung durch Maßnahmen mit echten Nutz- und Mehrwerten zu erhöhen,
- durch direktes Feedback eigene Marktforschung zu betreiben,
- Nutzer in Kommunikationsprozesse und Produktentwicklungsprozesse zu integrieren,
- sich selbstbewusst als moderner Arbeitgeber zu präsentieren.

Dies sind nur einige Beispiele für mögliche strategische Ziele. Aktivitäten könnten ebenfalls darauf ausgerichtet sein, Influencer noch stärker zu erreichen und als Multiplikatoren zu gewinnen, um so die Berichterstattung und Sichtbarkeit zu erhöhen; oder die Zahl der

Mitarbeiter als Markenbotschafter und Change Agents innerhalb der Organisation auszubauen, um noch mehr Kollegen von der Notwendigkeit digitaler Kommunikationsaktivitäten zu überzeugen; oder aber den eigenen Share of Voice zu einem Thema zu stärken, mit dem sich das Unternehmen besonders stark identifiziert und sich dazu positionieren will. Darüber hinaus kann man den Dialog mit bestehenden und neuen Ansprechpartnern sowie zusätzlichen Multiplikatoren intensivieren, wenn bisherige Gatekeeper immer weniger funktionieren.

Im nächsten Schritt müssen die bisherigen qualitativ-strategischen Ziele deutlicher spezifiziert und auf einzelne Zielgruppen bezogen werden. Denn was bringen solche rein qualitativen Ziele, wenn sie später nicht konkret und durch Zahlen überprüfbar und Erfolge beispielsweise nachweisbar sind? Die Antwort darauf folgt im nächsten Abschnitt.

8.3 Quantitativ-smarte Ziele

»If you cannot measure it, you cannot improve it.«[241] Dieser Ausspruch stammt von dem britischen Physiker William Thomson, dem späteren Lord Kelvin. Für einen Experimentalphysiker wie ihn stellte Messung einen beträchtlichen Teil seiner täglichen Routine dar. Doch auch auf die Kommunikationsanforderungen lässt sich diese Aussage direkt übertragen. Sie zeigt doch klar, an welchem Problem viele Kommunikationsstrategien von Anfang an kranken: an der fehlenden Messbarkeit der definierten Ziele. Das bestätigt beispielsweise auch die zweijährige Studie »Social Media und Community Management in Deutschland« des Bundesverband Community Management e. V. Danach bestünde gerade bei den Hauptzielen eine große Diskrepanz bezüglich des Erfolgsnachweises.[242]

Die Kommunikationsziele definieren einen Endzustand, der durch verschiedene Kommunikationsmaßnahmen erreicht werden soll. Nach der vorherigen Festlegung der übergeordneten strategischen Ziele sollten daher im zweiten Schritt einzelne Messwerte festgehalten werden, will man später Erfolge nachweisen können. Nur anhand quantitativer Ziele lässt sich die angestrebte Veränderung eindeutig in Zahlen ausdrücken und anhand von Kennzahlen und Werten belegen. Jede Zielformulierung muss folglich messbar, also quantifizierbar und überprüfbar gemacht werden. Auch die enge Verbindung zwischen Unternehmens-, Kommunikations- und digitaler Kommunikationsstrategie ist wiederum zu berücksichtigen. Schließlich gilt in Zeiten des digitalen Wandels, dass nicht nur qualitative, sondern auch quantitative Ziele eng an der Unternehmensstrategie auszurichten sind.

241 https://en.wikiquote.org/wiki/Talk:William_Thomson.
242 Siehe https://www.bvcm.org/bvcm-studie-2018/.

Bereits in einem frühen Stadium sind die anvisierten Ziele exakt zu definieren und vor allem auch zu priorisieren. Was soll genau erreicht werden? Innerhalb welches Zeitraums? Wie soll der Erfolg gemessen werden? Von vornherein ist darauf zu achten, dass Zielformulierungen möglichst präzise, zeitlich terminiert und zudem realistisch in der Umsetzung sind. In der Kommunikationssprache bedeutet dies, dass die gewählten Ziele »smart« sind.

Das Akronym »smart«

Das Akronym »smart« steht dafür, dass Ziele stets konkret definiert werden sollten, damit sie im Rahmen einer Zielvereinbarung hinterher eindeutig überprüfbar und messbar bleiben. Nur mit einem klar definierten Ziel lässt sich am Ende evaluieren, ob es erreicht, übererfüllt oder nicht geschafft wurde. Die fünf Buchstaben der »smart«-Formel[243] stehen für die folgenden Aufforderungen:

S	specific	spezifisch	Bezogen auf die Kommunikationsaufgabe müssen Ziele für alle Beteiligten eindeutig, unmissverständlich und klar verständlich formuliert sein.
M	measurable	messbar	Zielgrößen müssen anhand definierter Zahlen und Kennziffern messbar sein, die das Erreichte belegen und zudem einen Vergleich ermöglichen; nur messbare Ziele lassen sich steuern.
A	accepted	akzeptiert	Ziele müssen allen Beteiligten bekannt und von ihnen akzeptiert sein; nur akzeptierte Ziele werden mit vollem Einsatz verfolgt.
R	realistic	realistisch	Ziele müssen mit den vorhandenen Ressourcen möglich und erreichbar sein. Sie hinterlassen bei allen Beteiligten das Gefühl, tatsächlich verwirklichbar zu sein.
T	timely	terminiert	Ziele müssen Terminvorgaben haben. Sie geben einen klaren Zeithorizont vor, innerhalb dessen das Ziel erreicht werden soll. Dies ist durch konkrete Daten terminiert.

Abb. 23: SMARTE Ziele festlegen; Quelle: eigene Darstellung

Übersetzt: Ziele müssen konkret definiert, eindeutig messbar und von den Betroffenen akzeptiert sein, vom Unternehmen und den involvierten Abteilungen und Personen als realistisch und stemmbar eingeschätzt werden und zudem einen klaren Terminrahmen besitzen. »Kommunikationsziele sind damit eine klare Orientierungs- und Richtgröße für den Entscheider«[244], was als Koordinationsinstrument auch die Erfolgsmessung am Ende

243 In der ursprünglichen Definition der SMART-Ziele von G. T. Doran wird »a« als »attainable« (erreichbar) und »r« als »relevant« bezeichnet.

244 Ruisinger/Jorzik (2013/2021), S. 71.

einer Kampagne ermöglicht. Ausgehend von ihrer vordefinierten Ist-Situation können Unternehmen und Institutionen mithilfe von »smart« formulierten Zielen ihre darauffolgenden Fortschritte klar ersichtlich und für jeden nachvollziehbar dokumentieren. Jederzeit lässt sich konkret überprüfen, ob Ziele erreicht, vielleicht sogar übertroffen wurden, oder ob das Unternehmen an den eigenen Zielen gescheitert ist. Dies gilt für die Hauptziele sowie für die davon abgeleiteten Teilziele.

Die Evaluierung klar definierter und mit Zahlen unterlegter Ziele hat noch einen weiteren Zweck: Die konkrete Messbarkeit und Nachvollziehbarkeit belegt die Chancen und die Wirksamkeit von digitalen Kommunikationsmaßnahmen – gerade auch im Vergleich zu den analogen Kommunikations- und Marketingmaßnahmen.

»smarte« Formulierungen

»Wir wollen als freundliches Familienunternehmen wahrgenommen werden, in dem Mitarbeiter gerne arbeiten und das neuen qualifizierten Kollegen eine 360-Grad-Wohlfühlatmosphäre bietet.« Solch eine Aussage ist nicht »smart«, sondern viel zu unspezifisch. Das formulierte Ziel ließe sich keinesfalls messen und der eventuell eintretende Erfolg damit nicht nachvollziehen. Und was bedeuten Begriffe wie »freundlich« oder »Wohlfühlatmosphäre«?

Stattdessen würde ein »smart« formuliertes Ziel in der digitalen Kommunikation wie folgt lauten: »Innerhalb eines Jahres soll die Zahl der Jobanfragen, die wir über Social-Media-Plattformen erhalten, um 25 Prozent gesteigert werden.« Dies wäre ein konkretes Ziel – hier bezogen auf Social Media –, welches durch verstärkte XING- und LinkedIn-Aktivitäten, ein neues Recruiting-Blog sowie eine Instagram-Ad-Strategie unterstützt werden könnte und sich später überprüfen ließ. Zudem würde dies auf das Unternehmens-Meta-Ziel »Wir benötigen neue qualifizierte Mitarbeiter« einzahlen.

»smart« ist ebenfalls das folgende formulierte Ziel: »Wir wollen, dass unsere Kernaussage ›Wir sind eine kundenfreundliche Firma‹ in 30 Prozent der publizierten Beiträge in den nächsten zwölf Monaten transportiert wird. Dies soll sich sowohl auf unsere Medienarbeit als auch auf unsere Influencer-Kooperationen, auf eigene Publikationen wie auf Earned Content beziehen.« Als Key-Performance-Indikatoren (KPI) – immer abgeleitet vom Unternehmensziel – ließe sich der Anteil der Beiträge nehmen, in denen die Botschaft transportiert wird. Über ein effektives und gesamtheitliches Medien-Monitoring kann verfolgt werden, ob das Ziel innerhalb des Zeitraumes erreicht wurde – oder nicht.

AUSFLUG

Was sind KPI?

Mit Key Performance Indicators (KPI) werden betriebswirtschaftliche Kennzahlen bezeichnet. Anhand dieser lassen sich sämtliche in der Organisation ablaufende Prozesse bewerten und kontrollieren. So lässt sich messen, inwieweit die anvisierten beziehungsweise vorgegebenen Ziele erreicht werden. Dies

betrifft den Fortschritt wie die finale Zielerreichung.[245] Diese Kennzahlen stellen messbare Aspekte auch in der digitalen Kommunikation dar. Ihre Auswahl ist immer vom Zielsystem abhängig.
Der Leistungsindikator ist damit eine Verhältniszahl, die zwei Messwerte miteinander in Beziehung setzt, die also eine Kennzahl mit einem konkreten Ziel verknüpft – beispielsweise Steigerung der Besucher der Webseite um 20 Prozent innerhalb von 6 Monaten im Vergleich zum Vorjahr. So lässt sich ablesen, bis zu welchem Grad eine Zielvorgabe erreicht wurde. Um den wichtigen Unterschied zwischen Messwerten, Kennzahlen und KPIs nochmals zu verdeutlichen[246]:

- Ein Messwert ist eine Zahl, die abgelesen oder durch ein Monitoring-Tool bestimmt wird; im Bereich Webseite sind dies Visits, Views oder Downloads, im Bereich E-Mail-Marketing die Öffnungsrate und Klickrate; im Social-Media-Bereich beispielsweise die Anzahl von Fans, Followern oder Likes.
- Eine Kennzahl bringt mindestens zwei Messwerte in ein Verhältnis wie beispielsweise Likes pro Fan, Seitenaufrufe pro Besucher oder Öffnungsrate pro Abonnenten.
- Erst durch die Verheiratung einer Kennzahl mit einem Ziel wird daraus ein Key Performance Indicator (KPI), um beispielsweise zu erkennen, bis zu welchem Maße eine Zielvorgabe erreicht wurde – wie zum Beispiel prozentualer Anteil der bearbeiteten Fälle im Callcenter.[247]

KPI tragen in Unternehmen und Institutionen dazu bei, Prozesse zu analysieren, zu kontrollieren, zu bewerten und gegebenenfalls anzupassen und zu optimieren. Sie können sich auf die Verweildauer pro Besucher einer Webseite, auf Page Impressions pro Besucher, auf die Click-Through-Rate, auf die Medienreichweite, auf die Anzahl der (positiven) Berichte über die Organisationen in den Medien oder in Blogs, auf die Entwicklung des Markenbekanntheitsgrades, auf die Zahl der Newsletter-Bestellungen oder auf die Interaktionsrate in sozialen Medien beziehen. Für ein systematisches Controlling sollten die Zahlen final in eine Balanced Scorecard[248] integriert und ihr Verlauf dort regelmäßig analysiert werden. Gerade mithilfe der heutigen Vielfalt an praktischen Web-Analyse-Tools, an Social-Media-Analytics-Tools sowie an zeitgemäßen Auswertungssystemen im E-Mail-Marketing können Organisationen heute ihre Kommunikation gezielt steuern. Dabei kommt es darauf an, sich auf die wesentlichen Zahlen zu fokussieren und nur die wirklich relevanten Ziffern herauszufiltern: Messgrößen, die einen

245 Lesenswert zum Thema KPI sind auch Pein (2020), Kapitel 6.5, S. 137ff sowie Evertz (2018), Kapitel 1.4.2., S. 48ff.

246 Einen ausführlichen, wirklich guten Text über die Bedeutung, den Sinn und den Einsatz von KPI – inklusive der Abgrenzung zu Metriken – hat Thomas Hutter publiziert; https://bit.ly/dks_hutter_kpi.

247 Vgl. Evertz (2018), S. 50.

248 Der Begriff »Balanced Scorecard« wird in diesem Beitrag gut verständlich erklärt: https://bit.ly/dks_businesswissen_balancedscorecard.

echten Steuerungsgewinn für die Organisation liefern. Dagegen sollte sie sich nicht verleiten lassen, zu viele KPIs auszuwählen, die auf Dauer meist nur schwer zu verfolgen sind.
Eine nützliche Infografik zu KPIs und zu »smarten« Zielen hat das KPI Institute publiziert. Die »Key Performance Indicators Infographic« geht nicht nur auf die Terminologien und vor allem die Zusammenhänge von Key-Performance-Indikatoren ein, sie zeigt den Wertschöpfungsprozess als Ganzes kompakt auf.
Zur Infografik: https://bit.ly/dks_kpiinstitute_kpi.

Mehr »smarte« Ziele
Die folgenden Beispiele zeigen auf, wie smarte Ziele zu formulieren sind – unabhängig davon, ob die Organisation mit digitaler Kommunikation interne oder externe Ziele verfolgt.

- Intern: »Innerhalb von sechs Monaten hat sich der Anteil der Mitarbeiter, die sich über die hauseigenen internen Kommunikationskanäle austauschen, von bislang 20 Prozent auf 40 Prozent verdoppelt.«
- Intern: »Bei den Mitarbeitern sind innerhalb eines Jahres die positiven Imagewerte »verlässlicher Arbeitgeber«, »gutes Betriebsklima«, »verantwortungsvolle Unternehmenskultur« verankert. In einer ungestützten Befragung konnten zwei Drittel der Mitarbeiter mindestens zwei der Begriffe nennen.«
- Besucherzahlen: »Durch unsere Aktivitäten im Bereich digitaler Kommunikation hat sich die Zahl der Besucher auf unserer Microsite im 3. Quartal um 200 Prozent im Vergleich zum 1. Quartal erhöht.«
- Themensetting: »Beim Kernthema Windenergie ist unser Unternehmen in der Öffentlichkeit innerhalb von zwei Jahren so präsent, dass es 33 Prozent des Shares of Voice bei relevanten Top50-Medien ausmacht.«
- Image: »Die Einschätzung der Event-Location als »cool« und »angesagt« hat sich bei der Kernzielgruppe »18- bis 30-jährige Gäste« auf einer Skala von 1 bis 10 Punkten um fünf Punkte innerhalb von drei Monaten verbessert.«
- Service: »Der Anteil der Support-Anfragen, die über digitale Kommunikationskanäle gelöst werden konnten, hat sich innerhalb von einem Jahr um 30 Prozent erhöht, die Antwortzeit von 30 auf 15 Minuten halbiert.«
- Integriert: »Unsere dreimonatige Digital-Kampagne hat insgesamt 1.000 neue Spender, 10.000 neue Newsletter-Abonnenten sowie 100.000 Euro an Spenden generiert – und damit insgesamt doppelt so viel wie im Vorjahr.«

Wie die Beispiele verdeutlichen, reicht es nicht aus, sich beispielsweise auf ein Wachstum bei den Zahlen der Fans, Follower, Corporate-Website-Besuchern oder bei Newsletter- und YouTube-Abonnenten zu fokussieren. Organisationen sollten stattdessen erweiterte Möglichkeiten berücksichtigen und ihre digitalen Kommunikationsziele so breit und gleichsam so »smart« formulieren, dass sich in ihnen ebenfalls die Unternehmensziele widerspiegeln: eine neue Kundenbasis zu erreichen, mittels neuer Dienstleistungen die

Online-Reputation aufzubauen, interne Recruitment-Prozesse zu optimieren, innovative Produkte auf Basis der Analyse-Ergebnisse und der Fan-Integration zu entwickeln oder die Zahl der Anrufe im Callcenter durch einen Ausbau der Dialogaktivitäten zu reduzieren.

Social Media Zoo

Von Jan Westerbarkey

Gerade bei unseren engsten Verwandten, den Menschenaffen, lassen sich unsere sozialen Verhaltensweisen am besten dokumentieren: Die geschäftsführenden Silberrücken betreten beizeiten mit breiter Brust und trommelnden Fäusten zur Demonstration ihrer Macht und Verkündung ihrer Meinung die Bühne, um schon bei der Umsetzung wieder in den Baumwipfeln verschwunden zu sein. Mindestens eingeschüchtert setzt das Affenvolk die Alltagsgeschäfte, wider besseres Wissen und mit Dienst nach Vorschrift fort. Jegliche Sachargumentation wird unter emotionaler Drohhaltung bereits für die jüngeren Zoobesucher unterbunden, merke: Im Gehege und im Büro herrscht Dominanz und keine Logik. Ausnahmen sind zumindest im Tierreich nicht bekannt.

Oft sind es diffuse Ängste alter Männer, die zwar die Digitalisierung nicht verstehen, aber die Debatte bestimmen. Wenn dann noch Führungskräfte in der Kantine dadurch Lob erhalten, dass ihre Kinder nachweislich Facebook- und WhatsApp-Verbot haben und dies mit den schlechten Noten durch die Neuen Medien begründet wird, so herrscht mehrheitlich Neuland statt Breitband in den Köpfen.

Markenbildung über die Marke Bildung

Auch bei uns war dies noch weitgehend anzutreffen, denn es gab anfänglich keine Management-Vorbilder und Angst vonseiten der Verbände bezüglich Cybercrime und Social Engineering. Statt neuer Ideen hörten wir vor allem bekannte Klagen. In der Wissensgesellschaft ist jedoch der Mensch der Schlüssel für mehr Leistung, um schlauer arbeiten. Nur, wie organisiert man den Aufbruch ganzer Belegschaften ins Wissenszeitalter?

Arbeit, die auf Wissen und Verständnis basiert, benötigt neue Strukturen; hier spielen Bilder eine entscheidende Rolle. Das Bild, das jeder Mitarbeiter von sich selbst hat, von dem eigenen Team, der Abteilung, den Produkten und dem ganzen Unternehmen, steuert das Handeln. So ist Theaterspielen nach dem Heldenprinzip keine Spielerei: Der Held steht stets vor unlösbaren Aufgaben, muss hinab in die abenteuerliche Unterwelt, um mit neuen Fähigkeiten und einer Reihe an Zauberkräften sowie mittlerweile zahlreichen Anhängern, den Drachen zu erlegen. Wer schon einmal vor 200 Leuten ein Gedicht aufgesagt oder Theater gespielt hat, der kann später ganz gut mit seinem Gesamtverantwortlichen argumentieren. Je selbstständiger unsere Mitarbeiter sein dürfen, desto unternehmerischer wird unsere Firmengruppe. Gott sei Dank vertritt unsere Firmengruppe nicht nur zahlreiche Kulturen, sondern auch genauso viele Fähigkeiten.

Auf dem Weg in eine Gesellschaft, in der die Halbwertzeit von Wissen immer kürzer wird und in der Erfahrung mehr zählt, geschieht Markenbildung über die Marke Bildung. Jetzt steht ein neuer Entwicklungsschritt an, der nicht ohne Konflikte gemacht werden kann. Er hat mit Gewohnheiten zu tun. Social Media haben bei uns drei Aufgaben: eine Gestaltungs-, eine Unterstützungs- und eine Ordnungsfunktion. Unser Ziel ist es, herauszufinden, welche Welt unsere Mitarbeiter tatsächlich erleben. Also nahmen wir so etwas wie einen genetischen Abdruck von jedem Standort für ein angstfreies Umfeld. Und siehe da, Social-Media-Benutzung zahlt sich aus, ist deutlicher Umsatzbringer. Weil Selbstständigkeit nicht angeordnet werden kann, verzichten wir auf zentral geplante und gesteuerte Qualifizierungsprogramme. Lernen auf Vorrat ist sinnlos, jeder muss selber lernen. Das gilt auch am Arbeitsplatz: Wir ertrinken in Informationen und hungern nach Wissen. Wir werden es erleben – und erleben es schon heute.

Allein gegen Windmühlenflügel

Um noch einmal das Beispiel des Zoobesuchs zu bemühen: Ein mir bekannter Geschäftsführer einer Kunststofffirma beschwerte sich bei jedem Zusammentreffen und wahrscheinlich auch im Kundentermin, dass der Kunststoff-Industrie so hohe und der Windkraft gar keine Umweltauflagen entgegenständen. Dabei sei ein Windmühlenflügel nicht nur hässlich, sondern auch noch ineffizient. Angenommen seine volkspädagogischen Argumente seien zutreffend, sind sie deshalb auch öffentlichkeits- und mehrheitsfähig? In einer gefühlt schnelllebigen Zeit steht für mich fest: Er hätte seine Meinung mit Video- und Blog-Beiträgen vermitteln sollen, weil Unternehmen dank digitaler Medien überregional sind.

Eine offene Arbeitskultur

Wir suchen diese Menschen mit interessanten Begabungen, mit ungewöhnlicher Lebenserfahrung, Menschen verschiedener Rassen, da wir unter ständigem Innovationsdruck stehen und investieren müssen. Wer sich engagieren will, muss wissen wo; deshalb darf jeder Mitarbeiter über die langfristigen Ziele Bescheid wissen, weil wir Leistungen nicht nur mit Geld honorieren, sondern unsere Mitarbeiter ganzheitlich ins Unternehmen einbinden, statt lediglich ihre Arbeitskraft auszunutzen. Selbststeuerungskompetenz wird dafür wichtiger.

Im Grunde genommen optimieren wir bislang vielfach nur die Produktion, nicht unsere Organisation. Je mehr die Vernetzung zunimmt, desto wichtiger wird der Mitarbeiter. Wir brauchen eine kreative Revolution, eine Geschäftsmodellinnovation.

Unser Fokus liegt in der Arbeitskultur, denn enge Führung tötet Transparenz und Dialog. Wenn unser Ziel Smart Work oder Arbeiten 4.0 und nicht nur Effizienz ist, muss sich die Arbeitskultur öffnen – für Ideen, die von außen hereinkommen. Dazu haben wir Arbeitszeitmodelle und Lohngruppen angepasst, denn Kreativität liegt häufig im mobilen Off-Office-Bereich. Mit Crowdfunding-Arbeitsmitteln, wie beispielsweise dem Schreibblock RocketBook, der jede fotografierte Seite in die Cloud speichert und die Schrift löscht, wenn er einige Zeit in die Mikrowelle gelegt wird. Ein weiteres Beispiel ist unsere Selfie-Mail-App, die Kundendienst- und Außendienstinformationen an den Innendienst sendet und alle Beteiligten auf einen Echtzeit-Datenbestand zugreifen lässt. Wir öffnen uns für Production Co-Working und Diversity, für echte Vielfalt und Schwarmintelligenz – über Embedded-Software-Lösungen hinaus.

Eine intern notwendige Revolution
Doch wir mussten auch unsere Organisation optimieren. An dieser Stelle gingen uns die Visionen aus. Wir hatten alles erreicht, aber plötzlich ging es nicht höher, es ging bergab. Eine Mitarbeiterbefragung (SiTra) half bei der Ursachenforschung und lieferte Ansätze zur Verbesserung. Das Ergebnis war eine Fundamentalkritik: Der Mannschaft fehlte es an Visionen und Zielen, das Vertrauen in die Bereichsleiter sei ebenso gestört, hieß es, wie das in die Führung, es mangele an Kommunikation, Kreativität und Freiraum. Alles in allem beschwerte sich die Belegschaft, sei unser Unternehmen einfach uninspirierend. Während sich die Geschäftsleitung kurz vorher öffentlich hehren Zielen, wie dem Dienst am Kunden oder dem Nutzen für Gesellschaft und Umwelt verschrieben hatte, fiel dem Einzelnen zu seinem Job nur Hässliches ein. Da war von Mobbing, Konkurrenz, Informationsstau, Langeweile und Bürokratie die Rede. Wo aber anfangen? Ganz oben, genau.

Statt sich hinter Diagrammen und Zahlenkolonnen zu verschanzen, muss jeder in seinen eigenen Worten erklären, worauf er hinauswill. Auch die Umgangsformen haben sich geändert. Umgekehrt muss derjenige mit Sanktionen rechnen, der seine Führungsaufgabe falsch versteht und Mitarbeiter klein hält, anstatt sie zu fördern. Es wird wieder viel gelacht, auch viel gestritten, aber die Kollegen haben sichtlich Spaß an der Arbeit, der Umgang miteinander ist entspannter geworden. Heute wird Feedback mit Substanz gegeben, ernst genommen und ist deshalb fruchtbar: Die faire Beurteilung führt zu höherer Leistung – oder zum Abschied. Aber auch unsere Gesellschaft verändert sich. Wir arbeiten intensiv mit Schulen, das heißt, mit Lehrern und Schülern, und versuchen so, den Kindern die Unternehmenswelt näherzubringen. Bei unseren Azubis herrschen hohe Mitteilungsfrequenz und allseitige Erreichbarkeit, es geht um das Leben im jetzigen Moment.

Um nicht den Überblick über die Vielzahl an Anmeldungen und den Durchblick in Informationen aus den ganzen Big Data zu verlieren, setzen wir auf eine übergreifende betriebliche Oberfläche aus App-Modulen, Employee Self Service und Digital

Signage. Nach Rollen und Rechten haben das Team und der jeweilige Mitarbeitende ihre Arbeitsfläche sowie angrenzende Live- und Monitoring-Flächen im Abo. Arbeitsgruppen stimmen ihre Einsatzzeiten heute per Smartphone ab (KapaflexCy) und zwar eigenverantwortlich, kurzfristig und flexibel. Das zeitversetzte Chatten hat noch einen weiteren Vorteil: Es benötigt keinerlei formale Anrede und funktioniert in Echtzeit. Geschrieben, gelesen, geantwortet – Zustellungshäkchen inklusive.

»KomMit. Miteinander kommunizieren«

So hat das SiTra-Projektteam unseren Leuten viele Fragen gestellt. Fragen, auf die es längst gute Antworten gab, die wir aber nicht nachvollziehen konnten. Drei Viertel der Befragten waren der Meinung, die Zusammenarbeit zwischen den Abteilungen könne verbessert werden, und hatten dazu konkrete Ideen. Die Verbesserungsansätze waren in ihrem Ausmaß sehr unterschiedlich. Auf der langen Liste standen das Aufstellen von Grünpflanzen als Raumteiler, der Verkauf von Buskarten im Werk oder der Vorschlag, in einer Abteilung mit Schichtbetrieb die Produktion zwei Tage anzuhalten, weil sich Mitarbeiter und Führungskräfte in Klausur begeben wollten, um unter Anleitung eines externen Kaizen-Moderators grundsätzlich über die Verbesserung von Kooperation und Kommunikation nachzudenken. Ein Fazit lautete später, die Hälfte der Werkbänke abzubauen, um Platzprobleme zu lösen und Wege zu finden, die Arbeitsabläufe völlig neu zu organisieren. Ein Vertriebsgeschäftsbereich veränderte seine Tagungskultur – die Außendienstler wünschten sich statt Frontalunterricht mehr persönlichen Erfahrungsaustausch und ein zugängliches Wissens- und Dokumentenmanagement.

Es ist, als schauten wir in den Spiegel und sähen ein ungeschminktes Bild. Alles Wissen steckt in Systemen. Es geht um Bewertungen. Wie steht es um die Zusammenarbeit innerhalb der Firma: im eigenen Team, in der Abteilung, mit anderen Unternehmensbereichen? Es geht um das Individuum; Talente kommen wegen der Reputation, sie bleiben wegen der Aufgabe, und sie gehen wegen der Führung. Der Kaffeebecher mit dem Aufdruck »KomMit. Miteinander kommunizieren« wurde zum Motto für den Prozess, den es in Gang zu setzen galt. Die SiTra-Projektleiter sind überzeugt: Ohne die Verankerung im Einfachen, sinnlich Erfahrbaren, kann das Komplexe nicht stattfinden.

Neue Leitbilder im digitalen Wandel

Vieles wurde auf einmal anders: kein Unternehmensbereich, keine Abteilung, kein Team, in dem die Mitarbeiter keinen Verbesserungsbedarf sahen. One-size-fits-all-Modelle ziehen nicht mehr. Wenn sich Kundenbedürfnisse jeden Tag verändern, muss sich auch unsere Organisation ständig anpassen. Das erfordert jede Menge Energie und vor allem den Mut, überkommene Strukturen, Denk- und Arbeitsweisen über Bord zu werfen. Das gilt für den internen Flurfunk wie für die Kommunikation nach außen. Es schadet betrieblichen – nach Harry Potter – Muggels nicht im Geringsten, wenn sie im öffentlichen Austausch die Grenzen ihrer tradierten Erfahrungen erkennen. Fragen stellen, Dinge nicht nur glauben, sondern selber ausprobieren. Und damit hat sich dank Social-Media-Tools oder Enterprise 2.0 etwas verändert. Hierarchien wurden flacher, Erwerbsformen flexibler und mobiler, langsam löst sich Arbeit von der Fix-Desk-Präsenz.

Unsere Mitarbeiter haben die freie Wahl, in Realnamen oder Alias zu kommunizieren. Wir möchten sie zu einer offenen Kommunikation ermuntern. Die im Englischen sprichwörtliche German Urangst vor Neuen Medien gibt es schon genug, und wir wollen unsere Azubi-Generationen anregen, ganz natürlich mit ihnen umzugehen. Beispiele zeigen, dass niemand die Materie besser beherrscht als die eigenen Mitarbeiter – eine externe Agentur damit zu beauftragen, erscheint uns fremd. Genau wie die Expertise in den meisten Fällen in den eigenen Reihen bereits vorhanden ist. Wir haben übrigens in unserer Art der Kommunikation noch nie Schiffbruch erlitten, sondern durch die helfende Art der Netzbürger zahlreiche Impulse bekommen, die wir allerdings auch beherzigt haben. Bei stetig einförmig werdenden Produkten wird Storytelling zum Unterscheidungsmerkmal. In den Social-Media-Kanälen ist ein direkter Kontakt zu Konsumenten und Interessensgruppen möglich, der mit klassischer PR nur schwer erreicht werden kann.

Die Talente der Älteren

Die Nutzung von Social Media zeigt übrigens keinerlei hierarchie-, geschlechter- oder altersspezifische Trends. Business as usual ist angesichts der wachsenden Dynamik der digitalen Transformation nicht mehr zielführend. Der demografische Wandel führt außerdem dazu, dass die Talente der Älteren zunehmend gesucht werden. Statt einen Abgesang auf Social-Media-Berater anzustimmen, übernehmen jetzt unsere erfahrenen Althasen diese Funktion. Es gleicht einer Art Bellheim-Netzwerk nach dem Film, in dem Mario Adorf mit seinen Oldie-Freunden ein marodes Kaufhaus saniert, gepaart mit neuer Kraft und dem Gefühl, gebraucht zu werden. Den Computer beherrschen die Alten zwar nicht so gut wie die Jüngeren, aber sie trauen sich zum Arbeiter an die Werkbank, sind deutlich gelassener und können in Verhandlungsterminen so manchen Pluspunkt für sich verbuchen. Ältere Mitarbeiter brauchen deutlich weniger Anlern- und Einarbeitungszeit und ihre Lebens- und Berufserfahrung erlaubt es ihnen, in schwierigen Situationen zu improvisieren. Das ist Lernen, lebenslang.

Wir brauchen genau diese Kultur des Alterns, und wir brauchen dringend eine Kultur der Arbeit im Alter. Lernen und Veränderung sollten wir nicht mehr als Bedrohung, sondern als aufregenden Entwicklungsprozess betrachten. Nicht nur im Zoo, auch im Unternehmen. In einer Wirtschaft, die sich schneller dreht als je zuvor und in der sich Strategien immer ähnlicher werden, macht am Ende der Mensch den Unterschied.

Er bleibt bis heute unter seinen Möglichkeiten. Weil er nicht will? Nicht kann? Weil er der Richtige am falschen Platz ist? Weil zu viel von ihm verlangt wird? Oder zu wenig? Weil er vielleicht auch gar nicht mehr genau weiß, was von ihm erwartet wird, seit sich die Ansprüche so schnell verändern? Klar ist, dass das vorhandene Potenzial zumindest in unserer Firmengruppe längst noch nicht ausgeschöpft und der Human-Resources-Bereich bei allem Fortschritt noch nicht professionalisiert ist.

Gute Führung beginnt beim Menschenbild, den Veränderungen im Kleinen, die am Ende auch Organisationen verwandeln können. Dies ist verbunden mit Leistungssteigerungen, die möglich werden, weil man die Menschen fragt, die sie erbringen sollen. Würden wir die Mitarbeitenden nur lassen, würden sie viel mehr leisten. Denn die gleichzeitige Suche nach Eigenständigkeit und nach Emanzipation in der neuen Arbeit schafft den Umbruch. Eines der größten Hemmnisse besteht in der Unkenntnis der Umsetzungsmöglichkeiten und der Vorteile einer Digitalisierung der eigenen Geschäftsprozesse und -modelle. Wir haben erfahren, dass weder Branche noch Nationalität einen Unterschied machen, da Kommunikation eine Grundtugend darstellt. Was auf die fantasievollen Erzählungen von Kindern zutrifft, gilt ebenso in der späteren geschäftlichen Kommunikation: Authentizität verschafft sich Raum und nutzt bei uns spielerisch die neuen multimedialen Wege, um Lernen und Arbeiten miteinander zu verweben.

Gleichzeitig bedarf es der Führungskräfte, die solches Verhalten honorieren und bei diesem Thema gute Vorbilder sind. Eine Neu-Konzeption in Technik und Organisation steht oft ohnehin im Raum, wird aber aufgrund des Aufwandes gerne ausgesessen. Dabei wäre es viel besser und unproblematischer, wenn sich Freiberufler und Schlipsträger freiwillig verändern, bevor sie von Umständen dazu gezwungen werden. In den ersten Ausbildungsjahren etwas zu lernen und damit den Rest des Berufslebens auszukommen, das funktioniert nicht mehr. Während Industrie 4.0 sehr kapitalintensiv ist, ist Arbeiten 4.0 sehr zeitintensiv und kommunikativ. Es müssen Inhalte kommuniziert werden, damit nicht ständig Antworten gegeben werden, ohne dass Fragen gestellt worden sind. Das Wichtige ist die Liebe zur Sache, denn wenn wir Social Media mit Leidenschaft machen, beginnt es zu leben. Und es gibt Fragen, die wir heute nicht beantworten können, aber vielleicht morgen.

Feierabend 4.0 und kreativer Stundensatz

Endlich Feierabend! Gibt's den überhaupt noch? Arbeitszeit ist auch Lebenszeit! Erstaunlicherweise ist es oft gar nicht die Angst vor konkreter Veränderung, die Mitarbeiter dazu veranlasst, eine abwehrende Haltung gegenüber Social Media einzunehmen, sondern die fehlende Motivation. In Unternehmen, in denen Kommunikation und Information ein Privileg von Wenigen ist, lösen solche Veränderungen bei den Betroffenen häufig Ängste aus. Es ist für mich erschreckend, wenn immer weniger Mitarbeiter eine echte Bindung an ihr Unternehmen empfinden und bereit sind, sich freiwillig und über das Notwendige hinaus für dessen Ziele einzusetzen – Stichwort Markenbotschafter. Agile Führungskräfte sollten für ihre Mitarbeiter möglichst gut erreichbar sein. Besonders Personalmanager gelten jedoch aktuell nicht unbedingt als Vorreiter der digitalen Transformation – zu Recht?

Gerade in der Personalentwicklung fragen wir uns: Welche menschlichen Fähigkeiten wollen wir in den nächsten Jahren voranbringen? Für Freigeister und Querdenker ist wieder Platz. Wir machen uns bewusst, dass die informelle Kultur in der Organisation von ganz anderen Personen getragen wird als den Verantwortlichen, die im Organigramm erkennbar sind. Change-Manager dürfen nicht aufhören, Gespräche zu führen. Grundsatzfragen sind »Warum gibt es uns?« und »Was ist unser Zweck?«, um das Schachteldenken zwischen operativ und strategisch aufzubrechen und unter anderem die kommunikative Roadmap aus eigener Kraft heraus zu entwerfen. Wer früher als Einzelkämpfer unterwegs war, musste lernen, sich mit anderen Kollegen Pässe zuzuspielen, denn Know-how ist ab sofort zum Teilen da. Dabei sollte man Produkte und Dienste nutzen, die sich bereits im Privatleben großer Beliebtheit erfreuen, beispielsweise Messenger Dienste (Concierge Services). Es ist allemal schneller als E-Mail und kommt ohne umständliche Vertretungsregelungen aus. Und ein perfekter Mitteilungs-Workflow lässt sich leicht über die identische Basis-Mail der Dienstekennung automatisieren, genau wie eine externe Hotline außerhalb der Geschäftszeiten.

Demografische Entwicklung und digitaler Wandel
Erst jetzt beginnen einzelne Unternehmen, sich Gedanken darüber zu machen, was die demografische Entwicklung für ihre Produktions- und Absatzbedingungen bedeuten wird. Sie erahnen den digitalen Wandel, obgleich die Silberrücken versuchen, ihn zu verdrängen. Solange es läuft, unternehmen sie nichts, und wenn es nicht mehr läuft, ist es zu spät. Bereits jetzt sind die jungen, innovativen Leute nämlich international stark vernetzt. Worauf es ankommt, ist die Fähigkeit, diesen Innovations-Pool zu nutzen. Vernetzung heißt nicht, dass die Menschen von Ort zu Ort ziehen, sondern dass sie stationär mit anderen intensiv kommunizieren. Daneben gibt es noch immer eine Einstellungspolitik, die auf die Jugend abzielt – gepaart mit der weitverbreiteten Auffassung, Alte seien inflexibel und nicht in der Lage, sich neu zu orientieren.

So manch älterer Kollege, der sich öffentlich gern über Langeweile und das Gefühl der Nutzlosigkeit beklagt, hat sich im Betrieb nicht selten als Dickschädel erwiesen. Neues Wissen, moderne Methoden oder der stetige Appell, sich auf dem neuesten Stand zu halten und zu lernen, prallen an vielen Älteren ab. Ihr Verhalten mag im Einzelfall am Können liegen, an der schwindenden Kraft oder an der Furcht, nicht mehr zu genügen. Im Alter verfügt man über mehr Einsicht. Ein älterer Mensch weiß, dass es viele Wege nach Rom gibt. Auch der Umgang mit Unsicherheit, Multimedia und fehlender Vorhersehbarkeit ändert sich im Alter. Job-Rotation ist aus unserer Erfahrung heraus gerade für Ältere sinnvoll, der Einstieg in einem anderen Unternehmensbereich bringt neue Anforderungen, neue Fragen und neue Motivation; sonst fühlen sich Ältere schnell als Verlierer im massenmedialen Schnellkochtopf.

Freiräume, Offenheit und gesunder Menschenverstand
Neues Wissen entsteht meist weniger in der Mitte der Disziplinen, eher an ihren Rändern, im Spannungsfeld von unnützem und zweckorientiertem Wissen. Beides müssen wir fördern. Allerdings sind noch dieselben Menschen an Bord, unsere Werte sind geblieben, die Spielwiesen, sich auszuleben, haben zugenommen. Das bedeutet gleichzeitig, dass klassische PR-Meldungen kontrolliert werden, Social Media jedoch dem Einzelnen Freiräume bieten. Gesunden Menschenverstand haben wir nicht durch Externe in Social Media Guidelines pressen lassen. Vertrauen wird durch Heranführung, Ausprobieren und gegenseitiges Coaching gebildet. Ungewöhnlich jedoch ist, dass Social Media zunächst aus Zuhören bestehen und das unhierarchische »Du« gepflegt wird. Insgesamt gehören Social Media für die Zukunft in vielen Kampagnen dazu und ist manchmal unkalkulierbar. Alles beginnt mit einem offenen Betriebsklima, mit Freiräumen während der Arbeitszeit, mit der Erkenntnis der Führungskräfte, sich auf neue Arbeitsweisen einzulassen. Die Belohnung dafür liegt auf der persönlichen und auf der unternehmerischen Waagschale. So wie für den Künstler der Applaus ist für unsere Verkäufer mittlerweile die Empfehlung durch Social-Media-Beiträge.

Technik hilft Menschen
Was für die älteren Semester der inspirierende Straßenfeger über die Ewing Family auf der Southfork Ranch war, ist heute der Aufmerksamkeits-Häuserkampf der sozialen Plattformen. Weil jeder seinen eigenen Sender hören möchte, bietet sich BYOD von Geräten in Firmen an. Wir haben dazu eine Freifunk-Infrastruktur auf dem Unternehmens-Campus für alle aufgebaut. Technik hilft Menschen: Wir gehen davon aus, dass jeder Mitarbeiter das Potenzial in sich trägt, verantwortlich zu handeln und Initiative zu ergreifen, und dass diese Eigenschaften nur gefördert werden müssen. Selbstverpflichtung heißt, dass die Mitarbeiter nicht auf Anweisung handeln, sondern aus innerer Überzeugung, egal ob mit kollaborativen Werkzeugen in Verwaltung oder Produktion. Selbstverständlich können Social Media beruflich ein Minenfeld darstellen. Gleichzeitig sind Nähe und Unmittelbarkeit, die das obere Management ausstrahlt, entscheidende Punkte. Und wer authentisch ist, hinterlässt Spuren, egal ob als Privat- oder Geschäftsperson.

Das Unternehmen als lernende Organisation
Mögliche (unausgesprochene) Vorbehalte waren spätestens durch die Optionen der Computer-Telefon-Integration, wie Videokonferenz oder mobiler Kalenderabgleich ausgeräumt. Durch das Internet der Dinge denken unsere Produkte mit. In einer

gleichzeitig dynamischen wie älter werdenden Gesellschaft werden hohe Anforderungen an die Veränderungsbereitschaft von Unternehmen und ihrer Mitarbeiter gestellt, die Arbeitsumgebung wird zunehmend komplex und anonym; es entstehen neue Schnittstellen und Herausforderungen für das selbstbestimmte Handeln unserer Mitarbeiter.

Ich glaube, dass wir über die letzten Jahrzehnte zur lernenden Organisation geworden sind. Wir verdanken unsere Flexibilität Open-Source-Projekten und haben begonnen, unsere Apps und »Enterprise 2.0«-Entwicklungen im freien Quellcode zu veröffentlichen. Darüber hinaus gibt es keinerlei Websperren, jedoch eindeutige Empfehlungen, beispielsweise sich auf LinkedIn als unternehmensweite Geschäftsnetzwerk-Plattform zu vernetzen. Ich halte es für wesentlich wichtiger, das richtige Werkzeug auszuwählen. Die digitale Transformation ist nur mit zufriedenen Mitarbeitern zu realisieren. Daher gilt es, Menschen in ihrer Individualität in die Wertschöpfung einzubeziehen.

9 Die Zielgruppenbestimmung: Wen wollen wir erreichen?

9.1 Der Köder, der Fisch und der Angler

»It's about conversation, and the best communicators start as the best listeners«[249], schrieb der US-Amerikaner Brian Solis 2007 in seinem Social-Media-Manifest. Seine Aussage bezeichnet eine gravierende Veränderung, welche die digitale Kommunikation im Vergleich zur analogen Kommunikation durchläuft: Waren Kommunikationsexperten insbesondere in den Vor-Social-Web-Zeiten vor allem Sender, sollten sie heute zu gut informierten Zuhörern werden, die auf die Bedürfnisse, die Fragen, die Inhalte ihrer Stakeholder verstärkt eingehen. Waren sie früher beständig auf der Suche nach neuen Push-Instrumenten – Pressemitteilungen, Mailings, E-Mail-Newsletter, Werbemaßnahmen –, um damit ihre Zielgruppen zu bespielen, können sie mittels der digitalen Kommunikation besser herausfinden, welche Themen die Zielgruppen interessieren könnten und sie über ihre eigenen Kanäle weiterverbreiten würden.

Ganz nach dem Spruch: »Der Köder muss dem Fisch schmecken und nicht dem Angler« müssen Kommunikationsexperten verstärkt zuhören, sich selbst zurücknehmen, aus den Fragen, Kritiken und Anregungen in Posts, Tweets, Videos, Storys und sonstigen Kommentaren lernen und sie als Basis für ihre zukünftigen Inhalte und Dialogangebote verstehen. Damit rückt bei der Planung von Kommunikationsmaßnahmen immer stärker die Perspektive der Stakeholder ins Zentrum – und nicht mehr allein die Ziele der Unternehmen oder der Institutionen selbst. Übersetzt heißt dies: Nur derjenige, der seine Zielgruppen und deren Bedürfnisse genau kennt, wird sie später erreichen, mit ihnen erfolgreich kommunizieren und als Informations- und Mehrwertlieferant sowie Dialog- und Interaktionspartner akzeptiert werden.

Die Bestimmung der Zielgruppen

Die unabdingbare Notwendigkeit des Zuhörens für eine erfolgreiche Kommunikation mit der Zielgruppe unterstreicht nochmals die Relevanz der zuvor erfolgten Ist-Analyse: Sie hatte die Aufgabe, detaillierte Informationen zum bisherigen Zielgruppenverhalten zu sammeln. Schließlich muss die künftige strategische Ausrichtung immer mit Blick auf die Ziel- beziehungsweise auf relevante Zielgruppen erfolgen, die angesprochen werden sollen: Kunden, Interessenten, Multiplikatoren, Meinungsbildner, Mitarbeiter, Shareholder – sortiert nach den Prioritäten in Bezug auf die eigenen Ziele. Dabei sind die Werthaltungen,

249 https://bit.ly/dks_solis_socialmediamanifesto.

die Interessen der einzelnen Individuen wie der Gruppen sowie die Erwartungen der Nutzer von zentraler Bedeutung – und meist äußerst heterogen.

Auf Basis einer Stakeholder-Analyse (s. Ausflug) sind die Gruppen zu bestimmen, mit denen ein Unternehmen gezielt kommunizieren will. Deren Festlegung ist stets eine in die Zukunft gerichtete Sollgröße, beschreibt sie doch Gruppierungen, die für den künftigen Erfolg als wichtig eingeschätzt werden. Eine solche Bestimmung ist damit die Übersetzung der Frage: Mit wem wollen wir in der Zukunft bevorzugt sprechen? Wer ist für uns von Relevanz? Wer will andersherum mit uns sprechen? Wer hat an uns ein Interesse? Für wen sind wir also mit welchen Inhalten von Relevanz?

Gerade bei der Fragestellung, von wem sie gehört und wahrgenommen werden wollen, gehen Unternehmen und Institutionen oftmals zu stark von ihrer eigenen Einschätzung und persönlichen Erfahrungen aus. Sie glauben ihre Zielgruppe zu kennen und ziehen stattdessen deutlich zu wenige Informationen aus der vorherigen Analyse. Dies ist ein Trugschluss. Dass sich Unternehmen ihre eigene Meinung zurücknehmen müssen, bezeichnet die Content-Strategin Miriam Löffler sogar als zentrale Aufgabe: »Verabschiede dich von dir selbst, wenn du Inhalte konzipierst oder erstellst. Du zählst nicht. Deine Meinung interessiert niemanden. Es geht einzig und allein um die Leser, die Kunden, die B2B-Partner – um Personen, auf denen ein erfolgreiches Business aufbaut. Diesen Personen musst du beim Erstellen deiner Inhalte buchstäblich ins Auge schauen; ihre Denkmuster und Bedürfnisse musst du aus dem Effeff kennen und verstehen.«[250]

Jeder Organisation muss sich bewusst sein: Je genauer und differenzierter sie ihre Zielgruppen beschreiben kann, desto besser können später die Botschaften und Kommunikationsinhalte auf sie abgestimmt werden und desto größer ist die Chance, die anvisierte Zielgruppe mit ihren speziellen Informationsbedürfnissen, Einstellungsmustern und Kommunikationsverhalten tatsächlich zu erreichen und erfolgreich an sich zu binden.

AUSFLUG

Leitfaden zur Stakeholder-Bestimmung

Zur Bestimmung der Stakeholder können sich Organisationen an den drei aufeinanderfolgenden Schritten orientieren. Dabei ist zu berücksichtigen, dass sich die Fragen auf die Initiierung einer Kommunikationskampagne beziehen:

1. **Definition der Stakeholder**
   a) Für wen machen wir die Kampagne?
   b) Mit wem machen wir die Kampagne beziehungsweise wer ist aktiv daran beteiligt?
   c) Wer könnte außerdem Interesse an der Kampagne haben?

250 Löffler/Michl (2019), S. 230.

   d) Wem könnte sie nützen, wem eher schaden?
   e) Wer ist von der Kampagne noch betroffen?
   f) Welcher Stakeholder hat welche Rolle?

Auf diese Weise erhält man im ersten Schritt einen Überblick über alle Stakeholder. Für eine bessere Visualisierung bietet sich eine Mindmap[251] an.

2. **Haltung zur Kampagne**
   a) Welche Stakeholder sind direkt von der Kampagne betroffen?
   b) Von welchen Stakeholdern wird erwartet, dass sie die Kampagne aktiv unterstützen?
   c) Welche könnten sich als Gegner und Kritiker erweisen?
   d) Welche sind eher aktive, welche eher passive Stakeholder?
   e) Wie wichtig ist ein Stakeholder für die Umsetzung des Projektes?
   f) Welche Stakeholder könnten aktiven Einfluss auf die Kampagne nehmen?
   g) Wenn ja, über welche Wege – Influencer, Politik, Gelder?

Mittels dieser Fragen können sich Organisationen der Rolle eines jeden Stakeholders bewusst werden, um dessen Verhalten und Engagement stärker bei der Kampagne zu berücksichtigen.

3. **Aktion**
   a) Ist aktives Handeln notwendig?
   b) Wie und wann sollen Stakeholder integriert werden?
   c) Sollen diese aktiv oder passiv eingebunden werden?
   d) Wie wird man den Bedürfnissen eines Stakeholders stärker gerecht?
   e) Welche Anreize könnten das Handeln des Stakeholders intensivieren?
   f) Wer ist für die Aktion verantwortlich?

Mit diesen drei aufeinander aufbauenden Schritten sollte für jeden einzelnen Stakeholder beziehungsweise für jede Stakeholder-Gruppe kompakt definiert sein, wie sie eingebunden werden sollen und welchen Erfolg ihre Einbindung für das Projekt haben kann. So wird ersichtlich, welche der Stakeholder von besonders hohem Wert für das Projekt sind – ob als Unterstützer, Multiplikator oder auch Kritiker, dem ebenfalls zu begegnen ist. Sind die Stakeholder einmal festgelegt und priorisiert, sollten sie im weiteren Verlauf stets bei den kommunikativen Aktivitäten mitberücksichtigt werden.

251 Eine Mindmap ist eine Technik, die für das Erschließen, Clustern und visuelle Darstellen von Themen und Ideen hilfreich ist. Diese Vorgehensweise ist gerade bei der kollaborativen Arbeit an gemeinsamen Projekten hilfreich. Das Magazin t3n stellt hilfreiche Tools für das Mind Mapping vor; https://bit.ly/dks_t3n_mindmapping.

9.2 Zielgruppen identifizieren

Der Erfolg jeder Kommunikationsstrategie – ob digital oder analog – steigt und fällt mit dem Erreichen der Zielgruppen. Deren detaillierte Bestimmung bildet die Basis für die spätere Wahl der digitalen Plattformen. Möglicherweise ergibt die Ist-Analyse, dass die Zielgruppen extrem vielfältig sind, zum Beispiel folgende:

- Kunden – bestehende, frühere oder künftige Kunden;
- Mitarbeiter – bestehende wie potenzielle Mitarbeiter;
- Partner – für Kooperationen, Vertrieb, Finanzen, Technik, IT;
- Medien – Journalisten in klassischen wie in digitalen Medien;
- Influencer – Blogger, YouTuber, Instagrammer, Markenbotschafter, virtuelle Influencer;
- Institutionen – Berufsverbände, Netzwerke, Institutionen, Politik.

Bei der Bestimmung sind sowohl bestehende als auch neu zu gewinnende Bezugsgruppen zu berücksichtigen, zu denen der Kontakt erst aufgebaut werden muss. Eine spezielle Zielgruppe könnten zudem die reinen Online-Nutzer sein. Gerade junge Menschen, die sich ausschließlich über digitale Kommunikationskanäle informieren, stellen eine wachsende Zielgruppe dar. Klassische Medien wie traditionelle TV- und Radio-Sender und vor allem Printmedien treten als Informationskanal bei ihnen dagegen fast vollständig in den Hintergrund.

Kennzeichen der eigenen Zielgruppen

Im nächsten Schritt sind die gewählten Zielgruppen näher zu beschreiben, um Maßnahmen wirkungsvoll planen zu können. So ist exakt festzulegen, wie alt die Zielgruppe ist, welche soziodemografischen Kriterien und Einkommensstrukturen sie charakterisiert welche Medienkompetenz sie hat, welche Kommunikationswege und -kanäle sie wie intensiv nutzt. Es muss geklärt sein, ob sie eher in den sozialen Netzwerken beruflich aktiv ist, sich stark in Business-Communitys aufhält, Informationen lieber per Mailings oder E-Mail-Newsletter erhalten möchte oder ob sie bevorzugt die eigenen Themen auf eigene Faust recherchiert.

Zudem ist danach zu fragen, welche Erwartungen sie hat und mit welcher Art von Kommunikationsangeboten sie erreicht werden will. Schließlich macht es einen großen Unterschied, ob beispielsweise interne Zielgruppen eher über ein klassisches Intranet oder ein Social Intranet informiert werden wollen, ob sie sich an einem Mitarbeiter-Blog beteiligen würden, ob sie auch über eher private Kanäle wie Messenger beruflich kommunizieren würden oder ob sie die klassische Hauspost samt Schwarzem Brett schätzen. Wenn Organisationen auf diese Weise die Aufenthaltsorte ihrer Stakeholder genauer kennen, können sie deren mögliche Erreichbarkeit über digitale Kommunikationskanäle besser einschätzen. Ist die Zielgruppe analysiert und klassifiziert, halten Unternehmen und Institutionen bereits wichtige Anhaltspunkte in der Hand, um Inhalte auf sie später individuell zuzuschneiden. Möglichst frühzeitig sollte zudem die strategische Entscheidung getroffen werden, welche Beziehung langfristig mit den beteiligten Personen eingegangen werden soll.

Unternehmen und Institutionen müssen sich jedoch stets vor Augen führen, dass auch nach einer detaillierten Anfangsanalyse die Bestimmung der Zielgruppen nicht abgeschlossen ist. Digitale Strategen analysieren kontinuierlich Gewohnheiten, Einstellungen, Vorlieben, konkrete Lebenssituationen sowie das komplexe und sich häufig ändernde Mediennutzungs- und Kanalverhalten der Konsumenten, um deren Bedürfnisse zu verstehen. Denn nur dann können sie später Nutzern auch das bieten, was sie wirklich benötigen beziehungsweise nach dem sie selbst suchen.

AUSFLUG

Sinus-Milieus als Orientierungshilfe

Sinus-Milieus gruppieren Menschen, die sich in ihrer Lebensweise und -auffassung ähneln. Dazu fließen grundlegende Werte, Lebensziele und -stile, die soziale Lage sowie persönliche Einstellungen zu Familie, Freizeit, Arbeit und Konsum mit ein. Dieser Ansatz, Zielgruppen in Milieus und sogenannte Lebenswelten zu segmentieren, liefert Kommunikationsexperten eine gute Orientierung und eine hilfreiche Entscheidungshilfe.

In einer sogenannten Kartoffelgrafik[252] werden die Sinus-Milieus in ein zweidimensionales Koordinatensystem gruppiert: auf der x-Achse die »Grundorientierung«, auf der y-Achse die »soziale Lage«. Die »soziale Lage« stuft nach Unter-, Mittel- und Oberschicht ein. Die »Grundorientierung« teilt auf in Tradition, Modernisierung/Individualisierung und Neuorientierung. Anhand beider Achsen werden die Gruppen platziert, von den Traditionellen zu den Performern, von den Prekären über die Bürgerliche Mitte bis hin zu den Liberal-Intellektuellen. Die Gruppen haben jeweils ähnliche Einstellungen und Meinungen zu den Themen wie Familie, Freizeit, Arbeit oder Konsum. Auf diese Weise bilden sich einzelne Cluster, die sich in ihrer Lebensweise und ihren Alltagseinstellungen zu den genannten Themen unterscheiden.

Die Zielgruppentypologie ist ein traditionelles Planungsinstrument, das neben den klassischen soziodemografischen Fakten wie Alter, Bildungsstand und Einkommen die Wertorientierung und die Lebensstile von Verbrauchern berücksichtigt. Die Aufteilung in Lebenswelten bietet der Kommunikation wichtige Ansätze: Sinus-Milieus als Zielgruppenansatz sind nicht nur Bestandteil der zentralen hiesigen Markt-Media-Studien; sie können hilfreich sein, Basis-Zielgruppen für eine strategische Kommunikation zu erstellen. Auf Grundlage der Werte, die das eigene Produkt oder die eigene Organisation repräsentieren, lassen sich die jeweiligen Zielgruppen den passenden Milieus zuordnen. Dabei sind die

252 Siehe https://bit.ly/dks_sinus_milieus.

Übergänge oftmals fließend. Zudem können Organisationen durchaus mehrere der verschiedenen Sinus-Milieus ansprechen.
Spannende Ergänzung: Einen ebenfalls interessanten Blickwinkel auf die Zielgruppen liefern die sogenannten Digitalen Sinus-Milieus der Internetnutzer. Dazu hat das Sinus-Institut das bekannte Kartoffelmodell auf digitale Zielgruppen übertragen und unterscheidet im Verhalten sechs Grundhaltungen: selektiv, vorsichtig, bemüht, spaßorientiert, effizient und souverän. Wie sich diese in der digitalen Kommunikation einsetzen lassen, dazu finden sich Informationen direkt auf der Webseite des Sinus-Instituts.[253]

9.3 Zielgruppen segmentieren

Angesichts begrenzter Ressourcen können nicht alle Zielgruppen in gleichem Maße angesprochen werden. Auch allen Gesprächspartnern kann nicht dieselbe Aufmerksamkeit zuteilwerden. Mit dieser Erkenntnis kommen der Segmentierung und Gewichtung – sowie der darauffolgenden Priorisierung – eine enorme Bedeutung zu, um die wirklich relevanten Zielgruppen final festzulegen. Auf Basis der Analyse gilt es darüber hinaus, Zielgruppen stärker nach Merkmalen zu clustern, um sie später durchdringen zu können.

Möglichkeiten der Gruppierung
Es gibt verschiedene Methoden, Zielgruppen zu clustern. Jede Organisation muss die für ihre Zielgruppen adäquate Vorgehensweise wählen. Unabhängig von der Vorgehensweise sollte sich jede bewusst sein, dass es in dieser Stufe noch nicht darum geht, Prioritäten bei den einzelnen Gruppierungen zu setzen. Vielmehr werden alle dargestellten Gruppen gleichbehandelt. Abgesehen von der klassischen Aufteilung in B2B- und B2C- oder in interne wie externe Zielgruppen sind die folgenden Kategorisierungen für das strategische Clustern hilfreich.

1. Zielgruppen nach soziodemografischen Merkmalen
Analog zu den erwähnten Sinus-Milieus lassen sich Zielgruppen nach soziodemografischen Kriterien segmentieren:
- demografische Merkmale wie Alter, Geschlecht, Familienstand,
- geografische Merkmale wie Land, Region, Stadt, Gemeinde, Lebensraum,
- sozioökonomische Merkmale wie Bildungsstand, Beruf, Stellung, Einkommen,
- psychografische Merkmale wie Lebensstil, Werte, Wünsche, Motivation,
- Kaufverhalten wie Preissensibilität, Preisverhalten, Zahlungsverhalten, Kaufzufriedenheit.

253 Siehe https://bit.ly/dks_sinus_digitalemilieus.

2. Zielgruppen nach Märkten

Zielgruppen lassen sich nach Märkten kategorisieren:

- Kapitalmärkte,
- Absatzmärkte,
- Beschaffungsmärkte,
- Arbeitsmärkte,
- Medienmärkte,
- sowie der politische und gesellschaftliche Raum.

3. Zielgruppen nach Art der Beziehung

Auf die Art der Beziehung mit den Zielgruppen bezogen, kann eine Einteilung wie folgt aussehen:

- Customer Relations – zu bestehenden Kunden und möglichen Neukunden;
- Internal Relations – zu den eigenen Mitarbeitern, Gesellschaftern und Partnern;
- Investor Relations – zu Geldgebern, Shareholdern, Finanzjournalisten;
- Human Relations – zu Bewerbern, Praktikanten, Volontären, Auszubildenden;
- Media Relations – zu festen wie zu freien Journalisten und zu Medienpartnern;
- Influencer Relations – zu Online-Multiplikatoren und zu Social-Media-Influencern;
- Multiplier Relations – zu Politik, Wirtschaft, Institutionen, Verbänden, Kritikern.

4. Zielgruppen nach ihrer Funktion

Bezogen auf ihre Aufgabe lassen sich Zielgruppen dreiteilen, wobei die Mittler für die Verbreitung der Inhalte sorgen und dabei die Glaubwürdigkeit von Botschaften unterstreichen sollen:

1. Absenderzielgruppen: Geschäftsführung, Aufsichtsrat, Gesellschafter, Führungskräfte, Kommunikations-, Marketing- und HR-Mitarbeiter, Markenbotschafter, sonstige Mitarbeiter – also zumeist interne Zielgruppen;
2. Empfängerzielgruppen: Bestandskunden, potenzielle Kunden, aktuelle und künftige Mitarbeiter, Bewerber, Partner, Lieferanten, Projekt- und Spendenempfänger, Betroffene, sonstige Interessenten;
3. Mittlerzielgruppen: Medien und Influencer, Multiplikatoren und Meinungsbildner, Verbände und Politik sowie Funktionsmittler wie Geschäfts- und Kooperationspartner.

Alle drei Gruppen sind mit eigenen Botschaften getrennt anzusprechen. Dabei lohnt es sich, auf jede einzelne einen differenzierten Blick zu werfen, um die Unterschiede zu verstehen: Während die Absender aus den Vertretern und Mitarbeitern einer Organisation bestehen, die eine Kommunikationskampagne prägen, müssen die Empfängerzielgruppen dazu bewegt werden, die anvisierten Ziele zu erfüllen. Die Mittlerzielgruppen fungieren dagegen als Bindeglied zwischen Absendern und Empfängern. Gerade im Social Web – insbesondere bei Influencer-Kommunikation – können sie eine entscheidende Rolle bei der Erfüllung der Ziele spielen, insbesondere wenn über sie jüngere Empfängerzielgruppen angesprochen werden sollen.

Verfeinerung der Segmentierung

Auf Basis der in der Analyse gewonnenen Informationen, Daten und Fakten werden im nächsten Schritt die grundsätzlich festgelegten Zielgruppen weiterverfeinert. Gleichzeitig muss sich jede Organisation die Frage stellen, ob eine solch differenzierte Ansprache in der Realität praktikabel ist, ist doch eine starke Segmentierung meist mit deutlich erhöhten Ressourcen finanzieller und personeller Art verbunden. Eine differenzierende Gruppierung wäre möglich nach:

- Marktteilnehmern – Mitarbeiter, Partner, Konkurrenten, Multiplikatoren;
- Märkten – Meinungsmarkt, Absatzmarkt, Beschaffungsmarkt, Arbeitsmarkt;
- Bekanntheit – Organisation ist bei Zielgruppe (nicht) bekannt;
- Relevanz – Zielgruppe hat großen/geringen Einfluss auf Geschäftserfolg;
- Engagement – Intensität vs. Passivität, Creators vs. passive Nutzer;
- Einstellung – Fans, Unterstützer, Kritiker, Gegner, Multiplikatoren.

Um die einzelnen Dialogpartner zu identifizieren und zu segmentieren, helfen Fragen bezüglich:

- **Internes Engagement**: Hat das Unternehmen Mitarbeiter, die bereits in digitalen Medien aktiv sind, die vielleicht sogar als Influencer wahrgenommen werden und die es in die Strategie als Botschafter intensiver einzubinden gilt? Lassen sich Partner und bestehende Kunden beispielsweise als Multiplikatoren nutzen?
- **Informationsbedürfnisse**: Welchen Informationsbedarf haben die Zielgruppen? Worauf liegt ihr Themenfokus? Benötigen sie eher Informationen, oder erwarten sie vor allem ein offenes, dialogorientiertes Auftreten?
- **Mediennutzung**: Auf welchen Kommunikationskanälen sind die Zielgruppen vorwiegend aktiv? Welche Medien nutzen sie für welche Bedürfnisse? Wie unterscheidet sich das Mediennutzungsverhalten innerhalb der Zielgruppen? Gibt es Medien, die die Zielgruppen nur für ihre privaten Zwecke nutzen wollen?
- **Engagement**: Wie stark ist das jeweilige Engagement nach den soziotechnografischen Profilen, die im Rahmen der POST-Strategie vorgestellt wurden? Konsumieren, reagieren oder verbreiten Zielgruppen die Informationen aktiv? Stellen sie eigene Inhalte bereit? Oder sind sie rein passive Konsumenten von Inhalten?
- **Verhalten**: Wie verhalten sich die Zielgruppen in den verschiedenen Netzwerken? Gibt es signifikante Unterschiede? Gibt es Fans der Marke? Lassen sie sich in die Kommunikation eventuell miteinbeziehen?
- **Multiplikatoren**: Welche Branchen-Journalisten sind online und in den Kanälen des Social Webs wirklich aktiv? Sind sie von Relevanz für die eigene Organisation? Gibt es weitere Influencer, die es zu berücksichtigen gilt? Gibt es Foren, die sich den eigenen

Themen widmen? Gibt es unter den Multiplikatoren auch Kritiker und offene Gegner, die es besonders zu beachten gilt, weil sie über viel Einfluss verfügen?

Von den Influencern bis zu den Mitarbeitern
Die zuletzt erwähnten Multiplikatoren und Influencer spielen eine Sonderrolle unter den Zielgruppen, auf die bereits bei der Ist-Analyse ausführlich eingegangen wurde sowie in den Unterkapiteln über Markenbotschafter (4.2.3) und Influencer-Kommunikation (4.3.4). Auch mit Blick auf die Zukunft nehmen sie eine zentrale Rolle ein. Schließlich ist davon auszugehen, dass sie sich weiterhin regelmäßig zur Organisation und zu deren Produkten, Services und Projekten äußern werden und zudem einen treuen, wachsenden und leicht aktivierbaren Fan- und Freundeskreis um sich geschart haben. Solche Multiplikatoren sind nicht nur – unter Einsatz der erwähnten Instrumente – zu recherchieren. Verstärkt ist danach zu fragen, welche Motivation sie zu ihren Äußerungen bewegt und welche Themen die Organisation initiieren und Mehrwerte anbieten könnte, um deren Motivation positiv zu beeinflussen.

Eine weitere Sonderrolle spielen die internen Zielgruppen. Schließlich müssen alle künftigen Unternehmensstrategien und –ziele auf allen Ebenen der Organisation kommuniziert werden, gerade um die Mitarbeiter bei der Entwicklung beispielsweise im Rahmen von digitalen Transformationsprogrammen nicht außen vor zu lassen, sondern sie im Gegenteil einzubinden, mitzunehmen und zu Markenbotschaftern zu machen. Spannend ist in diesem Zusammenhang und insbesondere auf die Aktivitäten in den sozialen Medien bezogen das HERO-Konzept (vgl. Kapitel 4.2.4).

Die Segmentierung zeigt: Schlussendlich geht es nicht darum, einfach einen E-Mail-Newsletter zu entwickeln, eine Facebook-Seite, einen Twitter- oder Instagram-Account zu lancieren, ein Online-Magazin zum Kernthema zu entwickeln oder eine Microsite mit spielerischen Elementen zu erweitern; auch eine Liste mit den bekanntesten Opinion Leadern im Social Web bringt nicht weiter. Denn werden diese die Themen auch aufgreifen und in ihre Communitys weitertragen? Vielmehr ist eine genaue Kenntnis der Zielgruppen und ihrer digitalen Aktivitäten notwendig, um sie genau dort abzuholen, wo sie sich häufig aufhalten: Wollen Kunden geschäftliche Hintergrundinformationen, könnte ein B2B-Newsletter, ein kleines Fach-Blog oder verstärkte Aktivitäten auf LinkedIn das richtige Instrument sein. Suche ich neue Auszubildende, könnte ein Engagement auf Instagram, auf Snapchat inklusive Story-Strategie in Kombination mit einer gezielten Social-Media-Ad-Strategie und Influencer Marketing auf YouTube und Twitch helfen. Will ich die Zielgruppe der Silver Surfer ansprechen, wäre eine Präsenz auf den zahlreichen 50plus-Portalen wie feierabend.de oder platinnetz.de in Kombination mit einer Facebook-Gruppe zielführend.

9.4 Zielgruppen priorisieren

»Wer versucht, alle zu erreichen, der erreicht niemand richtig. (…) Die Kommunikation fährt besser, wenn sie zwar alle im Blick behält, ansonsten aber die Kräfte bündelt und nur bestimmte Stakeholder-Bereiche ins Visier nimmt«, empfiehlt Konzeptioner Klaus Schmidbauer. Vielmehr sei es die Kunst, »aus der Gesamtheit der Stakeholder die entscheidenden Schlüsselbereiche (= Zielgruppen) zu identifizieren, sich auf deren Erwartungen einzustellen und mit ihnen nachhaltig zu kommunizieren.«[254]

Die zentralen Fragen bei der Priorisierung lauten folglich: Wer beeinflusst wie intensiv meinen Geschäftserfolg? Wen muss ich zur Verwirklichung meiner Ziele final ansprechen? Welche der zuvor identifizierten und danach segmentierten Zielgruppen sind für die Realisierung meiner Unternehmens- und damit verbundenen digitalen Kommunikationsziele wirklich relevant? Gerade die Unterscheidung in Haupt- und Nebenzielgruppen gibt eine wichtige Richtung vor: Während die Kernzielgruppen essenziell für die Zielformulierung sind und auf den Erfolg des Projektes starken Einfluss nehmen, sind die Randzielgruppen in ihrer Bedeutung eher geringer, wenn auch sie Potenzial haben. Doch wie können Unternehmen und Institutionen ihre Hauptzielgruppen identifizieren und priorisieren?

Priorisierung

Bei der Frage der Priorisierung ist es sinnvoll, stufenweise vorzugehen und dabei die Instrumente der vorherigen Zielgruppensegmentierung Schritt für Schritt wieder aufzugreifen:

1. eine Vorselektion nach Zielgruppenfeldern: Kunden, Partner und Lieferanten, Kapitalgeber, Mitarbeiter, Medien, Multiplikatoren, Institutionen und Politik;
2. eine Einteilung nach den Funktionen der Zielgruppen: Absender, Empfänger oder Multiplikator;
3. eine Gewichtung nach kommunikativer Relevanz: Haupt- beziehungsweise Kernzielgruppen, Neben- beziehungsweise Unterzielgruppen;
4. eine Feinselektion nach geografischen, demografischen, verhaltensorientierten etc. Merkmalen;
5. eine Aufteilung nach ihrer digitalen beziehungsweise Social-Media-Affinität in stark-, wenig- und Nicht-Erreichbare;
6. eine anschauliche Beschreibung der Zielgruppen, auf die im Punkt »Personae« (s. Kapitel 9.5) eingegangen wird.

Für diese Priorisierung ist die Fadenkreuz-Methode (s. Abb. 24) extrem hilfreich: Entlang der Achsen lassen sich jeweils die Zielgruppen eintragen, die besonders großen Einfluss auf den Geschäftserfolg haben. Auf diese Weise werden sofort die Zielgruppen sichtbar, denen aus Sicht des eigenen Geschäftserfolges Priorität eingeräumt werden muss. Zudem

254 https://bit.ly/dks_schmidbauer_zielgruppenstakeholder.

lassen sie sich aufteilen in Zielgruppen, denen das Unternehmen bereits bekannt ist – und man von umfassendem Vorwissen ausgehen kann – sowie Zielgruppen, bei denen das Unternehmen noch keine Bekanntheit ist und damit viel Vorarbeit geleistet werden muss.

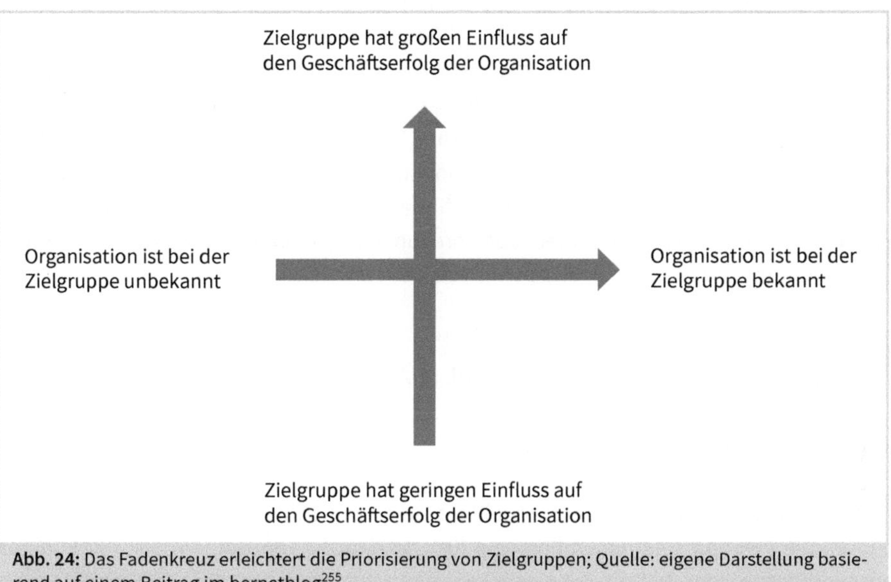

Abb. 24: Das Fadenkreuz erleichtert die Priorisierung von Zielgruppen; Quelle: eigene Darstellung basierend auf einem Beitrag im bernetblog[255]

Mit solch einer Segmentierung und Priorisierung werden die angestrebten Beziehungen zu den Mitgliedern der Zielgruppen klar und im Detail definiert – auch bezüglich der später anzubietenden Inhalte. Sobald die Haupt- und die Nebenzielgruppen festgelegt sind, müssen deren Bedürfnisse definiert werden sowie Schnittstellen mit der eigenen Botschaft gebildet werden. Je höher die Priorität der jeweiligen Zielgruppe ist, desto genauere Informationen sollten über deren Bedürfnisse vorliegen. Schließlich geht es darum, den Zielgruppen einen Mehrwert auf ihre Bedürfnisse hin zuzuschneiden. Beispielsweise hat der PR-Dienstleister PR-Gateway Agenturen und Unternehmen als Kernzielgruppen definiert, die sich mit den Chancen von Online-PR auseinandersetzen. Neben seinen kostenpflichtigen Services bietet der Anbieter regelmäßig Whitepaper, Leitfäden und Studien rund um Online-PR und Content-Marketing[256] an, um auf diese Weise den Informationsbedarf der Zielgruppen zu erfüllen und ihnen einen Mehrwert zu bieten, der sie an PR-Gateway bindet.

Der Prozess der Segmentierung und Priorisierung führt final dazu, dass sich Unternehmen und Institutionen mit immer kleineren Zielgruppen auseinandersetzen müssen, die aber

255 Siehe https://bit.ly/dks_bernetblog_dialoggruppen.
256 Vgl. https://www.pr-gateway.de/content-bibliothek/.

im hoch vernetzten Internet schnell zu mächtigen Multiplikatoren heranreifen. Darum definierte der bekannte Blogger Sascha Lobo einst die Aufgabe wie folgt: »Für professionelle Kommunikatoren gilt, grundsätzlich jede Mikro-Öffentlichkeit als Öffentlichkeit zu betrachten und konsistent zu kommunizieren, und zwar konsistent nicht aus Fachsicht, sondern aus Sicht einer möglichen Makro-Öffentlichkeit.«[257] So kann eine Fokussierung dazu führen, dass einzelne digitale Plattformen mit klarem Schwerpunkt wie eine aktive LinkedIn-Gruppe oder ein kleines Fach-Blog oder ein Branchen-Podcast deutlich größeren Einfluss auf die Meinungsmacht gewinnt als das eigene Magazin, die Influencer-Kooperation oder eine Aktions-Microsite. Aber auch diese Mikro-Öffentlichkeiten werden Unternehmen und Institutionen nur dann finden und wahrnehmen, wenn sie intensiv zuhören, sich selbst zurücknehmen, aus Anregungen konkret lernen und diese als Basis für ihre kommenden Aufgaben und Lernprozesse verstehen.

9.5 Personae: Zielpersonen mit realem Gesicht

9.5.1 Zielpersonen statt Zielgruppen

»Eine Persona (lat. Maske) ist ein Modell aus dem Bereich der Mensch-Computer-Interaktion. Die Persona stellt einen Prototyp für eine Gruppe von Nutzern dar, mit konkret ausgeprägten Eigenschaften und einem konkreten Nutzungsverhalten.«[258] So heißt es bei Wikipedia über den Begriff »Persona«. Nachdem diese Methode über viele Jahrzehnte hinweg in Deutschland kaum verwendet wurde, hat ihre Bedeutung gerade für Kommunikations- und Marketingzwecke in den vergangenen Jahren deutlich an Relevanz gewonnen. Immer mehr Agenturen, Unternehmen und Institutionen haben die Persona-Entwicklung als ein praktisches und wirkungsvolles Instrument erkannt, um die eigene Zielgruppe besser kennenzulernen, deren Journey genauer ableiten zu können und ihnen darüber ein klareres, für alle sichtbares Gesicht zu verpassen.

Jede Organisation sollte wissen, an wen sie sich mit ihren Informationen richtet, mit wem sie es zu tun hat. Wer sind ihre Zielpersonen, ihre Personae? Doch warum nicht Zielgruppen? Jahrelang haben Unternehmen ausschließlich mit Zielgruppendefinitionen gearbeitet. Mittlerweile geht der Trend von der Definition anonymer Zielgruppen weg, die oftmals nicht mehr ausreichen. Angesichts einer wachsenden Zahl an Informationen und Werbebotschaften, mit denen Menschen täglich überflutet werden, sinkt die persönliche Aufmerksamkeitsspanne deutlich. Informationen müssen eine für den Empfänger hohe persönliche Relevanz, einen klaren Mehrwert haben, um von ihm überhaupt noch wahr- und

257 https://saschalobo.com/2011/10/27/zu-schlecker/.
258 https://de.wikipedia.org/wiki/Persona_(Mensch-Computer-Interaktion).

aufgenommen zu werden. Sie müssen ihn dazu inhaltlich und/oder emotional klar ansprechen.

Dafür reicht die klassische Zielgruppenvorgehensweise oft nicht aus. Demografische Profile und die bereits erwähnten Sinus-Milieus helfen zwar, zentrale Daten zu den einzelnen Zielgruppen zu erfassen, wie zum Beispiel soziodemografische Gesichtspunkte wie Alter, Einkommen, Familienstand oder Berufsgruppe. Das Hauptproblem besteht darin, dass sich innerhalb solch einer Zielgruppe zwar ähnliche Personen befinden, jedoch mit Millionen von Kombinationsmöglichkeiten einzelner Eigenschaften. Trotz gleichlautender soziodemografischer Merkmale können sich die ausgewählten Personen daher enorm unterscheiden. Die Beraterin Kristine Honig nennt ein einfaches Beispiel: »Schau dir einmal Bill Gates und Ozzy Osborne an. Soziodemografisch sehr ähnlich, unterscheidet sich dennoch ihr Lebensstil sehr stark.«[259] Stattdessen sind heutzutage vermehrt Zielpersonen gefragt, also Personae.

Was ist eine Persona konkret?

Eine Persona ist das konkrete Profil eines Nutzers, das stellvertretend für eine Zielgruppe erstellt wird. Es beschreibt ausführlich eine fiktive Person, die an einer Organisation oder ihren Produkten, Services oder Projekten interessiert ist. Dies können einzelne Kundengruppen wie Mitarbeiter oder Medienvertreter sein. Als konkret formulierte Blaupause eines typischen Vertreters der gewünschten Zielgruppe gibt er ihr ein wirkliches – menschliches – Gesicht. So haben Personae konkrete Namen, zugeordnete Bilder und menschliche Eigenschaften.

Im Vergleich zu rein demografischen Charakterisierungen haben sie ein differenzierteres und aussagekräftigeres Profil. Auf diese Weise sollen sie helfen, den festgelegten Zielgruppen den Content maßgeschneidert zukommen zu lassen, der wirklich deren Bedürfnisse trifft, der für sie relevant ist und der für Reaktionen sorgt – wie zum Beispiel das Abonnement eines Newsletters, den Kauf eines Produktes, die Bestellung einer Information oder den Dialog mit anderen Interessierten innerhalb einer Community. Mit Personae haben Unternehmen und Institutionen einen Leitfaden zur Hand, der hilft, gefragten und gewünschten Content zu erzeugen und ihn zielgruppengenau zu verbreiten. Es ist also eine Technik, so der Marketer Mael Roth, »to getting serious about ›centric‹ content for stakeholders«[260] gerade im Rahmen von Content-Strategien. Schließlich gelte heute: »People don't care about ›content‹. They care about what's in there.«

Die Entwicklung einer Persona basiert auf der zuvor erfolgten Segmentierung der Zielgruppe. Sie beschreibt deren Verhalten, Persönlichkeit, Prioritäten sowie Berufstätigkeit

259 https://bit.ly/dks_honig_persona.
260 https://bit.ly/dks_maelroth_personas.

und verwandelt menschliche Eigenschaften in das Abbild eines Menschen, der idealtypisch für alle Personen der Zielgruppe steht. Und sie definiert eine fiktive Person – mit all ihren Eigenschaften, Verhaltensweisen, Lebenswelten und insbesondere Bedürfnissen. Damit liefert sie eine Zielgruppendefinition, genauer gesagt eine Zielpersonendefinition, die weit über die soziodemografischen Merkmale hinausgeht und gleichzeitig für jeden auch nicht im Prozess Involvierten verständlich und nachvollziehbar ist.

Pappkamerad aus wirklichen Fakten

Personae sind damit ideale, aber fiktive Charaktere. Sie sind eine Projektionsfläche, die aus realen Eigenschaften der Zielgruppen definiert wird und anonyme Zielgruppen greifbarer macht. Daniel Waurick von der Kreativagentur artundweise spricht in dem Kontext passend von einem »Pappkamerad, der Sie während des gesamten Arbeitsprozesses an Ihrem Konzept und darüber hinaus begleitet und Ihnen hilft, den konkreten Kunden nicht aus den Augen zu verlieren.«[261] Warum? Um natürlich im Sinne der Customer Centricity stets in seinem Sinne zu agieren.

Entscheidend ist, dass die Eigenschaften einer Persona nicht auf Basis persönlicher Einschätzungen und Annahmen festgelegt sein dürfen. Vielmehr müssen sie auf qualitativen Werten, auf präzisen Daten, auf wirklichen Fakten und ausgewerteten Ergebnissen aus Studien, Analysen, Umfragen, Interviews basieren. Nur so können sie zu einem realitätsnahen Abbild werden. Dies zeigt auf der anderen Seite wiederum, dass Personae nur so gut sein können wie die eigene Analyse und die hinzugezogenen Quellen. An der Aufgabe spiegelt sich wider, wie viel Unternehmen und Institutionen in die gewissenhafte Sammlung ihrer qualitativen Daten investieren müssen, wie in der Analyse bereits betont wurde.

VIDEO-TIPP

Die agile Persona-Entwicklung

»It's easy to put people in boxes. That's us and that's them.« Mit diesen Worten startete das sehenswerte Video des dänischen TV-Senders TV2 Denmark. In einem eindringlichen Experiment aus dem Jahre 2017 zeigt er auf, wie Gesellschaft funktioniert und wie wir Menschen sofort in Kategorien packen. Vor diesem Hintergrund wird in dem Video auf spielerische Weise aufgezeigt, warum wir diese Denkweise hinterfragen sollten und welche Ergebnisse dies bietet. Denn in Wirklichkeit sind die Kategorien überhaupt nicht so fest.

Der Ansatz lässt sich hervorragend auf die Entwicklung von Kommunikationsstrategien übertragen. Denn genau das tun wir bei der Bestimmung von Zielgruppen: Wir packen Menschen anhand ihrer demografischen Merkmale in Boxen. Doch gehören Zielgruppen nicht manchmal in viel mehr als nur eine Box? Sollten wir uns nicht bewusst sein, dass es nicht immer dieselben Zielgruppen

261 https://bit.ly/dks_artundweise_persona.

bleiben müssen, sondern dass sie sich auch verändern – gerade in so dynamischen Zeiten wie im digitalen Zeitalter? In einem Beitrag fordert Content-Marketing-Spezialist Mael Roth Kommunikationsexperten daher auf, »agile about the development of personas«[262] zu sein und die Entwicklung von Personae niemals als einmal getan und dann abgeschlossen (»done and dead«) anzusehen.
Zum Video: https://bit.ly/dks_video_tv2

9.5.2 Schritte zur Persona-Entwicklung

Im Jahre 2014 starteten die Sparkassen ein umfassendes Markenprojekt, um die historisch begründete Identität in die heutige Zeit zu übertragen. Für eine besser koordinierte Zielgruppenansprache wurden für die externe Kommunikation insgesamt 26 Personae gebildet, die für eine Gruppe Menschen in gleichartigen Lebenssituationen stehen. Diese Personae wurden in ihrem Lebensumfeld, ihren Kommunikationswegen, Markenpräferenzen, Finanzwissen, Themeninteressen und weiteren Dimensionen erschlossen.[263] Das kurze Beispiel zeigt: Eine Persona ist eine Art Stellvertreter für eine Gruppe von Menschen mit konkreten Charakteristika und damit ein maßgeschneidertes Abbild der Zielgruppe. Hierzu zählen sozio-demografische Daten ebenso wie die grundsätzlichen Werte und Einstellungen des Stellvertreters. Doch wie entwickelt man eine solche fiktive Persona?

Grundsätzlich sollte die Entwicklung von Personae ganz am Anfang eines Projektes stattfinden. Schließlich bilden sie die Voraussetzungen für die künftige Interaktion. Zudem helfen Personae, bereits in einem frühen Stadium Lücken und Fehler in der Planung zu entdecken, zu beseitigen und damit schlichtweg Ressourcen einzusparen. Personae sollen zudem später für eine größere Zielgruppe stehen, da der Prozess für kleinere Zielgruppen zu aufwendig ist. Daher ist es zentral, sich auf die wichtigsten Bedürfnisse und Erwartungen einer zentralen Nutzergruppe zu fokussieren. Für den Anfang ist es empfehlenswert, maximal drei bis vier typische Personae zu erstellen. Schließlich gibt es niemals nur eine einzelne Ziel-, Käufer- oder Multiplikatoren-Gruppe. Auch geht es nicht darum, alle möglichen Zielgruppen zu berücksichtigen und mit Personae abzudecken oder sich auf jede noch so kleine individuelle Eigenschaft einer Nische zu fokussieren.

Sammlung von Daten, Fakten und Merkmalen

Bei der Entwicklung von Personae – ob für den B2C- oder den B2B-Bereich – sollten Organisationen klar strukturiert vorgehen und Informationen, Daten und Fakten zu den Schlüsselbereichen sammeln. Für den Einstieg helfen die folgenden Fragen als Orientierung.[264]

262 https://bit.ly/dks_maelroth_personas.

263 Siehe der Gastbeitrag von Christian Achilles auf S. 75.

264 Hilfreiche Leitfragen für die Definition von Zielgruppen hat Marc Ostermann in seinem Beitrag für das Online-Magazin Zielbar formuliert; https://bit.ly/dks_zielbar_zielgruppe.

Dabei müssen nicht unbedingt alle Fragen beantwortet werden. Vielmehr sollten sich Unternehmen und Institutionen auf die für sie relevanten Aspekte konzentrieren.

- **Demografie**
Die Angaben bilden eine erste Informationsbasis als Hintergrund. Dazu zählen statistische Daten und Fakten wie Geschlecht, Alter, Familie, Familienstand, ethnische Zugehörigkeit, Einkommen, Bildungsstand, Wohnort sowie Ausbildung. So sollte nach dem beruflichen Background gefragt werden: Welchen Abschluss, welche Zertifizierung, welche Qualifikation kann die Persona vorweisen? Über welches Fachwissen verfügt sie? Wie viel Berufserfahrung hat sie? Wie ist ihr gesellschaftliches, soziales Umfeld? Kommt sie eher aus einem städtischen oder einem ländlichen Umfeld?

- **Tagesablauf**
Wie sieht ein Tag im Leben der Persona aus? Welche Bedürfnisse und Arbeitsaufgaben stehen bei ihr im Mittelpunkt? Welche Themen beschäftigt sie? Welche Einstellungen zeichnen sie aus? Welche Interessen, Vorlieben, Hobbys hat sie? Oder Alltagsprobleme, für die sie Lösungen sucht? Gibt es Organisationen, Marken, Initiativen, Projekte, Themenfelder, mit denen sie sich besonders positiv oder aber negativ identifiziert? Welches Konsumverhalten hat sie? Wie ist ihr Kaufverhalten? Hat sie eine besondere Markentreue oder Preissensibilität?

- **Medienverhalten**
Ein intensiver Blick auf die Medienkompetenz und -nutzung ist entscheidend für die spätere Ansprache. Wo und wie informiert sich die Persona? Welche Medien nutzt sie? Wie viel Zeit verbringt sie mit der Mediennutzung? Was ist ihr dabei besonders wichtig? Wie ist ihr Suchverhalten im Netz? Wie hoch sind ihre digitale und ihre mobile Affinität? Hat sie Lieblingsmedien? Welche sozialen Netzwerke oder Messenger-Dienste nutzt sie? Zählt sie zu den aktiven Prosumern? Ist sie gar ein Multiplikator und Influencer? Oder ist sie eher passiv unterwegs, liest allerdings gerne Bewertungen auf verschiedenen Portalen? Folgt sie solchen Empfehlungen? Gibt es bestimmte Content-Formate, die sie bevorzugt? E-Books, Studien, Video-Tutorials, Best Cases, Podcasts etc.?

- **Technologische Ausstattung**
Eng mit dem Medienverhalten ist die berufliche wie private Ausstattung der Persona verbunden. Welche technologischen Geräte verwendet sie bevorzugt? Welchen Anteil machen mobile Geräte bei ihr aus? Ist sie eher ein Heavy User, der über hohe technologische Kenntnisse verfügt? Oder ist bei ihr eher nur technologisches Basiswissen zu erwarten?

- **Position**
Hier geht es um die berufliche Stellung innerhalb der Organisation. Dazu zählen Informationen wie ihr Job-Titel und ihre Position, aber auch Details zu Größe, Art, Branche sowie Funktion innerhalb der Organisation: Welche Rolle spielt sie im Machtgefüge innerhalb

des Business-Kreislaufes? Hat sie Verantwortung für ein Team oder eine Abteilung? Für wie viele Personen ist sie zuständig? Darf sie selbst Entscheidungen treffen oder agiert sie ausschließlich weisungsgebunden?

- **Jobablauf**
Eng mit ihrer Position verbunden ist ihr täglicher beruflicher Ablauf: Welche Arbeitsaufgaben muss sie am Tag erfüllen? Worum kümmert sie sich? Was nervt sie an ihrem Job? Was motiviert sie besonders? Warum liebt sie ihren Job? Was sind ihre Haupt- und ihre Nebenziele? Und – oftmals schwer zu eruieren: Was sind ihre Ziele, Träume oder Werte bezogen auf die berufliche Karriere?

- **Herausforderung**
Wie kann die Organisation die Persona unterstützen? Dabei geht es um die noch fehlenden Lösungen. Welche Fragen beanspruchen sie in ihrem Job am meisten? Vor welchen großen Herausforderungen steht sie? Vor welchen Problemen steht sie? Welche Hilfe benötigt sie besonders dringend? Sind dies eher Informationen, Tools oder wirkliche Beratung? Wie offen ist sie dafür? Wie ist sie diese bisher (nicht) angegangen? Warum nicht oder erfolglos? Was fehlt ihr konkret?

- **Hilferuf**
Welche Art von Unterstützung erwartet sie? Welchen Content sucht sie und in welchem Format? Geht es ihr um Informationen wie Best Cases, Tutorials, E-Books? Ist sie an Whitepapers und Studien interessiert? Sucht sie konkrete Beratung oder eher Tools? Schätzt sie für ihre eigene Weiterbildung eher Produktinformationen in Printform und klassische Seminare? Oder informiert sie sich eher mittels kompakter Webinare, How-to-do-Videos, Branchen-Podcasts und virtuellen Events? Und in welcher Form erwartet sie die Kontaktaufnahme?

- **Aufgabe**
Dies ist abschließend die zentrale Frage bei der Persona-Entwicklung: Was soll die Kommunikationsstrategie bei dieser Persona konkret bewirken? Was könnte die Organisation angesichts der aktuellen Herausforderungen leisten? Wie könnte sie die Persona bei ihren bestehenden Fragen und Problemen wirkungsvoll unterstützen? Was könnte die Person durch die Unterstützung der Organisation besser, was ginge leichter und einfacher? Aber auch: Welche Gründe könnten gegen das eigene Unternehmen als Unterstützer sprechen? Wo, wie und von wem könnte die Person sonst die gesuchten Informationen erhalten? Welche ähnlichen Dienstleistungen gibt es also auf dem Markt?

Mit diesen Schritten erhält die Persona allmählich ihr konkretes Gesicht, um sie mit dem passenden Content und Mehrwert später erreichen, aber vor allem binden und aktivieren zu können. Schließlich soll sie die gebotenen Inhalte nicht nur lesen, hören und sehen; sie sollen bei ihr vor allem eine unmittelbare Aktion auslösen – sei es direkt ein persönlicher Austausch, ein individueller Kommentar, eine Bestellung, ein Abonnement, die Beauftragung einer Beratung, oder aber dass die Inhalte zumindest im Unterbewusstsein für später abgespeichert bleiben.

Es gibt eine Unmenge weiterer Informationen, die sich sammeln und der Persona zuordnen ließen: von den Vorlieben beim Sport über bevorzugte Kulturangebote, spezielle Hobbys bis hin zu wichtigen Blogs und Online-Magazinen. An dieser Stelle muss man jedoch aufpassen, dass man sich als Organisation nicht im Wust der Informationen verliert. Viele – gerade mit Personae unerfahrene Kommunikatoren – neigen bei dieser Methode dazu, sich in Kleinigkeiten und Unwichtigem zu verzetteln. Stattdessen sollte man sich immer wieder auf die drei bis vier Hauptzielgruppen und deren wesentliche Faktoren fokussieren.

TOOL-TIPP

personapp.io

Praktische, einfache Tools können die Entwicklung von Personae unterstützen. Gleichzeitig lassen sich darüber keine finalen Personae erstellen, sondern eher grobe Strukturen der idealtypischen Person. Ein schlichtes, aber hilfreiches Tool nennt sich personapp[265]. In nachvollziehbaren Schritten und stark individualisiert lassen sich schnell und basierend auf eigenem Wissen eine oder mehrere Personae entwickeln.

Projects - Der Barkeeper - Tom

Tom - Drinker

Behaviours

- Lept vor allem in der Nacht
- Kennt viele Menschen - vor allem in Berlin
- Arbeitet mindestens 12 Stunden am Tag
- Spricht mehrere Sprachen
- Ernährt sich vor allen von Fastfood
- Ist starker Social-Media-Nutzer

Facts & Demographics

- 35 Jahre alt
- Lebt und arbeitet in Berlin
- 30.000 Euro pro Jahr
- In einer Beziehung
- Tochter, 3 Jahre alt
- Interessiert sich für Kultur und fremde Kulturen

Needs & Goals

- Mehr Geld verdienen
- Mehr Zeit für seine Familie haben
- Kulturelles Interesse mit Job besser verbinden
- Gesunden Lebensstil pflegen
- Regelmäßiger Tagesablauf
- Nicht mehr nur nachts arbeiten

Abb. 25: Eigenschaften der Persona »Tom Drinker«; Quelle: eigenes Beispiel erstellt mittels http://personapp.io/

265 http://personapp.io.

Entscheidend ist jedoch, dass die so beschriebenen Personae in einem darauffolgenden, notwendigen Schritt verifiziert werden – beispielsweise durch den Vergleich mit Studien und Analysen, durch persönliche Interviews und individuelle Befragungen. Erst in Kombination mit dieser Recherche entstehen finale Personae, die eine Zielgruppe repräsentieren.
Zur App: http://personapp.io/

Personae benötigen Bild und Namen
Personae sollten letztendlich wie menschliche Abbilder der Zielgruppen wirken. Dazu benötigen sie sowohl ein passendes Porträtbild als auch einen konkreten Namen, wie am Beispiel »Tom Drinker« aufgezeigt. Erst der Name macht aus einer bisher erfundenen Person einen wirklichen Menschen, den jeder konkret benennen und erkennen kann. In der Folge wird im Kommunikations- und Marketing-Team künftig niemand mehr von der »Persona 1« sprechen, sondern konkret von »Nick«, »Claudia«, »Henriette« oder in diesem Fall von »Tom«.

Im nächsten Schritt sollte »Tom« ein Gesicht erhalten, um die Person zum Leben zu erwecken. Schließlich macht ein Bild die Persona »realer« und »menschlicher«. Auf einen Blick lässt sich erkennen, um welche Art von Person es sich bei der anvisierten Zielgruppe handelt. Geht es eher um den jugendlich wirkenden, unrasierten Typen mit Lederjacke und Sneakers? Oder um den Anzug tragenden Geschäftsmann und Gentleman? Beide könnten Mitte 30 sein und würden trotzdem ein sehr unterschiedliches Bild der anzusprechenden Zielgruppe transportieren. Aus einem von soziodemografischen und psychologischen Fakten geprägten Bildumriss ist damit plötzlich ein guter Bekannter erwacht.

Zum Schluss sollte das Bild der Persona insbesondere in der Kommunikationsabteilung gut sichtbar aufgehängt werden. Damit kann sich jedes Teammitglied die charakteristische Person besser einprägen, und die Zielgruppe bleibt stets im Mittelpunkt der Gedanken. Mit der Persona mit Namen und Bild vor Augen fällt es leichter, den Content auf die von ihr vertretene Zielgruppe auszurichten. Über die Kommunikationsabteilung hinaus sollte die Persona jedoch auch im gesamten Unternehmen verbreitet werden, betont Bastian Foerster vom Deutschen Institut für Marketing in Köln: »Schließlich spielt die Kundenorientierung nicht nur im Marketing, sondern beispielsweise auch in der Produktentwicklung eine große Rolle, da die Entwicklung eines neuen Produktes stets ausgehend vom Kunden geschehen sollte – Stichwort Customer Centricity.«[266]

266 https://www.marketinginstitut.biz/blog/persona/.

9.5.3 Quellen für die Fakten-Recherche

Der obige Abschnitt verdeutlicht, welche umfangreichen Informationen notwendig sind, um eine wirklich glaubhafte Persona zu entwickeln, deren Charakteristika denen der angestrebten Zielgruppe entsprechen. Bei der Entwicklung hilft es zwar, sich in die Situation der erwünschten Zielgruppen hineinzuversetzen, die von der Persona repräsentiert werden soll, um zu fühlen, wer diese ist, was sie tut, was sie bewegt und welche Bedürfnisse und Nöte sie hat. Nur darf die persönliche Einschätzung nur der Anfang der Persona-Entwicklung sein. Es ergibt wenig Sinn, Personae aus dem Bauch heraus zu entwickeln. In dem Moment spiegeln sie das bereits vorhandene und jetzt »nur« neu zusammengefügte Wissen oder, besser gesagt, die Vorurteile und die Vermutungen der am Persona-Prozess beteiligten Personen wider. Für eine erfolgreiche Persona-Entwicklung müssen die Ergebnisse auf Studien und Marktforschungsdaten, Gesprächen, Interviews und individuellen Befragungen, also auf nachweisbaren Daten und Fakten beruhen.

Unternehmen müssen dazu ernsthafte Nutzerforschung betreiben, um später sichergehen zu können, dass die entwickelten Personae möglichst genau den Zielgruppen entsprechen. Nur woraus lassen sich die Informationen ziehen, die für die Entwicklung notwendig sind? Es gibt zahlreiche Quellen und Arbeitsweisen, um an aussagekräftige Daten zu Bedürfnissen, Präferenzen, Verhaltensweisen, Wünschen und Hoffnungen zu gelangen. Bereits die in Kapitel 7 beschriebene Analyse sollte zentrale Informationen geliefert haben. Diese gilt es, jetzt mit weiteren Details zu ergänzen. Die folgende Aufzählung gibt dazu einige Anregungen für die weitere Vorgehensweise:

- **Marktforschungsdaten**
  Welche aktuellen (Branchen-)Studien, Branchendaten, Statistiken, Marktforschungen, Umfragen, Whitepapers und sonstigen Untersuchungen liegen vor, die weitere Informationen zu den möglichen Personae liefern könnten? Gerade Branchenstudien und Marktzahlen lassen vielfältige Rückschlüsse zu.
- **Monitoring-Daten**
  Welche Erkenntnisse liefert das installierte Monitoring? Wie wird die Organisation gesehen – gerade im Vergleich zur Konkurrenz? Wie kommt die neue Kampagne bei den Zielgruppen an? Wo liegen die Hauptkritikpunkte? Was würde sich unsere Zielgruppe besonders wünschen? Ein frühzeitig aufgesetztes Monitoring liefert weitere Einblicke, was die Zielgruppen über das Unternehmen denken.
- **Web- und Medienanalyse**
  Wer besucht bisher die Webseite des Unternehmens? Welche Seiten rufen die Nutzer bevorzugt auf? Über welche Keywords kommen sie auf die Seite? Wie lange verweilen sie auf welchen Seiten? Wie viele laden sich Informationen herunter oder melden sich zum E-Mail-Newsletter an? Wie hoch sind Öffnungs-, Klick- und Click-Through-Raten? Gibt es einen korrekten und aktuell gepflegten Wikipedia-Eintrag? Wer nutzt wann und wie intensiv die Social-Media-Kanäle des Unternehmens? Wie sind die Reaktionen auf den neuen Podcast? Welche wertvollen Informationen liefern die Social Media

Insights? Wie kommt der hauseigene Newsletter an? Webanalyse-Tools wie beispielsweise Google Analytics, etracker oder Matomo in Zusammenarbeit mit speziellen Keyword Tools und SEO-Tools sowie E-Mail-Marketingsystemen liefern detaillierte Auskünfte über mögliche Zielgruppen.

- **Interne Befragungen**
  Gibt es unternehmensinterne Umfragen, Gespräche, Studien, unternehmensweite oder individuelle Befragungen, die hilfreiche Details zu den Personae liefern? Liegt eine Auswertung des hauseigenen Intranets vor? Können Mitarbeiter weitere Hintergründe zu den Zielgruppen liefern, mit denen sie zum Teil täglich in Kontakt stehen? An dieser Stelle kommt es darauf an, möglichst viele Kollegen aus allen Bereichen des Unternehmens, etwa Human Resources, Marketing, Kundendienst, Callcenter in das Persona-Projekt miteinzubeziehen, die über wertvolle Informationen verfügen.
- **Kundendatenanalyse**
  Welche Daten enthält das eigene Customer Relationship Management (CRM) zu den Kernkunden? Gibt es bei den Top-Kunden Überschneidungen? Beispielsweise Alter, Aufgabenfelder, Verantwortungsbereich, Art des Unternehmens, Größe der Institution? Welche relevanten Informationen hält der Kundenservice bereit? Professionelle CRM-Systeme sind eine wahre Fundgrube für Daten und Fakten zu bestehenden Kunden und Partnern, aus denen sich aussagekräftige Schlüsse auf künftige Zielgruppen ziehen lassen.
- **Kundenbefragungen**
  Organisationen können ihre Kunden direkt befragen: An welcher Art von Inhalten sind sie interessiert? Wie informieren sie sich? Eher online oder print oder über beide Wege? Wo liegt der Fokus? Wären sie an einem E-Mail-Newsletter interessiert? An einem Fach-Blog oder einem thematischen Online-Magazin? An einer speziellen Facebook-Gruppe? Die Kundenanalyse kann durch direkte Befragungen im persönlichen Gespräch, durch versandte Fragebögen, aber auch per Newsletter oder über ein Online-Formular erfolgen.
- **Netzwerkanalyse**
  Wie wird die Organisation bewertet? Wird sie häufig weiterempfohlen? Über welche Themen wird, bezogen auf das eigene Unternehmen oder die Branche, in Foren diskutiert? Lassen sich relevante Erkenntnisse aus Foren wie gutefrage.net, krankenschwester.de, BrummiOnline.com oder nebenan.de ziehen? Wie steht die Organisationen in Bewertungsportalen wie kununu.de, meinChef.de, TripAdvisor oder Yelp.de dar? Gibt es XING-, LinkedIn-, Facebook- oder sonstige Branchengruppen, denen es sich beizutreten lohnt, um die eigenen Zielgruppen besser kennenzulernen? Die Teilnahme an solchen Branchendiskussionen gibt wichtige, da meist neutrale Einblicke – gerade im Hinblick auf mögliche Meinungsführer und Influencer.
- **Eigeninitiative**
  Sollten aus diesen Informationen sowie der vorherigen Ist-Analyse noch nicht ausreichend Material vorliegen, so ist selbst eine Umfrage oder eine Befragung aufzusetzen – ob

für Kunden, Mitarbeiter oder Partner. Dies könnten persönliche Kunden-Interviews auf Fachmessen, Konferenzen, thematischen BarCamps sein, um mehr über die Motive, Interessen oder sogar finale Entscheidungsargumente zu erfahren. Auch neutrale Online-Interviews mit eigenen Fragebögen – beispielsweise über einfache Tools wie SurveyMonkey (www.surveymonkey.de) – können tiefere Einblicke in das Verhalten von Kunden vermitteln und führen damit zu einer klar definierten Persona.[267]

Solche Maßnahmen liefern Einsichten über die anvisierten Zielgruppen, um später eine klare, zielgruppenorientierte Kommunikation planen und umsetzen zu können. Zusätzlich hilft solch eine Vorgehensweise, Fehler zu vermeiden, was oft mit verschwendeten Ressourcen verbunden ist, wenn es zum Beispiel letztendlich heißt: »After all you don't want to spend time and money creating a fancy Facebook campaign when your target market hangs out on Twitter and LinkedIn.«[268] Unternehmen und Institutionen sollten am Ende eine möglichst exakte, virtuelle Vorlage einer Musterzielgruppe vorliegen haben, die jedem Beteiligten im Kopf bleibt, dessen Bild jeden begleitet, unabhängig davon, ob er einen Blog-Text schreibt, einen Magazin-Beitrag formuliert, einen Fach-Newsletter entwirft, einen Flyer entwickelt oder die Webseite einem größeren Relaunch unterzieht.

LINK-TIPP

Beispiele für Personae

Wie könnten Personae konkret aussehen, beziehungsweise wie sollten sie final beschrieben werden? Personae müssen in einem übersichtlichen Format dargestellt sein. Nur so kann jeder Involvierte die Spezifika der einzelnen Personae später nachvollziehen. Die folgenden Beispiele bieten unterschiedliche Vorlagen und Vorgehensweisen:

- Einen ausführlichen Persona-Guide auch anhand praktischer Beispiele hat Bastian Förster auf dem Blog des Deutschen Instituts für Marketing publiziert.[269] In fünf Schritten schildert er die sorgfältige Erstellung von Personae – von der Datensammlung und -auswertung bis zur Entwicklung und Implementierung; zudem erklärt er die Notwendigkeit von Folgemaßnahmen – wie Visualisierung, Dokumentation, Mitarbeiterschulung.
- Christian Tembrink ist Geschäftsführer der Online-Marketing-Agentur netspirits. In diesem Beitrag[270] beschreibt er den Persona-Prozess innerhalb seiner Agentur, wie eigens entwickelte Persona-Profile geholfen haben, die Inhalte stärker auf die Zielgruppenbedürfnisse auszurichten und so mehr

267 Als Alternative zu SurveyMonkey können auch kostenlos Google Forms (https://docs.google.com/forms/) genutzt werden, wenn auch mit einer begrenzten Auswahl an möglichen Formularen, sowie das kostenpflichtige deutsche Online-Umfragetool LimeSurvey (https://www.limesurvey.org), das sich dafür datenschutzrechtlich sauber direkt in den eigenen Server einbinden lässt.

268 https://bit.ly/dks_fourthsource_socialmediastrategy.

269 Vgl. https://www.marketinginstitut.biz/blog/persona/.

270 https://bit.ly/dks_onlinemarketing_netspirits.

Leads und Kontakte zu generieren. Dazu beschreibt er den Prozess von der Analyse interner und externer Daten, über Interviews sowie Kundeneinschätzungen und -bewertungen bis zum fertigen Persona-Profil.

- Wie sollten Informationen und Daten zu Personae am besten aufbereitet werden? Die Tourismus-Beraterin Kristine Honig[271] zeigt anhand konkreter Beispiele von deutschen Tourismusorganisationen und -regionen, wie Persona-Steckbriefe sinnvoll anhand der jeweiligen Customer Journeys aufzubereiten und in welchem Format – Landingpage, Video, (interaktives) E-Book, Broschüre etc. – sie bereitzustellen sind.
- Ein hervorragendes Beispiel für die Persona-Entwicklung liefert Montafon Tourismus[272]. In einem zehnminütigen Video schildert die Organisation nicht nur ihren Weg zu einer Neupositionierung. Ausgehend vom gesellschaftlichen Leitmilieu der etablierten Post-Materiellen (s. Sinus-Milieus) entwickelt sie schrittweise die stellvertretende Persona für den deutschen Markt. Damit weiß jeder Beteiligte innerhalb der Organisation, wen Montafon Tourismus künftig mit seinen Kommunikations- und Marketingaktivitäten ansprechen will.
- Auch Zalando hat seit 2017 sieben Personae – die sogenannten Types.[273] Dazu hat der Online-Versandhändler den Datenschatz seiner eigenen Business-Plattform genutzt. Durch die Auswertung der Bestelldaten von mehr als 23 Millionen Zalando-Shoppern und der Kombination mit Facebook-Auswertungen konnten sie die sieben Personae entwickeln und ihren Kunden zuordnen: Von den »Hip Poppers«, jungen Erwachsenen, die sich lieber an ihre Umgebung anpassen, bis hin zur »Culture Elite«, die Wert auf einen individuellen Style legt.

Zusammenfassung: Der Erfolg von Personae

Die vorherigen Abschnitte haben deutlich gemacht, dass die Erstellung von Personae eine umfangreiche Aufgabe ist, die auf intensiven Recherchen, gesammelten Daten und individuellen Befragungen basiert. Am Ende des Entwicklungsprozesses besteht die Persona aus Informationen zu ihrer Persönlichkeit, ihrem privaten Leben, ihrem Berufsleben und insbesondere ihren individuellen Needs, auf die die Organisation reagieren will. Sie trägt einen unverwechselbaren Namen und wird durch ein konkretes Bild klar visualisiert.

Diese Informationen bilden die Voraussetzung, um im nächsten Schritt den richtigen Content zu wählen und die richtigen Kommunikationskanäle einzusetzen, um die erwünschte Zielgruppe wirklich zu erreichen. Dabei gilt:

271 https://bit.ly/dks_honig_personaeaufbereiten.
272 https://bit.ly/dks_youtube_montafon.
273 Vgl. https://bit.ly/dks_zalando_ztypes.

- Je genauer die entwickelten Personae sind, desto einfacher, zielgruppengenauer und ressourceneffektiver ist es später, sowohl Strategie als auch Inhalte und Maßnahmen auf sie zuzuschneiden, um deren Bedürfnisse genau zu treffen und Streuverluste zu vermeiden. Schließlich »prägen wir uns im Arbeitsprozess die Situation einer Persona besser ein, als die pauschalen Eigenschaften einer Gruppe.«[274]
- Je klarer Unternehmen und Institutionen die Persona wiederum vor Augen haben, desto besser können sie agieren beziehungsweise mit ihr interagieren, so Christian Achilles, Kommunikationschef vom DSGV, in seinem Beitrag. Kommunikationsverantwortliche können künftig sofort erkennen, »welche der Personae sich für ihr Thema interessieren und in welcher Lebenswelt diese Personae zu Hause sind.«[275] Wer seine Zielgruppen dagegen nicht kennt und nicht weiß, welche Bedürfnisse und Ansprüche sie haben, produziert und kommuniziert an ihnen vorbei.

Personae bieten also eine zentrale Hilfestellung, um mehr über die Zielgruppen zu erfahren und ihnen so künftig im Rahmen einer Content-Strategie die adäquaten Informationen und Mehrwerte zur Verfügung stellen zu können. Sie helfen, genau den Content zu verbreiten, der auf Interesse und auf Interaktion seitens der Zielgruppen stößt. Schließlich sollen die vermittelten Inhalte zum konkreten Handeln und eigenständigen Agieren bewegen. Die Erstellung von Personae ist hochspannend und kann äußerst wirkungsvoll verlaufen, wenn die abschließenden fünf Tipps eingehalten werden:

1. **Keine Daten erfinden:** Personae basieren niemals auf Annahmen oder Gefühlen oder persönlichen Erfahrungen. Die finale Erstellung von Personae muss stets auf der Basis von erhobenen Daten geschehen – ob aus Befragungen, Studien, Analysen oder individuellen Untersuchungen. Nur so dominiert später nicht das Gefühl, sondern wirkliche Daten und Fakten bei der Erstellung des zielgruppengerechten Contents.
2. **Auf das Wesentliche fokussieren:** Kommunikationsexperten müssen sich auf die wichtigsten Charaktermerkmale fokussieren. Am besten sollte jeder überprüfen, dass nur die Informationen zusammengetragen werden, die für einen spezifischen Einblick in das Kundenverhalten sowohl notwendig als auch nutzbar sind. Alle anderen Daten und Fakten sollten unberücksichtigt bleiben, auch wenn sie noch so interessant klingen.
3. **Viele Kollegen integrieren:** Wer einen Persona-Entwicklungsprozess initiiert, sollte möglichst viele Personen und Bereiche der Organisation miteinbeziehen. Personae sollten stets aus unterschiedlichen Perspektiven entwickelt werden und zudem auf der Grundlage einer Fülle von Informationen stehen. Diese sind in vielen Organisationen oder einzelnen Abteilungen vorhanden, müssen oftmals noch gemeinsam entdeckt und gehoben werden.
4. **Allen zugänglich machen:** Die final entwickelten Personae sollten die Kommunikations- und Marketingabteilungen nicht für sich behalten. Personae betreffen viele

274 https://bit.ly/dks_artundweise_persona.
275 Siehe S. 80.

Bereiche innerhalb der Organisation. So ist es zentral, die Ergebnisse mit anderen Abteilungen zu teilen, sie ihnen unmittelbar zukommen zu lassen. Auch sie können von dem Wissen profitieren, das durch die Analyse, Auswertung und Erstellung der Personae gewonnen wurde.

5. **Aktuell halten**: Der Entwicklungsprozess von Personae ist niemals abgeschlossen. Ein Update angesichts neuer Eckdaten und Rahmenfaktoren ist eine normale Vorgehensweise. So können im Verlauf der weiteren Analysen und Recherchen, der intensiven Beschäftigung mit den Zielen oder den Stakeholdern und Beobachtung der Content-Planung in Zusammenhang mit den erstellten Personae jederzeit Änderungen auftreten. Auch lassen sich aus Analysen und Beobachtungen, aus Webseiten- und Social-Media-Statistiken wie aus Kunden-Interviews stetig neue Informationen gewinnen. Daher sind Personae in regelmäßigen Zeitintervallen zu überprüfen.

SOZIALE BERUFE kann nicht jeder

Digitale Nachwuchs- und Fachkräftegewinnung bei der Diakonie

Von Maja Roedenbeck Schäfer

Bis 2011 beschränkte sich die Personalgewinnung der Diakonie auf ein gedrucktes Ausbildungsstätten-Verzeichnis, auf Messestände und die Bemühungen der diakonischen Einrichtungen vor Ort – meist Stellenanzeigen. Durch die Kampagne »SOZIALE BERUFE kann nicht jeder« ist es gelungen, im digitalen Raum eine Vorreiterrolle für die Sozial- und Gesundheitsbranche einzunehmen: mit einem interaktiven Karriereportal, Berufsberatung per Messenger, Social-Media-Präsenzen sowie mit App und YouTube-Studio aufgepeppten Eventauftritten. Inzwischen ist aus dem Kampagnenprojekt eine feste Referentenstelle für Personalmarketing und Recruiting geworden, die die Strategie ständig weiterentwickelt.

Die Herausforderungen
Als die Diakonie Deutschland die Kampagne »SOZIALE BERUFE kann nicht jeder« als ein über den Europäischen Sozialfonds gefördertes Projekt ins Leben rief, sah sie sich gleich mehreren Herausforderungen gegenüber: Der drastische Nachwuchs- und Fachkräftemangel in den Sozial- und Pflegeberufen ließ keine Zeit für vorsichtige erste Schritte in den digitalen Medien, es bestand dringender Handlungsbedarf. Das Image von Berufen wie Altenpfleger, Erzieher oder Heilerziehungspfleger musste aufpoliert, die Diakonie als zeitgemäßer Arbeitgeber vorgestellt und niedrigschwellige Möglichkeiten der Bewerbung geschaffen, jahrzehntealte Bewerbungsprozesse aufgebrochen werden.

kann nicht jeder.
SOZIALE BERUFE

Abb. J: Das Logo zur Kampagne »Soziale Berufe kann nicht jeder«; Quelle: Diakonie Deutschland

Die zweite große Herausforderung war die dezentrale, nicht-hierarchische Struktur des Verbandes: Die 31.600 diakonischen Ausbildungsstätten und Dienste deutschlandweit agieren eigenständig und sind nicht verpflichtet, sich an Kommunikationsstrategien des Spitzenverbandes zu beteiligen. Gleichzeitig liegt die Power des Wohlfahrtsverbandes aber gerade in seiner Allgegenwärtigkeit. Eine Personalmarketing- und Recruitingkampagne, die flächendeckend wirkungsvoll sein sollte, ohne die Mittel beispielsweise für eine bundesweite Plakatkampagne zur Verfügung zu haben, musste also nicht nur die Bedürfnisse der Zielgruppe Bewerber, sondern auch die Bedürfnisse der Personal- und PR-Verantwortlichen in den diakonischen Einrichtungen berücksichtigen und Letztere dazu ermuntern, mitzumachen.

Eine dritte Herausforderung war die Einbettung der Kampagne in die bis dahin eher traditionelle Kommunikationsstrategie des Verbandes. Da dies unmöglich schien, bestand der Ansatz anfangs darin, sich mit einem überraschenden Konzept deutlich abzugrenzen und den Absender Diakonie erst auf den zweiten Blick ersichtlich zu machen. Erst nach und nach bewegten sich die Webseiten diakonie.de und soziale-berufe.com, die angegliederten Social-Media-Kanäle und Kommunikationsstrategien aufeinander zu – Erstere wurden zeitgemäßer, die übrigen gaben sich als Diakonieprodukt zu erkennen. Inzwischen ist aus soziale-berufe.com das Karriereportal karriere.diakonie.de geworden.

Nicht zuletzt ein Thema: das liebe Geld. Ein Etat von 800.000 Euro inklusive Personalkosten für zwei Vollzeitstellen für die ersten drei Projektjahre ist für die Sozial- und Gesundheitsbranche beachtlich, im Vergleich zu jährlichen Millionen-Etats ähnlicher Kampagnen beispielsweise beim Deutschen Handwerk jedoch schmal. Digitale Kommunikation ist schließlich nicht umsonst. Nach Ablauf der Projektförderung durch die EU mussten Wege gefunden werden, die Arbeit im Bereich Personalmarketing und Recruiting anders zu finanzieren.

Die neuen Kanäle

Als Herzstück der Kampagne wurde das interaktive Nachwuchsportal www.soziale-berufe.com entwickelt, heute karriere.diakonie.de: mit Filmen und Selbsttests zu rund 30 sozialen und pflegerischen Ausbildungen und Studiengängen, Ausbildungsstätten-Suchfunktion, Stellenbörse und einer App, mit der sich ein Foto in Street-Art-Optik verfremden und mit einer sozialen Botschaft versehen lässt: »SOZIAL DABEI, weil: ich es kann!«. Ähnlich einer Graffiti-Schablone kann das Ganze als virtuelles

Kunstwerk auf Wände im öffentlichen Raum fotografiert und in einer Galerie hochgeladen werden. Mit dem sogenannten Berufomaten können junge Nutzer spielerisch, aber mit soliden Ergebnissen herausfinden, welche Berufe zu ihnen passen.

Es gibt sechs Filtermöglichkeiten vom Schulabschluss über die gewünschte Klientenzielgruppe (»Mit wem möchtest du arbeiten?«) und die eigenen Persönlichkeitsstärken und Hobbys oder Interessen. Der Berufomat stellt das von den Nutzern laut Usability-Tests bis dahin vermisste Bindeglied zwischen dem Einstiegstest »Bin ich der Typ für die Arbeit mit Menschen?« und den konkreten Berufetests (»Passt der Beruf des Physiotherapeuten zu mir?«) dar. Auch ist er eine Antwort auf das Ergebnis einiger Jugendstudien, laut denen Jugendliche finden, dass zwar genügend Informationen zu Berufen im Netz zu finden seien, jedoch zu wenige konkrete Entscheidungshilfen für die Berufswahl.

Das Online-Bewerbungstool
Per Online-Bewerbungstool können sich die User bei diakonischen Einrichtungen bewerben. Um das Karriereportal herum gruppieren sich ein Blog, verschiedene Social-Media-Kanäle von Facebook und Instagram über Twitter bis hin zu YouTube, ein T-Shirt-Shop und zwei Apps. Die Idee dahinter ist die flächendeckende Präsenz in allen virtuellen Treffpunkten der Zielgruppe, sodass sie früher oder später über die Diakonie stolpern muss. Wo genau der potenzielle Bewerber andockt, spielt dabei keine Rolle. Die Inhalte aller Kanäle werden nach den Prinzipien des Infotainments aufbereitet und die Zielgruppe wird, wo möglich, einbezogen. Lockere Ansprechhaltung statt Fachchinesisch, authentische Protagonisten statt Models, »Schweiß und Tränen« statt Hochglanz, Austausch auf Augenhöhe über Kommentarfunktion, E-Mail, soziale Netzwerke, WhatsApp, Votings und Umfragen.

Richtete sich die Kommunikationsstrategie anfangs konkret an den Nachwuchs, stellten wir schnell fest, dass auch ältere Quereinsteiger oder Bewerber aus dem Ausland im digitalen Raum kaum andere Nutzungsvorlieben haben als Jugendliche und sich von unserem Angebot ebenso angesprochen fühlten. Etwa zur Hälfte kommen die Anfragen über WhatsApp von jungen Menschen (vor allem mit Hauptschulabschluss) und von Quereinsteigern. Natürlich brauchen ältere Bewerber eigene Identifikationspersonen, also zeigten wir entsprechende Erfolgs-Storys. Doch an der Ansprechhaltung (interessiert an der persönlichen Situation des Bewerbers und bei uns grundsätzlich per Du), an den beliebtesten Formaten (Film, Videoclips) und der Art der Informationen (»Wo finde ich eine Ausbildungsstätte?«) änderte sich wenig. Ein wichtiges Element ist der »Quereinsteiger-Test«, der mit Fragen zur Lebenssituation und Motivation aufzeigt, ob der richtige Zeitpunkt für einen Quereinstieg in die sozialen Berufe gekommen ist.

Ein wichtiges Credo unserer Arbeit lautet: »Wir sind niemals fertig!« Durch regelmäßige Usability-Tests und engen Kontakt zu den Bewerbern verbessern wir das Angebot kontinuierlich. Digitale Trends werden beobachtet und auf ihren Nutzen hin getestet. So war ein Werbespot auf Digitalen Schwarzen Brettern in Schulen teuer und wenig erfolgreich, das Angebot der Berufsberatung per Messenger jedoch ein Hit. Ab Mitte Januar 2015 boten wir Karriereberatung per WhatsApp an und traten damit einen Trend in der deutschsprachigen Recruiting-Szene los. Als zweiter Anbieter (nach den ostdeutschen Hochschulen) hatten wir erkannt, dass Messaging-Dienste wie zuvor schon in China nun in Deutschland den klassischen Social-Media-Kanälen wie Facebook den Rang ablaufen würden. In der Arbeitgeber-Bewerber-Kommunikation wurde WhatsApp nach unserer Aktion von zahlreichen Unternehmen eingesetzt. Aus Datenschutzgründen haben wir den Prozess transparent beschrieben und halten uns an bestimmte Vorgaben: Nur eine Person bekommt die WhatsApp-Anfragen zu sehen, die Anfragenden werden nicht als Kontakte im Smartphone eingespeichert oder zu Gruppen zusammengefasst, wir reagieren nur auf Anfragen, die uns gestellt werden, und schreiben nicht proaktiv Bewerber an. Die Chat-Verläufe werden regelmäßig gelöscht.

Auf dem Weg zum Employer Branding
Nachdem dieses Grundgerüst für ein zeitgemäßes Personalmarketing und Recruiting geschaffen war, tasteten wir uns an das Thema Employer Branding heran. Was macht die Diakonie als Arbeitgeber aus? Im ersten Schritt formulierten wir drei Kernbotschaften:

- Du bist uns wichtig – Die Diakonie ist ein familienfreundlicher, mitarbeiter- und gesundheitsorientierter Arbeitgeber.
- Bei uns verdienst du gut – Die Diakonie zahlt Gehälter, die sich sehen lassen können, und im Branchenvergleich überdurchschnittlich sind.
- Du möchtest bei den Besten lernen – Die Diakonie wird in den Umfragen des Trendence Instituts regelmäßig unter die beliebtesten Arbeitgeber Deutschlands gewählt.

Zu jeder Botschaft wurde eine Landing Page geschaffen, die die Versprechungen mit Leben füllen. Informationen zu Tarifen (in Planung ist ein Gehaltsrechner) sind dort ebenso enthalten wie Reportagen über diakonische Einrichtungen, die ein Gütesiegel zum Beispiel für Familienfreundlichkeit tragen oder die ihren Mitarbeitern wöchentlich eine kostenlose Massage spendieren. Vom Playmobil-Film über das Arbeitsrecht der Kirchen bis hin zu Mitarbeiter-Testimonials gibt es viele weitere Inhalte. Um die Botschaften »unters Volk« zu bringen, teilten wir sie nicht nur in den sozialen Netzwerken, sondern brachen wir sie auf ein Postkartenformat herunter. Aus »Du bist uns wichtig« wurde für die Karte der Slogan »Du bist mir wichtig«. Illustriert mit einem niedlichen Pandabären wird sie gerne auf Facebook geteilt oder von Messen mitgenommen, um sie der besten Freundin auf das Geburtstagsgeschenk zu kleben. Erst auf der Rückseite enthüllen sich der Absender und der Zusammenhang.[276]

Die Erfolgsfaktoren

Die Kampagne »SOZIALE BERUFE kann nicht jeder« hat bis heute mehrere Auszeichnungen und Nominierungen erhalten: unter anderem den Talente Award 2015, den Annual Multimedia Award 2014 in Silber und den Deutschen Preis für Onlinekommunikation 2013. Das Karriereportal verzeichnet inzwischen 2,8 Millionen Klicks jährlich. Wie viele Vorstellungsgespräche oder Einstellungen darüber zustande kommen, lässt sich nicht messen, da die diakonischen Träger und Einrichtungen eigenständige Unternehmen sind und den Spitzenverband nicht über ihre Personalangelegenheiten informieren müssen. Dazu kommen die Nutzer und Fans in den Social-Media-Kanälen. Mit einem Influencer-Video (»Da sein« von MaximNoise) haben wir zum Beispiel über 66.000 Aufrufe innerhalb von zwei Jahren bei YouTube erreicht, für unsere eigenen Filme verzeichnen wir dort insgesamt 600.000 Videoaufrufe. In unserem Whatchado-Profil erhalten wir bis zu 250.000 Videoaufrufe monatlich. Der Azubiblog bringt noch einmal 135.000 Seitenaufrufe im Jahr zusätzlich. Darüber hinaus konzentrieren wir uns in unseren Evaluationen auf die Auswertung unserer strukturierten Recruiting-Tool-Tests, bei denen wir gemeinsam mit mehreren Trägern neue Apps und digitale Plattformen ausprobieren und die Cost per Hire errechnen, um die Tools vergleichen und auswählen zu können.

Viel wichtiger als Klickzahlen und Rankings sind jedoch die persönlichen Rückmeldungen der Bewerber. Denn in Zeiten des Empfehlungsmarketings ist ein zufriedener Bewerber ein wichtiger Multiplikator. Leonie, die sich per E-Mail mit einer Berufsberatungsanfrage an das Projektteam wandte, schrieb: »Vielen Dank für die schnelle und äußerst informative Antwort! Daran können sich aber einige Institutionen etwas abschauen! Vielen Dank für die tolle Beratung! Ich komme aus dem Lob gar nicht mehr heraus! Wirklich, für so einen Service könnte man Geld verlangen! Vielen Dank!« Ähnlich positive Rückmeldungen erreichen uns per Messenger: »Vielen Dank für diese Möglichkeit der Beratung über WhatsApp! Find ich super bei diesem ganzen Berufsdschungel!« Oder: »Ich finde es richtig cool, dass auch im sozialen Bereich neue Wege eingeschlagen werden im Bereich Kommunikation!« Lehrerin Christel Gabriel-Mostertz schrieb nach einer der zahlreichen Offline-Veranstaltungen des Projektteams: »Ihre Vorstellung sozialer Berufe in meinen Berufsorientierungsklassen hat mir sehr gut gefallen, die Mischung aus Fragen, Diskussion, Filmbeiträgen und Eignungstest war sehr abwechslungsreich und hat die Schülerinnen und Schüler motiviert. Gerne würde ich Sie im nächsten Jahr wieder einladen.« Nicht zuletzt empfahl die Bundesagentur für Arbeit in ihren internen und externen Kanälen www.soziale-berufe.comzur Berufsorientierung.

276 https://bit.ly/dks_diakonie_dubistmirwichtig.

Gründe für den Erfolg

Unsere Arbeit funktioniert aus mehreren Gründen so gut: Zum einen stehen die digitalen Maßnahmen nicht losgelöst im luftleeren Raum, sondern werden in die Gesamtstrategie des Personalmarketings und Recruitings eingebettet. Die Diakonie ist weiterhin auf Messen und Veranstaltungen oder im Berufskundeunterricht präsent, produziert analoge Medien wie Flyer und andere Give-aways und schaltet Stellenanzeigen. Personalgewinnung wird nicht nur seitens des Dachverbandes, sondern weiterhin auch regional und lokal von den diakonischen Einrichtungen betrieben.

Personalmarketing-Verantwortliche aus diakonischen Einrichtungen in ganz Deutschland kommen zu Seminaren oder BarCamps zusammen, um Strategien und Erfahrungen im digitalen Raum auszutauschen und voneinander zu lernen. In den ersten Jahren wurden als Kooperationspartner verschiedene Fachverbände der Diakonie mit eingebunden, die uns finanziell und beratend unterstützten, um die breite Akzeptanz der Kampagne im Verband zu sichern: der Evangelische Erziehungsverband, der Bundesverband evangelische Behindertenhilfe, der Deutsche Evangelische Verband für Altenarbeit und Pflege sowie der Deutsche Evangelische Krankenhausverband.

Maßnahmen und Methoden, die seitens des Spitzenverbandes auf den Weg gebracht werden, sind dabei so angelegt, dass diakonische Einrichtungen bei sich vor Ort damit arbeiten können. Das bedeutet nicht nur, dass sie Stellenanzeigen und einen Eintrag im Ausbildungsstätten-Navigator auf dem Karriereportal bekommen, sondern dass sie auch umgekehrt Berufe-Filme, Tests oder die Diakonie Graffiti App auf ihren eigenen Websites einbinden oder ihre Veranstaltungen mit unseren Aktionsideen aufwerten können. Im Downloadbereich stehen ihnen beispielsweise eine Anleitung zur Produktion von Recruiting-Videos über Druckvorlagen für »Mitarbeiter werden Mitarbeiter« Postkarten und Messedekoration bis hin zum Erfahrungsbericht »Elf diakonische Träger testen das Recruiting Tool HeyJobs« zur Verfügung.

Nicht zuletzt ist ein Erfolgsfaktor auch die Bereitschaft, ausdauernd und wenig pompös an der Basis zu arbeiten. Wir nehmen jeden Bewerber »an der Hand« und bauen eine Beziehung zu ihm auf. Anstatt ihn mit vorgefertigten Antwortbausteinen abzuspeisen, gibt es individuell formulierte, interessierte Antwort-Mails, WhatsApp-Nachrichten oder Antworten auf Blog-Kommentare, mit manchem gehen wir wochenlang seine Bewerbungsunterlagen durch, bevor er sie absendet – selbst wenn sie dann manchmal doch bei der Konkurrenz landen. In Bewerberbefragungen holen wir uns Feedback zu unserem Prozess ein und schicken Überraschungspakete als Entschuldigung für zu lange unbeantwortete Bewerbungen. Statt auf einmalige Aktionen, um die viel PR-Wirbel veranstaltet wird, bis sie schnell wieder vergessen sind, setzen wir auf eher bodenständige, langfristige Maßnahmen. Natürlich verweisen wir in der Berufsberatung auch immer wieder auf unsere digitalen Kanäle, in denen es zum

Beispiel für Bewerber mit Hauptschulabschluss oder Migrationshintergrund eigene Specials mit Filmen, FAQ-Listen, Entscheidungshilfen und Erfolgs-Storys gibt.

Abb. K: »Wir nehmen die Bewerber an die Hand«; Quelle: https://karriere.diakonie.de/downloads

Der Ausblick

Die Personalmarketing- und Recruiting-Strategie der Diakonie wird ständig weiterentwickelt. Neue Kanäle wie MobileJob oder Care Rockets werden ausprobiert und im Erfolgsfall integriert. Die Aufgaben der ehemaligen Projektleiterin der Kampagne »SOZIALE BERUFE kann nicht jeder« haben sich in Richtung Beratung der diakonischen Träger und Einrichtungen bei der Modernisierung ihrer Personalgewinnung und Bewerbungsprozesse verändert. Als Teilprojekte sind in näherer Zukunft etwa ein Gehaltsrechner für den Gesamtverband, eine Modernisierung der Diakonie-Graffiti-App und ein Azubi-BarCamp geplant.

Wir haben unter anderem gelernt, dass die Diakonie mutig und überraschend sein darf, dass sie sich in der Kommunikation mit anderen führenden Branchen und Wirtschaftsunternehmen messen muss, um Gehör zu finden. Gerade weil Menschlichkeit unser Kerngeschäft ist, passen die digitalen Medien wie soziale Netzwerke und Messenger entgegen manchem Kritiker aus den eigenen Reihen ganz besonders gut zu uns und wir haben die beste Kompetenz, sie einzusetzen. Dort, wo Menschen sich aufhalten, kommunizieren, Probleme besprechen und Bedürfnisse äußern, ist die Diakonie traditionell dabei – das muss sie auch intensiv in den digitalen Medien sein. Ein wichtiger Punkt ist die Rückbesinnung auf die Funktion von Webseiten als Kommunikationskanal statt Arbeitsplattform oder gar Archiv. Wichtig ist, dass die Zielgruppen dort finden, was sie suchen, und optimal angesprochen werden, nicht, dass alles, was die Diakonie jemals publiziert hat, dort aufbewahrt wird.

Die Verbandswebsite diakonie.de wurde daher rigoros verschlankt und unter der Projektleitung der Referentin für Personalmarketing und Recruiting in drei Portale aufgegliedert: ein Serviceportal für die Hilfesuchenden, ein Infoportal mit dem Adressatenkreis Politik und Medien für die Lobbyarbeit und ein Karriereportal für die Zielgruppe Bewerber. Auf diese Weise kann jeder Kanal punktgenau auf die Bedürfnisse der Nutzer zugeschnitten werden. Aus einem Fördermittelprojekt wird damit ein fester Bestandteil der Regelarbeit – die Themen Personalmarketing und Recruiting werden zur Chefsache, indem sie im Bundesverband der Diakonie angesiedelt werden. Somit ist die Kampagne »SOZIALE BERUFE kann nicht jeder« ein Erfolgsbeispiel dafür, wie ein Verband oder Unternehmen in einem in sich abgegrenzten, digitalen »Testraum« völlig neue Dinge ausprobieren, auch Fehler machen, aber vor allem Erfahrungen und Kompetenzen sammeln kann, um sie schließlich in die Gesamtkommunikation zu integrieren und einen umfassenden Wandel anzustoßen.

10 Strategische Positionierung: Wie wollen wir dies erreichen?

10.1 Der strategische Ansatz

Auf Basis der Bestandsanalyse sowie der definierten Ziele und Zielgruppen wird die Strategie bestimmt. Sie gibt der digitalen Kommunikation die prinzipielle Richtung vor, indem sie quasi die Zielbestimmungen und die definierten Zielgruppen zusammenführt. Sie knüpft damit stark an die in Kapitel 8 definierten Ziele an. Die Strategie bestimmt weiter, wie die Organisation ihr Verhältnis zu den Zielgruppen verändern will. Aufgrund der erkannten Zielgruppenbedürfnisse und bereits identifizierter Inhalte wird in ihr festgehalten, zu welchen Themen sich das Unternehmen positionieren beziehungsweise für was das Unternehmen steht (Positionierung), welche Botschaften und Inhalte es kommunizieren will (kommunikative Botschaften) und wie es vorgehen will (strategische Umsetzung). In der Strategie wird beispielsweise festgelegt, ob die künftige digitale Kommunikation eher auf Wissenstransfer, Service oder auf einen intensiven Dialog setzen wird. Zudem bestimmt sie, welche medialen Formate – Text, Bild, Ton, Video, Storys etc. – dafür bevorzugt eingesetzt werden.

Die Entwicklung einer Strategie ist in engem Zusammenhang mit dem gesammelten Wissen und vor allem mit den vorhandenen Ressourcen zu sehen. Dies kann eine Chancen-Matrix verdeutlicht. Um die passenden strategischen Optionen zu identifizieren, werden dazu Erreichbarkeit und Wirkung einander gegenübergestellt. Sauber lassen sich die verschiedenen Ideen in die Matrix einordnen, sodass sich Unternehmen und Institutionen für die wirksamste und realistischste Idee entscheiden können. Anhand dieser Matrix können sie schnell erkennen, auf welche Schwerpunkte sie setzen sollten, welche Maßnahmen die größte Wirkung erzielen könnten bei gleichzeitig vertretbarem Einsatz von zeitlichen, personellen und finanziellen Ressourcen. Auch für die weitere Vorgehensweise ist dieser Schritt von großer Bedeutung: Denn solange kein strategischer Ansatz vorliegt, kann im folgenden Schritt keine Content-Strategie entwickelt werden.

AUSFLUG

Das Leitbild oder: Wenn die Unternehmensstrategie fehlt

Bei der Frage nach der strategischen Positionierung stellt sich häufig heraus, dass der Organisation nicht nur eine digitale Kommunikationsstrategie fehlt; viele verfügen nicht einmal über eine Unternehmensstrategie. Als Ableitung lohnt es sich, sich mit dem eigenen Leitbild auseinanderzusetzen. Dieses definiert das Selbstverständnis und die Grundprinzipien einer Organisation. Bei den Sparkassen betont das Leitbild beispielsweise die Abgrenzung von Banken: »Was macht

uns anders«, heißt es im Leitbild. Und als Antwort: »Wir heißen Sparkasse, nicht Bank – das hat gute Gründe. Mit unserem gesellschaftlichen Engagement fördern wir Gemeinschaft. Neben guter Beratung und fairen Finanzdienstleistungen ist das der Kern der über 200 Jahre alten Sparkassen-Idee.«[277]
Ein Leitbild enthält neben dem eigenen Selbstverständnis Ziele und Grundprinzipien der Strategie zu deren Erreichung. Es »dient der Sinnstiftung eines Unternehmens«[278] – nach innen wie nach außen. So hat es die zentrale Funktion, nach innen Orientierung zu geben und nach außen deutlich zu machen, wofür das Unternehmen beziehungsweise die Institution stehen. Die umfangreiche Definition des Selbst »ist der erste und auf strategischer Ebene notwendige Schritt, um am Ende erfolgreich taktisch wie operativ arbeiten zu können«[279], beschreibt Magnus Hüttenberend, Chef der digitalen Kommunikation bei TUI, die Notwendigkeit in seinem Gastbeitrag. Ein Leitbild sollte dazu kurz und kompakt formuliert sein und Antworten auf die Fragen liefern, wohin wir wollen (strategische Ziele), wie wir vorgehen wollen, um dahin zu gelangen (Organisation, Ansatz) und auf welchen Feldern wir dies erreichen wollen (Fokus).

Vision, Mission, Strategy, Values

Wer ein Leitbild entwickeln will, kann sich gut an dem folgenden vierstufigen Modell orientieren. Dieses stützt sich auf die Beantwortung von vier zentralen Fragen – zu Vision, Mission, Strategy und Values[280]:

- Vision: Wofür stehen wir und wovon träumen wir?
- Mission: Was wollen wir dazu beitragen beziehungsweise gemeinsam erreichen?
- Strategie: Wie wollen wir das erreichen?
- Werte: Welche Werte und Begriffe sollen unser Denken und Handeln prägen?

Dieses Leitbild erzählt folglich, was die Organisation im Kern ausmacht, welches Selbstverständnis sie hat und welche langfristigen Ziele sie strategisch anstrebt. Am Beispiel einer Forschungseinrichtung oder einer Stiftung mit Fokus auf Bildung und Wissenschaft könnte dieses Modell wie folgt aussehen:

- Vision: Jungen und Mädchen interessieren sich verstärkt für MINT-Studiengänge[281].
- Mission: Wir wollen insbesondere Kinder aus bildungsfernen Schichten für MINT begeistern und bei ihnen ein Bewusstsein für ein Studium erzeugen.

---

277 https://bit.ly/dks_sparkasse_leitbild.

278 https://bit.ly/dks_bankblog_leitbild.

279 Siehe S. 187.

280 Ausführlich wird das Modell zur Leitbild-Entwicklung im StiftungsRatgeber *Stiftungsmanagement* behandelt. Auch wenn sich die Beschreibung auf Stiftungen fokussiert, lässt sich die Vorgehensweise ebenfalls auf kommerzielle Unternehmen, Institutionen und sonstige Non-Profit-Organisationen übertragen: Fleisch, Hans (2013): Stiftungsmanagement. Ein Leitfaden für erfolgreiche Stiftungsarbeit, Bundesverband Deutscher Stiftungen, StiftungsRatgeber, Band 4, S. 65–66.

281 https://de.wikipedia.org/wiki/MINT-Fächer.

- Strategie: Wir springen auf den Trend zur Gamification auf, in dem wir Jungs und vor allem Mädchen bereits im Jugendalter mittels spielerischer Elemente den Weg zu MINT erleichtern, sie individuell fördern und ihnen frühzeitig die späteren Studiengänge näherbringen.
- Werte: Wir bekennen uns zu den Werten Gleichberechtigung, Fortschritt, Zukunft und Bildung für alle.

Der Spezialglashersteller Schott hat bei seiner Leitbilderstellung diese Phasen noch deutlich stärker auf das eigene Produkt bezogen. So heißt es bei ihm:

- »Unsere Vision: Wir machen SCHOTT zu einem wichtigen Bestandteil im Leben jedes Menschen.
- Unsere Mission: Wir ermöglichen unseren Erfolg und den unserer Kunden durch einzigartige Lösungen basierend auf unserer Kompetenz in Spezialglas, Spezialwerkstoffen, Spitzentechnologien.
- Unsere Werte: Einander respektieren, verantwortungsvoll handeln, Werte schaffen, Innovationen vorantreiben.«[282]

Vom Leitbild zur Strategie
Leitbilder geben Orientierung und helfen bei der Markenpositionierung. Und diese ist wiederum Ausgangspunkt aller geschäftspolitischen Entscheidungen und damit natürlich die Grundlage einer veränderten Kommunikationsstrategie. Gleichzeitig muss jedes Leitbild in regelmäßigen Abständen überprüft werden, da neue Entwicklungen, veränderte Grundlagen und gesammelte Erfahrungen das bisherige Wirken und Verhalten infrage stellen können.

10.2 Die Positionierung

»Bei Ihnen steht der Kunde im Mittelpunkt? Setzen, sechs! Sie sind der führende Anbieter für digitale Transformation? Glatt durchgefallen. Sie haben für alle Branchen die passenden Lösungen? Leider ist Nachsitzen angesagt.«[283] Schon an diesen einfachen Aussagen, die von der Beraterin Meike Leopold stammen, wird deutlich, dass zwischen dem, was eine Positionierung aussagen sollte und dem, was Unternehmen darunter oft verstehen, beträchtliche Differenzen bestehen. Dabei wird mit dem Begriff »das gezielte, planmäßige Schaffen und Herausstellen von Stärken und Qualitäten« bezeichnet, »durch die sich ein Produkt oder eine Dienstleistung in der Einschätzung der Zielgruppe klar und positiv von anderen Produkten oder Dienstleistungen unterscheidet«.[284]

282 https://bit.ly/dks_schott_vision.
283 https://bit.ly/dks_linkedin_leopold.
284 https://de.wikipedia.org/wiki/Positionierung_(Marketing).

Dabei gilt es beim Schritt der Positionierung danach zu fragen, wofür das Kommunikationsobjekt, die Organisation, das Projekt steht, wo sie genau hin will, wie sie sich von anderen unterscheidet sowie wie und warum gerade sie ihren definierten Zielgruppen einen wirklichen Mehrwert bieten kann.[285] Die Positionierung ist damit die nächste Soll-Größe innerhalb des strategischen Teils. Sie legt die Rolle des Unternehmens, der Institution auf der öffentlichen Bühne fest. Sie stellt das gewünschte Bild in den Köpfen der Zielgruppe dar, welches ein Unternehmen oder eine Institution von sich vermitteln will. Dabei kommt es auf die Unterscheidbarkeit und das Unverwechselbare an, um die Wahrnehmung zu erhöhen.

Die Seele vom Ganzen

Aus kommunikativer Sicht legt die Positionierung »die Charakterrolle des Kommunikationsobjekts fest, bestimmt damit Gehalt und Zungenschlag der Botschaften«, schreibt Klaus Schmidbauer im konzeptionerblog. Sie gibt dem Kommunikationsobjekt eine starke Persönlichkeit, damit Adressaten sich ein Bild machen und es besser einer Schublade zuordnen können. Erst von einer eindeutigen Positionierung lassen sich im nächsten Schritt die Botschaften ableiten, die sich im Kopf der Zielgruppen etablieren sollen. Damit diene die Positionierung nicht nur als Referenzpunkt für die Entwicklung der Botschaften: »Auch Themen und Tonalität, Mittel und Maßnahmen richten sich daran aus. Die Positionierung ist quasi die Seele vom Ganzen«[286], auf der später die Kommunikation und die Content-Strategie aufbaut.[287]

KURZ-INFO

Vom USP zum UCP

Innerhalb der Positionierung streben Organisationen danach, einen einzigartigen Produkt- oder Verkaufsvorteil (Unique Selling Proposition) zu definieren und ihn nach außen zu kommunizieren. Ein USP lässt sich innerhalb der Kommunikation wiederum als kommunikatives Alleinstellungsmerkmal, als Unique Communication Proposition (UCP), gegenüber den Wettbewerbern nutzen. Während der USP das Ziel hat, das Produkt gegenüber der Konkurrenz erfolgreich am Markt zu platzieren, soll per UCP ein Unternehmen, Produkt oder Thema im Bewusstsein der Zielgruppen verankert werden. Dazu muss es sich gegenüber anderen Themen in einem Meinungsumfeld durchsetzen und im optimalen Fall als Themenführer etablieren. Beim Einsatz ihrer Positionierung müssen Unternehmen darauf achten, die eigene Wiedererkennbarkeit durch eine gewisse »Konstanz im Einsatz« zu sichern und nicht ständig die Positionierung zu verändern.[288]

285 In der klassischen Konzeptionslehre wird an dieser Stelle zwischen Positionierung, Botschaften, strategischem Weg sowie Leitidee unterschieden. Auf diese detaillierte Vorgehensweise wird aus Platzgründen nur vereinfacht eingegangen. Wer sich diesem Thema tiefer widmen will: Schmidbauer/Jorzik (2017), S. 238 ff.

286 https://bit.ly/dks_konzeptionerblog_positionierung.

287 Wie macht eine Positionierung den Unterschied? Und welche besondere Rolle hat sie innerhalb der Strategie? Klaus Schmidbauer erklärt dies im Video anhand eines praktischen Beispiels: https://bit.ly/dks_schmidbauer_positionierung.

288 Vgl. Ruisinger/Jorzik (2013/2021), S. 51.

Wahrnehmung aus Sicht der Zielgruppen
Für die Festlegung der Positionierung sollten Unternehmen und Institutionen zunächst ermitteln, wie sie bislang aus Sicht ihrer Zielgruppen wahrgenommen werden. Bereits die vorherige Ist-Analyse sowie ein kontinuierliches Monitoring sollten Ergebnisse erbracht haben, wie die Organisation gesehen wird, welche für sie relevante Themen bislang gesetzt und wo welche Debatten geführt werden. So baut die Positionierung immer auf den Ergebnissen beziehungsweise insbesondere den maßgeblichen Stärken und Chancen der SWOT-Analyse auf. Auf der Basis ist festzulegen, zu welchen Themen sich die Organisation ihren Zielgruppen gegenüber strategisch positionieren und wahrgenommen werden will. Leitet sich die Positionierung immer vom SWOT-Viereck ab, so ist es dabei entscheidend, sich auf wenige einprägsame und entscheidende »Stärken« und »Chancen« fokussieren, die den Unterschied ausmachen.

Wichtig: Jede Positionierung reduziert die Komplexität und verdichtet sie auf ein einprägsames Bild. Dazu ist sie stets kurz, kompakt und spitz zu formulieren. Sie benötigt eine klare und sofort verständliche Kernbotschaft als Fundament. Innerhalb eines Satzes muss in ihr auf den Punkt gebracht werden, wofür die Organisation steht beziehungsweise was sie von anderen – im positiven Sinne – unterscheidet. Bei der Entwicklung der Positionierung sollten Fragen aus eigener Sicht gestellt werden, parallel ist die Positionierung aus Sicht möglicher Zielgruppen zu überprüfen:

- Wie will die Organisation von ihren Zielgruppen wahrgenommen werden?
- Was ist das Besondere an der Organisation im Vergleich zu Wettbewerbern?
- Was ist das Unverwechselbare ihres Produktes, ihres Projektes, das Einmalige ihrer Dienstleistung?
- Warum sollten Zielgruppen die Dienstleistung in Anspruch nehmen beziehungsweise das Produkt kaufen?
- Was sind die Kernbegriffe, die gesetzt werden könnten?

Konkret ist an dieser Stelle also nach den eigenen Stärken und Chancen zu fragen, nach den USP im Vergleich zu den Wettbewerbern, nach interessanten Inhalten, die nur das Unternehmen anbieten kann und die Gesprächspotenzial beinhalten und nach relevanten Informationen, die für die definierten Zielgruppen einen wirklichen Mehrwert haben. Außerdem sollte man ungewöhnliche Ideen, die mit dem Image der Organisation und ihrer Produkte und Marken im Einklang stehen, aber auch Kommunikationskanäle, über die Inhalte kommuniziert werden könnten, berücksichtigen. Viele dieser Fragen sind schon bei der Analyse beantwortet worden. Dies zeigt, wie eng Analyse und SWOT mit der Positionierung im Einklang und in Verbindung stehen. Mit der sukzessiven Beantwortung der Fragen wird ein Alleinstellungsmerkmal herausgekehrt, auf dem die Positionierung basieren kann.

KURZ-INFO

Fünf Tipps zur Positionierung

1. **Zentrale Rolle**: Die Positionierung soll sicherstellen, dass das jeweilige Objekt der Kommunikation nicht gleich, sondern »different« ist.
2. **SWOT-Basis**: Die Positionierung wird aus den (wichtigsten) Stärken und (besten) Chancen der SWOT zusammen mit den relevanten Kernbegriffen entwickelt.
3. **Reduktion**: Die Positionierung fokussiert sich auf zwei bis drei Eigenschaften aus der SWOT-Analyse, die sie in einer Aussage kombiniert.
4. **Beständigkeit**: Die Positionierung muss die Komplexität auf ein einprägsames, emotionales, eindeutiges Bild verdichten, das beständig bleibt.
5. **Perspektivenwechsel**: Die Positionierung sollte auch aus Sicht der Zielgruppen formuliert werden.

Der Positionierungs-Check

Zum Abschluss der Positionierung sollte der kompakte Text überprüft werden,

- ob die Positionierung wirklich leicht verständlich ist,
- ob sie das Gewünschte sofort auf den Punkt bringt,
- ob sie das Besondere der Organisation betont,
- ob sie sie im Vergleich zur Konkurrenz unverwechselbar macht,
- ob die Positionierung noch nicht von einem Wettbewerber besetzt ist,
- ob der Kern der Aussage wirklich relevant für die Zielgruppen ist und diese trifft.

Können die Fragen nicht mit einem eindeutigen »ja« beantwortet werden, wird die Positionierung kaum eine Chance haben, sich in den Köpfen der gewünschten Zielgruppen niederzuschlagen. Diese Diskrepanz zwischen einer eher klar verständlichen und einer eher blassen, austauschbaren Positionierung verdeutlichen zwei fiktive Beispiele.

Beispiel 1

Positionierung: »Wir sind ein modernes 4-Sterne-Konferenzhotel im Zentrum der Stadt, wo Gäste State-of-the-Art-Tagungstechnologie, Räume mit Tageslicht, gratis Highspeed-Internet und ein 24 Stunden geöffnetes Business-Center erleben.«

Einschätzung: Warum wurden die Besonderheiten des Konferenzhotels einzeln so stark betont? Weil gerade Kriterien wie Lage, Ausstattung, Services besonders relevant für die Zielgruppe »Tagungsbesucher« sind, unabhängig davon, ob es sich um Veranstalter, Event-Abteilungen in Unternehmen oder Event-Agenturen handelt. Alle sind auf der Suche nach Räumlichkeiten, die ihren Ansprüchen für einen reibungslosen Ablauf der Tagung entsprechen. Anhand der Aufzählung können sie sich bereits jetzt konkret vorstellen, was sie dort zu erwarten haben. Hätte das Hotel stattdessen von einem »professionellen Service« oder einem »klar serviceorientierten Haus« gesprochen, so wäre die Vorstellungskraft deutlich schwerer anzuregen gewesen.

Beispiel 2

Positionierung: »Beratung via Messenger, Chat und WhatsApp, 24 Stunden Erreichbarkeit per Telefon, Service per E-Mail, Twitter und Facebook, fachlich ausgebildete Ansprechpartner: So verstehen wir persönlichen Kundenservice als Energie-Unternehmen in Süddeutschland.«

Einschätzung: Auch in diesem Fall spricht das fiktive Energie-Unternehmen nicht von einem »serviceorientierten Unternehmen«, von »kompetenten Mitarbeitern« oder ähnlich lautenden, auswechselbaren Floskeln. Vielmehr betont es in seiner Positionierung klar die Besonderheiten, die das Unternehmen auszeichnen und die für seine Kunden von Relevanz sind – in diesem Fall der allzeit bereite 24-Stunden-Service auf allen Kanälen.

Stete Abstimmung mit Unternehmensstrategie

Die kommunikative Positionierung ist eng mit der Unternehmensstrategie abzustimmen. Nur so lässt sich ein einheitliches Bild eines Unternehmens oder einer Institution kommunizieren. Daher ist es lohnenswert, die geplante Positionierung mit der Zielsetzung regelmäßig abzugleichen und zu fragen, ob das transportierte Bild auch zur definierten Unternehmensstrategie passt:

- **Kundenbeziehungen**
  Will das Unternehmen Kundenbeziehungen intensivieren und aus Vorschlägen ihrer Kunden lernen, stellt sich die Frage, ob sich die Mitarbeiter an der Kommunikation mit den Kunden beteiligen dürfen. Ist solch eine Interaktion überhaupt gewünscht? Ist das Unternehmen dazu bereit? Ist es sich bewusst, dass es sich damit von einer strikten und eindeutigen One Voice Policy schrittweise entfernt? Und liegen Communication Guidelines vor, die die Kommunikation mit Kunden, Partnern, Multiplikatoren, Markenbotschaftern regeln?
- **Service**
  Will das Unternehmen seinen Service über neue digitale Kanäle verbessern, ist dies stets eine Frage der Ressourcen. Denn welche Art von Service will es anbieten? Ist es sich der Ressourcen an Zeit, Personal und damit auch Geld bewusst? Wer soll diese Aufgabe innerhalb des Unternehmens übernehmen? Wie soll der Erfolg einer verstärkten Service-Orientierung beispielsweise durch die Implementierung weiterer Kanäle gemessen werden? Welche relevanten Kenngrößen sind zu berücksichtigen?
- **Produktentwicklung**
  Einige Organisationen betreiben aktives Crowdsourcing beziehungsweise beteiligen die Community an der Entwicklung ihrer Produkte. Nur: Welchen Einfluss wollen sie Kunden wirklich geben, sich an der (Weiter-)Entwicklung eines Produktes oder einer Dienstleistung zu beteiligen? Können Produkte wirklich schnell angepasst werden,

um auf solche Kundenwünsche direkt zu reagieren? Und was passiert, wenn die Vorschläge nicht mit den Unternehmensvorstellungen konform sind?

- **Mitarbeiterdialog**
  Viel wird von der weiteren Verbesserung der internen Kommunikation gerade unter Mitarbeitern gesprochen. Doch ist das Unternehmen innerhalb der Führungsebene offen für einen Dialog? Würde die Geschäftsführung beispielsweise neben einem Social Intranet einen Mitarbeiter-Blog akzeptieren, in denen für das Unternehmen auch heikle Themen diskutiert werden? Könnte das Unternehmen mit Krisensituation souverän umgehen oder würde es beispielsweise soziale Dialogkanäle im Krisenfall panikartig schließen?

Dies zeigt, wie stark die Positionierung eines Unternehmens oder einer Institution mit der Unternehmensstrategie und der -philosophie in Einklang stehen und auf ihr aufbauen muss, um eine glaubwürdige Strategie zu verfolgen – und dies gerade in einem hoch vernetzten digitalen Zeitalter.

10.3 Kommunikative Botschaften und kreative Leitideen

Während die Positionierung die Rolle definiert hat, legen die Botschaften jetzt die zugehörigen rollenadäquaten Grundaussagen fest. Das heißt: Kommunikative Botschaften gehen immer von der Positionierung aus. Von dieser ausgehend ist festzuhalten, welche Botschaften kommuniziert werden und welche vermittelten Inhalte und Aussagen sich im Anschluss in den Köpfen der Rezipienten verankern sollen. Die Botschaften bilden die Leit- und Kernaussagen der Kommunikation ab, die alle Inhalte prägen sollen. Stärken aus der SWOT-Analyse werden mit belegbaren Indizien als Begründung sowie zugespitzten Benefits als Nutzerversprechen für die Zielgruppen ergänzt. Schließlich sollen sie für eine Verhaltensänderung bei den (potenziellen) Zielgruppen sorgen.

Ein wesentlicher Aspekt ist die Klarheit der kommunikativen Botschaften: Bei der Formulierung sollten komplexe Themen so gut wie möglich vereinfacht, Details reduziert, komplizierte Inhalte entschlackt werden. Dies vergrößert die Chance, dass sie in den Köpfen der Zielgruppe hängen bleiben. Ihre Entwicklung gleicht einem fortwährenden Verdichtungsprozess: Kernbotschaften formulieren bedeutet also verdichten.

Gleichzeitig müssen die strategischen Botschaften wirklich Substanzielles über die Organisation beinhalten. Sie sollten nicht mit einer Schlagzeile oder einem Aktions-Motto verwechselt werden, da solche Aussagen in der Regel eine wesentlich kürzere Halbwertszeit haben. Botschaften müssen damit so klar formuliert sein, dass sie in den Köpfen der jeweiligen Zielgruppen bleiben, denen gegenüber ein Nutzerversprechen abgegeben wird. Sie haben den Empfängern Vertrauen zu vermitteln und das eigene Verständnis selbstbewusst auszudrücken. Im Idealfall können sie eine emotionale Dimension besitzen, die positive Gefühle auslöst.

Verbindung von Kern- und Teilbotschaften
Bei den kommunikativen Botschaften ist zwischen übergeordneten Kern- beziehungsweise Dachbotschaften und Teilbotschaften zu unterscheiden. Dies bedeutet auch: Je mehr Zielgruppen ein Unternehmen hat, desto unterschiedlicher können und müssen die Teilbotschaften sein, mit der sich das Unternehmen an seine Zielgruppen präzise richtet. Damit bei deren Vielfalt keine kommunikativen Missverständnisse und Widersprüche entstehen, müssen alle Teilbotschaften wiederum von einer tragfähigen Kern- oder Dachbotschaft als Klammer zusammengehalten werden. Während damit die Kernbotschaft für alle gilt und sich durch die gesamte Kommunikation hindurchziehen muss, werden die Teilbotschaften daraus abgeleitet und auf die einzelnen Bezugsgruppen angepasst. Schlussendlich beziehen sie sich genau auf das, was das Unternehmen in Bezug auf die jeweilige Zielgruppe besonders auszeichnet.

KURZ-INFO

Das Belohnungsversprechen
Eine gute Methode, die Positionierung für die eigene Organisation zu entwickeln, ist das sogenannte Belohnungsversprechen. Basierend auf der SWOT-Analyse stellt es drei zentrale Fragen in den Mittelpunkt, um daraus ein eindeutiges Versprechen zu formulieren. Die Fragen lauten:

Wir sind ein/e ....
der (Ihnen) ....
damit (Sie) ....

Allein das reduzierte Format des Belohnungsversprechens bringt Organisationen dazu, sich innerhalb eines einzigen Satzes wirklich auf die wesentlichen Aspekte und eigenen Vorteile (USP) zu fokussieren. Die Positionierung erhält auf diese Weise eine Kompaktheit, die an die Methode eines Escalator Pitches[289] erinnert.

Zum Beispiel Sennheiser
Wie dies in der Praxis konkret aussieht, verdeutlich das Beispiel Sennheiser. So hat der bekannte Kopfhörer- und Mikrofonhersteller klare Kernbotschaften formuliert, um Vision,

289 https://de.wikipedia.org/wiki/Elevator_Pitch.

Handeln und Produktversprechen gegenüber den Kunden und Interessenten zu verdeutlichen. Auf seiner Webseite heißt es unter anderen:[290]

- »Wir haben eine Vision: Wir gestalten heute die Audiowelt von morgen – das ist der Anspruch, den wir täglich an uns und unser Unternehmen stellen. Diese Vision beschreibt, was wir gemeinsam erreichen wollen. Das Fundament dafür bilden unsere Geschichte, unsere Innovationskultur und unsere Leidenschaft für Exzellenz.«
- »Wir handeln wertorientiert: Wir sind stolz darauf, ein unabhängiges Familienunternehmen zu sein. Das ist ein wichtiger Faktor für unseren Erfolg. Durch unsere finanzielle Unabhängigkeit sichern wir unsere Handlungsfreiheit, Wettbewerbsfähigkeit und somit die Zukunft unseres Unternehmens.«
- »Wir gestalten Zukunft. Sennheiser, das heißt Trends setzen und ausbauen. Nicht reagieren, sondern die Zukunft immer wieder neu erfinden. Dabei geht unsere Leidenschaft so weit, dass wir erst dann mit einer Lösung zufrieden sind, wenn sie in unseren Augen perfekt auf die jeweilige Anforderung zugeschnitten ist. «
- »Wir verstehen unsere Kunden: Unsere Kunden erwarten erstklassige Technik, Topservice, umfassendes Know-how und Unterstützung vor Ort. Deshalb haben wir uns neu organisiert: mit zwei eigenständigen Geschäftsbereichen, der Consumer Division und der Professional Division.«

Das Unternehmen liefert nicht nur prägnante Kernaussagen, sondern verbindet mit der Kernbotschaft die passende Begründung, wie das Unternehmen zu dieser Behauptung gekommen ist. Zudem zeigt uns Sennheiser den »Reason Why«, also den Nutzen, der sich aus der begründeten Aussage für den Kunden ergibt. Das bedeutet, eine gute kommunikative Botschaft sollte immer dem Dreiklang folgen: eine inhaltliche Aussage über die eigene Stärke, die Begründung mit belegbaren Indizien und der konkrete Nutzen und Benefit für den Anwender. Warum? Je öfter eine Botschaft über eine neutrale Quelle transportiert wird – Journalisten, Influencer, Multiplikatoren, Experten, Mitarbeiter –, desto mehr gewinnt sie an Glaubwürdigkeit. Damit sie jedoch von den Primärquellen akzeptiert wird, muss die Botschaft auf einer nachvollziehbaren Argumentation fußen. Fehlt die Begründung für die Behauptung, sinkt die Chance erheblich, dass ein kritischer Journalist oder Marktmultiplikator sich mit einer Botschaft überhaupt auseinandersetzt.[291]

Die kreative Leitidee

Die kreative Leitidee ist die Seele und der inhaltliche Antreiber des Konzeptes. Sie bildet die Klammer um die Elemente der Strategie, die alle verschiedenen Kommunikationskanäle und -maßnahmen miteinander verzahnt. Kreativ umgesetzt in Bild, Ton und Sprache erfüllt sie die Kernbotschaften mit Leben. Sie verdichtet die Positionierung in eine aus Zielgruppensicht inhaltlich sofort verständliche und eingängige Aussage. Sie bildet die Einheit

290 https://bit.ly/dks_sennheiser_botschaften.

291 Das Beispiel Sennheiser wird ausführlich in Ruisinger/Jorzik (2013/2021), S. 74 f. behandelt.

der Kommunikationsbotschaften, an der sich alle weiteren Aussagen des Unternehmens orientieren müssen beziehungsweise diese inhaltlich mittragen sollen. Denn nur über Konsistenz kann in den Köpfen der Kommunikationsempfänger ein unverwechselbares Bild der Organisation entstehen und haften bleiben. Die kreative Leitidee wird damit zum roten Faden, um die ausgewählte Zielgruppe anzusprechen und an sich zu binden.

Orientiert am Faktenhintergrund der Organisation muss die Leitidee sofort eingängig, verständlich und unverwechselbar sein. Sie muss die Kernaussage kompakt auf den Punkt bringen. Und sie muss den gesamten Kommunikationsprozess durchdringen – vom Text wie auch von der bildhaften Ansprache her, schließlich soll sie nachhaltig wirken. Kommunikative Leitideen sind unterschiedlicher Natur und Ausprägung, wie folgende Beispiele zeigen:

- Der TV-Sender ZDF: »Mit dem Zweiten sieht man besser« – verbunden mit den zwei Fingern vor dem Auge.[292]
- Der bayerische Autokonzern BMW seit 1973 mit dem emotionalen Versprechen: »Freude am Fahren.«
- Die Schokoladenmarke Milka mit der Lila Kuh zu »Alpenmilch«.
- Das Pharmaunternehmen Ratiopharm mit seinen blonden Werbe-Zwillingen.
- Die Marke Haribo mit der Kernaussage: »Haribo macht Kinder froh und Erwachsene ebenso.«

Erfolgreiche kreative Leitideen spiegeln in einem kompakten Satz oder in einem bildlichen Element das Wesen, das Besondere, den USP der Marke wider. Die Slogan ähnlichen Grundaussagen machen damit ein Nutzerversprechen über die Organisation beziehungsweise die Marke, welches die Zielgruppe künftig mit ihr verbindet und als Leistung erwartet. Eine einmal entwickelte Leitidee sollte überall, auf allen Kommunikationskanälen, in allen Kommunikationsmaßnahmen und auf allen Medien sichtbar werden, damit sie sich in den Köpfen der internen wie der externen Zielgruppen festsetzen kann. Sie muss sich sowohl in den Ideen und Inhalten der digitalen Kommunikationskanäle als auch in den klassischen Kommunikationsmaßnahmen widerspiegeln und zum eigentlichen Kern der integrierten Kommunikation werden.

Wie die obigen Beispiele verdeutlichen: Kreative Leitideen sind langfristig angelegt. Sie müssen daher so stabil sein, dass sie ein Unternehmen über längere Zeit begleiten, ohne sich zu schnell zu verschleißen. Nur so werden sie vom Rezipienten erfasst und direkt mit dem Unternehmen und dessen Produkten verbunden. Die kreative Leitidee muss daher vor ihrer Verwendung genau auf ihre Wirkung, Akzeptanz und ihren möglichen

292 Viele visuelle Beispiele, wie diese Leitidee auch visuell übersetzt wurde und wird, findet man durch diese Google Bildersuche https://bit.ly/dks_bildersucheZDF.

Erinnerungswert überprüft werden. Sie bildet damit einen wichtigen Kern für die Content-Strategie, die in Kapitel 11 ausführlich erklärt wird.

10.4 Strategische Umsetzung

Wie kommen die Botschaften jetzt vom Absender zum Empfänger? Die strategische Umsetzung bildet das Verbindungsglied zwischen dem strategischen Teil und der folgenden Maßnahmen- und Contentplanung. Basierend auf den SWOT-Faktoren wird in ihr der Weg für die zukünftige Kommunikation festgelegt und die Richtlinien für die operative Umsetzung definiert. Auch in der digitalen Kommunikation sollten dazu ebenfalls traditionelle Strategieansätze aus der klassischen Kommunikation berücksichtigt werden, die sich für eine digitale Strategie eignen. Dazu vier kompakte Ansätze:

- **Multiplikatoren-Strategie**
  Bei diesem Ansatz lassen Unternehmen andere für sich sprechen, von denen sie sich eine Nähe zu ihren Stakeholdern erwarten. Sie setzen folglich Multiplikatoren ein, die innerhalb der Zielgruppe bereits ein hohes Ansehen und Vertrauen genießen. Beispiele für diesen Ansatz ist Influencer-Kommunikation mit Bloggern, YouTubern, Instagrammern aber auch einflussreichen Journalisten; auch der Einsatz von internen Markenbotschaftern könnte diesen Strategieansatz stützen.
- **Top-down-Strategie**
  Die Verbreitung kaskadischer Informationen folgt dem Gedanken des Schneeball-Prinzips, wenn auch – im Unterschied zur Bottom-up-Methode – ausschließlich von oben nach unten. Auf eine Top-down-Strategie wird beispielsweise in der internen Kommunikation gesetzt, wenn mittels Workshops Führungskräfte als Erste angesprochen werden. Diese sollen dann wiederum die Kommunikationsinhalte an die jeweils darunter folgenden Hierarchiestufen weitergeben, um Teilziele auf Mitarbeiterebene zu erreichen.
- **Agenda-Setting-Strategie**
  Agenda Setting bezeichnet das planmäßige und strategische Setzen von relevanten Themen, um gezielt auf den Meinungsmarkt und die jeweiligen Zielgruppen einzuwirken. Durch das Social Web und die zahlreichen Dialogkanäle haben sich die Spielregeln des Agenda Settings grundlegend verändert: Waren Unternehmen früher auf Medien als Übermittler angewiesen, können sie als Publisher selbst Themen setzen und sie mittels eigener Aktionen sowie inkludierter Multiplikatoren verbreiten. Auch die neue Macht der Konsumenten kann dazu führen, dass Nutzer selbst ein Thema auf die Agenda setzen. Der strategische Ansatz orientiert sich meist an Bezugsgruppen, die Diskussionen zu einem betreffenden Thema prägen, Inhalte akzentuieren und einen Punkt auch einmal zuspitzen können.

- **Agenda-Surfing-Strategie**
  Sie basiert auf der Idee, dass Organisationen auf bereits gesetzte und bestehende Themen aufsetzen (»surfen«), um von deren Bekanntheit zu profitieren und sich dazu selbst zu positionieren. In der digitalen Kommunikation lässt sich dies beispielsweise beim Hashtag-Surfen beobachten, wenn Organisationen auf erfolgreiche Hashtags aufspringen, um von der Popularität zu profitieren und auf diesem Weg eine eigene höhere Sichtbarkeit beim Thema zu erlangen. Ein Hashtag-Surfen birgt aber auch Gefahren, sobald die Nutzer das Gefühl haben, dass beispielsweise ein gesellschaftlicher, sozialer und dazu meist hoch emotionaler Hashtag von einem Unternehmen für kommerzielle Zwecke missbraucht wird.

Neun strategische Ansätze
Übertragen auf das digitale Marketing publizierte der Schweizer Digitalstratege Mike Schwede eine Übersicht, um die Vielfalt möglicher strategischer Ansätze zu verdeutlichen. Bezogen auf die Social-Media-Kommunikation nannte er insgesamt neun Handlungsfelder: Passiv-Strategie, Entertainment, Service & CRM, Employer Branding, Reputation, Innovation, Kollaboration, Know-how und Vertrieb.[293] Die beschriebenen Optionen dienten als Basis für die folgende Grafik (s. Abb. 26). Diese stellt einige strategische Optionen für eine digitale Kommunikationsstrategie dar. Der Übersichtlichkeit wegen wurde – ähnlich wie Schwede – die Zahl der Kästchen zahlenmäßig begrenzt.

Abb. 26: 9 Optionen für digitale Kommunikationsstrategien; Quelle: eigene Darstellung basierend auf Mike Schwede

293 Vgl. https://bit.ly/dks_schwede_handlungsfelder.

Die einzelnen Optionen zeigen auf, welche unterschiedlichen Strategien in der digitalen Kommunikation verfolgt werden könnten. Doch was versteckt sich genau hinter den einzelnen Strategieansätzen?[294]

1. Bei der **Monitoring-Strategie** handelt es sich zumeist um eine Passiv-Strategie. Sie beschränkt sich darauf, sich auf die Beobachtung und die Evaluation wahlweise des eigenen Unternehmens, der eigenen Marken, aber auch der Konkurrenz und der Branche zu fokussieren. Die Organisation tritt nach außen nicht selbst als Dialogpartner auf, sondern bleibt stiller Beobachter. Trotzdem beobachtet sie genau und systematisch den Markt, was andere über sie, ihre Konkurrenten beziehungsweise die Branche berichten, um frühzeitig neue Entwicklungen, relevante Themen und mögliche Probleme zu erkennen.
   Eine Monitoring-Strategie eignet sich insbesondere für Unternehmen und Institutionen, die entweder unter starken Werbe- oder rechtlichen Einschränkungen leiden, daher selbst in den digitalen Medien kaum aktiv werden können oder die über ein hohes Konfliktpotenzial verfügen. Zur Wahl einer solchen Strategie könnte zudem die Problematik führen, dass die Organisation (noch) nicht über ausreichende und qualifizierte Ressourcen für ein digitales Engagement verfügt oder auf Führungsebene eher zu einer abwartenden Haltung geraten wird. Gleichzeitig kann diese Strategie die erste Stufe sein, der in naher Zukunft weitere aktivere Schritte folgen könnten. Eine Monitoring-Strategie muss jedoch nicht nur passiv bleiben. Sie lässt sich ebenfalls für die Markt- und Meinungsforschung einsetzen, um die Resonanz gerade bei der Einführung neuer Produkte oder Dienstleistungen ungefiltert zu messen.

2. Für eine **Dialogstrategie** müssen Unternehmen über die notwendigen und ausreichenden Ressourcen verfügen und ihre Interaktion mit den Zielgruppen starten, optimieren oder intensivieren wollen. Mit ihr wird das Ziel verfolgt, die zweiseitigen unternehmensinternen und -externen Kommunikationsprozesse zu steigern. Beispielsweise kann sie dazu führen, die bestehende Öffentlichkeitsarbeit durch weitere Kommunikationskanäle sowie durch die enge Kooperation mit Influencern zu ergänzen. Die Strategie stellt jedoch hohe Anforderungen gerade an die Unternehmensführung. Sie muss bereit sein, sich einem transparenten und offenen kommunikativen Umgang zu öffnen und sich darauf ernsthaft einzulassen. Sie muss dialogfähig, dialogoffen und krisenfest sein. So muss sich die Führungsebene bewusst sein, dass eine Dialogstrategie nicht auf einer reinen Informationsstrategie beruht, sondern oftmals die Aufweichung einer bislang verfolgten One Voice Policy bedeutet.

294 Bei diesen neun Optionen handelt es sich um externe Kommunikationsstrategien. Natürlich lassen sich die digitalen Kanäle auch für die Optimierung der internen Kommunikation als weiteren Ansatz nutzen. Diese Absicht zeigt sich oft in der Installation eines Social Intranets, eines sozialen Unternehmensnetzwerks oder weiterer interner Kommunikationskanäle wie Slack. Sie sollen einerseits bestehende Prozesse erleichtern und die interne E-Mail-Kommunikation deutlich reduzieren helfen. Auf der anderen Seite sollen sie intern vor allem den Wissenstransfer durch Knowledge-Plattformen und Wissens-Wikis fördern, aber auch den Know-how-Transfer innerhalb der Organisation unterstützen.

Einige Dialogstrategien werden zu wirklichen Kollaborationsstrategien weiterentwickelt. Es geht darum, sich nicht nur offen für das Feedback der Zielgruppen zu zeigen, sondern diese sogar als aktive Partner zu involvieren. Mittels dieser Strategie erhalten sie durch das Feedback der Nutzer Ideen und Anregungen zu bestehenden oder neuen Produkten, das heißt, sie können die Rückmeldungen in Produktentwicklung und -verbesserung integrieren. Dies können Plattformen zur Produktoptimierung auf Basis von Kundenfeedback aber ebenso Ideen- und Kreativ-Wettbewerbe sein. Insbesondere Crowdsourcing hat sich als beliebter Ansatz erwiesen, um die Community direkt einzubinden, um gemeinsam neue Ideen zu entwickeln oder Verbesserungen zu generieren. Beim Schweizer Handelsunternehmen Migros heißt es beispielsweise: »Bewerte, teste und diskutiere auf Migipedia! Deine Meinung macht Produkte und Dienstleistungen und Services der Migros besser.« [295] Ähnlich wie auf dem Nestlé Marktplatz oder bei Lego steht bei Migros der Aufbau und die Pflege einer eigenen Community im Fokus dieser Dialogstrategie. Sie nutzen das Wissen und das Engagement ihrer Communitys aktiv, um Produkte zu verbessern und sich gleichzeitig als offenes, transparentes und an den Nutzermeinungen interessiertes Unternehmen zu präsentieren.

Gerade Non-Profit-Organisationen setzen stark auf diese Strategieform in Kombination mit interaktiven Elementen, um Mitglieder und Unterstützer zu motivieren, sie mit ihren Aktionen emotional anzusprechen und sie als Multiplikatoren zu gewinnen. Wer über die Webseite der WWF Jugend[296] surft, findet bereits auf der Startseite klare Aufrufe zum aktiven Austausch innerhalb der »WWF Jugend«-Community. Über solche Wege lassen sich wiederum Daten sammeln, die sich bei der Personalisierung und Individualisierung einsetzen lassen – ob für werbliche Aktivitäten oder für gezielte Push-Instrumente. Um solch eine Kollaborationsstrategie zu verfolgen, müssen Organisationen intern die Offenheit besitzen, die Zielgruppen wirklich mitwirken zu lassen. Wer dagegen solch eine Strategie nur pro forma durchführt und die Mitwirkung der Zielgruppen nicht ausreichend würdigt, wird dies bestenfalls in einem fehlenden, schlimmstenfalls in einem negativen Feedback seiner Zielgruppen zu spüren bekommen.

KURZ-INFO

Was ist Crowdsourcing?

»Milk the masses for inspiration« schrieb Jessi Hempel in der *Businessweek*[297] über Crowdsourcing: »Schwarmauslagerung« oder »die eigene Community integrieren« basiert auf dem Phänomen der Weisheit vieler Menschen. Dies ist nicht nur das Geheimnis des Erfolgs von Wikis; auch bei der Findung von Ideen spielt es eine zentrale Rolle. Beispielsweise setzt der Verein Sozialhelden e. V. auf

295 https://migipedia.migros.ch/de; https://www.nestle-marktplatz.de; https://ideas.lego.com.

296 https://www.wwf-jugend.de/.

297 Hempel, Jessi (2006): Crowdsourcing. Milk the masses for inspiration, in: businessweek.com, 25.09.2006.

Crowdsourcing. Mit Wheelmap.org[298] entwickelten sie eine Online-Karte zum Suchen, Finden und Markieren rollstuhlgerechter Orte. Nach dem Wiki-Prinzip kann jeder Nutzer weitere Orte bewerten und eintragen, um so Menschen mit Mobilitätseinschränkungen den Weg zu vereinfachen. Das Projekt spiegelt die Relevanz von Crowdsourcing wider. Allein aus Ressourcengründen wäre es dem Team der Sozialhelden niemals möglich, so viele Orte auf ihre Rollstuhltauglichkeit zu überprüfen, wie es die Crowd, also die Community, bislang schon getan hat und weiterhin tut.

3. Eine **Service-Strategie** verfolgt das Ziel, die Kundenzufriedenheit durch optimierte oder zusätzliche Support- und Informationsangebote zu verbessern. Sie ist ähnlich wie die Dialogstrategie mit hohen Aufwendungen und notwendigen Ressourcen an Zeit und Personal verbunden. Ansonsten ist eine Service-Strategie von Anfang an zum Scheitern verurteilt oder birgt die Gefahr, dass die Erwartungshaltung der Nutzer nicht mit den Kapazitäten der Unternehmen befriedigt werden kann. Solch eine Strategie kann sich gerade für Dienstleistungsunternehmen eignen, die ihren Service noch weiter verbessern wollen – gerade unter Einsatz digitaler Kommunikationskanäle. Insbesondere durch die Instrumente des Social Web, durch soziale Netzwerke, Twitter und Messenger-Angebote gibt es auf digitaler Ebene zahlreiche Optionen, um eine Service-Strategie zu verfolgen und das eigene Customer Relationship Management zu optimieren.
   Beispielsweise nutzt eine wachsende Anzahl an Unternehmen – wie die Deutsche Telekom, die Deutsche Bahn, TUI, die Sparkasse, Amazon, AirBnB, Hyatt oder KLM –, insbesondere Twitter als schnellen und direkten Informationsservice sowie als Support-Kanal.[299] Sie setzen ihn erfolgreich dafür ein, ihren Kundenservice zu verbessern und eine Alternative zur klassischen Hotline via Telefon oder E-Mail anzubieten. Auch der Aufbau von Communitys gerade bei serviceorientierten Unternehmen – ob bei Swisscom, bei Vodafone, bei der Deutschen Bahn oder bei der Deutschen Telekom[300] –, sind Ausdruck des Versuchs von Organisationen, ihren Service stärker auszubauen, ob pur mit eigenen Kräften oder mithilfe ihrer treuen Community. Beispielsweise setzt die Minijob-Zentrale ihren eigenen Blog[301] auch in Kombination mit dem Twitter-Kanal bewusst dafür ein, möglichst viele aktuelle Fragen von Interessierten aufzugreifen und in ausführlichen Blog-Beiträgen für alle zu beantworten.[302] Auch ihre Service-Strategie ist eine Antwort auf den immer größeren Bedarf nach gezielten und verlässlichen Informationen.

298 https://www.wheelmap.org.

299 Einige ausgewählte Twitter-Services von Unternehmen und Institutionen sind in dieser Liste aufgeführt: https://twitter.com/i/lists/97389912.

300 https://community.swisscom.ch, https://forum.vodafone.de, https://community.bahn.de, https://telekomhilft.telekom.de/.

301 https://blog.minijob-zentrale.de.

302 Siehe dazu der Gastbeitrag von Susanne Heinrich und Thorsten Vennebusch ab S. 382.

Gerade für große Dienstleistungsunternehmen sind solche Service-Angebote fast zum Alltag geworden. Dies ist vor allem eine Reaktion auf ein deutlich verändertes Nutzerverhalten. Diese erwarten schnellere Reaktionen (fast) zu jeder Zeit und äußern sich gegebenenfalls negativ über ihre Kanäle zu einem Unternehmen oder einer Marke. Ausgebaute FAQ-Service-Bereiche, integrierte Chat-Funktionen, Chatbots, Helfer-Communitys, Twitter-Services, Messenger-Hotlines oder anschauliche Erklär-Videos zu den Kernthemen können dazu beitragen, viele Fragen zu akuten Problemen bereits im Vorfeld zu beantworteten, bevor der Kunde auf die Telefon-Services oder das Callcenter zugreifen muss. So sind solche digitalen Angebote auch als Maßnahme zur Kostenreduktion bei den bisherigen Service-Angeboten zu verstehen.

4. **Reputations- und Imagestrategien** sind meist langfristig gedacht, aufwendig in der Planung und Umsetzung und mit viel Interaktionsarbeit verbunden. Sie basieren auf dem mittel- bis langfristig ausgerichteten Aufbau eines transparenten, offenen Dialogs. Auf diese Weise soll die Markenbekanntheit im Vergleich zu den Wettbewerbern gestärkt und gleichzeitig bei den Stakeholdern ein positives, innovatives Erscheinungsbild etabliert werden. Auch dies erfordert einen offenen Dialog mit Influencern, transparente Einblicke in die Organisation sowie verständlich aufbereitete Fakten. Eine der bekanntesten Kampagnen war sicherlich die Marke Dove mit ihren Real Beauty Sketches[303] zum Thema wahre Schönheit, um mit der Kernaussage »Du bist schöner als du denkst« Frauen ein stärkeres Selbstbewusstsein hinsichtlich ihres eigenen Aussehens zu vermitteln.
Spannend dazu ist auch das Corporate Blog der Marriott-Hotelkette »Marriott on the Move«[304]. Verfasst wird das Blog vom fast 90-jährigen Bill Marriott, Executive Chairman und Chairman of the Board Marriott International, Inc. In technologischen Fragen lässt er sich von Mitarbeitern unterstützen, wie er transparent darlegt: »As you can see, being a technophobe like me adds a lot of steps, but I make it work because I know that it's a great way to communicate with our customers and stakeholders in this day and age.«
Das Interessante am Marriott-Blog: Bill Marriott konzentriert sich nicht auf Erfolgsmeldungen aus seinen Häusern, auf Neueröffnungen oder auf Sonderangebote und Specials, wie es andere tun. Bei seinem Blog denkt er weniger an den Vertrieb oder das Marketing. Vielmehr schreibt er über (Meta-)Themen, die ihn persönlich interessieren, über Werte, die damit auch seine Häuser auszeichnen: Unterschiede zwischen Generationen, die Vorzüge von gemischten Teams, aktuelle Themen aus Kultur, Wissenschaft und Umwelt, aber auch sehr private Erlebnisse und Begegnungen wie zum Beispiel mit dem Unternehmer und ehemaligen Starbucks-Aufsichtsratsvorsitzenden Howard Schultz und dessen Einfluss auf ihn. Vor allem schafft er persönlich geschriebene,

303 Vgl. https://bit.ly/dks_dove_realbeauty.
304 Vgl. https://www.blogs.marriott.com/.

überaus authentische Beiträge – positive Eigenschaften, die erfolgreiche Corporate Blogs auszeichnen. Auf diese Weise trägt das Blog nicht nur dazu bei, das Image der Hotelkette zu stützen; es macht sie zudem interessant für Bewerber, sodass sich das Blog ebenfalls als ein durchaus wirkungsvolles Instrument im Rahmen des Employer Brandings betrachten lässt.

5. Eine **Vertriebsstrategie** ist darauf ausgerichtet, die digitalen Medien zum Verkauf von Produkten und Dienstleistungen einzusetzen. Dies kann darin bestehen, den Kontakt zu bestehenden Kunden mit Cross- und Upselling-Aktivitäten zu intensivieren oder neue Kunden an das Unternehmen verstärkt heranzuführen. Dies könnte durch eine Serie von Erklär-Videos unterstützt werden, die die Vorteile der angebotenen Produkte und Dienstleistungen hervorheben – oder aber den regelmäßigen Abverkauf von Sonderposten fördern. So nutzt der Computerhersteller Dell seit Jahren seinen Twitter-Account Dell Outlet[305], um auf Sonderangebote beziehungsweise auf Restposten auf seiner Webseite hinzuweisen. Immerhin gut 1,1 Millionen Follower sind allein auf Twitter an den Produkten interessiert. Auch die Schwenninger Krankenkasse nutzt im Rahmen ihrer Content-Strategie die Microsite babyharmonie.de[306], um werdende Mütter und deren Partner zu einem Krankenkassen-Wechsel zu bewegen.

CASE STUDY

Blendtec: Pürieren für den Sales-Erfolg

Blendtec ist ein Hersteller von hochpreisigen Tisch-Standmixern. Seine Strategie, um sein Image und seine Produktverkäufe zu steigern, ist: Content-Marketing auf die unterhaltsame Art. Dazu nutzt das US-amerikanische Unternehmen seit Jahren seinen YouTube-Account[307], um in spektakulären Videos zu beweisen, dass der Mixer mit seiner Power problemlos ebenfalls iPhones, iPads, iWatches, Samsung Galaxy Handys, Selfie Sticks, Golfschläger und vieles mehr pürieren kann. In zerstörerischen kurzen Videos wirft Gründer und Firmenchef Tom Dickson die neuesten Produkte in den Mixer, um die Qualität und Leistungsfähigkeit seiner Blender zu demonstrieren. Das Konzept ist einfach und deshalb so genial: Man verwende eine Maschine für etwas, für die sie nicht bestimmt ist, mische das Ganze mit Emotionen, wiederhole es wieder und wieder, bis es sich herumspricht und zum Kult wird.

YouTube ist der Aggregator für die meisten digitalen Marketing-Aktivitäten des Mixer-Herstellers. Auf dem Kanal werden alle »Will it Blend?«-Videos bereitgestellt, und zudem sowohl die Unternehmensgeschichte als auch die Story hinter der Kampagne erzählt. Von YouTube als Dreh- und Angelpunkt ausgehend wurde die Content-Strategie auf sämtliche populäre Social-Media-Kanäle ausgeweitet.

305 https://twitter.com/delloutlet.

306 Siehe https://www.babyharmonie.de.

307 https://www.youtube.com/user/blendtec.

Mit den viralen »Will it Blend?«-Videos verschaffte Blendtec einem Nischenprodukt eine hohe Popularität. Unterhaltsam produziert das Unternehmen wirkliche Geschichten – und macht keine pure Werbung, was eine ständig wachsende Gemeinde an Zuschauern schätzt. So verzeichnet der YouTube-Kanal seit dem Start im Jahre 2006 knapp 1 Million Kanal-Abonnenten und rund 300 Millionen Video-Aufrufe, während Gründer Tom Dickson schon früh zu den Stars der Social-Media-Welt aufstieg. Auch finanziell rechnet sich die Kampagne: Laut des US-Herstellers stiegen die Umsatzzahlen innerhalb von drei Jahren nach Einführung des YouTube-Channels um 700 Prozent.

6. Für eine **Kundenbindungsstrategie** kann sich digitale Kommunikation ebenfalls sehr eignen. Diese ist darauf ausgerichtet, bestehende Kunden möglichst eng an die Organisation zu binden, in dem ihr regelmäßig spannende Informationen, individuelle Angebote oder wirkliche Inhalte mit Mehrwert serviert werden. Dies wird jedoch nur dann Erfolg haben können, wenn sich Unternehmen und Institutionen von jeglicher Art des Massenversandes verabschieden, denn ob E-Mail-Newsletter, regelmäßige Mailings, Messenger-Newsletter: Die Nutzer werden sich stets die Frage stellen, ob diese Inhalte für sie persönlich relevant sind. Nur so wird es gelingen, in ihren Aufmerksamkeits-Funnel zu gelangen und dort auch zu bleiben. Wer dagegen diesen Perspektivenwechsel nicht wagt und stattdessen die Informationen weiterhin rein aus der Sicht des Unternehmens auswählt und an alle versendet, wird mit einer Kundenbindungsstrategie im digitalen Zeitalter kaum Erfolg haben.

7. Eine **Innovationsstrategie** zeichnet sich dadurch aus, sich als Meinungsführer und als Experte auf einem Geschäftsgebiet zu positionieren. Organisationen zeigen, dass sie einen Know-how-Vorsprung haben und deswegen die Leadership-Rolle übernehmen – Stichwort Thought Leader. Sie gelten als Experten auf ihrem Gebiet, weil ihr Fachwissen sowohl in der breiten Öffentlichkeit als auch in Branchenkreisen einen besonderen Stellenwert hat und ihnen vom fachlichen Umfeld große Expertise zugeschrieben wird.
   Die Kommunikationsaktivitäten sind darauf ausgerichtet, dass das Unternehmen als Themenführer wahrgenommen wird. Dazu muss es ein offensives, kontinuierliches und langfristig angelegtes Themensetting betreiben, also selbst Themen klar besetzen. Innerhalb einer Kompetenzstrategie versuchen Unternehmen und Institutionen, aktuelle Informationen bereitzustellen, relevantes Wissen zu vermitteln, Kompetenz nach außen deutlich zu machen und den Dialog mit zentralen Stakeholdern aufzubauen. Gerade die Verbreitung von relevanten Daten und Fakten, wichtigen Studien und aktuellem Know-how kann gegenüber Opinionleadern der jeweiligen Branche äußerst hilfreich sein, um den Expertenstatus zu unterstreichen. Der Kontakt mit der Community spielt sich dabei auf fachlicher Ebene, also ohne werblichen Hintergrund, ab. Der Schlüssel dazu ist aktiv betriebene Content-Verbreitung über unterschiedliche

Kanäle: »Hochwertige Fachartikel, Whitepaper oder Fallstudien tragen dazu ebenso bei wie Interviews, ein eigener Podcast, Auftritte als Keynote-Speaker, Interview-Gast oder die Ausrichtung branchenspezifischer Events.«[308]
Gerade im B2B-Bereich erfolgt dies zum Beispiel durch die Einrichtung eines Fach-Blogs. Beim Deutschen Onlinekommunikationspreis 2016 wurde das Klardenker-Blog[309] von KPMG ausgezeichnet, das regelmäßig Studien und Experteninterviews verbreitet, und eng mit Branchen-Multiplikatoren zusammenarbeitet, um sich auf die Weise als Sprachrohr zum Thema zu etablieren. Wer sich die Beiträge näher ansieht, dem fällt schnell auf, dass hier viele Themen rund um Thought Leadership, Digitalisierung und Transformationsprozesse gesetzt werden. Dies sind die Inhalte, mit denen sich die Unternehmensberater über dieses Blog als Leader positionieren wollen.

8. Bei **Branding- und Entertainment-Strategien** geht es vor allem um aufwendige Kampagnen und kreative Inhalte teils mit Viralität. Sie eignen sich gerade für Consumer- und Lifestyle-Marken wie Coca-Cola, Red Bull, Heineken, KLM oder Milka, aber auch für Technologiemarken wie Apple und Samsung, um beispielsweise neue Produkte hoch emotional zu kommunizieren. Bei dieser Strategie steht der Wunsch im Vordergrund, die eigene Marke zu inszenieren und sie damit positiv aufzuwerten. Dazu wird stark mit visuellen Medien, dem Einsatz von Bildern und vor allem von Videos, aber auch mit Audio-Dateien, gearbeitet, um die Marke emotional aufzuladen und dynamisch darzustellen. Solche Branding-Strategien werden meist durch hohe Werbebudgets sowie über integrierte Influencer mit zahlenmäßig großen Reichweiten gepusht.

9. **Employer Branding** zählt zu den häufigsten Strategiezielen in der digitalen Kommunikation, versuchen doch viele Unternehmen auf das Fehlen von Fachkräften zu reagieren. Unternehmen und Institutionen haben erkannt, dass die öffentliche Wahrnehmung der Arbeitgebermarke ein zentraler Wettbewerbsfaktor beim Kampf um Mitarbeiter ist, insbesondere im Nachwuchsbereich. Außerdem begreifen sie verstärkt, dass sie bestimmte Zielgruppen nur noch über digitale Medien erreichen können. Gerade jüngere Zielgruppen erwarten beispielsweise eine professionelle Präsenz im Social Web von den Unternehmen und Institutionen. Dies bedeutet: Wollen diese gerade jüngere Zielgruppen ansprechen, müssen sie für sich eine Strategie für eine stärkere Sichtbarkeit entwickeln. Mit gesteigerten kommunikativen Aktivitäten soll insbesondere die Arbeitgeberattraktivität erhöht werden, um sich gerade bei den besonders umworbenen Spezialisten als Arbeitgeber zu empfehlen.
Einen klaren Ansatz verfolgt ThyssenKrupp mit dem Blog engineered[310]: Schon auf der Startseite ist sofort erkennbar, dass das Blog klar auf Employer Branding ausgerichtet

308 Einen kompakten Grundlagenartikel über Thought Leadership lässt sich hier nachlesen: https://blog.hubspot.de/marketing/thought-leadership.
309 https://klardenker.kpmg.de/.
310 https://engineered.thyssenkrupp.com.

und vom Bereich Human Resources mitgesteuert wird. Nicht nur eine sichtbare Kontaktadresse jobs@tk in der Hauptleiste, die auf das Jobportal führt, sondern ebenfalls die Themen – Blick hinter die Kulissen von Berufen, Vorstellung von Karrieren, Porträts von Mitarbeitern, Darstellung ungewöhnlicher Traumjobs, Verdeutlichung von Herausforderungen in Zeiten der Digitalisierung, aber auch Beiträge zu Mobilität und Arbeitswelt 4.0 – machen deutlich, dass sich das Unternehmen beim Nachwuchs und bei sonstigen Job-Suchenden interessant machen möchte. Dass dies dem Unternehmen mit viel Storytelling und lebendigen Geschichten scheinbar auch gelingt, macht das Blog durchaus zu einem Best Case im B2B-Bereich.
Für Recruiting-Prozesse über digitale Medien setzen Organisation parallel eigene Mitarbeiter als Markenbotschafter ein, wie bereits im Kapitel 4.2.3 anhand von Beispielen ausführlich beschrieben wurde. Organisationen haben sie als glaubwürdige Multiplikatoren erkannt, um weitere Zielgruppen auf sich aufmerksam zu machen und sich als moderner, attraktiver Arbeitgeber selbstbewusst darzustellen. Dies zeigt sich wiederum darin, dass Mitarbeiter vorgestellt, ihre Arbeitsplätze präsentiert und sie selbst in die digitalen Maßnahmen offensiv integriert werden – ob als Unterstützer oder sogar als Leader solcher Aktivitäten. Beispielsweise stellt die Bundeswehr über ihren Instagram-Account regelmäßig Ausbildungen und Jobs auch anhand ihrer eigenen Soldaten vor – in Text, Bild, Video. Dieses Recruiting wird in vielen Fällen mit emotionalen, actionreichen Videos und Storys unterstützt.[311]

Kombination von Strategien

Diese neun ausgewählten Strategieoptionen geben Unternehmen wie Institutionen genügend Raum und Orientierung, um einen eigenen strategischen Ansatz zu finden, zu entwickeln oder ihren bestehenden zu optimieren. Dies impliziert nicht, dass sie sich auf einen einzigen Ansatz beschränken müssen. Jederzeit lassen sich auch mehrere der erwähnten Optionen miteinander kombinieren, um die eigenen Zielgruppen zu erreichen.

Hat man eine Strategie gewählt oder mehrere kombiniert, lässt sich allmählich von einer tragfähigen digitalen Kommunikationsstrategie sprechen. Im nächsten Schritt geht es um die Vermittlung der Inhalte – also um die konkrete Content-Strategie, die adäquaten Inhalte und die passenden Kommunikationskanäle, mit der das Unternehmen oder die Institution ihre Zielgruppen erreichen, überzeugen und binden will.

311 https://www.instagram.com/bundeswehrkarriere/.

11 Content-Strategie: Mit welchen Inhalten wollen wir es schaffen?

11.1 Content-Marketing vs. Content-Strategie

Seit dem Jahre 2013 gibt es in der Kommunikationsbranche kaum ein Thema, das so häufig, so intensiv und auch so kontrovers diskutiert wird wie »Content-Marketing«. Doch was versteckt sich genau hinter diesem Begriff? Das renommierte Content Marketing Institute[312] definiert ihn als »strategic marketing approach focused on creating and distributing valuable, relevant, and consistent content to attract and retain a clearly-defined audience — and, ultimately, to drive profitable customer action«[313]. Schon diese Definition geht auf eine der zentralen Eigenschaften des Content-Marketings ein: eine klar definierte Zielgruppe. Wer diese im Vorfeld nicht kennt, wird scheitern. Gleichzeitig sollte – wie sich aus der Definition herauslesen lässt – nützlicher und nutzbarer Content jederzeit im Herzen der Marketing-Aktivitäten stehen, um wirklich Erfolg haben zu können. Dass Content-Marketing ebenfalls auf die Unternehmensziele einzahlen müsse, darauf verweist der Bundesverband Digitale Wirtschaft e.V. Dieser beschreibt den Begriff als die »datengestützte Planung, Erstellung, Distribution, Messung und Optimierung von Inhalten, die von eindeutig definierten Zielgruppen im individuellen Moment der Aufmerksamkeit gesucht, benötigt und wertgeschätzt werden und somit eine, auf das übergeordnete Unternehmensziel einzahlende Aktion auslösen«[314].

Sei ein Rockstar!
Ähnlich sehen es die beiden Kommunikationsberater Doris Eichmeier und Klaus Eck, Autoren von *Die Content-Revolution im Unternehmen*: »Content-Marketing beschreibt Marketingmaßnahmen, die im Schwerpunkt auf Content basieren, um das Interesse der Stakeholder an verschiedenen Touchpoints und in den unterschiedlichen Kaufphasen zu gewinnen und die Kommunikation mit ihnen geschickt anzuregen und fortzuführen. Es geht um den optimalen Einsatz der unterschiedlichen Kanäle, um Personalisierung der Inhalte, um Adaptive Content, um Markenbotschaften, das gekonnte Nutzen von Social Media, um Storytelling und natürlich auch um jede Menge Kreativität.«[315] Die Story muss also die Marke mit der Lebenswirklichkeit der Stakeholder verbinden. Schließlich sollen sie genau das erhalten, was sie wollen: Relevanz und Business-Nutzen. Oder wie es der Strategieberater Robert Rose, Chief Strategy Advisor des Content Marketing Institutes,

312 Die Webseite des Content Marketing Institute ist eine hervorragende Quelle für aktuelle Zahlen, Fachbeiträge, Whitepapers, Forschungsergebnisse und Case Studys, um sich mit dem Thema Content-Marketing eingehender auseinanderzusetzen. https://contentmarketinginstitute.com/.

313 https://contentmarketinginstitute.com/what-is-content-marketing/.

314 https://bit.ly/dks_bvdw_contentmarketing.

315 https://bit.ly/dks_prblogger_contentmarketing.

etwas provokativ zusammenfasst: »Marketing is telling the world you're a rock star. Content-Marketing is showing the world that you are one.«[316]

In der operativen Umsetzung umfasst Content-Marketing folglich die Erschaffung und Verbreitung zielgruppenrelevanter Inhalte. Ein Beispiel aus dem medizinischen Bereich: Der Alltag mit Multipler Sklerose stellt viele Betroffene vor große Herausforderungen. Für sie bricht gerade zu Anfang eine Welt zusammen, bevor sie lernen, mit der Krankheit umzugehen. Die beiden Angebote ms persönlich[317] und trotz ms[318] beschäftigen sich mit Multipler Sklerose. Sie begleiten Menschen mit MS und deren Angehörige. In Beiträgen schildern Betroffene eindringlich, wie sie von der Erkrankung getroffen wurden, wie ihr Leben sich verändert hat, wie sie die Krankheit geprägt hat und wie sie zu ihrem Leben trotzdem zurückgefunden haben. Die im Blog-Stil verfassten Porträts über ihren Alltag sind oft emotionale Geschichten, die Hoffnung machen, dargestellt im Text-, Bild- oder Video-Format, erzählt teils von Betroffenen, die selbst unter der Krankheit leiden. Ergänzt werden die Storys mit Fach-Interviews, Ratgeberinformationen, Hintergrundberichten, Wissenswertem und nützlichen Informationen, Daten wie Fakten.

Beide Webseiten sind das Ergebnis klugen Content-Marketings, das klar auf die Bedürfnisse und die Erwartungen der Betroffenen ausgerichtet ist. Die Angebote werden zu einem glaubwürdigen Forum für Betroffene wie auch zu einem Mutmacher. Parallel gewinnen die Themen durch Themensetting mehr Sichtbarkeit und verleihen dem Thema einen höheren Stellenwert in der Öffentlichkeit wie in den Suchmaschinen. Doch noch etwas anderes ist hier zu berücksichtigen: Hinter diesen Mehrwertangeboten stecken die Pharmaunternehmen Sanofi Genzyme (ms persönlich) und Roche (trotz ms). Für sie ist Content-Marketing ein Ansatz, um das Werbeverbot zu umschiffen, dürfen doch verschreibungspflichtige Medikamente laut Heilmittelwerbegesetz (HWG) außerhalb von Fachkreisen nicht beworben werden. Pharmafirmen können sich per Content-Marketing bei Patienten, ihrem Umfeld sowie Ärzten als kompetente Partner rund um ihr Thema positionieren, ohne direkt für Produkte zu werben, sondern nur Informationen zur Verfügung zu stellen.[319]

CASE STUDY

Ohne Schmerzen zum Erfolg!

Wer nach Lösungen gegen seine Kreuz-, Kopf- oder sonstigen Schmerzen sucht, kommt an ihnen heute kaum vorbei: Liebscher & Bracht, die Schmerzspezialisten[320]. Auf der einen Seite profitieren sie davon, dass immer mehr Menschen bei körper-

316 https://bit.ly/dks_robertrose_contentmarketing.

317 https://www.ms-persoenlich.de.

318 https://www.trotz-ms.de.

319 Ähnliche Strategien fahren auch andere Pharmakonzerne wie HRA Pharma mit der »Pille Danach« https://www.pille-danach.de oder AstraZeneca mit ihrer Initiative »Herzbewusst« https://www.herzbewusst.de.

320 https://www.liebscher-bracht.com.

lichen Beschwerden im Internet nach Lösungen suchen. Andererseits ist es ihnen innerhalb weniger Jahre gelungen, die Bekanntheit des Unternehmens und der selbst entwickelten Schmerztherapie extrem zu pushen. Zudem haben sie Roland Liebscher-Bracht, den Protagonisten jedes Videos, als Personal Brand etabliert. Diesen kann man heute durchaus als Influencer im Schmerzbereich bezeichnen. Der Erfolg basiert auf einer Kombination aus digitalen Kommunikations- und Marketingmaßnahmen. Ähnlich wie bei Blendtec heißt auch bei Liebscher & Bracht einer der zentralen Pfeiler YouTube. Ihr aktuell hohes Standing bei YouTube (700.000 Abonnenten und über 120 Millionen Aufrufe) ist darauf zurückzuführen, dass das Unternehmen gerade in den Anfangsjahren regelmäßig neue Videos hochgeladen und kontinuierlich mit entsprechenden Keywords und passenden Beschreibungstexten versehen hat. So überrascht es nicht, dass es heute bei YouTube bei den relevanten Keywords gut rankt. Parallel ist es den Schmerzspezialisten gelungen, mit einer cleveren SEO-Strategie wie dem Aufbau eines Schmerzlexikons in Kombination mit kräftiger Google-Ads-Unterstützung eine hohe Sichtbarkeit in den Suchmaschinen zu erreichen.
Zudem wurde Facebook stark dafür genutzt, eine Community aufzubauen und diese mit hilfreichen Informationen und schnellem Kundenservice zu fördern. Eine halbe Million Fans sowie Hilfegruppen mit bis zu 50.000 Mitgliedern beweisen den Erfolg der Strategie. Gerade beim Absatz eigener Produkte wie beispielsweise Faszienrollen setzt Liebscher & Bracht zudem auf effektives E-Mail-Marketing, um zusätzlich über kostenlose Content-Whitepaper neue Adressen zu generieren. Diese Maßnahmen – in Kombination mit weiteren Marketing- und Kommunikationsmaßnahmen[321] – haben dazu geführt, dass heute jeder User, der im Internet nach Lösungen gegen seine Schmerzen jeglicher Art sucht, über diese Marke stolpert.

Inhalte mit Mehrwert für eine klare Zielgruppe

Zurück zum Content-Marketing: Bereits die bisherigen Beispiele machen deutlich, worin die Erfolgsfaktoren für gutes Content-Marketing bestehen:

- Der Inhalt muss klar auf die Zielgruppen und deren Bedürfnisse ausgerichtet sein.
- Eine Geschichte benötigt einzigartigen und regelmäßigen Content.
- Die Inhalte müssen journalistisch und nicht werblich aufbereitet sein.
- Die Inhalte sollten nicht nur textlich, sondern möglichst auch visuell übersetzt sein.
- Die Inhalte werden per Storytelling und nicht über Unternehmensbotschaften vermittelt.
- Die Plattform legt Wert auf Shareability – gerade für Multiplikatoren.
- Das Unternehmen selbst tritt etwas in den Hintergrund.
- Das Content-Marketing ist an den Unternehmenszielen ausgerichtet.
- Die Maßnahme ist langfristig angelegt und verfügt über ausreichende Ressourcen.

321 Die erweiterte Story zur Marke und ihrem Aufstieg lässt sich in diesem Beitrag nachlesen: https://omr.com/de/liebscher-bracht-story.

Content-Marketing ist damit ein strategischer Ansatz, um in einem kontinuierlichen Rhythmus Inhalte für eine klar definierte Zielgruppe zu schaffen und zu verbreiten. Für sie haben die Inhalte einen Mehrwert und eine Relevanz, sodass Aktionsimpulse ausgelöst werden. Der Berater Rank Fishkin betont: »There are experiences and touches with your brand. Those content touches, and those social media touches, and those touches that come through performing a search and seeing you listed there, those build up the capital in the account.«[322] Es geht also um positive Assoziationen, die Nutzer mit einer Marke verbinden sollen, um sich später an sie zu erinnern und das Angebot in Anspruch zu nehmen.

Dazu müssen sich Organisationen im Vorfeld intensiv mit ihrer Zielgruppe auseinandersetzen, um genau dieser einen Mehrwert verschaffen zu können. Sie benötigen eine inhaltliche Nische, die sie selbst klar besetzen, betont Joe Pulizzi, Gründer des Content Marketing Institutes: »Stop writing about everything. So many brands create content and try to cover everything, instead of focusing on the core niche that they can position themselves as an expert around. (...) Find your niche, and then go even more niche.«[323] Schließlich soll der vermittelte Content Usern helfen, Probleme zu lösen, Fragen zu beantworten, soll ihnen neues Wissen vermitteln oder zumindest ergänzende Informationen bieten.

Stets vom Kunden aus denken

Die Betonung des Mehrwerts für eine klar definierte Zielgruppe macht deutlich, dass beispielsweise reine Werbung kein Content-Marketing sein kann, auch wenn sie noch so ansprechend, emotional, erfolgreich oder multimedial umgesetzt ist. Vielmehr liefern Inhalte einen wirklichen Nutzen, einen konkreten Mehrwert, geben Hilfestellung oder beantworten Fragen. Sie zielen darauf, Informationsbedürfnisse zu befriedigen, was oft über dialogorientierte Kommunikationsansätze geschieht. Dabei kommt es auf die Qualität des Contents, auf den Nutzen für die zu erreichende Zielgruppe an. Sie will genau das erhalten, was für sie wichtig ist: Relevanz, Mehrwert, Lösungen und Hilfen. Das gilt für klassische Kommunikationsmaßnahmen ebenso wie für die Kanäle der digitalen Kommunikation.

Dazu müssen Unternehmen vom Kunden her denken, um ein für ihn relevantes Themenfeld zu entdecken, es inhaltlich zu besetzen und gleichzeitig eine Brücke zur Marke und zu ihren Angeboten zu schlagen. Denn ob Owned, Earned oder Paid Media[324]: Content-Marketing muss stets einerseits die Aufmerksamkeit der Zielgruppen erregen, andererseits auch direkt auf Unternehmens-, Kommunikations- und Vertriebsziele einzahlen. Schließlich dürfen die Maßnahmen kein Selbstzweck sein, sondern müssen über die Informationen, Services, Interaktionen einen Bezug zu Unternehmen, Produkt und Marke haben. Für eine mittel- bis langfristige Interaktion mit Konsumenten ist dazu ein klar

322 https://bit.ly/dks_moz_contentmarketing.

323 https://www.toprankblog.com/2011/01/content-marketing-tips-5/.

324 Auf die Unterscheidung wird ausführlich in Kapitel 11.3.2 eingegangen.

definierter Content-Hub notwendig, der der Zielgruppe immer wieder neue Inhalte und hilfreiche Services anbietet.

Zusammenfassend basiert Content-Marketing auf sieben entscheidenden Elementen:
1. Definition einer klaren Zielgruppe;
2. Besetzung eines Themas oder einer Themen-Nische;
3. Kreation von Inhalten, die Zielgruppen aktiv suchen;
4. Vermittlung von Expertise und keiner Werbung;
5. Bereitstellung von Inhalten mit Relevanz und Mehrwert für Zielgruppe;
6. Einzahlung auf die eigenen Unternehmens- und Kommunikationsziele;
7. Bündelung in einem Content-Hub als Zentrale für Inhalte und Services.

CASE STUDY

Einige Beispiele für erfolgreiches Content-Marketing
Abgesehen von internationalen Großprojekten wie dem aufwendigen Stratosphäre-Fall von Red Bull[325], dem viralen Blendtec-Content, der »Real Beauty«-Initiative von Dove, der #LikeAGirl-Kampagne von Always[326], der Bosch-Initiative #LikeABosch[327] oder der bereits erwähnten »Liebscher & Bracht«-Fallstudie gab und gibt es weitere interessante Ansätze – von früher bis heute. Sie machen deutlich, dass Content-Marketing immer aus der Kombination aus eindeutiger Zielgruppe, Mehrwert für diese Zielgruppe sowie Mehrwert für das Unternehmen selbst basiert.

Dr. Oetker:
- Produkt: Backin (seit 1893).
- Format: Tütchen.
- Zielgruppe: Hausfrauen.
- Mehrwert: Backpulverpäckchen mit Rezepten, die Haufrauen das Backen erleichtern.
- Mehrwert für Dr. Oetker: Werbung für seine eigenen Produkte, die für die Rezepte benötigt werden.

Michelin:
- Produkt: Guide Michelin (seit 1900).
- Format: Buch.
- Zielgruppe: Autofahrer.

325 https://www.redbullstratos.com/.
326 https://bit.ly/dks_youtube_always.
327 https://www.bosch.com/de/internet-der-dinge/.

- Mehrwert: Reisetipps für Autofahrer, in einer Zeit, in der es noch kaum Reiseführer gab.
- Mehrwert für Michelin: Mehr Fahrten bedeuten höherer Verschleiß und damit ein häufigerer Kauf von neuen Reifen.

John Deere:

- Produkt: »The Furrow« (seit 1895).
- Format: Magazin statt Katalog.
- Zielgruppe: Landwirte.
- Mehrwert: unterhaltende Storys über Landleben und Landmaschinen; keine Verkaufsziele.
- Mehrwert für John Deere: stärkere und sympathische Bindung an die Marke durch das Magazin.

Hornbach:

- Content-Hub: Hornbach.de.
- Format: Text, Bild, Video, Community.
- Zielgruppe: Heimwerker, vor allem männlich.
- Mehrwert: Anleitungen für Heimwerker, die eigene Projekte in Haus und Garten umsetzen wollen.
- Mehrwert für Hornbach: die benötigten Produkte für die Heimwerker gibt's bei Hornbach.

Schwenninger Krankenkasse

- Content-Hub: Babyharmonie.de.
- Format: Webseite mit Text, Video, Podcast.
- Zielgruppe: Frauen während der Schwangerschaft und kurz nach der Geburt ihres Babys sowie begrenzt die Partner der Frauen.
- Mehrwert: Informationen für Schwangere rund um eine harmonische Geburt, Vermittlung von Vertrauen sowie Beantwortung dringender Fragen.
- Mehrwert für Krankenkasse: Vertrauen bei Zielgruppe aufbauen, Wechselbereitschaft zu einer neuen Krankenkasse erhöhen und zudem mit guten Inhalten (SEO) für hohes Suchmaschinen-Ranking sorgen.

Immer mehr Marken versuchen zudem, Content-Redaktionen für ihre Lifestyle-Plattformen aufzubauen, um Themen zu besetzen und ihre Zielgruppen zu erreichen. Dazu schaffen sie mit offensivem Content-Marketing und teils gutem Storytelling eigene Magazine – wie Red Bull mit dem Red Bulletin Magazin[328], Saturn mit dem Technik-Magazin Turn On[329], E-Plus mit dem Digital-Lifestyle-Portal

328 https://www.redbulletin.com.
329 https://www.turn-on.de.

Curved[330], Vodafone mit einem Magazin für digitale Kultur featured[331] oder Adidas mit dem Business-Lifestyle-Magazin GamePlan A[332]. Diese sollen auf die Reputation einzahlen und ihre Zielgruppen dazu bringen, sich mit der Marke positiv zu beschäftigen. Apropos Storytelling: Im Rahmen der Content-Strategien nehmen Journalisten eine immer wichtigere, strategische Rolle in den Unternehmen ein. Schließlich bilden gerade gut geschriebene Geschichten den Kern jeder Strategie – und nicht Werbung oder Medienarbeit.

Die Unterschiede zur Content-Strategie

Eine Content-Strategie umfasst »Planung, Kreation, Beschaffung und operatives Management von nützlichem und nutzbarem Content«[333], schreibt Kristina Halvorson, eine der führenden Content-Strategen. Dabei liege der Schlüssel für den Erfolg stets in der Planung. Schließlich gehe es immer darum, »die richtigen Fragen zu Ihrer Strategie zu formulieren und zu bündeln sowie relevante Informationen und Daten zu sammeln und auszuwerten«. Während also Content-Marketing mehr die taktische Seite betrifft, ist Content-Strategie die strategische Seite, was dem Schwerpunkt dieses Buches entspricht. Oder, um die beiden Disziplinen noch vereinfachter zu unterscheiden:

- **Content-Strategie** kümmert sich um das Warum und das Wie. Darunter fällt auf der einen Seite die Bestands- und Bedarfsanalyse, die Analyse möglicher Themen, Festlegung vielversprechender Content-Ideen, Definition von Zielen und Eruierung von Anspruchsgruppen; auf der anderen Seite auch die Abläufe und die Organisation des Teams. Damit regelt sie, welche Inhalte welchen Zielgruppen in welcher Form und über welche Wege nahegebracht werden. Die Strategie ist damit die Basis, die die Richtung für die Zukunft vorgibt.
- **Content-Marketing** fokussiert sich dagegen auf das Was, das Wann und das Wo – also auf das Erstellen und Verbreiten von Inhalten, um Aufmerksamkeit, Traffic, Reichweite, Abonnements und Verkäufe zu erreichen. Dies schließt einerseits die eingesetzten Formate ein, die notwendigen Instrumente, mögliche Kooperationen, die genutzten Geschichten für das kreative Storytelling, was die Zielgruppen dazu bringen soll, sich mit der eigenen Marke zu beschäftigen; andererseits betrifft es in der konkreten Planung den Themen- und Redaktionsplan, die eingesetzten internen wie externen Kommunikationskanäle zur Distribution der Inhalte sowie die Evaluation und Kontrolle der Aktivitäten zur weiteren Optimierung der Potenziale.

Steuerung von Strukturen, Strategien, Prozesse

Gleichzeitig muss deutlich gesagt sein, dass die Begriffe Content-Marketing und -Strategie – oder sogar in Kombination mit einem »strategischen Content-Marketing«[334] – in der Fachliteratur und in der Beraterpraxis oft gemischt und fast schon synonym verwendet

330 https://curved.de.
331 https://featured.de.
332 https://www.gameplan-a.com.
333 https://bit.ly/dks_uxmatters_halvorson.
334 Zum Beispiel Mirko Lange: https://bit.ly/dks_scompler_contentmarketing.

werden, obwohl beide Begriffe Unterschiedliches beschreiben. Denn wie gesagt: Eine Content-Strategie übernimmt die strategische Leitung, den Lead. Sie definiert und steuert, welche für die Zielgruppen nützlichen, relevanten und einfach verwertbaren Inhalte produziert und ausgeliefert werden. Sie beschreitet einen mittel- bis langfristigen Plan, nach dem sich digitale Inhalte erstellen, verbreiten und verwalten lassen.

Eine Content-Strategie plant folglich Prozesse, Strukturen, Management und Verantwortlichkeiten sowie die Koordination von Zeit und Inhalten. Außerdem sorgt sie für die Infrastruktur, damit auf Dauer adäquate und konsistente Inhalte produziert und publiziert werden können. Diese Prozesse und Strukturen im Rahmen der Content-Strategie seien unbedingt erforderlich, so der Berater Klaus Eck in seinem Grundlagenartikel, »wenn Sie Ihren Content effizienter und langfristiger planen wollen, mit Ihren jeweiligen Markenerfordernissen im Einklang bringen und Ihre Stakeholder zum richtigen Zeitpunkt erreichen wollen. Eine Content-Strategie schafft Transparenz in Bezug auf Kosten, Ressourcenplanung und Verantwortlichkeiten. Dadurch werden konsistente Inhalte produziert, die zur Marke und den jeweiligen Bedürfnissen der Stakeholder passen.«[335]

Entscheidend für den Erfolg der Organisation

Den strategischen Ansatz betont ebenfalls Heinz Wittenbrink, Senior Lecturer am FH Joanneum in Graz[336] und ehemaliger Leiter des ersten berufsbegleitenden Fachhochschul-Masterstudiengangs Content-Strategy: »Ich verstehe (...) Content-Strategie im Sinne der Discipline of Content Strategy, wie sie Kristina Halvorson und andere in den letzten Jahren entwickelt haben. Ziel ist es, methodisch Webinhalte zu konzipieren und zu verwirklichen, die konkreten Nutzen stiften und den Zielen von Organisationen dienen.«[337]

Und weiter: Künftige Content-Manager müssten »als Anwälte der User für konsistente und qualitätsvolle Inhalte sorgen (und nicht unterschiedliche Ansprüche zum Beispiel aus Marketing, Medienarbeit, Produktinformation und Service bedienen), und sie müssen professionelle Webkommunikation (Kommunikation auf dem state of the art) sicherstellen.« Diese Beschreibung macht deutlich, wie stark Content-Strategie in den Mittelpunkt einer digitalen wie integrierten Kommunikation rückt.

Erst zuhören, dann senden

Bei einer Content-Strategie geht es nicht darum, möglichst viele Informationen und Inhalte zu produzieren und zu verbreiten. Ganz im Gegenteil: Entscheidend ist es vielmehr, »das relevante Wissen zur richtigen Zeit am richtigen Ort zu platzieren und auf diese Weise

335 https://bit.ly/dks_prblogger_contentmarketing.

336 Weitere Informationen zum Content-Strategy-Studiengang am Institut für Journalismus und Public Relations finden sich hier: https://www.fh-joanneum.at/cos.

337 https://bit.ly/dsk_wittenbrink_contentstrategie.

die Marke erfolgreich glänzen zu lassen.«[338] Dafür müssen Unternehmen und Institutionen für nutzwertige Inhalte sorgen – und zwar aus Sicht ihrer Zielgruppen. Deren Wünsche und Erwartungen müssen sie berücksichtigen, um die eigenen Ziele erreichen zu können. Auf diese Inhalte, Ideen und Storys greifen später die Protagonisten zu, die beispielsweise Mirko Lange in seinem Story Circle (s. Kapitel 11.2) vorgezeichnet hat. Dies ist unabhängig davon, ob es sich um Aktivitäten im Bereich Online-PR, Online-Werbung, Social Media Relations, Direktmarketing oder Mobile Marketing handelt. Schließlich sind die Basis für alle Kanäle und Aktivitäten der Content und die Storys selbst.

Vor der Aufbereitung des Contents kommt folglich zuerst das Zuhören. Organisationen müssen herausfinden, wo sich ihre anzusprechenden Zielgruppen bevorzugt aufhalten, was sie von der Organisation erwarten, welche Inhalte bisher vermisst wurden. Nur so können sie erkennen, welchen Mehrwert sie liefern müssen, bei welchen Problemen sie helfen können, welche Fragen sie zu beantworten und welche Wissenslücken sie zu schließen haben. Denn nur bei aus Zielgruppensicht geeigneten Inhalten werden diese überhaupt einen persönlichen Nutzen erkennen und sich auf eine Kommunikation einlassen. Gleichzeitig ist einzuschränken, dass eine Kommunikation, die in den meisten Fällen Auftragskommunikation ist, sich nicht nur auf die Zielgruppeninteressen fokussieren kann. Sie muss auch – gerade über Push-Medien – ihre eigenen Themen setzen, die genau zu dem Zeitpunkt für die Organisation von hoher Relevanz sind.

VIDEO-TIPP

Coca-Cola als Vorreiter bei der Content-Strategie

Der US-amerikanische Brausehersteller Coca-Cola gilt als Vorreiter beim Thema Content-Strategie. Im Jahre 2012 publizierte das Unternehmen zwei Videos mit dem Titel »Coca-Cola Content 2020«, aus denen Kommunikations- und Marketingexperten bis heute viel herauslesen können. In dem damals völlig neuartigen Strategieansatz zeigte Coca-Cola auf, wie Unternehmenskommunikation als Konsequenz aus den technologischen Innovationsschüben und dem veränderten Kommunikationsverhalten der Nutzer künftig ausgerichtet werden muss. So müsste sich Coca-Cola von der exzellenten Marke zum exzellenten Inhalt wandeln, vom reinen Sender zum Storyteller, vom Verbreiter von Unternehmensgeschichten zur Publikation von Nutzergeschichten und zur Mission der Content Excellence. Inhalte müssten künftig so kreativ und ansteckend sein, dass sie Gespräche auslösen und sich als »Liquid Content« im Netz flüssig und unaufhaltsam verbreiten. Natürlich war der Ansatz mit dem Unternehmensziel verbunden, auf die Weise die Produktabsätze und damit die Geschäfte weiter zu erhöhen. Immer noch sind die **Videos** einen Blick wert: https://bit.ly/dks_youtube_coca-cola2020

338 https://bit.ly/dks_prblogger_contentmarketing.

Corporate Website im Zentrum
Im Mittelpunkt einer Content-Strategie befindet sich zumeist die Corporate Website, eine thematische Microsite oder ein Corporate Blog, in dem die Inhalte eingebunden sind. Auch wenn für einige Jahre Social-Media-Plattformen ihr den Rang ablaufen drohten, hat die Webseite bis heute ihre starke Bedeutung bewahrt – als Content-Hub für die eigenen Inhalte, für eine höhere Sichtbarkeit durch Content-Marketing und SEO sowie für eine größere Unabhängigkeit von Social-Media-Plattformen.

All diese Argumente hatte Professor Thomas Pleil bereits vor Jahren als Gründe aufgeführt, die Corporate Website auf keinen Fall »einzustampfen«: »Weil Onlinekommunikation aus Push und Pull besteht. (...) Weil Plattformen wie Facebook, Snapchat etc. private Firmen sind mit eigenen Regeln, fast immer noch dazu aus einem anderen Rechtssystem. (...) Weil weder Unternehmenskommunikation noch Journalismus ihr Angebot allein an den Algorithmen der Plattformen ausrichten können, wenn sie nicht ihre ureigenen Ziele verraten wollen. Weil trotz aller schönen Wachstumszahlen von Facebook und Co. eine Konzentration auf Social-Media-Plattformen auch in nächster Zeit eine Menge Nutzer diskriminieren würde. (...) Weil ich als Gast auf einer Drittplattform vollkommen von deren Reputation abhängig bin und eine eigene Markenpflege enorm schwer ist.«[339] So ist davon auszugehen, dass die Corporate Website auch künftig ihre hohe Bedeutung behält – und sie eher sogar wächst. So werden Unternehmen viele Ressourcen vor allem in ihre Optimierung und die passende Content-Strategie stecken – in Kombination mit hochwertigen Online-Texten, aufwendigem visuellen Content, extrem aktiver SEO und immer teurerer SEA.[340]

KURZ-INFO

Keine Interaktion = Keine Sichtbarkeit
Die folgende Abbildung zeigt sehr grob die Funktionsweise von Algorithmen[341] im Social Web – unabhängig von den einzelnen Plattformen. Bei der Frage, welche Posts werden in einem Facebook-, LinkedIn-, Instagram- oder Twitter-Feed eines Nutzers publiziert, richtet sich ein Algorithmus nach der Frage, welche Storys und Posts überhaupt gerade vorhanden sind, wer der Absender ist und welche Wahrscheinlichkeit besteht, dass der Nutzer mit dem Beitrag interagiert. Schließlich sind Interaktion und Verweildauer die Hauptgründe, warum dem Nutzer künftig weitere Beiträge des Absenders eingeblendet werden. Daraus berechnen die Social-Media-Plattformen einen jeweiligen Score. Je höher der Score ist, desto größer ist auch die Chance, dass dem Nutzer der Beitrag eingeblendet wird.

339 https://bit.ly/dks_pleil_website.
340 Vgl. https://bit.ly/dks_ruisinger_trends2020.
341 Spannende Details zum Algorithmus gerade von Facebook und Instagram liefert dieser aufklärende Beitrag: https://bit.ly/dks_omr_algorithmus.

Übersetzt heißt dies ganz einfach: Führt ein Beitrag zu keiner Interaktion, wird er nur wenigen Personen oder gar keiner eingeblendet – und benötigt stattdessen ein Media-Budget. Führt dagegen ein Beitrag zu »Meaningful Conversations« – also zu umfangreichen Interaktionen beispielsweise zwischen Facebook-Seiten-Inhaber und Fan(s) – so erhält er eine größere Sichtbarkeit unter diesen Fans beziehungsweise Abonnenten.

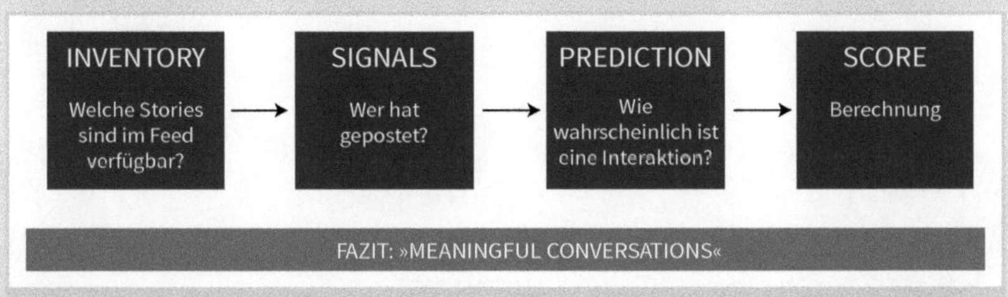

Abb. 27: Die Funktionsweise von Algorithmen insbesondere bei den Social-Media-Plattformen; Quelle: eigene Darstellung

Demzufolge bedeutet das Vordringen von zusätzlichen Kommunikationsangeboten nicht der Verzicht beziehungsweise das Ende von Corporate Websites. Ganz im Gegenteil: Sie haben weiterhin ihre feste Rolle innerhalb der Kommunikationsstrategie. Sie liefern Unternehmen und Institutionen die Freiheit, von fremden Kommunikationskanälen als Drittplattform unabhängig zu sein. Und sie eröffnen ihnen die Chance, alle Informationen an einem Ort zu bündeln, aktiv die eigene Marke zu pflegen und zudem Nutzer zu erreichen, die nicht die externen Plattformen nutzen. Vor dem Hintergrund ihrer Relevanz werden viele Corporate Websites derzeit sogar um Corporate Magazines ergänzt.

Angesichts dieser Entwicklungen muss man die Corporate Website wohl auch in den kommenden Jahren weiterhin als den Content-Hub aller kommunikativen Aktivitäten bezeichnen (s. Abb. 28). Um dieses Zentrum werden die sonstigen digitalen Kommunikationsinstrumente wie Planeten angeordnet sein und als eine Art kommunikative Vertriebs- und Verbreitungsinstrumente für den zentralen Content dienen.

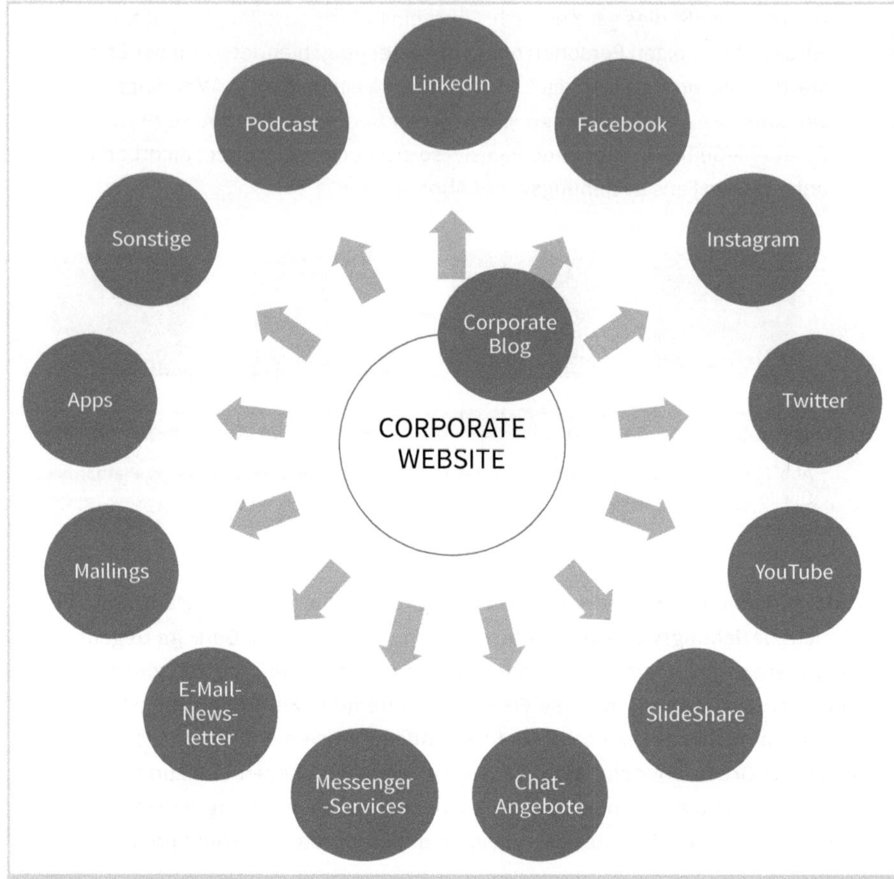

Abb. 28: Die Corporate Website im Zentrum aller kommunikativen Aktivitäten; Quelle: eigene Darstellung

Teil der Kommunikationsstrategie

Gleichzeitig ist zu berücksichtigen, dass viele Plattformen des Social Web heute Unternehmen neue und eigene Publikationsmöglichkeiten anbieten. Dazu zählen Angebote wie Facebook Instant Articles, LinkedIn Pulse, Twitter Moments und Themen, die Discover-Funktion bei Snapchat, die Blogging-Plattform Medium[342] oder die enorme Verbreitung der Story-Funktionalitäten. Dabei wird der Content direkt auf der Plattform präsentiert und ist damit unmittelbar in den Newsfeeds sichtbar, leichter konsumierbar und einfach teilbar. »Längst nicht mehr alle Wege führen ins digitale Rom der eigenen Webseite oder

342 Eine persönliche Präsenz auf der Publishing-Plattform Medium (www.medium.com) kann gerade bei der eigenen Positionierung helfen. Gegründet von Evan Williams, dem Mitbegründer von Twitter, wurde die blogähnliche Autoren-Plattform dafür kreiert, dem Austausch von Ideen und Wissen zu dienen. Über die einfach zu handhabende Plattform lassen sich schnell Meinungsbeiträge erstellen, publizieren und sich darüber mit anderen vernetzen. Die Marketingplattform Hubspot hat in ihrem Blog einen kleinen Leitfaden erstellt, wie sich Medium individuell nutzen lässt. https://blog.hubspot.de/marketing/medium-blog.

auf das Corporate Blog«[343], schreibt dazu treffend Klaus Eck. Organisationen müssten die unterschiedlichen Plattformen bei der Distribution ihrer Inhalte berücksichtigen und nach dem Verhältnis von Aufwand und Wirkung gewichten. Trotzdem sollte jedes Unternehmen seinen selbstbestimmten Content-Hub, meist also die eigene Webseite, auf jeden Fall pflegen: »Dieser ist für Ihre Marke essenziell. Darüber hinaus sollten Ihre Gedanken frei sein.«

Um die Verbindung zwischen Content-Strategie und Kommunikationsstrategie zum Abschluss des Abschnitts nochmals deutlich zu machen: selbst wenn in digitalen Zeiten das Thema Content-Strategie überall ganz oben auf der Liste von Kommunikationsexperten, Marketingfachleuten und Digitalberatern steht: Jeder sollte sich bewusst sein, dass sie ein Teilbereich innerhalb einer digitalen Kommunikationsstrategie darstellt. Sie muss sich an ihr orientieren, mit den weiteren Aktivitäten und Planungen abgestimmt und mit sonstigen Kommunikations- und Marketingstrategien vernetzt werden. Nur so wird sie final die eigentlichen strategischen Unternehmensziele unterstützen können.

LESE-TIPP

Drei Literatur-Tipps
Dieses Unterkapitel kann die umfassenden Themen Content-Marketing und Content-Strategie aus Platzgründen nur begrenzt behandeln. Wer sich mit dem Thema näher beschäftigen möchte, findet in diesen Büchern weitere Hintergründe:

- Eck, Klaus; Eichmeier, Doris (2014): Die Content-Revolution im Unternehmen. Neue Perspektiven durch Content-Marketing und -Strategie, Freiburg.
- Halvorson, Kristina; Rach, Melissa (2012): Content-Strategy for the Web, 2. Auflage, San Francisco.
- Löffler, Miriam; Michl, Irene (2019): Think Content! Content-Strategie, Content fürs Marketing, Content-Produktion, 2. Auflage, Bonn.

11.2 Strategie-Modelle

Es gibt mehrere Methoden und Modelle, nach denen Organisationen bei der Entwicklung einer Content-Strategie vorgehen könnten. Im Folgenden werden zwei vorgestellt, an denen sich Unternehmen, Institutionen und Agenturen orientieren könnten.

343 https://bit.ly/dks_prblogger_corporateblogs.

11.2.1 Content-Strategy Quad von Kristina Halvorson

»Content-Strategy plans for the creation, publication and governance of useful, usable content«[344], stellt Kristina Halvorson fest. Bereits 2009 – also noch viele Jahre vor dem »Content-Marketing-Boom« – publizierte die Gründerin von Brain Traffic die erste Ausgabe ihrer *Content-Strategy for the Web*. Heute zählt es zu den Standardwerken, in dem die renommierte Content-Strategin ein Rahmenkonzept vorlegt, wie Content-Strategien zu entwickeln sind: Ihr Content Strategy Quad (s. Abb. 29) definiert vier Aufgaben, auf die Organisationen ihre Anstrengungen fokussieren sollen.[345]

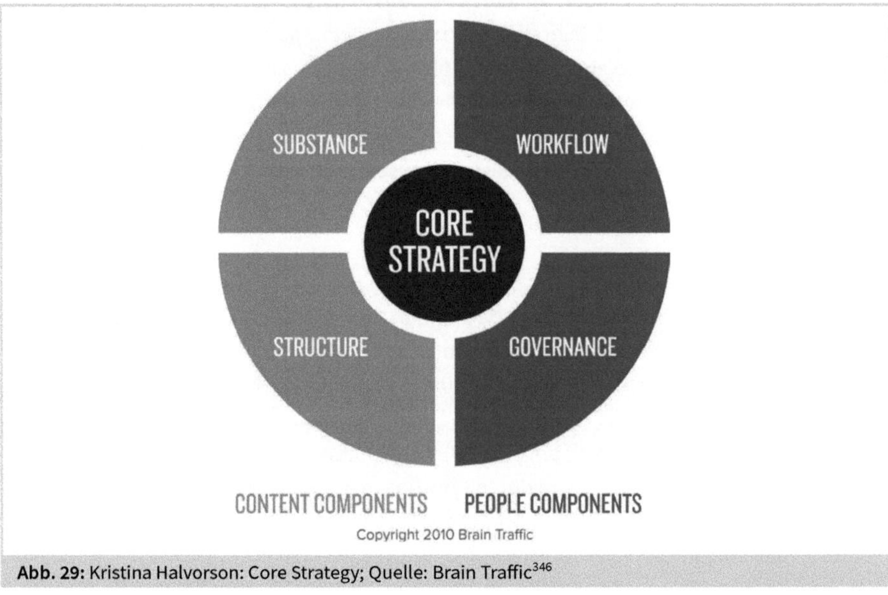

Abb. 29: Kristina Halvorson: Core Strategy; Quelle: Brain Traffic[346]

Diese vier Dimensionen – also Substanz, Struktur, Workflow und Governance – machen laut Halvorson das Wesen einer Content-Strategie aus:

- **Substance** heißt Geschichte, Themen, Markenelemente, Tonfall: Welche Inhalte benötigen die Zielgruppen? Wen wollen Unternehmen erreichen? Welche Bedürfnisse

344 https://bit.ly/dks_alistapart_contentstrategy.

345 In ihrer lesenswerten Präsentation geht Halvorson auf ihr Modell ein und beschreibt zudem die Veränderungen, die der Begriff Content-Strategie in den letzten Jahren erlebt hat; https://bit.ly/dks_slideshare_halvorson_contentstrategie.

346 https://bit.ly/dks_slideshare_halvorson_contentstrategie.

müssen bei den Zielgruppen erfüllt werden? Sind die eigenen vorhandenen Inhalte dazu passend, relevant und aktuell? Welche Inhalte müssen gegenüber den Zielgruppen insbesondere kommuniziert werden?

- **Structure** umfasst Organisation, Gliederung, Komponenten: Wie wird der Content organisiert, priorisiert und angezeigt? Auf welchen Plattformen liegen die Inhalte? Wie werden sie dort gefunden? Werden die Inhalte auch über mehrere Kanäle und Plattformen gespielt beziehungsweise zur Verfügung gestellt?
- **Workflow** betrifft Rollen, Prozesse und Tools, um effizient mit Inhalten umzugehen: Wie werden die Inhalte aktuell gehalten? Wer ist daran beteiligt? Welche Abläufe, Tools und Ressourcen sind notwendig, um die Inhalte zu lancieren und die Qualität zu sichern?
- **Governance** umfasst Unternehmens-Policy und das Unternehmensverhalten: Wie entstehen die Entscheidungen bezüglich Content und Content-Strategie? Wie werden Veränderungen initiiert, kommuniziert und begleitet? Welche Policies, Standards und Verhaltensregeln liegen vor? Wie werden diese intern kommuniziert?

11.2.2 Story Circle 2.0 von Mirko Lange

»Wir müssen aufhören, vom Kanal her zu denken«[347], betont Mirko Lange, Content-Stratege und Geschäftsführer von Scompler in München. Dies sei der größte Fehler, den Unternehmen insbesondere beim Einsatz von sozialen Medien machen. Vielmehr muss die Geschichte, die Story selbst im Zentrum stehen. Schließlich sei die Story der Kopf aller Aktivitäten, die die Relevanz für die Bezugsgruppen wie auch den Nutzen fürs eigene Unternehmen definiert. Dieser Gedanke schlägt sich in seinem Story Circle 2.0 (s. Abb. 30) nieder. So liegen die Kanäle als Weiterverbreiter des Contents ganz bewusst in der Peripherie und nicht im Zentrum. Denn, so Langes dringende Empfehlung zum Strategie-Modell: »Denken Sie vom Zentrum nach außen – und nicht von außen zum Zentrum.«

347 https://bit.ly/dks_scompler_storycircle.

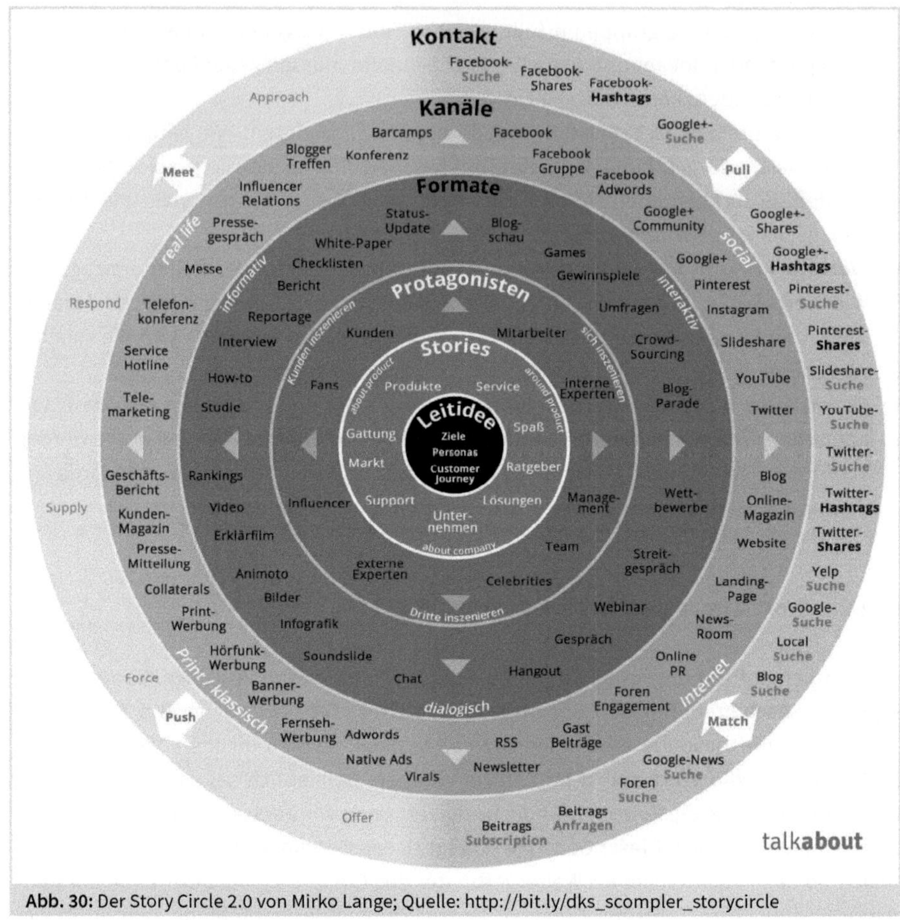

Abb. 30: Der Story Circle 2.0 von Mirko Lange; Quelle: http://bit.ly/dks_scompler_storycircle

In den Mittelpunkt seiner Content-zentrierten Strategie[348] stellt Lange »die Story«, also die Leitidee, die aus der Perspektive der Bezugsgruppen heraus entwickelt wird (vgl. Kapitel 10.3). In ihr müssen die Interessen des Unternehmens auf der einen Seite und die der Anspruchsgruppen auf der anderen Seite verknüpft werden. Sie verbindet die Marke mit der Lebenswirklichkeit der Zielgruppen. Auf Basis der Leitidee werden in einem nächsten Schritt konkrete Themen entwickelt, Geschichten und Inhalte. Denn ohne eine gute Geschichte sind alle weiteren Schritte sinnlos. Die Geschichten richten sich wiederum an die Protagonisten, das eigene Team, das Management, Influencer, Kunden und an die Fans.

348 Ausführlich beschreibt Mirko Lange in diesem Beitrag sein Strategie-Modell https://bit.ly/dks_scompler_storycircle.

Die eigentliche Inszenierung beginnt mit den Formaten, die Themen und Protagonisten immer wieder neu in Szene setzen. Die Story bleibt jedoch stets die Gleiche. Auch die Botschaften dürfen sich nicht verändern. Erst ganz am Ende sollten sich Organisationen um die Kanäle für die Distribution der Inhalte kümmern. Auch in Langes Modell gilt wieder die Prämisse: Erst die Strategie, dann die Inhalte und ganz zum Schluss die Instrumente. Bei der Auswahl der passenden Kanäle spielt es dabei grundsätzlich keine Rolle, ob es sich dann um digitale Kommunikationskanäle oder aber um klassische Kanäle wie zum Beispiel Fachbeiträge oder hauseigene Printpublikationen handelt.

Das »Story Circle 2.0«-Modell macht einmal mehr deutlich, dass bei einer Content-Strategie niemals die Kanäle im Vordergrund stehen und auch keine Inhalte kanalspezifisch produziert werden. Vielmehr lassen sie sich an der Story orientiert anpassen und damit über viele Kanäle hinweg einsetzen. Wenn Inhalte nicht mehr rein kanalspezifisch erstellt werden, sondern sich beliebig häufig – stets dem jeweiligen Medium angepasst – verteilen lassen, führt dies wiederum zu deutlichen Einsparungen bei den Ressourcen beziehungsweise generell zu einer deutlich höheren Planungssicherheit.

Themenzentrierte Content-Strategie
Mit dieser stufenweisen, Content-zentrierten Vorgehensweise lassen sich einzelne Themen sehr gezielt über die verschiedenen Plattformen hinweg spielen. Anhand eines einzigen Themas lässt sich entscheiden, welche verschiedenen Storys (1.), für welche definierten Stakeholder (2.), in welchen adäquaten Formaten (3.), über welche Kanäle (4.) erzählt werden sollten. Dabei muss besonders auf den jeweiligen Mehrwert für die Zielgruppe geachtet werden. Organisationen sollten also stets mit einer konkreten Idee, einem Ziel beginnen, an dem sie sich orientieren können. Die Kanäle selbst rücken ganz ans Ende der Aufgabenliste.

11.3 Die Meilensteine zur Content-Strategie

Wie die vorgestellten Modelle verdeutlichen, werden Content-Strategien stets in Phasen entwickelt, die aufeinander erfolgen. Das heißt:

1. Storys entwickeln – orientiert immer an Positionierung und Leitidee;
2. Formate wählen – Text, Bild, Video, Audio, Grafik, Story etc.;
3. Kanäle auswählen beziehungsweise ausbauen – Microsite, App, Newsletter, Messenger, Facebook, Instagram etc.;
4. Kanäle miteinander vernetzen – zum Beispiel per Newsroom.

Jedem muss sich bewusst sein, dass solche Phasen nicht an sich als abgeschlossen zu betrachten sind, sondern dass es sich um einen zirkulären Prozess handelt. So ist zu empfehlen – wie bereits bei den Grundlagen zu einer digitalen Kommunikationsstrategie erwähnt –, den Prozess regelmäßig zu wiederholen beziehungsweise zu kontrollieren, um die bisherigen Annahmen zu überprüfen, eventuell zu korrigieren und fein zu justieren.

Für die Erstellung einer Content-Strategie macht eine vierstufige Herangehensweise durchaus Sinn. Diese basiert auf den folgenden Komponenten: Content-Audit, -Planung, -Produktion und -Management inklusive -Distribution.[349]

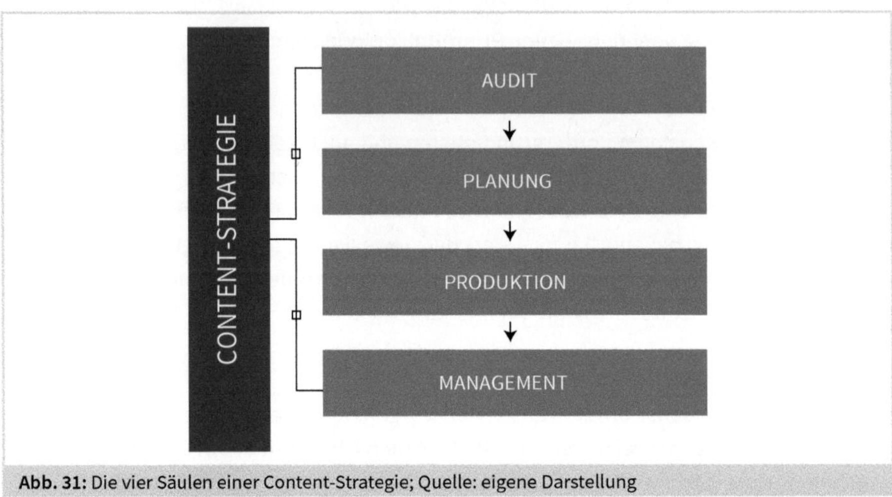

Abb. 31: Die vier Säulen einer Content-Strategie; Quelle: eigene Darstellung

Die vier in den folgenden Abschnitten näher erläuterten Säulen sind im Zusammenhang zu sehen. Beispielsweise erfolgt die Planung immer auf Basis der Ergebnisse des Audits. Nur mit dessen Ergebnissen lässt sich schließlich festlegen, welche Inhalte in welcher Form für die eigene Zielgruppe und zum Erreichen der Ziele vorhanden sein müssen. Nur so erhalten Interessenten genau das, was sie erwarten: Relevanz, Mehrwert und wirklichen Business-Nutzen.

11.3.1 Content-Audit

Der Content-Audit ist der zentrale Ausgangspunkt jeder Content-Strategie. Er legt den Grundstein. Auf ihm werden alle weiteren Schritte aufbauen. Der Audit gleicht einer Vorfeldanalyse, einem kritischen Blick auf den Status quo durch die Ist-Analyse aus dem Kapitel 7. Er analysiert die vorhandenen Quellen, listet die eigenen Inhalte auf und bewertet die vorliegenden Daten. Dabei sollte nicht jeder Content aufgeführt werden. Zielgerichtete Content-Audits sind stets von der Frage geleitet, ob der entdeckte Content wirklich aktuell und vor allem für die Zielgruppe von Relevanz ist. Schließlich sollte jede Content-

349 vgl. dazu auch das 5-Säulen-Content-Strategie-Haus von Irene Michl in Löffler/Michl (2019), S. 73.

Strategie nur Inhalte erstellen, verbreiten und verwalten, welche die Erwartungen und Wünsche der Zielgruppen berücksichtigen. Ansonsten werden die Inhalte nicht wahrgenommen werden, auch wenn sie noch so stark gestreut sind.

Zu Beginn hält der Content-Audit den Status quo der Inhalte fest. Unternehmen und Institutionen können sofort erkennen, auf welchen Plattformen sie bislang Inhalte kommunizieren, wer bisher für die Erstellung verantwortlich war, welche Themen vor allem gesetzt wurden und wie erfolgreich der Content aufgenommen wurde. Folgende Fragen sind für die Erstellung eines Content-Audits sinnvoll[350]:

- Welche Kanäle mit relevanten Inhalten werden bislang bespielt?
- Welche stoßen bei wem besonders auf (Nicht-)Interesse?
- Aus welchen Inhalten konnte der Nutzer einen konkreten Nutzen ziehen?
- Wie präsent ist die Organisation mit ihren Marken in den Suchmaschinen?
- Mit welchen Themen ist sie dort besonders erfolgreich?
- Auf welchen erfolgreichen Content setzen Mitbewerber?
- Was erwarten die Nutzer von der Organisation beziehungsweise der Branche?

Die Fragen dürfen sich nicht nur auf die eigenen Plattformen im Web fokussieren. Auch der Blick auf die Konkurrenz beziehungsweise in die Branche liefert weitere zentrale Ergebnisse. Nur so erhält die Organisation ein Gefühl dafür, wie die Mitbewerber mit ihren Storys agieren und welche Inhalte sie einsetzen. Auch wenn hier von einer digitalen Kommunikationsstrategie die Rede ist, darf sich der Content-Audit außerdem nicht nur auf Online-Inhalte fokussieren, sondern muss ebenfalls alle offline verfügbaren Inhalte einbeziehen: Pressemitteilungen, Publikationen, Ratgeberbeiträge, Broschüren, Kunden- und Mitarbeitermagazine, Geschäftsberichte, Präsentationen, Whitepaper, Reden, Produktfilme und Image-Videos oder die Ergebnisse interner wie externer Studien.

Interne Informationsquellen

Ein Content-Audit greift auf die Ergebnisse der Ist-Analyse zurück. Gleichzeitig zeigt sich oft, dass die vorhandenen Ergebnisse durch weitere Befragungen ergänzt werden müssen. Um an diese Informationen zu gelangen, müssen interne Quellen aufgedeckt werden. So muss man sich bewusst sein, dass Content-Wissen in allen Abteilungen des Unternehmens – Geschäftsleitung, Marketing, Vertrieb, Produktentwicklung, Einkauf, Lieferanten, Human Resources, Ausbildung – vorhanden ist und dort »nur« noch gehoben werden muss. Dafür müssen die Kollegen für möglichen Content sensibilisiert werden.

350 Wie sonst noch zu einem Content-Audit dazugehört und wie man diesen am besten durchführt, erklärt dieser Beitrag: https://bit.ly/dks_hubspot_contentaudit.

Abbildung 32 macht deutlich, aus welchen Quellen und über welche Wege solche Informationen intern gewonnen werden können.

Abb. 32: Beispiele für Content-Quellen; Quelle: eigene Darstellung

Daneben sollte eine Content-Bedarfsanalyse vorgenommen werden. Dazu müssen Themen recherchiert, ihr Suchvolumen analysiert, ihr jeweiliges Potenzial bewertet und die Content Conversion eingeschätzt werden. Entscheidend für einen späteren Erfolg ist ebenfalls die Corporate Governance. Frühzeitig ist während des Content-Audits zu klären, ob die grundsätzlichen Voraussetzungen für ein Content-Projekt überhaupt vorhanden sind. Liegt ein Commitment der Leitung für das Projekt vor? Ist das Unternehmen technologisch adäquat ausgerüstet? Sind die Ressourcen kurz-, mittel- wie vor allem langfristig gesichert? Eine Bestandsaufnahme zeigt viele Rahmenfaktoren auf, die den Fortgang des Projektes später entscheidend mit beeinflussen können – positiv wie negativ.

Fazit: Ein Content-Audit legt zu Anfang eines Content-Strategie-Projekts die Grundlage. Er gibt einen differenzierten Überblick über das Content-Vermögen der Organisation. Auf der einen Seite erfährt sie, welche wertvollen Inhalte innerhalb der Organisation bereits vorhanden, verwertbar beziehungsweise einsetzbar, zu überarbeiten und anzupassen sowie bislang auf Resonanz gestoßen sind; und welche auf der anderen Seite noch überarbeitet, angepasst oder zusätzlich produziert werden müssen. Dies muss immer aus Sicht der anvisierten Zielgruppen geschehen – entscheidend für den weiteren Verlauf der Content-Strategie-Entwicklung und der erfolgreichen Implementierung.

11.3.2 Content-Planung

Mit Abschluss des Content-Audits weiß die Organisation genau, welche Inhalte, Informationen und Geschichten im Unternehmen bereits vorhanden sind, wie die Resonanz auf sie ist und welche Inhalte produziert werden müssten, um bisher unerfüllte Erwartungen der Stakeholder zu erfüllen. Damit tritt die Content-Strategie in die zweite Phase ein, die Planung. In dieser legt die Organisation einerseits fest, welche Inhalte in welcher Form für das Erreichen der Unternehmensziele notwendig sind; andererseits klärt sie ab, welche mit den Zielen abgestimmte Inhalte sie gegenüber ihren Zielgruppen in welcher Form kommunizieren will. Dazu wählt sie die Themen aus, die zur eigenen Positionierung passend sind – und zwar stets auf Basis der Ergebnisse des Audits.

In Kapitel 8 wurde bereits festgelegt, welche Ziele das Unternehmen oder die Institution mit ihrer digitalen Kommunikationsstrategie erreichen will. In der jetzigen Phase ist zu fragen, zu welcher Zielerreichung der Content beitragen kann – dies immer bezogen auf die relevanten Zielgruppen, wie bestehende Kunden, Kooperationspartner, Mitarbeiter, Medien oder Multiplikatoren. Dabei auch hier wichtig: »Der Köder muss dem Fisch schmecken, nicht dem Angler.« Oder wie es der Tom Fishburne alias Marketoonist wieder in einem grandiosen Comic darstellt: Frage: »What's the big idea?« Antwort: »We're going digital! Facebook. YouTube. A mobile App. Pinterest.« Frage: What are we going to do in all those channels?« Antwort: »I dunno, we'll figure it out later.«[351]

Einfach gesagt: Die zentrale Frage bei der Content-Planung lautet also stets: Ist das Thema wirklich relevant für unsere Zielgruppe beziehungsweise unsere Personae oder interessiert es niemanden, der für unsere Zielerreichung von Relevanz ist? Dabei orientiert sie sich stets an der Customer Journey, also den einzelnen Phasen, die ein Kunde beim Erwerb eines Produktes oder einer Dienstleistung durchläuft:[352] Gerade aus der konsequenten Analyse aller möglicher Touch Points mit den Personae ergeben sich immer wieder spannende, kommunikative Ansatzpunkte: »Transportunternehmen für den Personenverkehr wie Bahngesellschaften oder Airlines identifizieren beispielsweise anhand

351 https://bit.ly/dks_marketoonist_digital.

352 Um möglichst viele Erwartungen und Erfahrungen potenzieller Kunden zu berücksichtigen, kann die Visualisierung des Prozesses per »Customer Journey Map« helfen. Die folgende Anleitung hilft bei der Erstellung; https://bit.ly/dks_hubspot_customerjourney.

der Customer Journey potenzielle Schmerzsituationen (Pains) und daraus abgeleitete Mehrwerte (Gains) wie automatische Umbuchungen beziehungsweise Rückerstattungen bei Verspätungen, digitale Angebote während Wartezeiten.«[353]

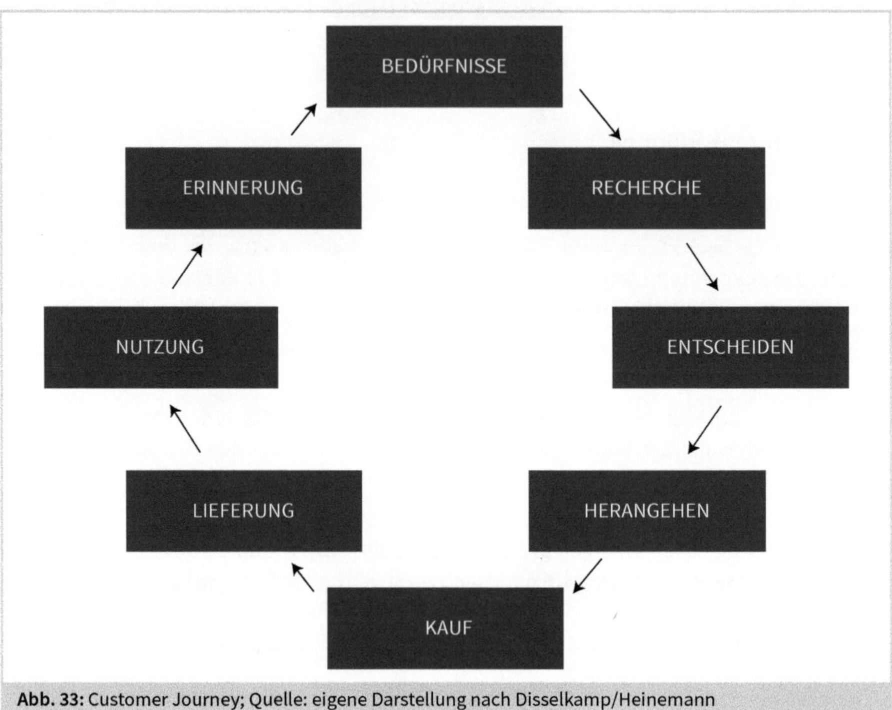

Abb. 33: Customer Journey; Quelle: eigene Darstellung nach Disselkamp/Heinemann

Online und offline

Es gibt zahlreiche Content-Formate, wie Abb. 34 verdeutlicht, und dies sind noch nicht alle Arten. Denn eine Content-Strategie umfasst nicht allein den digitalen Bereich beziehungsweise die Online-Medien. Content bedeutet online und offline, digital und analog, insofern man solch eine Unterscheidung überhaupt noch treffen kann. So muss eine Content-Strategie crossmedial sowohl die einzelnen Online-Plattformen als auch die herkömmlichen Bereiche wie Printpublikationen, Medienaktivitäten oder interne wie externe Veranstaltungen berücksichtigen.

353 Disselkamp/Heinemann (2018), S. 60.

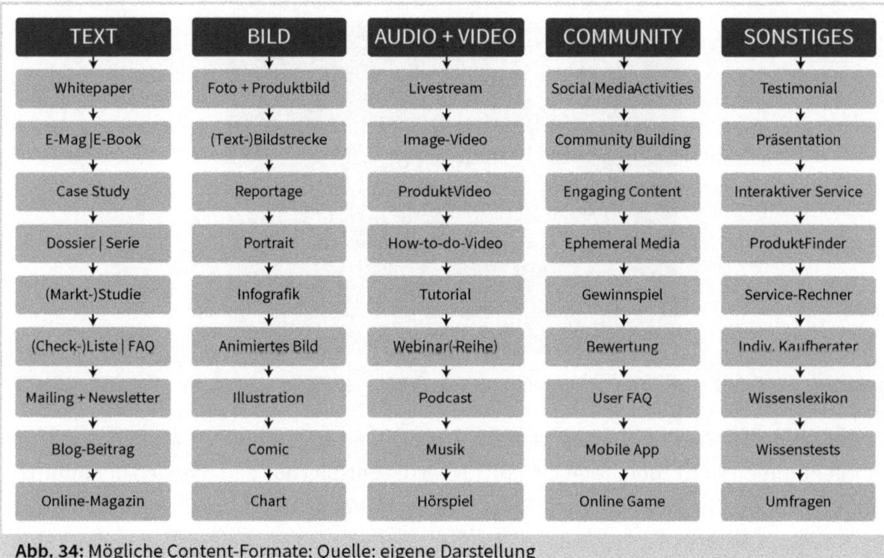

Abb. 34: Mögliche Content-Formate; Quelle: eigene Darstellung

Ein weiteres Problem: Die Menge an Content hat in den letzten Jahren gerade durch die steigende Zahl an Kommunikationsinstrumenten und die Vielfalt an möglichen Formaten und publizierten Inhalten enorm zugenommen (s. Abb. 35). Das heißt, es wird immer mehr Content durch die zahlreichen Kanäle gepumpt, sodass der Content-Boom immer stärker anschwillt. Die Quantität hat zur Folge, dass vom bereits thematisierten Content-Shock[354] gesprochen wird, weil sich die Nutzer überfordert fühlen. So kommt es künftig darauf an, sich auf die für die eigenen Stakeholder wirklich relevanten Content-Formate und Inhalte zu fokussieren. Dabei muss die Story innerhalb der Content-Strategie stets der rote Faden bleiben, an dem sich jeder produzierte und vermittelte Content zu orientieren hat. Das Ergebnis sollte eine stringente Strategie sein, die letztendlich über alle Kanäle zu einer integrierten Kommunikation führt.

354 https://bit.ly/dks_ruisinger_contentshock.

Abb. 35: Begriffswolke mit möglichen Inhalten für eine Content-Strategie; Quelle: eigene Darstellung

Ein Beispiel: Wie stark der Content auf die Zielgruppen zugeschnitten werden muss, um wahrgenommen zu werden, zeigt ein konstruiertes Beispiel aus dem Bereich der internen Kommunikation: Bei einer internen Befragung eines Versicherers stellt sich heraus, dass der Anteil der Mitarbeiter hoch ist, die sich im Bereich der Digitalisierung weiterentwickeln wollen, da sie sich noch nicht fit genug für den geplanten Change-Prozess fühlen. In Zusammenarbeit mit einem externen Referenten entwickelt das Unternehmen daraufhin ein Inhouse-Weiterbildungsangebot. Es soll Wissen vermitteln, um einerseits die von den Mitarbeitern selbst erkannten Wissenslücken zu füllen, andererseits den Zusammenhalt im Unternehmen zu stärken und gleichzeitig durch das Thema »Unsere Versicherungsbranche im digitalen Wandel« generell die Qualität der Beratung zu erhöhen. Das Bildungsangebot wird sowohl über Vorträge vor Ort, über kompakte Präsenz-Workshops als auch über eine Webinar-Serie sowie einen im Intranet bereitgestellten Reader mit aktuellen Studien, Case Studys, Whitepapers, Beiträgen etc. umgesetzt. Zudem wird es künftig mit einer regelmäßigen Serie an monatlichen Veranstaltungen begleitet, in denen interne und externe Experten Kurzvorträge zu aktuellen Branchenthemen halten, um den Wissensstand innerhalb des Unternehmens hoch und aktuell zu halten.

Welche Content-Art?

Und noch eine Frage ist bei der Wahl beziehungsweise Planung des Contents zu behandeln: Für welchen Zweck ist dieser Content gedacht? Vielfach wird über Formate, Bildgrößen oder Videodauer diskutiert. Doch wenn es um die Content Distribution geht, ist zudem die Frage nach der Content-Art zu stellen. Das heißt: Welche »Lebensdauer« sollte der Content haben? Was sollte der Content konkret bei der Zielgruppe bewirken? Und ist diese Reaktion kurz-, mittel- oder langfristig relevant? Grundsätzlich muss man zwischen zwei Arten von Content unterscheiden:

- **Evergreen Content**: Content, der eher eine längere Lebensdauer hat und langfristig wirkt; so gibt es Inhalte, die nicht nur kurz nach ihrer Publikation, sondern ebenso über einen längeren Zeitraum Besucher generieren – wie zum Beispiel langlebige How-to-do-Videos auf YouTube, Blog-Beiträge zu Grundlagenthemen, die auch noch nach Jahren relevant sind oder Pins, die sich meist erst langfristig über die Pinterest-Suche verbreiten.
- **Ephemeral Content**: Content, der auf kurzfristige Wirkung und auf Aktualität ausgerichtet ist; dieser Content macht sich das FOMO-Prinzip[355] zunutze. Dabei handelt es sich meist um Inhalte, die innerhalb einer bestimmten Zeit konsumiert werden müssen, da sie später nicht mehr verfügbar sind; gerade die begrenzte Verfügbarkeit der Inhalte in kurzlebigen und in sozialen Medien über zeitlich begrenzt sichtbare Storys schafft eine besondere Aktualität und ist speziell für Trends, aktuelle Themen und Produktneuheiten geeignet.

Die folgende Abbildung fasst die beiden Ansätze und ihre divergierende Ausrichtung kompakt zusammen. Gleichzeitig ist wichtig, beide Arten nicht gegeneinander auszuspielen, sondern vielmehr sie miteinander zu kombinieren – jeweils bezogen auf das passende Content-Format für die zu erreichende Zielgruppe.[356]

355 Mit FOMO (Fear of missing out) bezeichnet man die teils schon zwanghafte Sorge, etwas zu verpassen; ausgeprägt insbesondere in den sozialen Netzwerken treibt es gerade jüngere Nutzer dazu, ständig Apps wie WhatsApp, Instagram, TikTok oder Snapchat zu öffnen oder die Plattform online zu besuchen, um keine Story, kein Erlebnis, kein Ereignis zu verpassen und damit nicht mehr auf dem Laufenden zu sein.

356 Ausführlich hat sich der Berater Jan Firsching mit den Unterschieden der beiden Content-Arten in einem Blog-Beitrag auseinandergesetzt; https://bit.ly/dks_futurebiz_contentarten

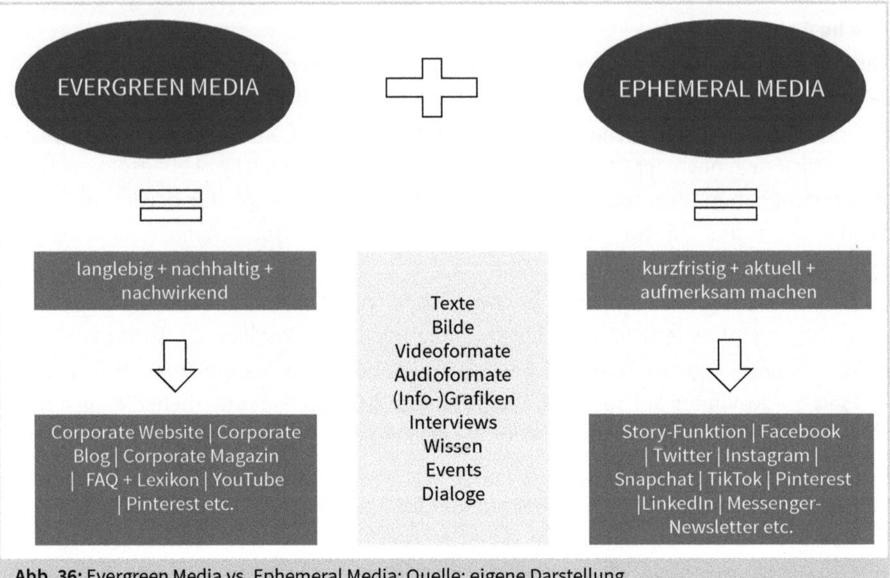

Abb. 36: Evergreen Media vs. Ephemeral Media; Quelle: eigene Darstellung

Content-Modell: Owned, earned, paid

Bevor sich Unternehmen und Institutionen im Content-Dschungel verlieren, lohnt sich ein Blick auf das Modell »Owned, Paid und Earned Content«. Forrester Research hatte es erstmals 2009 vorgestellt, um Unternehmen und Institutionen zu helfen, digitale Kommunikationsstrategien zu entwickeln. Auch wenn die Begriffe bereits vorher in Kombination verwendet worden waren, lieferte Forrester Research (s. Abb. 37) erstmals eine detaillierte Beschreibung der drei Content-Arten mit klaren Zielen, konkreten Beispielen, definierten Aufgaben, jeweiligen Vorteilen und Herausforderungen.

Media Type	Definition	Examples	Role	Benefits	Challenges
Owned media	Channel a brand controls	• Website • Mobile Site • Blog • Twitter	Build for longer-term relationships with existing potential customers and earn media	• Control • Cost efficiency • Longevity • Versatility • Niche audiences	• No guarantees • Company communication not trusted • Takes time to scale

Media Type	Definition	Examples	Role	Benefits	Challenges
Paid media	Brand pays to leverage a channel	• Display ads • Paid search • Sponsorships	Shift from foundation to a catalyst that feeds owned and creates earned media	• In demand • Immediacy • Scale • Control	• Clutter • Declining response rates • Poor credibility
Earned media	When customers become the channel	• WOM • Buzz • »Viral«	Listen and respond – earned media is often the result of well-executed and well-coordinated owned and paid media	• Most credible • Key role in most sales • Transparent and lives on	• No control • Can be negative • Scale • Hard to measure

Abb. 37: Unterscheidung zwischen Owned, Paid and Earned media; Quelle: eigene Darstellung nach Forrester Research

Die Aufteilung skizziert die drei unterschiedlichen Medienarten, mit denen Zielgruppen angesprochen werden:

- »Owned« steht für die eigenen Kanäle des Unternehmens, also die Medien, die das Unternehmen selbst betreibt;
- »Paid« umfasst die werblichen Aspekte, also alle Medien, Kanäle und aller Content, die eingekauft und damit bezahlt werden;
- »Earned« sind die verdienten – eigen- oder fremdinitiierten – Publikationen, die also nicht im direkten Auftrag des Unternehmens erfolgen. [357]

Die folgende Abbildung greift vereinfachend die Unterscheidung nochmals auf. Bezogen auf rein digitalen Content verdeutlicht sie, welche möglichen Inhalte und Medien sich unter den einzelnen drei Kategorien integrieren ließen.

357 In einigen Modellen wird das Content-Trio um den »Kreis« Social Content oder Shared Content ergänzt. Eine Beschreibung und Unterscheidung würde hier aber zu weit führen.

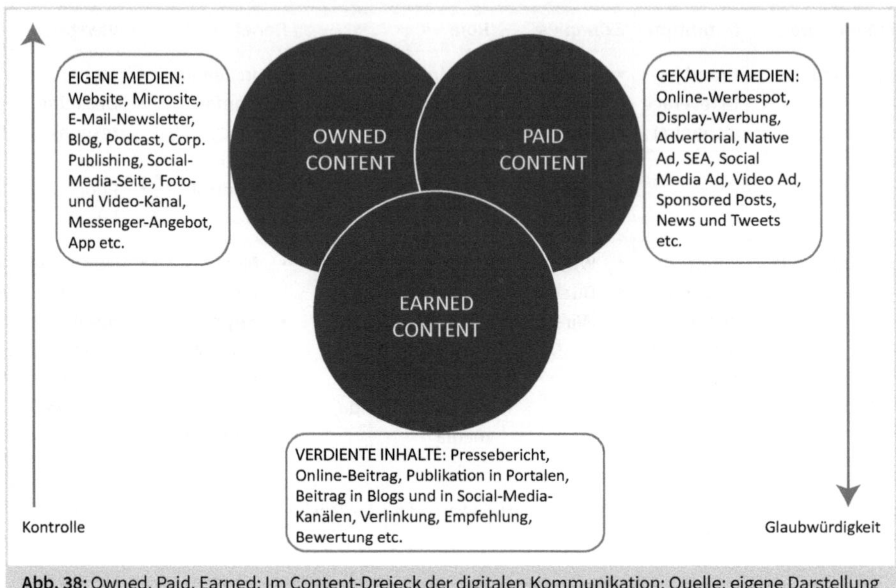

Abb. 38: Owned. Paid. Earned: Im Content-Dreieck der digitalen Kommunikation; Quelle: eigene Darstellung

Gerade zu Anfang des Prozesses hilft eine derartige Unterscheidung, um die eigenen Inhalte zu kategorisieren und ihnen, basierend auf den avisierten Zielen, adäquate Rollen zuzuteilen. Die Aufteilung liefert zudem wesentliche Hinweise bezogen auf Glaubwürdigkeit und Kontrolle. Während die eigenen Inhalte ganz (Corporate Website, Microsite, Corporate Blog, E-Mail-Newsletter etc.) oder zumindest zum Teil (Social-Media-Fanseiten) kontrolliert werden können und dies in großem Maße ebenfalls für »Paid Content« gelten kann, so ist »Earned Content« kaum zu kontrollieren – in positiven wie in negativen Fällen. Dafür genießen »verdiente Inhalte« bei den Zielgruppen eine deutlich höhere Glaubwürdigkeit im Vergleich zu eigens bestimmten oder eingekauften Inhalten.

Gerade in Zeiten, in denen Budgets begrenzt sind, helfen die beiden Aspekte – Glaubwürdigkeit und Kontrolle –, den Content gezielt einzusetzen. Gleichzeitig darf man die drei Content-Arten nicht vollständig voneinander getrennt sehen, beeinflussen sie sich doch gegenseitig stark. Wenn Forrester Research zu Earned Media schreibt, dass »earned media is often the result of well-executed and well-coordinated owned and paid media«, so zeigt sich dies in der Realität stark beim Influencer Marketing. Earned Content beispielsweise auf YouTube oder Instagram ist oftmals das Ergebnis entweder von bezahlten Kooperationen oder von der Bereitstellung von speziellem Unternehmens-Content für Blogger, Podcaster, Instagrammer oder YouTuber. Gleichzeitig muss man sich bewusst sein, dass der Begriff »Paid« bezogen nur auf den Punkt »Paid Content« verwirrend und fehlerhaft ist. Schließlich fallen bei Owned Content ebenfalls Kosten an – insbesondere durch zeitliche und personelle Ressourcen. Selbst die Generierung von Earned Content muss meist initiiert werden – also Themen lanciert, Medienkontakte gepflegt, Influencer-Kooperationen aufgebaut –, wodurch wiederum Personal notwendig wird und Kosten anfallen.

11.3.3 Content-Produktion

Der Content-Audit sowie die Content-Planung haben deutlich gemacht, welche zielgruppengenauen Inhalte bereits vorliegen und welche noch produziert werden sollten. Auf dieser Basis müssen nun passende Storys erstellt werden. In der Content-Produktion wird zudem final definiert, welche Content-Kanäle für die Zielgruppe relevant sind und wie sie auf die einzelnen Zielgruppen zugeschnitten werden müssen.

Social and Shareable

Ob die Verbreitung von Owned Content, also über die eigenen Kanäle, ob eingekaufter Paid Content oder über nutzer- oder mediengenerierter Earned Content: All diese Content-Arten können zur positiven Sichtbarkeit des Unternehmens beitragen. Dazu müssen sie einen Mehrwert und eine hohe Relevanz für die zuvor definierten Stakeholder haben – und dies nicht nur einmalig. Für ein erfolgreiches Engagement ist kontinuierlicher Mehrwert mit Weitererzählpotenzial zu generieren. Gerade für die Social-Media-Plattformen sollte Content zudem möglichst »social« sein. Sprich, Organisationen sollten Inhalte kommunizieren, die sich kommentieren und weiterverbreiten lassen. Nur dann ist die Voraussetzung gegeben, dass die Dialogpartner die Inhalte in ihre eigenen Kanäle weitertragen und sie eine größere Sichtbarkeit erhalten. So sollte jeglicher vorhandener oder noch zu produzierender Inhalt nach seiner Social Story hinterfragt werden.

Außerdem – und dies ist die zweite Grundvoraussetzung, damit sich Inhalte im Internet verbreiten können: Inhalte müssen einfach teilbar sein. Dazu lohnt es sich, die klassische KISS-Formel (»Keep it short and simple«) weiterzudenken und neu zu interpretieren, wie Frederic Gonzalo auf Social Media Today: »In this day and age of Content-Marketing, big data and shrinking attention span for ever-increasing amounts of shared information, the KISS principle is perhaps best summarized as: Keep it Significant and Shareable!«[358] Inhalte sollten also für Zielgruppen relevant und einfach teilbar sein, damit sie sich verbreiten können.

Werden diese zwei Voraussetzungen nicht erfüllt, lässt sich das Weitererzählpotenzial nicht ausschöpfen, da die Dialogpartner die Inhalte nicht mit anderen teilen beziehungsweise ihre Erfahrungen nicht an ihre eigenen Communitys weitergeben. Dies hätten beispielsweise durchaus positive Erfahrungen mit einem neuen Produkt, Hinweise auf eine relevante Studie oder Lob für einen hervorragenden Service sein können.

358 https://bit.ly/dks_socialmediatoday_kiss.

KURZ-INFO

Check der Content-Produktion

- Welcher Content ist bereits im Unternehmen vorhanden?
- Unter welchen Voraussetzungen lässt sich dieser nutzen?
- Passt der Content zur formulierten Leitidee?
- Spiegelt er die kommunikativen Botschaften wider?
- Welcher Content muss noch zusätzlich erstellt werden?
- Wo benötigt das Team externe Unterstützung beziehungsweise Zuarbeit?
- Ist der Content »social« und »shareable«, damit er sich verbreiten kann?
- Werden Owned, Paid und/oder Earned Content berücksichtigt?
- Wie wird der Content verbreitet beziehungsweise zusätzlich beworben?
- Wird für die vereinfachte Verbreitung auf Creative Commons[359] gesetzt?

Die Wahl der Content-Kanäle

Die Vorarbeit ist geleistet, die wichtigen Voraussetzungen sind erfüllt – mit diesem Wissen lassen sich jetzt die passenden Kommunikationskanäle auswählen, um die festgelegte digitale Strategie nach innen und nach außen zu tragen. Schließlich passt nicht jede Maßnahme automatisch zu jeder Zielgruppe. Unternehmen müssen stattdessen entscheiden, welche Kanäle, Plattformen und Touchpoints sie nutzen wollen, um die Vielfalt an Informationen zu kanalisieren und zu kommunizieren. Es ist also nach den Berührungspunkten der Zielgruppen mit der eigenen Marke, dem Unternehmen und der zentralen Botschaft zu fragen. Die Touchpoints – print wie online, analog wie digital – sollten bereits die anfängliche Ist-Analyse beziehungsweise spätestens der Content-Audit aufgezeigt haben.

Dabei kommt es nicht darauf an, möglichst viele Kanäle zu bespielen. Jedes Unternehmen, jede Institution muss sich bewusst sein, dass die Kanäle das Gesicht der Organisation abbilden und sie dieses über die Inhalte und die Art der Kommunikation nach außen tragen. Sie sollten daher nur so viele öffentliche Profile anlegen und so viele Kanäle initiieren, die sie zu pflegen imstande sind. Tote, nicht-bespielte Kanäle, fehlendes Community-Management, veraltete Profilinformationen oder offene Kontaktanfragen schaden eher der digitalen Reputation der Organisation, als dass diese sie in der digitalen Welt nach vorne bringen.

359 https://de.creativecommons.org/; das Lizenzmodell von Creative Commons umfasst sechs Lizenzen. Urheber von Werken können über eine dieser Lizenzen anderen Personen bestimmte Nutzungsrechte an ihren Werken einräumen. Dabei gilt es jedoch einiges zu beachten. Einen hervorragenden Leitfaden für die Anwendung freier Lizenzen hat die Bertelsmann Stiftung publiziert: https://bit.ly/dks_bertelsmann_freielizenzen.

Im Einklang mit der Strategie

Vielmehr müssen die passenden Kanäle authentisch und regelmäßig versorgt werden – abgestimmt mit der formulierten Leitidee, der Story sowie den vorhandenen Ressourcen (s. Kapitel 13):

- Im B2B-Bereich einer Technologiefirma könnten ein monatlicher Fach-Newsletter in Kombination mit einem Corporate Blog, eine eigene LinkedIn-Gruppe und ein Twitter-Account zum Themensetting gegenüber Multiplikatoren die richtige Kombination sein.
- Bei Consumer-Produkten und einer jungen Zielgruppe wären eine Instagram-Kampagne über Story- und Live-Formate, eine spielerische TikTok-Challenge, eine Influencer-Kooperation mit einem angesagten YouTuber in Kombination mit diversen Social Media Ads eine mögliche Wahl.
- Ein Unternehmen mit größerer Kommunikationsabteilung und einem Standing als moderner Themensetter würde sich neben Webseite und E-Mail-Newsletter auch mit einem Mitarbeiter-Blog, einer mobilen Applikation, thematischen Twitter-Accounts und einem Newsroom als Hub für die gesammelten Aktivitäten darstellen.
- Ein lokales Unternehmen könnte sich insbesondere mit lokalen Netzwerken und Communitys wie nebenan.de beschäftigen, um über dieses Netzwerk an Interessenten direkt vor Ort zu kommen – in Kombination mit einer lokalen Produkt-Community auf Instagram und einer Präsenz auf Google My Business.
- Ein Reisebüro für Seniorenreisen würde über die Optimierung der eigenen Webseite nach Usability- und SEO-Aspekten sowie Barrierefreiheit-Gesichtspunkten nachdenken, kombiniert mit einem wöchentlichen Reise-Newsletter, gezielten Facebook-Aktivitäten, einem YouTube-Kanal mit kurzen Reise-Schnipseln sowie einer Präsenz auf spezialisierten Senioren- und Silver-Surfer-Portalen wie platinnetz.de oder feierabend.de.

Die Vielfalt macht deutlich, wie sehr die zu wählenden Tools mit der zuvor festgelegten Strategie im Einklang stehen müssen. Ein gutes Beispiel aus dem B2B-Bereich sind die Online-Präsenzen des IT- und Finanzsoftware-Anbieters DATEV: Ob auf der Homepage, in den beiden zielgruppenspezifischen Online-Magazinen, auf dem Karriere-Blog, in der DATEV-Community, auf YouTube oder auf den sonstigen Social-Media-Präsenzen: Überall gelingt es dem Unternehmen, seine Inhalte genau auf die Zielgruppen zuzuschneiden und diese mit einem präzisen Angebot aus Tipps, News, Fachartikeln, Whitepapers zu informieren, zu binden und damit von der Unternehmensmarke zu überzeugen.

Zudem sollten Organisationen auf jedem Kommunikationskanal eine eigene Strategie verfolgen – immer ausgerichtet an der Art des Kanals sowie an den zu erreichenden Zielgruppen. Um solche Herausforderungen zu meistern, müssen die verschiedenen Disziplinen und Abteilungen eng zusammenarbeiten. Denn wenn Datenanalysen nicht von der

Kommunikationsabteilung genutzt werden oder die im Social Web geäußerten Verbesserungsvorschläge nie im Produktmarketing ankommen, dann verpuffen die Chancen digitaler Kundenkommunikation. Das heißt: Nur wenn die einzelnen Abteilungen bei der Content-Produktion eng zusammenrücken und ihre Ideen und Inhalte miteinander abstimmen, lässt sich eine nachhaltige wie flexible Content-Strategie erstellen.

TOOL-TIPP

Sichern Sie sich die relevanten Accounts
Selbst wenn Unternehmen und Institutionen niemals sofort alle Accounts bespielen können, wollen oder sollen: Sie sollten sich die für sie relevanten Accounts möglichst frühzeitig sichern. Schließlich wollen sie nicht, dass beispielsweise ein Konkurrent per Twitter, per Blog oder in einem sozialen Netzwerk unter einem Namen agiert, der dem der Organisation oder dem ihrer Hauptprodukte entspricht oder zumindest sehr nahe ist.
Als hilfreiches Tool für ein umfangreiches Account-Management ist KnowEm zu empfehlen. Nach Eingabe eines Begriffes oder eines Firmennamens wird sofort angezeigt, auf welchen der Netzwerke und Communitys der Account-Name bereits besetzt ist oder noch zur Verfügung steht und damit reserviert werden könnte.
Zum Tool: www.knowem.com

Content-Erfolgsfaktoren
Wie sollten Inhalte beschaffen sein, damit sie innerhalb einer Content-Strategie wahrgenommen werden? Welche zentralen Erfolgsaspekte spielen eine gewichtige Rolle und sollten besonders beachtet werden? Die folgenden Punkte greifen nochmals wesentliche Erfolgsfaktoren auf – als Anregungen für die eigene Arbeit wie zur Kontrolle.

1. Content mit Relevanz
Im heutigen Content-Überangebot haben nur Inhalte eine Chance, wahrgenommen zu werden, wenn sie wirklich relevant sind, wie der US-Amerikaner Brian Solis verdeutlicht: »Whether you pay to play or you invest in organic engagement, the intention behind each strategy must be the same. Be relevant.«[360]

Mit dem Zauberwort »Relevanz« ist damit Relevanz aus Sicht der Stakeholder gemeint, nicht aus Sicht der Organisation. Denn für den Stakeholder muss der Content relevant sein, einen Mehrwert bieten, ein aktuelles Bedürfnis befriedigen, ihn zum richtigen Zeitpunkt erreichen, und zwar genau dort, wo er sich gerade aufhält. Dazu muss der Inhalt aus der Masse herausstechen und seine Aufmerksamkeit sofort fesseln. Der Content muss ihm

360 https://bit.ly/dks_solis_facebookedgerank.

helfen, ein Problem zu lösen, dringende Fragen zu beantworten, neues Fachwissen oder ergänzende Informationen zu erhalten. Nur wenn er das Gefühl hat, dass sein Bedürfnis vom Unternehmen erkannt wird und er ernst genommen wird, lässt er sich überzeugen und binden – mittel- wie langfristig.

Relevanz wird damit zum zentralen und wichtigsten Content-Qualitätsfaktor. Fehlt dieser Faktor dagegen, werden selbst stark gepushte Beiträge weder Sichtbarkeit erhalten noch auf Interesse stoßen noch eine Chance auf eine virale Verbreitung haben. Relevanz ist damit die Kernvoraussetzung für Interaktion, für längere Verweildauer und für Reichweite. »Was zunächst kompliziert klingt«, macht die Beraterin Vivian Pein Mut, »ist bei näherer Betrachtung gar nicht so schwer zu erreichen – wenn Sie sich ausführlich mit Ihrer Zielgruppe beschäftigen.«[361]

2. Content für das Themensetting

Auf Basis des Content-Audits lassen sich Themen identifizieren, die die Organisation glaubwürdig besetzen kann und die weit über die pure Vermittlung der Kernbotschaften und der zentralen Unternehmensaussagen hinausgehen. Sie kann fachliches Wissen zu ihren Kernthemen vermitteln, spezielle Serviceangebote bieten oder Dialogsituationen kreieren – also eine wirkliche Themenstrategie entwickeln. Solch ein Themensetting kann der Organisation dazu verhelfen, in der Fülle der Informationen Sichtbarkeit zu erhalten. Denn wer Themen setzt und Positionen darlegt, bestimmt den Diskurs und schafft Präsenz; wer sich als Opinion Leader etabliert, gewinnt an Deutungskompetenz im Meinungsmarkt und verschafft sich kommunikative Wettbewerbsvorteile.

Es kommt daher darauf an, durch den Content-Audit Themen zu identifizieren, sie strategisch gezielt zu setzen, zur Diskussion zu stellen, weiterzuentwickeln – und dies in vielfältiger Form und unabhängig von Tools und Plattformen. Organisationen sollten sich über das Themensetting als Experten zeigen und zum kompetenten Sprachrohr eines Themas werden – ob über eine themenspezifische Microsite, ein glaubwürdiges Fach-Blog, eine gut vernetzte LinkedIn-Gruppe, einen regelmäßigen Podcast oder repräsentative Studien und Analysen zum Kerngebiet. Ein Beispiel dafür ist die bereits erwähnte Kampagne der Marke Dove, die mit ihren Videos das Thema »Wahre Schönheit« besetzte, um Frauen ein stärkeres Selbstbewusstsein zu vermitteln.

3. Content durch kreatives Storytelling

»Storytelling in der Kommunikation bedeutet, den internen und externen Bezugsgruppen Fakten über das Unternehmen gezielt, systematisch geplant und langfristig in Form von Geschichten zu erzählen. Hierzu erzählt das Unternehmen Geschichten über die Menschen«[362], heißt es bei Georg D. Adlmaier-Herbst. Storytelling kehrt das Innerste der

361 https://bit.ly/dks_monitoringmatcher_vivianpein.
362 Herbst, D. Georg (2014): Storytelling, Konstanz, S. 11.

Organisation nach außen und inszeniert es in Form von authentischen, glaubwürdigen, emotionalen Geschichten, um Informationen bei Bezugsgruppen verständlicher zu machen und langfristig haften zu lassen. Jedes Unternehmen verfügt über zahlreiche Geschichten. Nur müsse es an jedem Berührungspunkt eine emotionale Geschichte erzählen, erklärt Coca-Cola die Strategie des »User Empowerment« in den beiden bereits erwähnten Videos.[363]

Gleichzeitig kann Storytelling in digitalen Zeiten nur dann gelingen, »wenn es zur Interaktion motiviert, wenn es Schnittstellen zu den Geschichten in der Community liefert, wenn es Reaktionen hervorruft.«[364] Schließlich will das Unternehmen mit seinen Geschichten nicht nur emotionalisieren, sondern vielmehr Awareness erreichen und zu einer Aktion verführen – ob zu Website-Klicks, Newsletter-Abonnements, Online-Bewerbungen, Whitepaper- und App-Downloads, Produktkäufen oder zumindest zu relevantem Traffic. Folglich geht es im Storytelling um anschlussfähige Geschichten, die Leser anregen, sie binden, konkrete Aktionen auslösen, sie zum Handeln auffordern.

Ein wirksames Element ist die Personalisierung, wie die beiden Pharma-Kampagnen zum Thema Multiple Sklerose gezeigt haben. Gerade Non-Profit-Organisationen und Stiftungen setzen verstärkt auf Personalisierung, auf wahre menschliche Geschichten mit echten Akteuren. Dies ist ein Weg, um Spendern als zentralen Stakeholdern deutlich zu machen, wie sie mit den Spenden umgehen, welche Probleme sie mit den Geld- oder Sachleistungen lösen oder wem sie bereits geholfen haben. Ein Beispiel für emotionales und personalisiertes Storytelling ist die preisgekrönte Kampagne »Keys of Hope«[365] von Caritas International. Unter dem Kernsatz »Hinter jedem Schlüssel steht ein Mensch. Hinter jedem Menschen eine Geschichte.« werden zehn Geschichten von Geflüchteten erzählt, aus einer Flüchtlingsunterkunft des Malteser Hilfsdienstes in Hamburg und aus einem Flüchtlingscamp in Sid an der serbisch-kroatischen Grenze. Mit den persönlichen Geschichten versucht die Organisation, für Unterstützung von Menschen in Not zu werben.

LESE-TIPP

Storytelling

Wer sich mit dem Thema Storytelling beschäftigt, kommt an den Büchern von Petra Sammer kaum vorbei. Lesenswert ist ebenfalls das kostenlose E-Book von Kerstin Hoffmann. Unter dem Titel »Erfolgreiches Storytelling im B2B und in der produzierenden Industrie«[366] zeigt sie auf, wie sich Geschichten finden, aus Produkten Storys entwickeln und wie sich Zielgruppen gerade mit Geschichten im Social Web fesseln lassen.

---

363 Vgl. dazu https://bit.ly/dks_ishpc_cocacola2020.

364 Hoffmann (2019), S. 204.

365 http://www.keys-of-hope.org/.

366 https://bit.ly/dks_hoffmann_storytelling.

4. Content mit Weitererzählpotenzial

Wenn die Story kein Weitererzählpotenzial hat, wird sie sich nicht verbreiten. Gerade im digitalen Bereich kommt es folglich nicht nur darauf an, kreative Geschichten zu entwickeln, auf kleinere wie größere Zielgruppen zuzuschneiden und sie ihnen zu kommunizieren. Auch ist nicht allein eine aufregende und authentische Story mit spannender Dramaturgie und Resonanzpotenzial an sich eine Erfolgsgeschichte. Vielmehr muss sie das Potenzial bergen, dass sie weitererzählt wird, und zwar in einer Art und Weise, dass man das Engagement der Organisation zu spüren bekommt. Erst dann werden die Botschaften der Geschichte intensiv wahrgenommen und die Geschichte einerseits von den klassischen Medien als auch innerhalb von Netzwerken und Online-Plattformen weiterverbreitet. Dies gelingt insbesondere dann, wenn sich User aktivieren und in die Prozesse mit einbeziehen lassen und damit zu authentischen Beteiligten der Kommunikation, zu Influencern und Multiplikatoren werden.

Ein gutes Beispiel ist die Social-Media-Initiative gegen Rechts »unfollowme«[367]. Unterstützer konnten per Twitter, Facebook und Instagram unter dem Hashtag #unfollowme ihre Follower auffordern, sie bitte zu entfolgen, falls die Follower rechtes Gedankengut unterstützen. Diese Kampagne profitierte neben dem Engagement von Prominenten vor allem von der persönlichen Note durch die personalisierten Accounts der Beteiligten sowie den Multiplikatoren- und damit Weitererzähleffekten im Social Web.

5. Content mit Transparenz

Spätestens seit dem Siegeszug des Social Web müssen Unternehmen transparent, offen und authentisch agieren. Verdeckte Operationen, geschönte Beiträge, gefälschte Kommentare oder falsche Accounts werden in der Regel schnell entlarvt, führen im hoch vernetzten Social Web zu Shitstorms und können das Image eines Unternehmens nachhaltig beschädigen – in der Online- wie in der Offline-Welt. Solche Schäden sind oft nicht mehr wiedergutzumachen. Nutzer erwarten hinter Unternehmen echte Personen, mit denen sie wirklichen Kontakt aufnehmen und in einen vertrauensvollen Dialog treten können. Sie wünschen ebenso, dass die Organisation durch den Dialog aus Fehlern lernt, diese revidiert und ihre Lerneffekte offen und öffentlich kommuniziert. Unternehmen sollten daher in den Dialog treten, Kompetenz und Engagement zeigen, zu Fehlern stehen, transparent und authentisch agieren sowie ständig und überall zuhören.

6. Content mit Mut

Wenn abgesehen von der Corporate Website, von E-Mail, WhatsApp, Facebook, YouTube und Instagram noch immer viele Kommunikationskanäle nicht beim breiten Publikum angekommen sind, verdeutlicht dies die vorhandenen Chancen. Wer mit einer klaren Strategie und wertvollem, an Nutzerbedürfnissen orientiertem Content bewusst auf ein

367 https://www.unfollowme.org.

Corporate Blog oder eine eigene LinkedIn-Gruppe setzt, einen E-Mail-Newsletter mit fachlichem USP aufbaut, die Publikationschancen via LinkedIn Pulse ausprobiert oder aktives Themensetting per Online-Magazin, Wiki oder Podcast betreibt, ergreift die Möglichkeit, innerhalb der eigenen Branche eine hohe Sichtbarkeit als Vorreiter, Innovator und Themensetter zu erreichen. Organisationen sollten dies als Chance verstehen, bei ihren Zielgruppen positiv aufzufallen – stets in Abstimmung mit der eigenen Unternehmens- und Kommunikationsstrategie. Dazu benötigen sie den Mut, vorhandene Plattformen – ob zur visuellen Kommunikation, zur puren Unterhaltung oder zur direkten mobilen Ansprache – auszuprobieren und mit ihnen zu experimentieren. Solange sie von der Konkurrenz noch nicht stark besetzt sind, können sie sich zu einem Alleinstellungsmerkmal entwickeln, die der Kommunikation der eigenen Marke wiederum zugutekommt.

Die Frage nach dem Mut war auch ein Thema innerhalb der erwähnten Studie #STIFTUNGDIGITAL. Wo stehen Stiftungen kommunikativ im digitalen Zeitalter?[368] Dabei zeigte sich, dass sich einige Stiftungen an innovativen Projekten ausprobieren – ob Online-Magazine oder BarCamps, ob Podcasts oder Wikis. Diese Neugier sollten sich Organisationen bewahren. Denn damit machen sie sich mit den Chancen wie den Grenzen digitaler Kommunikation intensiver bekannt. Auch als Investition für die Zukunft.

Abb. 39: Mutige Stiftungen. Quelle: #STIFTUNGDIGITAL. Wo stehen Stiftungen kommunikativ im digitalen Zeitalter?[369]

7. Content mit Flexibilität

Der Reiz guten Contents macht auch die Flexibilität aus – und damit sind die Inhalte, die Formate, die Themenwahl gemeint. Jeder Kanal muss seinen eigenen Zweck erfüllen und

368 https://dominikruisinger.com/studie-stiftungdigital.

369 https://dominikruisinger.com/studie-stiftungdigital.

das gewählte Thema für die Zielgruppe individuell erzählen. Der Nutzer muss wissen, welche Informationen per Newsletter, im Servicebereich der Webseite, auf Facebook, im Blog, per Twitter, auf Instagram etc. erhältlich sind. Findet er dagegen über alle Kanäle dieselben Informationen, gibt es für ihn keinen Grund, ihnen zu folgen. Er geht dem Unternehmen als Dialogpartner und Multiplikator verloren.

Als ein gutes Prüfinstrument, um sofort erkennen zu können, ob die Organisation sich nicht auf ein Themenfeld zu sehr fokussiert, hat sich der sogenannte Content Cake erwiesen. Am Content Cake lässt sich planen und überprüfen, wo der Schwerpunkt in der Content-Planung und -Verbreitung liegen soll. Dabei ist der jeweilige prozentuale Anteil in dem in Abbildung 40 aufgeführten Content Cake rein willkürlich gewählt.

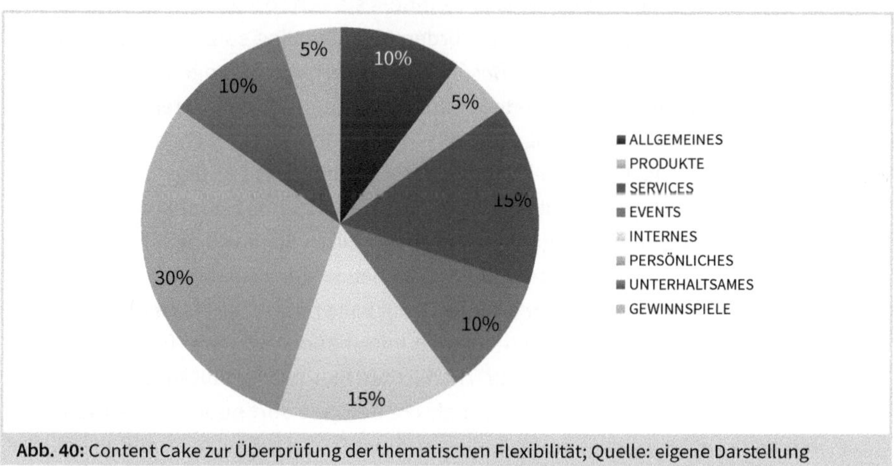

Abb. 40: Content Cake zur Überprüfung der thematischen Flexibilität; Quelle: eigene Darstellung

8. Content mit Kontinuität

Von Beginn an muss das Unternehmen oder die Institution für adäquaten Content sorgen, Gespräche führen, Nutzer motivieren und vor allem auf sie reagieren – und dies kontinuierlich, in positiven wie in negativen Situationen. Es ist hilfreich, Schritt für Schritt mit den gewählten Kommunikationskanälen zu starten und sie nach und nach mit Inhalten zu füllen. Schließlich will niemand auf Kanäle treffen, auf denen – unabhängig von der Plattform – bislang noch fast keine Inhalte zu finden sind. Eine Bindung ließe sich auf jeden Fall damit nicht erreichen. Vielmehr sollte das Unternehmen seine ersten Versuche starten, langsam Content aufbauen, erste Dialoge initiieren und andere Unternehmen beobachten, um so langsam als neues Mitglied in den gewählten Kanälen wahrgenommen zu werden. Erst wenn die ersten Kanäle professionell geführt sind und problemlos funktionieren, kann das Unternehmen die nächste digitale Plattform in ihre Innen- oder Außenkommunikation integrieren.

Beim Aufbau eines Corporate Blogs wäre beispielsweise die folgende Vorgehensweise zu wählen, nachdem das Blog technisch installiert ist:

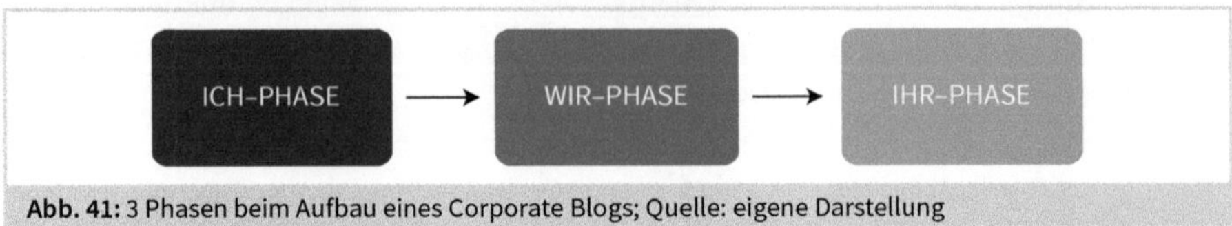

Abb. 41: 3 Phasen beim Aufbau eines Corporate Blogs; Quelle: eigene Darstellung

a. Die Ich-Phase: Der Blog-Redakteur schreibt mehrere Beiträge für das Blog. Schließlich sollen etwaige Besucher, die auf das Blog kommen, nicht den Eindruck haben, als sei hier noch nichts los. Vor allem könnten sie sich so kaum einen Eindruck von der Themensetzung machen. Sie würden also das Blog sofort wieder verlassen und kaum wiederkommen. Der Besucher wäre verloren gegangen.
b. Die Wir-Phase: Der Blog-Redakteur informiert innerhalb des Unternehmens über das Blog. Dies kann sowohl über das (Social) Intranet geschehen oder einen gemeinsamen Slack-Channel, als auch per E-Mail-Verteiler, über ein Schwarzes Brett, über die Hauspost, über eine interne Veranstaltung oder sonstige Online- wie Offline-Wege und Gelegenheiten. Auf der einen Seite will er vermeiden, dass Kollegen ohne Vorkenntnisse und Vorinformation ganz zufällig auf das Blog stoßen und verwirrt sind; auf der anderen Seite will er auf diese Weise unter den Kollegen Verbündete als Mitredakteure oder Informationszulieferer finden.
c. Die Ihr-Phase: Der Blog-Redakteur tritt mit dem Blog nach draußen. Im Unterschied zur ersten Phase sind jetzt bereits mehrere Beiträge dort publiziert worden – von ihm und von dazu gewonnenen Kollegen. Es ist Zeit, das Blog nach außen bekannt zu machen. Dies kann über Hinweise auf der Webseite, im E-Mail-Abbinder oder im E-Mail-Newsletter geschehen, über Hinweise auf den Social-Media-Kanälen, über Medienarbeit und Influencer- beziehungsweise Blogger-Kooperationen, über werbliche Aktivitäten sowie über Offline-Maßnahmen wie beispielsweise Hinweisen in Broschüren, bei Präsentationen oder auf Veranstaltungen.

Auch beim Step-by-Step-Eintritt müssen sich Unternehmen als ein einheitliches Gebilde darstellen, dessen Kommunikationspräsenzen nicht völlig divergierende Bilder zeichnen. Dies gilt selbst dann, wenn sich Unternehmen von ihrer bisherigen strikten One Voice Policy etwas gelöst haben. Für solch einen einheitlichen Kommunikationsstrang sollten die Kanäle eng miteinander vernetzt sein. Für diese Planung benötigen Unternehmen und Institutionen einen Redaktionsplan beziehungsweise einen Redaktionskalender, die im nächsten Unterkapitel Thema sind.

KURZ-INFO

Check des Content-Wertes
Es lohnt sich, regelmäßig den Wert und die Zielgenauigkeit des eigenen Contents bezogen auf die Stakeholder sowie die eigene strategische Vorgehensweise zu überprüfen und abzugleichen. Schließlich ist passender Content die Voraussetzung dafür, um Nutzer zu überzeugen und an die Organisation zu binden – kurz, mittel- und vor allem langfristig. Dabei helfen Kontrollfragen wie:

- Passen die Inhalte zum Unternehmen oder zur Institution und zur Strategie?
- Sind die Inhalte auf die Zielgruppenbedürfnisse zugeschnitten?
- Bietet der Content den Zielgruppen einen wirklichen Mehrwert?
- Setzt der Content auf journalistische Qualität und weniger auf werbliche Botschaften?
- Werden wirkliche Geschichten (Storytelling) in Text, Bild, Video erzählt?
- Welche Reaktion soll mit diesen Inhalten hervorgerufen werden?
- Lassen sich die Inhalte einfach teilen und in den eigenen Communitys verbreiten?

11.3.4 Content-Management

Beim Content-Management geht es um die finale Steuerung des Content-Prozesses, also um die Organisation und die Strukturen. Die Kernfragen in diesem Stadium heißen:

- Wo lassen sich Inhalte bündeln?
- Wie werden die Inhalte und Kanäle miteinander vernetzt?
- Wie lassen sich die Inhalte verbreiten?
- Welche Tools lassen sich dafür einsetzen?
- Über welche Kennzahlen erfolgt ein Controlling?

Die Content-Roadmap
Viele Unternehmen und Institutionen stehen vor der Frage, wie sie ihre digitale Kommunikation aufbauen und vor allem die existierenden Kanäle miteinander verbinden. Angesichts der Vielfalt möglicher Informations- und Dialogplattformen geht es um Effizienz und Mehrfachverwertung von Inhalten. So lassen sich Case Studys, Whitepapers und Fachartikel nicht nur auf der eigenen Webseite platzieren: Auf Dokumenten-Sharing-Plattformen wie SlideShare könnten die Präsentationen und die Reden die Reputation der Organisation und ihres Autors stärken, im Blog ließe sich parallel zu den Inhalten eine offene Diskussion initiieren, ein Fach-Newsletter würde eine spezielle Stakeholder-Gruppe individuell bedienen und eine Messenger-Broadcast-Liste via Notify, Threema oder Telegram weiteren Website-Traffic generieren. Selbst für Fachmedien – print wie online – könnten die Inhalte entsprechend aufbereitet von Interesse sein. Eine mögliche

Mehrfachverwertung sollte bereits bei der Erstellung der Inhalte bedacht werden, um sie einzelnen Kanälen zuzuordnen.

Abbildung 42 zeigt exemplarisch, wie dies erfolgen kann. Die Corporate Website steht in diesem Beispiel im Zentrum der Content-Verbreitung, als sogenannter Content-Hub. Von dort aus wird der Content zentral gesteuert, der sich im vorliegenden Beispiel auf die vier Unternehmensbereiche Markenkommunikation, Medienarbeit und Influencer Relations, Service und Support sowie Employer Branding fokussiert. Jedem der Bereiche sind wiederum Kommunikationskanäle zugeordnet, die für Verbreitung, Information, Dialog und Themensetting dienen. Gleichzeitig gibt es Instrumente an der Schnittstelle zwischen den Unternehmensbereichen – wie im Beispiel LinkedIn und Facebook –, über die Inhalte aus gleich mehreren Bereichen verbreitet werden.

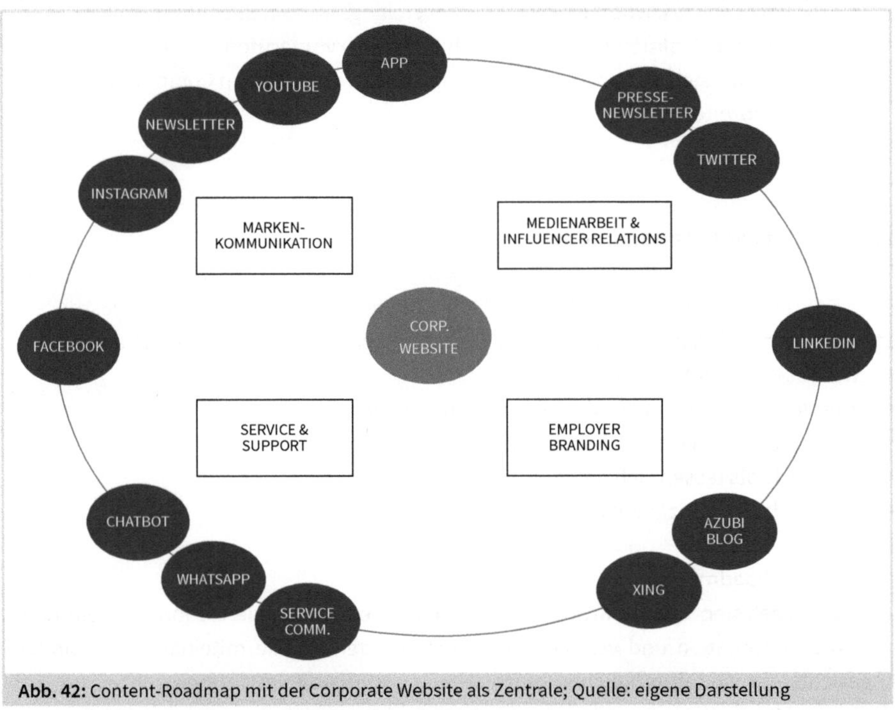

Abb. 42: Content-Roadmap mit der Corporate Website als Zentrale; Quelle: eigene Darstellung

Der Vorteil dieser Content-Roadmap: Sofort ist ersichtlich, über welche Kanäle ein Thema – jeweils passend zur Leitidee – kommuniziert wird, über wen die Influencer-Kommunikation aufgebaut wird und welche Instrumente die Mitarbeitersuche unterstützen. Übertragen auf eine reine Social-Media-Kommunikation hatte beispielsweise die Swisscom vor vielen Jahren unterschiedliche Bereiche – Branding, Kommunikation, Kundendienst, Media Relations, HR, Verkauf, Produktentwicklung – definiert und ihnen jeweils

Social-Media-Kanäle zugeordnet.[370] Dies schafft Vorteile gerade auch in der internen Kommunikation: Jeder Mitarbeiter eines Unternehmensbereiches weiß genau, welche Social-Media-Kanäle er mit zu bespielen hat. Er muss sich nicht in der Vielfalt der Plattformen verlaufen, sondern kann sich auf den einen oder die für ihn relevanten Kanäle fokussieren.

Warum ein Corporate Newsroom?

Einen weiteren Vernetzungsansatz spiegelt sich im Newsroom-Gedanken wider. In den vergangenen zehn Jahren haben viele Medienhäuser Newsrooms entwickelt, um von einem zentralen Newsdesk aus die Inhalte in den einzelnen Ressorts effektiver zu steuern. Mit dem journalistischen Newsroom als Blaupause haben immer mehr »klassische« Corporate Unternehmen[371] – wie die Deutsche Telekom, die DAK, Siemens, Porsche, Audi, Sanofi Aventis, DATEV, der Deutsche Sparkassen- und Giroverband, der WWF, der Bundesverband Deutscher Stiftungen – diesen Gedanken in die Unternehmenswirklichkeit und die -kommunikation übertragen. Sie stellen sich immer stärker wie Medienhäuser auf und »gestalten die Kommunikation immer personalisierter und datengetriebener, um jederzeit zum richtigen Zeitpunkt auf dem richtigen Kanal jede Zielgruppe mit dem richtigen Content erreichen zu können«[372], so DSGV-Kommunikationschef Christian Achilles in seinem Buchbeitrag.

Die Grundidee der Corporate Newsrooms: Eine Instanz führt unternehmensweit die Inhalte im Rahmen der Content-Strategie zusammen und steuert die Kommunikation nach innen wie nach außen. Gerade auch räumlich ist der Newsroom eine Steuerungseinheit, mit getrennten Verantwortlichkeiten für Themen wie für Kanäle. Abgesehen von einem Strategie-Team besteht ein Newsroom aus drei Hauptelementen: aus dem Chef vom Dienst zur Planung und Koordination im Zentrum, aus verantwortlichen Themenmanagern, die für einzelne Topics zuständig sind sowie aus verantwortlichen Medienmanagern, die sich um die Anpassung und Verbreitung der Inhalte innerhalb der bespielten Kanäle kümmern.[373] Dies setzt voraus, dass die Unternehmensbereiche intensiv miteinander zusammenarbeiten und Teams sich eng vernetzen.

Interne Aufbauarbeit

Viele Organisationen sehen in einem Newsroom vor allem ein Format, um aus einer eher passiven Pressestelle einen aktiven Publisher zu machen. Doch dies ist zu kurz gedacht.

370 In seiner Präsentation aus dem Jahre 2011 zeigte Patrick Moeschler skizzenhaft auf, wie der Social-Media-Bereich bei der Swisscom aufgebaut ist: https://bit.ly/dks_swisscom_newsroom.

371 Eine Liste an Corporate Newsrooms, welche die Agentur mediamoss selbst begleitet hat, ist hier zu sehen: https://bit.ly/dks_mediamoss_newsrooms; auch die Beraterin Marie-Christine Schindler stellt in ihrem Blog mehrere Newsroom-Projekte ausführlich vor: https://bit.ly/dks_mcschindler_newsroom.

372 Siehe S. 82.

373 Das Modell wird beispielhaft auf der Seite der Newsroom-Agentur mediamoss erklärt: https://bit.ly/dks_mediamoss_newsroommodell.

Schließlich betrifft die Umsetzung eines Newsrooms bei Weitem nicht nur die Kommunikationsabteilung. Ganz im Gegenteil: Die Installation eines Newsrooms reicht weit über die reine Kommunikation hinaus, wenn er etwas zum Wert und zur Weiterentwicklung der Organisation beitragen soll. Dies verdeutlicht die Weite solch einer Grundsatzentscheidung.

Jedoch kann sie nur dann zum Erfolg führen, wenn sie die volle Unterstützung der Geschäftsführung hat und gleichzeitig klar gegenüber den Mitarbeitern kommuniziert wird. Diese müssen von Beginn an genau in die Planungen eines Newsrooms eingebunden sein, handelt es sich beim Aufbau und bei der Installation um ein großes, unternehmensinternes Change-Projekt, schildert Christian Buggisch seine Erfahrungen mit dem DATEV-Newsroom.[374] Es sei daher wichtig, sich nicht nur mit Theorie und Praxis des Newsrooms auseinanderzusetzen. Vielmehr müssten die Mitarbeiter von Anfang an mitgenommen werden: »So einen Newsroom einzuführen, ist nicht nur fachliche Arbeit, sondern vor allem auch Führungsarbeit. Sonst hat man irgendwann einen Newsroom, aber keine Mitarbeiter, die hinter dem Modell stehen.«

LESE-TIPP

Der Newsroom

Mit *Der Newsroom in der Unternehmenskommunikation* hat der Newsroom-Experte Christoph Moss einen Band herausgegeben, der sich intensiv mit diesem Thema der internen wie externen Unternehmenskommunikation auseinandersetzt – sowohl in Medienhäusern als auch in Unternehmen. Anhand unterschiedlicher Beispiele zeigt er auf, wie solche Konzepte in der Praxis umgesetzt werden und welche Chancen Organisationen für sich daraus ziehen können.

Moss, Christoph (2016): Der Newsroom in der Unternehmenskommunikation, Heidelberg.

Inhalte sichtbar vernetzen

Das Beispiel Newsroom weist darauf hin, wie eng einzelne Kommunikationskanäle innerhalb einer Content-Strategie vernetzt sein müssen. Wer beispielsweise seine Social-Media-Kanäle nicht direkt auf seiner Homepage verlinkt oder in seinen Kommunikationsmaßnahmen – online wie offline – nicht auf das neue Online-Magazin, die nagelneue App oder das Messenger-Angebot hinweist, wird kaum Besucher finden oder bestehende binden. Wer nicht offensiv und sofort erkenntlich auf seinen E-Mail-Newsletter und dessen Vorzüge verweist und vergangene Newsletter als ersten Voreindruck aufzeigt[375], wird

374 Ein längeres Gespräch mit Christian Buggisch über den DATEV-Newsroom lässt sich hier nachlesen; https://bit.ly/dks_mcschindler_newsroomdatev.

375 Vorbildlich hat die Deutsche Telekom Stiftung oder das Reiseland Niedersachsen den Prozess der Anmeldung inkl. Einblick in die aktuelle Ausgabe gelöst; https://www.telekom-stiftung.de/newsletter; https://www.reiseland-niedersachsen.de/informationen/newsletter.

kaum viele Abonnenten erwarten können. Wer seinen neuen Messenger-Service oder den Chat-Service auf seiner Webseite nicht prominent ankündigt, wird kaum Dialogpartner finden. Auch die crossmediale Vernetzung – die Integration eines Newsletter-Abos in die Facebook-Seite, ein Verweis in Printmaterialien auf die Social-Media-Aktivitäten, ein Hinweis von Twitter auf neue Blog-Beiträge, die Verweise im Shop auf eigene Pinterest-Aktivitäten – zählen zu einer modernen vernetzten Kommunikation im digitalen Zeitalter.

Doch benötigen Unternehmen und Institutionen dazu nicht eine Art kommunikativen Hub, der die einzelnen Aktivitäten in den digitalen und vor allem sozialen Medien bündelt und nach außen sichtbar macht? Verbunden mit der Frage: Müssten in Zeiten vernetzter digitaler Kommunikation Organisationen ihren Content neben Medienvertretern nicht auch Influencern einfach zur Verfügung stellen, um deren Bedarf nach schnell zugänglichen und stets verfügbaren Informationen zu decken?

Auf dem Weg zum Social Media Newsroom?

Auf solche Fragen lässt sich bis heute keine abschließende Antwort geben. In den vergangenen gut zehn Jahren haben auch in Deutschland viele Organisationen einen sogenannten Social Media Newsroom[376] eingeführt. Dieser bündelt die bestehenden Social-Media-Kanäle auf einer einzigen Plattform – als Informations- wie als Dialogangebot. Der Aufbau dieser interaktiven Plattform ist die Reaktion darauf, dass sich Nutzer immer stärker selbst die für sie relevanten Informationen erschließen, stark vernetzte Informationen sich deutlich schneller als herkömmliche Inhalte verbreiten und Influencer und Multiplikatoren online-adäquat angesprochen werden müssen.

Bereits 2007 hatte Todd Defren von der US-amerikanischen Agentur Shift Communication ein erstes Template für einen Social Media Newsroom entwickelt und es frei zum Download bereitgestellt[377]. Seine Vorlage (s. Abb. 43) macht deutlich: Auf einen Blick bietet der Social Media Newsroom allen Online-Bezugsgruppen – Medienvertretern, Multiplikatoren, Mitarbeitern, weiteren Stakeholdern, einfachen Nutzern – eine umfassende, multimediale Informations-, Recherche- und Dialogquelle.

376 Ausführlich wird das Thema Social Media Newsroom behandelt in Ruisinger (2011), S. 97 ff.; Ruisinger, Dominik: Online-Pressebereich und Social Media Newsroom: Konzeption und Praxis, in: Zerfaß/Pleil (2016), S. 235 ff.; Ruisinger, Dominik: Der Social Media Newsroom als kommunikativer Hub, in: Moss (2016), S. 109 ff.

377 Über diesen Link lässt sich die Vorlage herunterladen: http://www.shiftcomm.com/downloads/smnewsroom_template.pdf.

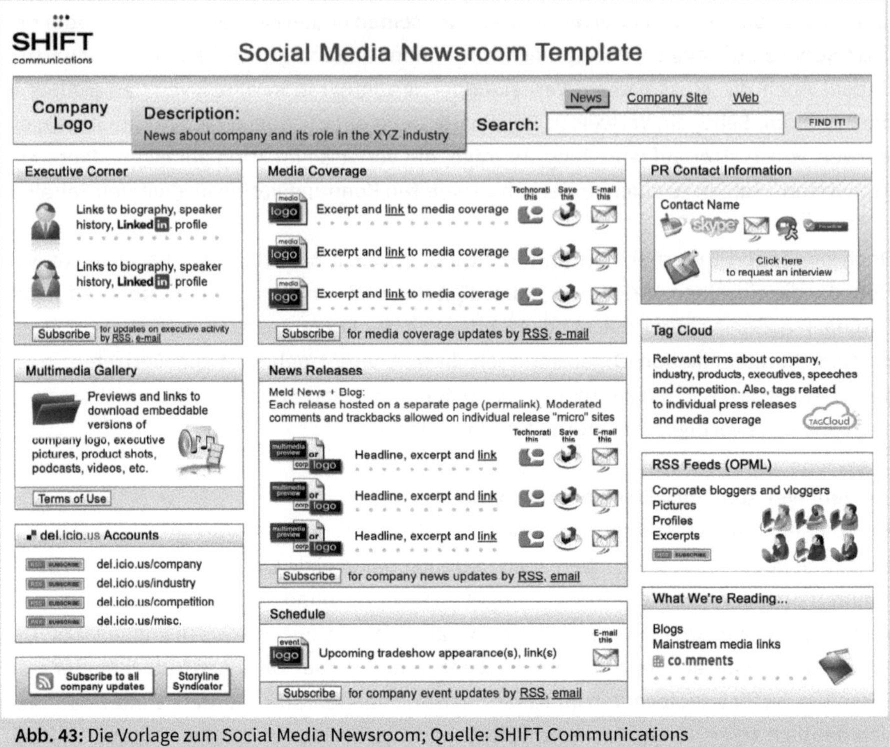

Abb. 43: Die Vorlage zum Social Media Newsroom; Quelle: SHIFT Communications

Bündelung von Informationen für diverse Stakeholder

Der Grundgedanke des Social Media Newsrooms: Auf einer gesonderten Seite werden die Inhalte aus allen Social-Media-Plattformen – neben den klassischen Medienaktivitäten – gebündelt und komprimiert dargestellt. User können sich schnell einen Überblick über alle kommunikativen Aktivitäten der Organisationen verschaffen, ohne sich durch die einzelnen Plattformen klicken zu müssen. Dabei aggregiert der Newsroom automatisch die Inhalte aus den Social-Media-Kanälen zentral auf einer einzigen Oberfläche, während die Diskussionen und Dialoge weiterhin innerhalb der einzelnen Plattformen stattfinden.

Der Social Media Newsroom ist ein Symbol für den kommunikativen Ansatz, klassische Werkzeuge der Online-PR im Social Web Zeitalter weiterzuentwickeln – zum gemeinsamen, multimedialen und interaktiven Hub für Journalisten, für Influencer sowie für jeden an der Organisation interessierten Nutzer. Künftig können sich diese in kürzester Zeit einen ersten Eindruck verschaffen, auf welchen Kanälen eine Organisation aktiv ist und welche Themen sie setzt und Storys dort spielt. Die Implementierung von Social Media Newsrooms – also die Weiterentwicklung des klassischen Online-Pressebereichs zur multimedialen und interaktiven Dialogplattform unter Berücksichtigung der Social-Media-Plattformen – ist damit eine Reaktion auf die veränderten Informationsflüsse, um die hohe Vernetzung von Inhalten zu fördern und die Auffindbarkeit im Netz zu erhöhen.

Die Kür nach der Pflicht

Abgesehen von dem ursprünglichen Template von SHIFT Communications gibt es keine festgelegte Vorlage für einen Newsroom. Stattdessen hängt die Flexibilität allein von dem verwendeten beziehungsweise angepassten Template ab. Wer beispielsweise seine Content-Seite auf Basis des Content-Management-Systems WordPress führt, kann mittels der Social Stream PlugIns von Design Chemicals[378] (kostenlos) oder von Juicer[379] (teils kostenpflichtig) die Inhalte zahlreicher Social-Media-Kanäle auf einer einzigen Oberfläche komprimiert darstellen. Auch Anbieter wie Netvibes[380] und Mynewsdesk[381] bieten teils kostenlose, teils kostenpflichtige Lösungen an, um einen eigenen Newsroom aufzubauen.

Als Übersicht bietet der Newsroom den gesamten digitalen Content des Unternehmens oder der Institution dar. Dies bedeutet im Umkehrschluss, dass er nur dann ein aktuelles Bild der Organisation vermitteln und als Kommunikationszentrale funktionieren kann, wenn die Kanäle regelmäßig mit Inhalten gefüllt werden. Ansonsten trägt dieser Hub das nicht Image fördernde Bild einer Organisation nach außen, die nicht – regelmäßig – kommuniziert beziehungsweise nichts zu kommunizieren hat. Die Einrichtung eines Newsrooms ist somit als eine erweiterte Stufe für Organisationen zu verstehen, die einerseits über einen professionellen Online-Pressebereich verfügen und diesen regelmäßig mit Pressemitteilungen und Bildmaterial, mit aktuellen News, Daten und Fakten pflegen, die andererseits Social-Media-Kanäle aufgebaut haben und diese kontinuierlich mit Inhalten füllen.

Gleichzeitig sorgt der Begriff »Social Media Newsroom« immer wieder für Verwirrung. Einerseits wird darunter die reine Vernetzung der Social-Media-Plattformen[382] verstanden; andere sehen darin eine integrierte Lösung aus erweitertem Online-Pressebereich in Kombination mit den eigenen Social-Media-Kanälen. Beispielsweise entwickelten unter anderen Audi Deutschland[383] oder die R+V Versicherungsgruppe[384] durchaus trendsetzende Social Media Newsrooms, um genau die beiden Kernzielgruppen – klassische Journalisten sowie Social-Media-Multiplikatoren – zielgenau zu erreichen.

378 https://bit.ly/dks_designchemical_wordpress_smnplugin.

379 Wie sich die eigene Webseite mit Social-Media-Content aus den eigenen Kanälen anreichern lässt, wird hier beschrieben: https://bit.ly/dks_basicthinking_juicer.

380 https://www.netvibes.com.

381 https://www.mynewsdesk.com.

382 Beispiele sind der Social Media Newsroom der Stadt Frankfurt am Main; http://www.smnr-frankfurt.de; der Newsroom der Deutschen Stiftung Weltbevölkerung https://www.dsw.org, der Newsroom von Bayer https://www.bayer.de/de/social-media-room.aspx oder der Newsroom der Deutschen Bank https://www.db.com/newsroom/de/social-media.htm.

383 Vgl. https://www.audi-mediacenter.com.

384 https://www.ruv-newsroom.de.

Bis heute lässt sich konstatieren, dass sich der Gedanke eines Social Media Newsrooms nur sehr begrenzt durchgesetzt hat beziehungsweise dass Unternehmen und Institutionen wie Otto, die Deutsche Post DHL, die Initiative Chemie im Dialog oder das Softwareunternehmen Sage ihn bereits wieder abgeschafft haben.

KURZ-INFO

Check der Content-Vernetzung
Folgende Fragen sollten sich Organisationen stellen, um die Verbreitungschancen ihres Contents besser bewerten zu können:

- Haben wir einen Content-Hub als Zentrum unserer Aktivitäten?
- Über welche Kanäle wird der Hub regelmäßig gespeist?
- Werden die einzelnen Kanäle kontinuierlich bespielt?
- Wird ein Newsroom-Konzept verfolgt?
- Sind organisatorische Newsroom-Strukturen geschaffen worden?
- Steht die Unternehmensleitung positiv zum Newsroom-Gedanken?
- Werden die Mitarbeiter in den Newsroom-Prozess sorgfältig einbezogen?

Notwendige Content-Werkzeuge
Für ein sauberes und gut geplantes Content-Management müssen in jeder Organisation klare Arbeitsabläufe und Verantwortlichkeiten bestimmt sein. Dazu ist grundlegendes Handwerkszeug notwendig. Angesichts der immer weiter steigenden Anzahl an Kanälen, Beteiligten und Inhalten spielen Themen- und Redaktionspläne eine zentrale Rolle. Sie legen im Detail fest, wer wann welche Aufgaben zu erledigen hat. Für den weiteren Erfolg ist die Reihenfolge entscheidend: Zuerst ist im Themenplan der Content festzulegen, bevor ein Redaktionsplan die zeitliche und personelle Spezifizierung der Themen und Inhalte regelt. Diese beiden Werkzeuge werden zusammen mit weiteren Tools für Redaktion, Kollaboration und Produktivität in den folgenden Absätzen vorgestellt.

1. Der Themenplan
Alle gesetzten Themen richten sich immer am eigenen Fachgebiet, den strategischen Zielen und den Bedürfnissen der Zielgruppen aus, das heißt, was diese konkret benötigen. Für die einfache Strukturierung der Inhalte erweist sich die frühzeitige Installation eines Themenplans als hilfreich. Er bildet die Grundlage für die Content-Erstellung und die spätere redaktionelle Arbeit. Über ihn erhält die Organisation schnell einen detaillierten Überblick, welche Inhalte bereits vorhanden und welche noch zu erstellen sind. Innerhalb eines Themenplans lassen sich die folgenden inhaltlichen Rubriken berücksichtigen:

- In eigener Sache: Unternehmens-News, Geschäftsentwicklung, Produkte, Personalien, Kooperationen, Interviews, Reden;
- Brancheninformationen: Trendanalysen, Marktstudien, Best-Practice-Beispiele, sonstige Marktentwicklungen;

- Service: Ratgeber, Tipps, Umfragen, Case Studys, FAQ-Bereich, How-to-do-Videos, Veranstaltungen, Messen, Jubiläen, interaktive Serviceangebote;
- Publikationen: Broschüren, Flyer, Pressemitteilungen, Vorträge, Präsentationen, Eigenstudien, Whitepapers, ePapers, interaktive Online-Magazine, Podcasts, Unternehmens-, Behind-the-Scenes-, Lehr-Videos;
- Sonstiges: Gastbeiträge, Experten-Interviews, Gewinnspiele, Community-Themen etc.

Im Themenplan sind zusätzlich die wichtigsten Ereignisse wie Jubiläen, Messen, Konferenzen, BarCamps, Meetings und sonstige Veranstaltungen im Geschäftsjahr einzutragen, die das Unternehmen oder die Institution besonders berücksichtigen muss. Durch den Vermerk hat die Organisation die zentralen Termine im Vorfeld im Blick und kann entsprechend planen. Neben den Inhalten sollten die Ziele, die mit dem Content verbunden sind, sowie die Unternehmensbereiche und Ansprechpartner festgelegt sein, die für die Themen die inhaltliche Verantwortung übernehmen. Als Basis für einen späteren Redaktionsplan bietet es sich an, bereits in diesem Plan die unterschiedlichen redaktionellen Formate – Pressemitteilung, Gastbeitrag, Infografik, Whitepaper, Studie, Interview, Blog-Post, How-to-do-Video, Story etc. – und die dazu adäquaten Plattformen festzulegen, über die der Content kommuniziert werden soll.

Gleichzeitig ist ein Themenplan immer als ein »Work in Progress« zu verstehen, betont die Schweizer PR-Beraterin Marie-Christine Schindler: »Ein Themenplan ist eine mittel- bis langfristige Angelegenheit. Er legt Schwerpunkte. Er lässt es zu, dass Ideen deponiert werden können. Er macht es möglich, Fundstücke aus dem Internet als Bookmarks zu hinterlegen. Im Themenplan lassen sich erste kleine Ideen in gemischten Teams auf einer gemeinsamen Plattform schrittweise weiterentwickeln und ausbauen.«[385] Kein Themenplan ist also für die Ewigkeit, vielmehr muss er flexibel bleiben. Ihn gilt es in regelmäßigen Abständen zu überprüfen und anzupassen – an neue Themen, Kooperationen, Publikationen, an wichtige Entwicklungen innerhalb der Organisation und der Branche oder an veränderte Erwartungen und Wünsche bei den Zielgruppen.

2. Der Redaktionsplan

Spätestens wenn über unterschiedliche Plattformen vielfältige Inhalte publiziert werden, ist ein Redaktionsplan dringend notwendig. Dieser hilft bei der zeitlichen Koordination des Contents. Er legt konkrete Zeiten, Inhalte, Formate, Verantwortlichkeiten fest, um Inhalte besser abstimmen und zielgerichteter umsetzen zu können. In ihm ist fixiert, wann welche Beiträge erscheinen, in welchem redaktionellen Format (Bericht, Reportage, Studie, Interview, Tipps, How-to-do-Video, Infografik, Audio-Beitrag, Social Media Story etc.) sie publiziert werden, welche Disziplin (Public Relations, Marketing, Digitales,

385 https://bit.ly/dks_medium_mcschindler_themenplan.

Human Resources, Geschäftsführung etc.) das Thema verantwortet, wer für die einzelnen Arbeitsschritte zuständig ist, wie der aktuelle Stand ist und über welche Kanäle die Inhalte verbreitet werden.

Aufbauend auf den Themenplan berücksichtigt er damit nicht nur die Themen, die gespielt werden sollen, sondern legt ebenso die Instrumente fest, über die sie kommuniziert und verbreitet werden. Er zeigt also nicht nur, wer was wann und wie produziert, sondern auch wer was über welchen Kanal distribuiert beziehungsweise wer mit welchen Inhalten mit welcher Community auf welcher Plattform in Dialog tritt. Schließlich benötigt jede Content-Strategie eine Distributionsstrategie, damit die eigenen Inhalte von anderen, möglicherweise über Influencer oder eigene Markenbotschafter verbreitet und somit noch stärker sichtbar werden.

Damit wird deutlich, dass ein Redaktionsplan – gerade in Kombination mit dem Themenplan – gleich mehrere Aufgaben und Vorteile in sich vereint:
- genauer Überblick über den aktuellen Verlauf der Content-Projekte;
- Einblick in den Status von Projekten;
- bessere Beurteilung der Fortschritte innerhalb der Projekte;
- saubere Abstimmung der Inhalte über die einzelnen Kanäle hinweg;
- Anregungen zur kontinuierlichen Weiterentwicklung des Plans;
- klare Regelungen der Verantwortlichkeiten;
- Überblick über die bereits festgelegten Kanäle zur Verbreitung;
- vereinfachte Ressourcenplanung, da Schwerpunkte sofort ersichtlich sind.

Für ein effektives Content-Management ist ein Redaktionsplan beispielsweise in die folgenden Rubriken gegliedert:

Rubriken	Inhalte
Inhalt	• Termin der Veröffentlichung • Thema der Publikation • Kurzbeschreibung • Formate • Zusatzinformationen wie Links Bild/Video/Infografik • Keywords und Tags • Content-Ziele samt Messziele
Zuständigkeit	• Verfasser • federführende Abteilung • eingebundene Abteilungen/Personen • Personen für Check der Ergebnisse (4-Augen-Prinzip) • Personen für Freigabeprozess • verantwortliche Person für Veröffentlichung

Rubriken	Inhalte
Verbreitung	• Corporate Website • Intranet • digitales Mitarbeitermagazin • digitales Kundenmagazin • Microsite • Pressemitteilung • E-Mail-Marketing • Messenger-Dienste • Foren und Plattformen • Corporate Blog • Podcast • Twitter • Social Networks • Business Networks • visuelle Netzwerke • Video-Plattformen • Social-Sharing-Plattformen
Seeding	• Kooperationen • Video Seeding • Influencer-Kommunikation • werbliche Aktivitäten • sonstige Platzierungen
Terminierung	• Deadline bis wann Material vorliegen muss • (Bearbeitungs-)Status • Freigaberunde • Fertigstellung • Anmerkungen

Auch solch ein Plan ist keineswegs in Stein gemeißelt. Zudem lässt sich ein Engagement niemals in allen Einzelheiten voraus- und durchplanen. Vielmehr muss ein Redaktionsplan lebendig und agil bleiben: Er muss ständig angepasst, von vielen Beteiligten aktiv eingesetzt und als zentrales Koordinationsinstrument verstanden werden. Jeder involvierte Mitarbeiter muss verstehen, dass der Redaktionsplan zwar die aus Organisationssicht relevanten Top-Themen setzt, er selbst aber stets eigene Ideen und Themen einbringen kann. Zur Unterstützung der Transparenz und für ein vereinfachtes Handling sollte der Redaktionsplan im Intranet oder auf einer internen Kollaborationsplattform bereitgestellt werden, auf denen alle Beteiligte – zumindest die direkt und indirekt involvierten Personen – immerfort Zugriff haben.

LINK-TIPP

Redaktionsplan als Download

- Das Wissensportal Onlinemarketing-Praxis hat sieben Muster als Vorlage verlinkt, die sich kostenlos herunterladen lassen. Selbst wenn viele als Social-Media-Redaktionsplan ausgewiesen sind, so lassen sie sich individuell den eigenen Bedürfnissen anpassen. Nicht vorhandene Kanäle können aus dem Muster gelöscht und weitere digitale und nicht-digitale Content-Kanäle wie E-Mail-Newsletter, Pressemitteilung, Mailings etc. hinzugefügt werden: https://bit.ly/dks_ompraxis_redaktionsplanvorlagen
- Mit dem Projektmanagement-Tool Trello (www.trello.com) lassen sich hervorragende und extrem flexible Pläne zur Organisation der redaktionellen Arbeit erstellen. Der Vorteil: Da das webbasierte und in seinen Grundfunktionen kostenlose Tool auf allen Plattformen verfügbar ist, hat das involvierte Team ständig Zugriff – ob per Browser-Version oder per Smartphone-App. Wie das genau funktioniert, zeigt diese Anleitung: https://bit.ly/dks_hubspot_trello.
- Wer mit dem Content-Marketing-Management-Tool Scompler arbeitet (s. Tool-Tipp), findet einen übersichtlichen Redaktionsplan in das Tool als festen Bestandteil integriert: https://www.scompler.com

3. Weitere Tools für Redaktion, Kollaboration und Produktivität

Neben Redaktions- und Themenplan gibt es zahlreiche weitere Instrumente, die für ein effektives Content-Management eingesetzt werden beziehungsweise die das optimale Management von vorhandenen Inhalten unterstützen. Bedingt durch den begrenzten Platz im Buch sowie den extrem schnellen Veränderungen innerhalb der Branche kann hier nur eine kleine, alphabetisch geordnete Auswahl aufgeführt werden, ohne die Garantie, dass alle Tools langfristig existieren.

- **Buffer** (buffer.com): gezielte Publikation von Inhalten in die Social-Media-Profile zu optimalen Zeiten auf Basis des Aktivitätsgrads von Fans und Followern oder nach eigens definierten Zeiten pro Kanal; weitere Analyse- und Posting-Optionen in der kostenpflichtigen Version;
- **Franz** (franz.com) und **Rambox** (rambox.pro): gratis Messaging-Apps, die Chat-Tools und Messenger Services wie WhatsApp, Facebook Messenger, Telegram, Skype, Slack, Gmail und viele weitere in einem einzigen Programm vereinen, damit den Überblick erleichtern und die eigene Produktivität steigern;
- **Hootsuite** (hootsuite.com): Content-Management-Tool für die gezielte, koordinierte und zeitlich terminierte Verbreitung von Inhalten in die Social-Media-Plattformen inklusive Monitoring- und Analyseoptionen; weitere Analyse-, Content- und Kollaborationsoptionen in der kostenpflichtigen Version;

- **IFTTT** (ifttt.com): beliebtes, kostenloses Profi-Tool für die individuelle Verknüpfung von Webanwendungen. So erlaubt es der »If This Then That«-Dienst, Hunderte von Diensten und Hardware über das Internet zu verknüpfen und erspart somit viel Zeit;
- **Remember the Milk** (rememberthemilk.com): hilfreiche Gratis-App zur Verwaltung von Aufgaben und Terminen mittels digitaler To-do-Listen sowie zusätzlich addierter Tags und Notizen;
- **SharePoint** (sharepoint.com): System von Microsoft zur gemeinsamen Verwaltung von Inhalten und Daten sowie zur Abstimmung von Terminen und Inhalten innerhalb der Organisation;
- **Slack** (slack.com): webbasierter Instant-Messaging-Dienst, um die Kommunikation innerhalb von Unternehmen effizienter zu machen. Im Unterschied zu Yammer fokussiert sich Slack auf die teambasierte Kommunikation. Besonderheit: Alle Nachrichten werden in Volltext indexiert und sind jederzeit durchsuchbar;
- **Yammer** (yammer.com): privates soziales Netzwerk für Unternehmen und Institutionen für die enge Kollaboration und den kontinuierlichen Austausch von und zwischen Mitarbeitern und Teams.

TOOL-TIPP

Scompler für die Content-Planung
Eines der zentralen Tools für strategisches Content-Marketing heißt Scompler. Das von Mirko Lange entwickelte Planungsinstrument für ein Content-Marketing-Management unterstützt Unternehmen und Institutionen dabei, Content zu erstellen und analog zu ihrer Strategie zu verbreiten.
Mittels Scompler lässt sich der gesamte strategische Prozess des Content-Marketings abbilden: Es unterstützt von der Strategie und der Themenplanung über die Content-Planung und -Produktion bis hin zur Distribution und Erfolgskontrolle. Schrittweise führt das Tool durch die eingebundenen Themen- und Redaktionspläne bis zum fertigen Produktionsplan. Zudem lassen sich individuelle Redaktions- und Content-Management-Systeme sowie Social-Media-Accounts anbinden. Für die erstmalige Beschäftigung mit dem Tool stellt Scompler eine kostenlose Einsteigerversion gerade für Blogger, Redakteure und sonstige Einzelkämpfer zur Verfügung.
Zum Tool: https:// www.scompler.com

Die Content-Kontrolle
Die Inhalte sind produziert und zeitlich sauber ausgespielt. Doch haben sich die Storys auch erfolgreich verbreitet? Jede Content-Strategie benötigt eine kontinuierliche Evaluation, um den Verlauf stets im Blick zu haben, Erfolge messen und bei Misserfolgen nachsteuern zu können. Dazu zählen:

- **Nutzeranalyse:** Wie haben sich die Besucherzahlen, die Zahl der aufgerufenen Seiten, die Verweildauer auf der eigenen Webseite entwickelt, die Zahl der Downloads und Bestellungen? Wie stark wird die neue Chat-Funktion auf der Seite genutzt?
- **Abonnentenzahlen:** Wie hat sich die Zahl der Abonnenten des Newsletters, Blogs oder YouTube-Kanals entwickelt? Wie die Download-Zahlen der App? Wie die Fan-Zahlen auf der Facebook-Seite, dem Twitter-Account, der Instagram- oder TikTok-Präsenz?
- **Dialogintensität:** Wie hat sich die Kommentarintensität beispielsweise in den sozialen Netzwerken oder in Branchen-Foren entwickelt? Wie viele Beiträge gab es über die initiierten Produktthemen? Wie stark haben sich die eigenen Beiträge in der relevanten Fach-Community verbreitet? Gab es dadurch neue Kontakte?
- **Suchvolumen:** Wie steht es um die eigene Sichtbarkeit bei den wichtigen Keywords? Ist – im Vergleich zur Konkurrenz – das eigene Unternehmen heute besser gerankt und positioniert und damit einfacher zu finden?
- **Conversion:** Wie stark haben die digitalen Aktivitäten dazu beigetragen, die Unternehmensziele zu erreichen? In welchem Maße haben sie auf sie eingezahlt? Haben sie beispielsweise zu mehr Produktkäufen, höheren Download-Zahlen von Informationsbroschüren oder zu qualitativ besseren Bewerbungen geführt?

Diese Fragen können nur dann beantwortet werden, wenn bereits bei den Zielen (s. Kapitel 8) klare KPIs definiert wurden, mit denen die Ergebnisse final verglichen werden können. Auf Controlling und Monitoring wird noch ausführlicher im folgenden Kapitel 12 eingegangen.

»Auch wenn du keine Ahnung von Autos und der Automobilindustrie hast: Das Stück hier solltest du gelesen haben.« Über das Daimler-Magazin als Bestandteil der Content-Strategie

Ein Gespräch mit Uwe Knaus und Sven Sattler

Jede digitale Kommunikationsstrategie beginnt bekanntlich immer mit einer Analyse. Also eine Analyse über Stärken und Schwächen, Chancen und Risiken. Beginnen wir dieses Gespräch genauso und fragen erst einmal nach der Ausgangssituation, bevor wir uns der Content-Strategie widmen.

Die Ist-Analyse

Dominik Ruisinger: Also: Am 7. November wurde das viel gelobte Daimler-Blog beerdigt und das neue Daimler-Magazin für Mobilität und Gesellschaft aus der Taufe gehoben. Auch wenn schon viel dazu publiziert wurde: Wie kam es zu diesem Schwenk?

Sven Sattler: Schwenk hört sich so an, als sei die Entscheidung urplötzlich gefallen. So war's aber nicht. Wir haben uns das reiflich überlegt. Ein Ausgangspunkt war sicher, dass viele Themen, die uns als Unternehmen betreffen, komplexer werden.

Es wird immer schwieriger, diese in einer Form darzustellen, die man von einem Blog erwartet: aus der Perspektive nur eines Menschen, der über sein Tagesgeschäft schreibt. Wenn man ein Thema in seiner ganzen Komplexität würdigen möchte, ist das zu wenig. Darum haben wir ein neues Format geschaffen – eines, in dem mehrere Menschen im selben Text zu Wort kommen, verschiedene Perspektive beleuchten und Argumente abwägen.

Uwe Knaus: Nach zwölf Jahren Corporate Blogging war im Frühjahr 2019 der richtige Zeitpunkt, um zu hinterfragen, ob ein »Tagebuch« noch das passende Konzept ist, uns in neuer Unternehmensstruktur bei der Öffentlichkeitsarbeit zu unterstützen. Das Daimler-Blog bot eine breite Themenvielfalt, aus Sicht eines direkt mit dem jeweiligen Thema vertrauten Mitarbeiters geschrieben – und das möglichst authentisch im Tagebuchstil. Durch die Umstrukturierung mit drei eigenständigen Töchtern fokussiert sich die Kommunikation der Daimler AG nicht mehr so sehr auf Produktthemen und B2C-Kommunikation. Da war ein neues Konzept gefragt.

Dominik Ruisinger: Mit dem Daimler-Blog wollten sie – so Uwe Knaus in der ersten Auflage dieses Buches – dem »Medienwandel aktiv begegnen«. Auf welche Entwicklung in der Kommunikationslandschaft soll jetzt das Online-Magazin reagieren?

Uwe Knaus: Saubere Innenstädte, Feinstaubdebatte, alternative Antriebe oder nachhaltige und individuelle Mobilitätskonzepte – all das sind Themen, die unsere Gesellschaft umtreiben. Die Umbrüche sind größer als je zuvor, und die Digitalisierung treibt diesen Wandel in einer Geschwindigkeit, die wir bislang nicht kannten. Gerade großen Unternehmen wird bei diesen gesellschaftlichen Veränderungen eine nicht ganz unwichtige Rolle zugeschrieben. Sie sind gefragt, auch zu Themen außerhalb ihres Produktportfolios Stellung zu beziehen. Eine glaubwürdige und transparente Haltung zu gesellschaftlichen Themen kann Orientierung für bestimmte Zielgruppen schaffen, gerade auch für die professionell Interessierten wie beispielsweise Aktionäre, Investoren, Verbände oder Geschäftspartner.

Sven Sattler: Es gibt zu viele Themen, die uns als Unternehmen unmittelbar oder zumindest mittelbar betreffen, und Boden/Raum für eine breite gesellschaftliche Debatte bieten. Mit dem Online-Magazin haben wir eine weitere Möglichkeit, an dieser Debatte teilzunehmen und auch komplexe Themen abzubilden.

Dominik Ruisinger: Die Begriffe Blog und Online-Magazin verschwimmen in den letzten Jahren immer stärker. Der Tagebuchcharakter hat in vielen Unternehmen ausgedient, die Professionalisierung zugelegt. Zudem haben viele ihr Blog bewusst in Online-, Web- oder Corporate Magazin umgetauft, beispielsweise weil ihre Zielgruppe nichts mit dem Begriff Blog anfangen kann. Warum kann man auf das neue Online-Magazin nicht einfach »New Blog« darüberschreiben?

Uwe Knaus: Das hätte man natürlich tun können, allerdings bin ich ein Verfechter, Dinge nach deren Inhalt zu benennen. Wenn Blog draufsteht, sollte auch Blog drin sein. Gleiches gilt natürlich auch für ein Magazin. Wir hatten mit dem Daimler-Blog tatsächlich ein Tagebuch, das diesem Namen alle Ehre gemacht hat. Mitarbeiter schrieben aus der Ich-Perspektive über ihren Arbeitsalltag, was auch zwölf Jahre lang sehr gut funktioniert hat. Jetzt haben wir uns neu ausgerichtet und machen das auch mit dem Namen deutlich.

Sven Sattler: Interessant ist aber, dass das Magazin aus einer Arbeitsgruppe heraus entstanden ist, deren ursprüngliches Ziel es war, das Blog weiterzuentwickeln. Ich bin froh, dass wir uns für den radikalen Schritt und Schnitt entschieden haben. Denn ich stimme Uwe zu: Es wäre das falsche Signal gewesen, das Blog so umzubiegen, dass sein ursprünglicher Charakter nicht mehr erkennbar gewesen wäre.

Über Ziele und Zielgruppen

Dominik Ruisinger: Jedes Instrument innerhalb einer Kommunikationsstrategie hat klare Ziele und Zielgruppen. Das Blog war sowohl ein Instrument der Medienarbeit als auch der internen Kommunikation. Welche genauen Ziele und konkreten Zielgruppen haben Sie für das Magazin definiert?

Uwe Knaus: Mit dem Magazin wollen wir in erster Linie eine professionell interessierte Leserschaft über gesellschaftlich, technologisch oder strategisch relevante Themen informieren. Dazu zählen Bewerber, Analysten, Verbände aber natürlich auch unsere knapp 300.000 Kollegen und deren Umfeld. Insofern wirkt das Magazin auch nach innen.

Sven Sattler: Mit unseren Titelgeschichten bringen wir uns in die gesellschaftlichen Debatten ein. Wir geben unseren Lesern einen Einblick, wie Daimler tickt und erklären, warum Daimler wie zu welchem Thema steht und stoßen vielleicht auch einen Diskurs an.

Dominik Ruisinger: Haben Sie dazu bestimmte Kennziffern oder eine Art ROI definiert, anhand derer über Erfolg, Durchschnitt oder Misserfolg eines Beitrages beurteilt werden kann?

Uwe Knaus: Einen ROI für Kommunikationsmaßnahmen zu berechnen, halte ich generell für ein schwieriges Unterfangen. Eine sinnvolle betriebswirtschaftliche Betrachtung sollte aber für jede Kommunikationsmaßnahme gelten. Wir wollen natürlich wissen, was kommt beim Leser an. Bei den Kennziffern ziehen wir auch Messwerte abseits von Page Impressions oder Unique Visitors, wie beispielsweise Scrolltiefe oder Verweildauer zur Erfolgsmessung hinzu. Die Kommentarfrequenz und die Tonalität werden zunehmend wichtigere Kennzahlen, genauso wie die Nennungen in Publikationen oder Benchmarks. Wir denken ebenfalls darüber nach, wie wir messen können, inwiefern unsere Themen an anderer Stelle aufgegriffen wurden oder sogar bestenfalls einen Diskurs ausgelöst haben.

Die Positionierung des Magazins

Dominik Ruisinger: Im Blog haben Sie immer den Begriff der Authentizität und der Glaubwürdigkeit hochgehalten. Darum auch die Mitarbeiter als Autoren. Auch für das neue Format sollen, so heißt es im Abschieds-Post, Authentizität und Glaubwürdigkeit »weiterhin wichtige Erfolgsfaktoren bleiben«[386]. Wie soll dies denn konkret gelingen?

Sven Sattler: Ich bin der Meinung, dass Authentizität nichts ist, was die Darstellungsform Blog-Artikel exklusiv hat. Im Gegenteil, eine gut gemachte Reportage kann sogar authentischer sein als ein Beitrag aus der Ich-Perspektive: Denn dem Reporter fallen im Gespräch womöglich interessante Aspekte auf, die der Gesprächspartner vielleicht als selbstverständlich oder nebensächlich empfindet – oder die der berühmten Schere im Kopf zum Opfer gefallen wären, wenn der Gesprächspartner seine Gedanken selbst zu Papier gebracht hätte.

Apropos Content-Strategie

Dominik Ruisinger: Gerade nach solch einem Schwenk von einem bekannten Blog auf ein eher klassisches Online-Magazin ist die Erwartung an ein Unternehmen wie Daimler hoch. Für ein gutes Content-Marketing werden hochwertige und aktuelle Inhalte benötigt. Wie gehen Sie an die Themensuche und an die Themenumsetzung heran?

Sven Sattler: Wir haben das Glück, dass wir in einem unglaublich vielseitigen Unternehmen arbeiten – mit vielen unterschiedlichen Produkten, vielen unterschiedlichen Tätigkeitsbereichen und, am wichtigsten, vielen unterschiedlichen Menschen. Aus diesem Fundus lässt sich eine Menge lesenswerter Geschichten erzählen. Die Themen ergeben sich aber auch aus der gesellschaftlichen Debatte. Wenn beispielsweise über Sinn und Unsinn der Formel E debattiert wird, ist es natürlich naheliegend, dass wir das Thema und unsere Perspektive dazu auch im Magazin aufgreifen.

Dominik Ruisinger: Als Herzstück des neuen Magazins bezeichnete Sven handwerklich gut gemachte Lesegeschichten: »Reportagen mit Tiefgang, lesenswerte Portraits oder Stücke, die einen komplexen Sachverhalt erklären.«[387] Sie sollen alle zwei Wochen erscheinen und Themen von gesellschaftlicher Relevanz sein. Und dies in einem magazinigeren Stil. Was heißt dies denn konkret? Denn gute Geschichten und schöne Bilder gab es ja schon früher …

386 https://bit.ly/dks_daimler_blogrip.
387 https://bit.ly/dks_upload_daimlerblog.

Sven Sattler: Stimmt. Gute Geschichten sind so alt wie die Menschheit. Genau das ist ja das Argument für das Magazin als Unternehmensmedium jenseits von klassischer PR: Wir stellen unsere unterschiedlichen Perspektiven auf ein Thema in einer Form dar, die man gerne lesen möchte – vielleicht sogar dann, wenn man sonst gar nicht so viel mit Autos oder der Automobilindustrie zu tun hat. Und genau das meinen wir mit gesellschaftlicher Relevanz. Ein Beispiel: Eine unserer ersten Titelgeschichten[388] stellte die Frage, wie sich die Region Stuttgart durch die Transformation zur Elektromobilität verändern wird. Das interessiert auch Menschen, die keinen Mercedes fahren.

Dominik Ruisinger: Wenn man gesellschaftliche Themen setzen will, werden Diskussionen deutlich emotionaler ablaufen. Solche Dialoge sollen ins Intranet und auf LinkedIn verlagert werden. Bei Themen wie Dieselverbote, Fridays for Future, alternative Mobilitätslösungen etc.: Wie ist die Redaktion auf kontroverse Diskussionen vorbereitet, Stichwort Community-Management?

Uwe Knaus: Wir wollen zur Diskussion anregen. Das ist für uns aber kein neues Thema. Wir hatten in den letzten zwölf Jahren auf dem Daimler-Blog zahlreiche »heiße« Themen, die dort bereits sehr emotional und kontrovers diskutiert wurden. Ich erinnere mich an Beiträge zur Arbeitszeitverkürzung aufgrund der allgemeinen wirtschaftlichen Lage, an Posts über Babypausen oder zu unserem Engagement beim Christopher Street Day. Insofern werden wir wohl wenige Überraschungen erleben. Unser Community Management findet heute sogar noch mehr auf Augenhöhe statt, da wir sowohl im Intranet als auch auf LinkedIn wissen, mit wem wir reden.

Content-Management

Dominik Ruisinger: Während das Mitarbeiter-Blog von schreibenden Kollegen und dem Blog-Chef als Koordinator bestimmt war, liegt das Magazin in den Händen einer professionellen Redaktion. Wie arbeitet diese Redaktion konkret und wie kommt sie an ihre Themen?

Sven Sattler: Die Themenfindung funktioniert im Prinzip so, wie man sie von einer klassischen Redaktion kennt. Mal haben wir als Autoren selbst die Idee und recherchieren, wer interessante Gesprächspartner sein könnten. Mal kommen Kolleginnen und Kollegen aus anderen Bereichen mit Themenvorschlägen auf uns zu. Und mal inspirieren uns politische oder gesellschaftliche Entwicklungen, die mehr oder weniger unmittelbar mit Daimler zusammenhängen. Auch das weitere Vorgehen entspricht dem einer klassischen Redaktion: Wir diskutieren in unserer wöchentlichen Konferenz die W-Fragen: Welche Themen sehen wir für unser Magazin? Wann ist der

388 https://bit.ly/dks_daimler_autoland.

richtige Zeitpunkt für die Veröffentlichung? Mit wem müssen wir sprechen, damit aus der Themenidee eine gute, gehaltvolle Geschichte wird? Wie illustrieren wir die Story? Und, natürlich: Wer ist der Autor, der sich um Recherche und die Texte/das Schreiben kümmert?

Dominik Ruisinger: Jedes Instrument muss immer in die gesamte Kommunikation eingebettet werden. Wie erfolgt dies mit dem Online-Magazin? Werden die Beiträge zusätzlich über digitale aber auch analoge Kommunikationskanäle gepusht?

Uwe Knaus: Bei der Einbettung in die Gesamtkommunikation ändert sich erstmal nichts im Vergleich zum Daimler-Blog: Das Magazin ist ein weiteres und wertvolles Instrument in unserem Gesamtorchester. Die Beiträge werden natürlich über unsere Social-Kanäle distribuiert und können zusätzlich über einen Newsletter abonniert werden. LinkedIn spielt dabei eine zentrale Rolle, auf unserem Daimler-Account führen wir hier den Dialog mit unserer externen Zielgruppe. Zudem stehen unsere Titelgeschichten als Audioversionen bei den großen Podcatchern von Spotify, Apple oder Google zur Verfügung.

Ein Ausblick

Dominik Ruisinger: Das Daimler-Blog galt als eines der Vorzeige-Blogs in Deutschland. Auch bei mir tauchte es in Workshops und Coachings immer wieder als Best Case auf. Warum sollte auch das Daimler-Magazin bald als Positivbeispiel aufgenommen werden?

Uwe Knaus: Wir sind aktuell noch in den Anfängen. Aber das wünschen wir uns natürlich und denken, dass wir diesbezüglich auch sehr gut unterwegs sind. Mit dem Daimler-Magazin wollen wir dem Unternehmen ein ganz unverwechselbares Gesicht geben und den Dialog auf Augenhöhe, den wir mit dem Daimler-Blog 2007 gestartet haben, weiter fortsetzen. Dass das ein Erfolgskonzept sein kann, haben wir mit dem Blog gezeigt.

Sven Sattler: Erfolgsrezept auch deshalb, weil wir damit einen exklusiven Blick in das Unternehmen hinein ermöglichen und erklären, was dieses Unternehmen warum tut. Und zwar in einer authentischen Sprache und mit ansprechenden Formaten, wie man sie im ersten Moment vielleicht nicht unbedingt von einem Unternehmensmedium erwarten würde.

Dominik Ruisinger: Ich weiß selbst aus meinen Coachings, wie schwer es ist, in der digitalen Kommunikationslandschaft nach vorne zu blicken. Aber das Blog gab es zwölf Jahre. Wenn Sie also wieder zwölf Jahre nach vorne blicken. Und: »If you would have a dream«: Wo würde das Magazin dann stehen?

Uwe Knaus: Auch das Daimler-Blog hat sich im Laufe seiner 12-jährigen Geschichte gewandelt und sich den notwendigen kommunikativen Anforderungen angepasst oder diese beispielsweise mit der Sprachausgabe sogar mitgestaltet. Deshalb habe ich kein fixes Bild vor Augen. Das Daimler-Magazin ist die konsequente Fortführung unserer »Kommunikation auf Augenhöhe«. Insofern wünsche ich mir, dass das Daimler-Magazin im Laufe der Zeit ebenfalls immer wieder Zeichen setzt und auch nach zwölf Jahren noch ein Aushängeschild unseres Unternehmens ist.

Sven Sattler: Egal ob in einem oder in zwölf Jahren: Ich würde mir wünschen, dass es in naher und ferner Zukunft Menschen gibt, die einen Text in unserem Magazin so gut finden, dass sie ihn mit Freunden teilen – vielleicht sogar versehen mit dem Kommentar: »Auch wenn du keine Ahnung von Autos und der Automobilindustrie hast – das Stück hier solltest du gelesen haben.«

Herzlichen Dank an beide für das spannende Gespräch!

12 Evaluation: Wie können wir Erfolge auswerten?

12.1 Warum ein Monitoring?

»It takes 20 years to build a reputation and five minutes to ruin it. If you think about that, you'll do things differently«. Der berühmte Ausspruch des Börsen-Gurus Warren Buffett lässt sich gut auf Organisationen in der digitalen Welt übertragen. Schließlich nehmen sie mit der Präsenz auf einer Kommunikationsplattform aktiv am Markt teil. Von diesem Moment an stehen sie vor der wichtigen Aufgabe, die Diskussionen zu begleiten, die Stakeholder über sie führen. Sie analysieren und bewerten Meinungen und steuern bei Bedarf nach. Sie horchen in den Markt hinein, teilen selbst Inhalte mit, hören Nutzern zu, entwickeln daraufhin eigene Dialogangebote und beteiligen sich selbst an Konversationen.

Genau auf dieses intensive Zuhören kommt es an. Doch um Austausch, Dialoge und deren Auswirkung auf die eigene Reputation überprüfen zu können, ist frühzeitig ein strategisches Monitoring notwendig. Dieses liefert detaillierte Einblicke, welche Themen die Zielgruppen wirklich interessieren. Organisationen lernen zu verstehen, was Kunden, Mitarbeiter, Zulieferer, Vertriebspartner, Medien, Multiplikatoren und potenzielle Zielgruppen denken und sich wünschen. Insbesondere für die Früherkennung spielt das Monitoring eine gewichtige Rolle. Organisationen können kritische Themen rechtzeitig erkennen und auf sie zeitnah reagieren, um das Ausmaß einer aufkommenden Krise so klein wie möglich zu halten. Sie können einschätzen, was die Stakeholder von Produkten und Unternehmensentwicklungen halten, welche Probleme bereits schwelen, wie neue Branchentrends und Unternehmensentwicklungen beurteilt werden, wie die Konkurrenz wahrgenommen wird und welche Fragen und Herausforderungen auf sie zukommen könnten.

Dazu reichen konventionelle Medien-Clippings schon lange nicht mehr aus. Äußerungen im Internet, in Online-Medien, im Social Web wie auch in Foren, in Communitys, in Verbraucherportalen und auf Bewertungsplattformen müssen systematisch in die Beobachtung einbezogen werden, um schnell zu erfahren, wie die eigene Organisation, ihre Wettbewerber und die Branche gesehen werden. Kommunikationsexperten müssen daran interessiert sein, viel mehr über die aktuelle Wahrnehmung durch ihre Nutzer zu erfahren – und dies in Echtzeit. Und dafür müssen sie intensiv zuhören, wie der Professor und Bestsellerautor Keith Quesenberry betont: »Yet listening is an important skill that is a key to social media success.«[389]

389 Quesenberry (2018), S. 63.

Gewachsener Datenstand im Social Web

Insbesondere Medienwandel, fortschreitende Digitalisierung, das Social Web mit seinen Instrumenten und aktiven Kommunikatoren – von einfachen Nutzern über aktive Prosumer bis hin zu mächtigen Influencern – haben die Prozesse erheblich beschleunigt. Sie stellen Monitoring wie Controlling vor neue Herausforderungen: Auf der einen Seite wächst die Zahl der Medien, Plattformen und Tools beständig. Mit jedem neuen Instrument fallen neue Messgrößen an, die es zu verarbeiten, einzuschätzen und in den eigenen Fokus zu integrieren gilt. Aus ihnen müssen belastbare Rückschlüsse auf die aktuellen Ergebnisse des Handelns, immer in Bezug auf die eingeschlagene Strategie, ermittelt werden. Somit lässt sich Erfolgsmessung als eine Ansammlung an wirklich belastbaren Rückschlüssen bezeichnen. Nicht nur dieser Entwicklung muss sich ein Monitoring anpassen, um verlässliche Daten für die Steuerung der Kommunikation liefern zu können.

Auf der anderen Seite liefern genau solche Daten detaillierte Hinweise, um den Kommunikationserfolg nachvollziehbar zu machen. Im Vergleich zu klassischen Instrumenten lassen sich in der digitalen Welt die Auswirkungen von Maßnahmen deutlich schneller erfassen, sodass Einschätzungen und Optimierungen auf realen Zahlen basieren. Folgen lassen sich aus den Zahlen und Fakten direkt ablesen, messen und bewerten. Das kann jedoch nur dann gelingen, sofern gleich zu Beginn Key-Performance-Indikatoren (KPI) festgelegt wurden, auf die sich ein Monitoring wiederum beziehen kann.

Dies macht gleichzeitig die große Verantwortung bei der Evaluation deutlich: Verantwortliche müssen sich mit unterschiedlichen Medien, Instrumenten und Tools zur Erfassung von Daten auseinandersetzen. Sie müssen die wirklich relevanten Kennzahlen herausfiltern, ohne in der endlosen Vielfalt an Daten den Überblick verlieren. Sie müssen häufig Ziele und Messgrößen neu anpassen, um auf aktuelle Entwicklungen zu reagieren. Hinzu kommt, dass ein Monitoring – im Vergleich zur Ist-Analyse – beständig die Prozesse begleitet. Regelmäßig muss die Kommunikationsstrategie mit den Ergebnissen abgeglichen werden, auch weil sich die Rahmenbedingungen und Trends dramatisch schnell verändern. Dies geht einher mit einem hohen Bedarf an Ressourcen personeller und zeitlicher aber auch technischer Art.

Zentrale Fragen für ein Monitoring

Das Monitoring darf sich niemals auf die eigene Organisation mit ihren Produkten, Services, Projekten und Personen beschränken. Für einen wirklichen Einblick muss ebenso die Konkurrenz einem Vergleich unterzogen werden. Und erst die zusätzliche Untersuchung der Branche hilft final, die Erwartungen der Stakeholder an die Branche und damit an das eigene Unternehmen wirklich zu erkennen und darauf reagieren zu können. Insgesamt gibt ein kontinuierliches Monitoring Antwort auf folgende Fragen:

Bezüglich der eigenen Organisation:
- Wie werden die Organisation und ihre Marken wahrgenommen?
- Wie wird auf aktuelle Kampagnen, Initiativen, Projekte reagiert?
- Wie nimmt der Markt das eigene Themensetting wahr?
- Welche Themen und Inhalte kommen wie gut bei den Zielgruppen an?
- Welche Stimmung herrscht bezüglich der eigenen Marke?
- Wie berichten Medien und Multiplikatoren über die Organisation?
- Wer sind die relevanten Influencer und Markenbotschafter?
- In welchen Kanälen wird besonders intensiv über uns berichtet?
- Welche kritischen Beiträge beziehungsweise Kritiker gibt es?
- Welche Konflikte und Krisen kommen auf die Organisation zu?
- Welche Begriffe werden am häufigsten mit der Organisation in Verbindung gebracht?
- Welche neuen Mitbewerber oder Themen lassen sich beobachten?

Bezüglich der Konkurrenz:
- Wie verhalten sich die Mitbewerber?
- Wie regelmäßig und strategisch kommunizieren sie?
- Welche Themen (be)setzen sie beziehungsweise greifen sie auf?
- Wie werden sie, ihre Produkte, Angebote und Kampagnen wahrgenommen?
- Wie werden sie im Vergleich zur eigenen Organisation eingeschätzt?
- Wie hoch ist der Anteil der Beiträge über die Mitbewerber im Vergleich zur eigenen Marke?

Bezüglich der Branche:
- Welche Wünsche und Erwartungen an die Branche sind zu erkennen?
- Welche neuen Branchenentwicklungen gibt es?
- Welche Trends und aktuelle Themen werden intensiv diskutiert?
- Gibt es Anregungen für neue Produkte oder Dienstleistungen?
- Welches sind die für die Branche wichtigen Multiplikatoren?
- Was denken die Meinungsführer über die Entwicklung der Branche?

Diese unvollständige Aufzählung – viele dieser Fragen wurden bereits bei der Ist-Analyse behandelt – macht deutlich, warum sich die Installation eines strategischen Monitorings als effektives Meinungs- und Marktforschungsinstrument lohnt. Es zeigt schnell und präzise auf, wie Nutzer wirklich über die Organisation und ihre Produkte im Netz sprechen und hilft dabei, Trends und Stimmungen zu beobachten, die Wirkung von Kampagnen zu beurteilen, die Aktivitäten der Mitbewerber zu analysieren, Kundenbedürfnisse frühzeitig zu erkennen, potenzielle Kunden und Partner aufzuspüren und Fans, Gegner, Influencer wie neue Mitarbeiter zu identifizieren. Die Ergebnisse können wiederum direkt in verbesserte Produkte und neue Services einfließen.

KURZ-INFO

Analytics vs. Monitoring

Bei jedem Controlling ist zwischen Analytics und Monitoring zu unterscheiden. Im Kern bedeutet Analytics die Erhebung und Beurteilung der Daten über die eigenen Kommunikationskanäle sowie die damit direkt verbundenen Aktivitäten. Das können klar ablesbare Bewertungspunkte, Abonnentenzahlen, Website-Verweildauer, Download-Raten, Shares- und Interaktions-Raten sein. Beim Monitoring werden dagegen Informationen, Aussagen und Gespräche zu definierten Themen im Internet erfasst, also Texte in Foren und Blogs, Medienberichte, Kommentare auf Social-Media- und Social-Sharing-Plattformen. Handelt es sich bei Analytics oft um strukturierte Daten, liegen beim Monitoring die Daten meist unstrukturiert vor und müssen individuell aufbereitet werden.[390] Bezogen auf ein Social-Media-Monitoring lassen sich die Aufgabenbereiche wie folgt unterscheiden:

Abb. 44: Im Überblick: Web Analytics, Social Media Analytics und Social Media Monitoring; Quelle: eigene Darstellung

- **Web Analytics**: Analyse der eigenen Webseite: Besucherzahlen, Besucherbindung, Verweildauer, Ausstiegsseiten etc.; zudem Messung der Auswirkung von digitalen Kommunikationsmaßnahmen auf die eigene Webseite, die Microsite, den Web-Shop oder das Corporate Blog; typische Analyse-Instrumente dafür sind Google Analytics, etracker, Matomo oder aber auch SEO-Tools;[391]
- **Social Media Analytics**: Betrachtung, Erhebung und Auswertung strukturierter, quantitativer Leistungsdaten eigener und fremder Social-Media-Kanäle; Metriken sind beispielsweise die Zahl der eigenen Fans und Follower, die Reichweite der eigenen Accounts, die Anzahl an Interaktionen zu eigenen Postings; die Daten bieten die Social-Media-Plattformen in der Regel selbst (Facebook Insights, Twitter Analytics, Instagram Insights, YouTube Analytics etc.); neben den nativen Funktionen heißen bekannte

390 Im Kapitel 1.2 seines Buches »Analysiere das Web!« geht Stefan Evertz ausführlich auf die Unterschiede ein – erweitert um die Punkte Social-Media-Publishing und Social-Media-Engagement, vgl. Evertz (2018).

391 Einen Überblick über weitere Anbieter erhält man hier: https://bit.ly/dks_mmatcher_webanalytics.

plattformunabhängige Analyse-Tools Socialbakers, Quintly oder Fanpage Karma;[392]

- **Social Media Monitoring:** Durchsuchung, Identifizierung, Beobachtung und Analyse von öffentlich verfügbaren, nutzergenerierten Textinhalten, Fotos und Videos, Markenerwähnungen, thematischen Gesprächen, Meinungsbildnern etc. im Social Web und in Online-Medien anhand vordefinierter Themen, Keywords und Keyword-Kombinationen; Metriken sind Anzahl, Reichweite und Qualität von Erwähnungen oder Share of Voice; das heißt, ähnlich einer klassischen Medienbeobachtung werden Inhalte quantitativ wie qualitativ analysiert; prominente Anbieter in diesem Bereich sind unter anderen Brandwatch, Meltwater, Talkwalker, ubermetrics und VICO.[393]

Notwendiges Pflichtprogramm

Gerade in digitalen Zeiten kommt dem kontinuierlichen Monitoring eine zentrale Funktion zu, die eigene Reputation im Netz zu beobachten, zu analysieren und Rückschlüsse für das weitere Vorgehen zu ermöglichen. Es ist Voraussetzung für ein erfolgreiches Issues Management. Rechtzeitig können Organisationen auf aktuelle Themen reagieren oder selbst relevante Punkte auf die Agenda setzen. Ohne ein Monitoring verpassen sie dagegen die Chance, die Erkenntnisse in ihre Kommunikationsarbeit einfließen zu lassen. Anders ausgedrückt: Ist die Präsenz auf den unterschiedlichsten digitalen Kommunikationsplattformen die Kür, sollte für die meisten Unternehmen und Institutionen ein unablässiges Monitoring zum Pflichtprogramm gehören, wobei der Umfang von der jeweiligen Größe, den Themen und der individuellen Situation abhängt.

Trotz dieser Chancen spielt das Monitoring bei vielen noch eine eher untergeordnete Rolle. Sie haben zwar die Bedeutung verstanden und es teilweise sogar installiert; jedoch ist die Zahl derer gering, die sich intensiv und regelmäßig mit den Ergebnissen beschäftigen, die gewonnenen Daten systematisch auswerten und daraus – ganz wichtig – Rückschlüsse aus den vergangenen Aktivitäten für die künftige Entwicklung ziehen. So heißt es beispielsweise in der Studie »Social Media und Community Management in Deutschland« des Bundesverbandes Community Management: »Organisation haben jetzt mehrheitlich eine Strategie. Nur wenig können ihre Effekte messen.«[394] Oft ist es sogar zu beobachten, dass sie ein detailliertes Monitoring installiert haben, jedoch die Analyse der Ergebnisse vernachlässigen, was meist mit fehlenden Ressourcen oder unzureichender Kompetenz erklärt wird. Ohne diesen Analyseschritt, den Lernprozess, das Erkennen und Umsetzen von Konsequenzen verpuffen aber die nachhaltigen Vorteile eines Monitorings wirkungslos.

392 Eine Liste von Social-Media-Analytics-Anbietern ist hier zu finden: https://bit.ly/mmatcher_socialmedianalytics.

393 Weitere Social-Media-Monitoring-Anbieter lassen sich hier recherchieren: https://bit.ly/dks_mmatcher_socialmediamonitoring.

394 Vgl. https://www.bvcm.org/bvcm-studie-2018.

Was heißt erfolgreich?
Apropos wirkungslos: Jede Organisation sollte sich bewusst sein, dass ein Monitoring nicht mit der Installation eines Dashboards oder eines einmaligen, monatlichen oder vierteljährlichen Reports abgeschlossen ist, ganz im Gegenteil: Die meisten Ressourcen werden für die regelmäßige Auswertung der Kennzahlen, die Überprüfung auf ihre Plausibilität, den Vergleich mit früheren Zahlen, die Aufbereitung als Summary, die interne Diskussion der Entwicklung und die Umsetzung der Ergebnisse benötigt. Entscheidend ist es, dass regelmäßig aus den Kennzahlen die richtigen Schlussfolgerungen gezogen werden. Dies verdeutlicht, welch hoher Zeitaufwand mit der Beobachtung und Auswertung verbunden ist.

Ganz wichtig: Organisationen müssen die Aussagen nach Relevanz gewichten, um daraus sinnvolle strategische Entscheidungen ableiten zu können. Zwar lässt sich ein signifikanter Teil aller Äußerungen über eine eigene Listening-Infrastruktur abbilden. Fraglich ist allerdings, welche Aspekte letztendlich entscheidend sind, das heißt: Welche Zahlen sind relevant? Welche können belegen, ob eine Kampagne erfolgreich war? Sind es die Page Impressions und die Verweildauer auf der Corporate Website, auf dem Blog oder der Microsite? Die Download-Zahlen bei Apps? Die Aufrufe bei YouTube? Die Anzahl der E-Mail-Abonnenten oder der Instagram-Kommentare? Die Zahl der Fans und Follower, Likes, Shares und Comments bei Facebook oder doch zusätzlich die Interaktionsraten? Zudem fallen mit jedem neuen Kommunikationskanal weitere Daten und Größen an, die verarbeitet werden müssen.

Jeder muss wissen, dass bei der digitalen Kommunikation die alleinige quantitative Reichweite nur begrenzt Aufschluss über Erfolg oder Misserfolg gibt. Es geht also weniger um reine Zahlen oder Kontakte, als vielmehr über aktive, animierte Konsumenten als Multiplikatoren von Inhalten. Involvieren ersetzt also das bisherige Rezipieren. Gerade im Social Web können wenige Hundert aktive Fans in einer LinkedIn-Gruppe als Multiplier und Markenbotschafter deutlich wertvoller sein, als 10.000 inaktive Twitter-Follower oder Facebook-Freunde, deren Aktivitäten sich maximal auf das Drücken des »Like«-Buttons beschränken. Das Maß an Involvement durch hochwertige Interaktion wird damit zum Faktor, der mit über den Erfolg einer Kampagne entscheidet – ohne die anderen Zahlen völlig zu vernachlässigen.

Einzahlung auf Unternehmensziele
Vor allem müssen sich Organisationen bewusst sein, dass sich das Monitoring und die erhobenen Kennzahlen nicht auf die Kommunikationsabteilung oder gar die Aktivitäten der digitalen Kommunikation beschränken dürfen. Sie sind für das gesamte Unternehmen relevant und sollten abteilungsübergreifend betrachtet werden. Monitoring geht weit über den Bereich Unternehmenskommunikation hinaus: Es betrifft Public Relations, Investor Relations, Marketing, Interne Kommunikation ebenso wie Service und Support, Forschung, Produktentwicklung, Human Resources und natürlich die Geschäftsführung.

Die auf Monitoring basierenden und in der Evaluation erhobenen Ergebnisse fließen folglich in alle Unternehmensprozesse ein und werden mit weiteren Ergebnissen der Analyse und Marktforschung verknüpft, um Entscheidungen zu treffen und Prozesse zu optimieren.

So ist die Hauptvoraussetzung einer erfolgreichen Evaluation, dass sie von Anfang an eng mit der Unternehmensstrategie verbunden ist. Jede Kommunikation muss sich stets an der Frage messen lassen, welchen Wertbeitrag sie zum Unternehmenserfolg und zur -strategie leistet. Daher müssen sich auch aus jeder Kennzahl Konsequenzen für die wirklichen Unternehmensziele ableiten lassen. Dagegen bringt es wenig, allein für die digitale Kommunikation Zahlen zu formulieren. Dies birgt stattdessen die Gefahr, dass die Kommunikation sich verselbstständigt und andere als die Unternehmensziele verfolgt.

Zuletzt sollte sich jede Organisation klar darüber sein, was sie überhaupt messen will. Denn – so besagt der auch für das Monitoring gültige Satz von Albert Einstein: »Nicht alles, was zählt, kann gezählt werden, und nicht alles, was gezählt werden kann, zählt.« Doch was lässt sich aus den Zahlen der einzelnen Plattformen ableiten und welche Relevanz haben die jeweiligen Zahlen im Gesamtergebnis für das Unternehmen selbst? Den Zusammenhang zwischen kommunikativen Aktivitäten und unternehmerischen Zielen verdeutlichen die folgenden fünf Beispiele:

- **Employer Branding**: Der Erfolg lässt sich über die Zahl der Bewerber über digitale Kommunikationskanäle im Verhältnis zu allen Aktivitäten bemessen. Das heißt, wie viele Personen sind über die digitalen Kommunikationsaktivitäten wie eine Unternehmensseite bei XING, eine aktive LinkedIn-Gruppe oder ein Azubi-Blog auf eine Karriereseite gelangt und dort mit der Organisation in Kontakt getreten? Welche kamen davon organisch und welche durch parallele werbliche Aktivitäten?
- **Image**: Die Entwicklung der Bekanntheit einer Marke vor und nach Ende einer digitalen Kommunikationskampagne basiert auf der Frage, wie sich die Zahl der positiven, neutralen, negativen Beiträge über die Marke innerhalb des definierten Aktionszeitraumes entwickelt hat.
- **Service**: Die Anzahl der per Social-Media- oder per Messenger-Kommunikation gelösten Fragen im Vergleich zu allen gestellten Fragen gibt Auskunft darüber, wie stark beispielsweise das Callcenter durch die digitalen Kommunikationsaktivitäten entlastet wurde.
- **Innovation**: Die Zahl der beteiligten Nutzer beziehungsweise der eingereichten Ideen im Rahmen einer Crowdsourcing-Aktion ist ein Erfolgsindikator. Wie stark haben die Anregungen aus der Community zu einer Verbesserung des Produktes beigetragen? Und wie viele waren daran konkret interessiert?
- **Sales**: Der Erfolg ließe sich an der Zahl der aktivierten Kunden im Vergleich zu allen Kunden in einem Online-Shop bemessen. Wie viele Personen aus der eigenen Kundendatenbank konnten per Messenger, per E-Mail-Marketing oder über Instagram Ads zum Kauf eines Produktes auf der Webseite angeregt werden?

12.2 Messmodelle für Kommunikationsprozesse

Digitale Kommunikationsprozesse müssen kontinuierlich beobachtet und beurteilt werden, um die Zielerreichung einschätzen zu können. Für die Erfolgsmessung gibt es vielfältige Ansätze. Die folgenden, sich ähnelnden Modelle beschreiben die Wirkungsstufen der Kommunikation. Vor allem berücksichtigen sie, dass Kommunikation und damit eine Evaluation ein mehrstufiger Prozess ist, der seine Wirkung auch in mehreren Dimensionen und auf mehreren Ebenen entfalten kann – oder eben nicht.

Alle drei Messmodelle sind hilfreiche Instrumente als Grundlage für die Evaluation. Durch die strukturierte, stufenweise Vorgehensweise erleichtern sie es, Kommunikationsprozesse zwischen der Organisation und ihren Stakeholdern zu analysieren und Anhaltspunkte für eine Optimierung zu gewinnen. Sie zeigen auf, warum alle Prozesse in ihren einzelnen Phasen von der Initiierung bis zur Wirkung detailliert zu analysieren sind, um die Zielerreichung und den Erfolg wirklich abschließend beurteilen zu können. Dazu werden Monitoring und Evaluation als Teil des Kommunikationsmanagements mit klaren Auswirkungen auf Unternehmensziele und -strategien verstanden.

12.2.1 Der DPRG/ICV-Bezugsrahmen

Im Jahr 2009 haben die Deutsche Public Relations Gesellschaft (DPRG) und der Internationale Controller Verein (ICV) den DPRG/ICV-Bezugsrahmen für das Kommunikations-Controlling vorgelegt und ihn als Branchenstandard verabschiedet. Das Modell soll Orientierung auf einer Metaebene geben und die Vielzahl vorhandener Evaluationsmethoden und Kennzahlen in der Praxis anschlussfähig machen. Das Modell mit seinen unterschiedlichen Wirkungsstufen wird heute von vielen Unternehmen und Institutionen eingesetzt.

Der DPRG/ICV-Bezugsrahmen weist darauf hin, dass Organisationen »zwischen der Initiierung der Kommunikation (Input), der Verfügbarkeit von Botschaften in Online-Medien oder Internet-Plattformen (Output), dem Gesamtkomplex von Wahrnehmung, Verstehen, Wissensveränderung, Einstellungswandel und Handlungsanreizen bei den Stakeholdern (Outcome) sowie dem letztlich realisierten Beitrag erfolgreicher Kommunikationsprozesse für die Erreichung von Organisationszielen (Outflow)«[395] unterscheiden müssen. Der Bezugsrahmen hilft dabei, die Interaktionen zwischen den beteiligten Akteuren einfacher zu analysieren und besser zu strukturieren.

395 Zerfaß/Pleil in: Zerfaß/Pleil (2016), S. 73.

Wie Abbildung 45 verdeutlicht, basiert das Modell auf sechs Stufen, die folgendermaßen gegliedert sind:[396]

- **Input** beinhaltet die Aufwendungen für die Kommunikation, also den Ressourceneinsatz. An dieser Stelle wird gemessen und dokumentiert, wie hoch die personellen wie finanziellen Kosten für die Kommunikation sind.
- **Interner Output** betrifft die interne Prozesseffizienz und Qualität. Sie spiegelt sich in der Budgettreue, in der zeiteffizienten Umsetzung der Maßnahmen oder in Fehlerquoten wider, wie auch in der Zufriedenheit interner wie externer Auftraggeber.
- **Externer Output** bezieht sich auf die unmittelbare Reichweite der Kommunikationsangebote bei den Zielgruppen, also auf die Medienebene. Sie beschreibt die Reichweite der Angebote, die den Stakeholdern zugänglich sind. Das zeigt sich vor allem in quantitativen Faktoren wie Anzahl der Beiträge, der Publikationen, der Stimmungslage.
- **Direkter Outcome** betrifft wiederum die Frage, inwiefern die kommunikativen Maßnahmen zu einer konkreten Veränderung in der Wahrnehmung und des Wissens bei den Stakeholdern geführt haben.
- **Indirekter Outcome** umfasst die Beeinflussung von Meinungen, Einstellungen und Verhaltensweisen von Stakeholdern. Hier wird dargestellt, ob und wie die kommunikativen Maßnahmen dazu geführt haben, die Haltung von Stakeholdern grundlegend beeinflusst zu haben.
- **Outflow** beschreibt die Wertschöpfung, also das Ergebnis, ob innerhalb der Organisation werthaltige Zielgrößen im Leistungsprozess – strategisch, materiell wie finanziell – erhöht werden konnten. Die Erfolgsmessung ist die aufwendigste Stufe, da sie konkret nach dem Mehrwert und dem Anteil von Kommunikation am Unternehmensgewinn fragt, was sich aus Zahlen nicht immer einfach herauslesen lässt.

Wirkungsdimension	Maßnahme	Messgröße	Tools
Input	Ressourceneinsatz	Einsatz von Ressourcen bzgl. Personal, Zeit und Budget, Kosten für externe Beratung und Workshops	Interne Buchhaltung, Projektplanungs- und Projektmanagement-Tools
Interner Output	Prozesseffizienz und Qualität	Budgettreue, Zeitkontingente, Fehlerquoten, Durchlaufzeit, Zufriedenheit der Arbeitgeber	Interne Maßnahmen, Befragungen, Projektplanungs- und Projektmanagement-Tools

396 Das Wirkungsstufenmodell (DPRG/ICV 2009) wird im Controlling Wiki gut behandelt; https://bit.ly/dks_controllingwiki_wirkungsstufenmodell.

Wirkungsdimension	Maßnahme	Messgröße	Tools
Externer Output	Reichweite und Inhalte der Kommunikationsangebote in Medien	Medien-Clippings, Sentiment-Analyse von Publikationen, Öffnungsrate, Sharing- und Interaktions-Rate, Website-Visits, qualitative Content-Analyse, Share-of-Voice-Anteil	Google Analytics, Matomo, quantitative Medienanalyse, Social Media Analytics und Monitoring, E-Mail-Marketing-Systeme
Direkter Outcome	Veränderung in der Wahrnehmung und im Wissen der Stakeholder	Verweildauer, Recall/Recognition, Leser pro Ausgabe, Interaktionen, Earned Content	Google Analytics, Matomo, qualitative Medienanalyse, Social Media Monitoring
Indirekter Outcome	Beeinflussung Meinungen, Einstellungen von Stakeholdern	Markenimage, Kaufbereitschaft, Markentreue, Reputations-Index, Mitarbeiter-Treue	Monitoring, Befragungen, Umfragen, Interviews, Studien
Outflow	Beschreibung Zielgrößen im Leistungsprozess	Wertschöpfung; Einfluss auf Zielgrößen und Ressourcen; Umsatz, Projektabschlüsse, Reputationswerte, Kostenreduktion	Interne Kennzahlen und Balanced Scorecards, weitere spezifische Verfahren

Abb. 45: Der DPRG/ICV-Bezugsrahmen als Controlling-Instrument; Quelle: eigene Darstellung

Gerade die Outflow-Stufe ist fortwährend zu analysieren. So darf es keineswegs als selbstverständlich betrachtet werden, dass eine gelungene Kommunikation automatisch einen Beitrag zur Erreichung der Organisationsziele leistet. Vielmehr müssen Kommunikations- und Unternehmensstrategie von Anfang an eng gekoppelt sein, damit Kommunikation einen wirklichen Wertbeitrag zum Unternehmen oder zur Institution liefern kann. Daher sind die anvisierten Wirkungszusammenhänge zwischen Kommunikationsmaßnahmen auf der einen Seite und Organisationszielen auf der anderen Seite inklusive der kritischen Erfolgsfaktoren bereits bei der Definition der Ziele, Entwicklung der Strategie und schlussendlich Evaluation der Zielerreichung mit geeigneten Methoden zu berücksichtigen.

12.2.2 Die Logical Framework Matrix

Über den deutschsprachigen Raum hinaus geht der Logical-Framework-Ansatz[397]. In den sechziger Jahren entwickelt stammt das Modell ursprünglich aus dem klassischen Projektmanagement. Trotzdem lässt sich die Methodik und insbesondere die dazu gehörige Logical Framework Matrix als zentrales Werkzeug gut auf die Anforderungen und die Messbarkeit der digitalen Kommunikation übertragen. Anhand der Stufen ist ersichtlich, wie eng dieses Modell dem DPRG/ICV-Bezugsrahmen entspricht.

Ursache/Wirkung	Indikatoren	Monitoring/Evaluation	Annahmen/Risiken
Zielhierarchie	Kennzahlen zur Überprüfung des Erreichungsgrads: Wie lässt sich die jeweilige Zieldimension messen?	Sources of Verification: Woher kommen die Daten und Kennzahlen?	Externe Einflussfaktoren: Wodurch kann der Erfolg des Projektes (extern) beeinflusst werden?
»Impact« Ober-/Übergeordnetes Ziel Gesellschaftliche Wirkung	Wie wissen wir, welche gesellschaftliche Wirkung das Projekt hat?		
»Outcome« Direkte Projektwirkung mit Benefit bzw. Nutzen für Zielgruppe	Wie wissen wir, dass das Ziel erreicht wurde?		
»Output« Unmittelbare Projektergebnisse	Wie wissen wir, dass Ergebnisse geliefert wurden?		
»Input« Arbeitspakete, Aktivitäten, Aufgaben	Wie wissen wir, dass die Aufgaben erfüllt wurden, um die Ergebnisse zu erreichen?		

Abb. 46: Die Vorgehensweise beim Logical-Framework-Matrix-Ansatz; Quelle: eigene Darstellung

397 Lesenswert und den Logical-Framework-Ansatz eingehender erklärend ist der Beitrag im PM-Blog; https://bit.ly/dks_pmblog_framework.

Die Logical Framework Matrix (s. Abb. 46) folgt zunächst der vertikalen und dann der horizontalen Logik. Auf der vertikalen Ebene werden die Ziele nach Hierarchie von unten nach oben aufgeführt, um die Bedingungen mit den Aufgaben und den Projektzielen beziehungsweise übergeordneten Zielen in Verbindung zu bringen.

Über die vier Ebenen hinweg wird gefragt:

- **Input**: Welche Aktivitäten und Maßnahmen werden unternommen? Welche Ressourcen werden eingesetzt? Welche Aufgaben und Arbeitspakete sind für die Zielerreichung notwendig?
- **Output**: Welche messbaren Projektergebnisse liefert die Organisation ab, um die Ziele zu erreichen?
- **Outcome**: Welche direkte Wirkung haben die Maßnahmen? Was ändert sich bei der Zielgruppe? Welchen Nutzen hat sie davon?
- **Impact**: Was ist das übergeordnete Ziel? Welche gesellschaftliche Wirkung will das Projekt über die Zielgruppen hinaus erreichen? Welche indirekte Wirkung hat es also?

Im Anschluss wird auf der horizontalen Ebene die jeweilige Wirkung definiert. Diese führt Indikatoren zur Messung der einzelnen Zieldimensionen auf. Zudem werden externe Einflussfaktoren benannt, die das Projekt – hier die Kommunikationsstrategie – positiv wie negativ beeinflussen könnten. Die schrittweise Vorgehensweise hilft, Ziele systematisch zu planen, zu messen, zu überprüfen und im negativen Fall zu überarbeiten. Auf diese Weise eignet sich der Modellansatz ebenfalls gut für die Evaluation einer digitalen Kommunikationsstrategie.

12.2.3 Die Wirkungstreppe

Auf den beiden vorherigen Modellen basiert das Modell der Wirkungstreppe (s. Abb. 47), das beispielsweise stark im Stiftungsbereich eingesetzt wird. Auch hier bauen sich die Wirkungsstufen wie bei einer Treppe aufeinander auf. Während der »Input« die eingesetzten Ressourcen – finanzielle und personelle Unterstützung, initiierte Projekte, umgesetzte Ideen etc. – beschreibt, verstärkt sich die Wirkung dieser Ressourcen Schritt für Schritt: Im Bereich des »Outputs« werden vor allem unmittelbare und direkte Auswirkungen des Inputs beurteilt – dass beispielsweise die Zielgruppen mit den Angeboten und Produkten zufrieden sind und sie annehmen und nutzen. Die oberste Output-Stufe ist eine Art Scharnier und entscheidend im Übergang vom reinen Output hin zum Outcome/Impact, also den Wirkungen. Ab dieser Stufe geht es auch nicht mehr um die zu beobachtenden Veränderungen innerhalb des Projektes; vielmehr um Wirkung, also um eine grundlegende Veränderung des Verhaltens der Zielgruppe (»Outcome«) – und im Bereich »Impact« sogar der Gesellschaft, sozial wie ökonomisch. Einschränkend ist anzumerken, dass ein unmittelbarer kausaler Zusammenhang zwischen eingesetzten Ressourcen (»Input«) und Impact oft nur schwer direkt nachzuweisen ist.

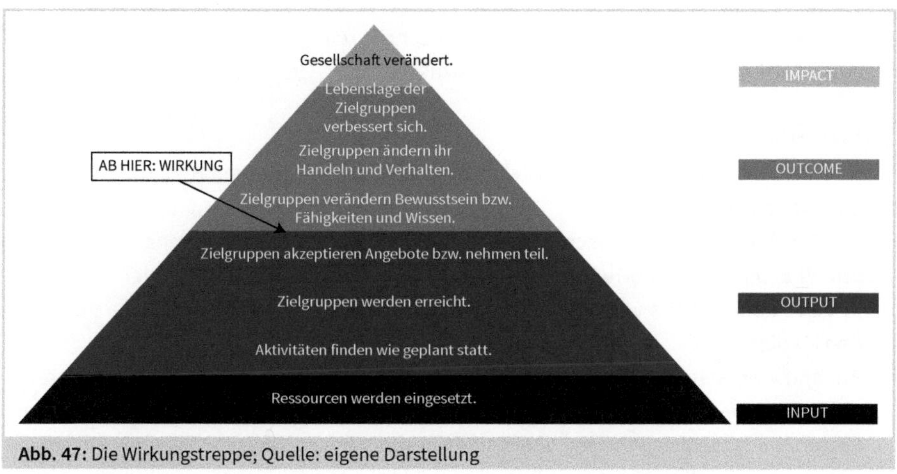

Abb. 47: Die Wirkungstreppe; Quelle: eigene Darstellung

12.3 Aufbau einer Evaluation

Wie lässt sich eine Evaluation aufbauen, um die digitalen kommunikativen Aktivitäten zu messen? Wie können sich Analyse und Monitoring ergänzen? Unternehmen und Institutionen müssen sehr strukturiert vorgehen, um später wirklich präzise die eventuellen Erfolge in der Evaluation messen zu können. Ausgehend vom DPRG/ICV-Bezugsrahmen sollten grundsätzlich die folgenden Aufgaben stufenweise abgearbeitet werden:

1. Strukturierte Datenerhebung

Im ersten Schritt sollten die Datenquellen identifiziert werden, die für das Thema von Relevanz sein könnten. Vieles davon sollte sich bereits aus der Ist-Analyse ergeben haben. Daraus lassen sich die ersten Erkenntnisse ziehen, wie die Stakeholder zu Unternehmen, Institution, Produkten, Marken und Kampagnen stehen beziehungsweise wie sie sich zur Organisation austauschen. Auf dem Weg lassen sich Themen wie Erwartungen identifizieren. Dazu stehen viele Tools zur Verfügung, auf die noch eingegangen wird.

2. Quantitative Resonanzanalyse

Auf Basis der erhobenen Daten lässt sich eine quantitative Resonanzanalyse erstellen. Sie bildet die Grundlage einer Evaluation in der klassischen wie in der digitalen Kommunikation. Als einfache Output-Analyse ermöglicht sie eine zeitliche und quantitative Zuordnung von Meldungen und Publikationen zu konkreten Kommunikationsaktivitäten. Dadurch erhält das Unternehmen einen schnellen Überblick über den Erfolg bisheriger Maßnahmen sowie über das Verhältnis von eigen- oder fremdinitiierter Berichterstattung beispielsweise durch Influencer Relations und aktives Themensetting. Die Analyse der digitalen Distributionskanäle gibt Aufschluss über die erreichten Kontakte mit den

Zielgruppen. Auch diese lassen sich im ersten Schritt rein quantitativ auswerten, um die Akzeptanz von Maßnahmen und Themen einzuschätzen.

3. Qualitative Datenanalyse

Ergebnisse sollten ebenfalls qualitativ ausgewertet werden, um die Bedeutung der Beiträge einschätzen zu können:

- Die Beiträge lassen sich nach unternehmensrelevanten Aussagen inhaltlich auswerten. Wie wird das Unternehmen bewertet? Kommen die Botschaften der Kampagne in den Publikationen vor? Finden die Kernaussagen von Unternehmensvertretern in den Medien statt?
- Anhand der Beiträge lässt sich beurteilen, welche Themen besonders erfolgreich waren und welche Personen innerhalb des Unternehmens einen hohen Berichtswert hatten. So lassen sich Trends und Entwicklungen herauslesen, welche die Organisation eventuell selbst besetzen könnte.
- Anhand der Beiträge lassen sich Multiplikatoren und Influencer identifizieren, die für die Organisation relevant sind und die es künftig stärker zu berücksichtigen gilt.
- Aus der Menge der Äußerungen zu einem Thema ist dessen Relevanz erkennbar – inklusive des Share of Voice des Unternehmens. Es ist zu fragen, welchen Anteil es an der Gesamtkommunikation zum Beispiel im Vergleich zum Vorjahr und zu den wichtigsten Konkurrenten in der Branche hat.

  Anhand der Beiträge lässt sich die Stimmung zum Unternehmen beurteilen – also ob Beiträge tendenziell eher positiv, negativ oder neutral sind. So kann es durchaus vorkommen, dass nach quantitativen Gesichtspunkten eine kommunikative Maßnahme ein großer Erfolg war, die Kernaussagen laut qualitativer Analyse aber nur unklar oder sogar falsch übertragen wurden. Das Schwierige bei der Sentiment-Analyse ist, dass sie extrem personalaufwendig ist, da viele Tools nur unzureichende, meist nicht zufriedenstellende Ergebnisse liefern und viele Beiträge deshalb individuell betrachtet werden müssen.

4. Betriebswirtschaftliche Wirkungsebene

Die Frage nach der Bedeutung der digitalen Kommunikation für die betriebswirtschaftliche Wirkungsebene hat in den vergangenen Jahren verstärkt die Fachdiskussionen bestimmt. Gerade in Zeiten eines verantwortungsvollen Controllings muss sich auch die digitale Kommunikation die Frage gefallen lassen, welchen Anteil sie zum Unternehmenserfolg beiträgt. Sie muss darüber hinaus den Nachweis erbringen, dass ihre Maßnahmen effizient sind. So werden nur diejenigen Aktivitäten und Maßnahmen akzeptiert, die zur Verwirklichung der strategischen und wirtschaftlichen Unternehmensziele beitragen. Konkret heißt dies: Die digitalen Kommunikationsanstrengungen müssen den Nachweis erbringen, welchen Beitrag sie zur Wertsteigerung eines Unternehmens liefern.

5. Abschließende Ergebnis-Evaluation

Im letzten Schritt müssen die Ergebnisse der quantitativen wie qualitativen Analyse interpretiert werden. Auf Basis der Resultate sind konkrete Schlüsse zu treffen und klare Handlungsempfehlungen zu formulieren, wie die Organisation die Ergebnisse interpretieren und in ihrem weiteren Handeln berücksichtigen soll. Dazu ist es sinnvoll, die Daten in einem Report zusammenzufassen und den betroffenen Unternehmensbereichen zur Verfügung zu stellen.

Folgende Kontrollfragen helfen zu überprüfen, ob die Grundlage für die Evaluation abgeschlossen ist:

- Gibt es einen Ist-Stand als Ausgangslage?
- Sind die zur Verfügung stehenden Ressourcen definiert?
- Wurden klar messbare Ziele/KPI samt Zeitfenster gesetzt?
- Wurden mögliche Tools getestet, bewertet und ausgewählt?
- Wurden Tools aufgesetzt, samt hilfreicher Filter?
- Hat man die Top-Themen, die Markenbotschafter und die Influencer im Blick?
- Gibt es ein Dashboard, um die Ergebnisse und Metriken übersichtlich festzuhalten?
- Werden die Reports mit allen Abteilungen geteilt?

KURZ-INFO

Der Return on Investment

»Without a strategy, there can be no ROI»[398], behauptet Marketing-Expertin Danna Vetter im bereits erwähnten Beitrag. The »R« in ROI implies that there is in fact a return to be had.« Mit dem ROI wird das prozentuale Verhältnis von investiertem Kapital und Gewinn gemessen, den die Organisation erwirtschaften konnte. Das heißt, es ist das Verhältnis von dem, was man in eine Maßnahme investiert hat, zu dem, was am Ende herauskommt. Liegt der ROI über 100 Prozent, bedeutet dies einen Gewinn für das Unternehmen. Dazu muss ein Return on Investment über Zielmaßgaben eindeutig definiert werden. Nur dann lässt sich später beschreiben, ob und wie effizient sich eine kommunikative Investition hinsichtlich des Gewinns ausgezahlt hat.

Eine Einschränkung: Gerade bei Social-Media-Maßnahmen ist es oft schwer, den ROI eindeutig zu bestimmen. Generell gilt: Erst wenn ein klarer Zusammenhang zwischen durchgeführten Social-Media-Maßnahmen und den Umsatz- und Unternehmenszielen hergestellt werden kann, lässt sich ein ROI für Social Media überhaupt bemessen. Ein Beispiel: Ein Unternehmen bewirbt ein Produkt auf Instagram mit speziellen zielgruppengenauen Ads, damit möglichst viele Besucher in den Online-Shop auf der Webseite gehen und dort das Produkt kaufen. Also ROI bezeichnet man in diesem Fall die Einnahmen von Nutzern, die auf die Instagram Ads geklickt haben im Verhältnis zu den Kosten für die Erstellung und die Bewerbung des Beitrages.

398 https://bit.ly/dks_solis_roi.

12.4 Identifizierung relevanter Key-Performance-Indikatoren

Schon vor der Durchführung von Kommunikationsmaßnahmen ist zu definieren, wie sie später auf den Unternehmenserfolg einzahlen sollen und ab welchem Punkt von einem Erfolg beziehungsweise Misserfolg einer Maßnahme gesprochen werden kann. Dies wird mittels Key-Performance-Indikatoren (KPI) definiert.[399] KPI sind Leistungskennzahlen, um den Erfolg einer Kommunikationsmaßnahme zu bewerten. Dazu werden die Kennzahlen aus der digitalen Kommunikation mit konkreten und messbaren Zielen verknüpft, deren Auswahl immer vom Zielsystem abhängig ist. Nur so kann ein vorheriger mit einem Ist-Zustand verglichen und Fortschritte bemessen werden. Die Kennzahlen basieren auf einer vorherigen »smarten« Zielformulierung.[400]

Die KPI von Organisationen können äußerst individuell sein. Zudem hat sich die Zahl der Kennzahlen in Zeiten des Social Web weiter erhöht. Die große Herausforderung besteht folglich darin, aus der Vielzahl an Kennzahlen die wirklich relevanten Werttreiber und die für den Kommunikationserfolg entscheidenden Kennzahlen herauszufiltern und aus ihnen sinnvolle Key-Performance-Indikatoren abzuleiten. Die Beobachtung zu vieler Kennzahlen verstellt dagegen den Blick auf das Wesentliche. Unternehmen wie Institutionen müssen sich daher bewusst machen, was sie genau wo messen wollen, welche Messwerte dort zur Verfügung stehen und was sie als Erfolg bezeichnen würden. Sie müssen also genau die Daten finden, mit denen sie die Erfolge nicht nur definieren, sondern sie ebenfalls messen können.

Zuletzt müssen sie den definierten Kommunikationszielen passende KPI zuordnen und sie auf einer Balanced Scorecard übersichtlich darstellen. Last, but not least: Es nutzt wenig, wenn Kennzahlen und KPIs zwar definiert werden, aber nicht regelmäßig kontrolliert werden, warnt Fachbuchautor Erwin Lammenett: Stattdessen sollte im Vorhinein festgelegt werden, »in welchen periodischen Abständen die Kennzahlen geprüft und besprochen werden. Werden Ziele definiert, so müssen diese realistisch und objektiv erreichbar sein. Es macht keinen Sinn, Fantasieziele zu definieren und die operativ handelnden Personen bereits im Vorfeld zur Frustration und zum Scheitern zu verdammen.«[401]

399 Mit dem KPI-Finder hat der Bundesverband Digitale Wirtschaft e. V. ein hilfreiches Tool online gestellt. Einfach lassen sich Ziele (Reichweite, Conversion, Interaktion) und die gewünschten Plattformen (von Website bis Twitter) auswählen, schon erhält man mögliche und später messbare KPIs: https://www.kpi-finder.com.

400 Siehe dazu auch die ausführliche Definition von KPI in Kapitel 8.3.

401 https://bit.ly/dks_emailmarketing_lammenett.

KURZ-INFO

Neun Messzahlen

In einem ersten Schritt sollten die folgenden neun Werte beziehungsweise Messbereiche bei der Erfolgsmessung berücksichtigt werden:

1. **Cost**: interne und externe Kosten durch die digitale Kommunikation;
2. **Reach**: Klicks, Besucher, Abonnenten, Fans, Follower, Gesamtreichweite;
3. **Engagement**: Aktivitätsgrad, Interaktionsrate, Verweildauer, Kommentare, Shares, Erwähnungen, Share of Buzz;
4. **Quality**: Qualität von Kommentaren, Beiträgen, Interaktionen;
5. **Sentiment**: quantitative wie qualitative Stimmungsanalyse – positiv, negativ, neutral;
6. **Relevance**: pure Nutzer, Fans, Gegner, Mitarbeiter, Multiplikatoren, Influencer, Markenbotschafter;
7. **Demographic**: Ort, Region, Alter, Geschlecht, Sprache;
8. **Conversion**: Leads, Website Traffic, Brand Awareness;
9. **Revenue**: Ertrag, Verkauf, finanzieller oder personeller Mehrwert.

Für eine vereinfachte Vorgehensweise lassen die obigen Messzahlen in vielen Fällen auf den Dreiklang »Reach => Engagement => Impact« reduzieren:

- **Reach** (Reichweite): Erfasst die konkret erreichten und zählbaren Kontakte, brutto wie netto;
- **Engagement**: Berücksichtigt die Interaktionen und unmittelbaren Reaktionen, die durch die digitalen Aktivitäten hervorgerufen wurden;
- **Impact**: Beschreibt die wirtschaftlichen Auswirkungen auf die Organisation, wozu insbesondere finanzielle Erträge und Verkäufe aber auch der Gewinn neuer Mitarbeiter zählen.

Key-Performance-Pyramide

Als ein praktisches Hilfsinstrument für die Einschätzung von Messzahlen erweist sich die schematische Key-Performance-Pyramide. Diese hatte Andreas Köster innerhalb des Social-Media-Excellence-Kreises entwickelt und auch auf seinem Blog publiziert.[402] Anhand dieser lässt sich direkt ablesen, wie aufwendig die Prüfung der festgelegten KPI sein kann. Innerhalb der Pyramide nehmen Komplexität und Aussagekraft der Werte von oben nach unten deutlich zu, sodass sie eine »klare Verbindung zwischen dem Reifegrad des Unternehmens und den einhergehenden Kennzahlen schafft.«[403]

402 Vgl. https://bit.ly/dks_monitoringblog_kpipyramide.
403 Pein (2020); S. 230–231.

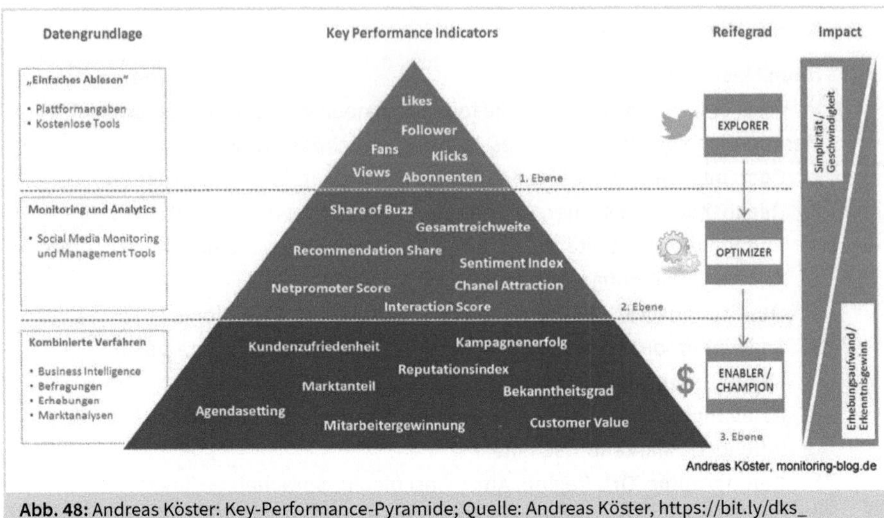

Abb. 48: Andreas Köster: Key-Performance-Pyramide; Quelle: Andreas Köster, https://bit.ly/dks_monitoringblog_kpipyramide

Auf der ersten Ebene sind die Messwerte noch einfach zu erfassen. Dies kann durch pures »Ablesen« auf den jeweiligen Plattformen oder durch den Einsatz sogar kostenloser Monitoring-Tools geschehen. Die Aussagekraft dieser Werte bleibt jedoch begrenzt. Auf der nächsten Ebene orientieren sich die kombinierten Messwerte bereits an konkreten Zielen. Für den Share of Buzz (Wie oft wurde die Organisation innerhalb eines bestimmten Zeitraumes auf einer bestimmten Plattform erwähnt?), den Recommendation Share (Anteil von Empfehlungen der Marke im Vergleich zur Gesamtbranche) oder den Sentiment Index (Verhältnis positiver, negativer, neutraler Kommentare zur Gesamtzahl aller Kommentare) sind deutlich aufwendigere Analyse- und Monitoring-Verfahren zur Erhebung notwendig. Erst sie erlauben die Schlussfolgerung, wie die Organisation positioniert ist, wo sie im Vergleich zum Wettbewerb steht oder wie positiv, negativ oder neutral sie von ihren Stakeholdern wahrgenommen wird.

Letztendlich lässt sich die Wirkung der Maßnahmen auf die Organisation und deren Ziele erst auf der dritten Stufe beurteilen. Dies sollte jedoch das Ziel bei der Evaluation jeder digitalen Kommunikationsmaßnahme sein. Dazu sind kombinierte Verfahren wie Befragungen, Marktforschung, Business-Intelligence-Prozesse und sonstige Analysen notwendig. Erst ihre Ergebnisse können aufzeigen, ob sich die Kundenzufriedenheit erhöht hat, eine Kampagne erfolgreich war, die Reputation oder der Bekanntheitsgrad der Organisation gesteigert wurde oder gar die Kommunikationsmaßnahme einen relevanten Anteil am Gewinn neuer Mitarbeiter hatte.

Auch dieses Modell greift wieder auf das DPRG/ICV-Verfahren zurück: So lassen sich die drei Stufen von ihrer Zielorientierung wieder mit Output, Outcome und Outflow gleichsetzen.

12.5 Auswahl der Instrumente und Tools

Ohne präzise Analyse und sorgfältiges Monitoring kann eine Evaluation keine belastbaren Daten liefern. Jedoch ist es nicht einfach, angesichts der vielen Kommunikationskanäle den Überblick über die vielen Meinungen zur eigenen Organisation, zu Produkten, Projekten und Köpfen zu behalten. Auch gibt es kein universelles Monitoring-Tool, das sich für alle Unternehmen und Institutionen gleichermaßen eignet. Die große Vielfalt reicht stattdessen von kostenlosen Tools, wobei die Quellenabdeckung meist unklar, die Ergebnisse begrenzt und die Aussagekraft eingeschränkt ist, bis zu kostenintensiven Business-Lösungen, deren monatliche Kosten die 1.000-Euro-Grenze schnell überschreiten.

Darüber hinaus gibt es Tools für einzelne Instrumente wie die Corporate Website, den E-Mail-Newsletter, Messenger-Angebote oder Social-Media- und Video-Plattformen, ganzheitliche Online-Werkzeuge von Anbietern aus dem In- und Ausland, Eigenlösungen und Dienstleister, mit Servern in Deutschland oder weltweit, die den gesamten Monitoring-Prozess übernehmen. Sie sind darauf ausgerichtet, Kommunikationsexperten zu unterstützen, die Wahrnehmung der eigenen Organisation, das Verhalten der Konkurrenz und die Entwicklungen in der eigenen Branche im Blick zu behalten.

TOOL-TIPP

Hunderte Tools & Resources
Der US-amerikanische Marketing Professor und Buchautor Keith A. Quesenberry hat eine beeindruckende Liste an Tools rund um Monitoring, Analytics, Content Creation, Automation, Research u.v.a.m. zusammengestellt. Dieser Überblick an Hunderten von Tools zählt zu den wichtigsten Quellen im Bereich digitaler Kommunikation und speziell Social Media Relations.
Zu den Tools: https://www.postcontrolmarketing.com/links/

Der Markt für Monitoring-Instrumente ist recht unübersichtlich, und die Lösungen sind oft extrem vielfältig und nur schwer miteinander zu vergleichen. Je nach Unternehmen und Art des Engagements hat jedes Tool seine Stärken und Schwächen. Viele bieten sich daher nur oder gerade in einer Kombination mit anderen an, um das anvisierte Ziel zu erreichen. Zudem können sich im Verlauf der Umsetzung einer digitalen Kommunikationsstrategie die zuvor gesetzten Ziele verschieben, sodass ein Monitoring den veränderten Rahmenbedingungen und Zielen anzupassen ist. Im Ergebnis heißt dies, dass die Wahl eines Instruments nur selten abschließend ist, sondern stattdessen die eingesetzten Tools und deren Wirkung einer regelmäßigen Überprüfung unterzogen werden müssen. Bei der Klärung der Aufgabe und der Wahl der passenden Instrumente helfen die folgenden Fragen:[404]

404 Monitoring-Berater Stefan Evertz hat in seinem Blog MonitoringMatcher neun Tipps zusammengestellt, die bei der Auswahl von Analyse- und Monitoring-Tools helfen: https://bit.ly/dks_monitoringmatcher_toolauswahl.

1. Wo stehen wir heute?

Jedes Monitoring beginnt mit einer Analyse der Ist-Situation. Im ersten Schritt sollten sich Unternehmen und Institutionen den Stellenwert der eigenen Organisation, ihrer wichtigen Produkte, Vertreter, Konkurrenten oder die Haltung ihrer Stakeholder und Multiplikatoren vergegenwärtigen. Dies kann eine Nutzungsanalyse bezüglich Klickzahlen, Verweildauer, Abonnementzahlen, Kommentarintensität oder aber auch die Entwicklung des Suchvolumens bei den wichtigen Keywords, den zentralen Aussagen oder den wichtigsten Themen der Organisation erbringen. Auf diesen Schritt wurde bereits im Rahmen der Ist-Analyse ausführlich eingegangen. Die Analyse bedarf eines fortlaufenden Optimierungsprozesses, um die Erfüllung der Ziele kontinuierlich zu überprüfen. Für solch ein tägliches digitales Kommunikationsmanagement sind bereits kostenlose Alerts eine Hilfe. Sie beantworten die Frage, was wann wo und von wem über die eigene Marke, die Konkurrenz, die Branche geäußert wird.

TOOL-TIPP

Einrichtung von Abonnements

Vom ersten Moment an sollten Alerts eingerichtet werden, um die Diskussionen im Internet automatisch und fortlaufend zu verfolgen. Für solche Abonnements bieten sich unter anderen die folgenden Tools an:

- **RSS-Alert**: Die Basis für ein erfolgreiches Web-Monitoring ist die Einrichtung eines RSS-Readers. Es lassen sich per RSS Inhalte aus Blogs, Webseiten, Medienseiten oder Suchergebnissen abonnieren, neue Beiträge im Browser einfach und schnell überfliegen. Ebenfalls lassen sich die bei der obigen Ist-Recherche erzielten Ergebnisse sofort abspeichern und zur Weiterverfolgung hinzufügen. Mit einem RSS-Reader wie www.feedly.com hat jeder sein zentrales, geräteunabhängiges Monitoring-Instrument stets dabei.[405]
- **News Alert**: News-Suchmaschinen sind ein praktisches Instrument gerade bei kleineren Budgets. Das bekannteste Tool ist Google Alerts. Unter www.google.de/alerts lässt sich ein Benachrichtigungs-Service-Assistent nach eigens definierten Stichworten einrichten. Damit verfolgt die Suchmaschine die eingegebenen Stichworte und informiert per E-Mail oder RSS. Jedoch hat die Qualität in den vergangenen Jahren stark nachgelassen. Oft bessere Ergebnisse liefern Alternativen wie www.talkwalker.com/alerts und www.mention.com. Ebenfalls über die Social-Media-Suchmaschine www.social-searcher.com lassen sich Alerts zu den gewünschten Suchbegriffen erstellen.
- **Website Alert**: Ein sinnvolles Tool zum Konkurrenz- und Themen-Monitoring ist WatchThatPage.com. Nach einfacher Anmeldung lassen sich alle Websei-

405 Was RSS genau ist und wie Feedly funktioniert, erklärt der Autor in einem kompakten Blog-Beitrag: https://bit.ly/dks_ruisinger_rss.

ten angeben, die beobachtet und getrackt werden sollen. Danach wird man per E-Mail über jede Online-Bewegung informiert. Wichtig: Das Abonnement bezieht sich jeweils auf eine einzelne Webseite – wie die Homepage einer Organisation – und nicht auf das gesamte Website-Angebot inklusive aller Unterseiten. Und dies ist eine gute Entscheidung. Ansonsten bekäme man bei einem gut laufenden Shop Hunderte Alerts pro Tag oder gar pro Stunde.

2. Was wollen wir genau messen?
Die zentrale Voraussetzung für die richtige Tool-Auswahl sind klare Ziele und Strategien. Dazu sollte vor Beginn des Auswahlprozesses ein möglichst detailliertes Anforderungsprofil erstellt werden. Darin wird beschrieben, was das Tool können soll, welche (historischen) Daten benötigt werden, welche Kommunikationskanäle (Website, Blog, Newsletter, Apps, Social-Media-Kanäle, Social Sharing Plattformen etc.) abgedeckt werden müssen, welche Menge an Ergebnistreffern erwartet wird und welche Personen damit in welcher Sprache arbeiten sollen. Auch ist zu diskutieren, ob bestimmte auch rechtliche Einschränkungen bei der Tool-Auswahl bestehen, sodass beispielsweise nur Tools aus Deutschland oder Europa eingesetzt werden dürfen. Schlussendlich muss man die einzelnen Anforderungen gewichten, sonst entsteht eine lange, aber nicht realisierbare Wunschliste. Wenn die Anfangsfragen zu Zielen und Strategien geklärt sind, lassen sich Metriken und im Zusammenspiel mit konkreten Zielen auch KPIs ableiten. Erst damit lässt sich beantworten, welche Art von Tool benötigt wird. Für diese Festlegung von Zielen, Kernbegriffen und Tools sollten möglichst frühzeitig alle Beteiligten und internen Entscheider eingebunden sein.

3. Welche Ressourcen sind bei uns vorhanden?
Wie bereits beschrieben ist die Frage nach den Ressourcen ein kritischer Aspekt. Dies betrifft sowohl die Kosten als auch das Personal. So bestehen zwischen Gratis-Tools und Werkzeugen mit monatlichen Kosten von rund 1.000 Euro gewaltige Unterschiede – gerade in der Zahl der Ergebnisse, in der Datenqualität und im Umgang mit einzelnen Tools. Daher ist es wichtig, bereits im Vorfeld vorzugeben, welches Budget für welche Tiefe vorhanden ist. Sowohl für kostenlose als auch für kostenpflichtige Tools gilt: Der Personalaufwand ist nicht zu unterschätzen. So muss frühzeitig geklärt sein, wer das Monitoring – und damit die technische Installation, die regelmäßige Ergebnisanalyse sowie die Interpretation der Ergebnisse – übernimmt, ob eher auf eine Inhouse-Lösung gesetzt oder ob die gesamte Auswertung der Analyse- und Monitoring-Ergebnisse von einem externen Dienstleister abgedeckt wird.

KURZ-INFO

Kostenloses vs. kostenpflichtiges Monitoring
Vor der Buchung kostenpflichtiger Tools lohnt es sich, erst einmal einige kostenlose Instrumente zu vergleichen. Auf diese Weise erhalten Kommunikatoren ein erstes Gefühl, wie stark über das eigene Unternehmen, die eigene Institution

beziehungsweise die eigenen Marken, Projekte und Produktangebote berichtet wird – gerade als Basis für ein eventuell erweitertes kostenpflichtiges Monitoring. Mit Blick auch auf eigene Studien ist einschränkend anzumerken, dass für eine wirkliche gute Datenbasis mehrere Gratis-Tools parallel eingesetzt werden müssen, da jedes von ihnen nur einen Bereich abdeckt und eine begrenzte Anzahl an Ergebnissen liefert. Gleichzeitig sollte bei den kostenlosen Tools nicht der damit verbundene zeitliche und personelle Aufwand unberücksichtigt bleiben, gerade wenn eine große Menge an Daten ausgewertet und abgeglichen werden muss. Auf Basis eigener Erfahrungen sowie von Vergleichsstudien lässt sich sagen, dass kostenpflichtige Tools meist bis zu dreimal so viele Ergebnisse und Daten liefern. Jedoch werden auch sie niemals alle Informationsquellen abdecken. Dafür sind die Quellen zu vielfältig, das Suchvolumen ist oft zu groß und die Entwicklung des Marktes viel zu dynamisch.

4. Was bieten die einzelnen Tools?

Im nächsten Schritt ist eine Übersicht zu erstellen, welche Tools auf dem Markt existieren. Dabei ist beispielsweise zu klären, ob nicht-europäische Tools wie beispielsweise Google Analytics oder Mailchimp überhaupt eingesetzt werden dürfen. Insbesondere für Behörden und andere öffentliche Einrichtungen ist dies aus Datenschutzgründen ausgesprochen schwierig, gelten für sie doch besonders strenge gesetzliche Regelungen und zum Teil automatische Installationssperren.

Neben Einsatz oder Ausschluss von Tools müssen persönliche Erfahrungen im Umgang gesammelt werden. Es gibt zu fast allen Tools Test-Versionen, die zwei bis vier Wochen lang kostenlos genutzt werden können. Dies bietet ausreichend Zeit, um das Instrument zu testen und es auf den eigenen Zweck bezogen bezüglich seiner Spezifika, Vorteile wie Grenzen beurteilen zu können. Der zeitliche Aufwand für das Testen und die Bindung von Ressourcen sollte ebenfalls nicht unterschätzt, sondern von vornherein verbindlich bei der Monitoring-Vorbereitungsphase mit eingeplant werden.

KURZ-INFO

Sorgfältige Tool-Auswahl

Für den Prozess der Tool-Auswahl sollten sich Organisationen ausreichend Zeit nehmen. Die ideale Tool-Auswahl verläuft laut des Monitoring-Spezialisten Stefan Evertz nach dem folgenden Ablaufplan:[406]

1. Vorbereitungsphase: Definition von Zielen und Preisrahmen, Klärung interner Prozesse wie Verantwortung, Zugangsberechtigungen, Formate, Zugriffsrechte;
2. Workshop: Erstellung Anforderungsprofil bezüglich Daten, Funktionsumfang des Tools, Support-Sprache sowie Nutzer- und Kostenfaktoren, Tool-Vorauswahl, Berücksichtigung rechtlicher Aspekte;

406 Vgl. Evertz (2018), S. 197 ff.

3. Testphase: Test-Setup und Ergebnisauswertung;
4. Entscheidung und Vergabe;
5. Implementierung und Erfolgskontrolle.

5. Welche Messzahlen sollen überprüft werden?[407]
Die Indikatoren hängen wesentlich von den Zielen sowie den gewählten Instrumenten beziehungsweise Plattformen ab; so sind die folgenden Beispiele nur als Orientierung zu sehen. Auch sollten bei der Erfolgsmessung die in Kapitel 12.4 skizzierten drei Messbereiche Reach, Engagement, Impact sowie die Key-Performance-Pyramide berücksichtigt werden.

Webseite und Blog

- Messwerte: Besucherzahlen, Anzahl der abgerufenen Seiten, Verweildauer, Bounce Rate (Absprungrate), Traffic-Quellen (Besucherquellen), Conversion Rate (Besucher, die zu Käufern/Abonnenten werden), Click-Through-Rate, Ausstiegsseiten, Returning Visitors, Zahl der Abonnenten, Zahl der Downloads.
- Tools: Ein Großteil der Kennzahlen lässt sich über Standard-Tracking-Systeme wie Google Analytics, etracker oder Matomo erfassen, die Daten über Website-Besucher in Echtzeit liefern. Begrenzt liefern Blog-Systeme wie WordPress ausgewählte Zahlen. Daten und Fakten zur Nutzung größerer Webseiten und Blogs liefern Tools wie www.alexa.com und www.similarweb.com.

Sichtbarkeit im Netz

- Messwerte: Generelle Präsenz und Erreichbarkeit, Sichtbarkeit in Suchmaschinen bei Kernbegriffen und relevanten Themen, Ranking bei Top-Keywords im Vergleich zu Wettbewerbern und zur Branche, klare SEO-Strategie von Title, Description, Teaser, Bilder bis zu Links.
- Tools: Antworten zu diesen Fragen liefern professionelle SEO-Tools wie SISTRIX, searchmetrics, SEMrush, Majestic oder XOVI. Zum Einstieg helfen kostenlose SEO-Tools sowie Website Analyse Tools wie Google Trends und Google Analytics, SEOquake (seoquake.com) oder die Angebote von Neil Patel (https://neilpatel.com/de/).

E-Mail-Kommunikation

- Messwerte: Verteilerwachstums-Rate, Bounce Rate (Auslieferungsrate), Öffnungsrate, Klickrate, Lesedauer, Conversion Rate, Double Opt-in Rate (Bestätigung einer Anmeldung), Abmelde-Rate, Antwort-/Feedback-Rate, Beschwerde-Rate, Gewinnspiel-Beteiligung, Nutzen-Kosten-Rechnung.

407 Eine hervorragende Infografik hat die Beratungsagentur Curata im Content-Marketing-Forum publiziert. In sieben Kategorien stellt sie 29 wesentliche Messzahlen vor, um die eigenen Content-Marketing- und Digital-Communication-Aktivitäten zu analysieren, zu messen und zu bewerten; kategorisiert in Consumption Metrics, Retention Metrics, Sharing Metrics, Engagement Metrics, Lead Metrics, Sales Metrics, Production/Cost Metrics: https://bit.ly/dks_curata_infografik_messzahlen.

- Tools: Professionelle E-Mail-Marketing Suites von Emarsys, CleverReach, Inxmail, Newsletter2Go, Campaign Monitor oder MailChimp liefern detaillierte Analysen und Verhaltensmuster zu versendeten E-Mailings oder E-Mail-Newslettern.[408]

Social-Media-Plattformen

- Messwerte: Reichweite, Fan- und Follower-Wachstum, Interaktions-Rate, Traffic zur Webseite, Reaktionszeiten, Sentiment-Analyse, Abonnenten-Entwicklung, Verweildauer, Zahl der Influencer im eigenen Netzwerk, Dialog-Intensität und -Qualität, Share of Buzz, Recommendation Share, Sentiment Index.
- Tools: Integrierte Messtools wie Facebook Insights, Instagram Analytics, Twitter Analytics, Pinterest Analytics, YouTube Analytics, LinkedIn Page Analytics etc.; zusätzlich unabhängige Social-Media-Tools (s. Link-Tipp).

Messenger (WhatsApp, Facebook Messenger, Telegram, Threema, Notify etc.)

- Messwert: Zahl der Messenger-Dialoge, Qualität der Dialoge, Häufigkeit der Nachrichten innerhalb eines Dialoges, Sentiment-Rate bei Dialogen, Anzahl der Newsletter-Abonnenten, Entwicklung der Abonnenten-Rate, Öffnungsrate, Klickrate auf Beiträge.
- Tool: Teilweise integrierte Analyse-Tools; Service-Anbieter wie MessengerPeople.

6. Welche Instrumente bieten ein ganzheitliches Monitoring?

Der Markt an übergreifenden Monitoring-Tools ist seit Jahren groß. Aus Platzgründen kann nur eine kleine Auswahl an kostenlosen wie kostenpflichtigen Instrumenten aufgeführt werden. Gleichzeitig ist die Branche stark in Bewegung. So wäre es nicht verwunderlich, wenn sich künftig weitere Anbieter gegenseitig übernehmen würden. Grundsätzlich muss wieder zwischen Analytics-Tools – vor allem zur Analyse der eigenen Aktivitäten – sowie Monitoring-Tools – zur Beobachtung von Marken, Themen, Begriffen, Entwicklungen – unterschieden werden, auch wenn die großen Anbieter meist beide Bereiche im Portfolio haben.

TOOL-TIPP

Analytics- und Monitoring-Tools

Über die folgenden meist kostenpflichtigen Tools lässt sich das Verhalten in ausgewählten (Social-Media-)Plattformen detailliert analysieren beziehungsweise aufzeigen, welche Themen wie stark in welchen Kanälen diskutiert und verbreitet werden. Dabei richtet sich der Preis nach dem Analyseumfang, der

408 Einen Überblick über 12 Top-Newsletter-Tools hat Robert Brandl publiziert: https://www.emailtooltester.com/newsletter-tools.

Zahl der Teammitglieder und der Anzahl an beobachteten Kanälen. So sind die in der Auflistung genannten Tools und Preise nicht immer direkt miteinander vergleichbar.

- www.10000flies.de gratis
- www.facelift-bbt.com diverse Pakete
- www.fanpagekarma.com ab 49,90 €/Monat
- www.hootsuite.com ab 25 €/Monat
- www.quintly.com ab 300 €/Monat
- www.sproutsocial.com ab 99 $/Monat

Ein ausführliches Social Media Monitoring beziehungsweise Social Media Listening lässt sich über die folgenden Anbieter durchführen. Dabei ist zu berücksichtigen, dass die Zahl der Ergebnisse unter den Tools stark divergiert. Zudem integrieren immer mehr größere Tools auch Analyse-Ansätze.

- www.brandwatch.com ab 600 €/Monat
- www.dirico.io ab 499 €/Monat
- www.echobot.de ab 299 €/Monat
- www.fanpagekarma.com ab 149 €/Monat
- www.linkfluence.com ab 300 €/Monat
- www.meltwater.com ab 800 €/Monat
- www.talkwalker.com ab 500 €/Monat
- www.ubermetrics.com ab 500 €/Monat
- www.vico-research.com ab 299 €/Monat

Neben diesen Spezialanbietern sind als Player ebenfalls die seit vielen Jahren etablierten Medienbeobachtungsinstitute wie Argus, Ausschnitt Medienbeobachtung, Cision, Kantar oder Landau Media zu berücksichtigen, die das Monitoring digitaler Kommunikationskanäle in ihr bisheriges traditionelles Medien-Monitoring-Portfolio integriert haben.

7. Was sollte unser tägliches Monitoring umfassen?

Bei der Beobachtung ihrer digitalen Kommunikationsaktivitäten sollten Unternehmen und Institutionen per Monitoring die folgenden Fragen final beantworten können:

- **Analyse Eigenmarke**: Welche der gesetzten Themen waren wie erfolgreich? Welche Informationen wurden verbreitet – und fanden Anklang? Welche Dialoge wurden geführt – mit welchen Ergebnissen?
- **Monitoring Eigen- und Fremdmarke**: Was wird über das Unternehmen, die eigene Institution geschrieben? Was über die Produkte, Projekte, Personen und Leistungen? Was über die Konkurrenz? Und was über die Branche generell? Wie ist der Tonfall? Welche

Aspekte werden positiv wie negativ betont? Welche Kritik wird geäußert? Welche Bedürfnisse bleiben bislang unerfüllt?

- **Monitoring und Analyse Mitbewerber**: Über welche Themen schreiben die Mitbewerber? Welcher Content kommt gut, schlecht, überhaupt nicht an? Setzen sie Themen, auf die es sich aufzuspringen lohnt?
- **Monitoring Influencer**: Wer schreibt – regelmäßig – über die eigene Marke, die Konkurrenz, die Branche? In welchem Tonfall? Welches Standing haben sie innerhalb der Branche? Wie präsent sind die eigenen Markenbotschafter? Auf welchen Kanälen und mit welchen Themen finden sie besonders Anklang?

Wie gesagt: Klare Messwerte und Key-Performance-Indikatoren sollten bereits zu Anfang klar definiert worden sein. Sonst ist jede Analyse, jedes Monitoring, jede Evaluation wertlos, da Erfolge und Misserfolge niemals final beurteilt werden können. Auch können keine Folgerungen gezogen werden, wie die eigenen digitalen Kommunikationsmaßnahmen weiter optimiert werden könnten.

LINK-TIPP

Plattform für digitales Analytics und Monitoring
Wer sich regelmäßig über digitales Monitoring informieren und auf neue Tools aufmerksam gemacht werden will, der findet mit dem MonitoringMatcher einen guten Startpunkt. Das »Magazin rund um digitales Monitoring« liefert nicht nur Hintergrundberichte und Erklärstücke, Studien und Lesetipps. Zudem bietet es fünf Listen mit einer detaillierten Beschreibung von Anbietern zu den Bereichen Analytics, Monitoring, Publishing, Engagement und Web Analytics.
Zum Magazin: https://www.monitoringmatcher.de

Der Blog der Minjob-Zentrale: Von null auf 3,5 Millionen Aufrufe

Von Susanne Heinrich und Thorsten Vennebusch[409]

Wer die Minijob-Zentrale ist
Die Minijob-Zentrale ist Teil des Verbundsystems der Deutschen Rentenversicherung Knappschaft-Bahn-See. Seit der gesetzlichen Neuregelung der geringfügigen Beschäftigungsverhältnisse im Jahre 2003 sind wir die zuständige zentrale Stelle für das Melde- und Beitragsverfahren rund um die geringfügigen Beschäftigungen, die sogenannten Minijobs. Wir betreuen gut 2 Millionen Arbeitgeberkonten und über 7 Millionen Minijobber. Zu unseren Aufgaben gehören neben dem Meldeverfahren

409 **Transparenzhinweis**: Dominik Ruisinger ist seit vielen Jahren beratend für die Minijob-Zentrale tätig – mit Fokus auf Blog, Twitter, LinkedIn und weitere digitale Thematiken.

zur Sozialversicherung und dem Einzug der Pauschalabgaben bei allen gewerblichen Minijobs auch die Durchführung des Haushaltsscheck-Verfahrens für Minijobs in Privathaushalten. Darüber hinaus bieten wir Arbeitgebern und Arbeitnehmern ein umfassendes Service- und Informationsangebot und beraten zum Versicherungs-, Beitrags- und Melderecht bei »Minijobs«.

Externe Unternehmenskommunikation bis 2013
Die externe Unternehmenskommunikation der Minijob-Zentrale bestand bis zum Jahr 2013 aus klassischer Pressearbeit, einer eigenen Homepage, einem Newsletter, der Beratung am Servicetelefon und verschiedener Public-Relations-Maßnahmen wie zum Beispiel der Haushaltsscheck-Kampagne. Diese zielte darauf ab, Arbeitgeber im Privathaushalt zu informieren und zu motivieren, ihre Haushaltshilfe aus der Schwarzarbeit herauszuholen und sie bei der Minijob-Zentrale anzumelden. Hauptzielgruppen waren: Arbeitgeber und Minijobber im gewerblichen Bereich und im Privathaushalt.

Unsere Anfänge
Als Referentin für Presse- und Öffentlichkeitsarbeit wurde ich, Susanne Heinrich, 2012 zur Social-Media-Beauftragten der Knappschaft-Bahn-See ernannt und erhielt den Auftrag, zu prüfen, ob und auf welchen Social-Media-Kanälen die Minijob-Zentrale präsent sein sollte. Entscheidend hierbei war der Austausch mit anderen aktiven Social-Media-Experten auf BarCamps und mit Unternehmen, die mir über ihre Erfahrungen zur Strategie, zum Aufbau und Workflow ihrer Social-Media-Aktivitäten berichteten.

Von Anfang an war es aus Sicht der Unternehmenskommunikation wichtig, die Social-Media-Kanäle in ein strategisches Unternehmenskommunikationskonzept zu integrieren und nicht losgelöst zu betrachten. Ebenfalls war aus anderen abteilungsübergreifenden Projekten klar, dass der Aufbau und die Betreuung potenzieller Social-Media-Kanäle für die Minijob-Zentrale nur in Zusammenarbeit mit fachkundigen Mitarbeitern möglich und erfolgreich werden. Hierfür wurde eine fachübergreifende Arbeitsgruppe gegründet, in welcher sowohl Mitarbeiter aus der Presse- und Öffentlichkeitsarbeit als auch Kolleginnen aus der Minijob-Zentrale eingebunden waren. Das Ziel: Ein gemeinsames Social-Media-Projekt voranzutreiben – neben unseren eigentlichen Hauptaufgaben.

Der Start per Arbeitsgruppe
In unserer Arbeitsgruppe analysierten wir die einzelnen Social-Media-Kanäle mit folgenden Fragestellungen: Welcher Kanal passt zu uns? Welche Ziele, Zielgruppen möchten wir erreichen? Haben wir genügend Content, um den Kanal zu befüllen? Wie

können wir den Workflow von Redaktion, Community Management und Monitoring bis hin zur Evaluation sicherstellen?

Um unsere strategischen Ansätze überprüfen zu lassen, veranstalteten wir einen gemeinsamen Workshop mit einem externen Social-Media-Experten. Wir kamen zu dem Ergebnis, dass ein Twitter-Kanal und ein eigener Blog die geeigneten Kanäle seien, um unsere strategischen Ziele, unsere Zielgruppen zu erreichen und mit ihnen in einen kontinuierlichen Dialog zu treten. Gleichzeitig warteten zu Anfang einige Herausforderungen auf uns.

1. Wir brauchen Zugriff
Als bundesweiter Sozialversicherungsträger stehen Schutz und Sicherheit von sozialen und medizinischen Daten für den IT-Bereich an oberster Stelle. Die Beschäftigten der Knappschaft-Bahn-See hatten daher damals keinen Zugriff auf die Social-Media-Kanäle. Dies galt auch für uns, die für die Unternehmenskommunikation und die Social-Media-Kanäle zuständig sein sollten.

Es galt also, im nächsten Schritt die IT-Sicherheit und die Datenschützer einzubinden. Wir erstellten dafür ein Konzept mit Lösungsvorschlägen von Freischaltung der Rechner im unternehmensinternen Netz, für diejenigen, die zukünftig die Social-Media-Kommunikation übernehmen sollten, bis hin zu Stand-alone-Rechner-Lösungen. Auch Hardware wie Smartphones oder Tablets sowie Software-Tools für die Teamarbeit war ein Thema.

2. Wir benötigen Häuptlinge und Indianer
Unter dem Motto »es kann nicht nur Häuptlinge geben« war es erforderlich, die Teamzusammenstellung, die Rollen und die Verantwortlichkeiten festzulegen. Zudem waren ganz konkrete, für eine Zusammenarbeit aber wichtige Fragen zu klären: Sollten wir beispielsweise – ähnlich wie die Deutsche Bahn – auf unseren Social-Media-Kanälen Abkürzungen unserer Namen verwenden? Alle diese Fragen haben wir sachlich diskutierend und demokratisch lösen können – mit der gemeinsamen Entscheidung: **Wir treten als Team der Minijob-Zentrale auf.**

3. Wir brauchen ein Konzept
Um auf Twitter aktiv zu werden und einen Blog für die Minijob-Zentrale aufzubauen, bedurfte es eines Vorstandsbeschlusses. Dementsprechend erstellten wir eine Entscheidungsvorlage, die ein umfassendes strategisches Konzept zu den Aktivitäten, insbesondere aber auch zu Kennzahlen und Evaluierungen enthielt. Dies erwies sich als große Herausforderung. Denn weder die Knappschaft-Bahn-See noch die Minijob-Zentrale waren bis zu diesem Zeitpunkt in den sozialen Medien aktiv. Uns lagen deshalb keine Erfahrungswerte bezüglich Workflows, Tools und Erfolgsparametern vor.

Folglich konnten wir im Vorhinein auch keine konkreten, messbaren Ziele festlegen. Die Vorlage für unseren Vorstand enthielt folglich »nur« die Empfehlung, den Twitter-Kanal in Kombination mit einem eigenen Blog ab Oktober 2013 zu starten, in einer viermonatigen Pilotphase zu testen und zu evaluieren. Nach der Start- und Testphase sollte ein Zwischenbericht erstellt werden, mit konkreten Zielen und Evaluationsparametern sowie einer Prognose für das Jahr 2014.

Unser Ansatz: Eine Kombination aus Twitter und Blog

Durch den Kanal Twitter sollte in Verbindung mit einem eigenen Blog die Informationsbasis der Minijob-Zentrale deutlich ausgebaut und durch das aktive Setzen eigener Themenschwerpunkte die Meinungsführerschaft angestrebt werden. Gleichzeitig wollten wir durch die Reaktion auf Fragen und Diskussionen zur Minijob-Thematik die Identifizierung von Beschwerdepotenzial ermöglichen. Adressaten waren Minijobber, Haushalte, gewerbliche Arbeitgeber, Politiker, Journalisten, aber auch Kritiker.

Schon in der Konzeption war der Blog der Minijob-Zentrale als Informations- wie auch als klares Dialog-Angebot an unsere Zielgruppen geplant. Das heißt: Von Anfang an hatten wir das Ziel, zu informieren, Service anzubieten und uns offen für Kommentare, Rückfragen und einen Dialog zu zeigen.

Unser Blog – unser Herzblut

Im Oktober 2013 starteten wir den Blog der Minijob-Zentrale[410] – blog.minijob-zentrale.de – im klassischen Format eines Tagebuches: Aktuelle Beiträge rund um das Thema Minijobs wurden in chronologischer Reihenfolge veröffentlicht und konnten kommentiert werden. »Unser Blog rund um Minijobs!« wurde explizit nicht als Marketing-Instrument konzipiert. Er hatte auch nicht den Charakter einer weiteren Unternehmenswebsite. Auch eine finanzielle Bewerbung der Beiträge fand und findet bis heute nicht statt. Um die gesetzten Schwerpunkte und publizierten Themen im Blog besser beurteilen zu können, müssen wir kurz auf unsere Zielgruppen eingehen. Denn diese sind extrem unterschiedlich, wie der nächste Absatz aufzeigen wird. Und genau dies hat wiederum Folgen für unsere inhaltliche Ausrichtung.

Wer sind unsere Zielgruppen?

Neben der Durchführung des bundesweiten Melde- und Beitragsverfahrens hat die Minijob-Zentrale eine weitere wesentliche Aufgabe: Sie muss Arbeitgeber und Minijobber über alle gesetzlichen und rechtlichen Fragen informieren. Diese auf den ersten Blick homogene Zielgruppe ist bei genauem Hinsehen von unterschiedlichen Interessen und Informationsbedürfnissen geprägt. Schon die Arbeitgeber, die bei

410 https://blog.minijob-zentrale.de.

der Minijob-Zentrale ihre Beschäftigten anmelden, müssen unterschieden werden in gewerbliche und private Arbeitgeber. Kurz zur Erklärung:

- Das Melde- und Beitragsverfahren für gewerbliche Minijobber ist im Großen und Ganzen vergleichbar mit dem Melde- und Beitragsverfahren für sozialversicherungspflichtig Beschäftigte. Die sich daraus ergebenen Fragen bei den Arbeitgebern sind somit ähnlich komplex. Hinzu kommt, dass Minijobber in Deutschland vermehrt von kleinen Arbeitgebern eingestellt werden, die zum Beispiel keine oder nur wenig Erfahrung mit der sozialversicherungsrechtlichen Beurteilung von Minijobs besitzen. Der Informationsbedarf ist daher bei diesem Personenkreis verständlicherweise verhältnismäßig groß und verursacht einen erheblichen Beratungsaufwand bei der Minijob-Zentrale.
- Das Melde- und Beitragsverfahren für Privathaushalte wurde mit dem sogenannten Haushaltsscheck-Verfahren bewusst einfach konzipiert und unterscheidet sich grundlegend vom Verfahren im gewerblichen Bereich. Da die Beschäftigungen im Privathaushalt auf Dauer angelegt sind, jeder Haushalt in der Regel nur eine Person beschäftigt und die Minijob-Zentrale den Haushalten einen Großteil der für gewerbliche Arbeitgeber üblichen Aufgaben abnimmt, werden die Arbeitgeber nur selten mit komplexen Aufgaben konfrontiert. Es handelt sich fast durchweg um unerfahrene Arbeitgeber mit hohem Informationspotenzial.

Für den Blog der Minijob-Zentrale ergeben sich daraus zwei völlig unterschiedliche Zielgruppen, die von uns durch unterschiedliche Inhalte über blog.minijob-zentrale.de angesprochen werden müssen.

Vergleichbares gilt für die Beschäftigten selbst. Auch hier unterscheiden sich die Interessen und damit die entstehenden Fragen deutlich. Minijobber in Privathaushalten haben zwar die gleichen Rechte und Pflichten wie andere Beschäftigte. Jedoch steht hier aufseiten der Minijob-Zentrale im Vordergrund, die Minijobber davon zu überzeugen, sich anmelden zu lassen, um so den hohen Anteil an Schwarzarbeit in Deutschland zu reduzieren. Die für gewerbliche Minijobber im Vordergrund stehenden Fragen zum Sozialversicherungsrecht, Steuerrecht oder Arbeitsrecht haben für die Minijobber in Privathaushalten somit einen anderen Stellenwert.

Dies hat wiederum Auswirkungen auf die im Blog gesetzten Themen: Denn da die Minijobs im gewerblichen Bereich einen Großteil der bei der Minijob-Zentrale angemeldeten Beschäftigten ausmachen (Dezember 2019: 6,68 Mio. Minijobber im gewerblichen Bereich, 0,30 Mio. Minijobber in Privathaushalten), hat sich seit dem Start des Blogs die anvisierte Zielgruppe in diese Richtung bewegt. Ein Großteil der Blogbeiträge richtet sich damit mittlerweile an die gewerblichen Arbeitgeber und Minijobber. Nur vereinzelt werden auch Themen rund um Minijobs in Privathaushalten veröffentlicht. Heute können wir aus unseren Erfahrungen und Zahlen klar sagen:

Die eindeutige Fokussierung auf den gewerblichen Bereich hat sich positiv auf die Reichweite des Blogs ausgewirkt.

Eine weitere, nicht zu unterschätzende Zielgruppe hat sich erst im Laufe der Zeit entwickelt. Neben den genannten externen Zielgruppen, die direkt die einzelnen Beiträge des Blogs aufrufen, nutzen mittlerweile auch die Mitarbeiter der Minijob-Zentrale die Beiträge im Rahmen der Kundenberatung. Die fachlich geprüften Beiträge weisen auf aktuelle Themen hin, vereinfachen beziehungsweise vereinheitlichen Kundengespräche und können in Antwort-Mails integriert werden.

Wie hat sich das Blog entwickelt?

Abb. L: Kennzahlen des Blogs der Minijob-Zentrale; Quelle: Minijob-Zentrale

- Seit dem Start des Blogs haben wir auf blog.minijob-zentrale.de rund 300 Beiträge veröffentlicht. Monatlich planen wir durchschnittlich drei bis vier neue Beiträge ein.
- Alleine im Jahr 2019 wurden die Beiträge des Blogs rund 3,4 Millionen Mal aufgerufen.
- Seit 2013 verzeichnen wir rund 9,2 Mio. Aufrufe.
- Die Beiträge wurden seit 2013 bislang mehr als 5.900 Mal kommentiert. Dies sind im Schnitt rund 1.000 Kommentare pro Jahr, die von uns auch beantwortet werden.

Ein Beispiel: Am Beispiel eines Beitrags zum Urlaubsanspruch für Minijobber[411] wird die Bedeutung des Blogs für die externe Kommunikation der Minijob-Zentrale schnell deutlich. Dieser Beitrag wurde im Jahre 2017 veröffentlicht und bis heute rund 760.000 Mal gelesen. Täglich zählt allein dieser Beitrag zwischen 800 und 1.200 Aufrufen. Mehr als 450 Kommentare zeigen zudem das enorme Interesse an diesem Thema.

Die Entwicklung der jährlichen Aufrufe zeigt ebenfalls die enorm wachsende Bedeutung des Blogs für die Minijob-Zentrale. Wurden die Beiträge auf blog.minijob-zentrale.de im Jahr 2014 rund 93.000 Mal aufgerufen, so hat sich dieser Wert bis heute potenziert und liegt bei 3,4 Millionen pro Jahr. Dies zeigt, dass die regelmäßige Veröf-

411 https://bit.ly/dks_mjz_urlaub.

fentlichung und inhaltliche Weiterentwicklung von Beiträgen – trotz relativ geringer Aufrufe in den beiden Anfangsjahren – ein Grund für den Erfolg des Blogs sein können.

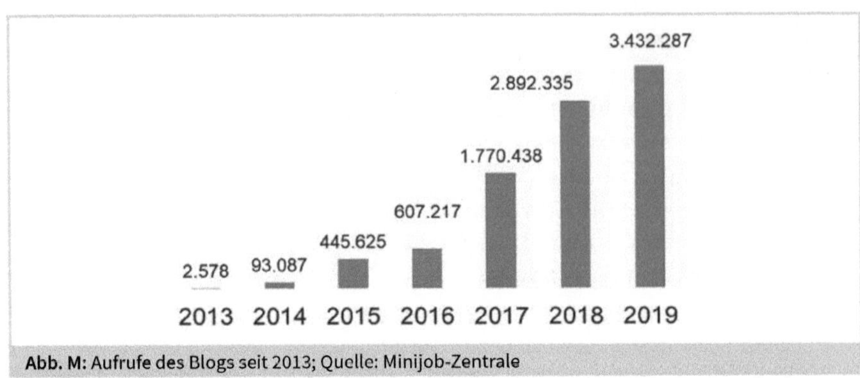

Abb. M: Aufrufe des Blogs seit 2013; Quelle: Minijob-Zentrale

Wie stellen wir Reichweite für unser Blog her?
Der Blog kann klassisch per E-Mail oder per RSS auf der Website des Blogs abonniert werden, um automatisch über jeden neuen Beitrag benachrichtigt zu werden. Hiervon machen mittlerweile in der Summe fast 3.000 Personen Gebrauch. Auf neue Beiträge weisen wir zudem in unseren Social-Media-Kanälen hin. Auch auf unserer Website www.minijob-zentrale.de wurden die aktuellen Beiträge des Blogs prominent eingebunden. Werbliche Maßnahmen für den Blog – ob in Suchmaschinen oder in Social-Media-Kanälen – haben wir dagegen bis heute nie eingesetzt.

Für den Newsletter der Minijob-Zentrale ist der Blog zudem der wichtigste Content-Generator geworden. In jeder monatlichen Ausgabe werden aktuelle Beiträge integriert und damit noch stärker sichtbar gemacht. Schließlich zählt der Newsletter der Minijob-Zentrale momentan mehr als 100.000 Nutzer. Neben der positiven Auswirkung des Newsletters auf den Blog findet auch in umgekehrter Richtung ein positiver Einfluss statt. Die Zahl der Newsletter-Abonnenten wächst seit Einführung des Blogs stetig an.

Wie entstehen konkret unsere Themen und Blogbeiträge?
An der Entstehung von Blogbeiträgen sind verschiedene Arbeitsbereiche direkt beteiligt. Neben Mitarbeitern, die in der Minijob-Zentrale ihren Schwerpunkt in der fachlichen beziehungsweise rechtlichen Auseinandersetzung mit dem Thema Minijobs haben, werden auch diejenigen eingebunden, die im Service-Center tagtäglich mit der persönlichen Beratung von Kunden beschäftigt sind. Diese können dadurch schnell relevante neue Themen identifizieren und aufarbeiten. Diese Beiträge können dann wiederum bei der täglichen Beratung von Kunden genutzt werden.

Können neue Themen identifiziert werden, werden diese im Rahmen einer wöchentlichen Redaktionskonferenz erörtert. Sollten Themen eine hohe aktuelle Relevanz besitzen, werden diese Beiträge auch abweichend vom Wochenrhythmus ad hoc zur Diskussion gestellt. Das Social-Media-Team entscheidet selbstständig, welche Themen umgesetzt und verfasst werden. Um die zeitliche Dauer der Prüfung eines verfassten Beitrags zu verkürzen, findet in enger personeller Zusammenarbeit eine fachliche und inhaltliche Prüfung des Beitrags hinsichtlich Schreibstil und Suchmaschinenoptimierung (SEO) statt. Abschließend wird der Beitrag vor der Veröffentlichung nochmals vom Referat für Presse- und Öffentlichkeitsarbeit aus redaktioneller Sicht geprüft. Die folgende Abbildung zeigt beispielhaft, wie ein Blogbeitrag entsteht.

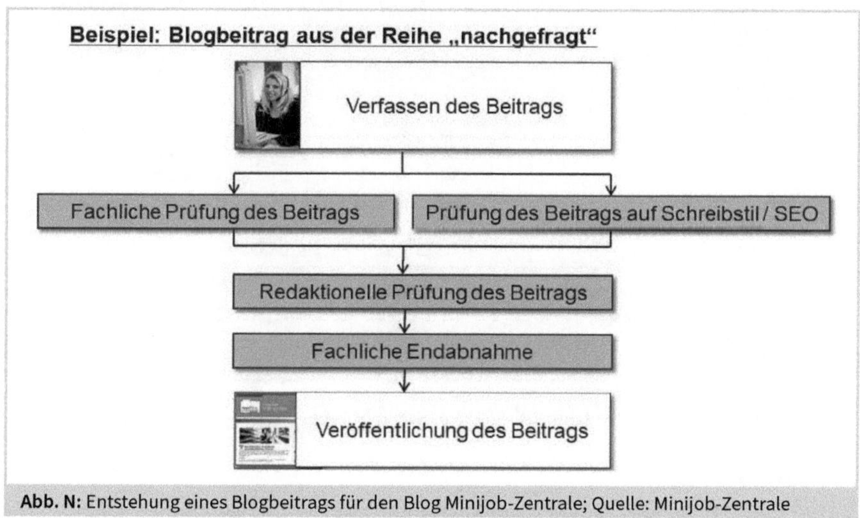

Abb. N: Entstehung eines Blogbeitrags für den Blog Minijob-Zentrale; Quelle: Minijob-Zentrale

Wie verbreiten wir unsere Blog-Beiträge?
Wir nutzen den vorhandenen Content regelmäßig, um als Minijob-Zentrale auf weiteren Kanälen im Social Web präsent zu sein. Dies zeigt die Abbildung O. Drei wichtige Ansätze daraus:

- **Blogcast:**[412] Mit Blick auf die Weiterentwicklung und die Optimierung stellten wir uns die Frage, wie wir unseren vorhandenen Content für andere Formate oder Kanäle nutzen können. So entstand die Idee eines Blogcasts. Auch im Hinblick auf das Thema Barrierefreiheit vertonen wir daher seit Juni 2019 unsere Blogbeiträge.
- **Minijob-Magazin als Podcast**: Seit November 2019 erstellen wir aus ausgewählten Blogbeiträgen und Radio-Interviews unseren Podcast Minijob-Magazin.

412 https://narando.com/channel/minijob-zentrale.

Dieser kann beispielsweise über Spotify[413] und Apple Podcast abonniert werden. Damit wollen wir einerseits Menschen erreichen, die blind oder sehbehindert sind, andererseits aber auch die Personen und die Pendler, die viel mobil unterwegs sind.

- **LinkedIn**: Ausgewählte relevante Inhalte veröffentlichen wir neben Facebook und Twitter seit September 2019 auch auf unserer LinkedIn-Seite[414]. Damit wollen wir die Minijob-Zentrale im Business-Bereich stärker positionieren, Themen selbst setzen, uns mit Interessenten und Multiplikatoren vernetzen, aber auch eigene Beschäftigte und an Themen Interessierte erreichen.

Abb. O: Bedeutung und Nutzung des Blogs der Minijob-Zentrale; Quelle: Minijob-Zentrale

Daher unser Fazit:
Der Blog der Minijob-Zentrale ist eine Erfolgsgeschichte. Dies können wir aus Sicht unseres gesamten Teams heute konstatieren. Er läuft auch deshalb so erfolgreich, weil wir relevanten Content haben und mit unseren Zielgruppen kontinuierlich in den Dialog treten. Wir greifen die Fragen der Leser auf, beantworten die Kommentare und erarbeiten daraus neue Themen.

Rückblickend lässt sich daher final sagen: Gute Teamarbeit mit unseren Kollegen, wirkliche Überzeugung und Freude an gemeinsamen Social-Media-Projekten, aber auch die ständige kritische Überprüfung und Weiterentwicklung mit Blick auf aktuelle Trends – dies sind die Erfolgsfaktoren für ein gelungenes Projekt im digitalen Zeitalter.

413 https://open.spotify.com/search/minijob-magazin.
414 https://www.linkedin.com/company/minijobzentrale.

13 Ressourcenplanung: Was müssen wir einsetzen?

Organisationen stehen vor vielfältigen strategischen Herausforderungen. Diese bedingen nicht nur eine fortlaufende Aus- und Weiterbildung der internen Teams wie regelmäßige Inhouse-Schulungen zu aktuellen kommunikativen und technologischen Entwicklungen beispielsweise im Rahmen von Experten-Hearings, Social-Media-Sprechstunden oder individuellen Coachings. Der Erfolg einer digitalen Kommunikationsstrategie ist zudem in hohem Maße von den Ressourcen und damit von ihrer detaillierten und frühzeitigen Planung abhängig.

Bereits in einer frühen Konzeptionsphase sind die notwendigen personellen, zeitlichen wie finanziellen Ressourcen sorgfältig zu definieren. Dies bildet die Voraussetzung für die Organisation, kontinuierlich agieren zu können und ihr Engagement nicht nach kurzer Zeit wieder einschränken oder gar einstellen zu müssen. Wer nicht auf ausreichende Ressourcen zurückgreifen kann, sollte sich besser auf einen einzigen Kanal fokussieren, anstatt auf zahlreichen Plattformen vereinzelte, nur kurzfristige und damit wenig erfolgsversprechende Versuche zu starten. Ansonsten können sich die digitalen Kommunikationsaktivitäten als teure, ineffektive Ressourcen-Verschwendung erweisen – an Personal, Zeit und Geld –, die sich wiederum nur negativ auf das eigene Image intern wie extern auswirkt.

Mit digitalen Kommunikationsprozessen und sich verändernden Technologien sind, wie aufgezeigt, vielfach strategische Change-Prozesse innerhalb der Organisation verbunden. Sie gehen mit einer Neubestimmung von Ressourcen einher oder machen sie notwendig. Wenn dabei von »Ressourcen« die Rede ist, so sind insbesondere drei Arten für den Erfolg verantwortlich beziehungsweise bestimmen den Verlauf ganz maßgeblich mit. Wie Abb. 49 zeigt, heißen die Faktoren Mensch und damit Wissen samt fortlaufender Weiterbildung, Zeit und damit Personal sowie Budget für Mitarbeiter, Technologie, Werbekosten und externe Unterstützung. Gerade der Mensch und sein Wissen ist dabei ein Faktor, dessen Relevanz vielfach unterschätzt wird.

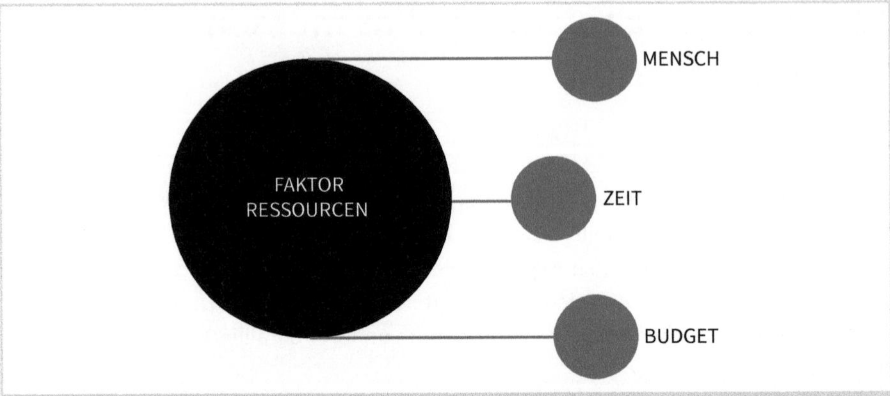

Abb. 49: Ressourcen als zentrale Erfolgsfaktoren für eine digitale Kommunikationsplanung; Quelle: eigene Darstellung

13.1 Die Ressource Mensch

Personelle Ressourcen sowie interne Verantwortlichkeiten sind zentrale Faktoren, die den Erfolg digitaler Kommunikationsaktivitäten einschränken oder gar behindern können. Folgende Fragen – und dies nur als kleine Auswahl – müssen geklärt werden:

- Wer bedient die Kommunikationskanäle?
- Wer schreibt den E-Mail-Newsletter?
- Wer aktualisiert die Webseite?
- Wer kommuniziert per Messenger?
- Wer übernimmt das fortlaufende Monitoring und kümmert sich um die Analyse?
- Wer koordiniert die digitalen Kommunikationsaktivitäten?

Viele Unternehmen und Institutionen erklären ihre Abwesenheit auf digitalen Kanälen mit fehlenden Ressourcen. Dies ist oftmals ein Zeichen dafür, dass digitale Transformation und Kommunikation in digitalen Medien noch nicht als Chefsache erkannt wurden und damit noch nicht auf der Prioritätenliste nach oben gewandert sind.

Ein unbewusster Sprecher mit Verantwortung

Hinzu kommt: Die Beliebtheit von Social-Media-Kanälen im privaten Bereich wie auf Organisationsebene führt dazu, dass Mitarbeiter öffentlich über ihr Unternehmen, ihre Arbeit, die Produkte und Technologien wie über Services und Kollegen sprechen. Sie informieren sich, bilden sich weiter, kritisieren, bewerten, empfehlen und tauschen sich aus. Damit werden sie – teils ungewollt und meist ungeplant – zum Markenbotschafter der eigenen Organisation. Im positiven Fall sorgen sie mit ihrer authentischen Kommunikation dafür, dass ihr Arbeitgeber Sympathien bei seinen Stakeholdern und seinen relevanten Multiplikatoren im Social Web sammelt. Aus diesem Grund spielt ihr Verhalten gerade für das

Unternehmen selbst eine überaus wichtige Rolle, wie bereits beim Unterkapitel Markenbotschafter thematisiert wurde.

Zudem haben Unternehmen und Institutionen in den vergangenen Jahren Social-Media-Manager vermehrt gesucht und etabliert, welche die Organisation nach innen und nach außen als Gesicht in den sozialen Medien vertreten. Sie haben eine verantwortungsvolle Aufgabe, da sie nicht nur auf den bespielten Kanälen präsent sind; sie müssen sich mit dem eigenen Namen den Diskussionen stellen. Sie bestimmen Tonalität und Kommunikationsstil, wählen dazu eine Sprache, die einerseits dem Image und Auftreten des eigenen Arbeitgebers entspricht, andererseits in der Außendarstellung glaubwürdig und authentisch wirkt.

Schnelle Entscheidungsprozesse

Um jedoch wirklich das Unternehmen vertreten zu können, müssen sie innerhalb ihrer Organisation ein gutes Standing haben, Vertrauen genießen, stark innerhalb der Mitarbeiterschaft und der Abteilungen vernetzt sein, schnellen Zugang zu den zentralen Informationslieferanten haben und gerade in Krisenfällen über sofortigen Kontakt zur Führungsebene verfügen. Zu einem Vertrauensvorschuss zählt ebenso ein unkomplizierter Freigabeprozess: Wenn die Key-Person jeden Beitrag, Tweet oder jede Reaktion auf einen Facebook-Post erst abstimmen muss, wird es für die meisten Herausforderungen bereits zu spät sein. Die Kommunikation würde bis zur Entscheidungsfindung oder inhaltlichen Abstimmung zum Erliegen kommen, ihre Authentizität wäre unglaubwürdig.

Folglich muss die Person mit umfassenden Rechten ausgerüstet sein, um Fragen zu beantworten, Fehler und Missverständnisse zu korrigieren und auf Probleme individuell einzugehen. Zudem sollte sie weitere Mitarbeiter des Unternehmens motivieren, sich selbst an diesem Austausch mit den Nutzern zu beteiligen, sich zu engagieren, was ein hohes Maß an interner Abstimmung bedingt. Zuletzt muss sie die einzelnen Kanäle so eng miteinander vernetzen, damit sie ein einheitliches Bild nach außen transportieren. Solche Pflichten zeigen, welche verantwortungsvolle Aufgaben auf die Gesichter einer Organisation warten. Im Vorfeld müssen dazu Koordinationsaufgaben geklärt werden wie:

- Wer verantwortet die übergreifende Strategie?
- Wer ist der Hauptansprechpartner, wer sein Vertreter?
- Welche Funktionsträger sind am Prozess außerdem beteiligt?
- Wie wird der Workflow intern gestaltet?
- Welche Instrumente und welche Software werden benötigt?
- Wie sind die Verantwortlichen bei Krisen oder am Wochenende zu erreichen?
- Wie werden die weiteren Mitarbeiter integriert?
- Welche regelmäßigen Meetings sind für die Feinabstimmung vereinbart?

Die Einrichtung der Position des Social-Media-Managers ist mit Sicherheit eine wichtige erste Stufe auf dem Weg zu einer kommunizierenden Organisation in digitalen Zeiten. Nur erfordert ganzheitliche digitale Kommunikation deutlich mehr als pure Social-Media-Aktivitäten: Corporate Website, Microsites, Foren, Bewertungsplattformen, E-Mail-Kommunikation, Social Intranet, Messenger-Dialoge, Apps oder teils automatisierte Chatbots sind Instrumente, die ebenfalls die digitale Kommunikation ausmachen. Gerade die enge Vernetzung der Aktivitäten im Social Web mit denen in den anderen Digitalkanälen sowie die Koordination und Steuerung aller Instrumente bedingen weitere personelle Ressourcen, bevor die Organisation wirklich von einer integrierten digitalen Kommunikation sprechen kann. Vor allem erfordert dies ein hohes Verantwortungsbewusstsein bei den betrauten Personen, repräsentieren sie auf ihren Kanälen, mit ihren Inhalten und ihrem Verhalten die Organisation.

Guidelines als Brücke für Mitarbeiter

Angesichts des steigenden Interesses an sozialen Netzwerken, Business-Plattformen, Bilder-Communitys oder Messenger-Diensten und vor dem Hintergrund der besonderen Verantwortung müssen Unternehmen ihre Mitarbeiter in ihrem Verhalten aktiv unterstützen – und gleichzeitig ihre eigenen Produkte und Marken schützen. Zu dem Zweck wurden in den letzten Jahren vielfach Guidelines eingeführt. Sie sollen es Mitarbeitern erleichtern, ein Bewusstsein für den richtigen Umgang mit digitalen Kommunikationsmechanismen aufzubauen. Dazu sind keine Verbote auszusprechen, sondern vielmehr Unsicherheiten im Umgang mit den digitalen Kanälen auszuräumen, Hilfestellungen und Orientierung zu bieten, um somit sowohl die Organisation als auch ihre Mitarbeiter vor Risiken zu schützen.

Spricht man heute gerne von Social Media Guidelines, sind sie besser als Communication Guidelines zu konzipieren, da die Aktivitäten nicht nur den Umgang in den sozialen Medien betreffen, sondern sich ebenso auf die Kommunikation beispielsweise per Messenger, per E-Mail, in Foren oder auf Bewertungsplattformen beziehen. Teilweise sind solche Verhaltensregeln sogar bereits Bestandteil vieler Arbeitsverträge. Es lohnt sich durchaus, das Bewusstsein des Arbeitnehmers mittels entsprechender Guidelines zu schärfen.

Communication Guidelines

Communication Guidelines tragen dazu bei, die Mitarbeiter bei ihrer Kommunikation mit Kunden, Multiplikatoren und Interessenten zu unterstützen. Sie reichen von einfachen Aussagen, kompakten, zwei Seiten langen Dokumenten bis hin zu umfangreichen Broschüren, von reinen Textwüsten bis hin zu kreativen Videos. Gemeinsam ist fast allen, dass sie Regelungen für die folgenden Themen aufstellen:

1. **Arbeitszeit**: Dürfen die digitalen Kommunikationskanäle und Plattformen während der Arbeitszeit genutzt werden? Gibt es Ausnahmen? Und wenn Nutzung: Wie intensiv und mit welchen Einschränkungen? Denn die eigentliche Arbeit darf nicht liegen bleiben.

2. **Klarnamen**: Wie nutze ich die Kanäle? Privat oder geschäftlich? Jeder Mitarbeiter sollte sich mit Klarnamen und Funktion zu erkennen geben. Er sollte sich darüber bewusst sein, dass er gerade im Social Web nicht nur als private Person, sondern auch als Mitarbeiter des Unternehmens wahrgenommen wird und sein Verhalten sich auf die Reputation der Organisation auswirkt. So sollte in den Kanälen klar gekennzeichnet sein, wenn die Inhalte rein privater Natur sind und nicht die Meinung des Unternehmens beziehungsweise die Position des Arbeitgebers reflektieren. Zudem könnte eine Nichtangabe des Arbeitgebers trotz inhaltlicher Äußerungen zu einer Klage von Mitbewerbern führen – wegen Schleichwerbung.
3. **Verantwortung**: Welche Verantwortung habe ich als Arbeitnehmer für mich selbst und für meinen Arbeitgeber? Schließlich hat das Verhalten eines Mitarbeiters auch Einfluss auf Kunden, Partner und Konkurrenten der Organisation. Jeder sollte sich den Konsequenzen seines Verhaltens, seiner Verantwortung und seiner persönlichen Haftung bewusst sein. Beispielsweise sollten Fehler in den sozialen Medien nicht einfach gelöscht, sondern wirklich richtiggestellt werden – verbunden mit einer Erklärung oder einer Entschuldigung.
4. **Vertraulichkeit**: Welche Inhalte sind tabu und dürfen nicht kommuniziert werden? Wie reagiere ich, wenn ich aber auf solche Themen angesprochen werde? Betriebs- und Geschäftsgeheimnisse bleiben intern. Jeder sollte daher für unzulässige Inhalte wie Vertraulichkeit von Inhalten sensibilisiert sein. Und er sollte auch wissen, wie er in solchen Fällen bei Äußerungen anderer zu reagieren hat.
5. **Krise**: Was mache ich in einer Krisensituation? Wie reagiere ich beispielsweise bei – scharfer – Kritik? Jeder Mitarbeiter muss wissen, wie er mit kritischen Situationen umgehen soll, dass er sich mit anderen Abteilungen inhaltlich eng abstimmen muss, bis zu welchem Maße er selbst reagieren darf und ab wann seine eigenen Kompetenzen überschritten sind. Er sollte zudem wissen, dass beispielsweise Schmähkritik zu rechtlichen Konsequenzen bis hin zur Löschung des Beitrages führen kann.
6. **Recht**:[415] Welche Rechte im Internet muss ich als Mitarbeiter beachten? Welche sind für meine tägliche Arbeit relevant? In welcher Form darf ich beispielsweise Fotos und Videos nutzen? Aus welchen Angeboten? Welche Angaben erfordert die Impressumspflicht auf der Webseite, in einem Blog, in einem sozialen Netzwerk, im E-Mail-Newsletter? Mitarbeiter müssen für Datenschutz, Urheber-, Persönlichkeits-, Wettbewerbs- und Markenrechte sensibilisiert sein und sollten zumindest über ein Grundwissen verfügen.

415 Gerade in der digitalen Kommunikation gibt es viele rechtliche Fallstricke. Viele gute Tipps – für die eigenen Präsenz im Netz, zu Urheber- und Bildrechten, zum Embedding von Inhalten, zu Arbeitnehmerschutz oder zu den rechtlichen Grundlagen einzelner Plattformen – finden sich im Buch von Carsten Ulbricht (2017); hilfreiche Informationen, Meinungsäußerungen und Stellungnahmen zu aktuellen rechtlichen Thematiken gibt es u. a. in den Blogs der Anwälte Carsten Ulbricht http://www.rechtzweinull.de, Thomas Schwenke https://www.drschwenke.de, Nina Diercks https://diercks-digital-recht.de und auf dem Video-Kanal von Christian Solmecke https://www.youtube.com/KanzleiWBS; eine Twitter-Liste zum Thema Rechtliches hat der Autor zudem angelegt unter https://twitter.com/i/lists/69888316.

AUSFLUG

Sieben Tipps für Communication Guidelines

1. **Einblicke geben:** Guidelines haben Aufklärungscharakter. Organisationen sollten darin deutlich machen, was sie sich von einem Engagement konkret versprechen. Dazu zählt, ihre digitale Kommunikationsstrategie kompakt offenzulegen und die Aktivitäten in den Kanälen kurz zu charakterisieren. Nur mit Klarheit lassen sich Mitarbeiter dafür gewinnen, sich verstärkt einzubringen.
2. **Als Empfehlung formulieren:** Guidelines sollten nicht als Verbot oder gar als Richtlinie formuliert sein, zumindest wenn Unternehmen an einer Präsenz ihrer Mitarbeiter in den digitalen Medien interessiert sind. Vielmehr sollten sie so formuliert sein, dass Mitarbeiter sie als Empfehlung, Motivation und hilfreiche Unterstützung verstehen.
3. **Hintergründe vermitteln:** Organisationen sollten in ihren Richtlinien immer erklären, welchen Sinn und welche Ziele sie verfolgen. Am besten sollte das in einer einfachen Sprache und über alltägliche und nachvollziehbare Beispiele erfolgen.
4. **Im Vorfeld zur Diskussion stellen:** Für eine hohe Akzeptanz sollten Mitarbeiter möglichst weitreichend in die Erstellung der Richtlinien eingebunden sein und sogar daran mitwirken können. Als vertrauensstärkende Maßnahme könnte in einem unternehmensinternen Wiki der Entwurf der Guidelines zur Diskussion gestellt werden, um dann gemeinsam mit Unternehmensleitung, der Arbeitnehmervertretung und Mitarbeitern an einer finalen Version zu arbeiten, die dann auf breite Akzeptanz trifft.
5. **In einer Schulung einführen:** Es bringt nichts, den Mitarbeitern per E-Mail, über das hauseigene Intranet oder per Hauspost die Guidelines verpflichtend zukommen zu lassen. Dies wird kaum zu einer intensiven Beschäftigung führen. Damit sie auf Akzeptanz stoßen und aktiv genutzt beziehungsweise beachtet werden, sollten sie richtig eingeführt werden – am einfachsten per Top-down-Schulungen quer durch die einzelnen Abteilungen oder durch regelmäßige Veranstaltungen.
6. **Ansprechpartner bereitstellen:** Gerade in den Anfängen werden Guidelines bei vielen Mitarbeitern Unklarheiten und Fragen im Alltag verursachen. Um Bedenken frühzeitig auszuräumen, sollte ein gut informierter Ansprechpartner stets verfügbar sein.
7. **Richtlinien zugänglich machen:** Die Richtlinien sollten jedem Mitarbeiter – beispielsweise über das hauseigene Intranet, über einen geschlossenen Bereich auf der Corporate Website oder in Druckform – jederzeit zugänglich sein.

Mitarbeiter als Kommunikatoren

Wie gesagt: Die Etablierung eines Social-Media-Managers ist ein zentraler Schritt auf dem Weg zu einer digitalen Kommunikationskultur – aber nur ein erster. Denn in Zeiten der digitalen Kommunikation entwickeln sich die Mitarbeiter immer stärker zu Kommunikatoren – und zwar zu durchaus glaubwürdigen Kommunikatoren, wie unter anderen die in Kapitel 4.2.3 erwähnte Trust-Barometer-Studie der Agentur Edelman[416] aufzeigt. Aber: Wenn immer mehr Mitarbeiter in den digitalen Kanälen aktiv werden, kommt deren Koordination eine besondere Rolle zu.

Insbesondere in größeren Unternehmen und Institutionen sind organisatorische Strukturen unverzichtbar, um die Prozesse aufeinander abzustimmen. Jeremiah Owyang von der Altimeter Group legte bereits 2010 das Ergebnis einer Untersuchung vor, bei der rund 140 Unternehmen nach ihren Organisationsmodellen[417] befragt wurden. Die Resultate machten deutlich, dass die Mehrheit mit cross-funktionalen Teams arbeitet, die aus einer zentralen Position heraus die verschiedenen Unternehmensbereiche unterstützen. Das Modell lässt sich folgendermaßen auf die digitale Kommunikation übertragen (s. Abb. 50). Der Digital Communication Manager oder Digital Communication Coordinator wird damit zu einer Querschnittsdisziplin, die Digital Communication Governance zu einer Schlüsselfunktion innerhalb der Organisation, die in alle Bereiche hineinwirkt.

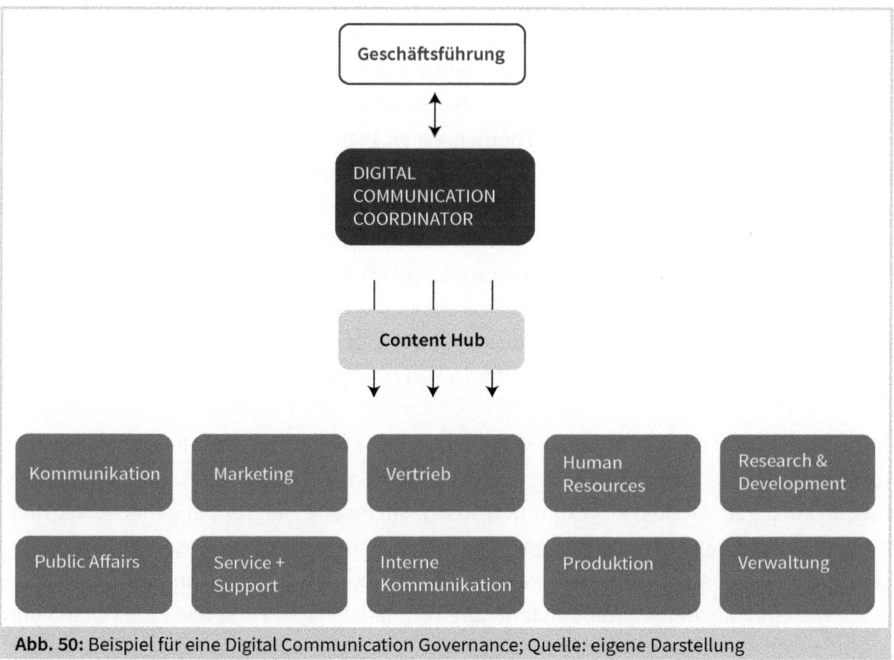

Abb. 50: Beispiel für eine Digital Communication Governance; Quelle: eigene Darstellung

416 https://www.edelman.com/trustbarometer.

417 Ausführlich geht Owyang (2019) auf die Ergebnisse der Untersuchung und die unterschiedlichen Kooperationsmodelle ein: https://bit.ly/dks_webstrategist_hubandspoke.

Von einer zentralen Lenkungsstelle aus müssen die digitalen Aktivitäten in den einzelnen Geschäftsbereichen koordiniert und gesteuert werden. Quer durch alle Abteilungen muss der Digital Communication Coordinator die (Kommunikations-)Prozesse etablieren, bisherige Kakofonien aufheben, redaktionelle Strukturen schaffen, personelle Vernetzungen aufbauen, bei größeren Strukturen einen Content-Hub zentralisieren – alles Aufgaben, die sich über die Content-Planung und Content-Koordination über die Produktion und Distribution von Inhalten bis hin zur Auswertung der Ergebnisse erstrecken. Die Content-Distribution erfolgt über den Hub in inhaltlicher Absprache mit den einzelnen Geschäftsbereichen, die über die notwendigen Kompetenzen für die Verbreitung verfügen. Parallel hat der Koordinator die Aufgabe, alle Aktivitäten eng mit sonstigen Kommunikations- und Marketingaktivitäten sowie der Strategie abzustimmen beziehungsweise diese final mit der aktuellen Unternehmensstrategie abzugleichen.

Koordination als Herkulesaufgabe

Alle digitalen Kommunikationsmaßnahmen müssen nicht nur unternehmensintern abgestimmt werden, damit sie dieselbe Sprache sprechen. Sie müssen zudem mit den weiteren Medien eng vernetzt, also konvergent sein, um die Kommunikationswirkung bei den Stakeholdern zu steigern. So muss die Lancierung eines neuen Produkts nicht nur auf der Webseite und auf der Pressekonferenz angesprochen werden. Auch im Newsroom müssen die adäquaten Informationen und Bildmaterialien bereitgestellt sein, der Twitter-Kanal muss auf die Neuigkeit hinweisen, der Newsletter sich speziell an die Fachkunden und ausgewählte Multiplikatoren wenden, der inhaltlich wie rechtlich sauber gebrandete YouTube-Account bei emotionalen Themen einen lebendigen Eindruck vermitteln, auf Facebook und Instagram das Produkt je nach Zielgruppe zur Diskussion gestellt sein – inklusive einer aufmerksamen Moderation – und über kreative Ideen per Storys oder stark visuelle Medien wie TikTok oder Instagram zusätzlich gepusht werden. Und dies nur einige Beispiele – ganz zu schweigen von Aktivitäten auf Twitch, auf LinkedIn, in der App oder auf einer frisch lancierten Microsite. Dabei kommt es darauf an, dass trotz der unterschiedlichen Ansätze und der inhaltlichen Ausgestaltung über alle Kanäle und Plattformen die gleiche Kernbotschaft zumindest in ihrem Wesen transportiert wird.

Doch dies ist noch nicht alles für die Koordination: Die Verbreitung der Inhalte muss nicht nur unter allen digitalen Kanälen abgestimmt werden. Der Content muss zusätzlich eng mit den analogen Inhalten abgestimmt werden, um Inhalte zielgruppengenau auszuspielen. Diese Koordination basiert auf gut vernetzten Teams, in denen klare Verantwortungsbereiche inklusive Reportings definiert sind. Erst wenn es gelingt, einen medienspezifischen wie einheitlichen Content unabhängig von Kanälen und Personen zu erzeugen und zu verbreiten – Stichwort Newsroom Gedanke –, lässt sich von einer erfolgreichen integrierten und ganzheitlichen Kommunikation sprechen.

Regelmäßige Schulungen für Teams

Das notwendige hohe Maß an Koordination verdeutlicht, wie intensiv die Mitarbeiter eines Teams fortlaufend weitergebildet werden müssen – mittels Gesprächen, Informationsveranstaltungen, Leitfäden, Merkblättern, persönlichen Coachings sowie Schulungen per Seminar oder Webinar. Sie müssen sich regelmäßig auf Branchentreffen, bei Konferenzen, auf BarCamps mit anderen über ihre Erfahrungen austauschen. Auf der anderen Seite eröffnen der Medienwandel und die veränderte Mediennutzung gerade Kommunikationsmanagern die große Chance, »eine strategisch gestaltete Führungsrolle einzunehmen«[418], ein Communication Board als übergeordnetes Koordinationszentrum aufzubauen, das andere Abteilungen informiert und befähigt, Best Practices aufzeigt, die Strategie überprüft beziehungsweise weiterentwickelt und die Kommunikationsaktivitäten mit der Unternehmensstrategie koordiniert. Gerade für die Kommunikationsabteilung bietet sich damit eine enorme Chance, sich intern als Regisseur und als zentraler Kompetenzträger für die digitale Kommunikation zu positionieren.

Um diese Herausforderung zu meistern, müssen viele verschiedenen Disziplinen und Unternehmensbereiche als Team zusammenarbeiten. Nur so kann es gelingen, eine nachhaltige wie flexible Kommunikationsstrategie aufzusetzen, die sich als funktionierendes und beschleunigendes Zahnrad in die Gesamtstrategie einfügt. Hier zeigt sich einmal mehr, warum eine digitale Kommunikationsstrategie eine gesamtunternehmerische Aufgabe ist und nicht auf rein kommunikative oder gar technologische Aspekte reduziert werden darf.

13.2 Die Ressource Zeit

Bei der Entwicklung einer digitalen Kommunikationsstrategie bildet neben der Ressource Mensch die Ressource Zeit einen weiteren entscheidenden Faktor – in positiver wie negativer Hinsicht. Denn ihr Mangel erschwert die Planung und Umsetzung enorm. Viele Unternehmen und Institutionen klagen, dass sie eine digitale Kommunikation gerne umsetzen würden, aber ihnen beziehungsweise ihren Mitarbeitern dazu die Zeit fehle.

Mit dieser Ressource ist einerseits die Zeit gemeint, die Mitarbeiter benötigen, um ihre Aufgaben innerhalb einer bereits vorhandenen Strategie umzusetzen: Zeit für die Recherche, Planung, Abstimmung, Dialog und die Auswertung. Oft wird gerade bei der Kommunikation in den sozialen Medien – was einschränkend natürlich ebenfalls für andere digitale Kommunikationsformen gilt – nur das »Posten«, also das Veröffentlichen von Informationen, als Zeitaufwand erkannt und berücksichtigt. Dabei macht die Verbreitung

418 Fink et al.: Social Media Governance, in: Zerfaß/Pleil (2016), S. 107.

von Informationen nur einen winzigen Bruchteil des Zeitaufwandes aus, der letztendlich notwendig ist, um die vielfältigen Aufgaben zu bewältigen:

- Jeder Beitrag muss detailliert recherchiert, inhaltlich abgestimmt, kommuniziert, distribuiert werden.
- Jeder Content muss individuell pro Zielgruppe und pro Kanal geplant, produziert und verbreitet werden.
- Jeder Dialog muss eröffnet, geführt und immer wieder von Neuem analysiert werden.
- Jede Community muss initiiert, bespielt, unterhalten und gepflegt werden.
- Jede Maßnahme muss geplant, intern abgestimmt und in ihrer Wirkung ständig kontrolliert werden.

Dabei erfordern gerade intensive Dialoge mit Nutzern ausreichende Ressourcen an Personal und Zeit, um den Austausch nicht abbrechen zu lassen, sondern zu Ende zu führen. Allein diese Aufzählung verdeutlicht den hohen Aufwand, der auf Kommunikatoren zukommt und der ihnen für ihre Arbeit eingeräumt werden muss. Nur so können sie professionell ihrer Aufgabe nachgehen und eine Strategie letztendlich zum Erfolg führen.

Auf der anderen Seite sind Strategien immer langfristig angelegt. Wer digitale Kommunikation als kurzfristigen Erfolgsbringer versteht, wird maximal mit werblichen Aktivitäten (»Paid Content«) Erfolg haben. Denn Erfolge werden sich in digitalen Zeiten zumeist erst auf mittel- und vor allem auf langfristige Sicht einstellen. Beispielsweise benötigen ein Newsletter oder ein Corporate Blog Zeit, sich einen treuen Abonnentenstamm aufzubauen, brauchen die Fans Zeit und Vertrauen, bis sie sich einer Community angeschlossen haben. Organisationen müssen daher Maßnahmen stets langfristig planen. Setzen sie dagegen Themen und führen sie später nicht weiter, initiieren sie Dialoge und verschwinden sie direkt danach, installieren sie Instrumente, die sie im Anschluss kaum pflegen, so wird sich das Engagement als wirkungslos erweisen oder schlimmstenfalls negativ auf die Reputation der Organisation auswirken. Dies verdeutlicht schon, warum gerade im digitalen Zeitalter Unternehmen und Institutionen vor allem langfristig ihre Ressourcen planen müssen, was neben dem erwähnten zeitlichen und personellen Aufwand auch die finanziellen Ressourcen betrifft.

13.3 Die Ressource Geld

In vielen Organisationen herrscht bis heute der Glaube, digitale Kommunikation verursache weniger Kosten als klassische Kommunikation beispielsweise mittels Print- oder AV-Medien. Das ist ein Irrglaube. Gerade bei einer modernen und professionellen digitalen Kommunikation fallen äußerst vielfältige Kosten an, will man sie strategisch klar initiieren, inhaltlich sauber steuern und präzise messen. Grundsätzlich müssen die folgenden vier Kostenblöcke samt einigen Postenbeispielen berücksichtigt werden:

- Personal: Gehälter, Trainings, interne/externe Fortbildungsmaßnahmen, interne/externe Events;

- Technologie: Geräte, Tools, Apps, Software, Lizenzen, Hosting, Eigenentwicklungen;
- Dienstleister: Agenturen, Berater, Anwälte, Produktentwickler, Programmierer, IT-Spezialisten, Analysten;
- Aktionen: Kampagnen, Werbemaßnahmen, Gewinnspiele, Preise, Influencer-Kooperationen, Sponsoring.

Die folgende Tabelle verdeutlicht, an welcher Stelle welche Arten von Kosten anfallen (s. Abb. 51): Einerseits lässt sich zwischen Konzeption und Strategieentwicklung, Installation und Gestaltung, Umsetzung und Kommunikation sowie regelmäßiger Analyse und stetem Monitoring unterscheiden – und diese in einzelne Kostenblöcke aufteilen. Andererseits müssen sowohl die internen als auch die externen Kosten, die einmaligen (zum Beispiel rechtliche Beratung) und die regelmäßigen Zusatzkosten (zum Beispiel für Technologieeinsatz) berücksichtigt werden.

Bereiche	Beschreibung	Verantwortung	Zusatz intern	Zusatz extern	Technologie
Konzeption	Analysen, Ziel- und Zielgruppendefinition, Kanal-Wahl + Vernetzung	Digital Communication Manager	PR, Marketing, Vertrieb, HR, Legal, IT, Betriebsrat, GF	Beratung, Coaching	Analyse-Tools
Installation	Gestaltung und Vorbereitung, Plattform Setup, Software, Schulung	Digital Communication Manager + Team	PR, Marketing, IT, Grafik, Legal	Beratung, Schulung	Communication Dashboard, Community Management Tool, E-Mail-Marketing-System u. a.
Umsetzung	Redaktion, Dialog, Moderation, Vernetzung, Kreativ-Ideen, Gewinnspiele, Werbemaßnahmen	Digital Communication Manager + Community Manager	PR, Marketing, Grafik, IT, HR, Vertrieb	Begleitung, Schulung, ext. Entwickler (Gewinnspiele/Apps), Videos (E-Learning)	Communication Dashboard, Community Management Tool, E-Mail-Marketing-System, Apps
Monitoring	kontinuierliche Analyse, Beobachtung und Auswertung der Aktivitäten	Digital Communication Manager + Community Manager	PR, Marketing, Vertrieb, HR, GF	Monitoring-Dienstleister	Analyse- und Monitoring-Instrumente

Abb. 51: Posten für die Kostenkalkulation der digitalen Kommunikation; Quelle: eigene Darstellung

Insbesondere wenn es um den Einsatz der einzelnen Instrumente geht, lohnt es sich, sie nach ihrem Aufwand für das Unternehmen oder die Institution zu kategorisieren. Über eine individuelle Aufstellung lässt sich besser einschätzen, welche der Instrumente mit welchem – einmaligen oder regelmäßigen – Aufwand verbunden sind und damit für die Organisation grundsätzlich realistisch umsetzbar sind.

In Abbildung 52 sind nochmals einige Aufgaben, die innerhalb der digitalen Kommunikation anfallen, aufgeführt. Für diese Kostenkalkulation wird zwischen Inhouse-Kosten und externen Kosten durch Berater, Agenturen, Coaches, Anwälte etc. unterschieden. Beide müssen je Aufgabe in unterschiedlichem Umfang mitkalkuliert werden, um die finalen Kosten zu erhalten – ob für die gesamte digitale Kommunikationsstrategie oder auch für einzelne Maßnahmen. Dabei ist zu berücksichtigen, dass einige Instrumente möglicherweise in der Produktion aufwendig sind, wie zum Beispiel Image-Videos, Microsites, Chatbot, im Anschluss in der Pflege aber nur noch ein geringer Aufwand anfällt – und natürlich umgekehrt.

Aufgabe	Beschreibung	Inhouse-Kosten	Externe Kosten	Finale Kosten
Content Creation	Text Grafik/Bild Video Abstimmung	___€ pro Stunde x Stunden pro Monat	___€ pro Content-Element	___€
Social Advertising	Kreation Ausspielung	___€ pro Stunde x Stunden pro Monat	___€ pro Stunde x Stunden pro Monat ___€ pro Kanal pro Monat	___€ ___€
Social Engagement	Community Management Social Care/Service	___€ pro Stunde x Stunden pro Monat	___€ pro Stunde x Stunden pro Monat	___€
Software/Tools	Analytics Scheduling Community Management Monitoring	___€ pro Stunde x Stunden pro Monat	___€ pro Tool pro Monat	___€
Promotion/Contests	Gewinnspiele Influencer Preise/Rabatte	___€ pro Kampagne	___€ pro Kampagne	___€
Total				**___€**

Abb. 52: Beispiel für eine mögliche Kostenkalkulation; Quelle: eigene Darstellung

Die aufgeführten Instrumente können je nach Unternehmen und Institution, B2B- oder B2C-Zielgruppe, Schwerpunkt und Leitidee völlig unterschiedlich ausgewählt und angeordnet werden. Die beiden Abbildungen sollen in diesem Kontext nur ein anschauliches Raster liefern, warum und wie für eine erfolgreiche digitale Kommunikation frühzeitig Strukturen aufzubauen und ausreichende finanzielle Ressourcen bereitzustellen sind, um die geplanten regelmäßigen Aktivitäten realisieren zu können.

Falsch gesetzte Prioritäten

Wenn Unternehmen und Institutionen klagen, sie hätten zu wenig Zeit, Personal, Wissen oder Geld für ihre digitalen Kommunikationsaktivitäten, dann ist das ein Zeichen. Solche Aussagen zeugen davon, dass die Möglichkeiten digitaler Kommunikation noch nicht hoch genug auf der Prioritätenliste stehen und den vielfältigen Formaten der Information und Interaktion noch nicht ausreichende, angemessene Bedeutung beigemessen wird.

Sicherlich wird es immer Organisationen geben, für die digitale Kommunikation künftig keine oder keine dominierende Rolle spielen wird. Für die Meisten besteht jedoch die Gefahr, dass falsch gesetzte Prioritäten mittelfristig zu einem enormen Rückstand innerhalb ihrer Branche führen werden. Oder sie verpassen die Chance, sich selbst als Vorreiter und Themensetter zu positionieren. Dieser Rückstand betrifft sowohl den Kampf um die Kommunikationshoheit, die Sichtbarkeit bei Kernthemen, die Chancen für ein Themensetting als auch negative Effekte bei der Bindung von Mitarbeitern beziehungsweise bei der Suche nach neuen Kollegen.

Es bleibt fraglich, ob sich verantwortungsvolle Unternehmen und Institutionen solch einen Rückstand leisten können – gerade in einem immer stärker digitalisierten Zeitalter.

14 Fazit: 12 Zutaten für die digitale Zukunft

In einer sich ständig verändernden Kommunikationslandschaft steht die Branche vor zahlreichen Herausforderungen. Die Zahl der Medien und der Instrumente ist hoch und wächst weiter. Auch das Verhalten der Nutzer in ihrer Rolle als Rezipient, Produzent und Prosumer wechselt. Immer stärker ist das Vordringen der Live-Kommunikation, der dominierenden visuellen Ansprache, der schnell vergänglichen Story-Häppchen, der Social-Collaboration-Plattformen, der Influencer-Einbindung, der motivierten Markenbotschafter, der (teils-)automatisierten Dialoge via Chat-Funktionen zu beobachten – ohne die Klassiker wie Webseite, Microsite, Online-Magazin, E-Mail-Newsletter, Mailings oder gar Facebook, Twitter und YouTube außer Acht zu lassen. Und jeder weiß: Die Entwicklung wird weiter voranschreiten – mit neuen Plattformen, intelligenten Techniken, verändertem Nutzerverhalten und damit wechselnden Herausforderungen. Der technologische Fortschritt, den wir heute als Treiber der Entwicklungen betrachten, ist weit davon entfernt, sein finales Plateau zu erreichen oder sich zu verlangsamen. In der ersten Ausgabe dieses Strategiebuches schrieb ich noch: »Das Zeitalter digitaler Kommunikation hat gerade erst begonnen.« Heute, vier Jahre später, lässt sich bereits konstatieren: »Willkommen im digitalen Kommunikationszeitalter«, das uns täglich immer stärker erfasst und uns nicht mehr loslassen wird, ob wir dies nun wollen oder nicht. Und dies gilt nicht nur für Krisenzeiten, in denen die Face2Face-Kommunikation per se eingeschränkt ist.

Nur – und dies ist das Schwierige in diesen Zeiten digitaler Kommunikation: Wie es konkret weitergeht, lässt sich nur schwer erahnen, vor allem auf weite Sicht. Wenn man einen Blick auf diesen fortlaufenden Prozess wirft, der uns täglich fest im Griff hält, und von dort nur etwas in die Ferne schweift, dann lässt sich eines klar erkennen: Wir sind gerade Zeugen einer Entwicklung, welche die Grundfesten der bisherigen Kommunikation komplett erschüttert hat und weiter kräftig und unaufhörlich erbeben lassen wird; auch da so vieles über viele Jahre und Jahrzehnte Gelernte, Gewohnte und Ausgeübte einfach nicht mehr existiert – oder aber seine Wirkung oder Dominanz verloren hat. Gatekeeper-Funktion, One Voice Policy, Push-Kommunikation und vieles mehr: All dies waren feste Bestandteile gelernter Kommunikation, um Zielgruppen anzusprechen und von den eigenen Positionen über geeignete Inhalte zu überzeugen. Und heute? Kaum mehr etwas davon ist noch absolut gültig – zumindest in seiner bisher gewohnten Form.

Wie ist dem Change-Prozess zu begegnen?
Doch wenn man schon heute nur schwer langfristig gültige Aussagen treffen kann, was soll man dann Unternehmen und Institutionen raten? Gerade in einem Buch, in dem es um die Entwicklung einer digitalen Kommunikationsstrategie geht? Wie sollten diese strategisch diesem beschleunigten Wandel und wirklichem Change-Prozess im digitalen Zeitalter begegnen?

Das Positive an diesem Change-Prozess aus kommunikativer Sicht: Es geht nicht darum, die Grundpfeiler bisheriger Kommunikation komplett abzureißen. Viele können weiterhin bestehen, müssen aber neu aufgestellt werden. So muss viel Bestehendes überarbeitet und dem digitalen Wandel angepasst werden, aber auch neues hinzugefügt werden, um dem bisher Alten ein neues, modernes Gewand anzuziehen. Vor dem Hintergrund von Digitalisierung und digitaler Transformation müssen dazu einerseits intern wie extern die Grundlagen für diesen Change-Prozess gelegt werden, auf was im ersten Teil des Buches ausführlich eingegangen wurde. Dabei gibt dieser Prozess sich nicht mit dem Einsatz neuer Technologien ab, sondern führt transformativ tief ins Innere jeder Organisation. Andererseits müssen »neue« Medien entdeckt, erschlossen, verstanden, ziel- und zielgruppengerichtet implementiert und mit dem »alten« Wissen und Verständnis traditioneller Kommunikation vernetzt werden. Solche notwendigen Aktivitäten bieten die Voraussetzung, um die digitale Kommunikation strategisch klar aufzustellen und sie mit den bisherigen Instrumenten und Plänen zu vernetzen – natürlich stets an eine übergeordnete Unternehmensstrategie angedockt.

In der modernen Kommunikation haben sich gleichzeitig Verhaltensweisen ausgeprägt, die das Agieren im Internet auch künftig entscheidend mitbestimmen. Diese lassen sich am besten mit den folgenden 12 Adjektiven als für eine digitale Kommunikation entscheidende und schmackhafte Zutaten final zusammenfassen: strategisch, zielgerichtet, integriert, vernetzt, verantwortlich, mutig, social, customized, kreativ, persönlich, analytisch, neugierig.

1. Strategisch

Jede erfolgreiche digitale Kommunikation muss auf kommunikativen Zielen und Strategien aufbauen. Schließlich verändert das Medium nicht die grundlegenden Inhalte, sondern erschließt vielmehr neue Wege, diese zu kommunizieren. Kommunikation kann jedoch nur dann neue Wege erschließen, wenn sie strategisch angelegt ist: mit messbaren Zielen, klar definierten Stakeholdern, einer nachhaltigen Positionierung, zielgenauen Inhalten sowie dauerhafter Kontrolle. Dazu muss sie langfristig angelegt sein und als iterativer Prozess verstanden werden. Schließlich bedarf sie einer ständigen Bearbeitung, Ergänzung, Aktualisierung, Erneuerung. Wenn nicht, verpufft jede digitale Kommunikation wirkungslos.

2. Zielgerichtet

Jede digitale Kommunikationsstrategie, jede strategische Online-Kommunikation darf für Unternehmen und Institutionen kein Selbstzweck sein. Sie muss vielmehr einen Beitrag zur Erreichung übergeordneter ökonomischer, gesellschaftlicher oder politischer Ziele leisten. Daher ist es nicht nur zentral, klare und überprüfbare Ziele zu formulieren, die sich später per Erfolgskontrolle evaluieren lassen. Es ist gleichsam entscheidend, die digitale Kommunikationsstrategie an die Unternehmensstrategie, an die Unternehmenswerte anzudocken. Genau an dieser Stelle liegt eines der zentralen Kriterien, die für den späteren Erfolg entscheidend ist: Digitale Kommunikation ist immer als ein Element der unternehmerischen Wertschöpfung zu verstehen. Jede digitale Kommunikationsstrategie muss folglich stets an der Unternehmensstrategie, an den strategischen Zielen der Organisation, an der Business-Vision orientiert sein. Sie unterstützt schließlich die Verwirklichung der Unternehmens- und Kommunikationsziele. Dazu sollte sie so explizit formuliert sein, dass sie jederzeit, regelmäßig, klar und unmissverständlich überprüft werden kann.

3. Integriert

Wer sich an die digitale Kommunikation herantastet, darf sie nicht von den Instrumenten der klassischen Kommunikation trennen. Sie darf auch kein isoliertes Projekt oder ein eigenständiger Zweck sein. Vielmehr sind von Beginn alle verfügbaren Instrumente in die Planung mit einzubeziehen, um Synergien aus der engen Verzahnung konvergenter Maßnahmen zu ziehen. Jedes Instrument muss innerhalb des Kommunikationskonstrukts seine Funktionen und Aufgaben haben – analog zu einer klar definierten Strategie. Schließlich kann jedes digitale Instrument sich nur dann als mächtig erweisen, wenn es als integrativer und integrierender Bestandteil der Gesamtkommunikation verstanden wird. Digitales Engagement darf auch keinesfalls bedeuten, dass bisherige Kommunikationsmaßnahmen obsolet werden. Vielmehr sind die Stärken der jeweils eingesetzten Medien zu nutzen. Dies erfordert ganzheitliches Denken wie Handeln. Genau dieser Integrationsprozess und die strategische Neugestaltung der Kommunikation ist bis heute für viele Unternehmen mit enormen Schwierigkeiten und einem langen Atem verbunden, wie ausführlich skizziert wurde.

4. Vernetzt

Gerade im Digitalbereich gilt es vernetzt und integrativ zu denken und zu agieren. Schon heute spielen in der digitalen Kommunikation Disziplinen wie Online-PR, Suchmaschinenmarketing, E-Mail-Kommunikation, Social Media Relations, Messenger-Kommunikation und Content-Marketing eng zusammen – für eine einfache Zugänglichkeit der Webseite, die richtige Platzierung von kommunikativen Botschaften, das eindeutige Themensetting, die ständige Erreichbarkeit in Suchmaschinen oder den textlichen wie visuellen Dialog mit Nutzern. Hinzu kommen werbliche Herausforderungen: Display Advertising, Affiliate Advertising, Native Advertising, Sponsored Posts und Social Advertising sind für eine professionelle integrierte Kommunikation unerlässlich. Keine Disziplin kann die Aufgaben künftig alleine für sich behaupten. Dies verdeutlicht, wie stark die Disziplinen zusammenwachsen und wie eng sie innerhalb einer integrierten Kommunikationsstrategie abgestimmt und gesteuert sein müssen. Genau auf ihr Zusammenspiel wird es künftig ankommen.

5. Verantwortlich

Der digitale Wandel muss vonseiten des Managements aktiv vorgelebt werden. Führungskräfte sind die Moderatoren, die Motivatoren und die Vorbilder für solch einen Change-Prozess, der bottom-up kaum funktionieren wird. Stattdessen muss zuerst die Veränderung auf oberer Ebene stattfinden, um den Veränderungsprozess in die Tiefe der Organisation zu treiben. Die dafür notwendigen Konzepte existieren bereits heute. Führungskräfte müssen dazu die Beziehung zu ihren Mitarbeitern neu definieren, ihnen neue Rollen und damit auch Kommunikations- und Entwicklungschancen einräumen. Sie müssen selbst vorangehen – ob als eher passiver Treiber des Prozesses oder als in den digitalen Kanälen aktives Vorbild. Dies bedeutet wiederum ein hohes Maß an Wissen auf Führungsebene und in den betroffenen Abteilungen – was wiederum eine fortlaufende Fortbildung und ein internes Wissensmanagement dringend erforderlich macht.

6. Mutig

Die digitale Kommunikation und insbesondere die Kommunikationskanäle vermitteln keine hundertprozentige Sicherheit und Garantie auf Erfolg. Dazu sind die Kanäle teilweise noch zu jung und noch nicht komplett für die verschiedenen Anliegen durchgetestet. Digitale Kommunikation gleicht deswegen auch dem Mut zu scheitern. »Deutschland braucht eine neue Fehlerkultur«, titelte einst *Die Welt*. Wie wahr. Denn Fehlerkultur heißt ausprobieren, scheitern, wieder aufstehen, neu probieren, Erfahrungen nutzen etc. Dazu brauchen die Unternehmen und Institutionen den Mut: Mut zum Ausprobieren, Mut zum Hinfallen, Mut zum Wiederaufstehen. Nur wenn sie diesen Mut haben, werden sie digitale Medien erfolgreich besetzen, eigene Erfolge erfahren und sich so teils zum Vorreiter innerhalb der eigenen Branche machen. Auch dies macht heutige Kommunikation aus.

7. Social

Es darf nicht mehr primär um soziale Netzwerke gehen, um Communitys oder um einzelne Video-Plattformen, beziehungsweise im nächsten Schritt um Augmented Reality, Virtual Reality und Chatbot-Lösungen. Eine integrierte Kommunikation in Zeiten des digitalen Wandels bedeutet vor allem Dialog, Interaktion, Service, Socializing und Involvement. Dazu gehört weniger Senden als vielmehr Zuhören. Organisationen müssen dazu noch stärker den Blickwinkel ihrer Stakeholder einnehmen. Sie dürfen nicht nur die aus ihrer Sicht relevanten Themen setzen, sondern müssen sich im Rahmen ihrer Content-Strategie auf die Inhalte fokussieren, die für die Stakeholder wirklich von Relevanz sind und diesen einen Mehrwert bieten. Dazu zählt ebenso, dass sie geäußerte Kritik nicht als Gefahr sehen, sondern als Chance zur Hinterfragung, Verbesserung, Optimierung des eigenen Verhaltens begreifen. Nur so werden sie künftig von ihren Stakeholdern trotz Content-Shock gefunden, wahrgenommen und akzeptiert.

8. Customized

Durch das Internet und die damit verbundenen veränderten Möglichkeiten der Information und Kommunikation hat sich das Verhältnis zwischen Unternehmen und ihren Kunden und sonstigen Stakeholdern verändert. Angesichts der enormen Informationsflut kommt es künftig auf das Customizing an, auf den Zuschnitt von Informationen mit Mehrwert auf klar definierte Stakeholder. Heute wird von Adaptive Content gesprochen, um Nutzern mithilfe der Informationen über sie – also Verhalten, Gerät, Kontext –, zielgerichtet genau die passenden Informationen in dem Moment zu liefern, wenn sie sie benötigen. Nur mit solch personalisiertem, auf die Bedürfnisse von Nutzern sowie auf die Eigenschaften der einzelnen Kanäle zugeschnittenem Content lassen sich Stakeholder an die Marke binden. Unternehmen müssen sich dafür als Experten zeigen und zum kompetenten Sprachrohr eines Themas werden – ob über einen ausgebauten Online-Pressebereich, ein glaubwürdiges Fachblog, einen prominenten Podcast, eine spezielle Microsite, die Moderation eines Branchenforums, die Gruppengründung in einem sozialen Netzwerk oder über repräsentative Onlinestudien zum eigenen Kerngebiet. Sie müssen sich bewusst machen: Wer Themen setzt und Positionen darlegt, bestimmt den Diskurs und schafft Präsenz; wer sich als Opinion Leader etabliert, gewinnt an Deutungskompetenz im Meinungsmarkt und verschafft sich kommunikative Wettbewerbsvorteile.

9. Kreativ

Verfügt die Story über kein Weitererzählpotenzial, wird sie kaum Erfolg haben. Gerade in einer Zeit des Content-Überflusses kommt es verstärkt darauf an, starke und authentische Geschichten zu entwickeln und diese auf einzelne, auch kleinere Zielgruppen zuzuschneiden – selbstverständlich immer ausgerichtet an der definierten digitalen Kommunikationsstrategie. Nur bei einem kreativen Storytelling werden Botschaften aufmerksam wahrgenommen und weiterverbreitet. Dazu sollten die Nutzer – ob Kunde, Partner, Mitarbeiter, Influencer oder Markenbotschafter – aktiviert, in die Prozesse mit einbezogen und damit zu authentischen Beteiligten ihrer eigenen Aktion gemacht werden.

10. Persönlich

Gerade auf den Social-Media-Plattformen sind Köpfe statt Marken gefragt. Schließlich wollen Menschen mit Menschen sprechen und nicht mit Marken. Dies erfordert von den Kommunikatoren und insbesondere den Markenbotschaftern einen verantwortungsvollen Umgang mit ihrer neuen Rolle. Schließlich werden Marken über Köpfe wahrgenommen, Fehler der Menschen auf die Marken direkt projiziert. Alle Akteure befinden sich in einem öffentlichen Raum, in dem jeder mitlesen, mithören, mitsehen kann – und »jeder« kann hier Shareholder, Stakeholder, Geschäftsführer, Social-Media-Manager, Mitarbeiter, potenzieller Bewerber oder Multiplikator heißen. Besonders sind hier Führungskräfte angesprochen, die Köpfe des Unternehmens, die der Organisation auch im Netz als Kopf und Personal Brand dienen.

11. Analytisch

Es gibt kaum eine Branche, die so von der Datenflut profitiert, wie die digitale Kommunikation – Stichwort Big Data. Was für viele Datenschützer ein Gräuel darstellt, erweist sich für Kommunikations- und Marketingexperten als wahre Fundgrube und Schatzkiste. Die Fülle an gewonnenen Daten bietet der digitalen Kommunikation die große Chance, Kundenbedürfnisse frühzeitig zu erkennen, Reaktionen genau einzuschätzen, Wünsche schnell zu analysieren und Erwartungen detailliert zu definieren. Auf diese Bedürfnisse lassen sich neue Services und Produkte zuschneiden. Parallel entstehen neue Optionen, Stakeholder nicht nur zu involvieren, sondern mit ihnen in einen kontinuierlichen Dialog zu treten. Die Organisation befindet sich damit in einem dauerhaften Denk- und Lernprozess gemeinsam mit ihren Mitarbeitern, Kunden, Multiplikatoren und ihren sonstigen Stakeholdern.

12. Neugierig
Die digitale Kommunikation ist niemals abgeschlossen. Jeden Tag entstehen neue Tools, Plattformen, Ideen, Anwendungsfelder, die sich testen und ausprobieren lassen. Dies müssen Kommunikatoren als ihr neues Spiel- und Spannungsfeld begreifen: Spielfeld, da es fester Bestandteil digitaler Kommunikation ist, selbst ständig neue Anwendungen auszuprobieren; Spannungsfeld, da es die Kompetenz von Kommunikatoren in der digitalen Welt sein muss, diese Neugier nicht selbst zu missbrauchen, indem sie unbedingt jedem neuen Trend hinterherrennen und diesen für sich umsetzen. Kompetenz bedeutet hier auch, sich mit neuen Tools zwar offensiv auseinanderzusetzen und mit anderen auszutauschen, aber vor jedem Einsatz strategisch immer genau die Schritte einer digitalen Kommunikationsstrategie durchzuspielen: Passt das zu unseren Unternehmenszielen? Zu unserer Kultur? Zu unseren Zielgruppen? Zu unserer Positionierung? Zu unserer (Content-) Strategie? Und vor allem zu unseren Ressourcen? Nur so werden sie es vermeiden, dass sie ihre eigene positive Neugier in eine gefährlich negative Spirale der Ressourcenverschwendung treibt.

Keine Angst vor Veränderungen
Die digitalen Medien haben unsere Gesellschaft bereits heute nachhaltig verändert und deren Dialogorientierung deutlich intensiviert. Um dies für sich zu nutzen, sind kreative Strategien und durchdachte Konzepte gefragt. Unternehmen müssen Awareness generieren, um die eigenen Themen im Meinungswettstreit zu platzieren. Sie müssen den Dreiklang aus Information, Emotion und Dialog nutzen, um aktive Anschlusshandlungen auszulösen, wobei Geduld, Kontinuität und ausreichende Ressourcen an Zeit, Personal und Geld gefragt sind.

Auf Basis ihrer Unternehmensstrategie haben sie die Aufgabe, eine klare integrierte und digitale Kommunikationsstrategie zu entwickeln, welche die verschiedenen Disziplinen und Dialogkanäle einbindet. Sie müssen ihre Online-Aktivitäten – unabhängig davon, ob »social« oder »nicht social« – in einer digitalen Kommunikationsstrategie bündeln, die wiederum mit allen weiteren Kommunikations- und Marketingmaßnahmen vernetzt sein sollte. Nur auf diese Weise kann es ihnen gelingen, künftig kommunikativ einheitlich nach innen und nach außen aufzutreten und Vertrauen für die Organisation, ihre Marke(n), ihre Themen, ihre Aktivitäten und ihre verantwortlichen Mitarbeiter zu schaffen.

Das aufgezeigte Szenario mit den einzuleitenden Schritten sollte Unternehmen und Institutionen keineswegs Angst machen. Ganz im Gegenteil: Die Entwicklung integrativer Strategien, Vernetzung der Kommunikationsplattformen und Dialogkanäle, Aufbau und Weiterentwicklung passender Content-Prozesse und die intensive Mitnahme der Mitarbeiter sowie wachsender persönlicher Mehrwert – für Kommunikationsexperten hat es wohl kaum eine spannendere Zeit gegeben als heute. Und daran wird sich auch bis zur 3. Auflage dieses Fachbuches in ein paar Jahren nichts ändern.

Literatur

Hinweis: Nur ein Teil der Verweise aus den Fußnoten ist auch im Literaturverzeichnis aufgeführt. Diese Auswahl hier beschränkt sich auf die wichtigsten Publikationen.

Studien

- Altimeter Group (2019): The State of Digital Transformation, 2018–2019 edition; https://bit.ly/dks_stateofdigitaltransformation
- ARD/ZDF-Medienkommission (2019): ARD/ZDF-Onlinestudie, 10/2019; http://www.ard-zdf-onlinestudie.de
- Bertelsmann Stiftung (2020): Wie digital sind die Unternehmen in Deutschland?; https://bit.ly/dks_zukunftderarbeit
- Bundesverband Community Management (BVCM) e.V. (2018): Social Media und Community Management in Deutschland 2018; https://www.bvcm.org/bvcm-studie-2018/
- Bundesverband Digitale Wirtschaft (BVDW) e.V. (2019a): Mitgliederbefragung zum Thema »Fit für die Zukunft?«, 2019; https://bit.ly/dks_bvdw-studietransformation
- Bundesverband Digitale Wirtschaft (BVDW) e.V. (2019b): Digitale Trends. Umfrage zum Umgang mit Influencern, 06.08.2019; https://bit.ly/dks_bvdw_influencer
- Edelman GmbH (2020): Edelman Trust Barometer 2020, 01/2020; https://www.edelman.com/trustbarometer
- etventure (2019): Die Zukunftsfähigkeit der deutschen Unternehmen. Studie Digitale Transformation 2019; https://www.etventure.com/studie2019
- EY (2019): Antworten auf die Digitalisierung: Nur jeder zweite Arbeitnehmer vertraut der Strategie der Unternehmensführung, 03.10.2019; https://go.ey.com/2SuWPmu
- Initiative D21 (2020): D21-Digital-Index 2019/2020. Jährliches Lagebild zur Digitalen Gesellschaft. Eine Studie der Initiative D21, durchgeführt von Kantar TNS, 02/2020; https://initiatived21.de/studien
- Medienpädagogischer Forschungsverbund Südwest mpfs (2018): JIM-Studie 2018. Jugend, Information, Medien. Basisuntersuchung zum Medienumgang 12- bis 19-Jähriger; https://bit.ly/dks_mpfs_jim2018
- Presse- und Informationsamt der Bundesregierung (2019): Digitalisierung gestalten; 4. aktualisierte Auflage, September 2019; https://bit.ly/dks_madeinde
- Roland Berger (2019): Strategisch. Digital. Agil: Unternehmenskommunikation im Umbruch, 06/2019; https://bit.ly/dks_rolandberger_strategischdigitalagil

- Ruisinger, Dominik (2018): Studie #STIFTUNGDIGITAL. Wo stehen Stiftungen kommunikativ im digitalen Zeitalter?, 05/2018; https://bit.ly/dks_ruisinger_stiftungdigital
- Tata Consulting Services (2019): Wie sich deutsche Unternehmen in der neuen Zeit orientieren. Die Trendstudie von TCS und Bitkom Research; https://studie-digitalisierung.de/
- we are social & Hootsuite (2020): Digital 2020. Global digital overview, 02/2020; https://wearesocial.com/digital-2020
- Zerfass, Ansgar et al. (2019): European Communication Monitor 2019. Exploring trust in the profession, transparency, artificial intelligence and news content strategies. Results of a survey in 46 countries, 05/2019; http://www.communicationmonitor.eu

Fachbücher

- Anderson, Chris (2013): Makers. Das Internet der Dinge: Die nächste industrielle Revolution, München.
- Aßmann, Stefanie; Röbbeln, Stephan (2013): Social Media für Unternehmen. Das Praxisbuch für KMU, Bonn.
- Bernoff, Josh; Schadler, Ted (2010): Empowered: unleash your employees, energize your customers, and transform your business, Boston.
- Disselkamp, Marcus; Heinemann, Swen (2018): Digital-Transformation-Management: Den digitalen Wandel erfolgreich umsetzen, 1. Auflage, Stuttgart.
- Eck, Klaus; Eichmeier, Doris (2014): Die Content-Revolution im Unternehmen. Neue Perspektiven durch Content-Marketing und -Strategie, Freiburg.
- Evertz, Stefan (2018): Analysiere das Web! Wie Sie Marketing und Kommunikation mit Social Media Monitoring verbessern, 1. Auflage, Freiburg.
- Halvorson, Kristina; Rach, Melissa (2012): Content-Strategy for the Web, 2. Auflage, San Francisco.
- Hansen, Renée; Bernoully, Stephanie (2013): Konzeptionspraxis: Eine Einführung für PR- und Kommunikationsfachleute. Mit einleuchtenden Betrachtungen über den Gartenzwerg, 6. Auflage, Frankfurt.
- Hoffmann, Kerstin (2019): Web oder stirb! Erfolgreiche Unternehmenskommunikation in Zeiten des digitalen Wandels, 2. Auflage, Freiburg.
- Knapp, Jake (2016): Sprint. How to solve big problems and test new ideas in just five days, New York.
- Levine, Rick; Locke, Christopher; Searls, Doc; Weinberger, David (2000): Das Cluetrain Manifest. 95 Thesen für die neue Unternehmenskultur im digitalen Zeitalter, Berlin.
- Li, Charlene (2010): Open Leadership: How Social Technology can transform the Way you lead, San Francisco.
- Li, Charlene; Bernoff, Josh (2011): Groundswell. Winning in a world transformed by social technologies, Expanded and Revised Edition, Boston.

- Löffler, Miriam; Michl, Irene (2019): Think Content! Content-Strategie, Content fürs Marketing, Content-Produktion, Bonn.
- Mast, Claudia (2018): Unternehmenskommunikation. Ein Leitfaden, 7. Auflage, Stuttgart.
- Michelis, Daniel; Schildhauer, Thomas (Hrsg.) (2015): Social Media Handbuch. Theorien, Methoden, Modelle und Praxis, 3. aktualisierte und erweiterte Auflage, Baden-Baden.
- Moss, Christoph (Hrsg.) (2016): Der Newsroom in der Unternehmenskommunikation. Wie sich Themen effizient steuern lassen, Heidelberg.
- Pein, Vivian (2020): Der Social Media Manager. Das Handbuch für Ausbildung und Beruf, 4. aktualisierte Auflage, Bonn.
- Pfannenberg, Jörg; Tessmer, Anne; Wecker, Manuel (2019): Die Kommunikationsstrategie entwickeln: 111 Tools ready-to-use, Stuttgart.
- Quesenberry, Keith A. (2018): Social Media Strategy: Marketing, Advertising, and Public Relations in the Consumer Revolution, Maryland.
- Ruisinger, Dominik (2011): Online Relations. Leitfaden für moderne PR im Netz, 2. Auflage, Stuttgart.
- Ruisinger, Dominik; Jorzik, Oliver (2013/ersch. 2021): Public Relations. Leitfaden für ein modernes Kommunikationsmanagement, 2./ersch. 3. Auflage, Stuttgart.
- Sammer, Petra (2014): Storytelling. Die Zukunft von PR und Marketing, Köln.
- Schach, Annika; Lommatzsch, Timo (Hrsg.) (2018): Influencer Relations. Marketing und PR mit digitalen Meinungsführern, 1. Auflage, Wiesbaden.
- Schmidbauer, Klaus (2011): Vorsprung mit Konzept: Erfolgreiche Konzepte für die Unternehmens- und Marketingkommunikation entwickeln, Berlin.
- Schmidbauer, Klaus; Jorzik, Oliver (2017): Wirksame Kommunikation mit Konzept. Ein Handbuch für Praxis und Studium, Potsdam.
- Solis, Brian (2010): Engage! The Complete Guide for Brands and Businesses to Build, Cultivate, and Measure Success in the New Web, New Jersey.
- Ulbricht, Carsten (2017): Praxishandbuch Social Media und Recht: Rechtssichere Kommunikation und Werbung in sozialen Netzwerken, 4. Auflage, Freiburg.
- Zerfaß, Ansgar; Pleil, Thomas (2016): Handbuch Online-PR. Strategische Kommunikation in Internet und Social Web, 2. Auflage, Konstanz.
- Zerfaß, Ansgar; Volk, Sophia Charlotte (2019): Toolbox Kommunikationsmanagement. Denkwerkzeuge und Methoden für die Steuerung der Unternehmenskommunikation, Wiesbaden.

Fachbeiträge

- Augustin, Guido (2016): Social Media ist tot!, in: Basic Thinking, 26.01.2016; https://bit.ly/dks_basicthinking_socialmediatot
- Bendiek, Sabine (2018): Fremdeln in der Digitalkultur: Können wir die deutschen Tugenden digitalisieren?, 24.05.2018; https://bit.ly/dks_linkedin_bendiek

- Bernecker, Michael (2017): Die besten Marketing Tools, 27.11.2017; https://bit.ly/dks_marketinginstitut_marketingtools
- Bernecker, Michael (2020): Die SWOT-Analyse, 08.02.2020; https://www.marketinginstitut.biz/blog/swot-analyse/
- Bertelsmann Stiftung (2017): Freie Lizenzen – einfach erklärt. Ein Leitfaden für die Anwendung freier Lizenzen in der Bertelsmann Stiftung; https://bit.ly/dks_bertelsmann_freielizenzen
- Buggisch, Christian (2019): Wie aus Influencern Botschafter werden. Ein Erfahrungsbericht, 11.11.2019; https://bit.ly/dks_buggisch_botschafter
- Bundesministerium für Wirtschaft und Energie (BMWi) (2016): Digitale Strategie 2025; https://bit.ly/dks_bmwi_digitalestrategie
- Bundesverband Digitale Wirtschaft (BVDW) e.V. (2017): Leitfaden: Social Media Monitoring in der Praxis. Grundlagen, Praxis-Cases, Anbieterauswahl und Trends; https://bit.ly/dks_bvdw_monitoring
- Cribb, Dwight (2016): So machen Sie Ihr Unternehmen fit für die Zukunft, in: WirtschaftsWoche, 12.02.2016; https://bit.ly/dks_wiwo_digitalisierteunternehmen
- Eck, Klaus (2014): Was ist Content-Marketing?, 18.07.2014; https://bit.ly/dks_prblogger_contentmarketing
- Eck, Klaus (2019): Wie die Corporate Influencer der Deutschen Telekom arbeiten, 30.07.2019; https://bit.ly/dks_prblogger_telekominfluencer
- Foerster, Bastian (2019): Persona – Zielgruppenvertreter definieren und im Unternehmen nutzen, 17.07.2019; https://www.marketinginstitut.biz/blog/persona/
- Halvorson, Kristina (2015): Content-Strategy for Everything, 06.07.2015; https://bit.ly/dks_slideshare_halvorson_contentstrategie
- Hedemann, Falk (2016): Ephemeral Marketing: Der Hype auf dem Prüfstand, in: UPLOAD Magazin, 28.03.2016; https://upload-magazin.de/blog/13010-ephemeral-marketing/
- Neubauer, Antje (2016): Was Deutschlands Chefs noch lernen müssen. Social Intranet und Echtzeitkommunikation, in: manager magazin, 11.03.2016; https://bit.ly/dks_managermagazin_socialintranet
- Owyang, Jeremiah (2019): Digital Transformation = Culture & Business Model Change, 30.09.2019; https://bit.ly/dks_webstrategist_transformation
- Quesenberry, Keith A. (o.J.): postcontrolmarketing.com. Social media insights for the consumer revolution; Social media tools & resources; https://www.postcontrolmarketing.com/links/
- Roewer, Katy (2018): Employer Branding On The Next Level, in: personalmagazin. Impulse zur Gestaltung der Arbeitswelt, 07/2018, S. 42–45; https://bit.ly/dks_haufe_personalmagazin
- Roth, Mael (2017): What's a good persona? This video might make you rethink yours, 19.05.2017; https://bit.ly/dks_maelroth_personas
- Ruisinger, Dominik (2019a): Nein, wir sind noch nicht alle online!, 28.10.2019; https://bit.ly/dks_ruisinger_nichtonline

- Ruisinger, Dominik (2019b): Warum jedes Social Media Engagement eine Strategie benötigt, in: Stiftung & Sponsoring. Das Magazin für Nonprofit-Management und -Marketing, 4/2019, S. 17; https://bit.ly/dks_ruisinger_stiftungsstrategie
- Ruisinger, Dominik (2019c): Über 30 Chatbots im Test: Wie gut funktionieren die virtuellen Assistenten bei uns?, 29.03.2019; https://bit.ly/dks_ruisinger_chatbots
- Ruisinger, Dominik (2020): Digitaler Burnout? Warum wir allein verantwortlich für uns sind!, 13.01.2020; https://bit.ly/dks_ruisinger_digitalerburnout
- Schindler, Marie-Christine (2019): Wie werden Mitarbeiter zu Botschaftern? Das müssen Sie wissen!, 29.10.2019; https://bit.ly/dks_mcschindler_botschafter
- Schmidbauer, Klaus (2019a): Das Kommunikationskonzept: #01 Analytische Basis, 23.07.2019; https://bit.ly/dks_schmidbauer_analyse
- Schmidbauer, Klaus (2019b): Das Kommunikationskonzept: #02 Der strategische Kurs, 10.08.2019; https://bit.ly/dks_schmidbauer_strategie
- Schmidbauer, Klaus (2019c): Das Kommunikationskonzept: #03 Operative Umsetzung, 18.11.2019; https://bit.ly/dks_schmidbauer_operativ
- Solis, Brian (2013): The Gap between Social Media and Business Impact: 6 Stages of Social Business Transformation, 12.03.2013; https://bit.ly/dks_solis_6stagesoftransformation
- Solis, Brian (2019): The 2018–2019 State of digital transformation, 14.02.2019; https://bit.ly/dks_statedigitaltransformation
- Spangenberg, Toni (2019): Corporate Influencer sind eine Riesenchance. Klaus Eck im Interview; in: pressesprecher, 16.07.2019; https://bit.ly/dks_pressesprecher_corporateinfluencer
- Straub, Reiner (2018): Wie verändern Influencer die Machtverhältnisse in Unternehmen? Ein Gespräch mit Heike Bruch, Leadership-Forscherin an der Universität St. Gallen, in: personalmagazin. Impulse zur Gestaltung der Arbeitswelt, 07/2018, S. 39–41; https://bit.ly/dks_haufe_personalmagazin
- Zunke, Karsten (2018): Das Prinzip »Influencer« macht Schule, in: personalmagazin. Impulse zur Gestaltung der Arbeitswelt, 07/2018, S. 30–34; https://bit.ly/dks_haufe_personalmagazin

Stichwortverzeichnis

Autoren

Der Autor

Dominik Ruisinger

Dominik Ruisinger ist gelernter Journalist, ausgebildeter PR-Berater (DAPR) und zertifizierter Stiftungsmanager (DSA). Seit den 1990er-Jahren beschäftigt sich der studierte Diplom-Politologe mit den Veränderungen in der Medien- und Kommunikationsbranche mit Fokus auf digitaler Kommunikation, integrierten Strategien, moderner Medienarbeit und Text. Er coacht Unternehmen, Institutionen und Stiftungen in Fragen strategischer, digitaler Kommunikation. Parallel leitet er Workshops und Trainings an Hochschulen und privaten Ausbildungsinstitutionen. Zudem ist er Herausgeber der Fachbücher *Online Relations. Leitfaden für eine moderne PR im Netz* sowie *Public Relations. Leitfaden für ein modernes Kommunikationsmanagement*, beide im Schäffer-Poeschel Verlag erschienen, freier Autor beim Loseblattwerk *Kommunikationsmanagement* sowie Autor vieler Buch-, Magazin-, Zeitungs- und Online-Beiträge. Wenn er Zeit hat, schreibt er auf www.dominikruisinger.com. Ansonsten engagiert sich der Strategie-Experte für den Kommunikationsnachwuchs sowie im Beirat der »Stiftung zur Förderung sozialer Projekte im In- und Ausland«. Er lebt in Stuttgart und Berlin.

Die Gastautoren

Christian Achilles

Christian Achilles ist gelernter Sparkassenkaufmann und Volljurist. Er leitet seit 2001 als Direktor die Kommunikation des Deutschen Sparkassen- und Giroverbandes (DSGV) und ist seit 2019 zusätzlich einer der vier Co-Leiter des Newsrooms der Sparkassen-Finanzgruppe. Achilles war fünf Jahre persönlicher Referent der damaligen Bundestagspräsidentin Prof. Dr. Rita Süssmuth, bevor er 1995 wieder in die Sparkassen-Finanzgruppe zurückkehrte. 1998 wechselte er an der Seite des damaligen Präsidenten Dr. Dietrich H. Hoppenstedt zum DSGV, wo er inzwischen als Kommunikationschef den vierten Präsidenten betreut.

D. Georg Adlmaier-Herbst

Prof. Dr. D. Georg Adlmaier-Herbst ist Berater für Unternehmen im In- und Ausland. Er ist Honorarprofessor und Scientific Director der Forschungsstelle »Berliner Management Modell für die Digitalisierung (BMM®)« am Berlin Career College der Universität der

Künste Berlin. Er unterrichtet in zwei Executive-Studiengängen an der Universität St. Gallen (Schweiz). 2011 wurde er von der Zeitschrift »Unikum Beruf« zum »Professor des Jahres« gewählt. Im April 2019 erhält er den PRO PR Awards Committee für sein Lebenswerk und den besonderen Beitrag für die Entwicklung der Public Relations (PR). Herbst hat 23 Bücher über Marketing und Unternehmenskommunikation geschrieben.

Angelica Bergmann
Angelica Bergmann ist Social Media Lead der gesetzlichen Krankenkasse BKK ProVita. Studium der Politologie in Paris und Berlin, Tageszeitungsvolontariat im damals »wilden« Osten Deutschlands. Ausbildung zur PR-Beraterin (DAPR). Texterin in PR-Agenturen, Pressesprecherin einer Weltleitmesse, dann doppelte Elternzeit und Wechsel nach Bayern. Dort entdeckt sie ihre Leidenschaft fürs Social Web und heuert in München bei einer amerikanischen Werbeagentur an. Als Mutter in Zeiten des Klimawandels stellt sich ihr immer stärker die Sinnfrage. Bei Deutschlands erster nachhaltiger, gemeinwohlzertifizierter Krankenkasse kann sie seit 2018 Social Media und »Sinnfluencing« perfekt verbinden.

Peter Diekmann
Peter Diekmann ist studierter Kommunikationswissenschaftler und Germanist. Nach seinem Abschluss an der Universität Leipzig blieb er ehrenamtlich aktiv im Verein Leipziger Public Relations Studenten (LPRS e. V.). Nach neun Jahren in verschiedenen Positionen der Unternehmenskommunikation der ThyssenKrupp AG übernahm er 2013 die Verantwortung für die digitale Kommunikation der Bertelsmann Stiftung. Seit 2019 arbeitet er außerdem als agiler Coach und Berater in der Organisation.

Susanne Heinrich
Susanne Heinrich ist Referentin für Presse und Öffentlichkeitsarbeit und Social-Media-Beauftragte bei dem bundesweiten Sozialversicherungsträger Knappschaft-Bahn-See, zu deren Verbund auch die Minijob-Zentrale gehört. Seit 2013 steuert sie den strategischen Einsatz von Social Media. Insbesondere verantwortet sie den Blog sowie die Twitter-, Facebook- und YouTube-Kanäle der Minijob-Zentrale.

Pia Sue Helferich
Pia Sue Helferich ist Professorin für Onlinekommunikation, insbesondere Organisationskommunikation an der Hochschule Darmstadt. Sie arbeitete in verschiedenen Projekten und Unternehmen zu den Themen Onlinekommunikation, Public Relations und Erwachsenenbildung sowohl im privaten als auch im öffentlichen Sektor. Weitere Schwerpunkte ihrer Arbeit sind lebenslanges Lernen sowie digitale Transformation und Kommunikation im Mittelstand. Diese Themen bringen sie und Thomas Pleil in das Mittelstand-4.0-Kompetenzzentrum Kommunikation ein.

Magnus Hüttenberend

Magnus Hüttenberend ist bei TUI für die digitale Kommunikation verantwortlich. Auch leitet er die Unternehmenskommunikation, Nachhaltigkeit und Public Affairs in den Nordischen Ländern. Zuvor hat er im Marketing von Vodafone u.a. einen Social Media Newsroom etabliert und das Onlinemagazin »Featured« entwickelt. Ehrenamtlich engagiert er sich im Präsidium des Bundesverbandes der Kommunikatoren. Sein Studium der Kommunikationswissenschaft absolvierte er in Münster, er war Teil der #30u30 Nachwuchsinitiative des Branchenmagazins PR Report. Projekte mit seiner Beteiligung wurden mit verschiedenen Digitalpreisen ausgezeichnet. Er lebt in Stockholm und Köln und twittert unter @mgns.

André Karkalis

ist Geschäftsführer von KARKALIS COMMUNICATIONS und hat das Online-Tool Influencer Persona entwickelt. Die Agentur mit Sitz in Düsseldorf und München hat u.a. Influencer-Konzepte und -Kampagnen für Hugo Boss, BASF, Gardena, Vodafone entwickelt und erhielt zahlreiche Awards für ihre Arbeiten. Zusätzlich hat er mit TONY the petfluencer agency die erste Petfluencer-Marketing-Agentur eröffnet und veranstaltet unter anderen die German Petfluencer Awards – die Oscars für die vierbeinige Internet-Prominenz.

Uwe Knaus

Uwe Knaus ist Manager Corporate Website & Daimler-Magazin. Er war 2007 für die Konzeption und den Launch des Daimler-Blogs zuständig und steuerte dessen strategische Weiterentwicklung bis zum Übergang in das Daimler-Magazin Ende 2019. Aktuell ist er mit seinem Team zuständig für Konzeption, Design und Funktion der Corporate Website und dem Daimler-Magazin, inklusive Analytics und SEO.

Antje Neubauer

Antje Neubauer war für drei Jahre Marketingchefin der Deutschen Bahn, zuvor Leiterin PR & Interne Kommunikation sowie Senior Vice President Communications bei DB Schenker. Nach Studium der Kommunikationswissenschaft, Anglistik und Psychologie begann sie ihre Laufbahn bei RWE Telliance. Zur Jahrtausendwende wechselte sie nach Berlin und führte die Konzernkommunikation der Berlinwasser Gruppe. Später verantwortete sie die Unternehmenskommunikation des Spitzenverbands VDEW, heute BDEW. Darüber hinaus war sie im Vorstand der Stiftung Lesen. Im November 2018 verliehen die PR Report Awards ihr die Auszeichnung zur Kommunikatorin des Jahres. Ende September 2019 verließ sie den Konzern, um sich Zeit zu schenken.

Thomas Pleil

Thomas Pleil ist Professor für Public Relations, insbesondere Online-PR, an der Hochschule Darmstadt und Sprecher des Forschungszentrums Digitale Kommunikation und Medien-Innovation. Er hat den Studiengang Onlinekommunikation (B.Sc.) aufgebaut und zahlreiche Projekte zum Wissenstransfer – vor allem im Mittelstand – durchgeführt. Seine Themen sind v.a. Onlinekommunikation, digitale Transformation, Web Literacy und lebenslanges Lernen. Gemeinsam mit Pia Sue Helferich hat er das Steinbeis-Transferzentrum flux für Organisationsentwicklung, Kommunikation und lebenslanges Lernen gegründet.

Maja Roedenbeck Schäfer

Die studierte Kommunikationswissenschaftlerin und ausgebildete Hörfunkredakteurin lebt mit ihren Söhnen in Berlin. Seit 2011 leitet sie die Recruiting-Kampagne »SOZIALE BERUFE kann nicht jeder« der Diakonie Deutschland. Daneben ist sie als Dozentin u. a. für die Quadriga Hochschule und als Sach-/Fachbuchautorin tätig. Zuletzt erschienen »Generation Z to go für Sozial- und Pflegeeinrichtungen« (2020), »Wie die Anwerbung von ausländischen Fachkräften gut gelingen kann« (2018) und »Recruiting to go für Sozial- und Pflegeeinrichtungen« (2017) im Walhalla Verlag.

Sven Sattler

Sven Sattler hat Anglistik und Politikwissenschaft studiert und nebenher als Journalist gearbeitet. Nach dem Staatsexamen fing er im Kommunikationsbereich von Daimler an, wo er seitdem über alles Mögliche in allen möglichen Formaten geschrieben hat. Gemeinsam mit Uwe Knaus übernahm er Anfang 2019 die Projektleitung für ein Unterfangen, das als »Next Level Blog« startete und im Daimler-Magazin mündete. Aktuell leitet Sven Sattler die Redaktion eben dieses Daimler-Magazins – und freut sich immer wieder, wenn er für dieses Medium selbst in die Tasten hauen darf.

Thorsten Vennebusch

Thorsten Vennebusch ist Referent im Büro der Abteilungsleitung der Minijob-Zentrale. Seit 2013 leitet er dort das Social-Media-Team und koordiniert die fachliche Abstimmung in der Minijob-Zentrale.

Jan Westerbarkey

Lokführer oder Feuerwehrmann wollte er nie werden, dafür gab es Vorbilder, wie Motorflugweltmeister, Meistergolfer oder Großwildjäger in der eigenen Familie. Dazu kamen Imker, Marathonläufer und Buchautor als eigene Erfahrungen hinzu. Dann folgte eine internationale Tätigkeit, eine Mischung aus Berufung und Weiterbildung durch die vierte Unternehmergeneration in Sachen Drohnenflug, European Sports League und App-Programmierung. Wenn der Weg das Ziel ist, sind viele zu erkunden, da seine Ziele so dynamisch und selbst vermehrend sind. Etwa über Forschungsprojekte von Industrie 4.0 zu Arbeiten 4.0 und AAL. Manchmal als Lokführer und oft als Feuerwehrmann.

PI13713555
9785397